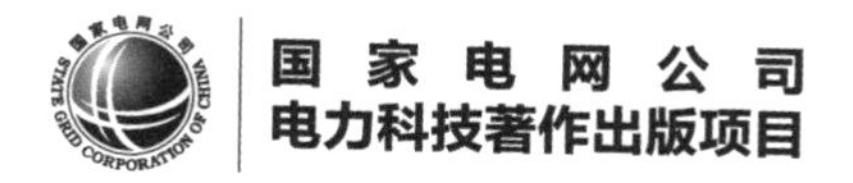

电力系统新型储能技术

NEW ENERGY STORAGE FOR POWER SYSTEM

杜忠明 张晋宾 等 著

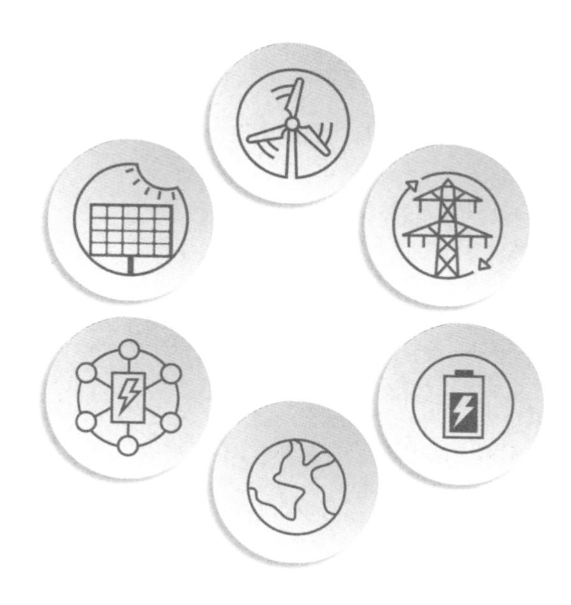

中国电力出版社
CHINA ELECTRIC POWER PRESS

内容提要

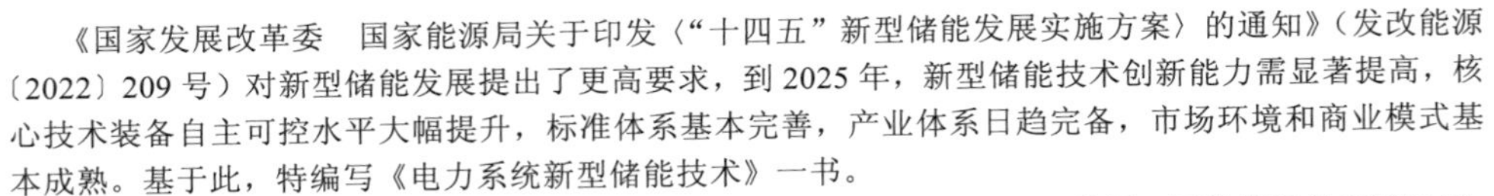

《国家发展改革委　国家能源局关于印发〈“十四五”新型储能发展实施方案〉的通知》（发改能源〔2022〕209 号）对新型储能发展提出了更高要求，到 2025 年，新型储能技术创新能力需显著提高，核心技术装备自主可控水平大幅提升，标准体系基本完善，产业体系日趋完备，市场环境和商业模式基本成熟。基于此，特编写《电力系统新型储能技术》一书。

本书详细介绍了电力系统储能的基础知识、分类、发展历程、定位及作用、评价指标体系等知识，重点讲述了机械储能（包括经典和新型抽水蓄能、压缩空气储能、液态空气储能、飞轮储能、二氧化碳储能、重力储能等）、储热（包括显热储热、潜热储热、热化学吸附储热和热化学反应储热等）、电能储能（包括超导磁储能和超级电容器储能）、电化学储能（包括锂离子电池、液流电池、钠离子电池、高温钠硫电池、铅酸电池及其他前沿电池储能等）、化学储能（包括氢储能、碳氢燃料储能、氨储能）等各类储能的工作原理、关键技术、应用现状与前景。另外，还对电力储能构成及建模、技术与经济性比较、应用场景分析、可行性应用评估方法等进行了详细阐述。

本书可供能源电力行业主管部门、储能技术研究科研人员、电力行业工程技术人员学习参考，也可作为高等院校相关专业师生阅读使用的参考书。

图书在版编目（CIP）数据

电力系统新型储能技术/杜忠明等著. —北京：中国电力出版社，2023.8（2025.1 重印）
ISBN 978-7-5198-8095-8

Ⅰ. ①电…　Ⅱ. ①杜…　Ⅲ. ①电力系统－储能－研究　Ⅳ. ①TM715

中国国家版本馆 CIP 数据核字（2023）第 164674 号

出版发行：中国电力出版社
地　　址：北京市东城区北京站西街 19 号（邮政编码 100005）
网　　址：http://www.cepp.sgcc.com.cn
责任编辑：孙　芳（010-63412381）
责任校对：黄　蓓　常燕昆
装帧设计：赵姗姗
责任印制：吴　迪

印　　刷：三河市万龙印装有限公司
版　　次：2023 年 8 月第一版
印　　次：2025 年 1 月北京第三次印刷
开　　本：787 毫米×1092 毫米　16 开本
印　　张：26.75
字　　数：555 千字
印　　数：2001—3000 册
定　　价：178.00 元

序言一

能源是我国现代化建设和人民生活的重要物质基础。党的二十大报告提出“加快规划建设新型能源体系”。2023 年 7 月 11 日，中央全面深化改革委员会第二次会议上习近平总书记强调“加快构建清洁低碳、安全充裕、经济高效、供需协同、灵活智能的新型电力系统”，为新时代能源电力高质量发展提供了根本遵循。

构建新型电力系统，是规划建设新型能源体系的中心环节。随着新能源在电力系统中渗透率的不断提高，以及化石燃料发电占比的逐步减少，新能源的间歇性、随机性和波动性特点使得系统调节变得更加困难，新型电力系统面临严峻的系统平衡和安全问题。没有储能的加持，以新能源为主体的新型电力系统的构建是不可想象的。

储能技术在促进能源生产消费、开放共享、灵活交易、协同发展，推动能源革命和能源新业态发展方面发挥着至关重要的作用，是国家战略性新兴产业，是支撑新型电力系统的重要技术和基础装备，对推动能源绿色低碳转型、应对极端事件、保障能源安全独立、促进能源高质量发展、支撑应对气候变化目标实现、推进能源强国建设具有重要意义。

在此背景下本书应运而生。储能技术关系着新型电力系统规划、设计、运营等主要生命周期阶段的安全性、可靠性、经济性、环保性。该书从电力系统的视角出发，阐述了电力系统中储能的分类、原理、构成、作用、技术性、经济性、应用场景、应用评估，介绍了各类储能技术特点、应用情况和发展趋势。

该书内容丰富，逻辑严谨，具有理论性和应用指导性；该书的出版可为从事电力与新能源相关的工程技术人员，以及高校电气工程、能源动力工程、储能科学与工程等专业师生提供有价值的参考。

中国科学院院士
西安交通大学教授

2023 年 7 月

序言二

应对全球气候变化，加速全社会绿色低碳转型，是全人类的共同期望。我国力争 2030 年前实现碳达峰，2060 年前实现碳中和，是党中央经过深思熟虑作出的重大战略决策，事关中华民族永续发展和构建人类命运共同体。

2021 年 3 月 15 日，习近平总书记在中央财经委员会第九次会议上对能源电力发展作出了系统阐述，首次提出构建以新能源为主体的新型电力系统；党的二十大报告强调“积极稳妥推进碳达峰碳中和”“加快规划建设新型能源体系”，为新时代能源电力高质量发展提供了根本遵循；2023 年 7 月 11 日，习近平总书记在主持中央全面深化改革委员会第二次会议时强调，要深化电力体制改革，加快构建清洁低碳、安全充裕、经济高效、供需协同、灵活智能的新型电力系统，更好推动能源生产和消费革命，保障国家能源安全。新型电力系统是构建新型能源体系的中心环节，是实现“双碳”目标的关键举措、关键载体和必然要求，也是我国实现能源安全自主、提升产业综合竞争力的必然选择，对于我国经济社会发展全局、能源强国和中国式现代化建设均具有重要的战略意义。

新型电力系统的构建离不开储能。储能是解决能源供给与需求时空不匹配、高比例新能源集成与消纳矛盾、传统电源灵活性与能效多性能兼得、电力系统安全性/可靠性/韧性全面提升等方面的多面手、赋能器。没有储能，特别是新型储能的加持，能源绿色低碳转型、新型电力系统构建是不可想象的。因此，国际能源署、国际可再生能源署等均将储能视为确保全球能源顺利转型，如期实现《巴黎协定》提出的“把全球平均气温升幅控制在工业化前水平以上低于 2℃之内，并努力将气温升幅限制在工业化前水平之上 1.5℃之内”目标的关键技术。

新型储能是高科技战略产业，是构建新型能源体系和新型电力系统、达成“双碳”战略目标的重要技术保障，对于确保能源安全、实现绿色转型、推进高质量创新发展具有不可替代的作用。为此，教育部、国家发展改革委、国家能源局于2022年8月联合发布《关于实施储能技术国家急需高层次人才培养专项的通知》，启动了储能领域核心技术人才培养的专项工作。储能是涉及材料、能源、机械、化学、物理、电子、电气等学科的多学科强交叉的战略性新兴产业，覆盖机械能、热能、电化学能、电能、化学能等各种储能技术类型，特别是近年来发展强劲，不断涌现出了新型抽水蓄能、钠离子电池储能、固态电池储能、液流电池储能、液态空气储能、二氧化碳储能、重力储能、钻孔储热、含水层储热等多种新兴储能技术。因此，亟需一本专著，系统全面地介绍电力系统储能概念体系、技术体系、应用体系，帮助读者全面认识和了解国内外电力系统储能技术的研发及应用，指导储能在电力系统电源侧、输电侧、变电侧、用户侧、微电网等的工程应用，加快规划建设新型电力系统的进程。

《电力系统新型储能技术》从全球视野，对储能，特别是各类新型储能的相关概念、技术、经济及工程应用进行了全面分析总结，内容涵盖了各类经典、新兴储能技术，既有丰富的基础理论，又有大量的工程应用数据和案例，展现了电力系统新型储能技术方面的最新研究成果。

在此，我向大家推荐《电力系统新型储能技术》，并相信该书的出版将为从事电力系统储能技术管理、技术研发、工程规划设计和运行管理的相关人员，以及高校储能专业师生提供有价值的参考。

中国工程院院士
中国电力科学研究院名誉院长 郭剑波

2023年7月

序言三

全球气候变化使人类社会面临严峻挑战，中国作为全球最大的发展中国家，在经济飞速发展的同时也面临着日益严重的环境问题。为践行可持续发展的战略目标，肩负构建人类命运共同体的责任，我国明确提出了 2030 年“碳达峰”和 2060 年“碳中和”的目标愿景。当前，我国仍处于工业化、现代化发展的关键时期。能源是经济社会发展的重要物质基础，同时也是碳排放的主要来源。为实现双碳目标，需加快建设清洁低碳安全高效的能源体系。

新型储能技术是支撑新型能源体系、构建新型电力系统的重要技术装备。为实现碳达峰、碳中和战略目标，风电、光伏等新能源将持续快速发展，极大地改变了电力系统的运行规律和特性。新型储能可与电力系统源网荷各侧融合发展，有效提高系统调节能力，为电力系统安全可靠运行提供支撑。同时，新型储能是增强能源产业竞争力、助推经济高质量发展的重要新兴产业。新型储能产业发展潜力大、技术路线多、产业链条长、创新需求强，是能源产业转型升级的新赛道，正在成为推动我国经济高质量发展的新增长点之一，也是未来全球能源产业竞争的新高地和我国能源产业走出去的重要抓手。

我国新型电力系统对于新型储能需求大幅提升，新型储能行业的高速发展对原创性技术、学科发展建设、人才培养均提出更高要求，亟需加强能源、电力等领域的从业人员对于新型储能的认识。目前，已有各类储能书籍、教材相继问世，内容涵盖储能本体技术原理、储能系统优化等方面，主体受众多为储能技术从业人员。而目前储能行业处于快速发展阶段，构建新型电力系统对储能提出了新要求，从电力系统、能源领域需求角度出发的储能相关书籍较为缺乏。电力规划设计总院作为中国电力规划设计行业的“国家队”，已出版多部电力行业规划设计专著，指导相关从业人员开展工程实践。近年来，电规总院在新型储能规划设计、技术研究等方面开展了大量工作，具有扎实的研究基础。本次编著《电力系统新型储能技术》，系统阐述新型储能在电力系统中发挥的作用功能，梳理适用于新型电力系统的各类新型储能技术特点，可为电力、能源从业人员在新型储能领域开展技术和工程相关工作提供有益参考。

本书内容翔实丰富，包含各类新型储能技术的发展历史、工作原理、在电力系统中的功能作用、技术应用、发展动态及趋势。全书按照储能技术原理进行分类，逐章对机械式、热能式、电化学式、电能式、化学式储能进行介绍，建立了一个逻辑严谨、层次分明、内容完整的储能体系。同时，本书兼顾理论和工程，既系统阐述了大量原理性知识，同时反映当前工程应用水平，并辅以大量工程案例图片。此外，还包含了国外储能技术的最新进展水平，具有国际视野。

综上所述，我认为《电力系统新型储能技术》专著完全契合国家“双碳目标”发展战略，符合电力系统需求、储能技术发展、学科建设需求，受众群体广泛，是一本值得推荐的书籍。

中国工程院院士

新能源电力系统全国重点实验室主任 刘吉臻

2023 年 7 月

前 言

实现碳达峰、碳中和，是以习近平同志为核心的党中央统筹国内国际两个大局做出的重大战略决策，是着力解决资源环境约束突出问题、实现中华民族永续发展的必然选择，是构建人类命运共同体的庄严承诺，已纳入我国经济社会发展全局。构建新型电力系统，是规划建设新型能源体系的中心环节，是助力实现“双碳”目标的关键举措和必然要求，对于实现中国式现代化具有重要的战略意义。

储能，特别是新型储能，是一种应对能源电力供给与需求在时间、空间、形态、强度等维度上矛盾的颠覆性技术，是第三次工业革命的支柱，是全球能源电力绿色低碳转型的重要支撑。IEA（国际能源署）将各类新型储能（如新型抽水蓄能等机械储能、显热及高温潜热等储热、氢能/氨能等化学储能、锂离子电池/液流电池等电化学储能等）在净零排放中的重要性分别界定为高、非常高。可见，储能是新型电力系统的重要特征，是支撑新型电力系统的重要技术和基础装备，是确保能源顺利转型、如期实现“双碳”目标的关键。

近年来，国家出台了系列文件，推动新型储能规模化应用。《国家发展改革委 国家能源局关于加快推动新型储能发展的指导意见》（发改能源规〔2021〕1051号）指出，要将发展新型储能作为提升能源电力系统调节能力、综合效率和安全保障能力，支撑新型电力系统建设的重要举措，以政策环境为有力保障，以市场机制为根本依托，以技术革新为内生动力，加快构建多轮驱动良好局面，推动储能高质量发展。《国家发展改革委　国家能源局关于印发〈“十四五”新型储能发展实施方案〉的通知》（发改能源〔2022〕209号）对新型储能发展提出了更高要求，到2025年，新型储能技术创新能力需显著提高，核心技术装备自主可控水平大幅提升，标准体系基本完善，产业体系日趋完备，市场环境和商业模式基本成熟。

国内大专院校设立“储能专业”时间不长，电力行业界对储能知识的认识也大多系统性、科学性不足。电力规划设计总院作为“能源智囊、国家智库”，为了推动储能在我国电力行业的科学、有序、健康发展，使储能充分发挥电力系统压力“减震器”和效益“倍增器”的赋能作用，助力我国新型电力系统建设，组织撰写了《电力系统新型储能技术》。

国内常将除抽蓄以外的储能技术纳入新型范畴，但新旧是相对的，新中有旧（如大型压缩空气储能电站国外早于1978年已成功投运），旧中有新（近期国际上涌现出了如地质力抽蓄、自由位置抽蓄等新型抽蓄技术），故本书不排除任何储能技术，重点介绍与分析各种电力系统新型储能技术的最新进展、应用场景、技术经济性、工程应用评估等。本书具有以下5个特点：

（1）基础性。介绍了储能基本概念、技术分类、发展历程、工程物理学基础知识等，使读者可快速建立储能概念体系，了解储能基础知识。

（2）专业性。重点介绍了各种储能的技术原理、系统构成、技术特点、建模方法、功能及应用、技术与经济性、发展趋势等。

（3）全面性。一是技术类型全，包括机械式、热能式、电化学式、电能式、化学式等全部类型储能技术；二是技术包络广，每类储能技术类别齐全（如电化学储能介绍了铅酸电池、锂离子电池、液流电池、钠离子电池、钠硫电池等），覆盖经典（如经典抽水蓄能、飞轮储能）、常用（如铅酸电池储能、锂离子电池储能）、新兴（如液态空气储能、二氧化碳储能、重力储能、新型抽水蓄能）多时间维度；三是知识全面系统，包括储能基础、技术及发展、工程应用场景、技术及经济性、工程评估等各方面。

（4）国际性。本书无论是储能术语及定义、技术与经济指标体系，还是工程应用场景及案例、工程应用评估，多是从国际视野来进行阐述分析，有助于技术人员的国际技术交流沟通及国际储能项目的拓展。

（5）灵活性。本书章节内容和逻辑环环相扣，且每章又自成一体，内容连贯，读者根据需要可从头到尾通篇阅读，也可选取相关章节选择性了解。

本书由杜忠明负责总体设计与审定。各章的具体分工为：第1章和第2章由杜忠明、张晋宾撰写；第3章由杜忠明、张晋宾、武震撰写；第4章由杜忠明、张晋宾撰写，第5章由杜忠明、张晋宾、王嘉珮撰写，第6章由杜忠明、王嘉珮、张晋宾撰写；第7章由杜忠明、武震、王嘉珮撰写；第8章由杜忠明、张晋宾撰写。全书由杜忠明、张晋宾统稿和审核。在本书编撰过程中，电力规划设计总院电力发展研究院王雪松，能源科技创新研究院的张涵、魏梓轩、张翼、邢文崇、张释中、缪怡宁等协助完成了部分章节的文字整理工作。

本书内容翔实丰富，兼顾理论和工程，力争反映国际储能领域科研和工程应用最新进展。本书适合能源电力行业主管部门、储能技术研究科研人员、电力行业工程人员阅读，也可供新能源科学与工程及相关专业的高校师生阅读。

需说明的是，由于电力系统新型储能技术仍处于快速发展之中，出于边界条件、概念内涵、测量手段、理解等的不尽完全相同，国内外不同机构的相关储能数据不尽一致，书中未对这些数据进行统一。限于作者水平，书中疏漏与不足之处在所难免，恳请读者批评指正。

作　者

2023 年 7 月

目 录

1 绪　论

“能量（energy）”简称“能”，是物质做功能力的一种度量，IEC（国际电工委员会，是与国际标准化组织ISO、国际电信联盟ITU齐名的三大国际标准机构之一）将之定义为“在一个系统中，当其接受或产生功时分别对应的可增加或减少的标量”。对应于物质的各种运动形式，能量也有多种形式（如核能、机械能、化学能、热能、电能、辐射能、势能、动能、光能、生物能等），彼此之间可以通过物理效应或化学反应而互相转换，但总量不变。

“储能（energy storage）”是“储存能量”或“能量储存”的简称，常指通过介质或设备把当时生产的某种能量形式用同一种或者转换成另一种能量形式存储起来（如将难以储存的能量形式转化为更方便或更经济的可储存能量形式），以便在需要时以特定能量形式进行释放的过程或状态，从而减少能源需求和能源生产（供给）之间的不平衡。

从狭义上讲，电力系统储能技术是指可吸纳、存储且安全保持电能，并使电能在随后所需时进行适时交付的系列技术。从广义上讲，凡是在电力系统范畴内（即发电—输电—变电—配电—用电等各个环节）所应用的、直接或间接服务于电力系统及其用户的各类储能（包括储热等）技术，即可称之为电力系统储能技术。这些储能技术在储存且保持能量的形式、数量、质量、时间长度、效能方面上各不相同。电力系统储能属赋能技术，部署于风电站、光伏电站侧的储能，可使风、光等波动性、间歇性可再生能源的出力更加平滑，并提高其可调度性或灵活性；部署于电网侧的储能，可在需求下降时吸纳电网中多余的电能，在需求上升时再将所储存的电能输送回电网，有助于有效管理高峰及尖峰负荷需求；部署于用户侧的储能，则可用于平衡当地的电力供需，提高用户负荷调控性、电能质量及供电可靠性。由此可见，电力系统储能可减少电网中电力需求的高峰和低谷，并有助于提升系统顶峰运行能力，稳定电能供应，提高电网的可靠性和运行灵活性。更重要的是，储能还可提升风能、太阳能等间歇性、多变性新能源的可调度性、灵活性，可在需要灵活性的时点和地点快速、模块化地部署，这对于提升风光等可再生能源的渗透率和消纳水平，构建以新能源为主体的新型电力系统，具有不可替代的关键作用。

在电网中，较早大规模应用的储能技术是传统抽水蓄能技术。目前，包括新型抽水蓄能、电化学储能、压缩空气储能、飞轮、熔盐储热等新一代储能技术也已开始在电力系统中得到推广应用。

随着技术的不断进步，特别是近年来电池技术水平的突飞猛进，使得这些电力系统储能技术更加经济且便于部署应用。可以预见，新型储能技术将会在我国新型能源体系和新型电力系统的构建中发挥重大作用。

1.1 储能概述

能源（泛指提供能量的资源）是人类生存、社会进步和经济发展的重要物质基础，是现代社会发展的根基和命脉。无论人类社会，还是一切生物体，其一切活动都离不开能源。能量（常称“能”）来源于能源，概念上是指物质做功的能力。能量出现的形式取决于能量从一种形式转换为另一种形式时相互作用的性质。自然界有四种类型的基本相互作用，即引力相互作用、电磁相互作用、弱核力作用、强核力作用。与构成宇宙的重子、轻子和光子等粒子相互作用，会产生出大量的不同形式的能。主要的能量形式有动能、势能（包括重力势能、引力势能、弹性势能等）、电能、化学能、内能（热能）、辐射能、核能等。常见的能量物理形式及特性见表 1-1。

表 1-1　　常见的能量物理形式及特性

类别	形式	势	量	可储存性	示例
重力	高度 z	重力势 gz	质量 m	可储存	抽水蓄能
动能	速率 c	$\frac{c^2}{2}$	质量 m	可储存	飞轮
空间	压力	压力 p	体积 V	可储存	压缩空气
热能	加热	温度 t	熵 S	可储存	熔融盐
化学能	电子电荷	化学势 G	摩尔数 n	可储存	电化学电池
电能	电子电荷	电压 U	电荷	可储存	电容
电介质		电场强度 E	电极化强度 P	不可储存	电极化
磁能	电子自旋	磁场强度 H	磁化强度 M	不可储存	磁化
电磁能	运动电荷	自感电动势 $L\frac{\mathrm{d}I}{\mathrm{d}t}$	电流	可储存	电磁线圈
弱核能	质量变化	—	质量 m	不可储存	发光涂料
强核能	质量变化	—	质量 m	不可储存	核反应堆
辐射能	光子	—		不可储存	

自然界中所存在的能源种类主要有太阳能、地热能、水能、波浪能、潮汐能、风能、生物质能等非化石能源，以及煤、石油、天然气等化石能源。电能，属二次能源，是现代社会最主要、最常用的能源种类，而其所依赖的电力系统，是目前世界上工业体系中规模庞大、层次复杂、资金和技术密集型的最大人造复合系统。

在从一种能量形式转化为另一种能量形式的能量转化过程中，通常存在一种能量储存机制，该机制能够以不取决于初始能量转化率的速度为后续能量利用建立相应的能量储备，即实现能量转换过程的时空解耦。正因为如此，大自然才允许人类在某个时段集聚能量，再在能量产生后的后续某个时段再消耗能量。

通常而言，由于季节、气象、时空、地域等因素的多重影响，来自风光等一次能源的能流不是恒定值，能量需求也不是恒定值。因而，在变化的能源供给及其变化的能源消费之间需要一个协调者。该协调者就是储能，它能以各种不同方式在所有自然过程或人为过程中发挥作用。

所谓“储能”，是指以某种形式存储或保持能量，并使所保持的能量可在以后的某个时间点以有用的形式来供能的过程或状态。如图 1-1 所示，完整的储能过程包括三个阶段：加充或吸收能量、保持能量和释放能量。通常，释放能量步骤完成后，储能系统过程可以再次加充能量，循环往复整个过程。

图 1-1　储能过程

在国民经济和日常生活中，储能随处可见，且大多发挥着关键的作用。例如，国家级石油、天然气战略储备系统，天然气地下储气库，遍布全国的油气管网，遍布城市的加油站、加气站，油气乘用车的油箱和储气罐，电动乘用车的蓄电池和燃料电池，家庭中的电热水器等，其都是储能。

当今社会，电能作为能量载体之一，尚不能直接大量储存，储电（即电能的存储）占电力系统电量的比例仍然相对极小，这是由于电力系统具有发电、输电、用电须同时完成的同时性特点，以及储能的特点和经济性所决定的。尽管电力存储可以通过多种方式实现，但它大多不是简单直接地储电。在大多数电力储能技术中，电能必须先转换成其他形式的能量才能被存储。例如，在电池储能技术中，电能被转化为电化学能，而在抽水蓄能电站中，电能被转化为包含在大量水中的势能。能量转换使储能过程复杂，转换本身往往效率并不高。这些因素造成了储能系统的高成本。

通常，将“电力系统储能”定义为一种专门设计的装置或系统，该装置或系统用于接收电力系统所产生的能量，并将其转换为适合储存的能量形式；在保持一定时间后，再将尽可能多的所储存能量转换为用户所需的形式返回电力系统。

电力系统的运行基于供给侧（发电）和需求侧（消费者使用）之间的精准平衡。电力系统储能是一种可以有效帮助平衡电力供应和需求波动的方法，即在发电量相对较高和负荷需求相对较低的时期储存电力，然后在发电量相对较低或负荷需求相对较高的时期再将其释放回电网。在某些情况下，电力系统储能可带来经济、可靠性和环境效益。根据电力系统储能的部署程度，电力系统储能有助于公用电网更高效地运行，减少高峰需求期间出现限电的可能性，并允许建设和使用更多可再生能源。

电力系统早先采用的储能形式主要是传统电池和抽水蓄能。现在采用的新型储能方式主要有机械式（如新一代抽水蓄能、压缩空气储能、液态空气储能、飞轮等），电化学式（如锂离子电池、铅酸电池、钠基电池、液流电池等），热能式（如显热式、潜热式、热化学式等），化学式（如氢、合成气、氨及碳氢化合物等）等。

除了这些技术之外，目前正在研发或尚没有大规模应用的有溴化锌或溴化多硫化物等液流电池，锂-空气或锌-空气等金属-空气电池，超级电容器、超导磁储能等直接储电，地质力学、二氧化碳、重力式等新兴储能技术。

1.2 储能发展历程

1.2.1 自然储能与能源革命

人类使用的绝大多数能源来源于太阳，从太阳到达地球大气外表层的辐射量约为 17.3 万 TW，再经过大气反射吸收（由大气分子和尘埃等直接反射回宇宙空间的辐射量约 5.2 万 TW，直接吸收辐射量约为 3.5 万 TW）后，被地表吸收的辐射量约为 8.6 万 TW，即理论上每年穿过大气层到达地球表面（包括陆地和海洋）的太阳辐射功率约为 7.5 亿 TWh（折合 2.7×10^{24}J）。虽然人类通常并不直接消耗太阳能，但人类所利用的大多数能源却是来自以各种方式所储存的太阳能。例如，源于太阳光光合作用生长而成的生物质燃料（如木材、秸秆），太阳能数十亿年累积形成的煤炭、石油、天然气等化石燃料，由太阳辐射引起空气流动而形成的风能，太阳多年辐射引起海洋、江河、湖泊等水蒸发而形成的水能等。

通常，人们把太阳能、风能、煤炭能、石油能、天然气能、生物质能、水能等自然界自然形成的、以原有形式存在的能量资源，称为一次能源或天然能源。考虑到煤炭、石油、天然气、生物质等这些能量物质是以自然的方式形成并储存能量，因此也可称之为自然储能。

在人类能源史上，历经了柴草时期、煤炭时期、石油/天然气时期、多元化新能源时期等四个阶段（见图 1-2）。前期能源发展主要特征是从低能源密度向高能源密度演进。为应对全球气候变化，实现 21 世纪末前，把全球平均温升控制在前工业水平的 2℃以内，并将努力把温升限定在 1.5℃以内的目标，满足人类社会可持续发展需求，能源时期正在向以太阳能、风能、生物质能、地热能、海洋能、核能等多元化新能源时期过渡，绿色化、低碳化、可再生、多元化为其主要特征。

人类最早利用且利用时间最长的储能物质是薪柴等生物质燃料。自远古时代燧人氏发明钻木取火（约180万年前，人类的祖先发现了火并学会利用火，称“第一次能源革命”）以来，草木、薪柴等生物质燃料一直是伴随人类时间最早、应用时长最长的能源物资。

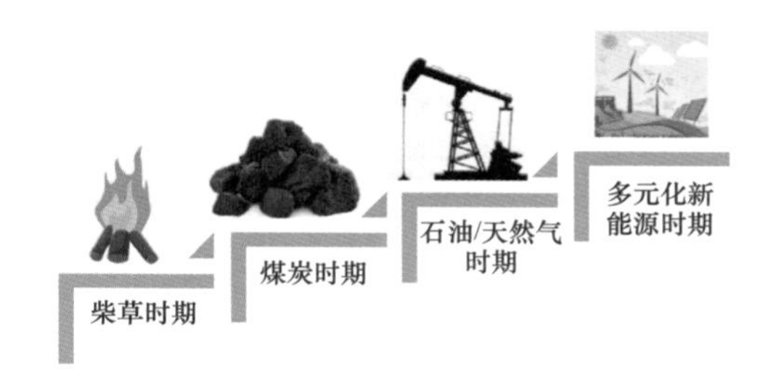

图1-2 人类能源发展四个时期

《山海经》属中国先秦古籍，与《易经》《黄帝内经》并称为上古三大奇书。据《山海经》之《山经》第三卷《北山经》记载，“又东三百五十里，曰贲闻之山，其上多苍玉，其下多黄垩，多涅石”。涅石，即煤炭。据记载，早在公元前2000年，中国古人已发现了另一种储能物质——煤，并开始将其作为能源加以利用（如取暖、烹饪等）。始于18世纪英国的第一次工业革命，是以蒸汽机的发明和动力来源——煤炭的大规模使用作为主要标志。此时煤炭的大规模开采与利用，意味着人类第一次开始主要依靠来自石炭纪的储能，进入煤炭能源时代，称“第二次能源革命”。

中国也是世界上最早发现并利用天然气、石油等储能物质的国家。据《易经》之“革卦”记载“泽中有火”“上火下泽”，即描述了石油、天然气等在湖泊池沼水面上的起火现象。公元前200年，中国古人即打浅井，并通过竹管将井中天然气输送到燃气蒸发器，用以蒸发盐水制取食用盐。东汉史学家班固所著《汉书·地理志》提到上郡“高奴有洧水可燃”，表明约2000年前，在中国西北部的许多地方发现了石油渗漏。宋代著名科学家沈括所著《梦溪笔谈》提及“鄜、延境内有石油，旧说‘高奴县出脂水’，即此也”，书中对石油作了极为详细的论述。“石油”一词，首用于此，且沿用至今。由此可见，石油天然气类储能物质在我国的应用也由来已久。从19世纪下半叶开始，随着石油和天然气开采及炼制技术的进步，加之柴油机和汽油机等的发明和应用，使油气开始逐渐取代煤炭成为主要能源，人类进入石油/天然气能源时代，称之为“第三次能源革命”。

1951年12月，美国阿贡（Argonne）国家实验室的工作人员所设计建造的实验增殖堆1号（EBR-1，采用铀-235作为燃料）首次利用核能发电，是人类开始和平利用原子能的革命性里程碑事件。从技术视角而言，木材、煤炭、石油、天然气、铀等均属于自然储能物质——燃料，具有易于长时间储能、利于运输、能量密度高等特点。不同类型的自然储能方式对比见表1-2。

表1-2 作为自然储能方式的典型燃料特性对比表

燃料类别	常用密度（kg/m^3）	质量能量密度（MJ/kg）	体积能量密度		备注
			（MJ/m^3）	（kWh/m^3）	
典型原木	350～500	14.7	5145～7350	1430～2043	堆叠-气干，含水量为20%

续表

燃料类别	常用密度（kg/m³）	质量能量密度（MJ/kg）	体积能量密度		备注
			（MJ/m³）	（kWh/m³）	
木质颗粒	650	17	11 050	3072	含水量为 10%
无烟煤	1540	29.3	45 122	12 544	无烟煤密度通常范围 1.4～1.8g/cm³
烟煤	1346	27	36 342	10 103	烟煤密度通常范围 1.15～1.5g/cm³
原油	970（1 大气压，15℃）	45	43 650	12 134	原油密度通常范围 0.72～1.04g/cm³（1 大气压，15℃）
车用柴油	830（20℃）	45.3	37 599	10 452	国标车用柴油密度范围 790～850kg/m³（20℃）
车用汽油	720（20℃）	45.8	32 976	9167	国标车用汽油密度范围 720～775kg/m³（20℃）
天然气	0.7174	47.2	33.9	9.41	标准状况
甲烷	0.717	55.5	39.8	11.06	标准状况
天然铀	19 050	7.09×10^5	1.35×10^{10}	3.75×10^9	0.7%铀-235

工业革命后的人类行为带来了井喷式的温室气体排放，大幅增加了大气中温室气体的浓度，增加且增强了地球自然温室效应。由此而导致的全球气候变化，已造成全球干旱、热浪、暴雨、滑坡等恶劣气候更加频发现象，同时也逐渐引起海平面上升、海洋酸化和生物多样性的丧失。气候变化是当代人类社会发展面临的深层次危机，应对气候变化，在“碳中和”目标下的经济社会“低碳”或“零碳”转型是世界大势。为应对由于人类活动大幅增加大气中温室气体浓度而带来的全球气候变化极其不利影响，全球蓬勃兴起了以“绿色、低碳、可持续发展”理念为核心的“第四次能源革命”，世界能源发展正在由高碳能源进入“低碳”能源或“零碳”能源、由化石能源进入非化石能源时代。

1.2.2 电力系统储能

电力系统储能，也称二次储能，是一种专门设计的装置，用于接收电力系统产生的能量，将其转换为适合储存的能量形式，保持一定时间，再将尽可能多的能量返回电力系统，或将其转换为用户所需的能量形式。

1.2.2.1 电池储能

电力系统储能历史可追溯到二百多年前，电池储能是最早应用的储电技术。1799 年，意大利物理学家亚历山德罗·伏打把一个金属锌环放在一个铜环上，再用一块浸透盐水的纸片环或布片环压上，再放上锌环、铜环，如此重复下去，叠成了一个柱状，便产生了明显的电流（见图 1-3），由此发明了“Voltaic pile”（伏打电堆或伏打电池，也称为伏特电堆或伏特电池），开启了现代电池的先河。1836 年，英国物理学家约翰·丹尼尔发明了另一种由两个电解质溶液单元（分别为硫酸铜溶液、硫酸锌溶液）

组成，且分别将金属铜片置于硫酸铜溶液中和金属锌片置于硫酸锌溶液中的“丹尼尔电池”(锌铜原电池)，见图 1-4。1866 年，法国工程师乔治 • 勒克朗谢发明了以锌为阳极、碳为阴极，以氯化铵为电解液的“勒克朗谢电池”，即现在干电池的原型。1859 年，法国物理学家加斯顿 • 普兰特发明了有史以来第一款可充电电池——铅酸电池，这是一种以铅为阳极、二氧化铅为阴极，并用橡胶条分隔开阴极和阳极，以硫酸溶液为电解液的蓄电池，见图 1-5。经过多年的演进，可充电电池（也被称为二次电池）从最早的铅酸电池发展到镍镉电池（1899 年由瑞典工程师瓦尔德马尔 • 容纳发明，以氢氧化镍和金属镉作为电极，以氢氧化钾溶液作为电解液）、镍铁电池（1899 年由瓦尔德马尔 • 容纳和 1901 年由托马斯 • 爱迪生共同发明，以氧化镍和铁作为电极，以氢氧化钾溶液作为电解液）、镉银电池（1900 年由瓦尔德马尔 • 容纳发明，采用金属镉和氧化银电极、碱性水基电解液）、镍氢电池（NiH_2 或 $Ni-H_2$，1971 年发明，以镍为正极，以包括催化剂和气体扩散元件的燃料电池为负极，以氢氧化钾溶液为电解液）和“镍-金属氢化物”电池（NiMH 或 Ni-MH，20 世纪 80 年代中期问世，以氢氧化镍和金属氢化物为电极，以氢氧化钾溶液为电解液），再到当前广泛应用的锂离子电池（1985 年日本化学家吉野 • 彰在前期学者研究的基础上研制出了首款锂离子电池原型，1991 年日本索尼公司和旭化成公司研发团队推出商用锂离子电池）。

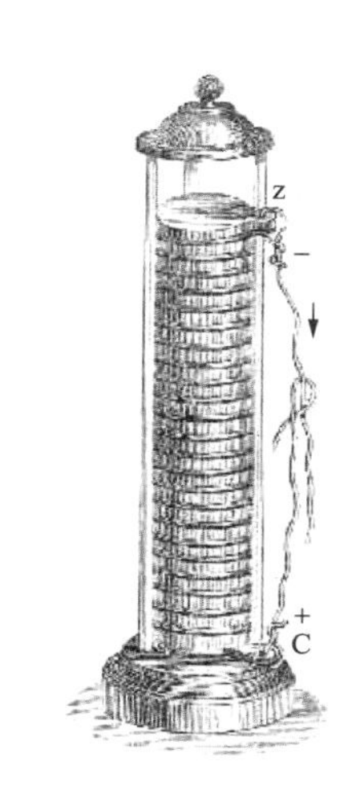

图 1-3 伏打电堆

（来源：ETHW）

图 1-4 丹尼尔电池

（来源：美国国家历史博物馆）

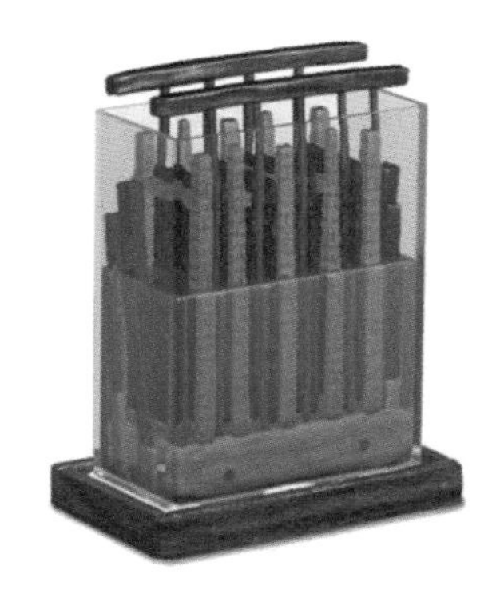

图 1-5 普兰特发明的铅酸电池

（来源：Magnet academy）

1882 年 9 月 4 日，被誉为“世界发明大王”的美国发明家托马斯 • 爱迪生在纽约华尔街附近建成第一座商用发电站——纽约珍珠街（Pearl Street）电站。该电站使用往复式蒸汽机转动直流发电机发电，采用直流配电系统。受馈线压降的限制，其服务区域较小。为应对其直流系统夜间负荷需求问题，当时一些私人区域即采用了铅酸电池储能解决方案。1890 年，美国宾夕法尼亚州德国镇电灯公司首次在公用三线制系统上安装了小型铅酸电池，这些电池一直运行到 1894 年才被拥有 2000Ah 容量的新电池所替换。1895 年后，爱迪生公司在其旗下的所有大型中央站电力服务中均配备蓄电池组，所配置的蓄电池组容量通常约为 80 000kWh。这些电池用于在低电力需求期储存发电机多余的电力，在高电力需求期再向负荷侧出售所储存的电力。当时，电力系统主要采用直流系统，且系统间相互独立运行，故当时蓄电池储能（其功用除削峰填谷外，也承担应急电源作用）成为电力系统储能标准配置。后来，随着直流电力系统与交流电力系统竞争，且后者的快速发展和被广泛接受，加之电力设备和系统设计制造运维技术的进步大大提升了供电可靠性，使得广泛应用的电池储能才开始退出主流。

直到 20 世纪 80 年代末，美国、德国等出于电力系统需求，又开始探索建设大型铅酸蓄电池储能电站，代表性的有：位于美国北卡罗来纳州斯塔茨维尔地区的能源联合（Energy United）电池储能电站（采用淹没式铅酸电池，功率 500kW，能量 500kWh，用于削峰填谷），位于德国柏林的 BEWAG 电池储能系统（采用淹没式铅酸电池，能量 14MWh，60min 频率控制时功率为 8.5MW，20min 旋转备用时功率为 17MW），以及位于加利福尼亚罗斯米德市的南加州爱迪生公司奇诺（Chino）电池储能示范项目（采用淹没式铅酸电池，功率 14MW，能量 40MWh，示范功能包括负荷均衡、输电线路稳定性、本地无功控制、黑启动等）。但单格铅酸电池随时间推移其性能退化速率较快，这成为早期储能设计的主要障碍，因而造成这些技术的应用成果有限，难以大规模推广应用。

21 世纪初，国际上开始了镍镉电池、钠-硫电池、全钒氧化还原液流电池等电化学储能技术的工程测试及应用。鉴于锂离子电芯具有能量密度大、电压高、重量轻、寿命长、无记忆效应、工作范围宽等优点而大量在军事及民用电器和交通等行业的广泛应用及其技术溢出效应等因素，在 21 世纪的第二个十年中，人们又对大规模锂离子电池储能技术在电力行业的应用产生了更大兴趣。2012 年 10 月，作为美国能源部智能电网示范项目的一部分，美国波特兰通用电气（PGE）公司的 5MW/1.25MWh 锂离子电池储能系统投入运行，这是全球首个电力系统大规模锂离子电池应用项目。据 IEA（国际能源署）2021 年储能报告，截至 2020 年年底，全球电池储能总装机容量约 17GW，而锂离子电池储能占比高达 93.0%。

1.2.2.2 抽水蓄能

抽水蓄能（PSH）是第 2 种开始在电力系统大规模应用的储能技术。抽水蓄能电站是一种水力蓄能方式，其作用类似于一个巨大的可充放电池，因此又称蓄能式水电站。抽水蓄能电站可将电网负荷需求低时的多余电能，转变为电网负荷高峰时期的高价值电能，还适于调频、调相，稳定电力系统的频率和电压，且宜为事故备用，还可提高系统中常规火电站和核电站的效率。

如图 1-6 所示，抽水蓄能电站由两个不同高度的水库组成，利用电力负荷低谷时的电能抽水至上水库，在电力负荷高峰期再放水至下水库并通过水轮机来发电。通常认为全球历史上第一座抽水蓄能电站是于1882年在瑞士苏黎世建设的内特拉（Netala）电站（装机容量515kW，扬程153m）。该电站是一个季节性的抽水蓄能电站，作为一个水力机械储能系统，运行了将近十年。意大利也大约在同一时期采用了该项技术。美国第一个大型电力储能系统是于1929年建设的康涅狄格州洛基河（Rocky River）发电厂的31MW抽水蓄能电站。与欧美等发达国家和地区相比，中国抽水蓄能电站的建设起步较晚。中国在20世纪60年代后期才开始研究抽水蓄能电站的开发，于1968年建成河北岗南平山混合式小型混合式抽水蓄能电站（装机容量约11MW）。

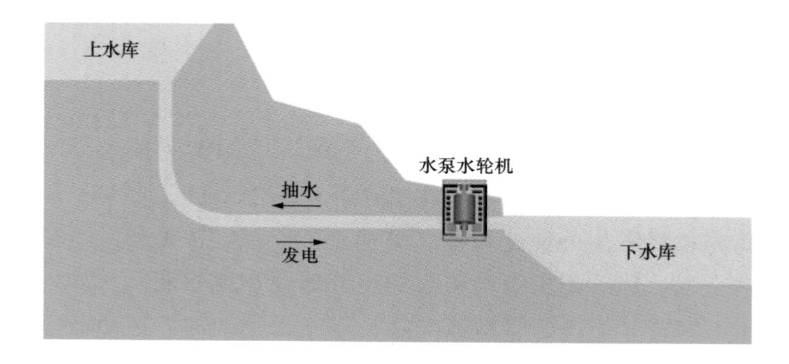

图 1-6 抽水蓄能电站示意图

20世纪初叶，全球对PSH技术的兴趣逐渐减弱，抽水蓄能技术发展进入第一个低谷。直到20世纪中叶，由于一些发达国家电力系统规模迅速扩大，电力负荷峰/谷波动幅度不断增大，于是又开始了一轮抽水蓄能电站建设潮，用以满足电网调峰调频的迫切需求。特别是从20世纪70年代开始，由于核电站的大规模建设又带动了抽水蓄能的快速增长。这是因为核电站装机容量相对较大，且适宜于带基本负荷运行，不适宜于调峰运行，在夜间等用电低谷时期，给其运行安全带来压力。为了弥补这一不足，核电站通常需配套建设相应的抽水蓄能电站，以便在用电低谷时段吸收多余的电力，在用电高峰时段再将其电力输送回电网。例如，广州抽水蓄能电站（分两期建成，一、二期装机容量均为120万 kW）即为大亚湾核电站（中国大陆第一座大型商用核电站，其装机容量为两台百万千瓦级压水堆机组）的配套工程，其建设目的就是为保证大亚湾核电站的安全经济运行和满足广东电网填谷调峰的需要。20世纪60～80年代中期，是抽水蓄能技术发展的第2个快速增长期。这段时期，由于单台核电机组装机容量很快增长到1000MW及以上，类似规模的抽水蓄能电站也开始在美国、欧洲和日本等核电增长最快的国家和地区配套建造，抽水蓄能技术及装机容量迅猛发展，快速成为全球电力系统储能的绝对主力。从20世纪80年代后期直到21世纪初，全球核电进入缓慢发展阶段，加之抽水蓄能建设也面临环境保护等压力，诸多因素叠加，相应减缓了国际上抽水蓄能电站的建设步伐。而在同期的中国，国民经济快速发展，电网规模不断扩大，为解决电网调峰的突出矛盾，增加经济的电网调峰手段，抽水蓄能电站建设则进入了快速发展期。前文所提及的广州抽水蓄能电站（总装机容量 2400MW）是世界第二大装机容量的抽水蓄能电站，就是在这一时期建设投运的。

进入 21 世纪后，为应对全球气候变化，能源绿色低碳转型步伐加快。为应对风光等新能源的高间歇性和不确定性，保障电力系统安全稳定运行，亟需大规模开发低碳灵活的调节电源，PSH 的发展又进入了快车道。据国际水电协会（IHA）发布的 2021 年全球水电报告：截至 2020 年年底，全球抽水蓄能装机规模为 1.59 亿 kW，占储能总规模的 94%。超过 100 个抽水蓄能项目在建，2 亿 kW 以上规划容量的抽水蓄能项目在开展前期工作。

1.2.2.3 压缩空气储能

压缩空气储能（CAES）是第 3 种在电力系统应用的储能技术。压缩空气储能电站类似于燃气轮机循环电站，但与燃气轮机循环电站的不同主要是：压缩空气储能电站循环的压缩部分和膨胀部分彼此解耦（见图 1-7）。CAES 先利用负荷需求低谷期的富裕电能来压缩空气，然后将压缩增压后的空气储存在地下洞穴（如地下盐穴、废弃矿井）或地上压力容器（如压力管道或储罐）等气密空间内；在负荷需求高峰期需要电能时，再释放所储存的高压空气，通过高压压缩空气的膨胀来驱动膨胀机（透平机）发出电能。

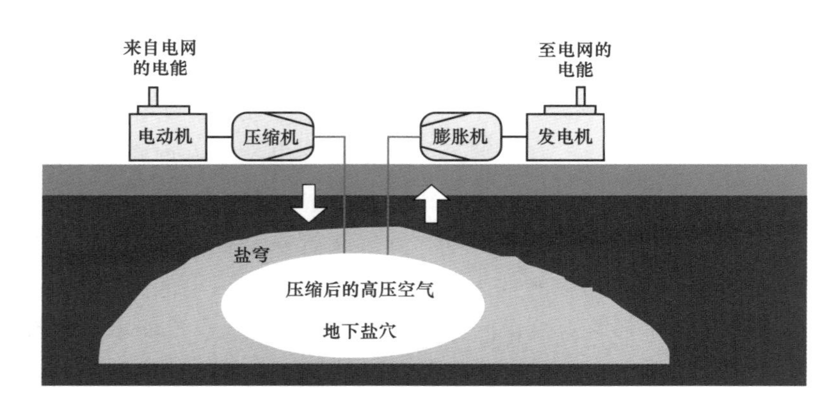

图 1-7　压缩空气储能电站示意图

压缩空气系统作为一种储存和分配能量的手段，有着悠久的历史。19 世纪末，法国巴黎、英国伯明翰、德国德累斯顿等城市就已铺设了压缩空气分配网，用于为气动马达和气动机械等提供动力能源。在这些早期应用中，压缩空气系统为家庭和工业用户提供了机械能，在纺织业、印刷业、食品业等领域得到广泛应用。第二次工业革命后，随着电力的推广应用，压缩空气系统这种类型的动力输送系统就逐渐变得过时了。

长期以来，人们一直期望利用压缩空气的弹性势能来实现储能。1949 年，瑞典斯达-拉瓦尔透平公司（STAL-Laval Turbin AB，ABB 公司的前身之一）首次提出 CAES 概念，即采用地下洞穴来存储压缩空气来实现能量储存，该发明获得 CAES 方面首个专利。世界上第一个压缩空气储能电站是于 1978 年投产的位于德国北部的亨托夫（Huntorf）压缩空气储能电站。该 CAES 电站采用非绝热 CAES 技术，空气压缩机出力为 60MW，≤12h；透平机出力为 290MW，≤3h；双盐穴，其中一个容量为 140 000m^3，另一个容量为 170 000m^3。全球第二个压缩空气储能电站是于 1991 年建成的位于美国阿拉巴马州的麦金托什（McIntosh）压缩空气储能电站。该电站在亨托夫电站基础上增加了换热器，空气压缩机出力为 49MW；膨胀机出力为 110MW，≤24h；盐穴容量为 560 000m^3。中国首个大型压缩空气储能电站是位于江苏常州的金坛盐穴压缩空气储能国家试验示范项目。该 CAES 项目于 2021 年 9 月首次并网发电，发电装机容量为 60MW，储能容量为 300MWh。

CAES 是除 PSH 外，目前投运时间最长、可大型化的商业储能电站。PSH 虽然是一种成熟的技术，具有容量大、储能周期长、效率高、单位能源投资成本相对较低等优点。但也存在大型水库的可用场地稀缺、准备和建设周期长、建设成本高、环境保护压力大等主要限制因素。因而 CAE 就变得更加有吸引力，成为大规模储能的有力竞争者。当前，国际上开始进行具备绝热储气、等温压缩和膨胀、更低安装成本、更高效率和更短建设周期等特征的新一代 CAES 的研发及工程示范。

20 世纪 80 年代以来，人们还对一些更奇特的储能技术，如超导磁储能、重力储能、地质力储能、二氧化碳储能等，以及相变、热化学、热光伏等储热技术，进行了大量研究。飞轮和超级电容等中小型储能也受到了关注，并在电网支持、应急电源等方面开展了应用。与此同时，氢经济的发展也激发了人们对氢、氨等化学载体作为储能介质的兴趣。

近年来，国内外已有多项研究支持“储能会使电网运行更稳定、更可靠、更经济、更绿色”的观点。进入 21 世纪，面对“碳中和”、能源转型的压力，全球电力系统储能出现了新的复兴，尤其是在以美国、欧洲等为代表的发达国家或地区，以及以中国、印度等为代表的新兴经济体。没有储能，诸如风电、光伏等存在波动性、间歇性的新能源的大规模高比例发展就面临极大困难，电力系统就难以实现风光等可再生能源的深度融合，以新能源为主体的新型电力系统的构建就难以早日成功。

1.3 储能技术分类

储能有助于捕获所生成的能量，并有效地为后续应用提供能量。储能可以通过多种方式实现，常见的储能种类有：化石燃料式储能（如煤炭、石油、天然气），生物式储能（如糖原、淀粉），机械式储能（抽水蓄能、压缩空气储能、飞轮储能、固体物质重力储能、液压蓄能），电或电磁式储能（如电容、超级电容、超导磁储能），电化学式储能（也常称为电池储能，包括液流电池、可充电电池、超级电池等），热能式储能（如液态空气储能、熔融盐储能、相变材料储能），化学式储能（如合成燃料、储氢、储氨）等。

绝大多数情况下，电能的储存过程都是先将电能转换成另一种易于储存的其他能量形式，而后在需要时再将所储存的能量以适当方式转换回电能。例如，抽水蓄能电站是将电能转换为与大量水提升高度相关的重力势能，电池和储氢是将电能转化为化学能，飞轮使用电机将电能转换为旋转机械能。还有一些储存热能或冷能的系统，可以将热能或冷能转换回电能。当前，只有两种系统可以直接储存电能，一种是储存静电电荷的电容器（包括超级电容器），另一种是在电阻为零的超导线圈中储存电流的超导磁储能。每种储能类型都有各自不同的特点。

尽管储能由来已久，自古有之，但储能技术的迅猛发展则发生在近几十年。从学科角度而言，储能技术是一门重要的新兴交叉学科，涉及材料、能源、机械、化学、物理、电子、电气等多学科。在1992年发布的《学科分类与代码》（GB/T 13745）第一版中，在“能源科学技术”一级学科下，首次将“储能技术”列为与“一次能源”“二次能源”“节能技术”“能源计算与测量”“能源系统工程”等并列的二级学科。

储能技术极具多样性，其分类也多种多样，可按储能所储存能量的形式、技术机理来分，可按储能释能持续时间长短或响应时间快慢来分，也可按储能装置在电力系统（发输变配用和微电网）部署环节来分……

1.3.1 按储能所存储能量形式或机理分类

储能包括一系列技术。在工程上，常根据储能所储存能量的形式不同，如图1-8所示，将储能系统分为机械式、电化学式、电能式、热能式和化学式5大类。

1.3.1.1 机械式储能

机械式储能系统是指以势能或动能等机械能的形式来存储能量的储能系统。抽水蓄能、压缩空气储能和飞轮是最常见的机械储能系统，液态空气储能则是较为新兴的系统。

抽水蓄能系统储存通过机械力提升水量后所形成的与水的质量相关的势能（见第1.2.2.2节）。压缩空气储能（CAES）是一种基于燃气轮机的储能技术，CAES先是利用机械力（空气压缩机）将电能储存于压缩空气中，用能时再通过释放压缩空气来推动涡轮机（膨胀机）发电（见第1.2.2.3节）。CAES系统中压缩空气充当了机械储能的介质。

飞轮是以动能的形式来储存能量。现代飞轮储能装置主要由巨大的旋转圆筒和与之相连的高性能电机-发电机构成（见图1-9）。充能时，电机将飞轮加速到较高的旋转速度，并以旋转能量的形式保持系统中的能量。释能时，用高速旋转的飞轮转子的惯性能来驱动发电机产生电能。飞轮工作时，是以极高的速度旋转，因此必须采用能够承受施加于其上的高速离心力的特殊材料来制成。飞轮虽然只能存储少量电能，但可极快速响应（<100ms）并释放能量。

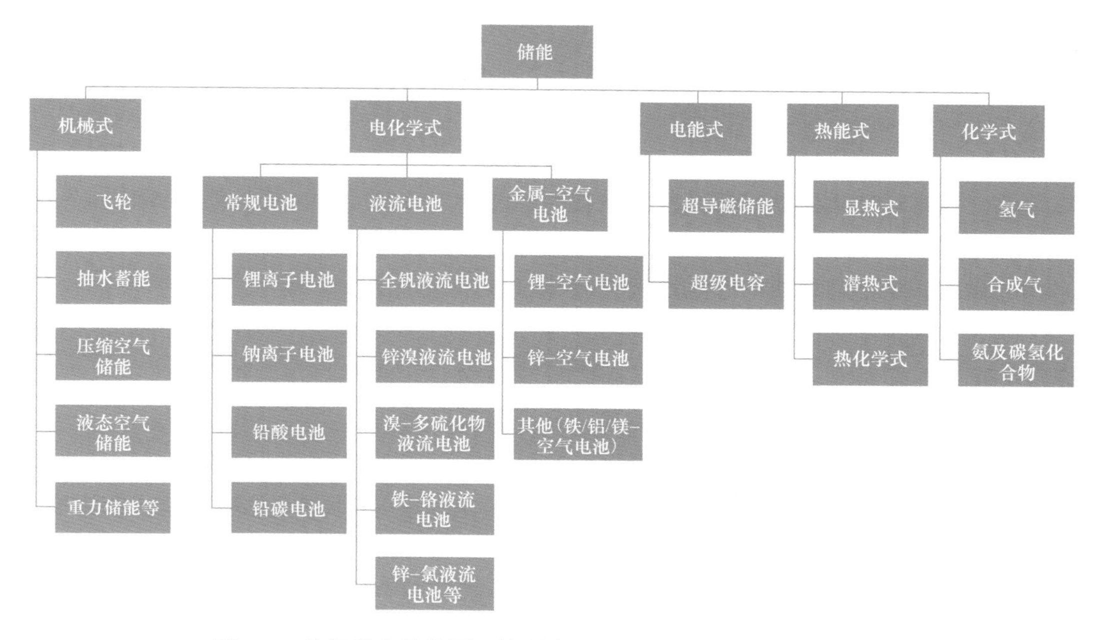

图 1-8 储能技术分类图（按所存储能量形式和机理不同分类）

液态空气储能（LAES）系统是一种利用液态空气（或液态氮气）作为储能介质和储能/释能工质的深冷储能技术，有时也被称为低温储能（CES），兼具机械式和热能式特点。储能时，利用低谷电来冷却空气，直到将空气低温液化，并将液体空气储存在储罐或其他密闭空间中；释能时，通过暴露于环境空气或利用工业过程中的废热，来将所存储的液体空气恢复到气态，并使用恢复气态后的高压空气来驱动空气透平机组做功发电。

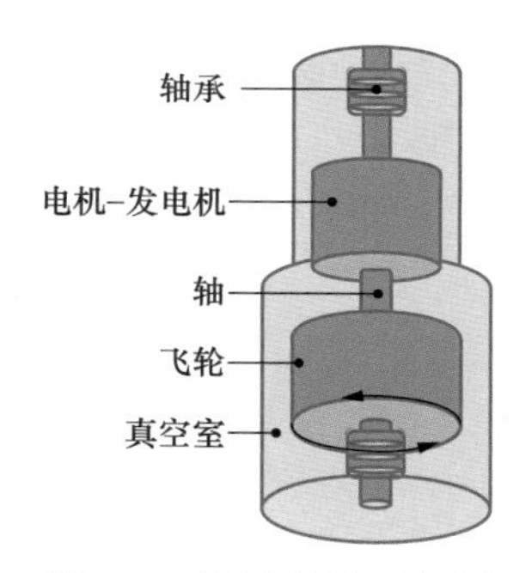

图 1-9 飞轮装置示意图

重力储能是一种利用重物（如重力砖块）高度变化来储能/释能的新兴储能技术。其工作原理是储能时利用来自电网的多余能量提升重物高度，产生重力势能；释能时通过发电机再将重物的重力势能转化为电能。

1.3.1.2 电化学式储能

电化学式储能是指以电化学形式储存电能的储能系统。电化学式储能是最悠久的储能技术之一，主要包括不同种类的电池，因此也常称为电池储能。电化学式储能的主要特征是电能和化学能共享同一载体——电子。

注意：电池储能所涉及的电池，不包含太阳能电池、常规燃料电池等。究其原因是太阳能电池工作机理是光电效应，不属于电化学范畴。单纯的常规燃料电池仅是一种把燃料所具有的化学能直接转换成电能的装置，属于能量转换类，不属于能量储存类。

电化学式电池有许多形式，根据是否可用充电方式来恢复电池所存储电能的特性不同，可将其分为一次电池（也称原电池）和二次电池（也称蓄电池，或可充电电池）两大类。一次电池为非充电电池，只能使用一次；二次电池为可充电电池，可重复充电和放电，多次使用。二次电池放电时将化学能转换为电能，充电时再将电能转换为化学能。通常，电力系统储能系统不采用一次电池，二次电池才是电力系统中最常用的储能类型。

电化学式储能可以进一步细分为常规电池、液流电池、金属-空气电池等子类。

（1）常规电池的基本组成部分是电化学电池，以两个由不同材料制成的电极（半电池）形式累积能量。根据电化学反应的化学成分，可将常规电池细分为许多类型，常见的包括钠硫电池、铅酸电池、铅碳电池、锂离子电池、钠离子电池等。

（2）液流电池（见图 1-10）也是一种电化学电池，其是通过两种分别储存的电解液来解耦其功率和能量。液流电池的正极和负极电解液是分别装在两个储罐并用离子交换膜（或离子隔膜）分隔，电池充/放电是通过循环泵使离子从一侧储罐穿过膜转移到另一侧储罐来实现的。常规电池和液流电池的基本区别是，常规电池将能量存储在电极材料中，而液流电池则将能量存储在电解液中。液流电池有全钒氧化还原液流电池（VRB）、锌-溴（Zn-Br）液流电池、溴-多硫化物液流电池、铁铬（Fe-Cr）液流电池、锌-氯液流电池等。其中，全钒氧化还原液流电池（VRB）是最成熟、最常见的液流电池之一。

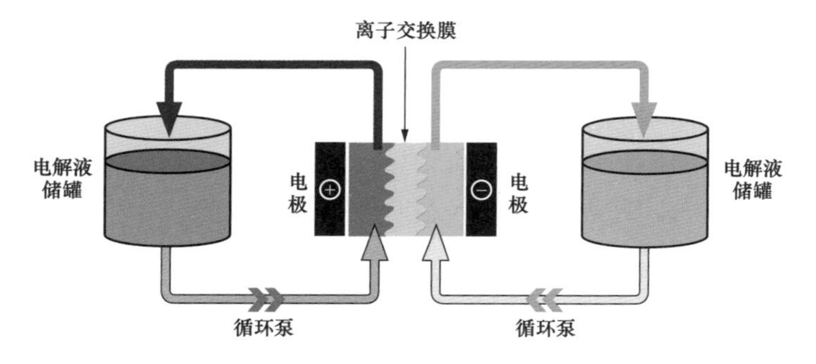

图 1-10　液流电池示意图

（3）金属-空气电池是一种新兴技术，可以利用如铝、铁、镁、锌等廉价且丰富的正电金属与空气中的氧气进行电化学作用来发电。正在研发或商业初期应用的有铁-空气、锂-空气、锌-空气等类型。

1.3.1.3　电能式储能

电能式储能系统是指以电流或带有电势差电荷的电能形式直接存储电能的储能系统。最常见的形式是超导磁储能（SMES）和超级电容器。

（1）SMES（见图 1-11）使用工作在临界温度以下的超导材料制成的线圈，电能被送入线圈以产生稳定的磁场，然后磁能理论上可以无限期地存储在感应的磁场中。

（2）超级电容器常指一种由电极、膜分离器和电解液构成的电化学双层电容器，它使用两个带相反电荷的电极储存能量，两个电极用离子溶液分开。超级电容器可储存大量电荷，与 SMES 一样，可对电力需求作出极其迅速的反应，在几毫秒响应时间内即可快速释放所存储的电能。

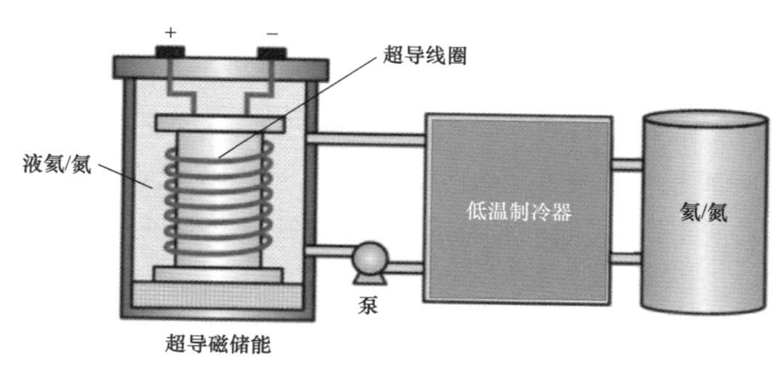

图 1-11　超导磁储能示意图

1.3.1.4　热能式储能

热能式储能系统（TES）是指通过加热或冷却储能介质（如水、岩石、熔融盐、氧化铝）来存储热能的储能系统。TES 可进一步细分为显热储能式（加热过程中储能介质不会发生相变）、潜热储能式（利用相变材料来储存热能）和热化学储能式（利用化学物质发生吸附或化学反应时吸收或释放大量热能）。根据使用的技术和存储介质的不同，TES 的工作温度变化范围较大。电力系统中主要是用高温 TES 来储存电能，所储存的热量可以通过常规蒸汽换热器、蒸汽轮发电机组来转换回电能。

1.3.1.5　化学式储能

化学式储能系统是指通过如氢、甲烷、合成气（$CO+H_2$）和氨等化学品的生产，将电能转换为化学能的储能系统。这些生成的化学品随后可以作为燃料等介质来发电。例如，基于风电或光伏电+电解水技术来制成氢气，再通过氢燃料电池或燃氢气轮机来产生电能。

1.3.2　按储能释能持续时间长短分类

按照储能装置或系统以额定功率来输出所存储能量的持续时间尺度长短，通常可将其分为两类：短持续时间储能（short duration energy storage, short term energy storage）和长持续时间储能（long duration energy storage, long term energy storage）。但时间尺度长短是相对的，短持续时间储能和长持续时间储能的时间界限，当前国际上尚无统一标准。如欧洲一些学者及机构将小时级以上均界定为长持续时间储能，美国加利福尼亚公共事业委员会（CPUC）则要求至少为 8h 及以上，美国能源部则要求至少 10h

及以上，还有的机构要求一天及以上水平（24～72h）、周水平（100h）甚至季节水平。

在工程中，常将短持续时间储能和长持续时间储能分别简称为短时储能或长时储能。实际上，这是一种不规范的称谓，极易与储能装置或系统对释能请求的响应时间长短混淆。如学术上，按照对释能请求的响应时间快慢，也将储能装置或系统分为短时响应储能装置或系统（如超级电容器、超导磁储能装置、飞轮、电化学电池等）、长时响应储能装置或系统（如抽水蓄能、压缩空气储能等）两个类别。

以下分别介绍欧洲、美国、国际长持续时间储能委员会等的不同分类方法。

1.3.2.1 储能释能持续时间分类法一

欧洲某些机构、学者，将短持续时间储能的时间长度界定为秒级或分钟级，长持续时间储能的时间长度界定为小时级。按此分类，飞轮、超级电容、SMES 等归入短持续时间储能范围，电池、抽水蓄能、压缩空气储能等归入长持续时间储能范围。

飞轮、超级电容、SMES 等短持续时间储能（见表 1-3，其中 SMES 理论上可做到长持续时间储能，但当前商业运行多为小型 SMES，且释能时间较短）具有高功率密度、可快速响应释能请求、释能持续时间短、充放效率高等特点，可用于负荷跟踪控制、系统调频、功角稳定、惯量支撑、爬坡、无功支持、电能质量改善、风光出力平滑处理及机械能回收等秒级和分钟级应用场合。在线路切换、负荷变化和故障清除等系统扰动后的过渡期内应用短持续时间储能，可防止因失去同步或电压不稳定等而导致的电力系统崩溃，提高电力系统的可靠性和供电品质。在风光等可再生能源渗透下的电力系统中应用短持续时间储能，可避免暂时性故障，有助于提供如瞬时备用和短路容量支撑等重要的系统服务。

表 1-3　短持续时间储能装置典型特性表

特性	技术类别		
	飞轮	超级电容	SMES
功率（MW）	0.1～20	<10	<100
能量（MWh）	<5	<3	<1000
充放效率（%）	80～90	65～99	80～98
寿命（周期）	10^6	10^4～10^6	10^6
成本（元/kW）	980～2450	490～2800	1400～3500

电池储能、抽水蓄能、压缩空气储能等长持续时间储能（见表 1-4）通常具有容量大、释能持续时间长等特点，能在数小时期间或更长的时间期间吸收和供应电能，并能在能量管理、频率调节、系统调峰、电网阻塞管理、备用容量、风光新能源消纳等方面作出特殊贡献。

表 1-4 长持续时间储能装置典型特性表

特性	技术类别		
	抽水蓄能	电池储能	压缩空气储能
功率（MW）	100～3000	100	100～300
能量（MWh）	400～24 000	400	50～1000
充放效率（%）	70～85	50～90	40～60
寿命（周期）	30～100a	10^3～10^4	30a
成本（元/kW）	3000～25 000	490～27 000	2400～16 000

需说明的是：飞轮、超级电容、SMES、电池等均属快速动作响应型储能系统，在电力系统中如一次调频等需快速动作的应用场合表现突出。

1.3.2.2 储能释能持续时间分类法二

美国一些公司和机构常将在额定功率下能连续释能 8～10h 及以上的储能装置或系统归入长持续时间储能的范围，连续释能 4h 及以下的储能装置或系统则纳入短持续时间储能范围。当 VRE（可变可再生能源，如风能、太阳能等）在电力系统中的渗透率超过 20%～25%时，为了维持电力系统的可靠性，必须配置长持续时间储能系统。如此，通过长持续时间储能技术的发展及广泛应用，可以淘汰煤炭、天然气调峰或顶峰电站，可将风能、太阳能等可再生能源转化为全天候能源，为低碳甚至无碳电力系统的构建铺平道路。

例如，为了经济高效地将其各自的可再生能源电站联网至加利福尼亚州独立系统运营商（“CAISO”）的电网中，由中海岸社区能源（Central Coast Community Energy）、CleanPowerSF、马林清洁能源（Marin Clean Energy）、半岛清洁能源（Peninsula Clean Energy）、红杉海岸能源管理局（Redwood Coast Energy Authority）、圣何塞清洁能源（San Jose Clean Energy）、硅谷清洁能源（Silicon Valley Clean Energy）、索诺玛清洁能源（Sonoma Clean Power）等组成的联合体于 2020 年 10 月发出 500MW 长持续时间储能装置招标书。该招标书中要求：所投标的长持续时间储能技术必须具有在额定功率下至少 8h 持续放电的能力。

美国能源部将长持续时间储能（long duration energy storage，LDES）定义为一次可以储存能量（可持续以满功率释放能量）超过 10h 的储能系统。如图 1-12 所示，释能持续时长 0～10h 的称为“短持续时间储能”（如飞轮储能、锂离子电池储能），10h 以上的统称为“长持续时间储能”，且长持续时间储能还可细分类为 10～36h 的为“日间长持续时间储能”（有时也称为“日内长持续时间储能”，如传统抽蓄、新型抽蓄、重力储能、压缩空气储能、液态空气储能、液态二氧化碳储能等机械式储能技术）、36～160h 的为“多日/周持续时间储能”（如显热、潜热、热化学储热技术，液流电池、金属阳极电池、混合液流电池等电化学储能技术等）、超过 160h 的称为“季节性时移储能”（如储氢、热化学储热）等。有的还将“多日/周持续时间储能”和“季节性时移储能”统称为“季节性储能”。

目前，抽水蓄能是电网应用中最大的长持续时间储能系统，锂离子电池储能则是电网上部署的新型储能技术的主要来源，提供较短时间的储能能力。为了实现随时随地为清洁电力提供价格可负担得起的长持续时间储能技术，美国能源部于 2021 年 7 月宣布启动“能源地球攻关行动计划（energy earthshot initiative）”之二——“长持续时间储能攻关（long duration storage shot）”计划，确立了在未来十年内将电网规模级的、可释能 10h 以上的长持续时间储能的成本降低 90%（以 2020 年锂离子电池成本为基线）的目标。长持续时间储能攻关计划将考虑所有类型的储能技术——无论是电化学式、机械式、热式、化学载体式，或有可能满足电网灵活性所需的持续时间和成本目标的任何组合式技术等。

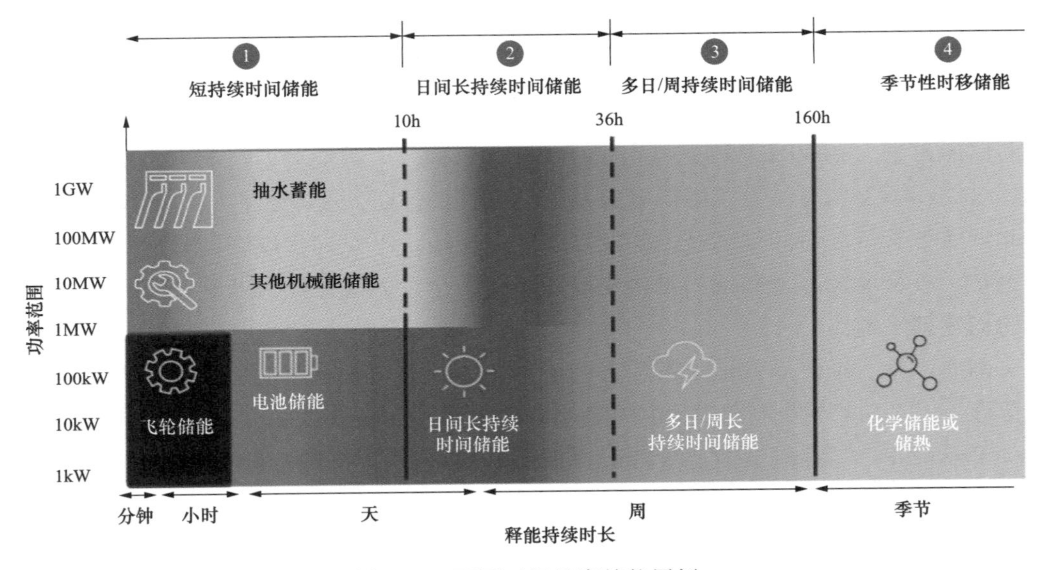

图 1-12　不同时间尺度储能用例

1.3.2.3　储能释能持续时间分类法三

LDES（长持续时间储能）委员会，于 2021 年 11 月召开的第 26 届联合国气候变化大会期间成立，是一家由 CEO（首席执行官）领导的全球性非营利成员组织。其成员由技术供应商、设备供应商、可再生能源公司、公用事业公司、电网运营商、投资者和终端消费者组成，包括谷歌、微软、西门子、英国石油、壳牌、福伊特等国际知名公司。LDES 委员会旨在通过推动零碳长持续时间储能方面的科技创新、商业化和部署，来全面取代化石燃料的应用，以最低的社会成本来加速能源系统的去碳化。

该委员会将“长持续时间储能”定义为：能满足以下全部要求的任何储能技术，一是可有竞争力地进行部署，用以长期储能；二是可经济地扩大规模，用以维持数小时、数天甚至数周的电力供应；三是有显著促进经济体去碳化的潜力。

在 LDES 委员会于 2021 年 11 月发布的旗舰报告——“Net-zero power：Long duration energy storage for a renewable grid（净零电力：用于可再生能源电网的长持续时间储能）”中，按储能持续时间尺度，将储能分为三类：

（1）短持续时间储能。如短持续时间电池（包括锂离子电池）。

（2）长持续时间储能。储能持续时间范围：6～150h。

（3）超长持续时间储能。完全可调度的资产（如燃氢轮机），但当前该项目技术还未成熟。

LDES 委员会所提出的新型 LDES 不包括锂离子电池、大规模地上抽水蓄能等储能技术。该委员会所提出的新型 LDES 可分为机械储能、热能储能、电化学储能和化学储能等四种类型。

（1）机械式 LDES：存储动能或势能，如先用低谷电提升重物，用电高峰时再释放重物发电。其主要包括新型抽水蓄能、基于重力的储能、压缩空气储能、液态空气储能、液态二氧化碳储能等技术。

（2）热能式 LDES：存储热能，释放电和热，如先用低谷电加热固体或液体介质，用电/热高峰时再利用所存储的热能进行发电和供热。其主要包括显热、潜热、热化学热等技术。

（3）电化学式 LDES：通过化学能与电能相互转化来存储和释放能量，如先用低谷电为电化学电池充电，将电能转化为电化学能；用电高峰时，再释放电化学电池电能，将电化学能转化为电能。其主要包括液流电池、金属阳极电池、混合液流电池等技术。

（4）化学式 LDES：通过化学键的产生来储存电能，如先用低谷电生成合成气，用电高峰时再利用合成气来发电，即电转气-气转电。

各类 LDES 技术主要参数及成熟度见表 1-5。

表 1-5　各类长持续时间储能技术主要参数及成熟度

储能类型	技术类别	市场成熟度	最大部署容量（MW）	最大额定持续时间（h）	平均充放效率（%）
机械式 LDES	新型抽水蓄能	商业化	10～100	0～15	50～80
	基于重力式储能	试验示范	20～1000	0～15	70～90
	压缩空气式储能（CAES）	商业化	200～500	6～24	40～70
	液态空气式储能（LAES）	初期商业化	50～100	10～25	40～70
	液态二氧化碳式储能	试验示范	10～500	4～24	70～80
热能式 LDES	显热式（如熔融盐、岩石材料、混凝土等）	研发、试验示范、商业化	10～500	200	55～90

续表

储能类型	技术类别	市场成熟度	最大部署容量（MW）	最大额定持续时间（h）	平均充放效率（%）
热能式 LDES	潜热式（如铝合金等）	研发、试验示范、商业化	10～100	25～100	20～50
	热化学热式（如沸石、硅胶等）	研发、试验示范			
电化学式 LDES	液流电池	试验示范/商业化	10～100	25～100	50～90
	金属阳极电池	研发/试验示范	10～100	50～200	40～70
	混合液流电池（液体电解质+金属阳极）	商业化	>100	25～50	55～75
	混合阴极电池	商业化	10	3～12	75
化学式 LDES	电-气（如氢气、合成气等）-电	试验示范、商业化	10～100	500～1000	40～70

1.3.3 其他分类法

传统的电力系统价值链是由燃料/能源、发电、输电、配电、用户或需求侧五个环节组成。储能，特别是新型储能，如图 1-13 所示，可以在需要的时间和需要的地点，与电力系统原有的任一环节，甚至分布式发电或综合能源等集成或耦合，构成极具建设意义的电力系统第六个环节。储能可消除顶峰负荷难题，改善电力系统稳定性，消除电力品质波动，显著提升风能、太阳能等新能源的渗透率……随着电力储能系统的创新进步和成本的进一步降低，相信储能技术必将在电力系统的设计和运营等各个方面带来革命性的变革。

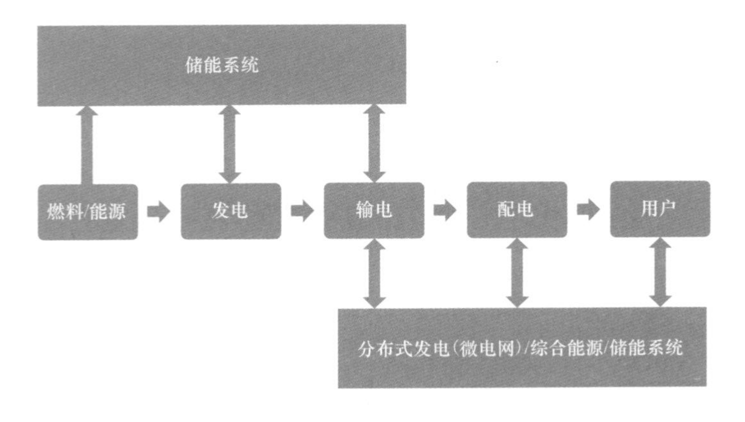

图 1-13　集成储能的新型电力系统示意图

综上，按照储能在电力系统环节部署位置的不同，也可将储能分为发电侧储能、输电侧储能、配电侧储能、用户侧储能、分布式能源或微电网侧储能等主要类别。发电侧储能主要配置在电源端，可以为传统发电端提供调峰调频、辅助服务外，也更多应用在风光等新能源削峰填谷、平抑波动、提高新能源消纳等方面。电网侧储能包括输电侧储能和配电侧储能，分布在电网关键节点，能大幅提升大规模高比例新能源并网和大容量直流系统接入的灵活调节能力，主要发挥调峰调频辅助支撑、缓解电网阻塞、延缓输/配电设备扩容升级等作用。用户侧储能或需求侧储能，则安装在用户负荷端，起到削峰填谷、需求响应、电源备用等作用。分布式能源或微电网侧储能兼具发电侧储能、电网侧储能和用户侧储能的基本特点，主要区别在于其规模相对于发电侧和电网侧储能配置的规模较小。

此外，美国能源部根据所研发及应用技术不同，在所推出的旨在加速美国国内储能资源的开发、商业化、利用和促进国内制造能力提升的 ESGC（储能大挑战）项目中，将储能进行了较为宽泛的分类，包括双向储电（机电式和电化学式）、热能式、化学式、灵活建筑、灵活发电等类别，见图 1-14。

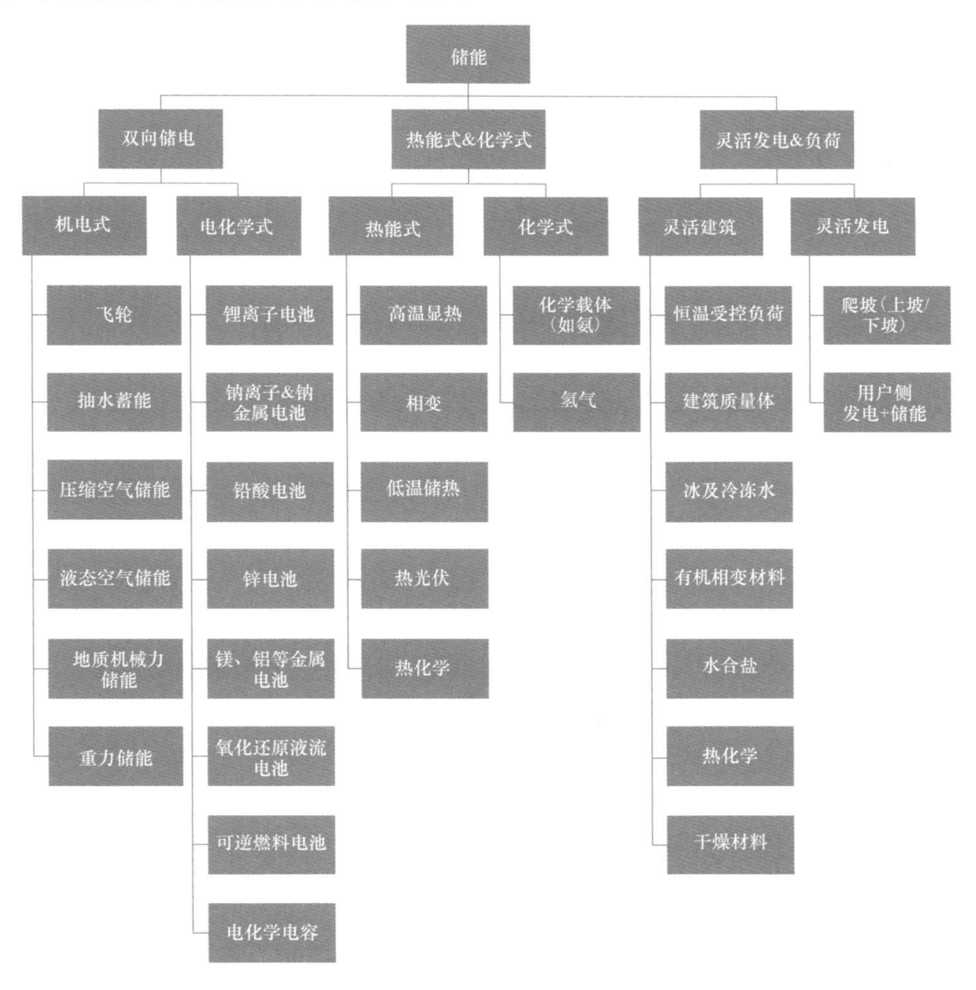

图 1-14 储能技术总览图

1.4 储能在电力系统中的作用

储能是构建以新能源为主体的新型电力系统的基础，也是确保能源顺利转型、如期实现“碳达峰 碳中和”目标的关键，没有储能的加持，新型电力系统乃至新型能源体系的构建，是不可想象的。电力作为重要且体量巨大的基础设施，其“低碳”或“零碳”不是瞬间就可实现，而是自有其转型的规律。在能源电力转型过程中，“破”传统高碳排放能源，“立”清洁低碳能源或零碳能源，这是必然要求。为了确保能源安全，“先立后破”是最得当的能源转型应对之道。在能源转型之路上，储能不仅对于传统电力系统性能提升、污染物及温室气体减量排放有着重要作用，而且对于构建以新能源为主体的新型电力系统更可发挥关键作用（如可有效应对风能、太阳能等新能源的波动性、间歇性，避免电力系统弃风弃光，提升电力系统灵活性、可靠性、安全性），因而国际上常将储能称为实现能源转型的“瑞士军刀”（即指其功能的多样性）。

在清洁低碳、电能化替代、市场经济等发展背景下，传统的电力系统面临如燃料供应不确定性、燃料价格波动性，常规电站频繁功频调节和负荷爬坡/降坡带来的低利用率和高寿命损耗，输电阻塞、供电安全、供电品质等多方面的挑战或冲击，如图1-15所示。储能，尤其是新型储能，可以充当电力系统的压力“减震器”和效益“倍增器”，大大减少电力系统所面临的每一个挑战，提高已有电站和输/配电设施的效率，减少电力设施必需的投资，提升电力系统的运营效率、可靠性、安全性、经济性、灵活性等性能。通过在电力系统中的大规模应用，储能的赋能和效益倍增效应会更加显著。

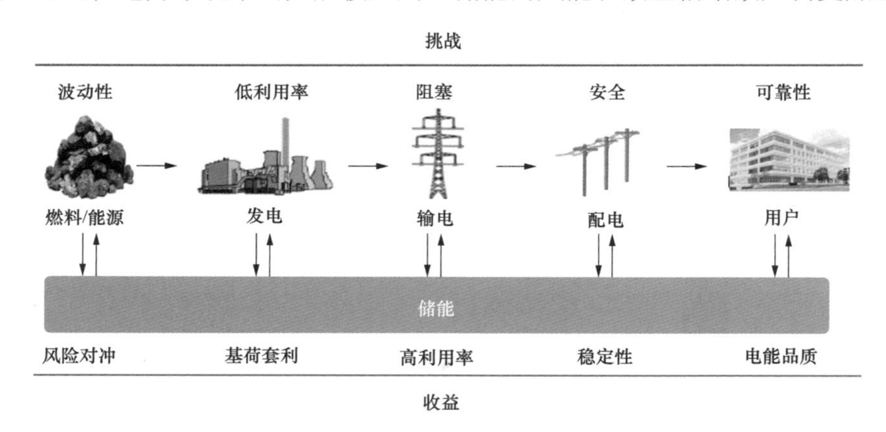

图1-15 储能在电力系统价值链中的作用

储能，作为在电力系统已有的燃料/能源、发电、输电、配电、用户或需求侧等五个环节上增加的极具建设意义的第六个环节，可改变电能生产、输送和使用必须同步完成的“同时性”模式，如图1-16所示，可以在需要的时间和需要的地点为电力系统（包括发电-输电-配电-用户等在内）各个环节或设施提供所需的功能。举例而言，风电光伏等新能源存在波动性、间歇性和难以预测性，易造成资源利用率低、影响电网运行安全等问题。储能，作为新能源的天然搭档，可极佳协调新能源消纳与电网安全稳定运行之间的关系。虽然电能不能经济地大量直接储存，但它可以很容易地转换成其他能量形式储存，并在必要时再转换回电能。风光大发时或者用电低谷时为储能装置充储电能或其他形式能量，风光出力小或者用电高峰时储能装置释放能量，馈送电能至电网。如此，既能平滑不稳定的光伏和风电，提高可再生能源在电力系统中的占比，也能配合常规煤电、气电、核电等电源，为电力系统运行提供调峰调频等辅助服务，提高电力系统的灵活性。可见，储能有助于电力系统从依赖化石燃料的可控（可调度）资源转型到以风光为主体的可再生的间歇性资源，并为电力系统提供许多其他附加收益。

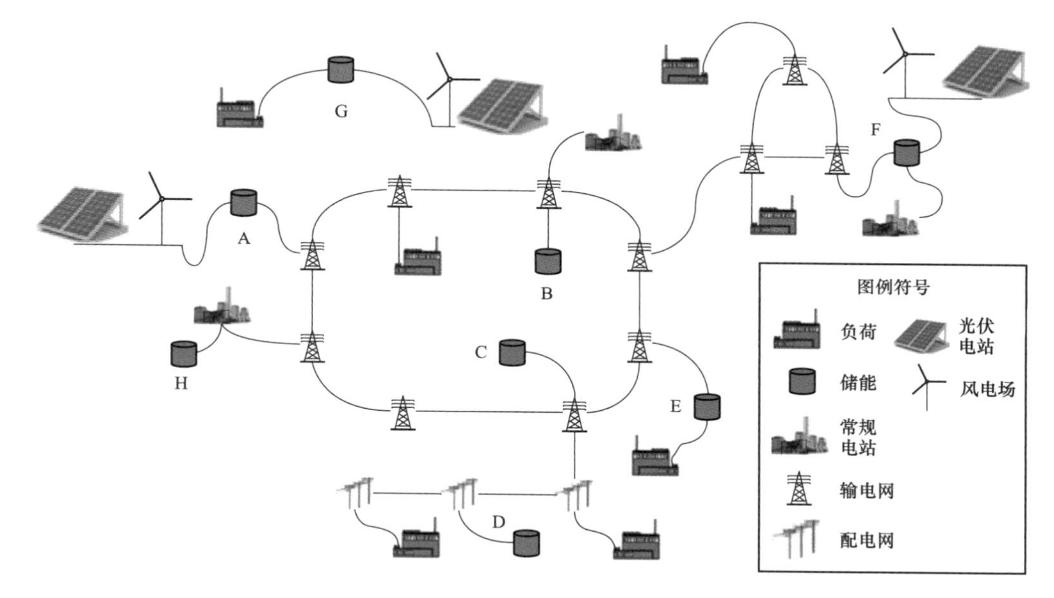

图 1-16 储能在电力系统中的应用示例

A—风光可再生能源耦合；B—商品套利；C—输电支持；D—配电支持；E—供电品质；F—分布式发电支持；G—离网支持；H—电源侧耦合

综上，通过储能应用，可极大提高电力系统中风电光伏渗透率，有利于电网接纳更多新能源，减少对输电网扩容的需求，增强辅助服务能力，支持更有效地利用已有电力系统资产，提升供电可靠性，提高原有电站和输电网/配电网的效能，减少不必要的新系统设施投资，且有利于加速打造一个反应敏捷、灵活性强、绿色低碳、性能优异的新型电力系统和新型电力市场。

因此，储能至少可在电力系统的大宗能源服务、辅助服务、输电网基础设施服务、配电网基础设施服务、用户侧能量管理服务等五个方面发挥近 20 项作用（见表 1-6）。

表 1-6　　储能在电力系统中的作用一览表

储能服务大类	储能服务子类（作用）	储能系统规模范围（参考）	目标放电时长范围（参考）	年最低充放电次数（参考）
大宗能源服务	电能时移（套利）	1～500MW	1～3h	250+
	供电容量服务	1～500MW	2～6h	5～100
辅助服务	调节	10～50MW	15min～1h	250～10 000
	备用	10～1000MW	15min～1h	20～50
	电压支持	1～10Mvar	—	—
	黑启动	5～50MW	15min～1h	10～20
	负荷跟随/爬坡支持	1～500MW	15min～1h	
	频率响应	按需	按需	按需
	转动惯量	按需	按需	按需
输电网基础设施服务	延缓或避免输电网升级改造	10～100MW	2～8h	10～50
	缓解输电阻塞	1～100MW	1～4h	50～100
	改善输电系统性能	10～100MW	5s～2h	20～100
配电网基础设施服务	延缓或避免配电网升级改造	500kW～10MW	1～4h	50～100
	电压支持	1kvar～1Mvar	—	—
	缓解配电阻塞	100kW～10MW	1～4h	50～100
用户侧能量管理服务	供电品质	100kW～10MW	10s～15min	10～200
	供电可靠性	按需	按需	按需
	零售电能时移	1kW～1MW	1～6h	50～250
	需求费用管理	50kW～10MW	1～4h	50～500

1.4.1　大宗能源服务

1.4.1.1　电能时移

电能时移是指储能系统在某个时段（如电力负荷低谷时段、电网弃风弃光时段、电价较低时段）储存电能，再在随后的某个时段（如用电高峰时段、尖峰负荷时段、电价较高时段）释放电能，即通过储能系统实现电能在时间轴上迁移的服务。电能时移（套利）有三重功用：其一是在电价或系统边际成本较低期间，购买可获得的廉价电能，用以给储能系统充电，稍后在电价较高有边际利润时段，再使用或出售所存储的电能；其二是采用储能系统存储风电或光伏（PV）等可再生能源生成的多余能量，即电力系统削减下来的弃风弃光电量，来实现电能时移，解决风电光伏的消纳难题；其三是当有显著的季节和日变化差异时，储能系统可将季节性或日间电能储存利用，起大宗能源服务之功用。最后一点对于大型风电或光伏发电基地的盈利非常有用。

在工程应用中，还需重点考虑储能系统非能源相关可变运营成本、储能往返效率及其使用时的储能性能衰退速率，购电和储电成本与释电释能成本的差额，释电释能可产生的效益等因素。

1.4.1.2 供电容量服务

根据特定供电系统环境，可用储能来推迟和/或减少购买电站发电容量和/或电力批发市场用电容量的需要。例如，如图 1-17 所示，表示了容量约束及储能系统是如何来补偿不足的，图 1-17 上面部分表示需要峰值容量的 5 个工作日；下面部分表示储能系统是如何通过放电来满足这 5 个峰值期间的负荷需求，而在系统负荷较低时，即从午夜前开始到深夜结束这段期间内，则为储能装置充电。该功能具体应用时，还需考虑储能系统的年运行小时数、运行频次和每次使用时的运行持续时间、发电容量价格及其与容量相关的计费方式等因素。

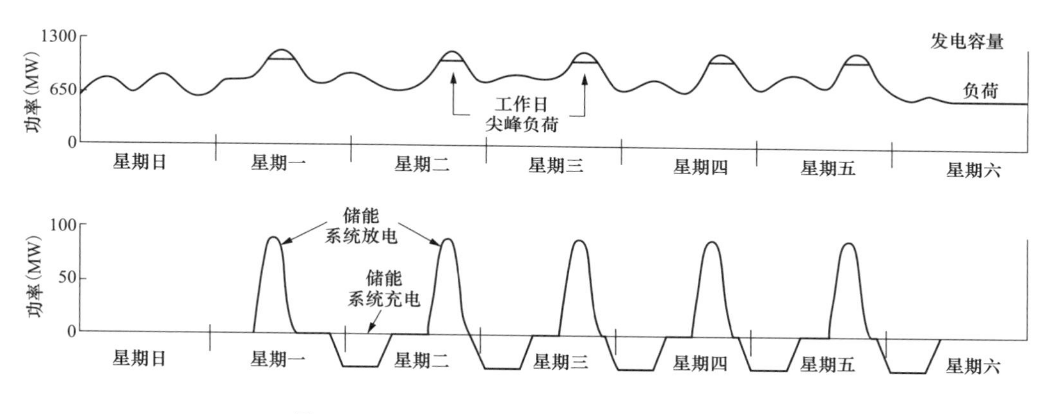

图 1-17 用于供电容量服务的储能系统示例

（来源：美国 DOE/EPRI）

1.4.2 辅助服务

1.4.2.1 调节

调节涉及管理被控区域与其他控制区域的交换功率，以实现实际的交换功率与计划的交换功率及被控区域内需求的瞬时变化的紧密匹配。电力系统调节的主要目的是协调、减小发电和负荷波动所引起的瞬时偏差（即电力供需不平衡），维持电网频率，并使之符合相关的电力系统功率平衡控制性能和扰动控制性能标准规范。

调节是储能系统特别适合的电力辅助服务之一。从调节幅度看，相同出力的储能系统的调节幅度远高于同出力的发电机组。图 1-18 所示为用于调节的发电机组和储能系统的运行模式示例。从图 1-18 中对比可看出，铭牌出力仅为兆瓦级的高效储能装置可分别通过放电（向电网注入能量）提供兆瓦级功率升和通过充电（从电网吸收能量）提供兆瓦级的出力降，这相当于为电力系统提供了 2 倍出力（即 2MW）的调节服务范围。由此可知，通过储能系统的大量应用，可极大减少常规发电机组提供宽范围灵活性变功率调节服务的必要性，从而减少发电机组大范围快速功率变动易造成的性能下降、机械磨损和寿命损耗等不足。从快速响应特性（即快速爬坡率）看，具有快速爬坡率的储能系统（例如飞轮、超级电容和某些类型电池储能）的调节等效收益约是常规发电机组的两倍数量级。储能系统可更准确地跟踪控制信号，能快速响应 ACE（区域控制偏差）或 AGC（自动发电控制）。与之相对应，常规发电机组通常仅能跟随 AGC 信号。如图 1-19 所示，为满足调节要求的储能响应，上半部分表示了未配储能系统时，为响应频繁的负荷变化需求，所导致的发电机组发电量的频繁变化；下半部分表示了加入储能系统后，储能系统根据需要及时放电或充电以注入或吸收电网功率，从而大大消除了发电机组不必要的频繁功频调节需要（见上半部分的粗实线负荷曲线）。由此可看出，储能是一种有价值的调节资源，可有效减少电网对常规发电机组灵活性的需求，极大减少发电机组不必要的磨损和损耗。

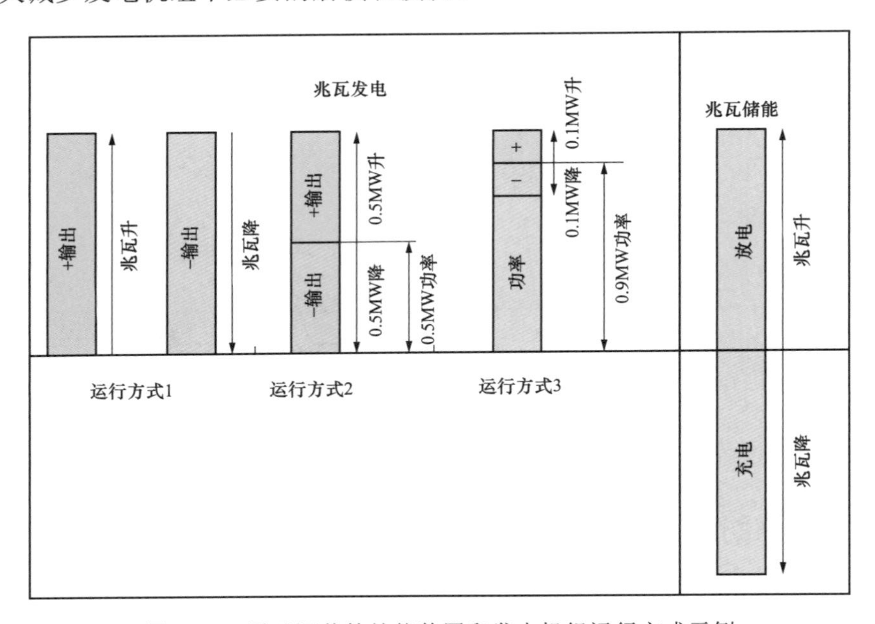

图 1-18　用于调节的储能装置和发电机组运行方式示例

1.4.2.2　备用

备用是指为保证电力系统可靠供电，在调度需求指令下，并网主体（如火电、水电、风电、光伏发电、抽水蓄能等）通过预留调节能力，并在规定的时间内响应调度指令所提供的服务。备用包括旋转备用、非旋转备用和补充备用等三个类别。通常，备用至少与为电力系统提供服务的单个最大资源（例如，单台最大发电机组）一样大，备用容量取值通常为正常供电容量的 15%～20%。当发电或输配电出现故障时，首先使用旋转备用（即同步型备用）。例如，“频率响应”型旋转备用要求在 10s 内作出快速响应，以保持系统频率稳定。非旋转备用属于非同步型备用，通常要求在 10min 内对调度指令作出响应。补充备用本质上是作为旋转和非旋转备用的后备，是指可在 1h 内承担负荷的发电机组。

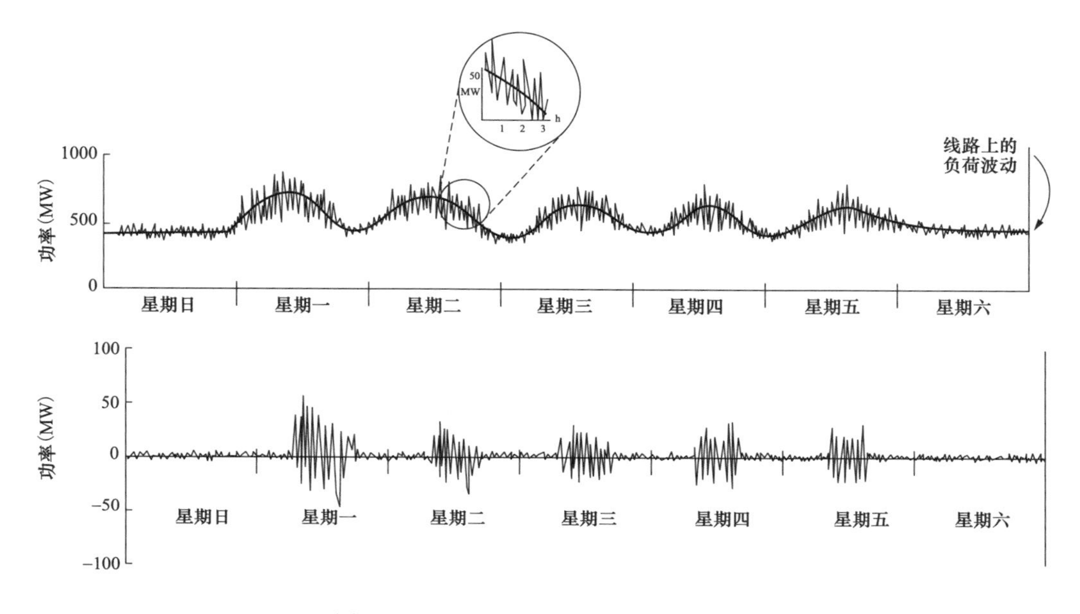

图 1-19 用于调节的储能装置效果示例

（来源：美国桑迪亚国家实验室）

储能系统可以承担全部类型的备用辅助服务。当起旋转备用作用时，用作备用容量的发电资源必须在线且保留可供运行的出力范围（即处于部分负载工况）。与发电资源不同，几乎在所有情况下，用于备用容量的储能系统根本不用放电，它只需要时刻准备着，当需要时则立即响应调度指令，迅速开始放电。

1.4.2.3 电压支持

电压支持即无功平衡服务，是指为保障电力系统电压稳定，并网主体根据调度下达的电压、无功出力等控制调节指令，通过自动电压控制（AVC）、调相运行等方式，向电网注入、吸收无功功率，或调整无功功率分布所提供的服务。

通常，在电力系统中是由指定的电站产生无功功率（VAR），以抵消电网中的电抗，抵消无功效应，用以维持电力系统电压在规定的范围内。同时，也可通过在电网中集中或分散部署储能装置，或在大型负荷中心附近部署相应的无功支持储能系统来实现所需的电压支持。

用于电压支持的储能系统的 PCS（储能变流器）必须能够在非单位功率因数下的四象限运行，以注入或吸收无功功率。目前，储能系统所采用的 PCS 基本上都具备该能力。用于电压支持服务的储能系统的三种工作方式如图 1-20 所示，即按电网所需，主动注入有功功率和无功功率；按电网所需，吸收有功功率以平衡电压，同时提供无功功率；按电网所需，仅提供无功功率，而没有注入或吸收有功功率。若仅在电压支持运行模式下工作，则不需要储能系统提供实际功率。因而在此工作模式下，并不关心储能的放电持续时间和每年的最小循环次数等指标。

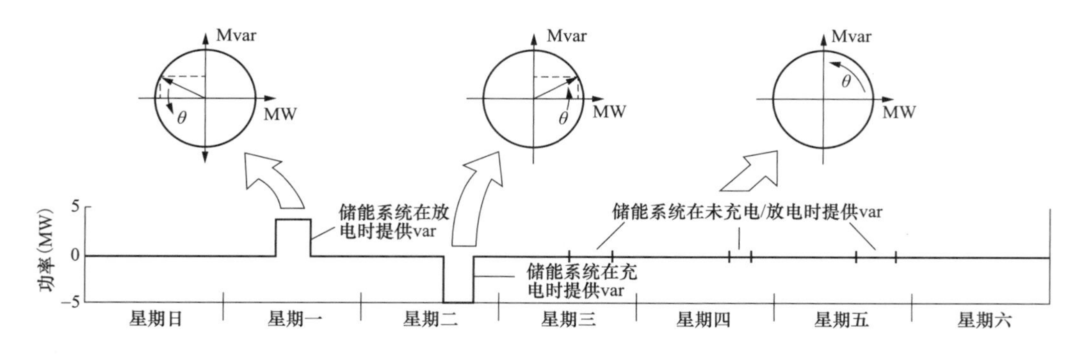

图 1-20　用于电压支持服务的储能

1.4.2.4　黑启动

黑启动是指电力系统大面积停电后，在无外界电源支持的情况下，通常由具备自启动能力的发电机组等启动运行并向电力系统恢复供电的服务。

储能系统，尤其是储电系统，能为电网提供主动存储的电能或其他能量，天然具备黑启动能力。储能系统可通过以下方式为电力系统提供黑启动服务：

（1）在电网发生灾难性故障后，通过电网侧储能系统（如抽水蓄能、飞轮储能等）为输电和配电线路供电，为电站提供厂用启动电源，使电站重新并网发电。

（2）在电网发生灾难性故障后，直接通过电源侧储能系统（如电池储能等）为大型电站提供相应的启动电源，使电站启动运行，恢复向电力系统供电。

1.4.2.5　负荷跟随/爬坡支持

负荷跟随是指为响应特定区域内电力供应和负荷需求之间的供需平衡变化而由并网主体通常以分钟级来改变其功率输出的服务。具体而言，功率输出变化是对系统频率、以时间为基线的负荷变化（如 8:30～11:30 早高峰时段，11:30～18:00 平时段，18:00～23:00 晚高峰时段，23:00～7:00 低谷时段；7:00～08:30 平时段）或其相互之间关系变化的响应，用以保持电力系统频率和/或已确立的与其他区域间的功率交换值等均在预定限值范围内。爬坡支持是指为应对风电或光伏等可再生能源发电波动等不确定因素带来的系统净负荷短时大幅变化，具备较强负荷调节速率的并网主体根据调度指令调整出力，以维持系统功率平衡所提供的服务。爬坡支持的主要指标包括最大上坡率（MW/min）、最大下坡率（MW/min）和上坡/下坡持续时间。随着风电、光伏等新能源接入比例不断提高，其波动性和不确定性严重影响电力系统的可靠运行。因此，电力系统对负荷跟随、爬坡支持等发电侧灵活性服务的需求也愈加迫切。

在电力系统中，通常是由常规发电机组来提供负荷跟随服务，即发电机组的发电出力随着系统负荷的增加而增加，用以跟随用电需求的增加；与之同理，随着系统负荷的减少，发电机组的发电出力也相应随着用电需求的减少而减少。为了实现“负荷跟随升”功能，发电机组需处于其出力小于其设计或额定出力的运行工况，即“部分负荷运行”状态，如此才能有机组出力提升的空间，才允许机组操作员或机组协调控制系统根据需要来增加发电机的出力，以提供负荷跟随服务，以适应不断增加的负荷需求。同理，为了实现“负荷跟随降”功能，发电机组需先处于高出力水平，甚至可能处于设计出力水平，然后机组出力才可能随着负荷需求下降而减少，进入“部分负荷运行”工况。在负荷跟随场景下，机组多数时间处于带部分负荷运行工况，较之其设计出力水平，这些工况下发电机组的热耗、燃料成本和污染物排放量都会显著增加。特别是在爬坡运行场景下，发电机组出力急剧变化，机组的热应力和机械应力也随之急剧变化，这会造成除增加燃料用量和污染物排放量外，机组的磨损损耗也会上升，可靠性随之会下降，从而导致机组的运行和维护成本显著增加。

储能，特别是储电式储能，非常适合实现负荷跟随和爬坡功能。其原因有三：一是大多数类型的储能系统可在部分出力下运行且性能损失相对较小；二是当负荷跟随需要更多或更少的出力时，与常规发电机组相比，绝大多数类型的储能系统可以非常快速地响应速度（即爬坡率）来响应出力变化需求；三是储能系统可有效地通过释能或充能来实现随负荷增加时的“负荷跟随升”和随负荷降低时的“负荷跟随降”。“储能”+“风电/光伏”的混合式发电组合体，不仅有助于提升电力系统的新能源渗透率，而且可抑制风力和光伏系统出力的频繁变化，提升其电力系统友好性。因而这一组合已开始在全球得到广泛推广和应用。

在负荷跟随和爬坡支持服务方面，储能是常规发电站、虚拟电厂，包括聚合分布式发电、聚合需求响应/负荷管理资源（包括可中断负荷和直接负荷控制等）的有力竞争者。

1.4.2.6 频率响应

频率响应，也称频率控制或调频，是指电力系统频率偏离目标频率时，并网主体通过调速系统、自动功率控制等方式，调整有功出力减少频率偏差所提供的服务。频率响应与第 1.4.2.1 节所述的调节非常相似，其与调节的主要区别在于频率响应会在更短的时间段（几秒～小于 1min）内对电力系统需求（如发电机组或输电线路突然跳闸时）作出快速响应。频率响应可细分为一次调频、二次调频和三次调频。一次调频是指当电力系统频率偏离目标频率时，常规机组通过调速系统的自动反应、新能源和储能等并网主体通过快速频率响应，调整有功出力减少频率偏差所提供的服务，属于有差控制；二次调频是指并网主体通过自动功率控制技术，包括自动发电控制（AGC）、自动功率控制（APC）等，跟踪电力调度机构下达的指令，按照一定调节速率实时调整发用电功率，以满足电力系统频率、联络线功率控制要求的服务，属于无差控制；三次调频是指比 AGC 时间尺度更长的再次调度发电机组出力的集中协调动作。

如图 1-21 所示，需要各种并网主体顺序响应动作来抵消负荷和发电之间的突然不平衡，以维持系统频率和电网稳定性。通常，第一个响应是在最初的数秒内，发电机组调速器作用于发电机组的一次频率控制响应，用以迅速增加发电机组功率输出，以抑制系统频率的进一步跌落（见图 1-21 下半部分左侧）。最初几秒钟后接下来的是 AGC 等作用的较长持续时间的二次频率控制响应，其时间范围为数十秒到数分钟（见图 1-21 下半部分虚线）。若二次调频仍不能使系统频率恢复到正常值，则由电网调度启动三次调频控制响应。在此需说明的是，在触发事件（如发电机或输电线路跳闸）发生后，系统频率衰减的速度与当时电网内的总转动惯量成反比。所谓转动惯量是指在电力系统经受扰动时，并网主体根据自身惯量特性提供响应系统频率变化率的快速正阻尼，阻止系统频率突变所提供的功能。电力系统中并网运行的大型发电机的旋转质量和/或许多小型发电机的总旋转质量共同决定了电力系统中总转动惯量的大小。电力系统中总转动惯量大小和发电机组调速器或频率-响应型需求响应装置动作的综合效应决定了电力系统频率衰减和恢复的速率，如图 1-21 所示上半部分的阻止期和回升期。

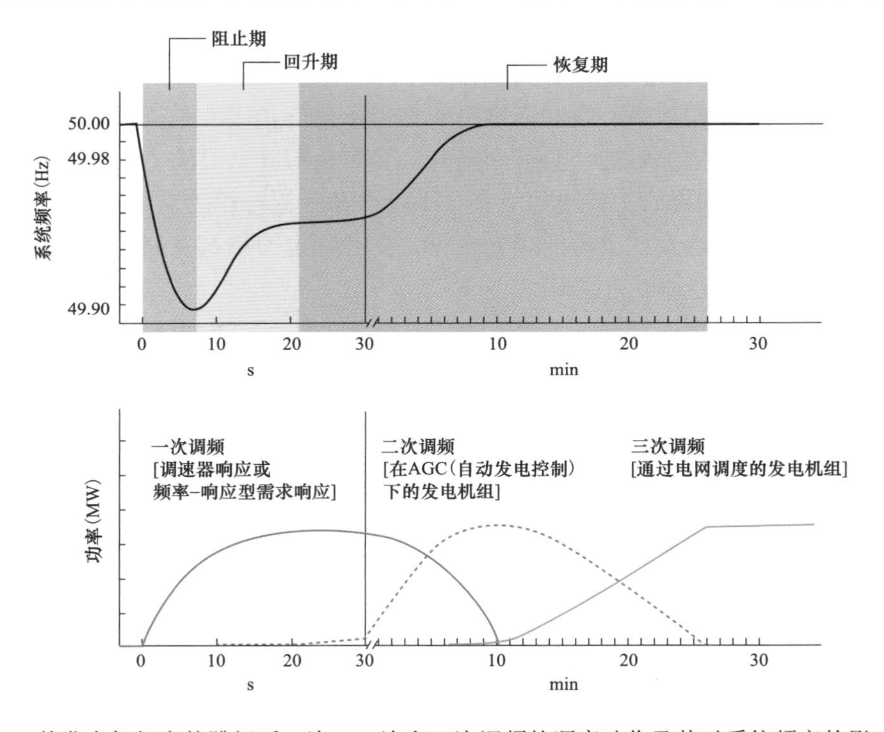

图 1-21　某发电机组突然跳闸后一次、二次和三次调频的顺序动作及其对系统频率的影响示例

阻止期和回升期是飞轮、超级电容、电池等快速动作响应型储能系统在稳定系统频率方面表现优异的时间窗口。若电网频率在其正常变化偏差范围内，快速动作型储能系统的存在也可确保系统频率从扰动期到正常运行的更平滑过渡。在工程设计中，用于频率响应的储能系统容量规模取决于其所服务的电网或供需平衡区域的大小。通

常，20MW 及以上容量的储能系统就可通过其快速动作来提供有效的频率响应。另外，储能系统在电网中相对于其他发电机组、输电走廊和负荷中心的位置等因素，也对其作为频率响应资源的有效性起着至关重要的作用。快速动作响应型储能系统的有效性已在美国等发达国家的电力系统应用中得到印证，其响应有效性约是常规燃煤或燃气发电机组的两倍。此外，储能系统与常规燃煤或燃气发电机组联合参与二次调频的运营模式，也是国际上已成熟应用的商业化应用模式。当参与二次调频的常规燃煤或燃气发电机组受爬坡速率限制，不能精确跟踪调度调频指令时，储能可高速响应，从而从根本上改变常规火电机组的 AGC 能力，避免调节反向、调节偏差和调节延迟等问题，获得更多的 AGC 补偿收益。

1.4.2.7 转动惯量

转动惯量是指在电力系统经受扰动时，并网主体根据自身惯量特性提供响应电力系统频率变化率的快速正阻尼，阻止电力系统频率突变所提供的服务。该功能实质上属于电网频率控制范畴，因此国际上也常将其称为“快速频率响应”。

常规电力系统电源主要是由煤电、气电、核电、水电等发电类型构成，这些发电类型均标配有以 50Hz 系统频率运行的旋转机械——同步发电机组（如以 3000r/min 运转的蒸汽轮发电机组、燃气轮发电机组等）。在电力需求、供应或系统稳定性发生突然变化时，这些旋转机械可为电力系统提供强大的转动惯量，来抑制电力系统频率发生突变。但在“碳中和”背景下，随着新型电力系统的构建，会发生两个显著的变化，一是以光伏发电和风力发电场为代表的 VRE（可变可再生能源）渗透率会逐步提高（即非同步发电机组发电量占比逐步增高），甚至有时会超过 100%（见图 1-22）；二是以煤电、气电等为代表的常规化石能源电站逐步退出（即同步发电机组数量减少）。这两个变化因素都会使电力系统的转动惯量大幅减少，从而导致发生电力系统频率不稳定性的概率大幅增加。

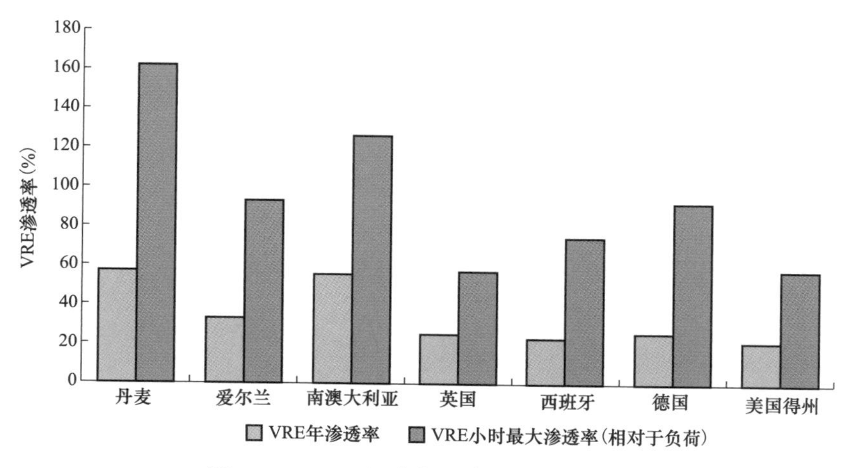

图 1-22　2019 年选定区域的 VRE 渗透率

（来源：IEA）

储能系统至少可在三个方面为电力系统提供转动惯量服务，有效应对新型电力系统总转动惯量锐减的难题。其一是抽水蓄能电站、压缩空气储能电站等配置有同步发电机组的储能系统，天然具备能提供转动惯量的特性；其二是飞轮、超级电容、电池等储能系统，可快速动作响应电力系统频率控制要求，快速抑制电力系统频率的突变，起到与转动惯量等效的作用；其三是将短时响应储能装置（如超导磁储能装置、飞轮、锂离子电池、超级电容器等）与逆变器、变流器组合在一起，并采用合适的控制机制，构成虚拟同步发电机（也称虚拟同步机、同步变流器），为光伏发电、风电等 VRE 提供虚拟惯量功能。

与光伏发电站、风电场常规方案相比，由储能装置构成的虚拟同步发电机与有差调节机制结合，可模拟同步发电机的输出，并产生更大的虚拟转动惯量或满足电力系统实时需求的可变虚拟转动惯量，有效减缓电力系统的频率振荡。

1.4.3 输电网基础设施服务

1.4.3.1 延缓或避免输电网升级改造

“延缓或避免输电网升级改造”作用指的是，通过配置相对少量的储能系统，可延缓——甚至在某些情况下则可完全避免——在输电网升级改造方面的大量投资。例如，当某个输电网在带短期尖峰负荷，其承载值接近输电系统的承载能力限值（设计额定值）时，在接近过载的输电节点下游安装少量的储能设备，用少量的储能来提供足够的增量容量，则可延缓对输电网的升级改造至多年以后，从而推迟当前对输电网设备升级改造所需的大量投资，降低电力系统的整体成本，提高已有电力系统资产的利用率，并减少与一次性大量投资相关的财务风险。如图 1-23 所示，为补偿某星期三下午出现的输电网短时尖峰负荷（见图 1-23 上半图），储能系统放电。当馈线负载在深夜减少时，则开始对储能系统进行充电。同理，也可利用储能系统来承担接近预期寿命的在役设备（如老化的变压器、地下电力电缆等）所承载的部分负载，从而延长该在役设备的使用寿命。

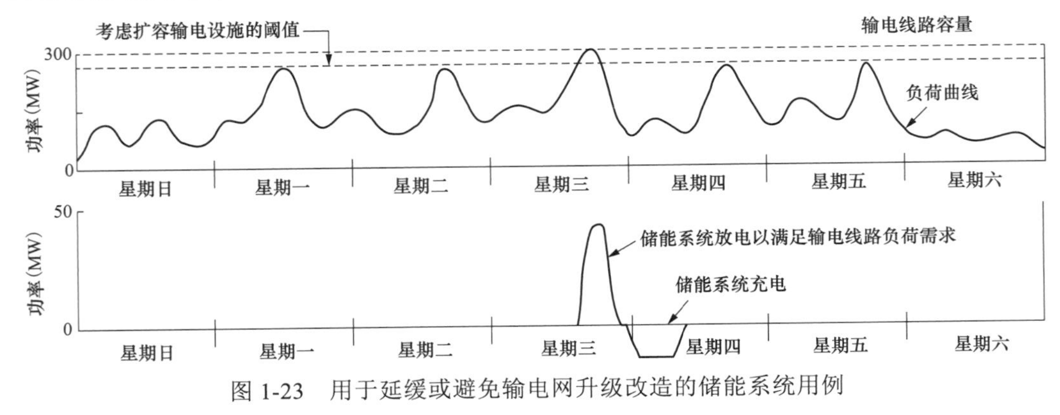

图 1-23　用于延缓或避免输电网升级改造的储能系统用例

（来源：美国桑迪亚国家实验室）

在日常运行中，对输电网的大多数节点而言，其最高负载每年仅在少数几天内出现，且每次出现的时间也只有几个小时。而且较为常见的是，最高年负荷仅是出现在特定的天内（如夏季极端高温天），且峰值也是略高于其他天的负荷而已。由此可知，在该场景下配置的储能系统只会在极少时间内放电或甚至根本不需要其放电，考虑到多数模块化储能系统有着较高的可变运行成本，因此在该应用场景下配置储能系统特别有吸引力，能取得可观的收益。

1.4.3.2 缓解输电阻塞

输电阻塞是指当电力输送的要求大于输电网的实际物理输送能力，输送设施不能充分输送电量，可获得的、成本最低的电能无法输送到全部或部分负荷端的状况。当输电能力的增加跟不上尖峰电力需求的增长时，输电系统就会变得拥挤。在某些输电节点上的输电阻塞会增加阻塞成本，导致电力批发市场节点边际电价（LMP）的升高。

储能系统可部署在输电系统拥挤段的电气位置。如图 1-24 所示，在平常无输电阻塞发生时，储能系统储存能量；在负荷需求高峰期，发生输电阻塞时，储能系统作出响应，释放所存储的能量，以减少系统对高峰输电容量的需求。如此，通过采用储能系统，缓解了输电阻塞，避免了由输电阻塞所导致的相关成本和费用，特别是当输电系统严重拥堵导致阻塞成本变得沉重时。用于缓解输电阻塞所需的储能系统的放电持续时间需根据具体场景来确定。在大多数情况下，储能装置只需在用电高峰时段提供几个小时的支持即可。

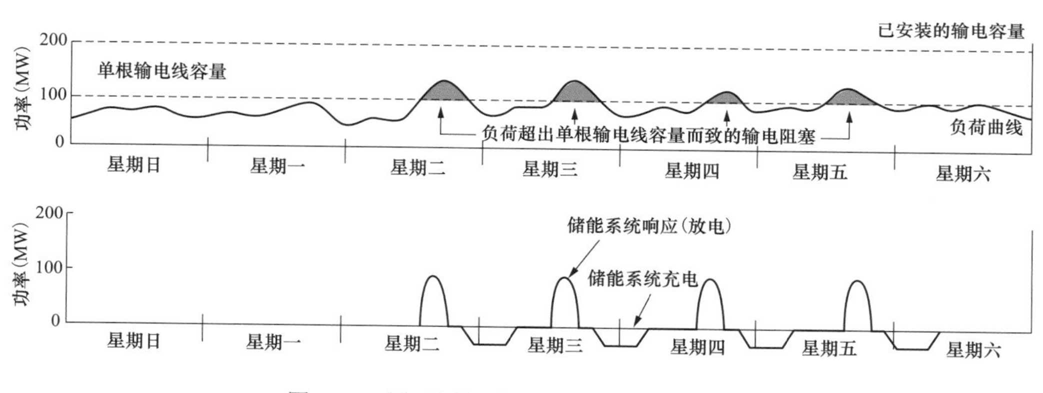

图 1-24 用于缓解输电阻塞的储能系统用例

1.4.3.3 改善输电系统性能

输电网有时会出现如电压暂降、电压不稳定和次同步谐振等电气异常和干扰情况，如不对这些现象加以抑制，则可能造成输电网输电品质的下降，甚至运行稳定的破坏。

储能系统（如飞轮、电池、超级电容等）支持亚秒级响应、部分 SOC（荷电状态）运行方式和多次充放电循环，可提供有功和无功支持。因而可采用储能系统来补偿输电网的电气异常，抑制扰动，从而提高输电系统的性能，进而使输电系统更加稳定可靠。例如，利用储能系统的输电稳定性阻尼作用，通过提高输电系统的动态稳定性来增加输电系统的承载能力；又如，储能系统可发挥次同步谐振阻尼作用，即在输电系统次同步谐振模式频率下，通过储能系统提供有功功率和/或无功功率调制，允许更高水平的串联补偿等措施，从而增加输电线路的容量。如图 1-25 所示，当输电系统出现持续几秒的瞬时电压暂降和相位角偏差时（见图 1-25 上半部分），储能系统作出快速响应，通过快速放电和再充电来抑制由电压暂降和相位角偏差引起的振荡（见图 1-25 下半部分）。此场景要求储能系统的响应速度非常快，对储能系统的功率要求也高，但对储能系统的能量容量要求并不高，特别适合运用功率型储能。

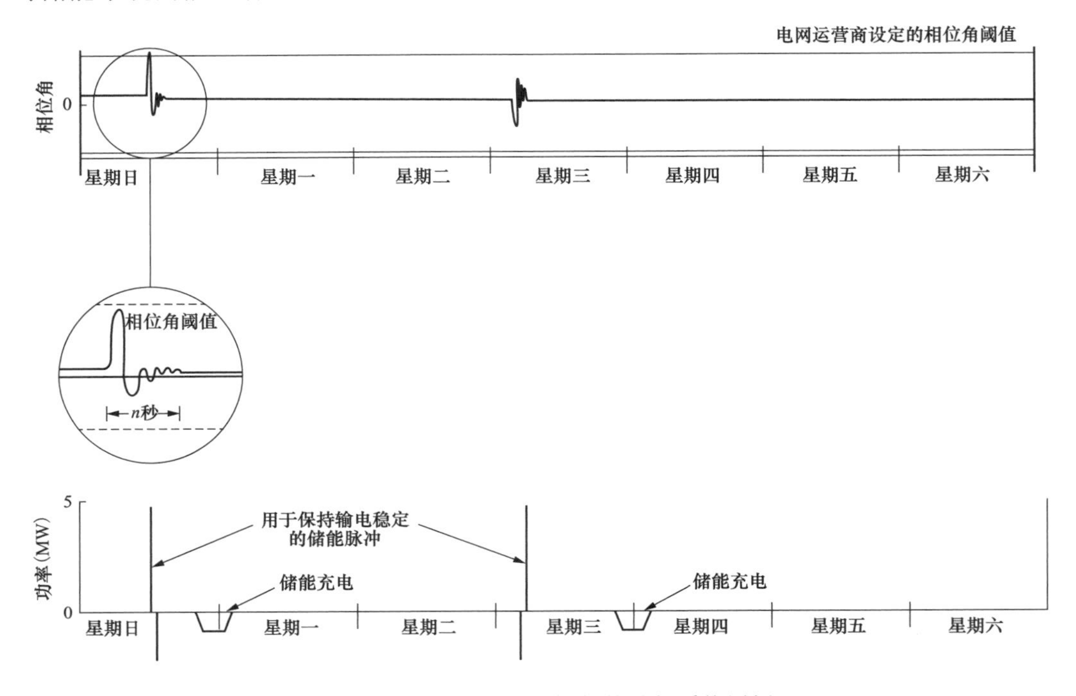

图 1-25 用于改善输电性能的储能系统用例

在改善输电系统性能应用场景下，储能的典型放电持续时间为 1～20s，储能的收益与输电系统具体工况和所处位置强相关。

1.4.4 配电网基础设施服务

1.4.4.1 延缓或避免配电网升级改造及电压支持

“延缓或避免配电网升级改造”与第 1.4.3.1 节所述“延缓或避免输电网升级改造”作用类似，指的是通过配置储能系统来延迟或避免对配电网升级改造方面的投资。否则，为了满足所有负荷需求，必需投资更换变电站中老化或容量不足的现有配电变压器，或者需采用更大载流量的线缆来更换原有的配电线路，以维持足够的配电容量。

利用储能系统来延缓或避免配电网升级改造，有以下几个显而易见的优点：

（1）综合经济效益明显。在更换老旧或容量不足的原有变压器时，为了适应后续15～20年规划期内的未来负荷增长，通常新的变压器容量都会选得较大，如此在相当长的一段时间内，新的、更大容量的在役变压器的相当一部分容量都未得到充分利用，使得其投资回报率偏低。相反，通过配置储能系统，分担用电高峰期配电变压器的部分负载（见图1-26），则可延缓或避免对配电变压器的升级改造，从而将其使用寿命延长几年，经济效益明显。

（2）降低搁浅投资风险。有时按照预期的负荷增长率，在电网公司升级改造了配电网（如升级配电变压器和配电线路）后，却因种种原因，开发商推迟或取消了项目计划（如购物中心或高能耗工厂项目），导致配电网升级投资搁浅。相反，若采用储能系统，不仅可以延后配电网改造升级的决策点，而且还允许有2～3年的时间窗口期来详细评估所计划的负荷增长率实现的确定性有多大，从而最大限度降低不出现所计划的负荷增长率的这个始终存在的风险。

（3）储能系统获利明显。对于配电系统中的大多数节点而言，最高负荷通常每年仅出现几天（如夏季酷热天或冬季酷寒天），且每年仅出现几十个小时。在该场景下应用储能系统，只需在少数时间内放电，且放电量有限，甚至有时根本不需要放电，因而有潜在的较大获利空间。如以江苏省为例，2019年江苏电网最大负荷达1.05亿kW，但超过95%最高负荷的尖峰负荷持续时间仅有55h。满足此尖峰负荷供电所需的投资高达420亿元，但若采用500万kW/2h的电池储能来保障尖峰负荷供电，所需投资仅约200亿元，可大幅节省投资额。若采用集装箱化的储能系统，则在无应用需求机会时，还可以将其移动到其他变电站，进一步最大化其投资回报。

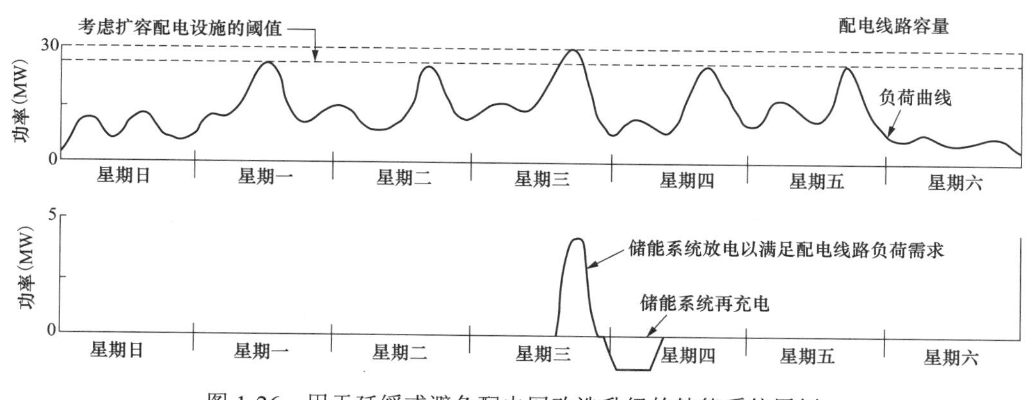

图1-26 用于延缓或避免配电网改造升级的储能系统用例

除此之外，用于延缓配电网升级功用的储能系统也可同时为配电网提供电压支持。电网公司通常是跟踪负荷变化，特别是长的径向配电线路上的大负荷（如弧焊机或起重机）变化，并通过分接开关调节器或通过切换电容器来将线路电压调节控制在规定限值范围内。同时，也可采用从储能系统中消耗较小的实际功率来有效抑制这些电压的波动。

1.4.4.2 缓解配电阻塞

配电阻塞是指当电力配送的要求大于配电网的实际物理配送能力，配电网中的配送设施不能充分配送电量，导致可获得的、成本最低的电能无法配送到全部或部分负荷端的现象。与第 1.4.3.2 节“缓解输电阻塞”类似，当配电能力的增加跟不上尖峰电力需求的增长时，配电系统就会变得拥挤。在某些配电节点上的配电阻塞会增加阻塞成本，导致节点边际电价（LMP）的升高。

储能系统可部署在配电系统拥挤段的电气位置。在平常无配电阻塞发生时，储能系统储存能量；在负荷需求高峰期，发生配电阻塞时，储能系统作出响应，释放所存储的能量，以减少系统对高峰配电容量的需求。在大多数情况下，储能装置只需在用电高峰时段提供几个小时的支持即可。

1.4.5 用户侧能量管理服务

1.4.5.1 供电品质

供电品质服务指的是采用储能系统来保护储能下游的用户免受电力品质差的短期事件的不利影响。用户侧常见的供电品质差的外在表现主要有：①电压幅值波动和闪变（如短期尖峰或跌落、长期浪涌或暂降）；②输送功率的工频 50Hz 频率波动；③功率因数低（电压和电流彼此间严重异相）；④存在谐波（存在 50Hz 工频以外频率的电流或电压）；⑤任何持续时长的供电中断（从几分之一秒到几秒不等）。

在用户侧现场的储能系统需时刻监视供电品质，必要时通过快速充电或放电来消除电力干扰，所需的充电/放电持续时间范围从几秒钟到几分钟不等。为了保护用户侧的精密设备（如计算机服务器、精密仪器）或其他对供电品质敏感的过程或负荷用户，可在配电网和用户之间配置储能系统。从电能传输或应用而言，储能系统设备对负荷（用户）而言是透明的。如图 1-27 所示，上半部分显示供电出现了 50V 的电压尖峰，下半部分显示了储能系统吸收 50V 尖峰以保持恒定 380V 电压输出到负荷侧（用户侧）。

1.4.5.2 供电可靠性

当供电完全中断时，可用储能系统来有效地继续为用户提供电源，以便极大提高供电的可靠性。

在该应用场景下，当配电网供电丧失后，用户侧储能系统在孤岛方式下运行，持续为用户提供电源；当配电网故障恢复后，则重新与配电网并网，恢复使用配电网的供电。储能可以为用户负荷提供电源的持续时间取决于储能系统的能量容量和所保护的用户侧负荷大小。

此外，所配置的储能系统也可纳入需求侧响应或管理，一方面作为满足用户需求的资源；另一方面也可视为电网的可调度资源。

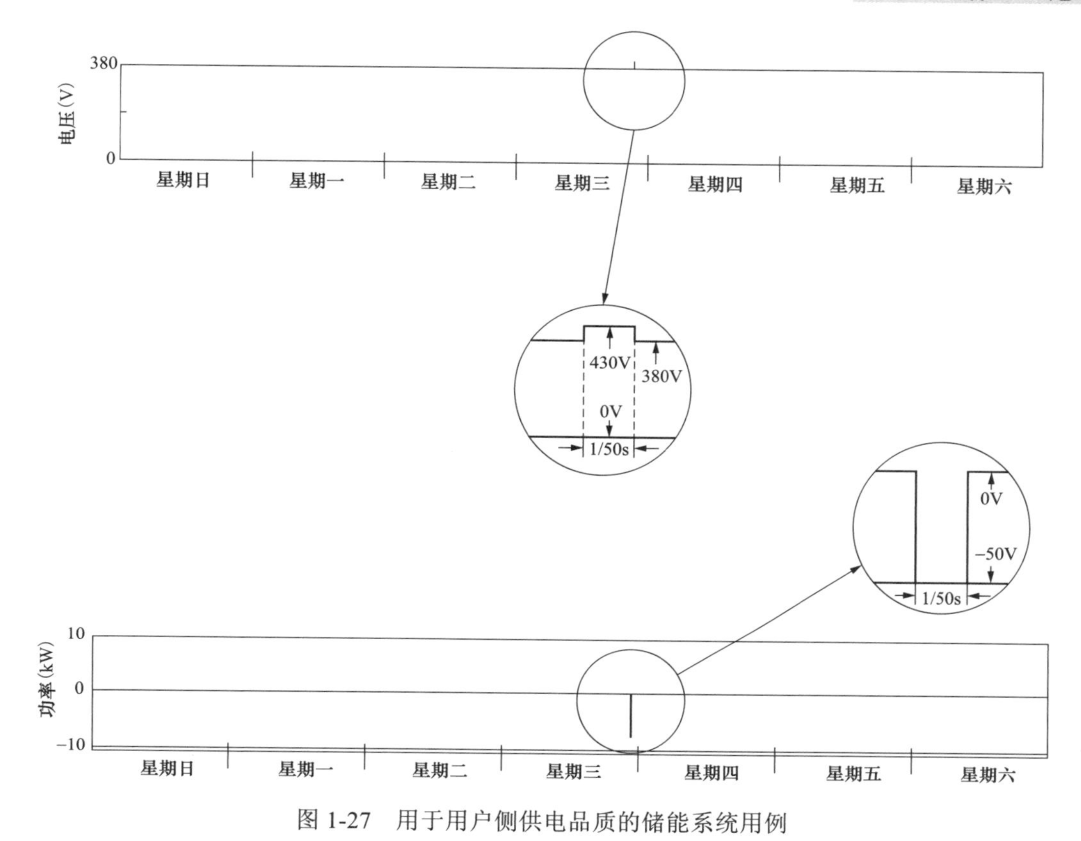

图 1-27 用于用户侧供电品质的储能系统用例

1.4.5.3 零售电能时移

零售电能时移是指能源终端用户（如中小型工商业用户）通过应用储能系统来降低其总用电成本的功用，即能源终端用户在非用电高峰时段零售电价较低时对储能系统进行充电，然后在用电高峰时段零售电价较高时通过储能系统放电来满足其用电需求。

该作用类似于第 1.4.1.1 节电能时移（套利）的功能，两者主要不同之处在于：零售能源时移电价是基于用户侧的零售电价，而电能时移在任何给定时间都是基于现行批发电价。图 1-28 所示为江苏省 2022 年 6 月执行的分时电价政策，对于电压等级不满 1kV 的一般工商业及其他用户分时电度用电价格为：高峰时段（即 8:00～11:00 和 17:00～22:00）——1.2118 元/kWh，平时段（即 11:00～17:00 和 22:00～24:00）——0.724 8 元/kWh，低谷时段（即 0:00～8:00）——0.327 5 元/kWh，高峰时段电价是低谷时段电价的 3.7 倍。在该情形下，能源终端用户可在每天 0:00～8:00 的低谷时段为储能系统充电，在每天 8:00～11:00 或 17:00～22:00 高峰时段利用储能系统放电来满足用电需求。

1.4.5.4 需求费用管理

需求费用（demand charge）是指根据用户要求所保持的可供使用的电量大小来决定的需由用户所支付的相关费用。需求费用管理是指最终用户（如大工业用电用户）

采用储能系统来减少电网售电公司所规定的时段（如高峰时段）的用电需求，从而降低其用电总成本的功能。

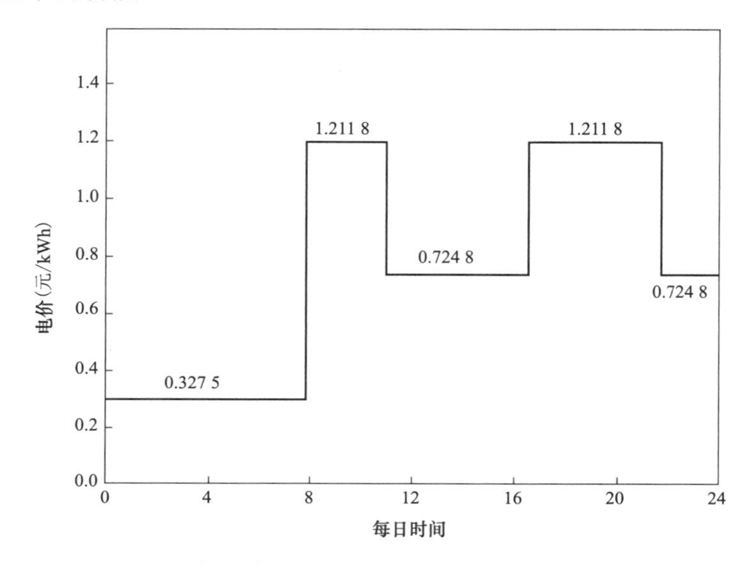

图 1-28　一般工商业及其他用户分时电度用电价格示意图

该作用主要针对的是两部制电价（指将与需量/容量对应的需量/容量电价和与用电量对应的电量电价结合起来决定电价的制度）中的需量电价或容量电价而言。与国外相比，我国执行需量电价和容量电价（也称基本电价）的范围有限，大部分地区实施范围仅限于1kV电压等级以上的大工业用电用户，且需量电价和容量电价基本固定，没有价差。相较而言，美国、加拿大、中国香港等是按需量/容量区分需量/容量电价档次，美国部分州甚至还实施峰谷需量/容量电价。因而，该功能在国际工程项目中的应用作用更加明显。

通常，国际上需求费用是基于对应月份内用电高峰时段的最高负荷来计算。尽管不常见，但有的也基于下列情况进行需求收费：①在早晚和冬季工作日等时段的部分高峰需求；②基于高峰需求的（无论高峰发生在何月何日何时）基本负荷或设施需求收费。需注意的是，电量电价是用元/kWh 表示的，而需求费用是用最大功率按元/kW 来表示的。计及需求费用的总电价包括单独的能源电价（电量电价）和电力电价（需求费用）。此外，需求费用通常是针对给定的月份来计算的，因此需求费用通常以元/（kW·月）来表示。

在国际项目中，用户可考虑采用储能系统来降低高峰时段的最高负荷，通过实施需求费用管理，来有效降低其总用电成本。如图 1-29 所示，该工业用户的负荷在三个班次中几乎都恒定在 1MW。在上午和夜晚期间，用户的直接负荷和设施的净需求为 1MW。在深夜和凌晨期间——用电低谷时段，电能价格较低时，除维持 1MW 的用户直接负荷需求外，对储能系统以 1MW 速率进行充电，故此时段该设施的净需求翻倍。

在用电高峰需求时间段（12:00～17:00），储能系统以1MW速率放电，为用户的1MW直接负荷提供用电服务，从而消除了电网高峰时段上的实时电量需求，即此时段对电网的净需求为零，故不需缴纳需求费用。

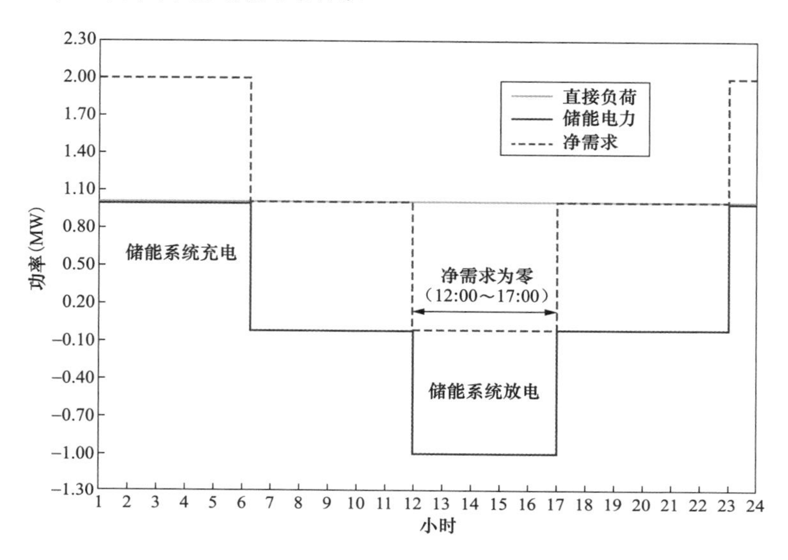

图 1-29 采用储能降低高峰时段用电需求示意图

另一种情形是，有的地区电网公司规定用户实际使用容量不能超出上报的计划最大需量，否则加倍收取需量电价。如以某地区为例，按最大需量计取用电容量，则基本电价为38元/（kW·月），超过最大需量则要加倍收取基本电费［即按38元/（kW·月）×2=76元/（kW·月）收取］。在此场景下，如图1-30所示上半部分，周一下午峰值负荷超过当月第一个峰值设定的阈值。可依此设置月份内剩余时间的峰值阈值，负荷必须控制在该阈值以下，以避免需求费用方面的罚款。采用储能系统，则可在负荷接近阈值时放电，从而完全避免出现实际使用容量超出上报的计划最大需量的状况。

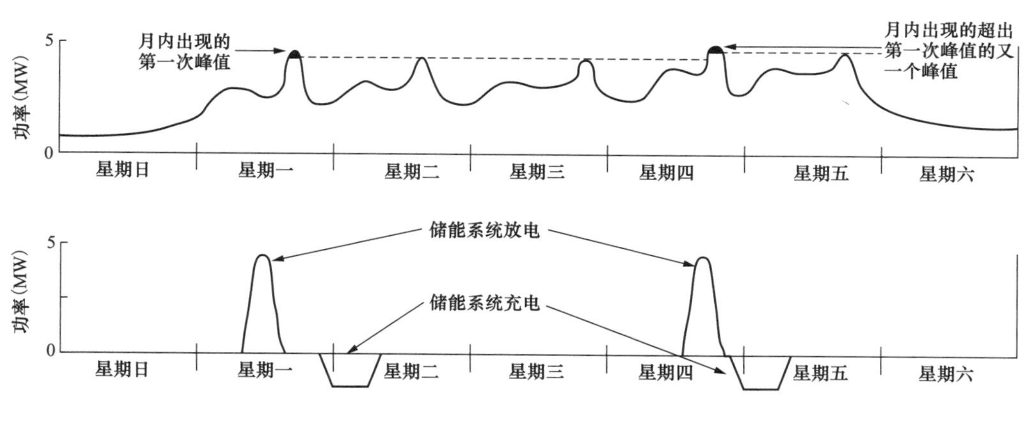

图 1-30 采用储能降低高峰时段用电需求示意图

1.4.6 组合服务

理论上，储能系统可用于前述各项单个服务，但通常大都难以确保取得合理的收益。因而在实际项目中，常利用储能系统的灵活性来提供多个服务或堆叠组合服务，从而获取多个作用方面的收益，使得储能在经济上变得切实可行。

具体在项目中如何进行服务组合和应用，取决于储能系统在电力系统中所处的位置（如电源侧、输电侧、配电侧、需求侧/用户侧、分布式能源侧、微电网侧）和所使用的储能技术种类。例如，电源侧可采用化石燃料电站+储能（储热）或风/光电+储能等方式，提升电源侧灵活性、调峰、调频、调压、削峰填谷、平滑输出等功能和性能；输电侧储能可采用大容量储能系统，提供辅助服务、现场发电储能、现场可变能源储能、三次调频的功率储备、无功调节（电压支持）、阻塞管理、电力系统备用、延缓升级改造等功能；配电侧储能可采用分布式储能、社区储能，提供顶峰运行、无功调节（电压支持）、阻塞管理、削峰填谷、备用、延缓升级改造、改善电能质量等功能；用户侧或分布式能源侧储能可实现平滑出力、峰谷价差套利、容量电费管理和提高供电可靠性、紧急备用、需求侧管理等组合服务。然而，由于电力监管和电力系统运营商等各方限制，在工程中需仔细规划和设计储能组合服务，并应根据实际情况进行针对性动态调整。

需说明的是：表 1-6 所列的服务中，一般而言，毫秒级快速响应、秒级响应等服务（如转动惯量、一次调频等）属于基于功率型储能技术所提供的服务，小时级以上响应的服务（如削峰填谷、阻塞管理等）属于基于能量型储能技术所提供的服务，处于两者之间的分钟级响应服务（如二次调频、平滑输出、能量时移、黑启动等）则属于基于功率和能量的复合型储能技术提供的服务。超级电容、超导磁储能、飞轮储能等是典型的功率型储能技术，储热、抽水蓄能、压缩空气储能等则是典型的能量型储能技术。

1.5 储能技术发展现状及趋势

储能是构建以新能源为主体的新型电力系统的基础，也是确保能源顺利转型、如期实现“碳达峰　碳中和”目标、将全球平均温升控制在工业化前水平以上 2℃或 1.5℃的关键。在能源可持续发展，2060 年前实现温室气体净零排放战略下，电力部门面临的一项核心挑战是：在实现发电脱碳（如以风能和太阳能光伏等为代表的新能源的发电份额会迅速增加）的同时还需满足日益增长的电力系统充裕性、可靠性和灵活性方面的需求（快速扩大储能系统规模对于解决风能和太阳能光伏的时变性、间歇性、灵活性至关重要）。储能，包括短持续时间储能和长持续时间储能，是应对这些挑战的利器。

据中关村储能产业技术联盟统计数据，截至 2021 年年底，全球已投运储能项目累计装机规模 209.4GW，同比增长 9%。其中，常规抽水蓄能累计装机规模占比首次低于 90%，比 2020 年同期下降 4.1 个百分点；除常规抽水蓄能外的新型储能新增投运规模 10.2GW，累计装机规模为 25.4GW，同比增长 67.7%（见图 1-31）。

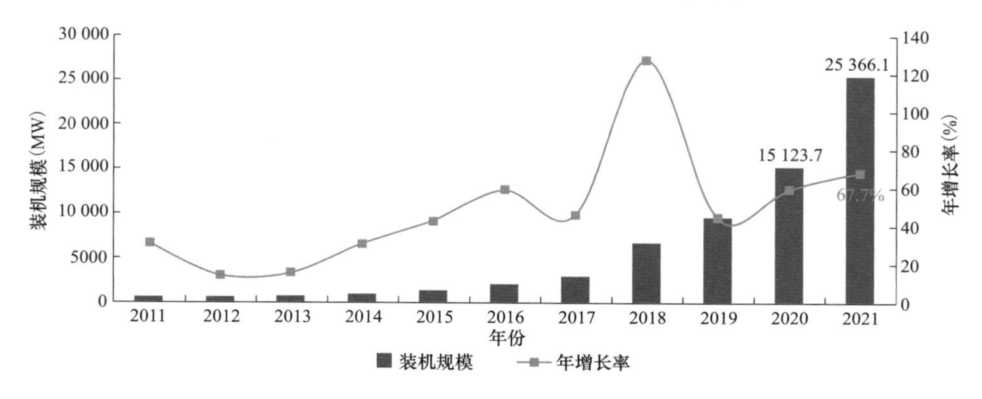

图 1-31　全球新型储能市场累计装机规模及年增长率（2011～2021 年）

截至 2021 年年底，中国已投运储能项目累计装机规模 46.1GW，占全球市场总规模的 22%，同比增长 30%。其中，常规抽水蓄能累计装机规模最大，为 39.8GW，同比增长 25%，占比再次下降 3 个百分点；新型储能累计装机规模为 5729.7MW，占比 12.5%，其中锂离子电池占据绝对主导地位（究其原因主要是交通行业的溢出效应，及其具有高能量密度、高循环寿命等高性能和快速下降的成本等因素），其他占比从高到低依次分别为铅蓄电池、压缩空气储能、液流电池、超级电容、飞轮储能等（见图 1-32 和图 1-33）。

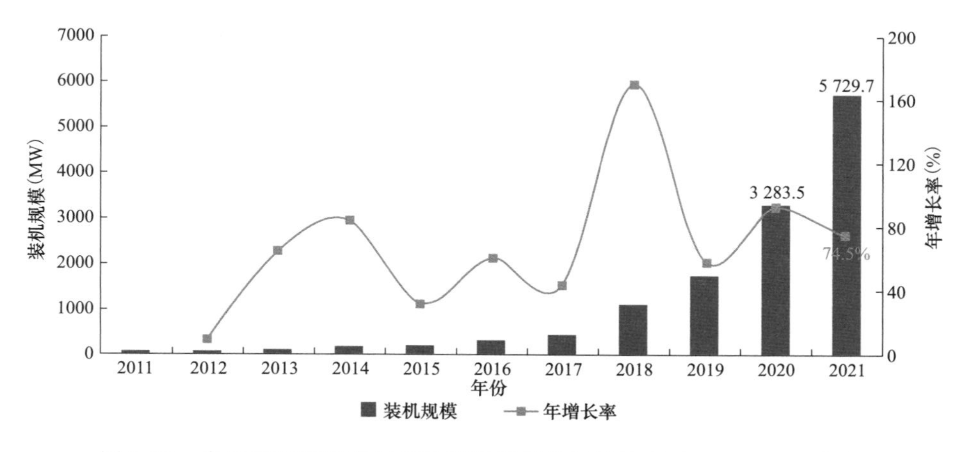

图 1-32　中国新型储能市场累计装机规模及年增长率（2011～2021 年）

据挪威 Rystad 能源统计，全球电池储能装机容量/储能容量 2022 年新增分别为 25GW/43GWh，较 2021 年增幅分别达 56%、60%，预计到 2030 年电池储能装机容量的年增量是当前的 4 倍（约 110GW），电池储能容量的年增量是当前的 10 倍（约

421GWh），如图 1-34 和图 1-35 所示。

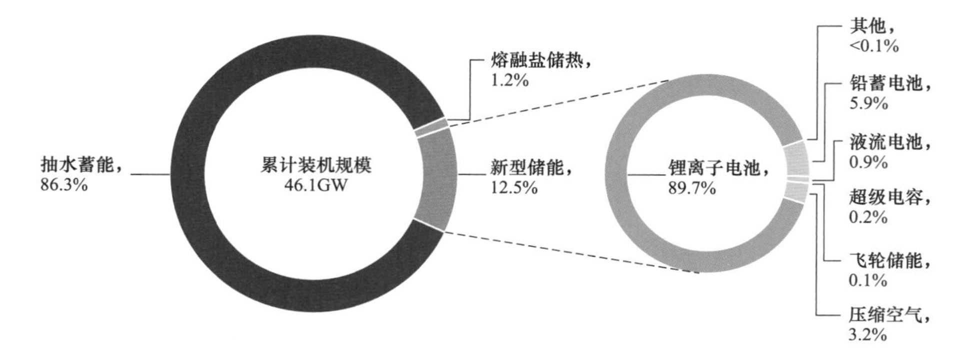

图 1-33　中国储能市场各类储能装机规模占比（2011～2021 年）

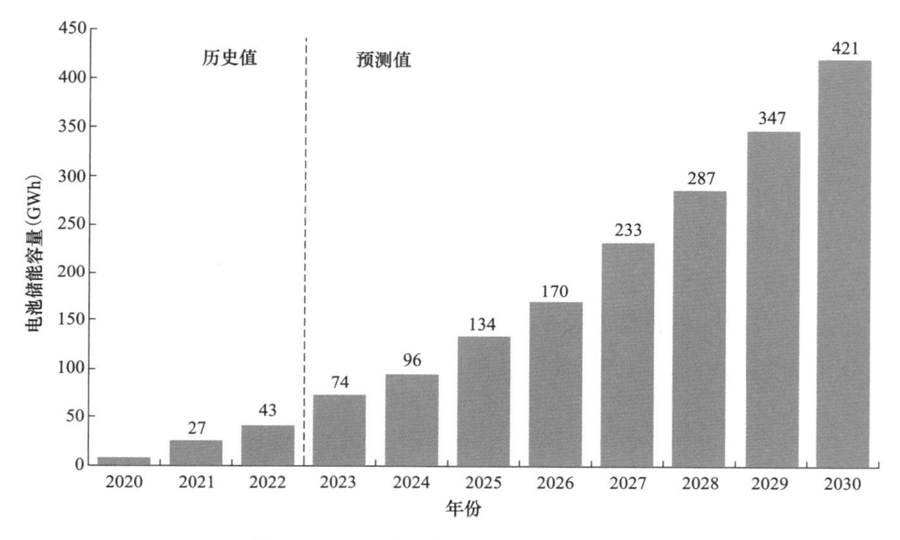

图 1-34　全球逐年新增电池储能容量

据国际能源署（IEA）预测，到 2030 年，全球电池储能装机容量将在 2021 年基础上增加 30 倍，达到约 780GW；到 2050 年，将达到 3100GW（持续时长平均 4h）。据国际可再生能源署（IRENA）预测，到 2050 年，全球抽水蓄能电站装机容量将从当前 161GW 增长到 400GW。国务院印发的《2030 年前碳达峰行动方案》提出，到 2025 年，新型储能装机容量达到 30GW 以上（在 2021 年基础上增长 5 倍以上）；到 2030 年，抽水蓄能电站装机容量达到 120GW 左右（在 2021 年基础上增长 3 倍以上），省级电网基本具备 5%以上的尖峰负荷响应能力。国家电网有限公司提出了在公司经营区域内，到 2030 年，抽水蓄能和新型储能装机都将分别达到 100GW。中国南方电网有限责任公司提出在“十四五”和“十五五”期间，公司经营区域内将分别投产 5GW 和 15GW 抽水蓄能，以及分别投产 20GW 新型储能。

从技术层面看，全球储能技术发展趋势主要为：

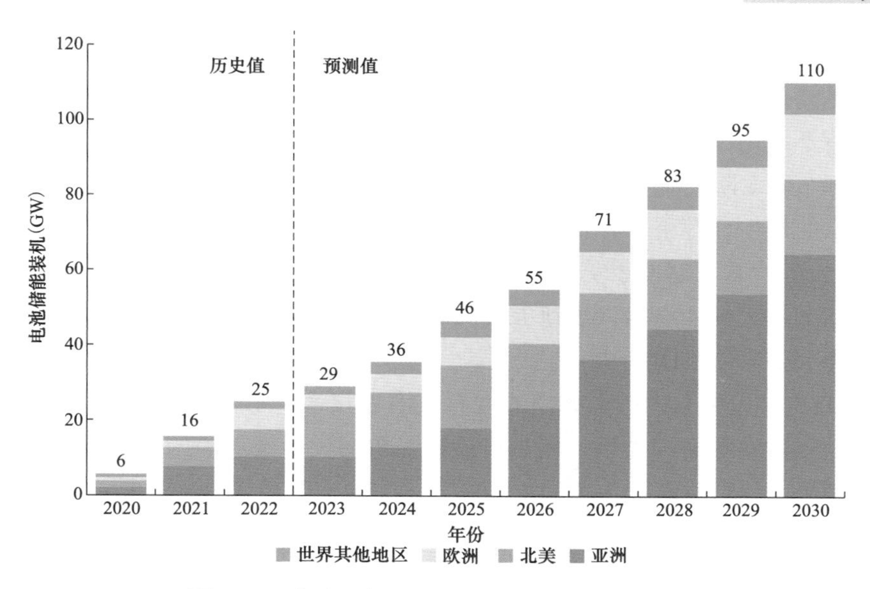

图 1-35 全球逐年电池储能装机规模市场分布

（1）原有储能技术性能提升加速，新型储能技术层出不穷。在世界主要国家或地区都将发展储能作为国家战略或区域战略（如美国推出“储能大挑战 ESGC”和“长持续时间储能攻关计划”，欧洲推出“电池 2030+”），国际市场持续展开储能战略制高点的竞争大环境下，各类储能技术研发迸发出蓬勃活力。如以锂离子电池为例，其正极材料有磷酸铁锂 LFP、三元材料 NCM、钴酸锂 LCO、锰酸锂 LMO、锂镍钴氧化铝 NCA 等多种类型，负极材料也有碳基（如天然石墨、人造石墨、非石墨等）、硅基、钛酸锂氧化物 LTO、锂金属等类型。电池储能方面新兴技术有氧化还原液流电池、超级电容、金属-空气电池、锂-硫电池、锂金属固态电池、多价离子电池、液态金属电池等，发展方向主要是寻求能量密度高、比容量高、热稳定性高、循环使用寿命长、更安全、更高效、更低成本、可循环利用等的技术突破。又如在抽水蓄能方面，主要是采用新一代全功率变频或交流励磁变速抽水蓄能机组技术代替传统的定速运行或常规变速（如变极变速、定子侧变频变速）抽水蓄能机组技术，以使机组适应更宽的水头变幅、接近最佳效率点运行、减少水泵空化和磨损、改善机组运行稳定性，提升机组发电效率、调频精确度和响应速度、灵活性，提高电力系统暂态稳定性。新型抽水蓄能技术涌现出了离河抽水蓄能、地下抽水蓄能、位置无关抽水蓄能、海水抽水蓄能、地质力学抽水蓄能等多种新兴技术。

（2）长持续时间储能成为新的攻关方向。储能有加速电力系统完全去碳的潜能。构建净零排放的能源系统，储能是关键，而能够应对跨天、跨周甚至跨季的 LDES（长持续时间储能）则是关键中的关键。当今的短持续时间储能可用于支持当前低渗透率水平的可再生能源发电，但随着越来越多的可再生能源部署在电力系统上，可再生能源在电网中的渗透率趋于高水平，则需要更长持续时间的储能技术，来确保电力的充裕性、灵活性和可靠性，并在一定程度上替代煤炭、石油、天然气等化石能源的使用。更便宜、更高效的储能将使可再生清洁能源更容易捕获和存储，并在发电或电力系统故障、电能不可用或能量供应低于需求时再释放所存储的能量——例如，白天产生的可再生能源（如太阳能发电），通过储能可实现夜间使用；又如在低用电需求时，利用储能将多余的核电储存下来，供用电需求增加或用电高峰时段时应用。

1）据长持续时间储能委员会（LDES Council）资料，到2040年，LDES规模需在当前基础上扩大约400倍，达到1.5～2.5TW（85～140TWh），且某些地点的总发电量的10%将会储存在LDES中。

2）LDES攻关将考虑所有类型的现有或潜在技术，不论其是电化学式、机械式、热式、化学载体式等何种类型，还是可能满足电网灵活性所需的持续时间和成本目标的任何类型组合。当前崭露头角的LDES技术主要有液流电池（如全钒电池、铁-铬电池、锌-溴电池）、压缩空气储能（如绝热压缩空气储能、蓄热式压缩空气储能、等温压缩空气储能、液态空气储能、超临界压缩空气储能等），重力式储能、超临界二氧化碳储能、地质力储能等新兴技术也在不断取得重大突破。

3）2021年9月，美国能源部（DOE）启动了长持续时间储能攻关计划（long duration storage shot），旨在通过一个年代（十年）的攻关，将持续时间超过10h的电力系统规模LDES系统的成本降低90%。

4）2023年3月，美国DOE又发布了“商业腾飞之路：长持续时间储能（pathways to commercial liftoff: long duration energy storage）”报告，旨在催化长持续时间储能全技术价值链的更快速更协调的行动。

（3）新一代数字技术和电力电子技术赋能作用逐渐明显。应用先进的测量感知、通信、工业物联网、数字孪生、数据挖掘、可视化、云计算、边缘计算、人工智能等数字技术及SCR（可控硅整流器）、IGBT（绝缘栅双极型晶体管）、IGCT（集成栅极换流晶闸管）等新一代电力电子技术，可极大地赋能储能技术和行业的发展。如利用MEMS（微机电系统）或NEMS（纳机电系统）制成的微型传感器，测量感知众多锂离子电芯的状态；利用工业物联网，实现电池、BMS（电池管理系统）、PCS（储能变流器系统）、EMS（能量管理系统）、可燃气体检测系统、消防及火灾报警系统、运维平台、环境测量等系统或设备的互联互通；利用数字孪生和人工智能、机器学习算法，可优化电力利用率，进行健康状态监视，提升锂离子电池的安全性，预测潜在的故障和剩余寿命，实现预测性、预知性运维等；利用智能材料和外部的智能功能集成，通过传感+BMS+自我修复之间的协同，实现电池自主的（内在的）或非自主的（外在的）自愈功能。PCS是控制电池的充电和放电过程，进行交直流变换的主要单元，其中的逆变器、谐波滤波器、无功补偿、PLL（锁相环）、低电压故障穿越等设备或功能的实现均基于电力电子技术。基于GaN（氮化镓）和SiC（碳化硅）的新一代电力电子器件技术优势明显，可使储能系统效率提高3%，功率密度提高50%，并有效减少无源元件的体积和成本，也是当前的主流发展趋势。

综上，从整体技术路线来看，储能技术正朝着更高能量密度、更低成本、更好安全性、更长循环寿命、更长释能持续时间、数字化、网络化、智能化和环境友好性等方向迈进。

参 考 文 献

[1] Andrei G. Ter-Gazarian. Energy storage for power systems [M]. 3rd edition. The institution of engineering and technology，2020.

[2] Richard Heinberg. The Party's Over：Oil，War and the Fate of Industrial Societies [M]. 2nd edition. New Society Publishers，2005.

[3] ProCon.org. Historical Timeline：History of Alternative Energy and Fossil Fuels [G/OL].（2022-04-08）[2022-05-04]. https：//alternativeenergy. procon.org/historical-timeline/.

[4] Electrical Review：Volume 38 [M]. New York：McGraw-Hill Publishing Company，1901.

[5] US Department of energy. Pumped storage and potential hydropower from conduits [R]. 2015.

[6] Sérgio Faias1，Patrícia Santos1，Jorge Sousa，et al. An Overview on Short and Long-Term Response Energy Storage Devices for Power Systems Applications [J]. Renewable Energy and Power Quality Journal，2008，1（6）：442-447.

[7] LDES Council. Net-zero power：Long duration energy storage for a renewable grid [R]. 2021.

[8] Linden S. Bulk energy storage potential in the USA，current developments and future prospects [J]. Energy，2006，31：3446–3457.

[9] Hussein Ibrahim，Adrian Ilinca，Mohammad Taufiqul Arif，et al. Energy Storage – Technologies and Applications [M]. Ibrahim and Ilinca，2013.

[10] Abbas A. Akhil，Georgianne Huff，Aileen B. Currier，et al. DOE/EPRI Electricity Storage Handbook in Collaboration with NRECA [M]. Sandia National Laboratories，2016.

[11] IEA. Net Zero by 2050- A Roadmap for the Global Energy Sector（4th revision）[R]. IEA，2021.

[12] International Hydropower Association. Hydropower 2050：Identifying the next 850+ GW towards Net Zero [R]. iha，2021.

[13] Paul Kierstead，Silicon Carbide for Energy Storage Systems，[G/OL].（2021-10-21）[2022-06-28]. https：//www.wolfspeed.com/knowledge-center/article/the-value-of-using-sic-in-energy-storage-systems-ess/.

[14] US Department of energy. Pathways to Commercial Liftoff：Long Duration Energy Storage [R]. 2023.

[15] RystadEnergy. New battery storage capacity to surpass 400GWh per year by 2030–10 times current additions [G/OL].（2023-06-14）[2023-06-28]. https：//www.rystadenergy.com/news/new-battery-storage-capacity-to-surpass-400-gwh-per-year-by-2030-10-times-current.

2

储能基础知识

2.1 工程物理学基础

工程物理学属应用物理范畴，是分析储能原理、过程及其技术的重要基础知识工具。如以作为工程物理学一门重要分支的热能动力学为例，其主要研究热能与其他形式能量（如机械能、电能或化学能）之间的关系，并由此扩展到所有形式能量之间的关系。虽然人们可能认为工程物理学是理论上的，但实际上它也是一个非常实用的工程应用技术。鉴于工程物理学是工程人员分析储能过程时非常有用的工具，故本节简要介绍下相关的基础知识。

2.1.1 能量和功率

“能量”和“功率”是储能领域中最基本的两个概念。能量是对一个物理系统能够做功的量度，表示做功的能力。能量的基本单位是焦耳（J），能量的定义是：在一个系统中，当外界对系统做功或系统对外界做功时分别对应的可增加或减少的标量。功率是表示物体做功快慢的物理量，是指在给定的时间尺度内（如时、分、秒）以功的形式提供的能量。功率的基本单位是瓦特（W，即 J/s），功率的定义是：单位时间内所做的功。功率与能量的关系如式（2-1）所示，功率是能量的变化率，能量是一个时间段内功率的定积分，功率可以在任何时间点测量，而能量则必须在一个时间段内测量。

$$P=\frac{\mathrm{d}w}{\mathrm{d}t}\leftrightarrow W=\int_{t_1}^{t_2}P\mathrm{d}t \tag{2-1}$$

式中 W——以功为形式的能量，kWh；

P——功率，kW；

t——时间，h。

有的储能系统，可提供较大的功率，但可提供的能量却相对较小，也就是说，该类储能系统只能在短时间内输出给定的功率，常称之为功率型储能系统。与之相反，有的储能系统包含大量能量，但出于某些原因，其所输出的能量变化率（即功率）却是有限的，即此类能源系统虽输出功率小但可长时间输出功率，常称为能量型储能系统。在设计具体的电力系统储能系统时，必须综合考虑能量容量和功率容量之间的平衡，必须确保储能系统能够为不同的应用场景提供足够的能量需求和足够的功率需求。以普通家庭用户为例，高功率需求通常仅在早晨和晚上等较短的时间内需要，故可选择部署能量型和功率型组合体，或能量型/功率型混合储能系统。在设计时，可选择足够的功率密集型组件来输出足够的功率，并选择具有较低功率输出但具有足够容量的系统来支持。

2.1.2 热力学第一定律与总能

2.1.2.1 热力学第一定律

热力学第一定律适用于一切物质和一切热力过程，是自然科学中最基本的定律之一，发现于19世纪40年代，通常被称为能量守恒定律（实际上是质量—能量守恒定律）。能量守恒定律通常表述为：自然界中一切物质都具有能量。能量既不会凭空产生，也不会凭空消失，它只会从一种能量形式转化为另一种能量形式，或者从一个物体转移到其他物体，而能量的总量保持不变。一个系统的总能量（系统的机械能、内能及其他任何形式能量的总和）的改变只能等于输入或者输出该系统的能量的多少。若一个系统处于孤立环境，也就是不可能有能量和物质输入或输出的系统，则能量守恒定律表述为“孤立系统的总能量保持不变”。热力学第一定律数学表达式见式（2-2），即进入系统的全部能量减去离开系统的全部能量等于系统储存能量的变化。

$$\sum \text{输入系统的能量} - \sum \text{输出系统的能量} = \Delta \text{系统储存能量} \tag{2-2}$$

能量传递有两种形式——做功和传热。功量和热量都是瞬态量，都不是系统本身所拥有的量，都是边界现象，两者只有在穿越系统边界时才能被观察到。此外，两者都不由系统的状态确定，均不是系统的状态参数，而是与过程特征有关的过程量，是路径函数（即它们均依赖于引起系统状态变化的过程路径）。系统与外界之间交换的功量有多种多样，通常可将功量视为通过相关位移作用的力的等效值，而热量是由于系统与外界之间存在温度梯度或温差而从较高温度到较低温度的能量传递。对于任何闭口系统（指与外界没有物质交换的系统。鉴于系统内包含的物质质量为一不变的常量，故也常称为控制质量系统），热力学第一定律可定义为：增加的热量 Q（即输入系统的能量）减去所做的功 W（即从系统输出的能量）等于动能 E_k 和重力位能 E_p 的变化之和，见式（2-3）。

$$\Delta E_k + \Delta E_p = Q - W \tag{2-3}$$

2.1.2.2 总能

能量是物质运动的量度，表示物质做功的能力。运动有各种不同形态，相应的能量也有各种对应的不同种类，如机械能、内能（热能）、电能、辐射能、光能、生物能、化学能、核能等。为便于分析研究，工程中常将系统（或物质）所储存的能量分为内部储存能（内能）和外部储存能（包括动能和位能）两大部分。系统的“总能 E”，是系统“总储存能”的简称，相应包括系统的内部储存能和外部储存能，其量值为内能 U、动能 E_k 和位能 E_p 之和，即 $E=U+E_k+E_p$。

“内部储存能”常简称为“内能”，其大小取决于系统本身（内部）的状态，与系统内物质的内部粒子微观运动、粒子的空间位置，与分子结构有关的化学能和原子内部的原子能等有关。常规的热力过程一般不涉及化学反应和原子反应，因此系统的化学能和原子能保持不变。在该前提条件下，为了简化，常将内能视为分子内动能和内位能的总和，而它们都是和热能有关的能量，所以内能也称为热力学能或热能。在研究储能或能量转换时，所主要关心的是系统所储存能量的变化量，而不是系统所储存能量的绝对值。对于任何闭口系统，其内能的变化量 ΔU 见式（2-4），定义为计及增加的热量 Q（即进入系统的能量）、做功量 W（即系统对外做功，实质是离开系统的能量）、动能变化量 ΔE_k 和重力位能变化量 ΔE_p 之后的任何变化量。式（2-4）也称为闭口系统的能量方程。

$$\Delta U = Q - W - \Delta E_k - \Delta E_p \tag{2-4}$$

“外部储存能”是与系统整体运动及外界重力场有关的能，包括宏观动能和重力位能，属系统本身所储存的机械能，其大小分别需采用在系统外的参考坐标系所测得的参数来表示。其中“宏观动能”，常简称“动能”，是指将系统视作一个整体，相对系统以外的参考坐标，系统因宏观运动速度而具有的能量，其数学表达式见式（2-5）；“重力位能”，简称“位能”，也称“势能”，是指系统由于重力场的作用而具有的能量，其数学表达式见式（2-6）。

$$E_k = \frac{1}{2}mc^2 \tag{2-5}$$

式中 E_k——系统的动能；

m——系统的质量；

c——系统的运动速度。

$$E_p = mgz \tag{2-6}$$

式中 E_p——系统的位能；

m——系统的质量；

g——重力加速度；

z——系统质量中心在参考坐标系中的高度。

综上可知，通常而言，系统的内能取决于系统的压力和温度，系统的动能取决于系统的质量和运动速度，系统的位能取决于系统所处的海拔和质量。当物质的能量特性取决于它所处的状态时，常将其称之为状态函数。因此，内能、动能和位能是状态函数，其量值取决于系统所处的状态（压力、温度、质量、海拔和运动速度等），而功量和热量是过程函数，其大小取决于其过程实现方式。在工程中，需注意内能、动能、位能与热量、功量这方面截然不同的特性。

工程中遇到的系统多数为开口系统（指与外界有物质交换的系统。鉴于开口系统常是一种相对固定的空间，故又称为控制容积系统）。对于开口系统而言，物质进入或离开开口系统时，必将其本身所具有的各种形式的储存能量带入或带出开口系统。因此，与闭口系统相较而言，开口系统除了通过热量交换或做功方式传递能量外，还增加了通过物质的进出来转移能量的能量传递方式。基于质量—能量守恒定律，可得出开口系统的能量方程，见式（2-7）。

$$\frac{\mathrm{d}E}{\mathrm{d}t}=\dot{Q}-\dot{W}+\sum\dot{m}_{\mathrm{in}}\left(h+\frac{c^2}{2}+gz\right)_{\mathrm{in}}-\sum\dot{m}_{\mathrm{out}}\left(h+\frac{c^2}{2}+gz\right)_{\mathrm{out}} \tag{2-7}$$

式中 $\frac{\mathrm{d}E}{\mathrm{d}t}$——单位时间内开口系统储存能量的变化；

$\dot{Q}$——传热率，表示单位时间内开口系统与外界交换的热量；

$\dot{W}$——开口系统与外界交换的净功率；

$\dot{m}_{\mathrm{in}}$——开口系统进口处的对应物质的质量流率；

$\dot{m}_{\mathrm{out}}$——开口系统出口处的对应物质的质量流率；

h_{in}——开口系统进口处的对应物质的比焓；

h_{out}——开口系统出口处的对应物质的比焓；

c_{in}——开口系统进口处的对应物质的运动速度；

c_{out}——开口系统出口处的对应物质的运动速度；

g——重力加速度；

z_{in}——开口系统进口处的对应物质的质量中心在参考坐标系中的高度；

z_{out}——开口系统出口处的对应物质的质量中心在参考坐标系中的高度。

此外，式（2-7）中的焓是指一种表征物质系统能量的一个重要状态量，可理解为由物质流动而携带的、取决于热力状态参数的能量。焓和比焓计算式分别见式（2-8）和式（2-9）。

$$H=U+pV \tag{2-8}$$

式中 H——物质的焓；

U——物质的内能；

p——物质的压力；

V——物质的容积。

$$h=u+pv \tag{2-9}$$

式中 h——物质的比焓；

u——物质的比内能；

p——物质的压力；

υ——物质的比容。

2.1.3 热力学第二定律与熵

2.1.3.1 热力学第二定律

热力学第一定律虽然揭示了能量守恒的自然规律，但并未说明满足能量守恒定律的过程是否都能实现。热力学第二定律是揭示热力过程方向、条件与热-功转换效率上限等的定律。只有同时满足热力学第一定律和热力学第二定律的过程才能实现。

与热力学第一定律一样，热力学第二定律是根据无数实践经验得出的经验定律，是基本的自然定律之一。热力学第二定律，也称熵增定律，其常见的经典表述有：

（1）克劳修斯表述：1850 年德国物理学家鲁道夫・克劳修斯从热量（Q）传递方向性的角度，将热力学第二定律表述为：“不可能建造一个循环运行的装置，其唯一作用是将热量从较冷的物体传递到较热的物体”，即不可能将热从低温物体传到高温物体而同时不引起其他变化（见图 2-1）。

（2）开尔文——普朗克表述：1851 年苏格兰物理学家威廉・汤姆森（开尔文），随后不久德国物理学家马克斯・普朗克，先后从热功转换（$Q_H \rightarrow W$）的角度，将热力学第二定律表述为：“不可能建造一个循环运行的装置，该装置除从单一热源取热并做功外而不引起其他任何变化”，即不可能从相同温度的单一热源取热，并使之完全转换为有用功而不引起其他变化（见图 2-2）。

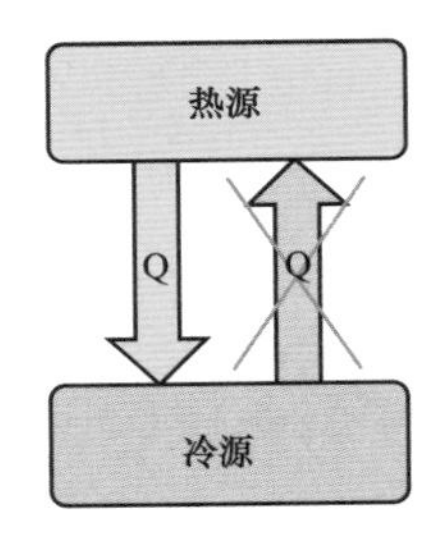

图 2-1 克劳修斯表述

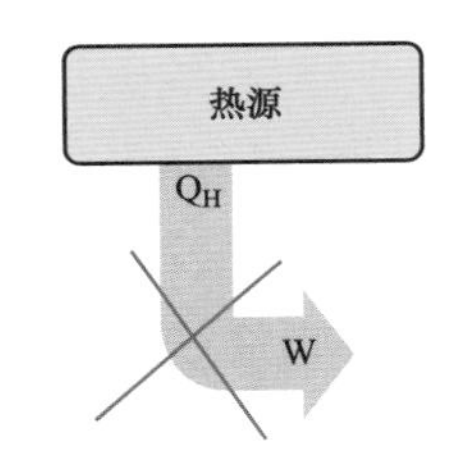

图 2-2 开尔文—普朗克表述

（3）熵增原理：在自然过程中，一个孤立系统的总混乱度（即“熵”）不会减小。不可逆热力过程中熵的微增量总是大于零，即孤立系统的熵永不自动减少，熵在可逆过程中不变，在不可逆过程中增加。

热力学第二定律是大量分子无规则运动所具有的统计规律，因此只适用于大量分子所构成的系统及有限范围内的宏观过程，不适用于单个分子或少量分子等构成的物质内部微观体系，也不能任意把它推广到无限空间的宇宙中去。例如，在量子热力学范畴内，2017 年巴西科学家基于核自旋角动量所建立的量子位相关性物理系统试验，使得“在热的量子比特和冷的量子比特所处量子关联弱化时，冷的量子比特越来越冷，热的量子比特则越来越热。换句话说，在此状态下，热量从冷的系统流到了热的系统”。

2.1.3.2 熵

熵的概念最早是由德国物理学家鲁道夫•克劳修斯于1865年提出。熵是在热力学第二定律基础上导出的一个表征物质状态的广延性的状态参数，用符号S表示，其国际单位为kJ/K，见式（2-10）（即熵的变化等于可逆过程换热量与热力学温度的比值）。式（2-10）提供了一个计算任意过程熵量大小的途径，但需注意该式仅适用于可逆过程，在可逆过程下，T_r和T相等。由式（2-10）可知，熵的变化表征了可逆过程中热交换的方向与大小。若系统可逆地从外界吸收热量（即$\delta Q>0$），则系统熵增大；若系统可逆地向外界放热（即$\delta Q<0$），则系统熵减小；可逆绝热过程中，系统熵不变。自然界的过程总是朝着孤立系统熵增加的方向进行，熵可作为判断自然界过程方向性的一种判据。

$$dS=\frac{\delta Q_{rev}}{T_r}=\frac{\delta Q_{rev}}{T} \tag{2-10}$$

式中 δQ_{rev}——可逆过程换热量；

T_r——热源的绝对温度；

T——工质的绝对温度。

相较温度而言，熵是一种较为隐蔽且较难理解的热力学特性。然而，无论熵的属性是如何抽象和外观是如何虚幻，熵都是工程师对功和热等进行分析和评价的重要工具。下面简略介绍工程中常遇到的三种不同形式的熵的概念，即熵产（entropy production）、熵流（entropy transfer）、熵变（entropy change）。

（1）熵产ΔS_g：由式（2-10）可知，在可逆过程中，熵的变化$\Delta S=\int\frac{\delta Q_{rev}}{T_r}$；不可逆过程中熵的变化要大于$\int\frac{\delta Q}{T_r}$。对于不可逆过程，工程物理学中把由不可逆因素引起的、大于可逆过程熵的变化的这部分熵变，即由系统内部的不可逆的物理或化学变化而引起的系统的熵变，称为“熵产”，用符号ΔS_g表示，微分形式为dS_g。可见，在可逆过程中，熵产为零；在不可逆过程中，熵产永远为正，不可能为负；不可逆过程的不可逆性越大，熵产越大，故熵产是过程不可逆性程度的一种度量手段。

（2）熵流ΔS_f：工程物理学中把完全由热交换引起的，由流进、流出系统的热流所引起的系统熵变的部分，即由系统和环境间进行的物质和能量的交换所引起的系统的熵变，称为“熵流”，用符号ΔS_f表示，微分形式为dS_f。按热流方向不同，系统吸热时，熵流为正；系统放热时，熵流为负；绝热过程，熵流为零。

（3）熵变ΔS：指任意不可逆过程熵的变化，即包括熵流与熵产的代数和在内。从前述可知，热力学第二定律的其中一个重要表述是，熵产总是大于或等于零（可逆过程时为零，不可逆过程时大于零）。可逆过程时，熵变仅取决于温度和压力或温度和比容。熵产和熵流仅取决于过程路径。当热量没有加入也没有去除，且没有摩擦发生时，熵不会改变。因此，当过程可逆（无摩擦）时，不增加热量的绝热过程是等熵过程，即可逆绝热过程是等熵过程。在熵平衡时，熵变、熵产、熵流三者之间相互关联，其关联关系分别见式（2-11）～式（2-13）。

对于闭口系统（也称封闭系统，是指与外界无物质交换的系统，故不存在因物质进/出系统而引起的熵的变化），其熵方程微分式见式（2-11），积分式见式（2-12）。

$$\mathrm{d}S=\mathrm{d}S_{\mathrm{f}}+\mathrm{d}S_{\mathrm{g}}=\frac{\delta Q}{T_{\mathrm{r}}}+\mathrm{d}S_{\mathrm{g}} \tag{2-11}$$

$$\Delta S=\Delta S_{\mathrm{f}}+\Delta S_{\mathrm{g}}=\int\frac{\delta Q}{T_{\mathrm{r}}}+\Delta S_{\mathrm{g}} \tag{2-12}$$

对于开口系统，因与外界有物质交换，故随着物质的进/出系统，必然将熵带进/带出系统。开口系统的熵方程见式（2-13），其适用于除与多个不同温度的热源交换热量外，同时又有多股物质进、出系统的开口系统。

$$\mathrm{d}S=\sum\frac{\delta Q}{T_{\mathrm{r}}}+\sum s_{\mathrm{in}}\delta m_{\mathrm{in}}-\sum s_{\mathrm{out}}\delta m_{\mathrm{out}}+\mathrm{d}S_{\mathrm{g}} \tag{2-13}$$

式中 $\mathrm{d}S$ ——开口系统的熵变化；

$\sum\frac{\delta Q}{T_{\mathrm{r}}}$ ——开口系统与外界多个不同温度的热源间传热引起的熵流，其中δQ为换热量，T_{r}为热源的绝对温度；

$\sum s_{\mathrm{in}}\delta m_{\mathrm{in}}$ ——进入开口系统的多股物质所带入的熵的代数和（也属于熵流），其中s_{in}为进入系统的对应物质的比熵，δm_{in}为进入系统的对应物质的质量；

$\sum s_{\mathrm{out}}\delta m_{\mathrm{out}}$ ——离开开口系统的多股物质所带出的熵的代数和（也属于熵流），其中s_{out}为离开系统的对应物质的比熵，δm_{out}为离开系统的对应物质的质量；

$\mathrm{d}S_{\mathrm{g}}$ ——熵产，可逆时为零，不可逆时为正。

2.1.4 烟与燻

2.1.4.1 概念

烟（exergy）概念最早是由美国科学家 J. Willard Gibbs 于 1873 年提出，而 exergy（烟）一词是由南斯拉夫工程师 Zoran Rant 于 1956 年参考希腊语 ex ergon（外功）所创造。当系统的温度和压力与环境相同，相对于环境处于静止状态，即系统处于与环境相平衡的状态时，称之为系统处于“死态”（dead state）。烟是指当系统由一任意状态可逆地变化到与给定环境相平衡的状态（即“死态”）时，理论上可以全部转换为任何其他能量形式的那部分能量。可见，烟是一种可科学评价各种形态能量价值或能量品位高低的物理量或尺度，故有的学者将烟称之为可用能、有效能或可用度。

从烟定义可知，烟是系统状态与环境状态偏离大小的度量尺度，是系统与环境相结合的属性。只有可逆过程才有可能进行最完全的转换，因此也可认为烟是在给定环境条件下，在可逆过程中，理论上所能做出的最大有用功或所消耗的最小有用功。与此对应，一切不能转换为㶲的能量，称为𬌗(anergy)。状态相平衡任何能量 E 均由㶲 E_x 和𬌗 A_n 所组成，即 $E=E_x+A_n$。例如，理论上可百分之百地转换为其他能量形式的能量（如机械能和电能等可无限度地完全转换成内能和热量），其𬌗为零；不可转换的能量（如在环境条件下，不能转换成有用的机械功的环境介质内能），其㶲为零。

从㶲和𬌗视角看，可归纳出以下结论：

（1）㶲与𬌗的总量在能量转换前后保持恒定，否则将违反能量守恒定律。

（2）𬌗不能转换为㶲，否则将违反热力学第二定律。

（3）理想可逆过程中㶲的总量保持守恒，但在一切实际不可逆过程中，会不可避免地发生㶲损失（即部分㶲会退化为𬌗），但任何情况下，㶲都不可能为负值。

（4）当系统处于死态时，即系统处于与环境间的热和机械平衡时，㶲值为零。

（5）孤立系统㶲减原理：孤立系统的㶲值不会增加，只能减少，至多维持不变。与熵增原理类似，依据㶲减原理，可判定自然过程的方向性。

2.1.4.2 㶲的相关计算

在规定状态下，系统的㶲计算式为

$$E_x=(U-U_0)+p_0(V-V_0)-T_0(S-S_0)+E_k+E_p \tag{2-14}$$

式中 U 和 U_0 ——系统在规定状态下和死态下的内能；

p_0 和 T_0 ——系统在死态下的压力和温度；

V 和 V_0 ——系统在规定状态下和死态下的容积；

S 和 S_0 ——系统在规定状态下和死态下的熵；

E_k ——系统在规定状态下的动能；

E_p ——系统在规定状态下的势能。

㶲效率 η_x 为收益㶲与支付㶲的比值，见式（2-15）。

$$\eta_x=\frac{\text{收益㶲}}{\text{支付㶲}} \tag{2-15}$$

对于稳态、稳流过程，当进入系统的各种㶲的总和等于离开该系统的各种㶲与该系统内产生的各种㶲损失之和时，即为㶲平衡，见式（2-16）。

$$\sum E_{x,\text{in}}=\sum E_{x,\text{out}}+\sum II_i \tag{2-16}$$

式中 $\sum E_{x,\text{in}}$ ——进入系统的各种㶲的总和；

$\sum E_{x,\text{out}}$ ——离开系统的各种㶲的总和；

$\sum II_i$ ——系统内各种㶲损失的总和。

2.1.5 吉布斯函数和化学势

2.1.5.1 吉布斯函数

吉布斯函数，也称吉布斯自由能、吉布斯能或自由能，是对系统在恒定温度和压力下可做的可逆功或最大功的潜能的量度，用于预测一个过程是否会在恒定的温度和压力下自发发生，是化学热力学中为判断过程进行的方向而引入的一个重要的参量，于 1876 年由美国科学家吉布斯（Josiah Willard Gibbs）提出。

吉布斯函数表示来自化学反应的做功潜能，其计算式为

$$G=H-TS=U+pV-TS \tag{2-17}$$

式中 G——吉布斯自由能；

H——系统的焓；

U——系统的内能；

p——系统的压力；

V——系统的容积；

T——系统的绝对温度；

S——系统的熵。

习惯上规定在标准状态下（即温度 298.15K，压力 101.325kPa）单质的吉布斯函数为零，由有关单质在标准状态下生成 1000mol 化合物时生成反应的吉布斯函数变化称为“标准生成吉布斯函数”，用符号 $\bar{g}_f^\circ$ 表示。由于规定标准状态下单质的吉布斯函数值为零，故标准生成吉布斯函数在数值上等于 1000mol 的该化合物在标准状态下的千摩尔吉布斯函数。常见物质的标准生成吉布斯函数见表 2-1。

表 2-1　几种常见物质的标准生成吉布斯函数一览表

物质	分子式	摩尔质量（g/mol）	物态	标准生成吉布斯函数 $\bar{g}_f^\circ$（kJ/kmol）
一氧化碳	CO	28.011	气态	−137 182
二氧化碳	CO_2	44.011	气态	−394 407
水	H_2O	18.015	气态	−228 583
水	H_2O	18.015	液态	−237 146
甲烷	CH_4	16.043	气态	−50 783
乙炔	C_2H_2	26.038	气态	209 169
乙烯	C_2H_4	28.054	气态	68 142
乙烷	C_2H_6	30.070	气态	−32 842
丙烷	C_3H_8	44.097	气态	−23 414
正丁烷	C_4H_{10}	58.124	气态	−17 044
正辛烷	C_8H_{18}	114.23	气态	16 599
正辛烷	C_8H_{18}	114.23	液态	6713
氨	NH_3	17.031	气态	−16 128

续表

物质	分子式	摩尔质量（g/mol）	物态	标准生成吉布斯函数 $\bar{g}_f^{\circ}$（kJ/kmol）
氢	H	1.008	气态	203 290
氧	O	15.999	气态	231 770
氮	N	14.01	气态	455 510

吉布斯函数判据见式（2-18），其含义为：封闭系统在恒温、恒压且非容积功为零的条件下，若吉布斯函数减小（即 $\mathrm{d}G]_{T,p}<0$），则表明发生了不可逆过程（即自发过程）；若吉布斯函数不变（即 $\mathrm{d}G]_{T,p}=0$），则表明发生了可逆过程，系统处于平衡态；吉布斯函数大于零的过程不能发生，但其逆过程能自发进行（即反自发过程）。

$$\mathrm{d}G]_{T,p}\leqslant 0 \tag{2-18}$$

式（2-18）表明，简单可压缩系统一切自发的恒温恒压反应总是朝着吉布斯函数减小的方向进行，直到达到其最小值的平衡态为止。平衡态即为吉布斯函数为最小值的状态。系统以什么方式达到平衡态并不重要，重要的是达到平衡态时，系统即处于特定的压力和温度，且不会发生任何进一步的自发变更。如此，恒温恒压简单可压缩反应系统的平衡判据见式（2-19），即

$$\mathrm{d}G]_{T,p}=0,\ \mathrm{d}^2G]_{T,p}>0 \tag{2-19}$$

在可逆反应下，忽略动能和位能变化，稳定流动系统经历化学反应时可做的最大有用功计算式见式（2-20），即

$$W_{\max}=\sum n_{\mathrm{in}}G_{\mathrm{m,in}}-\sum n_{\mathrm{out}}G_{m,\mathrm{out}} \tag{2-20}$$

式中　$W_{\max}$——最大有用功；

n_{in}、n_{out}——流入系统的反应物千摩尔数、流出系统的生成物千摩尔数；

$G_{m,\mathrm{in}}$、$G_{m,\mathrm{out}}$——流入系统的反应物的千摩尔吉布斯函数值、流出系统的生成物的千摩尔吉布斯函数值。

2.1.5.2 化学势

在实践中，倾向于在恒定的温度和压力下测量潜在功，因而对化学反应的势能或功更感兴趣。化学势是表征系统与媒质或系统相与相之间或系统组分之间粒子转移的趋势。粒子总是从高化学势向低化学势区域、相或组分转移，直到两者相等才相互处于化学平衡。化学势在处理相变和化学变化的问题时具有重要意义。在给定温度、压力和组分混合物状态下的化学势计算式见式（2-21），即组分 n_i 的化学势 μ_i 等于在给定温度 T、压力 p 和组分混合物下摩尔吉布斯自由能 $\bar{g}_i$。从式（2-21）可知，化学势是吉布斯函数对组分的偏微分，因而化学势又称为偏摩尔势能。

$$\mu_i=\left(\frac{\partial G}{\partial n_i}\right)_{T,p,n_{j\neq i}} \tag{2-21}$$

用化学势来表示吉布斯函数，则为 $G=\sum_{i=1}^{j} n_i\mu_i$。当系统为单一物质的单相时，则为 $G=n\mu$，即 $\mu=\dfrac{G}{n}=\overline{g}$，即化学势恰为 1mol 化学纯物质的吉布斯函数。

对于理想混合气体系统，组分 n_i 的化学势 μ_i 计算式见式（2-22）。

$$\mu_i=\overline{g}_i^{\circ}+\overline{R}T\ln\frac{y_i p}{p_{\text{ref}}} \tag{2-22}$$

式中　μ_i ——组分 n_i 的化学势；

$\overline{g}_i^{\circ}$ ——在温度 T 和 1 个大气压下组分 i 的吉布斯函数；

y_i ——在温度 T 和压力 p 下的混合物中组分 i 的摩尔分数；

p_{ref} ——1 个大气压。

用化学势来表示的恒温恒压可压缩反应系统的平衡判据见式（2-23）。

$$\mathrm{d}G]_{T,p}=\sum_{i=1}^{j}\mu_i\mathrm{d}n_i=0 \tag{2-23}$$

2.2　储能系统评价指标体系

储能系统评价指标体系是一种用于科学、系统、全面地综合评估评价储能系统满足科研、制造、工程、应用等多方需求的能力的重要手段。由于所涉及的储能技术种类较多，且相对而言储能还是一门新生事物，因此至今国内外尚没有标准的较为全面的储能系统评价指标体系。为方便应用，本书列出了储能系统关键的技术能力、性能、开发/制造及部署应用、成本等方面的指标，供实际工作中参考。不同的主体（如科研院所、制造商、集成商、工程建设方、工程总包方等）在进行具体的储能技术或系统评价时，可根据自身特点及要求对储能系统评价指标体系进行裁剪或扩充，以符合应用的实际需求。

储能系统评价指标体系内容包括一级指标、二级指标或三级指标到五级指标等内容。其中，一级指标包括储能技术能力、性能、开发/制造及部署应用、成本等四大类指标。一级指标下再细分对应的二级指标。根据种类及属性不同，有的在二级指标基础上，再详细分类出三级、四级，甚至五级指标。储能系统评价指标体系结构详见图 2-3。

储能技术能力主要评价储能系统除基本的功率控制功能外的电网友好性能力。储能技术能力一级指标主要包括转动惯量、无功控制、黑启动、电网适应性、过载能力、低电压穿越能力、高电压穿越能力等 7 项二级指标。

储能性能主要是指储能系统的容量、加充能量、释放能量、安全、环境及其应用等与使用方面密切相关的技术性质和功能的相关量度指标。储能性能一级指标主要包括能量加充/释放基本指标、寿命、功率/能量、应用、安全、环境及场地及其他等 7 项二级指标，每项二级指标又包括对应的若干三级指标。

储能研发、制造及部署应用主要是指从储能技术创新链、供应链、产业链及技术成熟度等方面对储能技术或装置进行相应评价的指标。储能研发、制造及部署应用一级指标主要包括国内制造能力、制造成熟度、技术成熟度、全球市场份额、国内供应链覆盖率等 5 项二级指标。

从国内外项目来看，储能系统全生命周期成本构成如图 2-4 所示，主要由储能系统建设成本、运营成本和退役成本等三大部分组成。与之对应，储能系统成本一级指标主要包括储能系统建设成本、运营成本、退役成本等 3 项二级指标。其中，储能系统建设成本二级指标又包括储能系统总成成本、项目开发成本、EPC（工程设计、采购、施工等工程总承包）成本、接入电网成本等 4 项三级指标，储能系统总成成本三级指标又可细分为储能本体系统成本、功率设备成本、控制&通信成本、系统集成成本等 4 项四级指标，储能本体系统成本又进一步细分为储能本体成本、储能本体辅助系统成本等 2 项五级指标；储能系统运营成本二级指标包括运维固定成本、运维可变成本、往返效率损失、担保费、保险费等 5 项三级指标；储能系统退役成本二级指标包括解除与电网互联成本、拆卸/移除成本、场地恢复成本、回收/处置成本等 4 项三级指标。

储能系统评价指标体系一级、二级、三级，乃至四级、五级指标，以及指标项说明见表 2-2。

表 2-2　　储能系统评价指标体系指标项及其说明

一级指标	二级指标	三级指标	四级指标	五级指标	指标项说明
技术能力	转动惯量				评价在电力系统经受扰动时，储能系统根据自身（真实或虚拟）惯量特性提供响应系统频率变化率的快速正阻尼，阻止系统频率突变所提供的服务是否满足要求
	无功控制				评价为保障电力系统电压稳定，储能系统根据调度下达的电压、无功出力等控制调节指令，通过自动电压控制（AVC）等方式，向电网注入、吸收无功功率，或调整无功功率分布所提供的服务是否满足要求
	黑启动				评价在电力系统大面积停电后，在无外界电源支持的情况下，储能系统是否具备自启动能力，所提供的恢复系统供电的服务是否满足要求
	电网适应性				评价储能系统在加充能量、保持能量、释放能量等工况下，对电网频率、电网电压、电网电能质量等的适应性是否满足要求

续表

一级指标	二级指标	三级指标	四级指标	五级指标	指标项说明
技术能力	过载能力				评价储能系统在加充能量、释放能量等工况下，有功功率过载至 1.1 倍或 1.2 倍下的运行是否满足要求
	低电压穿越能力				评价储能系统在并网点电压跌落区间内，且在规定时间内的不脱网连续运行能力是否满足要求
	高电压穿越能力				评价储能系统在并网点电压抬升至规定值（如 110%U_N、120%U_N、130%U_N），且在规定时间内不脱网连续运行能力是否满足要求
性能	功率/能量	能量容量（kWh）			储能系统可保持的最大储存能量
		额定功率容量（kW）			从储能系统处于完全充能状态开始，储能系统可实现的总瞬时释放能量的能力，或可实现的最大释放能量率
		能量密度			储能系统每单位体积或单位质量所能存储的能量
		功率密度			储能系统每单位体积或单位质量的最大可用功率
		能量/功率比（kWh/kW）			在给定应用中，储能系统能量容量与额定功率之比率
		释能持续时长			在耗尽其能量容量之前，储能系统可在其额定功率容量下释放能量的时间量（如秒、分、时、天），也俗称“放电时长”。例如，1MW 额定功率容量和 4MWh 能量容量的储能系统具有 4h 的储能持续时间
	能量加充/释放基本指标	C 率（C）			归一化到其最大容量的（电池）充电/放电率，常用于表示充电/放电快慢的一种量度，也称为“电池充/放电倍率”，常用 C 表示（如 0.1C）
		释能深度（DoD，%）			储能系统释放能量容量与可用能量容量之比率，常用百分比表示，也常称“放电深度”
		加充能量状态（SoC，%）			表示储能系统的加充能量水平，也常称“充电状态”，量值范围从完全释放能量（0%）到完全加充能量（100%）
		放电电压波动			由尖峰、陡降、浪涌等引起的储能系统放电电压幅值的变化量

续表

一级指标	二级指标	三级指标	四级指标	五级指标	指标项说明
性能	能量加充/释放基本指标	往返效率（RTE，%）			在单个循环期间，储能系统的能量输出（kWh）与能量输入（kWh）之比。对于电池类储能系统而言，是指DC/DC效率，而对于机械类储能系统而言，是指AC/AC效率
		能量加充-释放转换时间			储能系统在能量加充状态和释放状态之间切换所需要的时间。工程中常取从90%额定功率充电状态转换到90%额定功率放电状态与从90%额定功率放电状态转换到90%额定功率充电状态所需时间的平均值
	寿命	日历寿命（年）			储能系统在保持其容量仍为高百分比的初始容量的同时，能用于储能的年数或最小可使用年数
		循环寿命（循环数）			储能系统在保持其容量仍为高百分比的初始容量的同时，可完成的能量加充/释放循环次数
		使用寿命（年）			在给定使用场景且保持其正常循环率的情况下，储能系统能正常工作的年数
		退化因子（%）			因储能系统部件发生磨损和/或化学变化等而随时间所丧失的额定功率容量或额定能量容量的总量因子
	应用	日循环数			在24h周期内，储能系统加充能量再释放能量到规定DoD值（通常为80%）的次数
		年循环数			在1年周期内，储能系统加充能量再释放能量到规定DoD值（通常为80%）的次数
		爬坡率（%/s）			储能系统随时间所发出的或吸收的功率的变化率，单位为MW/s或额定功率随时间变化的百分比（即%/s）
		理论响应时间（s）			储能系统在能量加充/释放期间达到100%额定功率所需的时间（s），或从储能系统处于静止时的初始测量时间开始到达到100%额定功率所需的时间（s）
		受功率变换系统约束的响应时间（s）			储能系统在能量加充/释放期间，受其功率变换系统的技术限制，达到100%额定功率所需的时间（s）
		功率控制精确度（%）			在稳定运行状态下，储能系统输出/输入功率依据其设定值变化时，其输出/输入功率控制的稳定程度
	安全	极限氧指数（%）			针对带电解质的储能系统的特定安全指标，用于度量在空气中维持电解质燃烧的最低氧浓度。极限氧指数越高，则其火灾风险越低

续表

一级指标	二级指标	三级指标	四级指标	五级指标	指标项说明
性能	安全	燃烧自熄时间（s）			针对带电解质的储能系统的特定安全指标，用于度量着火电解质自行熄灭的时间。燃烧自熄时间越短，则其火灾风险越低
	环境及场地	占地面积（m^2）			储能系统部署所需要的物理区域面积
		重量（kg）			储能系统整体有多重
		最高工作温度（℃）			储能系统可有效工作的最高温度
		最低工作温度（℃）			储能系统可有效工作的最低温度
	其他	环境敏感材料的百分比（%）			生产制造给定储能系统所需的环境敏感材料量或稀土材料量（如钴或锂）的占比
		可循环利用性（%）			储能系统中可回收用于寿命结束后使用的材料的重量占比
研发、制造及部署应用	制造能力				所有储能生产制造设施在单月内可生产的最大产量的估计值，常以能量和功率储能容量（对应电池模组或可逆燃料电池的数量）、全球或地区或全国产能的百分比来衡量。单位可为储能系统装置数、MW、MWh、产能占比等
	制造成熟度（MRL1-MRL10）				用于评价或评估某项储能技术产品的生产制造成熟程度的度量指标，其度量范围为 MRL1（已识别出基本制造事务的阶段）～MRL10（已表明使用了高效生产经验并达到高质高量生产的阶段）
	技术成熟度（TRL1-TRL9）				用于评价、评估储能技术所处开发及应用阶段的度量指标。该项指标表明了储能技术的成熟程度，其度量范围为 TRL1（已观察到基本原理）～TRL9（项目运营中已成功使用了全部系统）
	市场份额（%）				所生产制造的储能系统在全球、地区或全国市场份额中的百分比
	国内供应链覆盖率（%）				用于度量储能系统供应链的国内化程度，其计算方法可取位于国内的制造储能系统所需的供应链阶段数除以储能系统的供应链总阶段数

续表

一级指标	二级指标	三级指标	四级指标	五级指标	指标项说明
成本	总体部分	平准化度电成本（元/kWh）			在假定的财务寿命和工作周期内，回收用于建造和运营储能电站的全部成本所需的每单位发电量的平均电价。关键输入包括资本支出、运营支出、融资成本和储能电站利用率等。该项指标常用于比较储能投资的成本效益
		储能平准化度电成本（LCOS，元/kWh）			在其运营寿命期内，储能系统投资的总成本（包括融资成本）除以其累计输送电量。LCOS 是最常用的储能成本评价指标
		平准化全寿命周期度电成本（元/kWh）			在其整个寿命期（包括原材料、生产制造、运营、退役/寿命结束等）内，储能投资的总成本除以其累计输送电量。该指标虽较为全面，但由于常难以获得一致的寿命开始（材料和制造）和寿命结束（退役和回收）的全部数据，故该指标在实际工作中应用较少
		所有权总成本（TCO，元）			与储能系统相关的所有成本的总和（包括资本、运营和维护成本等），也称“总拥有成本”
	建设成本（CapEx）	储能系统总成本	储能本体系统成本（元/kWh）	储能本体成本（元/kWh）	储能系统中最基本的存储能量的本体的成本。例如，对于锂离子电池储能而言，该成本包括电池模组、电池机架、电池管理系统等，类似于电动汽车所用的电池 pack（包）
				储能本体辅助系统成本（元/kWh）	支持储能本体的辅助系统的成本，如集装箱、电缆及其支架、开关设备、液流电池泵、HVAC（采暖、通风和空调）及其他类似组件等
			功率设备成本（元/kW）		连接于储能系统与电网或负荷之间的实现电能双向转换的装置的成本。如双向逆变器、DC-DC 转换器、隔离保护、交流（AC）断路器、继电器、通信接口和软件等。对于电池储能而言，即为储能变流器（PCS）系统；对于抽水蓄能而言，即为其动力厂房；对于压缩空气储能而言，即为其动力系统
			控制&通信成本（元/kW）		包括用于整个储能系统的能量管理系统及其他负责储能系统运行监视、控制、通信的全部系统的成本
			系统集成成本（元/kWh）		系统集成商为将储能子部件组合成单个功能系统而收取的费用

续表

一级指标	二级指标	三级指标	四级指标	五级指标	指标项说明
成本	建设成本（CapEx）	项目开发成本（元/kW）			与建设许可、购电协议、电网互联协议、场地控制和融资等相关的成本
		EPC 成本（元/kWh）			包括储能系统的非经常性工程费用、施工设备、运输、选址、安装和调试等工程总承包费用
		接入电网成本（元/kW）			将储能系统连接到电网的相关成本，包括变压器成本、计量和隔离断路器成本等
	运营成本（OpEx）	运维固定成本[元/(kW·年)]			在储能系统整个经济寿命期间，用于维持储能系统运行所需的、不受能源使用增减变动影响而能保持不变的所有成本
		运维可变成本（元/MWh）			在储能系统整个经济寿命期间，运行储能系统所需的、高度依赖于储能系统运行的且可能发生显著变化的所有成本。包括计划外检修成本，以及基于储能系统应用模式的扩展成本等
		往返效率损失（元/kWh）			包括 HVAC 及其他辅助负荷、直流损失、功率转换系统损失等。该指标可通过为弥补因前述损失所导致的单个千瓦时的吞吐量而购买的额外电力的成本来估算
		担保费（元/kWh）			向设备供应商收取的可制造能力和在指定寿命期内性能保证的费用
		保险费（元/kWh）			为保险储能财产遭受未知和/或意外风险等所造成的全部或部分损失而向保险人所交付的费用
	退役成本	解除与电网互联成本（元/kW）			与解除储能系统与电网互联相关的成本
		拆卸/移除成本（元/kW）			包括储能系统拆卸及其所拆卸的组件、部件处理/回收所需的成本
		场地恢复成本（元/kW）			将储能系统场地恢复为棕地或绿地状态所需的成本
		回收/处置成本（元/kW）			与分离储能系统的可回收组件、运输至回收工厂以及在工厂中回收材料相关的成本

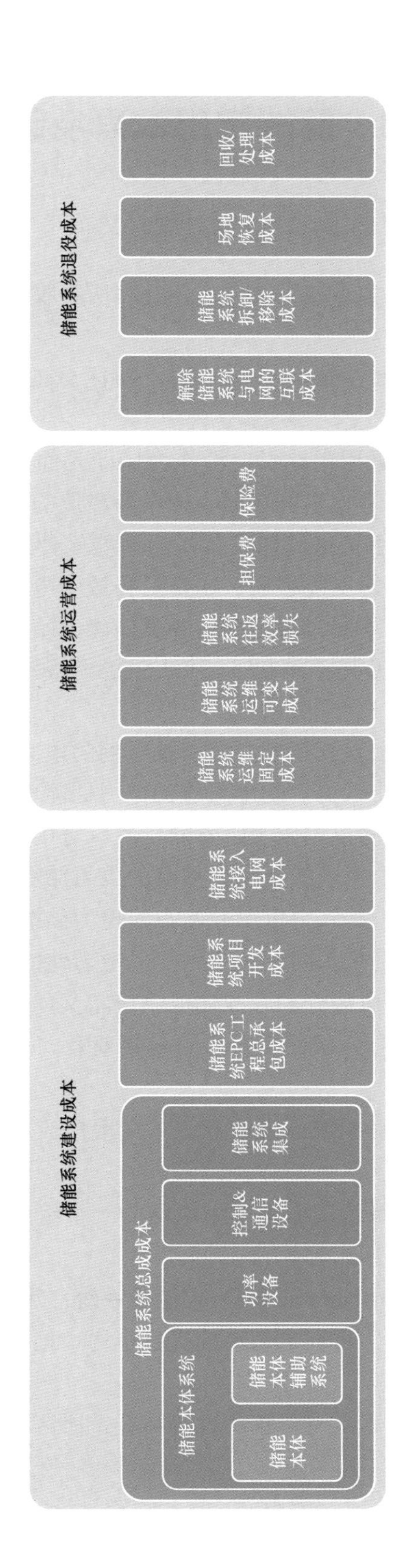

图 2-4 储能系统全生命周期成本分解图

2.3 储能常用术语及定义

2.3.1 储能电站（系统）及其类别

储能电站是指能够从电力系统吸收电能，并将所吸收的能量存储一定时间，需要时再释放电能的电站。

（1）按所采用的储能元件技术原理不同，所区分的常见类别的储能电站定义如下：

1）电化学储能电站：采用电化学电池作为储能元件，由若干个不同或相同类型的电化学储能系统组成，可进行电能存储、转换及释放的电站。

2）机械储能电站：采用机械储能设备作为储能元件，由若干个不同或相同类型的机械储能系统组成，可进行电能存储、转换及释放的电站。

（2）按电力系统接入点不同，所区分的各类储能电站定义如下：

1）电源侧储能电站：在常规发电厂、可再生能源场站等电源侧建设的电力储能电站。

2）电网侧储能电站：接入公用配电网或输电网的电力储能电站。

3）用户侧储能电站：接入用户配电系统的电力储能电站。

（3）按储能系统接入并网点电压等级不同，所区分的各类电力储能系统如下：

1）低压电力储能系统：接入低压主并网点的电力储能系统。

2）中压电力储能系统：接入中压主并网点的电力储能系统。

3）高压电力储能系统：接入高压主并网点的电力储能系统。

（4）按用户类别不同，所区分的各类储能系统定义如下：

1）户用电力储能系统：为居民用户（不包括商业、工业或其他专业活动场所）应用的电力储能系统。

2）商业和工业电力储能系统：为商业、工业用户应用或其他专业活动场所应用的电力储能系统。

3）公用电网电力储能系统：作为公用电网的一个组成部分，仅为公用电网提供服务的电力储能系统。

4）电力设施交互（utility interactive）式储能系统：用于与电力设施（如发电站、输电网、配电网）并联使用，可向电力设施提供电力、向公共负荷供电的储能系统。该术语在北美等地区常用。

（5）按电力储能系统是否具有可移动性等特征，所区分的常见各类储能电站（系统）定义如下：

1）移动式电力储能系统或储能电站：电力储能系统具有可移动到现场的手段（如

安装在轮式拖车或滑轨上）并可作为临时电源使用的电力储能系统或储能电站。

2）预制舱式电力储能系统：其部件/组件在工厂进行装配和组装，并装于一个或多个预制舱或集装箱中运输，便于现场快速安装的电力储能系统。

3）固定式电力储能系统或储能电站：电力储能系统作为固定式装置而永久安装的电力储能系统或储能电站。

（6）按电力储能系统的能量加充/释放时间尺度长短不同，所区分的常见各类储能电站（系统）定义如下：

1）长持续时间应用（long duration application，long term application）型电力储能系统或储能电站：通常对电力储能系统的阶跃响应性能没有过高需求，但需在可变功率下具有长加充能量（长充电）阶段和长释放能量（长放电）阶段的电力储能系统应用，如有功功率潮流控制（如削峰填谷）、馈线电流控制（如配电网阻塞缓解）。该应用有时也称为能量密集型应用（energy intensive application）。从电能供应角度而言，有时更侧重于长释放能量（长放电）阶段的应用。该应用在储能系统与电力系统进行有功功率交换的同时，也可存在双方之间的无功功率交换。

2）短持续时间应用（short duration application，short term application）型电力储能系统或储能电站：通常对电力储能系统的阶跃响应性能有需求，且需频繁进行能量加充/释放（充电/放电）阶段的切换，或需与电力系统进行无功功率交换的应用，如电网频率控制、电网节点电压控制、供电质量改善、无功潮流控制等。该应用有时也称为功率密集型应用（power intensive application）。

3）混合及应急应用型（hybrid and emergency application）电力储能系统或储能电站：通常对电力储能系统的阶跃响应性能有迫切需求，且需频繁处于以可变释放功率（可变放电功率）进行长时间的能量释放（放电）阶段的应用，如作为备用电源，当在主并网点处没有主电力供应期间，能在规定的时间长度内以预定的最大功率向电力系统提供电能。

2.3.2 电力储能系统及装置

电力储能系统（electrical energy storage system，EESS）是指有着确定的电力边界并与电网连接，能够从电力系统吸收电能，然后以某种能量形式来存储所吸收的电能，在需要时再释放电能至电力系统的系统。EESS 可由单个集成单元或由多个组成部分构成。EESS 可包括如图 2-5 所示的用于能量加充、能量储存、能量释放、控制、保护、功率转换、通信、系统环境控制、

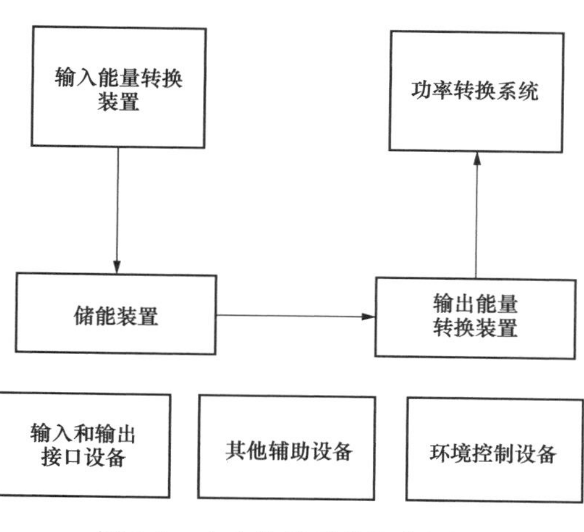

图 2-5 电力储能系统构成框图

火灾探测和灭火等设备或系统。

（1）图 2-5 中的“输入能量转换装置”“输出能量转换装置”“功率转换系统”也常被合称为“功率转换系统（power transformation system，PTS）”或“功率变换系统（power conversion system，PCS）”或“储能变流器”（注：在电化学式储能系统中，常称之为储能变流器），其定义为：连接电力系统和储能装置，起功率调制作用并控制储能装置和电力系统之间能量交换的装置或系统。

（2）IEC（国际电工委员会）将图 2-5 中“输入能量转换装置”“储能装置”“输出能量转换装置”“功率转换系统”合称为“电力储能（electrical energy storage，ESS）”，并定义为：“能吸收电能，存储所吸收能量一定时间，再释放电能的装置。在电能吸收、存储、释放过程中，可包括能量转换过程”。

（3）储能装置。可满足下述两方面要求的能量储存体：①能量加充期间，可将能量加充到预定的功率等级；②能量释放期间，可以设定的任何功率速率来提取能量。储能装置包括储能介质和储能容器两部分，常见的储能装置种类有热能式、机械式、电化学式、化学式等（见表 2-3）。

（4）储能管理系统（energy storage management system，ESMS）。在储能系统中用于监视、控制、优化储能系统的性能，并在异常工况下有能力控制储能系统与电力系统脱扣的系统。ESMS 可控制一个或多个诸如 BMS 等管理系统。

（5）电池管理系统（battery management system，BMS）。在储能系统中用于监视、控制、优化单个或多个电池模块的性能，并在异常工况下有能力控制电池模块与电力系统脱扣的系统。在工程应用中，BMS 可完全独立于 ESMS。

常见的 EESS 技术类别及其定义如下：

（1）机械式 EESS：由用于储存能量的机械手段或工具（如通过压缩空气、泵送水或飞轮技术等储能），以及一旦需要时即可由之运行发电机来提供电能的任何相关控制设备或系统等所组成的电力储能系统。

（2）电化学式 EESS：由用于存储电能的二次电池（可充电电池）、电化学电容器、液流电池或电池—电容器混合系统，以及一旦需要时即可由之提供所存储电能的任何相关控制设备或装置等所组成的电力储能系统。

1）电池单体（cell）：由正极、负极、隔膜、电解质、壳体和端子等组成，实现化学能和电能相互转换的基本单元。

2）电池模块（battery module）：由多个电池单体通过串联、并联或串/并联组合方式连接在一起，且只有一对正/负极输出端子所构成的电池组合体。通常还包括电池的管理与保护装置等部件。

3）电池簇（battery cluster）：由多个电池模块通过串联、并联或串/并联组合方式连接在一起，且与储能变流器及附属设施连接后可独立运行的电池组合体。通常还包括电池管理系统、监测和保护电路、电气和通信接口等部件。

（3）热能式 EESS：由通过加热流体（如空气）作为储存能量的手段所构成的系统，以及一旦需要时即可由之运行发电机来提供电能的任何相关控制设备或系统等所组成的电力储能系统。

（4）化学式 EESS：由供给用于储存的化学品燃料（如氢气、氨、合成气、碳氢化合物等）的制备装置、储存化学品燃料的装置，以及一旦需要时用于提供电能的发电系统（如燃料电池、燃气轮机等）等组成的电力储能系统。

各类常见 EESS 示例见表 2-3。

表 2-3　　各类常见电力储能系统技术类别构成示例

类别	输入能量转换装置	储能装置	输出能量转换装置
机械式（压缩空气储能）	压缩机	地下洞穴或压力容器	膨胀机
机械式（抽水蓄能）	水泵	上水库	水轮机
电化学式	充电装置	电池系统	转换器
热能式	热泵	蓄热装置	热发生器或热交换器
化学式	电解水装置	储氢装置	燃料电池或燃气轮机

2.3.3　储能系统技术规范

（1）连续工作条件。所设计的电力储能系统可在规定的性能限值范围内工作的工作条件范围，如工作环境条件、并网点的电压和频率等。

（2）参考环境条件。所设计的电力储能系统能在其下连续工作的物理条件，如环境温度范围、压力范围、辐射范围、湿度范围和化学喷雾范围等。

（3）使用寿命（service life）。从电力储能系统调试测试开始直到其退役的持续时间。使用寿命通常以年或工作循环次数来表示。

（4）工作循环（duty-cycle）。在电力储能系统特性、规范和测试实验中所使用的，EES（电力储能）在某一确定工作模式下，从其初始荷电状态开始直到其终止荷电状态为止，其受控阶段（能量加充阶段、静置、能量释放阶段等）的组合。

1）能量加充/释放循环（充电/放电循环）：由从初始荷电状态到终止荷电状态的 4 个受控阶段（如图 2-6 所示，能量加充阶段、静置、能量释放阶段和最后新的静置）所组成的电力储能系统工作循环。

2）预设能量加充/释放循环（预设充电/放电循环，predetermined charging/discharging cycle）：在某一规定工作模式下，在电力储能系统特性、技术规范和测试实验中所使用的能量加充/释放循环。

（5）并网点（point of connection，POC）：电力储能系统连接至电力系统之上的参考点。对于有升压变压器的储能电站，是指升压变压器高压侧母线或节点。对于无升压变压器的储能电站，是指储能系统的输出汇集点。在工程中，电力储能系统可有主并网点和辅助并网点。通常不能从辅助并网点充电、储电、放电至电力系统，但主并网点可用于为辅助子系统和控制子系统等供电。当不存在辅助并网点时，主并网点可简称为并网点。

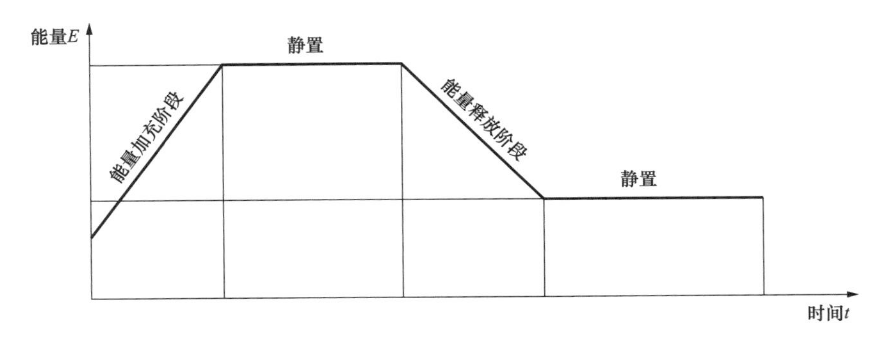

图 2-6　电力储能系统能量加充/释放循环示例

1）主并网点（primary POC）。为实现内部存储电能并向电力系统释放电能的目的，电力储能系统从电力系统充电及向电力系统放电的并网点。

2）辅助并网点（auxiliary POC）。仅当主并网点不向电力储能系统每一辅助子系统供电的情况下，用于为辅助子系统供电的电力储能系统与电力系统的并网点。

3）标称能量容量（nominal energy capacity）。用以标志和识别电力储能系统的能量容量值。基本单位为 J，也常采用 kWh、MWh 等单位。工程中，注意不要与“容量”混淆，后者用于电池单体（电芯）、电池、电容等，属电（电荷）量，其常用单位为库仑（C）或安-时（Ah）。

4）额定能量容量（rated energy capacity）：在连续工作条件下，从满荷电状态开始，在放电期间以额定有功功率连续放电，在主并网点所测量的电力储能系统的能量容量设计值。

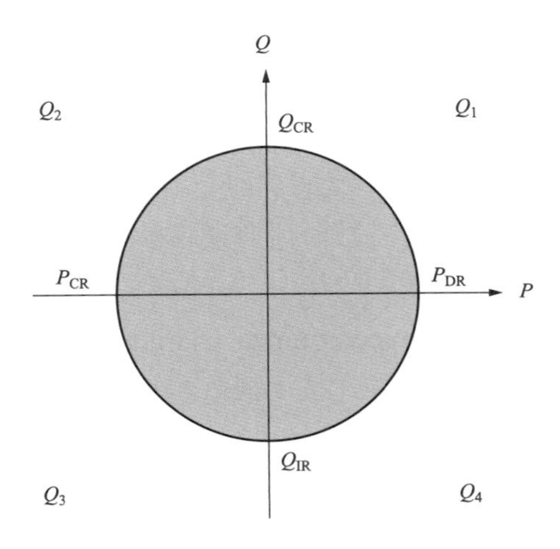

图 2-7　电力储能系统功率能力图示例

5）功率能力图（power capability chart）：在稳态工作和连续工作条件下，所设计的电力储能系统通过主并网点与电力系统所交换的有功功率和无功功率在 P/Q 功率平面上的明确表示。如图 2-7 所示，在功率平面上用区域来表示可用功率，区域的边界代表电力储能系统的工作限值。在图 2-7 中，P_{CR} 为能量加充时的额定有功功率，P_{DR} 为能量释放时的额定有功功率，Q_{IR} 为额定感性无功功率，Q_{CR} 为额定容性无功功率。从生产者参考视角讲，P/Q 轴将功率能力图划分为四个象限：①在第一象限（Q_1）中，电力储能系统放电至电力系统，其无功行为类似电容器；②在第二象限（Q_2）中，电力系统为电力储能系统充电，其无功行为类似电容器；③在第三象限（Q_3）中，电力系统为电力储能系统充电，其无功行为类似电抗器；④在第四象限（Q_4）中，电力储能系统放电至电力系统，其无功行为类似电抗器。

6）充电期间短持续时间功率（short duration power during charge）：在稳态工作和连续工作条件下，在规定的持续时间内，电力储能系统能以之充电的最大功率。

7）放电期间短持续时间功率（short duration power during discharge）：在稳态工作和连续工作条件下，在规定的持续时间内，电力储能系统能以之放电的最大功率。

8）短持续时间无功功率（short duration reactive power）：在稳态工作和连续工作条件下，在规定的持续时间内，电力储能系统能交换的最大无功功率。

注：上述充电期间短持续时间功率、放电期间短持续时间功率、短持续时间无功功率通常都不会在功率能力图中表示。

（6）允许充电深度（permitted depth of charge）：在连续工作条件和规定的工作模式下，电力储能系统从满放水平开始可充电的最大可充电容量占储能子系统能量容量的百分比。在工程中，为使电力储能系统在整个使用寿命期内始终能满足期望的性能要求，储能子系统能量容量通常都会超配，故只有部分储能子系统能量容量才算作电力储能系统的能量容量，允许充电深度是该部分两个边界的其中之一。允许充电深度与实际能量容量、标称能量容量或额定能量容量相关。

（7）允许放电深度（permitted depth of discharge）：在连续工作条件和规定的工作模式下，电力储能系统从满充水平开始可放电的最大可放电容量占储能子系统能量容量的百分比。在工程中，为使电力储能系统在整个使用寿命期内始终能满足期望的性能要求，储能子系统能量容量通常都会超配，故只有部分储能子系统能量容量才算作电力储能系统的能量容量。与前述允许充电深度类似，允许放电深度也是该部分两个边界的其中之一。允许放电深度与实际能量容量、标称能量容量或额定能量容量相关。

（8）标称充电时间（nominal charging time）：标称能量容量（E_{NC}）除以充电期间的标称有功功率（P_{CN}）所得商（T_{NC}），即 $T_{NC}=\dfrac{E_{NC}}{P_{CN}}$。基本单位为 s（秒），有时为了方便也常采用 h（小时）。

（9）标称放电时间（nominal discharging time）：标称能量容量（E_{NC}）除以放电期间的标称有功功率（P_{DN}）所得商（T_{ND}），即 $T_{ND}=\dfrac{E_{NC}}{P_{DN}}$。基本单位 s（秒），有时为了方便也常采用 h（小时）。

（10）能效（energy efficiency）：在电力储能系统工作期间，基于终止荷电状态与初始荷电状态相同来评估的，电力储能系统在主并网点处的有效能量输出除以其所需的能量输入（包括系统运行所需的全部的寄生、辅助能量，如能损、自放电、加热、冷却等）所得商。能效通常用百分数来表示。

1）往返效率（roundtrip efficiency）：在连续工作条件和规定的工作模式下，经过电力储能系统一个预设的充/放电循环，其主并网点处所释放能量的测量值除以在其所有并网点（主并网点和辅助并网点）处所吸收的全部能量的测量值之和所得商。通常，预设的充/放电循环涉及电力储能系统的全部能量容量，而往返效率可与实际能量容量、标称能量容量或额定能量容量相关。往返效率通常也是以百分数来表示。

2）工作循环往返效率（duty-cycle roundtrip efficiency）：在连续工作条件且终止荷电状态与初始荷电状态相同，在规定的工作模式下的工作循环期间，电力储能系统在主并网点处所释放能量的测量值除以电力储能系统在所有并网点（主并网点和辅助并网点）处所吸收的全部能量测量值之和所得商。通常，工作循环涉及电力储能系统的全部能量容量，而往返效率可与实际能量容量、标称能量容量或额定能量容量相关。工作循环往返效率通常也是以百分数来表示。

3）效率表（efficiency chart）：用于确定功率能力图的所有主要工作点上电力储能系统往返效率的二维表。效率常用百分数来表示。预设的充/放电循环也确定了充/放电阶段的平均功率，效率表只需对这些值进行调整，而不必对其他循环参数进行修改。效率表的示例如表 2-4 所示，效率表第一个维度包含功率能力图充电象限内 n 个能力点，第二维度则包含功率能力图放电象限内 n 个能力点。功率能力图主要工作点的选择宜考虑较好地表示电力储能系统的效率。这些点可按以下规则选取：①包括在额定视在功率、P_{CR}、P_{DR}、Q_{IR}、Q_{CR} 点之间的任意组合点；②避免有功功率小于 5%额定有功功率的点；③包括往返效率为最小值处的组合点；④包括往返效率为最大值处的组合点。

表 2-4　　电力储能系统效率表示例

功率能力图工作点	$P_{放电1}$	$P_{放电\cdots}$	$P_{放电n}$
$P_{充电1}$	…	…	…
$P_{充电\cdots}$	…	…	…
$P_{充电n}$	…	…	…

4）自放电（self-discharge）：电力储能系统的储能子系统通过除主并网点的放电之外的其他方式来丧失能量的现象。

（11）阶跃响应性能（step response performances）：对于电力储能系统一个阶跃响应，从一个输入变量发生阶跃变化的时刻起，到输出变量达到规定性能的时刻止的持续时间间隔。若输入变量是设定值，则最终稳态值（见图 2-8 中的 Y_∞）等于该设定值。通常输入变量和输出变量由有功功率或无功功率来表示。

1）时滞（dead time）：对于电力储能系统一个阶跃响应，从一个输入变量发生阶跃变化的时刻起，到输出变量从其初始稳态值开始第一次改变的时刻止的持续时间间隔。如图 2-8 所示，迟滞时间为 T_t。通常输入变量和输出变量为有功功率或无功功率。

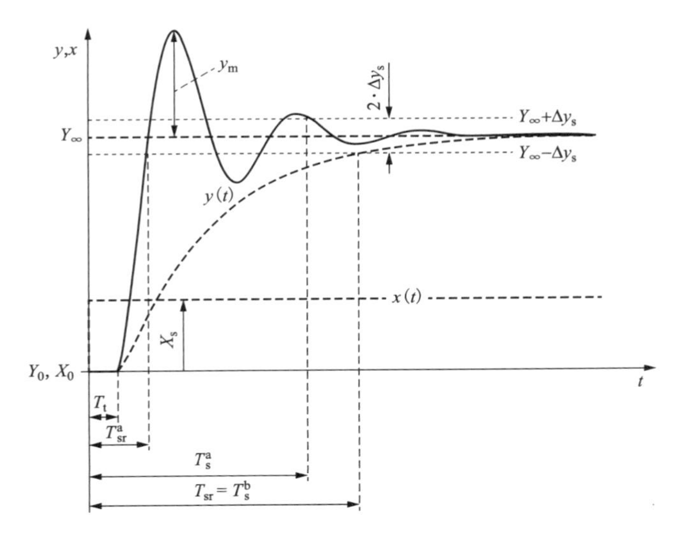

图 2-8　电力储能系统阶跃响应性能示例

x—输入变量；X_0—输入变量初始值；X_s—输入变量阶跃幅值，y—输出变量；Y_0和Y_∞—施加阶跃响应前后输出变量的稳态值；y_m——超调（与最终稳态值的最大瞬时偏差）；2 • Δy_s—规定允差；T_{sr}—阶跃响应时间；T_s—建立时间；T_t—时滞；上标 a—周期行为；上标 b—非周期行为

2）爬坡率（ramp rate）：对于电力储能系统一个阶跃响应，在迟滞时间后和阶跃响应期间，每单位时间的值平均变化率。在图 2-8 中，当 $T_t \leqslant T_1 < T_2 \leqslant T_{sr}$ 时，则其爬坡率（RR）为 $RR = \dfrac{Y(T_2) - Y(T_1)}{T_2 - T_1}$。

3）建立时间（settling time）：对于电力储能系统一个阶跃响应，从一个输入变量发生阶跃变化的时刻起，到输出变量最近一次达到最终稳态值与初始稳态值间差值的规定百分数的时刻止的持续时间间隔。如图 2-8 所示，建立时间为 T_s；在非周期行为情形下，阶跃响应时间等于建立时间。

4）阶跃响应时间（step response time）：对于电力储能系统一个阶跃响应，从一个输入变量发生阶跃变化的时刻起，至输出变量第一次达到最终稳态值与初始稳态值之差的规定百分数的时刻为止的持续时间间隔。如图 2-8 所示，阶跃响应时间为 T_{sr}；在非周期行为情形下，阶跃响应时间等于建立时间。

（12）投资储能（energy stored on investment，ESOI）：在电力储能系统使用寿命期内可存储的能量总量除以建立该电力储能系统所需的能量总量所得商。该术语为国际通用术语，ESOI 因子体现了电力储能系统的能量收益。

2.3.4　储能系统运行及维护

（1）充/放电计划曲线（charge/discharge planning curve）：所计划的储能电站（电力储能系统）各时段充/放电出力曲线。

（2）工作状态（operating state）：在所需时段内，与电力储能系统的特定工作相关的电力储能系统各子系统的状态的特定组合。

（3）能量加充状态，也称充电状态（charging state）：在电力储能系统以受控方式从主并网点接受电能供应所需时间段期间的工作状态。

（4）断电状态（de-energized state）：电力储能系统处于停止状态且辅助子系统处于断电的状态。通常，在没有受到严重损坏的情况下，储能装置或储能子系统不可能断电。例如，即使全部放电后，电池也可能有输出电压。

（5）能量释放状态，也称放电状态（discharging state）：在电力储能系统以受控方式向主并网点供应电能的所需时间段期间的工作状态。

（6）并网状态（grid-connected state）：电力储能系统连接至主并网点的工作状态。

（7）离网状态（grid-disconnected state）：电力储能系统从主并网点断开的工作状态。

（8）备用状态（stand-by state）：电力储能系统与电网已连接但没有任何有意的功率流，且已准备好切换至充电状态或放电状态或切换回停止状态的所需时间段期间的工作状态。

（9）停止状态（stopped state）：电力储能系统处在与电网解列状态，同时储能装置或储能子系统也未连至功率转换子系统的工作状态。在工程中，当储能装置或储能子系统与功率转换子系统之间没有可操作的开关设备时，也可采用如可插拔式电池等其他手段来确保两者之间的电气分离。在该状态下，辅助子系统仍可带电。

（10）实际能量容量（actual energy capacity）：在给定时间点，因其健康状态和其他指标下降所致的电力储能系统的能量容量。

（11）可用能量（available energy）：在电力储能系统当前荷电状态下，从电力储能系统可获取的最大电能。在实际工程中，基于所采用储能技术类型的不同，储能系统可用能量会因所处环境温度、自放电、功率转换损耗、电池放电倍率及其他因素的不同而不同。

（12）额定功率下可用能量（available energy at rated power）：在电力储能系统当前荷电状态下，放电期间以额定有功功率工作时，可从电力储能系统所获取的最大电能。

（13）荷电状态（state of charge，SOC）：电力储能系统的可用能量与其实际能量容量之比，通常表示为百分数。

（14）健康状态（state of charge，SOH）：基于其实际性能测量值与其标称/额定性能值相比较所得的电力储能系统的总体状态。另外，健康状态也包括因电力储能各子系统内部的故障所导致的暂时性能下降情形。

（15）故障穿越（fault ride-through）：当电力系统事故或扰动导致储能电站并网点电压或频率发生变化时，在一定的电压、频率变化范围和时间间隔内，储能电站能够保证不脱网连续运行的功能。

（16）热失控（thermal runaway）：当电化学单体处于以非受控方式通过自加热而增加其温度的状态，且电化学单体处于其热量生成速度比其散热速度高，潜在导致电化学单体的排气、火灾或爆炸的过程。

其他与电力储能系统技术能力、性能、成本等相关的指标术语、定义或说明详见表 2-2。

参 考 文 献

[1] Richard C. Dorf. The engineering handbook [M]. CRC Press，1998.

[2] ODNE STOKKE BURHEIM. ENGINEERING ENERGY STORAGE [M]. Academic Press，2017.

[3] 朱明善，等. 工程热力学 [M]. 北京：清华大学出版社，2011.

[4] Nick Connor，What is Second Law of Thermodynamics – Definition，[G/OL].（2019-05-22）[2022-07-28]. https：//www.thermal-engineering.org/what-is-second-law-of-thermodynamics-definition/

[5] MIT Technology Review，Physicists Demonstrate How to Reverse of the Arrow of Time [G/OL].（2017-12-22）[2022-07-28]. https：//www.technologyreview.com/2017/12/22/241505/physicists-demonstrate-how-to-reverse-of-the-arrow-of-time/

[6] US Department of Energy. Energy storage grand challenge [R]. Department of energy，2020.

[7] IEC. Electrical energy storage（EES）systems - Part 1：Vocabulary：IEC 62933-1：2018 [S].

[8] NFPA. Standard for the installation of stationary energy storage systems：NFPA 855：2020 [S].

[9] ANSI/UL. Standard for safety – Energy storage systems and equipment：UL 9540-2020 [S].

3 机械储能技术

在经典力学中，有两种类型的能：动能 E_k 和势能 E_P，统称机械能 E_M（即 $E_k + E_P = \frac{1}{2}mc^2 + mgz$，其中 m 为系统的质量，c 为系统的运动速度，g 为重力加速度，z 为系统质量中心在参考坐标系中的高度）。机械储能就是利用机械能的动能或势能改变来储存所输入能量的储能技术。机械储能技术虽然原理简单，但能够有效利用机械能的储能技术却一点也不简单，高科技材料、复杂机电系统和先进计算机控制系统及其创新设计等使得机械储能系统在实际工程中能长时间高效可靠运行。机械储能技术应用时间悠久，抽水蓄能、压缩空气储能、飞轮储能等是最常见、技术成熟度较高的机械储能系统类型，而液态空气储能、二氧化碳储能、重力储能等则属于新兴储能技术，尚需通过产品标准化和模块化、规模化的商业化应用、快速学习等手段，进一步提高技术成熟度和降低工程造价。

3.1 抽 水 蓄 能

3.1.1 概述

经典的抽水蓄能（pumped storage hydropower，PSH，常简称抽蓄）电站是通过将水从下游水库抽水至上游水库，以重力势能的形式来储存电力的储能电站。经典 PSH 技术是一种经长期工程实践验证、技术成熟度最高、往返效率较高（75%～80%）、最广泛商业应用、规模化和大型化（达 GW 级）、在役时间长（寿命可达 50～60 年）的长持续时间储能技术。

从 1882 年诞生于瑞士苏黎世的世界上第一座抽水蓄能电站——内特拉电站算起，PSH 已经过了一百多年的发展，其技术成熟度已达最高级——TRL11（达到稳定性证明）级。PSH 除具有常规的蓄能水力发电功能外，还可提供如调频、调峰、调相、机械惯性、电压控制、旋转备用和黑启动等一系列电网服务，这些对于确保电网系统运营的可靠性而言十分重要，因此 PSH 在世界范围内达到了广泛应用。据国际能源署数据：PSH 目前仍然是全球部署最广泛的电力系统规模储能技术，2021 年全球 PSH 电站总装机容量约为 160GW，2020 年全球 PSH 电站储能容量约为 8500GWh（占全球电力系统储能容量的 90%以上），预计到 2030 年增加到约 9TWh。

我国抽水蓄能发展始于 20 世纪 60 年代后期的河北岗南电站，通过广州抽水蓄能电站、北京十三陵抽水蓄能电站和浙江天荒坪抽水蓄能电站等的建设运行，夯实了抽水蓄能发展基础。目前我国已投产抽水蓄能电站总规模约 45.79GW（主要分布在华东、华北、华中和广东），核准在建抽水蓄能电站总规模约 121GW（约 69%分布在华中、华东和华北），已建和在建规模均居世界首位。

随着风电、光伏、光热（不带储能）等可变可再生能源（variable renewable energy，VRE）在电力系统中渗透率的不断提高，电力系统对抽水蓄能机组灵活性、爬坡率等性能要求也越来越高。加之传统抽水蓄能电站对站址地理资源要求严格（需合适的地理条件来建造水库和水坝等）且常远离负荷中心，能量密度低，并还存在建设周期长、初期投资大、回报周期长、面临一定的环境保护压力等因素，以离河抽蓄、地质力抽蓄、自由位置抽蓄、海水抽蓄、地下抽蓄、混合抽蓄等为代表的“新型抽蓄”技术应运而生。

3.1.2 抽水蓄能电站工作原理

抽水蓄能电站是基于水电技术的储能系统。带有大坝和水库的常规水电站也具有一定的储能功能——如水库可在雨季蓄水，以便在旱季，当河流水量减少时，提供水力能源。抽水蓄能电站也是基于这一原则，以便能够通常以天为周期而不是以季节性为周期来储存和释放电能。

3.1.2.1 抽水蓄能电站构成及工作流程

如图 3-1 所示，抽水蓄能（PSH）电站由下水库（采用人工建筑或利用天然湖泊等形成的低位水库），输水系统（上水库与下水库之间供泵送或发电时水工质双向流动的传输通道，包括上水库进/出水口、引水隧洞、高压管道、尾水隧洞、下水库进/出水口、闸门井、调压室、岔管等），主厂房（装设有水泵、水轮机、发电机、电动机等主设备及其辅助设备的建筑物），上水库（采用人工建筑或利用天然湖泊等形成的高位水库）四个主要部分构成。PSH 是基于水体势能来储能，利用水的重力来发电，如图 3-2 所示，在电力低需求或低电价（如发电过剩或负荷低谷或利用弃风弃光电）时，电动机将电力系统中过剩的电能转换为机械能，拖动水泵将下水库的水体通过输水系统抽吸并泵送至上水库，从而将多余的电能转换成机械能并以水体势能的形式加以蓄能；在电力高需求或高电价时，再将上水库的水体通过输水系统释放至水轮机，将上水库水体的重力势能转换为机械能，通过水轮机带动发电机发电，将机械能再转换为电能并向电网供电，从而弥补电力系统尖峰容量和电量的不足，满足系统调峰等需求。

结合抽水蓄能电站的削峰填谷（调峰）、调相（调压）、备用等功能，可将其运行工况或运行模式归纳为静止工况、抽水（蓄能）工况、（放水）发电工况、调相工况四种基本工况（模式）。

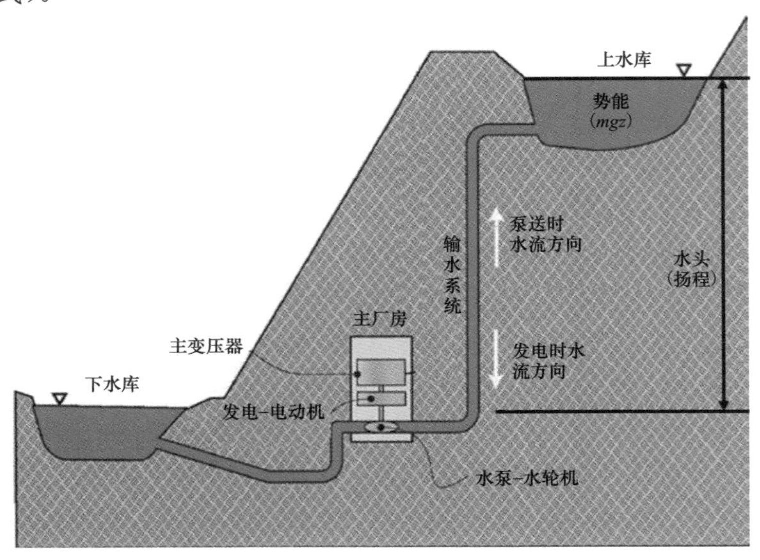

图 3-1　抽水蓄能电站原理示意图

（1）静止工况：抽水蓄能机组处于停机静止状态。该工况主要有两种应用情形，一是作为工况切换过程中的过渡状态；二是抽水蓄能机组作为电力系统的备用机组，在电力系统发生紧急情况时响应调度指令快速投入使用。

（2）抽水（蓄能）工况：当电力负荷处于低谷期或利用弃风弃光电时，抽水蓄能机组（水泵）处于抽水状态，将下水库的水抽至上水库加以储存，以消纳电力系统中过剩的电能。

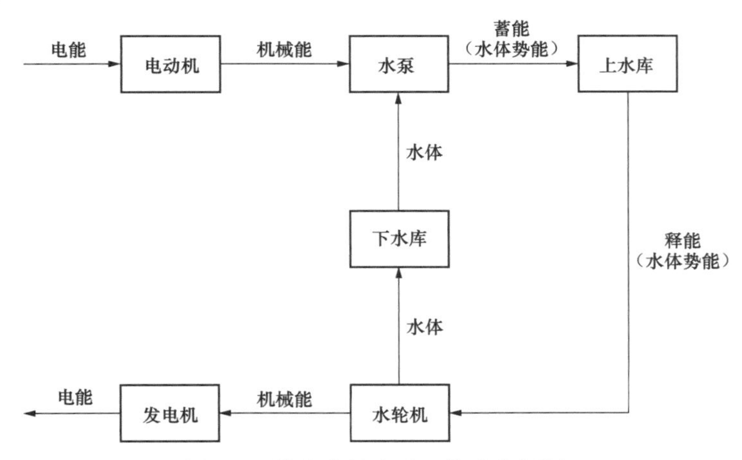

图 3-2　抽水蓄能电站工作流程框图

（3）（放水）发电工况：当电力负荷处于高峰期，抽水蓄能机组（水轮机）处于发电状态，将上水库的水放至下水库，通过水轮发电机组发电，向电力系统输送电能。

（4）调相工况：抽水蓄能机组处于调相状态，与电力系统进行无功功率交换以调节电网电压。根据调相时抽水蓄能机组是处于抽水工况或发电工况，又可将调相工况对应细分为抽水调相工况或发电调相工况。

抽水蓄能电站的储能容量取决于上水库和下水库的库容，而发电量与水轮机的容量相关。通常，一个直径为 1km、深度为 25m、平均水头为 200m 的水库，其储能容量约 10 000MWh。

3.1.2.2 抽水蓄能电站能量方程

从工程物理学角度看，抽水蓄能系统属于开口系统（即控制容积系统），其与外界交换的净功率见式（3-1）。

$$\dot{W}=\dot{W}_{\mu}+\dot{W}_{\mathrm{CV}}+\dot{V}\Delta p \tag{3-1}$$

式中 $\dot{W}$ ——与外界交换的净功率；

$\dot{W}_{\mu}$ ——黏性功率；

$\dot{W}_{\mathrm{CV}}$ ——控制容积功率；

$\dot{V}$ ——容积变化率；

Δp ——压降。

对于开口系统能量方程［见式（2-7）］，考虑到水介质通过水泵-水轮机等的速度快，停留时间很短，系统几乎没有时间与周围环境交换热量，加之水热容大，即使吸收摩擦产生的部分热量也不会显著增加其温度，故 $Q\approx 0$；考虑到抽水蓄能系统为不可压缩流动（即恒定体积），且系统为等温，故可忽略其内能的变化。另外，系统处于热力学宏观静止状态，则 $\frac{\mathrm{d}E}{\mathrm{d}t}=0$。在上述前提下，将式（3-1）代入式（2-7），并经适当转换可得抽水蓄能系统能量方程，见式（3-2）。

$$\left(\frac{p_{\mathrm{in}}}{\rho g}+\frac{c_{\mathrm{in}}^{2}}{2g}+z_{\mathrm{in}}\right)-\left(\frac{p_{\mathrm{out}}}{\rho g}+\frac{c_{\mathrm{out}}^{2}}{2g}+z_{\mathrm{out}}\right)=\frac{\dot{W}_{\mathrm{CV}}}{\dot{m}g}+\frac{\dot{W}_{\mu}}{\dot{m}g} \tag{3-2}$$

在工程中，式（3-2）中的各项均以米为单位来表示，通常称为压头（pressure head，指一定高度的水柱压力）。关于势能做功，在抽水蓄能工程中，常用“水头”（hydraulic head）（即“压头”，在抽水蓄能工程中，其定义为抽水蓄能电站进口断面与尾水出口断面之间的单位水体的机械能之差，常近似地用该两断面的水位差代替，如图 3-1 所示）来描述来自给定高度的给定质量的水的势能可做的功。因其势能是通过在控制容积——水轮机中的释放来做功，常将该势能可做的功称之为水轮机水头——h_{turbine}。同理，当泵送水时，施加在水泵叶轮上的功为 h_{pump}。在抽水蓄能电站实际运行中，由于存在与流体黏性相关的摩擦，会造成输出水头所做功的丧失，常将所丧失的势能功称之为黏性水头——h_{μ}。综上可得 $\frac{\dot{W}_{\mathrm{CV}}}{\dot{m}g}+\frac{\dot{W}_{\mu}}{\dot{m}g}=h_{\mathrm{turbine}}+h_{\mu}-h_{\mathrm{pump}}$，将该式代入式（3-2）

可得简化后的用水头表示的抽水蓄能系统能量方程，见式（3-3）。

$$\left(\frac{p}{\rho g}+\frac{c^2}{2g}+z\right)_{\text{in}}-\left(\frac{p}{\rho g}+\frac{c^2}{2g}+z\right)_{\text{out}}=h_{\text{turbine}}+h_{\mu}-h_{\text{pump}} \quad (3\text{-}3)$$

式（3-3）不仅适用于经典抽水蓄能电站，也适用于新型抽水蓄能电站。在应用于水泵-水轮机系统时，分别按抽水工况和发电工况来考虑。在抽水工况下，水轮机水头视为零（即 $h_{\text{turbine}}=0$）；同理，在发电工况下，水泵水头或扬程视为零（即 $h_{\text{pump}}=0$）。

对于经典抽水蓄能电站，上水库和下水库均与大气接触，其入口处和出口处均为当地大气压力，因此入口处压力 p_{in} 和出口处压力 p_{out} 没有明显的压力差，可相互抵消（对于新型抽水蓄能，则需具体分析。如对海底抽蓄而言，其入口处压力和出口处的压力并不相等）；在正常工况下，水库水体处于静止状态，水轮机与静止水体相接触，其入口和出口水的流速相等，通常视为零，两者相互抵消。如此，在通常情况下，可将式（3-3）分别简化为 $z_{\text{in}}-z_{\text{out}}=h_{\text{turbine}}+h_{\mu}$（发电工况）和 $z_{\text{in}}-z_{\text{out}}=h_{\mu}-h_{\text{pump}}$（抽水工况）。通常，视 $z_{\text{in}}-z_{\text{out}}$ 为抽水蓄能电站上、下水库的水面高度落差。如图 3-1 所示，对抽水蓄能机组而言，发电工况时上、下水库的水面高度落差称为水头；抽水工况时上、下水库的水面高度落差称为扬程。上水库在正常蓄水位与死水位之间所包含的蓄水容积即为蓄能库容。抽水蓄能电站是基于蓄能库容和水头所构成的水体势能 E_{p}（$E_{\text{p}}=mgz$）来储能和发电。蓄能库容越大、水头越大，则储能量和发电量就越多。

3.1.2.3 抽水蓄能电站效率、蓄能库容及电量计算

按照熵增原理，在能量转换过程中存在能量损失，抽水蓄能电站也不例外。抽水蓄能电站的往返效率 η（即蓄能时水泵抽水与放水时水轮机发电的蓄能/释能综合效率）是衡量抽水蓄能电站能效的一个重要指标。

根据不同运行工况下各主要相关部件的运行效率，可分别计算出抽水蓄能工况运行效率［见式（3-4）］和放水发电工况运行效率［见式（3-5）］。

$$\eta_{\text{pumping}}=\eta_1\cdot\eta_2\cdot\eta_3\cdot\eta_4 \quad (3\text{-}4)$$

式中 η_{pumping} ——抽水蓄能工况运行效率；

η_1、η_2、η_3、η_4 ——抽水蓄能工况下抽水蓄能电站供电线路及主变压器、电动机、水泵、输水系统等的运行效率。

$$\eta_{\text{generating}}=\eta_5\cdot\eta_6\cdot\eta_7\cdot\eta_8 \quad (3\text{-}5)$$

式中 $\eta_{\text{generating}}$ ——放水发电工况运行效率；

η_5、η_6、η_7、η_8 ——放水发电工况下抽水蓄能电站输水系统、水轮机、发电机、主变压器及输电线路等的运行效率。

在工程中，当不计及水的损耗等，已知电机消耗电量 E_{P} 来拖动水泵，将容量为 V、质量密度为 ρ 的水，泵送到高度 z 时，水泵（包括电动机）的综合效率可按 $\frac{\rho gzV}{E_{\text{P}}}$ 来估

算；当已知发电量为 E_g 时，发电效率可按 $\dfrac{E_g}{\rho gzV}$ 来估算。

抽水蓄能电站的往返效率为抽水蓄能工况和放水发电工况的综合效率，也可按电站完成抽水蓄能发电全过程中的发电量和用电量来计算，见式（3-6）。通常，抽水蓄能电站的单机容量越大，其往返效率就越高。对于中小型抽水蓄能电站，其往返效率一般为 67%～70%；对于大型抽水蓄能电站，其往返效率一般都在 70%以上；对于先进的大型抽水蓄能电站，其往返效率甚至可达 80%。

$$\eta = \frac{E_{\text{generating}}}{E_{\text{pumping}}} = \eta_{\text{pumping}} \cdot \eta_{\text{generating}} \tag{3-6}$$

式中 η ——抽水蓄能电站的往返效率；

$E_{\text{generating}}$、E_{pumping} ——抽水蓄能电站的发电量和抽水用电量；

η_{pumping}、$\eta_{\text{generating}}$ ——抽水蓄能工况运行效率、放水发电工况运行效率。

抽水蓄能电站所需的水库蓄能库容主要取决于电力系统的调峰容量、电量需求、库区地形及地质条件等因素。在抽水蓄能电站规划选点或可行性研究阶段，蓄能库容可按式（3-7）估算。

$$V_s = 3\,600tQK = 3\,600t\frac{N}{9.81\eta_{\text{generating}}\overline{Z}}K \approx 367\frac{E_{\text{generating}}}{\eta_{\text{generating}}\overline{Z}}K \tag{3-7}$$

式中 V_s ——蓄能库容，m^3；

t ——日发电小时数，h；

Q ——发电水量，m^3/s；

N ——调峰容量，kW；

$\eta_{\text{generating}}$ ——放水发电工况运行效率，%；

$\overline{Z}$ ——发电平均水头（取最大水头和最小水头的算术平均值），m；

$E_{\text{generating}}$ ——调峰电量，kWh；

K ——损失系统（取决于水库表面水蒸发、水库渗漏及事故库容、管道渗漏、摩擦损失、流动黏性损失、湍流损失等因素），数值不小于 1。

在抽水蓄能电站一次完整的抽水蓄能、放水发电运行过程中，其用电量为 $E_{\text{pumping}} = \dfrac{V_s\overline{Z}}{367K\eta_{\text{pumping}}}$，其发电量为 $E_{\text{generating}} = \dfrac{V_s\overline{Z}\eta_{\text{generating}}}{367K}$。

3.1.3 抽水蓄能电站与机组种类及特点

3.1.3.1 抽水蓄能电站种类及特点

抽水蓄能电站根据开发方式、水量利用情景、水库座数、机组类型等类别的不同，可有多种不同的分类方式，常见抽水蓄能电站的种类见表 3-1。

表 3-1　　　　　　　　　　　　　　抽水蓄能电站分类表

分类法	类别	子类	描述	典型工程
开发方式	引水式抽水蓄能电站	首部式布置	当水头不高时，将主厂房布置于靠近上水库的输水系统上游侧，具有高压引水道短、低压引水道长、工程建设经济性高等特点	德国 Säckingen 抽水蓄能电站，水轮机出力 360MW（4×90MW），水泵容量 300MW（3×70MW+1×90MW）
		中部式布置	将主厂房布置于输水系统的中游侧，通常地形不太高，上下游输水道均较长	广州抽水蓄能电站，装机容量 2400MW（8×300MW 水泵—水轮机可逆式机组）
		尾部式布置	将主厂房布置于靠近下水库的输水系统下游侧。属较常见的布置方式。其主厂房又可细分为地下式、半地下式和地面式等类型	英国 Dinorwig 抽水蓄能电站，装机容量 1728MW（6×288MW 水泵—水轮机可逆式机组）
	抬水式抽水蓄能电站	坝后式布置	将主厂房布置于坝的后侧，通常为地面式，水头较低	河北潘家口抽水蓄能电站，也属混合式抽水蓄能电站，装设有 1×150MW 常规水电机组，3×90MW 水泵—水轮机可逆式机组
		河岸式布置	将主厂房布置于河岸边或河岸内，多采用山体隧洞式引水道	
水量利用情景	纯抽水蓄能电站		上水库没有或只有少量水源，需将水从下水库泵送到上水库，上水库和下水库的库容大体相等。承担调频调峰等，而不承担常规发电和综合利用等任务	广州抽水蓄能电站、十三陵抽水蓄能电站（4×200MW 水泵—水轮机可逆式机组）等
	混合式（即常蓄结合式）抽水蓄能电站		上水库有天然水源，可抽水蓄能发电也可如常规水电一样直接径流发电。可调节发电/抽水比，以增加峰荷发电量	北京密云抽水蓄能电站（4×15MW 常规水电机组，2×11MW 抽水蓄能机组）、河北潘家口抽水蓄能电站等
水库数量	两库式抽水蓄能电站		具有上水库和下水库两座水库，常见类型	广州抽水蓄能电站
	三库式抽水蓄能电站		常将水从较高的下水库泵送到上水库，再将上水库的水泄放至较低的另一座下水库发电	德国 Reisach 抽水蓄能电站，装机容量 3×35MW
厂房布置形式	地面式抽水蓄能电站		适用于地质条件不宜建设地下厂房、水头不高、下游水位变化不大场合。在工程中该类型应用较少	美国 Bath County 抽水蓄能电站，装机容量 3GW（6×500MW 可逆式机组），储能容量 24 000MWh
	半地下式抽水蓄能电站		可适应一定的抽水蓄能机组淹没深度和较大的下游水位变幅。在工程中该类型应用较多	意大利 Presenzano（Domenico Cimarosa）抽水蓄能电站，装机容量 1GW（4×250MW 可逆式机组）
	地下式抽水蓄能电站		可适应抽水蓄能机组较大淹没深度和尾水位变化的要求。该类型在工程中应用最多	德国 Säckingen 抽水蓄能电站
水头高低	低水头抽水蓄能电站		通常，输水系统短，同等发电容量下水轮机尺寸大，经济性一般	北京密云抽水蓄能电站（设计水头 70m）
	中水头抽水蓄能电站		通常，上游输水系统长度、水轮机尺寸、经济性均适中	广州抽水蓄能电站（设计水头 535m）

续表

分类法	类别	子类	描述	典型工程
水头高低	高水头抽水蓄能电站		通常，上游输水系统长，同等发电容量下水轮机尺寸小，经济性较好	浙江长龙山抽水蓄能电站（6×350MW 可逆式机组），额定水头710m
机组配置型式	分置式抽水蓄能电站		早期配置方式，运行效率高、占地面积大、布置复杂、工程投资高	
	串联式抽水蓄能电站		水泵和水轮机可分别按各自最优工况设计，运行效率较高、工程投资较高	西藏羊卓雍湖抽水蓄能电站（4×22.5MW 串联式抽水蓄能机组，1×22.5MW 常规水电机组，水头 840m）
	可逆式抽水蓄能电站		水泵—水轮机和电动机-发电机一体化，布置简单、机组尺寸较小、工程投资较低	广州抽水蓄能电站
水库调节周期	日调节抽水蓄能电站		最为常见。在午夜负荷低谷时，抽水并蓄满上水库；在早高峰和/或晚高峰时，放空上水库的水来发电	纯抽水蓄能电站大部分为日调节型
	周调节抽水蓄能电站		库容较大（需满足一周内的调峰需求）。一周 5 个工作日工作模式与日调节类似，但日发电用水量大于日蓄水量，直至工作日末时放空上水库；周末利用多余电能再将上水库蓄满	福建仙游抽水蓄能电站（4×300MW 可逆式机组）
	季调节抽水蓄能电站		库容远大于日调节、周调节库容（需满足季度内调峰需求）。通常为汛期抽水蓄能，枯水期放水发电	混合式抽水蓄能电站大部分为季调节型
	年调节抽水蓄能电站		与季调节类似，在丰水期抽水蓄能，枯水期放水发电，但上水库库容大，下水库库容小，可满足电力系统一年内的调峰需求	多为混合式抽水蓄能电站，如澳大利亚某抽水蓄能电站（上水库库容 $7\times10^7m^3$，下水库库容 $9.6\times10^5m^3$）

（1）按开发方式不同，可分为引水式和抬水式两类。引水式抽水蓄能电站是指建在天然高度落差大、流量小的山区或丘陵的河流上的抽水蓄能电站，按照厂房在输水系统中的位置，又可细分为首部式、中部式、尾部式三种布置方式；抬水式抽水蓄能电站是指通过拦河筑坝，提升水位以形成上水库的抽水蓄能电站，其布置大体与常规水电站类似，按照厂房布置形式不同，又可细分为坝后式、河岸式布置方式。

（2）按照利用水量情况不同，可分为纯抽水蓄能电站和混合式抽水蓄能电站。纯抽水蓄能电站是指利用一定的水量在上、下水库之间循环进行抽水蓄能和放水发电的抽水蓄能电站；混合式抽水蓄能电站是指电站内装有抽水蓄能机组和普通的水轮发电机组，既可抽水蓄能发电又可直接径流发电的抽水蓄能电站。

（3）按水库座数及位置不同，可分为两库式、三库式。两库式抽水蓄能电站是指具有上、下两座水库的抽水蓄能电站；三库式抽水蓄能电站是指具有三座水库的抽水蓄能电站，通常由一座上水库和两座下水库组成，两座下水库可是相邻梯级水电站的水库（同流域抽水蓄能），也可是相邻流域的水电站水库（跨流域抽水蓄能）。

（4）按电站厂房布置位置形式不同，可分为地面式（采用地面式厂房）、半地下式（厂房建在地面以下的坑槽或竖井中，顶部露出到地表面以上，也称竖井式）、地下式（厂房建在地面以下的洞室中）抽水蓄能电站。根据厂房在输水系统中的位置，有首部式、中部式和尾部式三种布置型式，首部式和中部式多采用地下式厂房，尾部式可采用地下式、半地下式或地面式厂房。

（5）按水头高低不同，可分为低水头、中水头和高水头三类抽水蓄能电站。水头高/中/低分类取值范围，国际上并无统一数值，如有的将中水头抽水蓄能电站的水头范围界定为40～200m，水头低于40m则归入低水头类，水头高于200m则为高水头类；国内早先将水头低于70m的界定为低水头类，水头范围70～200m的界定为中水头类，水头高于200m的界定为高水头类。近年来，抽水蓄能电站向着高水头、大单机容量方向发展，又常将水头低于100m的界定为低水头类，水头范围100～700m的界定为中水头类，水头高于700m的界定为高水头类。如前所述，抽水蓄能电站是基于蓄能库容和水头所构成的水体势能（mgz）来储能和发电。通常，在一定的储能容量（即水体势能）下，有效水头越高则所需蓄能库容和流量就越小，单位工程造价也就越低。

（6）按抽水蓄能机组配置型式不同，可分为分置式（水泵、电动机、水轮机、发电机分开布置）、串联式（电机同时与水泵和水轮机联结，抽水时电动机拖动水泵，发电时水轮机拖动发电机）、可逆式（在串联式基础上，将水泵与水轮机合并，正向旋转时起水轮机作用，反向旋转时起水泵作用）三类抽水蓄能电站。

（7）按水库调节周期不同，可分为日调节［以日为蓄能—发电循环周期，承担日内电力供需不均衡调节任务，抽水蓄能机组每天顶一次（晚间）或两次（早间和晚间）高峰负荷，晚高峰后上水库放空、下水库蓄满；午夜负荷低谷时，利用富余电能抽水蓄能，至次日凌晨上水库蓄满、下水库抽空，其上、下水库水位变化的循环周期为一日］、周调节（以周为蓄能—发电循环周期，承担周内电力供需不均衡调节任务，其上、下水库水位变化的循环周期为一周）、季调节（以季为蓄能—发电循环周期，承担季内电力供需不均衡调节任务，其上、下水库水位变化的循环周期为一季）、年调节（以年为蓄能—发电循环周期，承担年内电力供需不均衡调节任务，其上、下水库水位变化的循环周期为一年）四种抽水蓄能电站。

3.1.3.2 抽水蓄能机组类别及特点

在抽水蓄能电站中，用以实现抽水及发电功能的水力机组称为抽水蓄能机组。按抽水蓄能机组配置结构型式不同，可将抽水蓄能机组细分为分置式（四机式）、串联式（三机式）、可逆式（两机式）等类别。

3.1.3.2.1 分置式抽水蓄能机组

抽水蓄能电站在抽水工况和发电工况下运行时，分别对应水泵（蓄能泵）和电动机、水轮机和发电机等四种功能型主机。其中，水轮机是指将水能转换为机械能的水力机械，蓄能泵是将旋转机械能转变为水流能量的水力机械，两者都是抽水蓄能电站的重要主机，以下分别重点介绍水轮机和水泵（蓄能泵）的分类。

水轮机按是以水流动能做功为主还是以水流势能做功为主，可将其分为反击式和冲击式两大类：

（1）反击式：指以水流势能做功为主的水轮机。反击式水轮机按水流特性还可细分为混流式水轮机、轴流式水轮机、斜流式水轮机、贯流式水轮机等。

1）混流式：也称弗朗西斯式，水流先以径向流入转轮，在转轮叶片部位逐渐转变方向，至转轮出口处再以轴向流出转轮。混流式既可作为水轮机运行，也可作为水泵运行，是其独特特点。

2）轴流式：水流沿轴线方向流入、流出转轮。

3）斜流式：也称对角式，水流倾斜于轴线进入转轮。

4）贯流式：水流轴向或斜向流进导叶，其轴线通常是水平或斜向布置。根据结构或安装不同，可细分为全贯流式（发电机转子直接安装在叶片外缘上）、灯泡式（发电机及变速装置置于流道内灯泡体中）、竖井式（发电机装设在通入厂房的竖井中）、轴伸式（呈 S 形流道，主轴可自流道伸出与装在厂房内的发电机相连）。

（2）冲击式：指以水流动能做功为主，并依靠喷嘴调节流量的水轮机。还可细分为水斗式水轮机、斜击式水轮机、双击式水轮机等。

1）水斗式，也称培尔顿式（见图 3-3），转轮由若干呈双碗形结构的水斗构成，喷嘴轴线重合于转轮节圆平面。

2）斜击式：转轮由若干呈单勺形结构的水斗构成，喷嘴轴线倾斜于水斗平面。

3）双击式：转轮叶片呈圆柱形布置，水流通过转轮两次且垂直于转轮旋转轴线，且具有少许反击式水轮机特点。

图 3-3 水斗式（培尔顿式）水轮机

水泵（蓄能泵）特指在抽水蓄能电站中将水从低处（下水库）提升至高处（上水库）的水泵。与水泵—水轮机不同，蓄能泵仅可作水泵运行。按水流特性，蓄能泵可细分为离心式蓄能泵（水流从轴向流进叶轮，径向流出）、斜流式蓄能泵（水流与主轴呈一斜角流入与流出叶轮）、轴流式蓄能泵（水流从轴向流入叶轮，又从轴向流出）。按结构特性，蓄能泵可分为单级式蓄能泵（主轴上仅有一个叶轮）和多级式蓄能泵（主轴上串联有多个叶轮）两种。

早期的抽水蓄能电站，水泵、水轮机、电动机、发电机四种主机功能分离、结构分离、分开布置，故称之为分置式或四机式抽水蓄能机组。虽然分置式抽水蓄能机组具有抽水效率高、发电效率高、机组可利用率高、快速响应性好等优点，但由于该方式下，四种主机结构分置，安装布置复杂，导致主厂房占地面积大，工程基建投资大，故在现代抽水蓄能电站工程中，已很少采用该类型机组（鉴于水斗式，即培尔顿式水轮机，特别适合于高水头高效率运行，但不能反转作为水泵运行，故在某些极高水头的抽水蓄能电站，仍有采用分置式或串联式抽水蓄能机组的方式）。

3.1.3.2.2　串联式抽水蓄能机组

20 世纪 20 年代开始，随着电力机械工业制造工艺和技术水平的进步，电动机和发电机功能被集成为一体，构成发电电动机（既可作发电机发电，又可作电动机带动水泵抽水的电机），由此便在分置式（四机式）抽水蓄能机组基础上，出现了串联式（三机式）抽水蓄能机组。

串联式抽水蓄能机组，也称为三机式抽水蓄能机组，是指由发电电动机与水轮机、水泵（蓄能泵）串联组成的水力机组。发电电动机通过联轴器，同时与水泵和水轮机联结在同一主轴上，发电时由水轮机带动发电电动机做发电机发电运行，抽水时由发电电动机做电动机拖动水泵抽水运行。

按串联式抽水蓄能机组主轴的布置方式不同，又可细分为横轴式和竖轴式两类。在工程中，小容量抽水蓄能机组常采用横轴式，大容量抽水蓄能机组常采用竖轴式。

发电电动机（generator-motor）是指既可作为发电机使用，又可作为电动机使用的旋转电机，可细分为可变速、悬式、伞式发电电动机等。

（1）可变速发电电动机（variable speed generator-motor）：转速可在一定范围内调节的同步发电电动机。

（2）悬式发电电动机（suspended type generator-motor）：推力轴承位于转子上方的立轴发电电动机。

（3）伞式发电电动机（umbrella type generator-motor）：推力轴承位于转子下方的立轴发电电动机，包括全伞式（没有上导轴承）和半伞式（设置有上导轴承）发电电动机。

串联式抽水蓄能机组相较于分置式机组，布置紧凑，占地较少。同时与可逆式（两机式）机组相比，水泵和水轮机结构和功能分离，可分别按抽水蓄能工况、放水发电工况进行单独参数选择与最优设计，因而能保证抽水、发电都有高的运行效率。由于水泵和水轮机旋转方向一致，简化了电气接线，便于操作运行；另外，还可利用水轮机组来启动水泵机组，工况切换和反应时间较快。不足之处是水泵和水轮机结构分离，有各自的蜗壳，设备尺寸较大，管道阀门复杂，土建安装工程量大，且在抽水蓄能工况下水轮机空转，在放水发电工况下水泵空转，存在一定的能量和机械损耗。此类机组最大出力为 300MW 左右。

3.1.3.2.3　可逆式抽水蓄能机组

在串联式基础上，将水泵与水轮机功能与结构合并，集成为可逆水泵-水轮机，正向旋转时起水轮机作用，反向旋转时起水泵作用，由此便形成了可逆式抽水蓄能机组。世界上第一套可逆式抽水蓄能机组（小型轴流式）于 1933 年问世于德国 Baldeney。21 年后，容量为 56MW、水头为 60m 的大型可逆式抽水蓄能机组在美国 Hiwassee 投产。

可逆式抽水蓄能机组是指具有水泵和水轮机两种工作方式和正反两种旋转方向，并由水泵水轮机和发电电动机组成的水力机组。因可逆式抽水蓄能机组由可逆水泵—水轮机和发电电动机二者组成，故也称为两机式抽水蓄能机组。发电时由水泵水轮机带动发电电动机发电运行，抽水时由发电电动机带动水泵水轮机抽水运行。

水泵—水轮机（pump-turbine）是指既可作水泵（蓄能泵）运行又可作水轮机运行的水力机械。

（1）按水流特性，水泵水轮机可细分为混流式、轴流式、斜流式和贯流式四种。

1）混流式水泵水轮机（francis pump-turbine）：也称弗朗西斯式（结构外形像蜗牛壳，见图 3-4），水流接近于径向流入转轮，在固定的转轮叶片上逐渐变向，到转轮出口处接近于轴向流出的可逆式水泵水轮机。混流式水泵水轮机适应水头范围宽（30～800m），单机容量范围大（几万千瓦到几十万千瓦），结构简单、抗汽蚀性能好、运行稳定，效率高，造价低，应用最为广泛，被国内外绝大多数抽水蓄能电站广泛采用。

2）轴流式水泵水轮机（axial flow pump-turbine）：也称卡普兰式（结构类似外置发动机的螺旋桨，见图 3-5），水流沿轴向流入/流出转轮，水流方向始终平行于主轴的可逆式水泵水轮机，适用于大流量低水头的场合。根据叶片是否随工况变化而转动，又可细分为轴流定桨式（叶片不能随工况变化而转动，结构简单，效率低，适用于水头、流量变化不大的场合）和轴流转桨式（叶片能随工况变化而在线进行转动调节，适用水头、流量变化范围大，高效率区域宽）。常用于水头小于 50m（对轴流定桨式而言）或 80m（对轴流转桨式而言）的抽水蓄能电站。

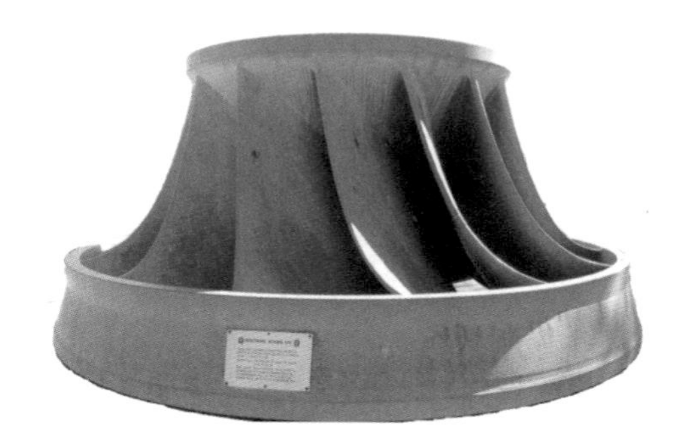

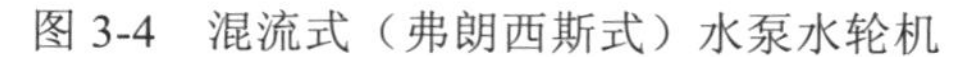

图 3-4 混流式（弗朗西斯式）水泵水轮机

图 3-5 轴流式（卡普兰式）水泵水轮机

3）斜流式水泵水轮机（deriaz pump-turbine）：混流式水泵水轮机的改进型（混流式水泵水轮机设计用于特定水头，如果水头高度变化很大，则无法始终以最佳效率运行。而斜流式水泵水轮机则可在这种工况下保持最佳效率），也称对角式，是水流流经转轮叶片时倾斜于轴线某一角度的可逆式水泵水轮机。具有可移动的叶片，以改变叶片与水流相遇的角度，兼具轴流转桨式和混流式特点，适用水头范围为 30～200m，应用广泛。

4）贯流式水泵水轮机（tubular pump-turbine）：流道呈直线状或 S 形，水流沿轴向流入流出的卧轴水泵水轮机。根据转轮轮叶能否改变，又可分为贯流转桨式和贯流定桨式。贯流式过流能力较好，适用水头范围 2～30m，多用于潮汐式低水头抽水蓄能电站。

（2）按结构特性，水泵水轮机可分为单级、两级和多级三类。各类水头限值见表 3-2。

1）单级式水泵水轮机（single-stage pump-turbine）：主轴上只装有一个转轮的水泵水轮机。

2）双级式水泵水轮机（two-stage pump-turbine）：主轴上装有两个转轮，水流依次流过装在主轴上的两个转轮的水泵水轮机。

3）多级式水泵水轮机（multi-stage pump-turbine）：主轴上装有多个转轮，水流依次流过装在主轴上的多个转轮的水泵水轮机。

表 3-2　　可逆式水泵水轮机水头（扬程）限值

可逆式水泵水轮机类别	当前水头限值（m）	预期未来水头限值（m）
单级式，可调，水泵水轮机	800	800～1000
双级式，可调，水泵水轮机	817	1000
多级式，不可调，水泵水轮机	1265	1500

在工程中，当水头/扬程高于 800m 时，常选用多级式水泵水轮机或组合式机组；当水头/扬程为 50～800m 时，常选用单级混流式水泵水轮机；当水头/扬程低于 50m 时，按实际情况，通过技术经济比较来选择混流式水泵水轮机、轴流式水泵水轮机或贯流式水泵水轮机。

可逆式抽水蓄能机组设备和功能集成度高，整体尺寸小，适宜于地下厂房安装，加之管道阀门简化，节省土建安装工程量，工程造价低，如与串联式抽水蓄能机组相比，工程投资可节省约 30%。其不足之处是受集成为同一机械的结构性限制，不能同时兼顾抽水蓄能和放水发电两者的运行效率，且由于机组转轴旋转方向需变更，抽水蓄能工况和放水发电工况之间的工况切换时间相对较长。大型串联式抽水蓄能机组（带液压机械泵联轴器）与可逆式抽水蓄能机组（带静态晶闸管泵变频启动器）的典型工况切换时间见表 3-3。此外，由于机组运行中受重复应力的多次作用，有时会造成一些设备运行方面的问题。

表 3-3　　大型串联式与可逆式抽水蓄能机组工况典型切换时间

工况变换	切换时间（s）	
	串联式	可逆式
从静止到满负荷发电	120	120
从静止到满负荷抽水	180	600
从满负荷发电到满负荷抽水	120	900
从满负荷抽水到满负荷发电	120	480

3.1.4 抽水蓄能功能及应用

3.1.4.1 抽水蓄能功能及特点

抽水蓄能电站利用重力势能（以水为工质）进行储能和发电，具有抽水蓄能和放水发电两种主要运行工况，在电力系统中可以起到电能时移、削峰填谷、调峰调频等辅助服务作用。按照《抽水蓄能电站设计规范》（NB/T 10072—2018）的相关规定“抽水蓄能电站设计应按照所在电力系统调峰、填谷、调频、调相、紧急事故备用等方面的需求，使电力系统获得高效、安全稳定的运行效果”。抽水蓄能电站在正常运行时，可实现以下主要功能：

（1）电能时移功能。抽水蓄能电站可在电力负荷低谷、电网弃风弃光、电价较低等时段，利用电能通过电动机拖动水泵，将水从下水库泵送至上水库，以水的重力势能方式来储存电能；再在随后的用电高峰、尖峰负荷、电价较高等时段，从上水库放水来推动水轮机，将所存储的水的重力势能转换为电能并输回至电网，由此即通过抽水蓄能系统实现了电能在时间轴上迁移的服务。

需注意抽水蓄能电站并非普通意义上的发电站，与普通发电站（如燃煤电站、核电站）相比，其主要差异有两点。一是抽水蓄能电站只是实现了电能的时移，并非真正意义上的发电站。除混合式抽水蓄能电站外，抽水蓄能电站自身并不能像常规燃煤或燃气发电机组一样，直接并连续向电力系统供应电能。抽水蓄能机组发电的年利用小时数通常为800～1000h，比普通发电站发电年利用小时数（通常为5000h，甚至更高）低得多。二是抽水蓄能在实现电能时移中存在能量转换损耗。考虑到抽水蓄能大体“抽四发三”（即平均消耗4kWh电抽水可发3kWh电，能量转换效率约75%）的能量转换率，其上网电价一般需比抽水电价高出约30%以上，才能保证其建设成本的回收。

（2）削峰填谷功能。所谓的“削峰填谷”功能，是指就电力系统日负荷曲线而言，通过抽水蓄能电站的运行，以降低电网负荷高峰，填补用电负荷低谷。通常，抽水蓄能电站的水泵（蓄能泵）机组利用电力系统深夜和凌晨时段用电负荷低谷时其他电源（如核电站、水电站、燃煤电站）的富余电能，将水从下水库抽送至上水库储存起来，起到了把日负荷曲线的低谷填平的作用，即实现了“填谷”。“填谷”可使核电机组、燃煤发电机组等始终处于最优平衡运行工况，从而获得节能效益。当电力系统用电负荷处于早高峰或晚高峰或尖峰时，抽水蓄能电站再将上水库所储能的水释放以推动水轮机机组来发电，起到高峰或尖峰负荷时发电向电力系统补充电能的作用，从而也实现了“削峰”作用。需注意的是调峰电站（如燃气调峰电站、具备日调节功能的常规水电站）虽也具有调峰或顶峰运行功能，但并不具备“填谷”功能，这点是与抽水蓄能电站有着显著不同。

（3）调频功能。调频，也称频率控制或频率响应。当电力系统频率偏离目标频率时，抽水蓄能机组可通过调速系统、自动功率控制等方式，快速调整有功出力减少频率偏差。抽水蓄能电站在设计时就充分考虑了快速启动和快速负荷跟踪等方面的系统需求，因而在调频容量变化幅度、负荷跟随速度、爬坡支持等方面，抽水蓄能机组的性能远优于其他发电机组。以机组爬坡率为例，常规燃煤发电机组爬坡率为 1.5%～5%（满负荷）/min，常规燃气-蒸汽联合循环发电机组爬坡率为 10%～20%（满负荷）/min，常规水电机组爬坡率为 10%～50%（满负荷）/min。相较而言，现代抽水蓄能机组可在 1～2min 内从静止达到满负荷发电，爬坡率可达 50%～100%（满负荷）/min，并可频繁切换工况。最典型的例子是英国 Dinorwig 抽水蓄能电站（6×300MW），其 6 台 300MW 机组设计能力为每天启动 3～6 次，每天工况转换 40 次，设计效率 78%，机组处于旋转备用时可在 10s 内达到 1320MW 的发电出力，爬坡率高达 7.3%（满负荷）/s。

（4）调相（电压支持）功能。调相（电压支持）即无功平衡服务，是指为保障电力系统电压稳定，抽水蓄能机组根据调度下达的电压、无功出力等控制调节指令，通过自动电压控制（AVC）、调相运行（包括发出无功的调相运行方式和吸收无功的进相运行方式）等方式，向电网注入、吸收无功功率，或调整无功功率分布所提供的电力系统辅助服务功能。

在工程中，为了满足调相要求，通常设计有静止↔发电调相、发电↔发电调相、静止↔抽水调相、抽水↔抽水调相等机组工况转换功能，并可以一个命令自动完成这些工况的转换。

较之常规发电机组，抽水蓄能机组无论是在抽水蓄能工况还是放水发电工况，都可实现调相（吸收电网有功功率，并向电网送出无功功率）或进相运行（向电网送出有功功率，同时吸收电网无功功率），电压支持的灵活性大。此外，通常抽水蓄能机组相较常规水电站更靠近负荷中心，对稳定电网电压的作用更好。

（5）备用功能。为保证电力系统可靠供电，在调度需求指令下，抽水蓄能机组可通过预留调节能力，并在规定的时间内响应调度指令来向电力系统提供备用服务。相较同容量的常规水电站，抽水蓄能电站的水库库容相对较小，其备用容量和运行持续时间没有常规水电站大。但由于水力设计特点，抽水蓄能机组在作旋转备用时所消耗功率较小，并可在发电工况和抽水工况两个旋转方向空转，故其备用的反应时间更短。另外，当抽水蓄能机组在抽水蓄能工况下突遇电网重大事故，则可由抽水工况切换至发电工况，相当于提供了两倍装机容量的电力系统事故备用能力。

（6）黑启动功能。现代抽水蓄能电站在设计时都要求具备黑启动功能，即当电力系统大面积停电后，在无外界电源支持的情况下，抽水蓄能机组利用其具有的自启动能力，在失去正常厂用电的情况下可启动抽水蓄能机组运行并向电力系统输电和配电线路供电，提供逐步恢复系统供电运行的辅助服务。

在进行黑启动功能工程设计时，通常抽水蓄能电站中机组启动所需的启励电源、控制电源及换向开关操作机构电源由电站直流系统供电；除前述电源外，机组辅助系统设备（如机组技术供水泵、主变冷却装置、机组调速系统油压装置主油泵、推力轴承高压油顶起油泵、机组轴承润滑油冷却系统等）的供电可采用交流电源（取自电站柴油发电机组或专设的水轮发电机组）或直流电源两种方式。

综上可知，抽水蓄能以水为工质进行储能和发电，能量转换方式过程简单，与其他常规发电技术相比，具有既能发出有功/无功，也能吸收有功/无功（放水发电，发出有功；吸收电网有功，抽水蓄能；发电转向调相，水泵转向调相）；抽水蓄能机组启动快速、工况转换快；不受天然来水影响，没有枯水期，电站的运行能力有保障，可满足电力系统各项辅助服务（包括有功平衡服务、无功平衡服务和事故应急及恢复服务）功能的要求。可见，抽水蓄能电站是建设现代智能电网、新型电力系统的重要支撑，是构建安全高效、清洁低碳、柔性灵活、智慧融合的新型电力系统的重要组成部分。

3.1.4.2 抽水蓄能应用场景

抽水蓄能电站具有电量平移、调峰、填谷、调频、调相、转动惯量支撑、储能、事故备用和黑启动等多种功能。工程中结合能源电力的地区及品种分布差异及电网构成不同，对抽水蓄能应用的需求也不同。以下着重介绍抽水蓄能电站在发电侧、电网侧的几种主要应用场景。

3.1.4.2.1 发电侧应用场景

抽水蓄能是当前技术成熟、经济性优、最具大规模开发条件的电力系统储能技术，与风电、太阳能发电、核电、煤电等配合效果较好。发电侧应用是指将抽水蓄能配置在电源端，可配合核电、煤电等传统发电端提供兼顾运行效率、安全与效益的灵活性、削峰填谷、调峰调频等辅助服务，也可配合风电、太阳能电等波动性新能源平抑波动，提升其可调度性、灵活性，提高系统的新能源消纳水平等。国外常将此类配置方式，称之为“hybrid power plant（混合电厂）”，国内常称为“多能互补”，如风光储多能互补、风光火储多能互补等。

（1）核电+抽水蓄能。出现于 20 世纪 60～80 年代中期的全球抽水蓄能技术发展的第 2 个黄金期，即是由当时核电站的大规模建设带动了抽水蓄能的快速增长。

核电站配套建设抽水蓄能电站，可充分发挥核电和抽水蓄能各自的优势，相得益彰。一是抽水蓄能机组承担所擅长的调峰调频任务，可保证核电机组按满载带基荷方式经济高效运行，提高核电站的发电经济效益；二是在抽水蓄能机组配合下，可避免核电机组频繁升降负荷，减少设备交变应力，有助于保持燃料组件包壳的完好性和减少核电机组的寿命损耗，降低核电机组故障率、维修和设备失效后的后处理费用，保证核电机组长期稳定运行，提升核电站的安全水平；三是核电机组单机容量大，一旦跳闸甩负荷对电网冲击较大，而抽水蓄能机组具有可快速承担负荷的紧急事故备用功能，可减少核电事故跳闸对电网的冲击，有助于电网的安全运行。

（2）大型风能/太阳能发电基地或煤电基地+抽水蓄能。风力风电、光伏、光热（不带储热）发电等虽属零排放、可持续的清洁可再生能源，但其也具有波动性、间歇性、随机性等致命弱点，因而在电力系统中其灵活性、可调度性差，不是可靠电源。煤电等化石燃料电站虽然可调度性好，是可靠的电源，但其运行中有污染物和温室气体排放，为非绿色能源，具有不可持续性。抽水蓄能是具有零排放、规模化、经济性好、技术成熟度高等特点的长持续时间储能技术，其可调度性、环保绿色性好，但并不能全天候始终连续运行。

在大型风/光发电基地或煤电基地，同步建设抽水蓄能电站，则可较好地发挥各个电源品种和抽水蓄能各自的优势，弥补各自的不足，提升绿色性、可靠性和经济性。例如，大型风电场/光伏电站+抽水蓄能可把随机、品质不高的风电/光伏电量转换为稳定的、高质量的峰荷电量，大型煤电基地+抽水蓄能可使煤电机组尽可能多地承担负荷曲线上的基荷和部分腰荷，减少机组频繁启动及带变动负荷，从而做到节约燃料、提高能效、提升煤电机组的安全稳定运行水平，如此可大幅降低基地的综合运行维护成本和度电成本。大型风电、光伏基地利用风能、太阳能等可再生资源，具有绿色环保经济特征，但其电网友好性弱（如无转动惯量、不可调度性），通过抽水蓄能的电量平移、无功控制、频率控制、快速爬坡、转动惯量支撑等功能支持，不仅可提升基地的电网友好性，打破电网规模对风电光伏等容量的限制，为大力发展风光可再生能源创造条件，而且还可为电网提供调峰调频调相、容量支持、紧急事故备用、黑启动等手段，增加了电网的可利用率和可靠性。

此外，当电力系统中径流式水电站较多、水电调节性能较差时，也可配置一定的抽水蓄能机组，一方面可将负荷低谷时段的水电电量转化为高峰时段的调峰电量，另一方面也可将汛期基荷电转化为峰荷电，从而减少甚至避免水电汛期弃水调峰，以提高经济效益和改善电网运行。

可见，在发电侧配置抽水蓄能，不仅可节约多能互补混合电站的综合运营成本，还可提升多能互补混合电站的能力、价值、效率和环境友好等综合性能。

3.1.4.2.2　电网侧应用场景

抽水蓄能可配置在电力系统输电网和配电网的关键节点，大幅提升大规模高比例新能源并网和大容量直流系统接入的灵活调节能力，发挥调峰调频辅助支撑、缓解电网阻塞、延缓输/配电设备扩容升级等作用。

（1）峰谷差大、调峰需求迫切的电网。随着经济社会快速发展，产业结构不断优化（相对稳定的工业用电占比下降，第三产业用电占比上升），人民生活水平逐步提高（家用电器，特别是空调用电增长迅猛），电力负荷持续增长，电力系统峰谷差逐步加大。抽水蓄能机组具有抽水蓄能和放水发电双向功能，机组运行灵活、工况切换快，具有极强的削峰填谷、调频调峰能力，且单机容量大，具备规模化效应，可以满足峰谷差大、调峰需求迫切的电网的需求。此外，抽水蓄能还可承担电力系统中电压支持、紧急事故备用、黑启动等任务。

（2）风光规模化开发应用，但灵活性电源或调节性电源少的电网。在国家碳达峰和碳中和战略背景下，风光等新能源的大规模高比例开发势在必行。当电网中风电、光伏等波动性新能源占比高、渗透率高，“鸭子曲线”（“duck curve”，表示电力系统一天内负荷需求和可再生能源发电量之间的时间不平衡量曲线图，因其曲线外形呈鸭子形状，故名。其曲线值表示的是扣除可再生能源发电量之后的净负荷值）明显，且电网中具备灵活性、可调度性的气电/煤电等电源较少时，迫切需配置一定容量的具备快速爬坡能力和高度灵活性的抽水蓄能电站来承担转动惯量支撑、快速负荷响应、调频调峰等功能，以平抑 VRE（波动性可再生能源）出力的波动性、随机性，减少对电网的不利影响，促进 VRE 大规模开发消纳，保障电力系统安全稳定运行。

（3）远距离送电的受电区。远距离输电时，送基荷比送峰荷更经济，但只送基荷不能解决受电区缺调峰容量的矛盾。如此，可在受电区建设抽水蓄能电站，将基荷低谷电加工成高峰电、尖峰电，特别是在上网峰谷电价差较大的情况下，经济效益会更好。

此外，抽水蓄能还可用于缓解电网阻塞场合，即将抽水蓄能部署在输电/配电系统拥挤段的电气下游位置，在平常无输电/配电阻塞发生时，抽水蓄能储存能量；在负荷需求高峰期，发生输电/配电阻塞时，抽水蓄能机组作出快速响应，将所存储的水的势能快速转换为电能，以减少系统对高峰输电/配电容量的需求。还可利用抽水蓄能为配电网、负荷中心提供有功和无功支持，有效调节电力系统供需动态平衡，确保配电网电压运行稳定，改善系统运行性能，大幅提高电网安全运行水平和供电质量。

3.1.5 抽水蓄能技术发展

3.1.5.1 常规抽水蓄能机组技术发展

为了提高抽水蓄能电站的经济性及适应电力系统发展的需要，当前常规抽水蓄能技术的水泵水轮机发电机组正向高水头、大容量、高转速、可变速等方向发展。

（1）高水头。水泵水轮机机组的出力与水头、水量（流量）成正比，在出力相同的情况下，抽水蓄能电站水头越高，所需的流量就越小，水泵水轮机和输水系统的结构尺寸也就可相应缩小；在一定储能容量（即水体势能 E_P，$E_P=mgz$）下，水头（z）越大，则所需的蓄能库容（m）就越小，所需建设水库规模也就越小。可见，高水头下抽水蓄能电站的工程规模和建设工程量相应减小，高水头即代表了高经济性。高水头可逆式水泵水轮机分为单级、双级和多级。其中，高水头单级混流可逆式水泵水轮机机组发展较快，约每隔 10 年跃升一个台阶（例如，1973 年日本沼原抽水蓄能电站单级混流可逆式机组最大扬程达到 528m，1982 年前南斯拉夫巴吉纳·巴斯塔抽水蓄能电站水泵水轮机最大扬程达到 621m，1994 年保加利亚茶拉抽水蓄能电站水泵水轮机最大扬程达到 701m，1999 年日本葛野川抽水蓄能电站水泵水轮机最大扬程达到 778m）。

（2）大容量。随着电力系统规模、常规化石燃料电站单元机组容量和核电站单元机组容量的不断增大、大型风光基地的增多，为适应电网调峰、快速爬坡和事故备用等需要，抽水蓄能电站水泵水轮机机组的单机容量也随之增大。在相同装机容量下，提高水泵水轮机单机容量也可减少蓄能电站机组数量、厂房规模及基建工程量，提升工程经济性。当前国际先进的可逆式水泵水轮机机组单机容量已超过 500MW。随着技术进步，提高抽水蓄能机组单机容量是必然趋势之一。

（3）高转速。随着发电机组转速提高，相同容量的发电电动机尺寸也相应减小，随之厂房尺寸也可缩小。当前大型抽水蓄能机组转速达到 500r/min（如山西西龙池抽水蓄能电站），有的达到 600r/min（如浙江长龙山抽水蓄能电站）。

（4）可变速。常规的单速水泵水轮机机组的定子磁场与转子磁场耦合，两者总是以相同的速度旋转，而在变速水泵水轮机机组中这些磁场是解耦的。变速机组可使水泵水轮机在水泵工况下所消耗的电功率在出力范围内相应变化，减少空化、机组磨损；在水轮机工况下允许机组运行在工作曲线的高效率段，提高了机组发电效率；在运行模式切换和工况过程中，可减小机组机械振动，延长机组使用寿命。变速机组技术也宜于与 VRE（可变可再生能源，如风电、光伏）发电相集成，适应净负荷值的陡升陡降工况，易于实现鸭子曲线下的 Grid firming（电网固定，也称容量固定、可靠容量或可再生能源固定）功能。此外，变速抽蓄机组还具有改善机组运行稳定性、适应更宽水头变幅、提高机组调频精度和响应速度、提高电力系统暂态稳定性（定速机组只有在发电模式下具备调频调相功能，而变速机组可在抽水模式和发电模式下均可实现调频调相）等功能。综上，变速机组可调节运行范围更广、功率响应更快、运行效率更高，可实现高标准的能源管理灵活性和安全性，在大规模高比例 VRE 接入下可对电力系统稳定性提供坚强支撑，因而是抽水蓄能技术当前的主流发展趋势之一。在未来抽水蓄能电站建设中，变速（可调速）抽水蓄能发电机组技术必将有着广阔的市场和应用前景。

3.1.5.2 新型抽水蓄能技术发展及工程应用

“碳中和”背景下的能源电力转型需用“低碳”或“零碳”能源电力来替代化石燃料电力。高比例大规模采用以风光为代表的可再生能源零碳电力，则需解决其灵活性（可调度性）和充裕性（可靠的可用容量）方面的不足。抽水蓄能作为技术成熟度最高的储能技术，可极大赋能能源电力转型，有效缓解 VRE 灵活性和充裕性等方面的问题。但常规抽水蓄能也存在受地理环境限制、能量密度低、建设周期长、投资成本高等方面不足。为克服常规抽水蓄能技术原有的不足，创新型抽水蓄能技术应运而生。当前，国际上创新型抽水蓄能电站技术的发展及应用方向可归纳为混合式抽水蓄能系统（如与储热耦合）、改造及升级型抽水蓄能系统（如利用废弃矿井）、新型抽水蓄能系统（如海水抽蓄）三类。

3.1.5.2.1 混合式抽水蓄能系统

为了降低抽水蓄能系统的基建及运营成本、最大程度减少电站对环境的负面影响，当前国内外前沿工程中趋向于将抽水蓄能与其他能源工程相关技术（如电池、太阳能光伏、海水淡化和蓄热）相耦合，由此构成了混合式抽水蓄能系统。其中，典型的混合式系统类别有混合式抽水蓄能—快速响应类储能系统、混合式模块化可扩展可再生能源—闭式抽水蓄能系统、抽水蓄能—反渗透—清洁能源一体化系统、混合式光伏—抽水蓄能系统、热式地下抽水蓄能系统等。

（1）混合式抽水蓄能—快速响应类储能系统。该类混合式系统是将具有大容量、长持续储能时长的抽水蓄能技术与具有快速响应、短持续储能时长的小型储能技术（如电池、超级电容、飞轮等）相耦合，以提供互补的能力和服务，并减少抽水蓄能机组的磨损和寿命损耗。具有三方面突出优点：

1）大幅提升电站收益：基于抽水蓄能的灵活性和大容量，所配置的快速响应类储能系统容量可大大减小，降低了工程造价。运行中，一方面利用电池、超级电容、飞轮等小型储能系统及抽水蓄能机组的转动惯量来提供快速频率响应服务；另一方面，利用抽水蓄能来提供调峰、调频、调相等功能。如此取长补短优势互补，可为电网提供更快、更高效的辅助市场服务能力。

2）节约电站运维成本：在风光等新能源渗透率不断提高的情形下，电力调度对辅助服务市场的要求趋于严苛。该组合在提升其灵活性的同时，还可减少抽水蓄能机组启动/停止次数、负荷快速爬坡（陡升/陡降）及机组最小流量运行需求，大幅减少抽水蓄能机组运行磨损及快速变负荷所带来的寿命损耗，从而提高机组可利用率并降低总的运营成本。

3）提升电网可靠性/韧性：该组合兼具长/短释能持续时间、控制快速响应和可靠容量支持，调峰/调频/调相/黑启动能力及孤岛模式，增强了极高比例新能源渗透率下电网的可靠性和韧性。

该系统技术成熟度达 TRL7（工程示范阶段）。据报道，美国 KIUC（考艾岛公用事业协作）和 AES 公司正在开发的夏威夷西考艾能源项目是全球首个太阳能—电池—抽水蓄能混合电站（光伏装机容量 35MW，电池储能容量 240MWh，抽蓄 24MW/12h）。西门子已在德国 Engie 公司旗下的 Kraftwerksgruppe Pfremed 抽水蓄能电站承建了一个 12MW（13MWh）锂离子电池储能系统，以增强抽蓄的一次调频能力，并确保能量平衡容量的冗余。

在工程中，该系统主要应用难点有两方面：一是在工程设计时，如何选择快速响应类储能系统的最佳功率和能量；二是在运行中如何确保在多目标下对混合式系统进行能量/负荷分配优化控制。

（2）混合式模块化可扩展可再生能源-闭式抽水蓄能系统。该类混合式系统由光伏电池板+由多个囊式储罐所构成的上水库/下水库闭式抽水蓄能系统所组成（见图 3-6），易于在各种地形以多种方式部署。光伏电池板安装于囊式储罐之上，一是可增加绿色光伏电源，提高混合系统的能效；二是还可为囊式储罐的聚合物材料提供额外的紫外线防护，延长其使用寿命。该系统当前处于 TRL4（试验验证阶段）。

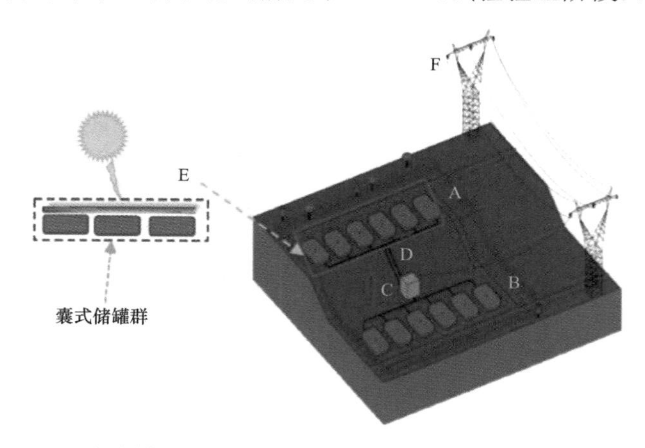

图 3-6　混合式模块化可扩展可再生能源-闭式抽水蓄能系统示意图

A—上水库；B—下水库；C—厂房（井泵）；D—输水系统；E—光伏板；F—输电线

（来源：美国利伯缇大学）

模块化结构易于快速加工制造和现场安装；可扩展性允许安装容量（0.1～10MW）根据应用规模或需求不同而相应灵活调整；由于囊式储罐闭式系统通常是全封闭的，可减少对环境的伤害，并不受自然环境条件约束，可部署在没有现成水体的地方，且消除了水体的蒸发损失，利于水资源的集约化利用。

该系统具有地形适应性强（可在多种地形和位置轻松部署）、设备造价及运维成本低（聚合物储罐制造&维护成本极低，耐用、可靠且寿命长）、土建施工工程量小/成本低（不需建设传统上水库和下水库，采用高效立轴水泵水轮机系统，无需修建地下厂房）、便于安装调试、闭环系统减少环境入侵并保护水资源、易于耦合太阳能或其他可再生能源、寿命长（20 年以上）等突出优点。该系统容量通常不大于 20MW，不适用于常规大型抽水蓄能项目，但当拥有足够的水头势能时，对园区（如工业园、大学园、商业园）、边远地区、海岛等却非常具有吸引力。当前美国弗吉尼亚州正在进行 100kW 容量的小规模工程试验，旨在未来两年后使该技术完全成熟并商业化。

（3）抽水蓄能—反渗透—清洁能源一体化系统。该类混合式系统是将海水抽水蓄能、海水反渗透（在高于溶液渗透压的作用下，依据其他物质不能透过半透膜而将这些物质和水分离开来的膜分离技术）、风电/光伏等清洁能源发电三种技术集成一体化，以同时实现清洁能源发电、储能和淡水供应等多功能。工作过程如图 3-7 所示：利用当地可再生能源电力或电网低谷电通过水泵将海水泵送至上水库蓄能，用电高峰时再通过上水库海水释放推动水轮机来发电。利用上水库中的水头势能为海水反渗透装置提供压力，避免了常规反渗透系统中的增压泵。通常水轮机的排水量是反渗透装置排出浓水量的数十倍，完全可以用水轮机的排水来稀释浓水，从而省去了浓水排放处理系统的费用。该系统技术成熟度达 TRL7（工程示范阶段）。

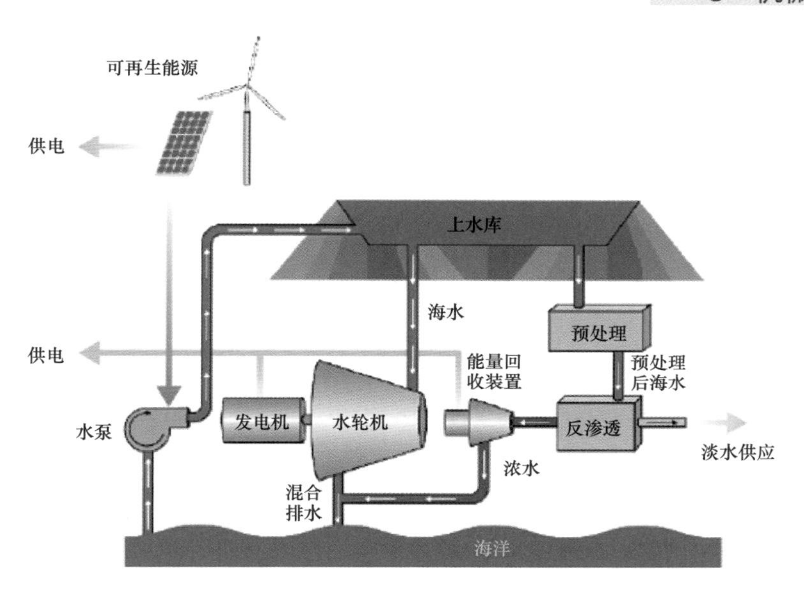

图 3-7 抽水蓄能—反渗透—清洁能源一体化系统示意图

（来源：Oceanus Power&Water）

该一体化系统具有综合运营成本低（可再生能源、储能、淡水供应的综合效应）、环境友好性（可再生能源电、海水抽蓄替代电化学储能及自然浓水稀释排放等降低了对自然环境的影响）、电力及淡水供应的高韧性（可再生能源+储能+海水脱盐供应淡水等增加了供电及供淡水的可预测性和可靠性）等显著优点。该系统特别适用于离岛、岛屿微电网、间歇性可再生能源高增长地区等应用场景。在工程设计中，需结合项目所在位置对盐雾及海水腐蚀、磨损和生物淤积等进行详细分析及设计（海水抽蓄技术成熟，如日本冲绳岩坝海水抽水蓄能电站于 1999 年投运，装机容量 30MW，有效水头 136m，2016 年因当地电力负荷增长不如预期的商业原因而非技术原因拆除，前后运营了近 20 年）。

（4）混合式光伏—抽水蓄能系统。太阳能光伏具有快速安装、发电成本低、绿色零碳等优点，但也同时具有发电波动性、间歇性、夜间不能发电的致命弱点，而抽水蓄能具有储能、灵活性、可调度性等显著优点，该混合式系统将抽水蓄能与太阳能光伏（漂浮式光伏或陆上光伏）相耦合，则能以低成本和对环境影响最小的方式来提供可调度、可靠性的电能，特别适合于较小或较弱的电网和边远地区。该系统技术成熟度达 TRL7（工程示范阶段）。

在工程中，将漂浮式光伏布置于上水库和下水库，则可降低水体的蒸发损失，有利于水资源有效利用（若漂浮式光伏仅覆盖水库部分水体，则不会对水库的水质环境产生不利影响）。在设计中，漂浮式光伏系统的系泊和锚固需考虑深水、垃圾、沉积物、高水位变化和表面波等因素，以及锚失效可能导致的溢洪道等堵塞。光伏和抽蓄还可共用相同的基础设施（如变电站及其输电线路等），进一步降低单位造价成本。运营中，可在正常情况下将光伏电接入电网，当电网不能消纳时，再利用不能消纳的光伏电来抽水蓄能。

印度正在建设 Pinnapuram 混合式光伏—风电—抽水蓄能项目，抽水蓄能总装机容量 1200MW（4×240MW+2×120MW 可逆式机组，9.2h），在上水库+下水库布置 80MW+80MW 的漂浮式光伏，陆地光伏 3000MW，风电 500MW，预计于 2025 年投产。

（5）热式地下抽水蓄能系统。该类混合式系统是一种新型储电、储热、储冷三重储能技术，将抽水蓄能技术与地下储热技术相结合，形成闭环、地下“热水抽蓄”，可用于能量容量平衡、发电和热能供应，可为电力、供暖和制冷等多个行业提供高能效的清洁能源。其技术成熟度当前为 TRL6（工程试验验证阶段）。

如图 3-8 所示，该系统是一个完全地下的闭环热水抽水蓄能系统，具有垂直分离的上/下水库洞室，通过压力井连接到抽水蓄能机组。为同时储存热能，地下抽水蓄能系统的水通过热交换器进行换热，水温最高可达 95℃，热交换器又通过热传输管线与热能生产商、废热供应商、区域供热系统和地热源等相连，所储存的热能可用于区域供暖和制冷网络，改善了需求弹性。该系统总储能容量可达常规抽水蓄能系统储能容量的 20～30 倍。此外，常规抽水蓄能往返效率约 75%，大部分效率损失是以热量的形式被浪费了。而本系统可利用抽水蓄能运行期间的耗散热量来加热水库中的水，水泵水轮机摩擦引起的热能直接被水吸收，并储存在闭环系统中，从而使总系统能效达到 90%以上。

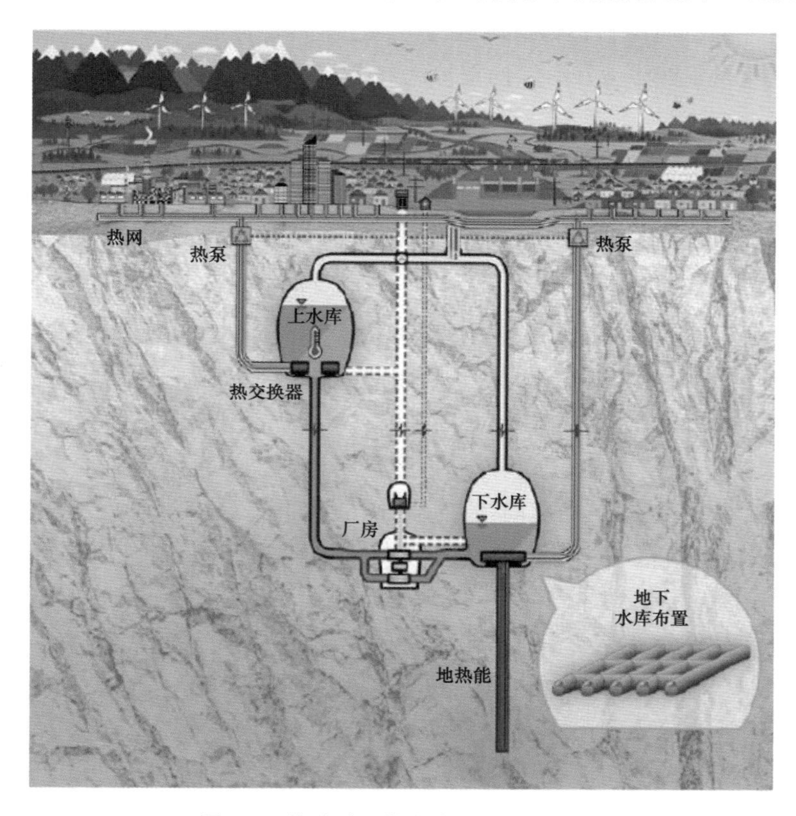

图 3-8　热式地下抽水蓄能系统示意图

（来源：Franz Georg Pikl）

在工程中，选择合适的地质条件和合适的岩石条件是经济建设和安全长期运营的关键。另外，还需要对抽水蓄能机组进行水力重新设计和结构调整，以使其适应热水工质运行。除机械影响外，还需要研究细菌膜形成的可能性和水处理抑制细菌膜的不良后果。根据奥地利某机构研究结果，对于抽水蓄能 $500MW_e/8h$（水头 800m，蓄水量 $2\times10^6m^3$）和热容量 $400MW_{th}$（95 000MWh_{th}）项目而言，CAPEX（资本性支出）为 1000～1600 欧元/kW，5～15 欧元/kWh。

3.1.5.2.2 改造及升级型抽水蓄能系统

与新建抽水蓄能工程相比，利用新技术来改造或升级原有基础设施（如现有水电和抽水蓄能设施、大坝以及露天矿和地下矿等）通常可有效降低工程建设成本和环境影响。

（1）改造现有水电站或水库。在短时间内通过在现有水电项目中增加蓄能泵、安装可逆水泵水轮机组、利用全部或部分现有水库或天然湖泊作为上水库或下水库等手段来改造现有水电或大坝设施，可大幅降低工程成本、运营成本和风险，并减少环境和社会影响。该项技术成熟度已达 TRL9（可靠应用阶段）。

在工程选址时，当两个现有水库距离较近，且高差超过 300m 时，则是较为理想的抽水蓄能电站厂址。在将水电站改建为抽水蓄能电站时，需在尾水下游修建下水库，安装独立的蓄能泵或将原来的水轮机改为可逆式水泵水轮机（要注意水泵水轮机往往比单纯的水轮机对水力瞬变的要求更为苛刻），重新调节水量并减缓水泵水轮机的汽蚀。

典型工程是位于澳大利亚新南威尔士州的雪地（Snowy）2.0 抽水蓄能电站改建项目。该项目预计 2025 年投运，是在早于 1974 年投产的雪地山水电站项目上进行改建，两座已有水库通过新建 27km 长的混凝土衬砌隧道来互连，并修建相应的地下厂房，抽水蓄能装机容量为 2040MW（6×340MW 单级可逆式混流水泵水轮机组，3 台变速 3 台定速，最高水头 730m），蓄能时长 175h，其单位造价仅略高于 10 美元/kWh。

（2）废弃露天矿改建成抽水蓄能电站。与完全新开发抽水蓄能电站相比，利用废弃露天矿作为水库，可降低工程基建成本和环境影响。该项技术成熟度达 TRL8（推广应用阶段）。

在工程中，需就利用废弃露天矿技术经济可行性的各个方面进行初步评估，如输水系统长度与水头之比（宜小于 10），水头（越高越好，典型水头范围 200～600m）、地形地貌（多变地形以允许水库建设时有较小开挖量或筑坝量），地质（完好、未断裂、有限断裂），最大功率容量［增加收入潜力，但需在功率（MW）、储能量（MWh）、市场需求、可提供服务等多方面进行平衡］，潜在储能量（增加收入潜力和运营灵活性。典型的储能时间最短为 4h，平均为 6～8h，可为 24h 或更长），施工（厂房可在竖井或洞穴中，输水管道可是隧道或埋地管道），水易获取性（丰富、可用、附近，第一次充水很重要，并考虑每年补充蒸发量及消耗所需），环境及土地利用，输电线路（附近及可用输电容量），电力市场规模及可能效益等。

位于英国北威尔士的 Dinorwig 抽水蓄能电站（1800MW）就是利用废弃板岩采石场作为水库的示例。近年来，这一改建概念在澳大利亚和美国等国家越来越受欢迎，许多项目已进入可行性研究或概念设计阶段，位于澳大利亚昆士兰 Genex 的 250MW Kidston 抽水蓄能项目已准备施工，该项目计划利用废弃金矿的两个原有空洞作为上水库和下水库。

（3）废弃地下矿井改建成抽水蓄能电站。利用废弃的地下矿山作为下水库，其环境影响小于完全新建抽水蓄能电站，所带来的额外环境影响非常有限（矿山的影响已经存在），满足减少环境影响的可持续发展目标。该系统技术成熟度达 TRL7（工程示范阶段）。

在工程设计中，需考虑地质（充水和排空期间稳定性以及水密性），水质（如原地下水存在氯化物和硫酸盐，则需注意潜在的腐蚀风险和环境问题），施工及运营便利性等因素。经过详细检查地质条件等允许后，可利用废弃地下矿井的原有隧道和廊道等作为下水库，以减少工程造价，上水库则建在矿井入口处的地表上。上述地下水库使用已有开挖体积（隧道和廊道等）形成自由表面水库，不会对周围岩石基质加压。

在芬兰 Lilla Båtskär 岛，瑞典抽水蓄能公司于 2021 年利用废弃的旧铁矿开始建设 2MW/8MWh 的小型抽水蓄能电站（下水库是利用深度为 250m 的废弃矿井而建）。芬兰 Pyhäsalmi 矿井深度超过 1445m，地下开采于 2022 年结束，EPV 能源公司拟利用该矿井改建抽水蓄能电站，其工程相关数据为：电站装机容量 75MW（水头 1400m，分开布置水泵、水轮机各 1 台），储能 530MWh，发电 7h/抽水 9h，库容 162 000m^3，往返效率 77%，工程建设周期 38 个月，工程总投资 1 亿欧元。

（4）水泵水轮机水力短路运行技术。水泵水轮机水力短路运行（hydraulic shortcircuit operation，HSC）技术省去了机组工况切换和启停过程，允许水泵和水轮机同时运行（即蓄能泵在以相应扬程所需的输入功率下运行，而同时水轮机则在正常运行范围内调节其功率输出）。当抽水蓄能电站有一台机组时，该机组可同时运行在放水发电（水轮机运行）模式和抽水蓄能（蓄能泵运行）模式；当抽水蓄能电站有多台机组时，可使一部分机组运行在放水发电模式，另一部分机组运行在抽水蓄能模式。在该运行工况下，蓄能泵的一部分流量流过水轮机，另一部分流量流向上水库；取自电网的净功耗则是蓄能泵输入功率和水轮机输出功率的差值。通过 HSC 手段，一是抽水蓄能电站功率可在水轮机 100%输出功率（从电网侧看，为正功率）至蓄能泵对应扬程下输入功率（从电网侧看，为负功率）之间进行任意改变，扩展了抽水蓄能机组参与电力辅助服务市场的功率调节范围；二是由于水轮机快速负荷变化的能力得到提升，其频率响应性能更佳；三是通过水力布置优化可实现水轮机入口处最优流速分布，通过调节区内的精确控制可实现系统中水力损失最小化。因此，HSC 技术可使抽水蓄能机组更灵活、更方便、更经济地参与电网调频调峰等辅助服务。考虑到电力市场的不确定性及投资电力资产的相关风险，HSC 技术为用户提供了一种有吸引力的机组改造升级方案，一是能以资本风险极低、回报快且有利于电网安全的方式提供电力系统辅助服务；二是也为整个抽水蓄能机组提供了另一种优化高效节能的运行方式。该项技术成熟度目前为TRL7（工程示范阶段）。

在利用HSC技术改造或升级抽水蓄能电站时，首先需检查与分析HSC改造的技术可行性（例如，泵送的水部分流入水轮机，部分流向上水库，水头/扬程及水力回路均会发生变化，需分析水泵和水轮机是否能连续工作在允许范围内），计算运营成本及潜在收益；其次需辅以现场实验和测量来进行技术调查，以确保新模式下机组可连续安全稳定运行。

在具体工程中，需根据抽水蓄能机组配置不同而具体分析。例如，法国Grand Maison抽水蓄能电站安装有两种类型的机组——可逆式水泵水轮机机组（8×150MW，定速）和高水头培尔顿水轮机机组（4×170MW，0%～100%负荷可调）；在电站原有“水轮机工作模式”和“水泵工作模式”基础上，电站方拟利用HSC技术增加第三种工作模式——“水泵和培尔顿水轮机同时工作模式”，以增强电网频率支持能力。特别是在水泵工作期间，电力系统中缺乏调节电源时，通过四台培尔顿水轮机与水泵一起运行，可为电网提供超过500MW的调节功率。工程中，在设备侧建立了水通道流体动力学模型，检查了泵组运行极限，以防损害机组设备；将标准锻造培尔顿转轮改为新型环式培尔顿转轮，以满足新模式下培尔顿水轮机运行小时数增加30%～50%及检查工作量减少4/5的需求。在控制侧，应用智能控制策略来选择水泵和水轮机高效运行组合方式，以使机组始终工作在期望的最佳运行点。其应用示范阶段从2021年中至2022年底，以检验新模式下为电网提供辅助服务的能力是否满足改造要求。另一个改造案例是原于2017年投入商业运行的葡萄牙Frades 2变速抽水蓄能电站，配2×400MW可逆水泵水轮机和420/433MVA双馈感应（DFIM）电动发电机（该机组DFIM电动发电机中，通过IGBT或IGCT电压源逆变器将AC电流馈送到异步电动发电机的转子，实现±10%机组转速变化范围。变速机组虽然造价高，但具有可实现泵运行中的功率控制、扩展水轮机工作范围、较固定转速机组拥有更快的机组爬坡率、动态系统网络支持等优势）。通过利用HSC技术，一是可使两台机组在水泵和水轮机模式下同时运行，在水泵模式下可增加0～200MW及在水轮机模式下可增加0～100MW的额外功率调节能力；二是扩展了运行范围，提升了机组运行性能和灵活性，增强了快速频率响应和转动惯量支持；三是允许用一台水轮机来进行电压调节，增加了向电网提供无功功率支持的能力，从而极大扩展了电站在电力辅助服务市场方面的能力。

当前世界上绝大多数抽水蓄能电站都仅有水泵工况和水轮机工况，不能同时进行放水发电和抽水蓄能，这表明HSC技术的发展潜力巨大。

（5）扩展抽水蓄能机组运行范围。通过扩展在役水泵水轮机机组的运行范围，可获得低成本高效益的中期解决方案（大部分仅需有限资金投入，可在不改变任何设备的前提下实现运行范围扩展。机组改造时，加装传感器并进行现场测量的停机时间也可缩短到几天)，提高现有机组的灵活性及电力辅助市场盈利能力，并可适应高比例新能源电力系统建设需求。该项技术成熟度处于 TRL8（推广应用阶段）。

在水轮机运行模式下，常规抽水蓄能机组典型功率运行范围为标称功率的 50%～100%。通过采取相应技术手段，可将其功率运行范围扩展到 0%～100%（标称功率），并在数秒内实现机组负荷的快速陡升或陡降，提升机组爬坡率及宽负荷深度调峰能力。例如，通过抽水蓄能电站多台机组之间的负荷智能调度策略，使一部分机组工作在水泵模式，另一部分机组工作在水轮机模式，再通过控制水轮机出力大小，可显著增加电站整体的运行范围，并可将整个电站视为可控负荷；也可通过采用 HSC 水力短路运行技术，使同步定速水轮机机组也能够实现水泵模式下的负荷控制和频率控制；特别是对具有多台机组的抽水蓄能电站而言，通过采取灵活的负荷自动调度控制策略（需平衡机组压力波动、汽蚀、磨损、维护等风险与参与电力辅助服务市场的利润），可在数秒内使电站实现从负功率（水泵工况）到正功率（水轮机工况）的大幅连续功率变化，从而实现大规模、高度灵活的功率控制。

扩展机组的运行范围意味着机组需在低负荷甚至零负荷下运行，但因为在役机组原设计并不适合在这些负荷区域长期运行，所以工程设计中需评估改造的收益及风险，分析机组在带部分负荷或零负荷下是否会出现各种不稳定水动力现象（如螺旋流、叶片间旋涡流、驼峰区等），是否会影响机组结构完整性（如转轮裂纹、汽蚀、轴系磨损等）及运行寿命。国际上采用的主流评估分析方法有经验分析法、机组状态监视法（如机组振动状态监视分析）、现场或试验台详细测量法、全仿真分析法（不影响机组运行、离线进行，但目前可信性还不能完全满足要求，无法完全避免现场实验验证）。

随着风电/光伏等间歇性可再生能源渗透率的不断提高，对电网安全稳定运行造成了巨大压力。在部分负荷下运行已成为抽水蓄能电站的一种全球趋势，尤其是对于新项目而言。在全球范围内，该方案应用前景极好。这一方面是因为它不仅可利用整个现役抽水蓄能电站来确保新能源高渗透率下电网运行的安全稳定性，且因为不是新建抽水蓄能电站而是利用现有抽蓄电站的原有机组，所以对环境的影响风险也最小；另一方面机组改造后所提供的宽负荷快速爬坡能力，也使抽水蓄能可在风力和太阳能资源不可用的情况下，在数十秒（以电力辅助服务为目标）到几天（取决于水库库容）的时间窗口内，能够灵活为电力系统提供从兆瓦到吉瓦数量级的发电量或可调负荷量。

（6）Obermeyer 水泵水轮机。Obermeyer 新型潜水式可调速水泵水轮机及电动发电机机组当前处于 TRL4（试验验证）阶段，非常适合于将现有水电站或水坝改造成抽水蓄能电站，也适用于 100MW 级及以下现有抽水蓄能机组的升级改造、与可再生能源组成混合式电站或多能互补能源站等。

常规的抽水蓄能机组，如可逆式水泵水轮机机组，为了防止汽蚀，常将机组安装于尾水位以下的洞室、竖井、发电厂房内，以保证水轮机要求的吸出高度，在机组入口处提供足够的压力。由此造成工程建设成本高，并需选择合适的地质条件等。

Obermeyer 可调速水泵水轮机则通过带环形流道的转轮，将水流改向约 180°（见图 3-9）来降低厂房施工成本。由此，Obermeyer 水泵水轮机可安装在简单“垂直井”的底部，水从水泵水轮机上方进/出（见图 3-10），压力管道和尾水隧洞都不需要延伸到特殊深度。需检查或检修机组时，可通过辅助水压作用于位于机组底部的升降活塞，将机组降至操作位置和/或抬升至地面。该方式具有机组结构紧凑，可工厂装配及测试后直接运至现场，占地小，不需地下厂房，地下构筑物简单，开挖工程量小，现场工作和施工成本低，大大减少现场安装所需的土建材料量和工程量（据 NREL 与奥本大学的研究表明，较之常规抽水蓄能电站，本方案的项目成本可降低 33%，施工成本可降低 45%），地质风险低，受地质条件限制小，适应地质条件范围广等优点。

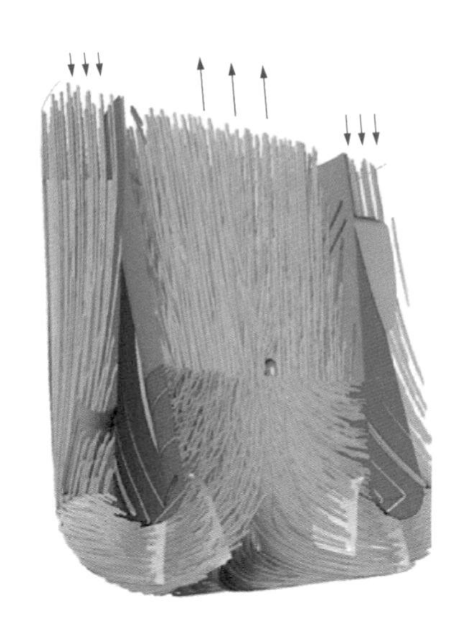

图 3-9 水流路径计算流体动力学示意图

（来源：Obermeyer Hydro）

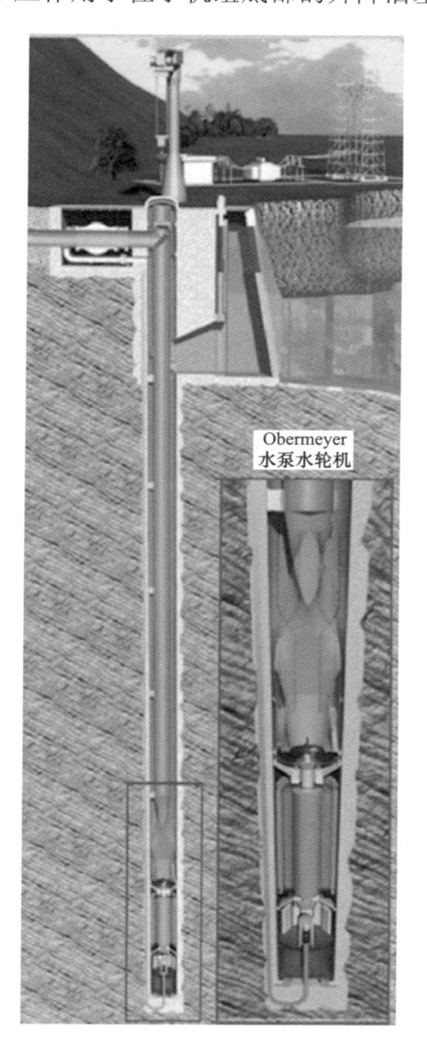

图 3-10 Obermeyer 水泵水轮机安装示意图

（来源：Obermeyer Hydro）

Obermeyer 新型潜水式水泵水轮机是在美国 NREL（国家可再生能源实验室）等合作支持下，由美国 Obermeyer Hydro 公司开发的产品，2021 年已完成原型机试验。该机组设计比转速范围与混流式水泵水轮机类同，应用边界条件、功率和流量工作范围等也与混流式水泵水轮机类同，可用于任何适用于混流式水泵汽轮机的应用场合。机组水头范围为 40～600m，在水泵模式下效率约为 95%，在水轮机模式下效率约为

94%，往返效率达 80%。

3.1.5.2.3　新型抽水蓄能系统

新型抽水蓄能是对常规抽水蓄能的系列创新，其类型包括离河抽蓄、地质力抽蓄、自由位置抽蓄、地下抽蓄、海水抽蓄等。这些新型抽蓄技术通常不需在河流上筑坝，对地理条件的要求没有常规抽蓄严格，因而具有巨大开发潜力和广阔市场前景。

（1）离河抽水蓄能。离河抽水蓄能属闭式抽水蓄能，主要由两个不在河道之上、位于不同海拔、相隔数千米、面积数平方千米，通过渡槽、管道或隧道等输水系统连接的水库所构成，其技术成熟度达 TRL9（可靠应用阶段）。较之常规抽水蓄能，离河抽水蓄能对水资源的要求低，对自然水体的环境影响也最小。据澳大利亚国立大学研究表明，在北纬 60°至南纬 56°范围内全球共发现 616 000 个良好的潜在离河抽蓄场址（水库选址范围已去除保护区和主要城市占地），总储能潜力达 23 000TWh，这比为支持高比例可再生电力所需的支撑性可调节电源的需求量多出两个数量级。

世界主要经济体（中国、美国、欧盟、英国、日本等）均承诺于 2050～2060 年实现“碳中和”，电能替代、风光等可再生能源、储能等的大规模应用是实现碳中和的主要手段。据预测，碳中和对全球储能的需求量需在当前储能规模上扩展一个数量级，达到约 20TW、500TWh。这其中抽水蓄能具有巨大的增长机会，而离河抽蓄可赢得较大占比。究其原因，一是离河抽蓄电站与太阳能电站和风力发电场等相比，土地需求较小；二是与工业、传统抽蓄等取水相比，水需求量也非常小（离河抽蓄除初期蓄水外，正常运行时基本不再需要消耗水）；三是具有离开河道且闭式特征，不需在河流上新筑水坝，对自然水体的影响最小，洪水风险与生态环境风险小；四是建造离河抽蓄所需的水库、隧道、管道、厂房、机电设备、控制系统、开关站和输电系统等的技术十分成熟。近年来，澳大利亚人均太阳能光伏和风电的增长速度是全球平均水平的 10 倍。作为应对风/光能源波动性、间歇性的有力举措，澳大利亚正在开发、建设数十个大型抽蓄电站，而这些开发、新建的抽蓄均为离河抽蓄。

在工程设计中，宜尽可能提高离河抽蓄电站的水头。如第 3.1.5.1 节所述，若将水头增加一倍，则在相同储能目标容量下可将水库蓄能库容减少一半，大幅减少用水需求，且输水系统、水泵水轮机所需的设计水流量也较低，可缩减机组及设备规模，降低设备采购价格。由此可见，水头是离河抽蓄降低成本的关键指标，也是其赢利的重要手段。储能功率和能量的规模也会影响成本，规模越大则相对成本越低（如储能持续时长 6h 的离河抽蓄造价约为 4900 元/kW，储能持续时长 18h 的离河抽蓄造价约为 8200 元/kW，后者储能容量是前者的 3 倍，但其单位造价仅为前者的 1.7 倍）。按每年 300 次充放电和折现率 5%测算，国际上储能持续时长 6h 的离河抽蓄电站 LCOS（平准化储能成本）约为 40 美元/MWh。

综上，离河抽蓄场址资源充沛、自然及环境风险相对较小、技术可靠成熟，优化设计后具有成本优势，可为波动性新能源及电力系统调峰提供满足不同持续时间长度要求的储能。可见，离河抽水蓄能可以对全球能源转型作出重大贡献。

（2）地质力抽水蓄能。地质力抽水蓄能，如图 3-11 所示，是一种利用电网低谷电或弃风弃光电将水增压后打入地下，利用岩石地质力储存增压后的水来实现储能，当用电高峰时再将储存于地下的增压水释放用来发电的模块化储能技术，当前技术成熟度处于 TRL6（工程试验示范）阶段。该技术将地下岩层转化为储能水库，储能介质为处于地下岩层内的增压水，对地表地形的要求没有常规抽水蓄能高，具有模块化（每口井功率为 1～10MW）、可扩展的储能持续时长（通过模块集群组合，储能持续时长可随意配置）、边际投资资本低（＜10 美元/kWh）、精益施工（材料用量省，比常规抽水蓄能基建施工成本低 50%以上）、易于快速部署、可靠性高、易与风电光伏集成、退役成本低等优点。

工程建设中，地质力抽蓄技术难点在于选取不透水岩层，并在之间形成高压储水层来储存增压水。工程中可利用成熟的地下岩层水力压裂技术（也称“压裂”技术，该项技术已在油气行业，特别是页岩气开采中广泛应用）来将页岩和其他岩石层分离开来，形成约数厘米高且形状类似晶状体的空隙——即地下高压储水层，将增压水在其中汇集成一个地下下水库。除此之外，相关的钻井技术、建井技术、抽蓄机电设备等均是常规技术或标准设备，已完全商业化。地下储能岩体为不透水的非烃源岩，在世界各地随处可见，位于地面的低压水池选址和建设也简单，均不受地质资源限制，另外工程中也可利用废弃的油气井作为储能体，因而地质力抽蓄克服了传统抽蓄场址选择有限的不足。此外，整个系统运行采用闭式水系统，可防止水的蒸发损失。

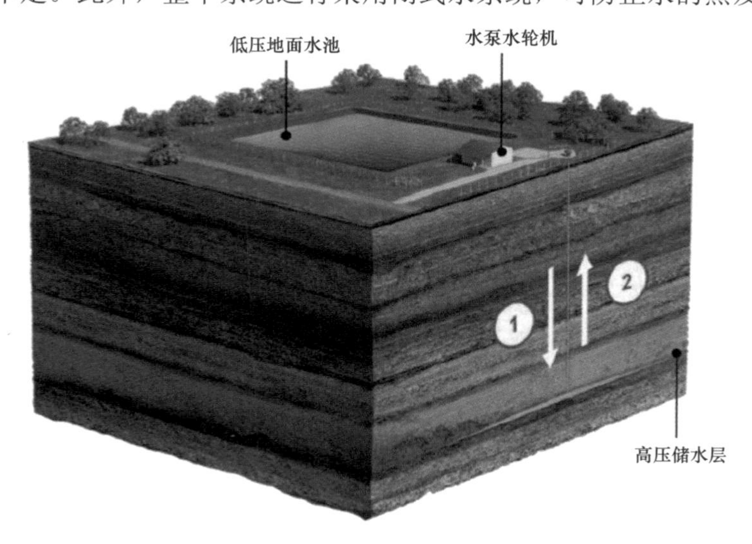

图 3-11　地质力抽水蓄能示意图

①—储存能量：将水通过水泵加压后，打入井下的高压储水层内；

②—释放能量：高压水通过井向上涌出，驱动水轮机来发电

（来源：Quidnet Energy）

美国 Quidnet Energy 公司作为该项技术的先行者，已在美国纽约州、德克萨斯州、俄亥俄州等地进行示范项目的建设，其中纽约州项目容量为 2MW/20MWh，用以示范地质力抽蓄的成本效益（每千瓦装机成本预计不到电池和传统抽水蓄能的 50%）、地形部署适应性、模块化、长持续时间储能能力（10h 及以上）等。该公司拟在后续的项目中充分采集现场运行数据，并完善井下工程及运行规范，从而可实现在更广泛的地质范围内部署地下高压储水层，并确保地质力抽蓄的长期稳定运行性能，进一步优化设备配置及降低工程单位成本。

（3）自由位置抽水蓄能。自由位置抽水蓄能技术（见图 3-12）的上水库直接建于地面，与之相连的下水库则利用竖井及隧道技术建于地下，几乎不受场址选择限制，理论上可建于电力系统所需的任何地方，避免了常规抽水蓄能对地形地貌选择严苛的不足，可随地随时为电力系统提供稳定可靠和安全的服务。当前该系统技术成熟度为 TRL5（处于试验示范阶段）。

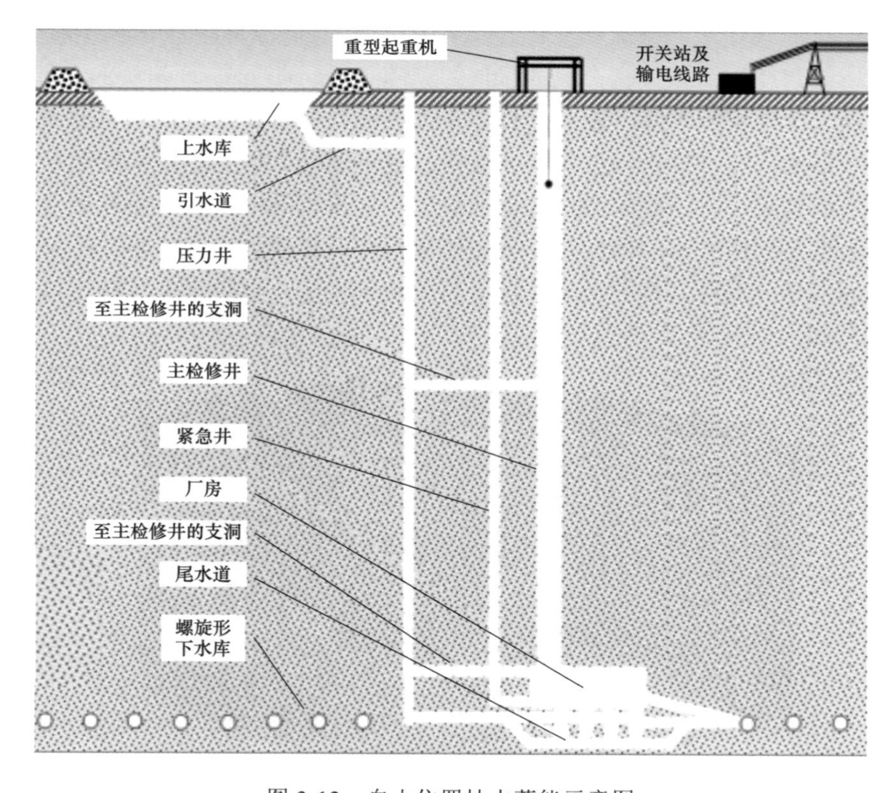

图 3-12　自由位置抽水蓄能示意图

（来源：McWilliams Energy）

基于竖井下沉、隧道开挖等施工技术进步和水泵-水轮机、模块化设计等方面的进展，英国 McWilliams Energy 提出了自由位置抽水蓄能的概念。自由位置抽水蓄能具有地下工程量大、超高水头、串联式抽蓄机组、闭式水系统、离河、机械化快速施工等特征。

在自由位置抽水蓄能工程设计和施工中，需注意以下几点：

1）水头：抽水蓄能正常工作需要上水库和下水库之间的水头，由于自由位置抽蓄须在平地上工作，上水库建在地面，则下水库须建在地下。如第3.1.5.1节所述，水库蓄能库容与水头成反比，若将水头增加一倍，则在相同储能目标容量下可将水库蓄能库容减少一半，大幅减少用水需求，且输水系统、水泵水轮机机组及设备的规模也可相应缩减，故将下水库定位在地下深处是有利的，工程中水头宜超过1000m。基于当前成熟施工技术水平，地下施工深度按1400m考虑。

2）装机容量：出于经济考虑，该技术仅适合于电网侧应用。通常装机容量需超过500MW。

3）抽蓄机组选型：水头超过800m后，常规可逆式水泵水轮机已不适合，故宜选用基于水斗式（培尔顿式）水轮机的串联式（三机式）抽水蓄能机组（多级水泵）。虽然串联式机组成本较高，但可做到分别优化水泵和水轮机的性能，以使水泵和水轮机在各自工况下运行效率最大化。水泵和水轮机虽然分离但仍在同一轴上（可为电力系统提供更大的转动惯量），且水泵和电机旋转方向相同，故可在抽水蓄能（水泵工作）模式和放水发电（水轮机工作）模式之间进行快速转换。也可采用水泵水轮机水力短路运行（HSC）技术，使得抽水蓄能和放水发电同时运行，且使水泵出力几乎可随电力系统负荷盈亏而进行无缝动态变化。储能往返效率约为80%（放水发电90%，抽水泵送89%）。

4）辅助服务：除可提供一系列典型的抽蓄辅助服务外，也可采用混合式抽水蓄能—快速响应类储能系统来提供更大范围的服务，包括机械惯量、快速虚拟惯量和快速功频响应等。

5）水库高程：上水库位于地表面，可用地下工程施工取土筑堤而成。由于水斗式水轮机排出高度须在下水库自由水面以上，而水泵须浸没在下水库的最低水位以下，故下水库的设计工作范围须很小，需要较浅的下水库。

6）施工方法：①下沉式竖井。采用传统施工方法建设1400m深的下沉式竖井，不仅施工成本昂贵，而且还费时较长且有较大安全风险。在工程中可采用德国海瑞克（Herrenknecht）公司研发的下沉式竖井掘进机（该下沉式竖井掘进机及其施工方法是一种新型沉井施工装备和工法，具有安全、高效、占用场地小、地质适应性广、对周围环境影响小等优点，尤其适合于大直径、大深度的竖井工程），将竖井快速安全地掘进至超过1500m的深度。当第一个竖井钻孔完成后，剩余的竖井可分为两个700m段进行提升钻孔。②地下厂房及下水库。与任何地下工程一样，自由位置抽蓄也存在施工风险。故在开始施工前，需在地下发电厂房位置进行勘探取芯，以调查地质情况。若采用传统的线性隧道施工方法，很难对施工线路进行调查，并且还存在向未知地面进行隧道施工的持续风险。因此，宜采用呈螺旋形并带径向支硐的钻探方法，如此工作面前方的隧道掘进条件是已知的。可在压力井周围采用 TBM（全断面隧道掘进机）钻孔形成螺旋隧道，并由此构成下水库，且还带有径向平硐，以减少弃土运输距离，并改善水力条件。③机组大件及零部件可运至 1400m 深的洞穴中进行装配。

7）用水量：1000MW/8000MWh 抽蓄电站在 1400m 深处的用水量约为 240 万 m^3。上水库需进行内衬和覆盖，可考虑第 3.1.5.2.1 节（4）混合式漂浮光伏—抽水蓄能系统方案，以抑制地表水库水的蒸发和渗漏。

8）占地面积：占地面积相对较小，如 1000MW/8000MWh 抽水蓄能电站地表面积约为 20 公顷（其中，上水库占地约 12 公顷），相当于典型 10MW 光伏项目的土地需求。

9）环境和社会影响：与传统抽蓄相比，自由位置抽蓄对环境和社会的影响最小。它不需要特定的地形，可避开敏感区域；所需水量最小，可通过淡化海水来提供；与光伏、风电同容量相比，其占地面积相对较小；几乎所有工程都在地下，对视觉侵入感观影响有限。

据美国工程造价管理组织（AACE）估算，1400m 深、1000MW 装机容量和 8000MWh 储能容量的自由位置抽水蓄能工程 EPC（工程设计、采购和施工总承包）总价约 17 亿美元，总开发成本为 22 亿美元（2019 年价格），即单位成本为 2200 美元/kW、275 美元/kWh，边际储能成本（增加到 8000MWh 以上的成本）相对较高，为 175 美元/kWh，施工期 4～5 年。但与常规抽水蓄能电站不同，自由位置抽蓄电站有着模块化、方案可复制的特点，后续项目成本将会较低。

（4）地下抽水蓄能。与自由位置抽水蓄能类似，地下抽水蓄能的上水库位于地面，下水库、厂房等位于地下，两者主要差别是地下工程结构体和工法的不同。如图 3-13 所示，地下抽水蓄能是通过开挖坡度为 12%～15%的螺旋坡道（入口隧道）至约 800m 深处，再在坚固的基岩中使用隧道掘进机（TBM）开挖出位于地下的厂房及下水库。当前该系统技术成熟度为 TRL6（处于工程试验示范阶段）。

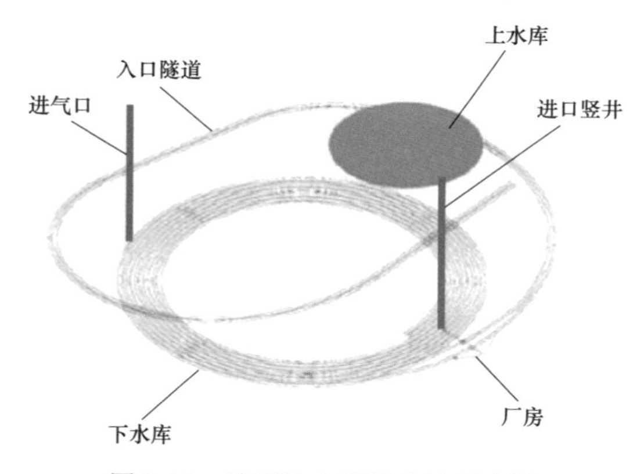

图 3-13　地下抽水蓄能电站示意图

（来源：Nelson Energy）

地下抽水蓄能电站克服了常规抽水蓄能电站对地形地貌选择要求严格的不足，其场址选择几乎不受限制，理论上可建于电源侧、输电侧、配电侧、负荷中心等任何地方，为电力系统提供其所需的任何数量的发电量和储能量。地下抽蓄可为大规模风/光等间歇性可再生能源发电提供长持续时间（8h+）储能，可提供支持 VRE（可变可再生能源）所需的全部辅助服务，是促进电力系统风电光伏消纳的重要手段。地下抽蓄为闭式系统，不同于常规水电站或开放式抽蓄，后者易对水质和渔业产生重大影响。

早在 20 世纪 70 年代，美国一些抽蓄项目就对地下抽水蓄能技术方案的可行性进行了研究。2010 年美国 Riverbank Power 公司提出了“Aquabank”方案（厂房和地下水库的开挖深度略深于 600m，覆盖面积为地表结构的 10～12 倍）。所有早先项目概念都使用传统的采矿技术（钻爆法）来开挖建设地下工程。随着施工技术进步，如今使用隧道掘进机（TBM）代替传统采矿技术进行开挖，不仅可显著降低地下抽蓄电站建设成本（约 50%），而且还节省施工时间、降低施工安全风险，从而使地下抽蓄具有与常规抽蓄项目匹配的竞争力。由于采购 TBM 和修建通往下水库的入口坡道等的初始固定成本较大，故地下抽蓄系统的成本将随着储能容量的增加而相对下降。据 Nelson Energy 最近的研究结果表明，当储能持续时长超过 8h 时，地下抽蓄的储能成本（美元/kWh）低于电池储能系统的成本。表 3-4 为美国 Golder Associates 工程公司和 AECOM 咨询公司对位于美国明尼苏达州西南部 Granite Falls 附近的某地下抽水蓄能电站（装机容量 666MW，储能持续时长 12h）工程的预可行性研究阶段的成本对比表（基于 2019 年美元购买力）。成本对比时，地下抽水蓄能电站考虑了两种地下工程施工工法，其一是钻爆法，即采用常规的钻孔和爆破开采技术开挖下水库和厂房等地下工程；其二是 TBM 法，即采用先进的隧道掘进机（TBM）施工技术来开挖下水库和厂房等地下工程。锂离子电池储能电站是按储能单元（666MW 功率和 3～4h 储能持续时长）×3 来提供 12h 储能持续时长来考虑的。表中直接施工成本计入了 25%的意外开支，项目总成本计入了融资利息及其他业主成本。从表 3-4 可直观看出，地下抽水蓄能电站经济性优于锂离子电池储能电站，采用 TBM 工法的地下抽水蓄能电站经济性更优。此外，地下抽蓄设施在位于现有输电设施附近作为一个闭式项目进行建设，可将环境影响降至最低。

表 3-4　　地下抽蓄电站（不同工法）与锂离子电池储能电站成本对比表

储能方法	直接成本（美元/kW）	总成本（美元/kW）	12h 储能持续时长成本（美元/kWh）
锂离子电池储能电站		1876×3=5628	469
地下抽蓄电站（钻爆法）	3000	4070	339
地下抽蓄电站（TBM 法）	1885	2640	220

当地表地形不能支持传统抽水蓄能建设时，地下抽蓄方案最为可行。在工程中，

地下抽水蓄能电站宜选择在附近有高压输电设施或大型风电光伏基地或负荷中心、靠近水源以便于初始水库蓄水和定期补充水、地下坚固基岩靠近地面、地震活动性较低的场址。

（5）海水抽水蓄能。海水抽水蓄能建于滨海地区或海岛，直接将海洋作为下水库，非常适合有着陡峭地形的滨海区域或海岛。在淡水稀少或高蒸发率的沿海地区，使用海水代替淡水的海水抽水蓄能也是一个有吸引力的选项。当前国际上海水抽水蓄能的技术成熟度达 TRL8（处于推广应用阶段）。

对于岛屿国家或地区来讲，特别是对孤立电网或微电网而言，在有悬崖峭壁的海岸上建设上水库、利用海洋作为下水库的海水抽水蓄能方案，是在“碳中和”背景下应对电力系统大规模集成利用风电/光伏后所带来的电源波动性、间歇性、不可调度性的最佳解决方案。

在工程设计中，宜首选海岸陡峭地形作为场址（陡峭海岸场址使得在相对较短的水平距离上实现更高的水头差，并降低输水系统水道建设成本，使海水抽蓄解决方案更具经济性）。可基于 GIS（地理信息系统）+BIM（建筑信息建模）方法粗选沿海地区的潜在场址，并计算抽蓄电站主要参数。需研究如何以环保经济有效的方法来应对海水的腐蚀/结垢、海上施工困难、贝壳类海洋生物的沉积等技术挑战（如可选用玻璃纤维增强塑料管、水轮机及其他与海水直接接触的部件采用特殊的耐海水腐蚀钢等措施），以及海水渗透/扩散、海洋生物破坏和海洋生物淤积等环境挑战（例如，上水库可采用双层密封系统，以避免库底海水泄漏所导致的地下水的盐化；采用低的海水排放速度以适应海洋环保要求等）。国际上第一个海水抽水蓄能电站是于 1999 年投运的日本冲绳岩坝海水抽水蓄能电站，其基本情况详见第 3.1.5.2.1 节（3）。当前，国际上还有一些海水抽蓄电站项目正在开发中，如智利 Espejo de Trapaca 海水抽蓄项目，预计 2027 年投入商业运行，配置有 3×100MW 可逆式抽蓄机组，在海平面以下 45m 处修建 5.5km 长的海水隧道，隧道采用混凝土或不锈钢衬里进行保护，以防止海水所造成的腐蚀。

正在开展的欧盟地平线 2020 研究项目——ALPHEUS，致力于开发适用于低水头和超低水头条件下的可逆式水泵水轮机（考虑基于轴驱动变速对转螺旋桨式、轮缘驱动变速对转螺旋桨式、容积式三种潜在技术开展研发）和相关土建构筑物，旨在达到储能往返转换效率 70%～80%，水泵工况和水轮机工况切换时间 90～120s，解决机电设备和土建设施的耐海水、抗疲劳性和对海洋生物的友好性，以使海水抽水蓄能电站能在浅海和地形平坦的海滨环境中经济可靠长期运行。

推动构建新型电力系统，风光等新能源将逐渐成为电源主体。从以常规电源（如煤电、气电等）、常规机电设备为主向高比例可再生能源、高比例电力电子设备过渡，电力系统结构及运行机理将发生深刻变化，面临的复杂性和不确定性会大幅提升，电力电量平衡、安全稳定控制等会面临前所未有的挑战。可见，在碳达峰碳中和战略目标下，以新能源供给为主体，增强系统调节能力，保障电网安全稳定运行和可靠供电，是构建新型电力系统面临的主要矛盾。抽水蓄能不仅技术成熟度高、运行寿命长，而且还可有效应对高比例 VRE（波动性新能源）给电力系统带来的潜在安全影响，提升电力系统安全稳定运行能力；有效应对高比例 VRE 带来的系统调峰困难，提升电力系统大容量调峰能力；有效应对高比例 VRE 的随机性和波动性，提升电力系统快速调节能力；有效应对高比例 VRE 出力与电力系统负荷需求不匹配，提升新能源消纳利用水平；有效应对高比例 VRE 电力系统转动惯量不足，提升电力系统抗扰动能力；有效应对高比例 VRE 上网带来的高调节成本问题，提升电力系统整体经济性。总之，抽水蓄能作为新型电力系统的重要组成部分，是新型电力系统中调节电源的主体、系统安全稳定运行的关键支撑、新能源大规模发展的重要保障。

3.2 压缩空气储能

自 1949 年 Stal Laval 提出利用地下洞穴实现压缩空气储能以来，国内外学者围绕压缩空气储能（compressed air energy storage，CAES）技术开展了大量的研究和实践工作，国外已有两座大型 CAES 电站分别在德国和美国投入商业运行，积累了大量成熟的运行经验。“十三五”以来，我国也逐渐开始关注压缩空气储能电站技术，压缩空气储能电站在我国还是一个较新的概念，但是通过借鉴国外已经商业化的成熟技术和丰富经验，并结合我国的能源状况和社会地理等因素，我国多个研究团队已研发出多种可行的压缩空气储能技术并付诸工程实施。压缩空气储能具有储能规模大、设备寿命长、安全性高等特点，是有望与抽水蓄能相比的大规模储能技术之一。

3.2.1 概述

压缩空气储能是在燃气轮机技术的基础上发展起来的一种大型储能技术，是目前除了抽水蓄能之外技术最为成熟的物理储能技术，也是现今大规模储能技术研发的热点之一。其工作原理是利用用电低谷期的电能通过压缩机压缩空气，将电网富余的电能转化成空气的内能储存到盐穴、岩石矿洞或压力容器等储气库中，实现能量的存储；在用电高峰期，从储气库中释放出的高压空气经加热升温后通过膨胀机做功，驱动发电机发电，从而实现能量的释放。压缩空气储能系统有多种类型，按照不同的标准有不同的分类。近年来，随着技术的不断进步，国内一批先进的压缩空气储能技术得到了快速发展，实现了不同容量等级系统的工程示范，目前正在向大规模商业化应用快速推进。开发大型压缩空气储能系统，已经成为与间歇性可再生能源发电配套的重要选项。

压缩空气储能的主要特点包括：

（1）储能容量大。目前正在实施的压缩空气储能项目单机储能容量已达 300MW/1500MWh，并正在策划更大规模的多台机组示范应用基地。

（2）储能时间长。压缩空气储能项目的储能时长一般在 4h 以上，并且正在探索更大规模储气技术的应用，未来根据电网需要，还能以较低的成本实现更长的储能时长。

（3）系统寿命长。压缩空气储能设备寿命可达 30a，地下储气室的寿命更长。

（4）具有转动惯量支撑。压缩空气储能系统压缩机和膨胀机均为转动机械，与蒸汽轮发电机组或燃气轮发电机组类似，可为系统提供转动惯量支撑。

（5）安全性能好。压缩空气储能系统核心装备均为较成熟的机械设备，储气库虽尚未形成可复制可推广的建设方案，但先行先试的示范已经建成，整体安全风险可控。系统主要工作介质为空气，安全性能整体优于锂离子电池。

近十年，国内外学术界对先进压缩空气储能进行了大量研究，在系统热力性能分析、参数优化和运行特性等方面发表了大量学术论文，也得到工程界的关注，显示出活跃研究氛围，展现出欣欣向荣的发展景象。针对热门的绝热压缩空气储能技术，德国、美国、日本等建设了小型示范装置，也制订了工程化开发计划，但真正实施得很少。德国 RWE 的 ADELE 参数选型非常先进，但至今未见建设进展和商业运行。

国内压缩空气技术研究起步较晚，以中国科学院工程热物理研究所陈海生团队、清华大学梅生伟团队为代表对非补燃压缩空气储能电站的热力性能、经济性能、商业应用等进行了研究，发表了一系列学术研究论文，新一代非补燃压缩空气储能技术应运而生，该技术解决了传统压缩空气储能依赖化石燃料的技术瓶颈，并进一步提高了系统效率。该系统主要由发电系统、压缩系统、储换热系统及储气系统构成，运行分为储能过程和释能过程。

我国国内压缩空气储能起步虽然较晚，但工程实施现已走在了世界的前列。清华大学与有关单位合作，在安徽芜湖（500kW）、江苏金坛（60MW）、山西大同（60MW）等地区建成压缩空气储能电站；中科院与有关单位合作，在贵州毕节（10MW）、山东肥城（10MW）、河北张北（100MW）等地区建成压缩空气储能电站。

利用盐丘、盐层进行储库建设的构想最早由德国学者提出，并于 1916 年获得专利。1959 年，苏联成功建成了世界上首座盐穴储气库，随后这一技术在欧美地区得到了广泛推广。截至 2009 年，全球已建成 74 座盐穴储气库用于储存天然气。我国在盐穴储气方面的研究起步较晚。2007 年 2 月，我国金坛储气库工程投运，该工程是“西气东输”项目的关键组成部分，是亚洲地区首个地下盐穴储气库。此外，湖北的应城和山东的肥城等盐矿区也在计划兴建地下储气库。国内不少制盐企业，看到盐穴资源新的用途，也陆续加入压缩空气储能电站开发的行列。此外，利用人工造穴作为储气库，可以大大拓宽压缩空气储能电站的工程适用范围，减少压缩空气系统对于盐丘、盐层的依赖，为储能容量的集约化发展增添了新的方向。

3.2.2 压缩空气储能工作原理及特点

压缩空气储能是采用空气作为介质，通过压缩空气实现能量的存储和利用。早期的压缩空气储能电站采用非绝热（补燃式）压缩空气储能技术，在膨胀过程中需要燃料为高压空气提供能量，因而产生碳排放且能量利用率低。针对以上问题，M. J. Hobson在1972年首次提出绝热（非补燃式）压缩空气储能，通过空气压缩热能的回收再利用摒弃燃料补燃。本节将依次展开介绍补燃式、非补燃式压缩空气储能的主要构成及原理特点。

3.2.2.1 补燃式压缩空气储能主要构成及原理

补燃式压缩空气储能技术的工作流程如图3-14所示。该技术在压缩储气过程中不回收压缩热，膨胀过程借助燃料为高压空气补燃来实现系统的循环运行。补燃式压缩空气储能的典型功率在100～300MW之间，储能效率为40%～60%，主要面向大规模储能的应用领域。

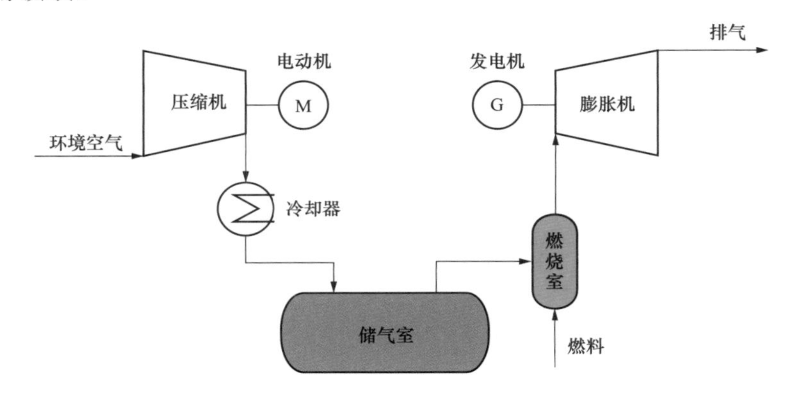

图3-14 补燃式压缩空气储能原理图

补燃式压缩空气储能电站主要由压缩机、冷却器、储气室（地下洞穴或储气罐）、透平膨胀机、发电机和燃烧室组成，其基本工作流程分为储能和释能两种模式。在用电低谷期，补燃式压缩空气储能电站工作在储能模式，此时补燃式压缩空气储能利用低谷电驱动压缩机，输出的高压空气存放在储气室中；在用电高峰期，补燃式压缩空气储能电站运行在释能模式，储气室释放高压空气在燃烧室内与天然气混合燃烧，产生的高焓值气态热流进入多级膨胀机，驱动发电机产生电能。空气压缩机一般选用含中间冷却器的多级压缩机，尽可能地降低进入各级压缩机的进气温度，以减少压缩机的电能损耗。

3.2.2.2 非补燃式压缩空气储能主要构成及原理

为了减少化石燃料的燃烧，提高设备的储能效率，部分学者通过对传统压缩空气储能系统结构进行改进，提出了绝热式（非补燃式）压缩空气储能概念。非补燃式压缩空气储能系统与补燃式压缩空气储能系统在原理上大致相同，流程如图3-15所示，主要区别是加入了蓄热换热环节。蓄热环节的热量来源于压缩空气时产生的热能，在系统释能时蓄热环节再一次把压缩空气时储存的热量用于膨胀做功的预加热，从而去掉了传统压缩空气储能的燃烧室，没有了化石能源的燃烧，非补燃式压缩空气储能成为环境友好型储能方式的代表之一。

非补燃式压缩空气储能的储热容量、储热温度和换热器效能，是影响系统储能效率的关键因素。若采用高温压缩机提高储热温度，其储能效率有望达到70%。目前高压比、高温压缩机的制造工艺与高效换热、低㶲损储热技术仍在研发中。

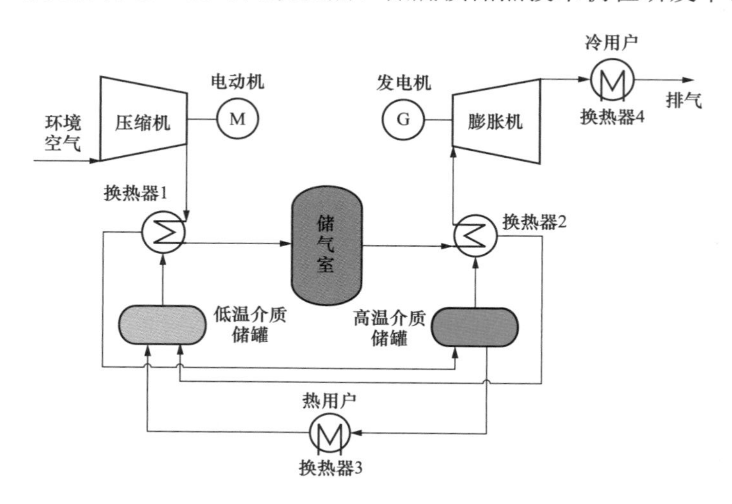

图3-15　非补燃压缩空气储能原理图

补燃式和非补燃式压缩空气储能系统具有各自不同的特点，其比较见表3-5。

表3-5　压缩空气储能系统技术比较

项目	补燃式压缩空气储能	非补燃式压缩空气储能
效率	40%～60%	40%～70%
功率	100～300MW	10～300MW
投资成本	5000～7000元/kW	7000～10 000元/kW
碳排放	化石燃料消耗	—
技术成熟度	已成功商业运行	工程示范

表3-5针对补燃式压缩空气储能、非补燃压缩空气储能两种方案，以效率、功率、经济、碳排放及技术成熟度等特性为维度进行比较和评估。其中：

（1）补燃式压缩空气储能方案为当前世界范围内投入商业运行的两座大型压缩空气储能电站所采用，技术方案成熟，热力学循环效率可到40%～60%，其采用燃料补燃的形式提高了系统储能密度和系统容量，但是由于燃料燃烧造成的碳排放成本和燃料消耗成本，补燃式压缩空气储能方案的使用受到限制。

（2）非补燃式压缩空气储能方案具有回收利用压缩热的功能，增加了蓄热/换热设备，吸收压缩过程的热量再在释放气体时使气体通过换热设备回收利用原来的热量，提升了整个系统的利用率，系统效率有望达到60%～70%。同时，蓄热/换热设备还可减少化石燃料的使用，减少了废弃物产生，降低碳排放，从而更为绿色环保。

3.2.3 压缩空气储能分类及特点

压缩空气储能的分类方式多种多样，如图 3-16 所示。根据燃烧燃料与否，压缩空气储能可分为补燃式和非补燃式；根据热能处理方式不同，压缩空气储能可分为非绝热式、绝热式、等温式等；根据储气方式不同，可分为压力容器储气、盐穴储气、人工硐室储气和废弃矿井储气等。第 3.2.2 节已介绍补燃和非补燃压缩空气储能技术的工作原理及特点，接下来将主要按照热能处理形式、储气方式分类来介绍。

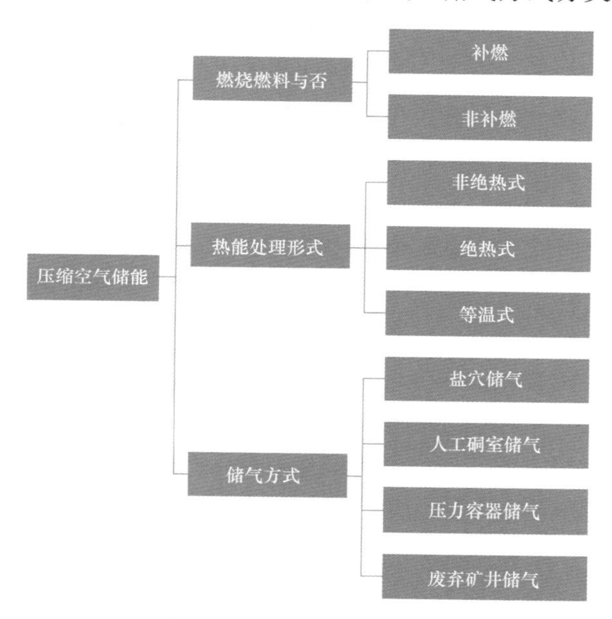

图 3-16　压缩空气储能分类

3.2.3.1 空气压缩技术分类及特点

空气压缩是压缩空气储能的核心环节。空气压缩过程是气体从低压到高压的状态变化过程，存在与外界的热功交换。根据空气压缩过程热能处理方式不同，压缩空气储能主要有 3 种技术路线，即非绝热压缩空气储能、绝热压缩空气储能和等温压缩空气储能。

（1）非绝热压缩空气储能技术。非绝热压缩空气储能技术路线中，空气压缩过程产生的热量不回收，通过中间冷却过程将压缩热耗散，提高压缩效率。典型的非绝热压缩空气储能技术包括无热源、燃料燃烧非绝热压缩空气储能技术等。其中，燃料燃烧的非绝热压缩空气储能是在空气膨胀发电过程中，采用补燃的方式提供热量，该技术更适合于大规模压缩空气储能。燃料燃烧非绝热压缩空气储能技术路线的代表性工程为德国 Huntorf 压缩空气储能电站和美国 McIntosh 压缩空气储能电站。非绝热压缩空气储能技术路线由于不回收压缩热，因此储能效率整体相对偏低，目前储能系统效率最高 54%，且需要消耗化石燃料，碳排放量较高。

（2）绝热压缩空气储能技术。绝热压缩空气储能技术路线中，将空气压缩过程产生的热量回收储存；在空气膨胀发电过程中，将储存的热量用于加热膨胀机入口的空气，提升压缩空气做功能力。

将空气直接绝热压缩，并在高温高压状态下储存，是一种原理上最为简单高效的，可以实现高品位热量的存储方式。然而，大容量、高温、高压气体的储存对储气库的材质要求极高，目前尚无经济可行的高温、高压储气库方案，该方案现仍处于实验室研究阶段。

采用设置储换热系统的方式，将压缩热回收并储存起来，是工程应用中最常用的压缩热回收方式。在绝热压缩空气储能技术路线中，储热温度是最重要的设计参数，也是影响压缩空气储能系统配置、启动特性和效率的最主要因素。根据研究，随着储热温度的提高，压缩空气储能效率呈上升趋势。

按照压缩过程中储热温度的不同，又可分为超高温压缩空气储能（＞400℃）、高温压缩空气储能（200～400℃）和中温压缩空气储能（＜200℃）。超高温压缩空气储能压缩机压比大，排气温度高于400℃，储热介质温度和膨胀机入口温度一般也在400℃以上。该路线理论效率高，但是对压缩机设计制造要求较高，现阶段工程实施存在较大的难度。高温压缩空气储能和中温压缩空气储能是目前广泛采用的技术方案，高温压缩空气储能采用导热油或低熔点熔盐储热，中温压缩空气储能采用加压水作为储热介质，高温压缩空气储能效率略高于中温压缩空气储能，但中温压缩空气储能对储换热介质和压缩机要求都较低，造价成本上低于高温压缩空气储能。

（3）等温压缩空气储能技术。等温压缩空气储能技术主要利用活塞带动实现气体等温过程（包括等温压缩和等温膨胀过程），在气体压缩过程中，利用水比热容大的特点，通过喷射水雾吸热或利用液体活塞通过大面积换热实现等温过程，气体释放的热量被水或水泡沫吸收，在气体膨胀过程中，气体又将吸收水中存储的热量实现等温膨胀。由于将空气压缩以及膨胀做功阶段控制为近似等温过程，因此理论储能效率高，系统电-电转换效率有望达到70%以上。目前等温过程的实现还难以工程化应用，实验室和小型试验机组多采用活塞式空气压缩配合喷雾冷却实现近似等温过程。

3.2.3.2 储气技术分类及特点

气体的储存可分为定容储存和定压储存。气体定容储存时，容积不变，储气库内压力随充气容量变化，系统相对简单，但是在压缩空气储能系统中，储气库压力波动会造成压缩和膨胀变工况运行，使得压缩机、膨胀机的设计及运行更加复杂；气体定压储存时，压力不变，储气容积随储气容量变化，从而实现稳定背压条件下的压缩和膨胀，便于系统设计和运行，但是储气库需要增加额外的稳压装置保持恒压，增加了储气库的设计施工难度。

目前，主要的储气库形式有压力容器储气、盐穴储气、人工硐室储气和废弃矿井储气等。除了压力容器储气外，其余储气方式均涉及大量地下空间设计和施工，主要的地下储气技术路线如图 3-17 所示，相关工程难度大、工作风险高，有部分机构针对定压储气方式开展了技术预研，采取重物压柔性密封膜、地下水封、气体相变等控压手段提供稳定的压头，相关技术正在研发过程中，有望在近年开展示范验证工作。

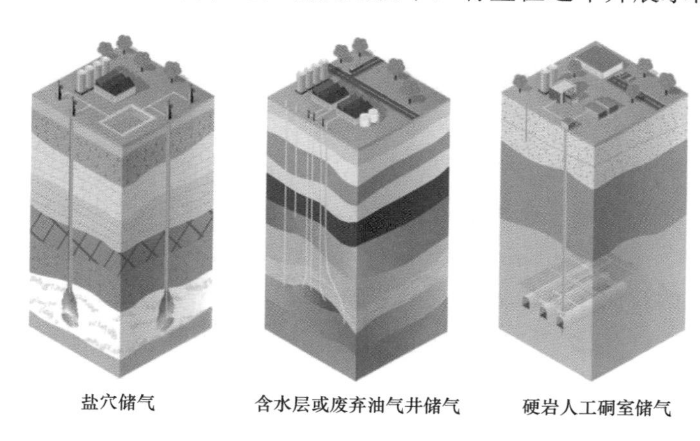

图 3-17　压缩空气储能地下储气技术示意

典型四类储气库的特点如下：

（1）压力容器储气一般采用大孔径管线钢，目前最为先进成熟的是 X70、X80 管线钢，我国相关制造技术及应用规模已达到国际领先水平，西气东输二线、三线等输气管道均采用 X80 管线钢，技术较为成熟。采用管线钢作为储气库时，压缩空气储能项目选址灵活，几乎不受地质条件限制。但是管线钢造价偏高，且管线钢储气库运行压力区间大，对上下游设备的效率影响较大，因此在大规模长时间压缩空气储能中应用较少。

（2）盐穴储气一般具有储气容积大、密封性好、结构稳固、造价低等优势，是早期压缩空气储能项目的主要储气方式，在当前大型项目中仍不断采用。盐穴储气受到一定地质条件限制，所选地区需具备盐穴资源才能开发相应储气库，且盐穴在高压气体反复应力冲击下的维护及检修也是盐穴高效储气面临的问题。

（3）人工地下硐室储气是提升大规模压缩空气储能项目选址灵活性的新型储气技术，近年来受到了越来越多的关注，并逐渐在工程领域开展了示范工作。相较于地表高压金属容器储气方式，地下开挖密封人工硐室可以大幅降低造价，在经济性上获得提升；相较于盐穴储气方式，人工硐室储气受地质条件限制更少，地下有耐压的基岩层即可建设人工硐室，是兼具技术可行性和经济性的技术方案。

（4）废弃矿井储气是针对矿井等地下资源二次利用开发的技术，通常具有储气空间大的特点，具备改造后作为大型储气库的可能性。废弃矿井一般密封性没有盐穴好，且废弃矿井存在坍塌风险，存在较大的不确定性。

3.2.4　关键设备

压缩空气储能系统的关键设备主要包括压缩机、膨胀机、换热/储热设备和储气装置等，本节依次对关键设备的主要类型、特点等方面展开介绍，并对其未来技术发展趋势进行了展望。

3.2.4.1 压缩机

常用的压缩机类型主要分为容积式（通过改变工作腔容积的大小，来提高气体压力）与动力式（通过提高气体运动速度，将其动能转换为压力能来提高气体压力）两大类。根据运动方式不同，容积式又可进一步细分为往复式活塞压缩机（活塞在气缸内作往复运行或膜片在气缸内作反复变形，以压缩气体来提高气体压力）和回转式压缩机（通过一个或几个转子在气缸内作回转运动使工作容积产生周期性变化，从而实现气体压缩），回转式压缩机常见的有螺杆式、涡旋式、滑片式、液环式、双转子式等；动力式压缩机根据介质在叶轮内的流动方向，可进一步分为离心式（气体在叶轮叶道内沿径向方向流动）、轴流式（气体在压缩机级内近似的在圆柱表面上沿轴线方向流动）和混流式（兼具离子式和轴流式特征）。

用于压缩空气储能系统的压缩机具有流量大、压力高的特点，目前适用于压缩空气储能系统的压缩机主要为活塞式压缩机、离心式压缩机和轴流式压缩机。其中，活塞式压缩机主要用于小型压缩空气储能系统；当前大中型压缩空气储能系统离心式和轴流式为主流压缩机类型，在此重点介绍。

（1）离心式压缩机。离心式压缩机内部结构如图 3-18 所示。其工作原理为：气体由吸气室吸入，通过叶轮时，气体在高速旋转的叶轮离心力作用下压力、速度、温度都得到提高，然后再进入扩压器，将气体的速度能转变为压力能。当通过一个叶轮对气体做功、扩压后不能满足输送要求时，就必须把气体引入下一级进行继续压缩。为此，在扩压器后设置了弯道和回流器，使气体由离心方向变为向心方向，均匀地进入下一级叶轮进口。至此，气体流过了一个“级”，再继续进入第二、第三级等压缩，最终由排出管排出。

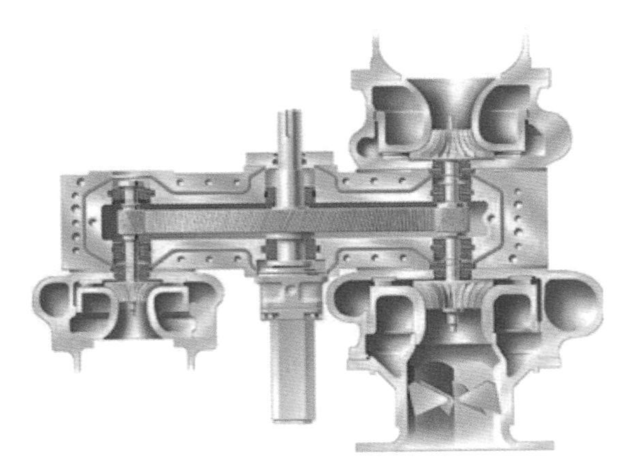

图 3-18　离心式压缩机结构

应用于压缩空气储能系统时，离心式压缩机具有以下优点：

1）排气量大，排气均匀，气流无脉冲，转速高；

2）密封效果好，泄漏现象少；

3）有平坦的性能曲线，工作范围较宽；

4）易损件少，维修量少，运转周期长；

5）易于实现自动化和大型化。

应用于压缩空气储能系统时，离心式压缩机具有以下缺点：

1）运行适应性差，气体的性质对工作性能有较大影响，在机组启动、停止、运行中，负荷变化大；

2）气流速度大，流道内的零部件有较大的摩擦损失；

3）易发生喘振现象，对机器的危害极大。

（2）轴流式压缩机。轴流式压缩机内部结构如图3-19所示。轴流式压缩机工作原理是依靠高速旋转的叶轮将气体从轴向吸入，气体获得速度后排入导叶，经扩压后再沿轴向排出。

图3-19　轴流式压缩机结构

应用于压缩空气储能系统时，轴流式压缩机具有以下优点：

1）单位面积的气体通流能力大，在相同气体量的前提条件下，径向尺寸小，特别适用于要求大流量的场合；

2）结构简单、运行维护方便；

3）气流路程短，阻力损失较小，流量较大，效率比离心式压缩机高；

4）占用空间及重量较小。

应用于压缩空气储能系统时，轴流式压缩机具有以下缺点：

1）难以安装级间冷却装置，压力比较低（最高为10）；

2）制造工艺要求高；

3）稳定工况区较窄、在定转速下流量调节范围小；

4）易出现喘振现象，对机器的危害极大。

压缩空气储能所需的压缩机与空分等传统应用场景所用的压缩机不同。前者需要在较宽的工况范围内高负荷高效率工作，并且必须适应背压（即盐穴储气库压力）等变参数运行工况。此外，压缩比通常需要达到40～80，甚至更高。因此，大型压缩空气储能电站压缩机通常采用由轴流式和离心式组合而成的多级压缩、级间冷却和级后冷却的结构，常见的方式是首级使用轴流式，后几级采用离心式。

常规应用场景的压缩机一般是基于额定运行工况设计，无法满足压缩空气储能的特殊运行要求。为此，需要发展多目标、宽工况运行的压缩机优化设计模型和可靠设计方法；探索压缩机扩稳方法，拓宽压缩机安全稳定运行工况范围，发展适合压缩空气储能的高效压缩机技术。

3.2.4.2 膨胀机

膨胀机利用了压缩气体膨胀降压时势能转化为动能的原理，工程中应用的膨胀机主要分为速度式与容积式两大类。速度式膨胀机以气体膨胀时速度能的变化来传递能量，膨胀过程连续进行，流动稳定。速度式膨胀机的主要类型是透平式膨胀机，根据介质在叶轮内的流动方向，透平式膨胀机主要分为径流式和轴流式。根据运动形式的不同，容积式膨胀机分为往复式活塞膨胀机和旋转式膨胀机，旋转式常见的有螺杆式膨胀机、涡旋式膨胀机等。在此，主要介绍应用较为广泛的轴流式膨胀机，小型压缩空气储能常用的径流式膨胀机。

（1）轴流式膨胀机。轴流式膨胀机主要应用于大规模（10MW 以上）的压缩空气储能系统。轴流式膨胀机利用气体膨胀时速度能的变化来传递能量，气体进入工作叶轮时由轴向流入，其结构如图 3-20 所示，轴流式膨胀机的叶轮可多级串联。

图 3-20　轴流式膨胀机外形图

应用于压缩空气储能系统时，轴流式膨胀机具有以下优点：

1）轴流式膨胀机通流能力强，适用于要求大流量的场合；

2）易实现多级串联，从而实现总体上的高压比，但需要的叶片数多；

3）气流路程短，效率高于径流式膨胀机。

应用于压缩空气储能系统时，轴流式膨胀机具有以下缺点：

1）流量小时，摩擦损失增加，效率会降低；

2）制造工艺要求高。

压缩空气储能系统对透平膨胀机的要求也较高，因对膨胀比要求较为苛刻，一般采用多级膨胀加中间再热的结构形式。以 Huntorf 电站为例，其使用的膨胀机由两级构成，第一级从 4.6MPa 膨胀至 1.1MPa，再通过第二级完全膨胀。

小型压缩空气储能系统可采用微型燃气轮机透平部件、往复式膨胀及或螺杆式膨胀机。螺杆式膨胀机技术已经成熟，其工作压力一般低于 1.3MPa，但效率较低（约 20%），小型高压往复式膨胀机目前处于研究阶段，暂无商业化产品。

在压缩空气储能系统释放能量以进行发电的过程中，盐穴储气库的储气压力持续下降，而传统的阀门节流调压技术会导致显著的压力能损失。与此同时，电网侧的需求要求压缩空气储能系统能够适应宽负载范围工况运行条件，这促使了宽负载工况透平膨胀机设计技术的发展。宽工况透平膨胀机的设计旨在实现高效的压力势能和所储存的压缩热能的耦合释放，但面临膨胀机进口压力持续下降和变工况运行需求等挑战。因此，未来的研究方向需要集中在深入的机理分析、透平膨胀机的设计以及控制策略等领域，开发多级组合透平膨胀机，以满足压缩空气储能系统对透平膨胀机多方面的迫切需求。

（2）径流式膨胀机。径流式膨胀机也称向心式膨胀机，结构如图 3-21 所示。径流式膨胀机的工作原理是利用气体膨胀时速度能的变化来传递能量，将气体的热能、压力能和动能转化为膨胀机机械能。压缩气体沿径向进入膨胀机蜗壳，气体通过喷嘴膨胀将气体的热能和压力势能转化为气体流速带来的动能。在膨胀过程中，气体通过喷嘴叶片环后，压力和温度下降，得到特定方向的高速气流，高速气流均匀地流入膨胀机的叶轮，在叶轮曲面结构中进一步膨胀，将气体动能、压力势能和热能转化为叶轮转动的动能，通过膨胀机主轴对外输出机械能。做功后的气体压力、温度和速度均得到降低，从膨胀机的轴向排气口流出。通常情况下，为了充分利用气体的能量，降低气体在流动过程中能损，会采用扩压器布置在叶轮气体出口处，减少流动损失。

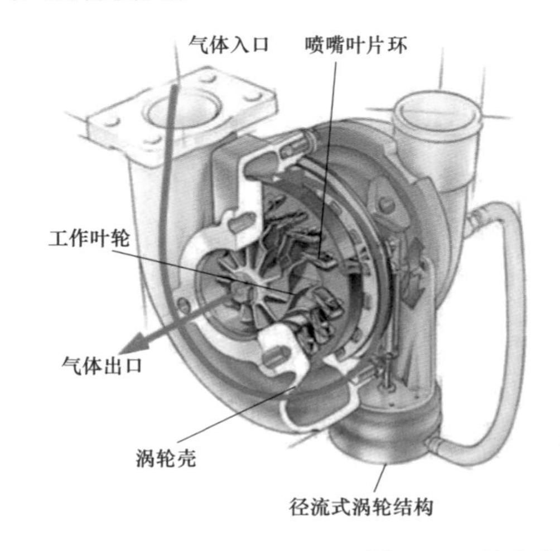

图 3-21　径流式膨胀机结构图和外形图

应用于压缩空气储能系统时，径流式膨胀机具有以下优点：

1）效率高。在容积流量较小情况下此优点更为明显。

2）周向速度可达450～550m/s，膨胀机能获得大的比功和效率。

3）由于叶轮流动损失对于涡轮效率的影响较小，使流通部分的几何偏差对效率影响不敏感，可采用较简单的制造工艺。

4）重量轻，叶片少，结构简单可靠。

应用于压缩空气储能系统时，径流式膨胀机具有以下缺点：

1）流量受约束；

2）径向外壳尺寸较大。

3.2.4.3 换热/储热设备

非补燃压缩空气储能技术需要配备换热器以及储热介质来完成压缩热的储存与回馈。换热器有管壳式换热器、可拆板式换热器等类型。目前压缩空气储能系统中主要使用的为管壳式换热器。

（1）换热器。

1）管壳式换热器。管壳式换热器是一种热交换设备，其基本结构包括一个圆筒形壳体和其中的多个平行排列的管子（管束）。两种流体分别流过管内空间（管程）和管外空间（壳程）实现热量交换。该设备具有以下特点：结构简单、造价低廉、材料选择范围广，温度和压力适应范围宽。具体结构见图3-22。

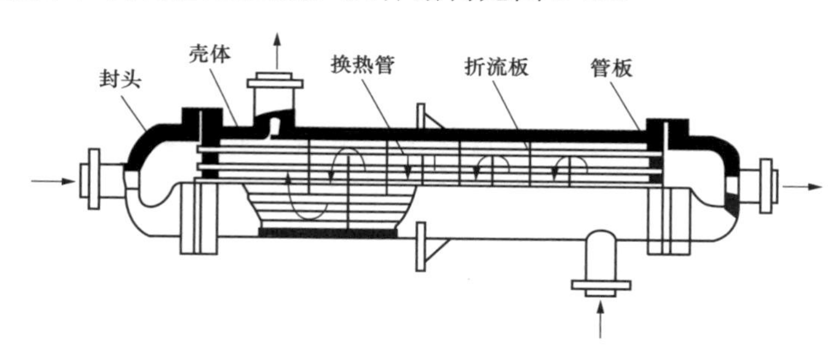

图3-22　管壳式换热器结构示意图

改进管壳式换热器的结构主要涉及管程和壳程两个方面。在管程结构的改进中，关注点集中在管内插入物和传热管设计的优化。管内插入物包括纽带、弹簧片和螺旋叶片等形式。纽带插入物作为涡旋发生器，引发旋流运动，导致流动边界层减薄，进而提高传热系数。螺旋片和弹簧片等插入物在低雷诺数下可有效地破坏管内壁边界层，更显著地增强传热效果。传热管的设计方面，采用一定方法使传热管内部形成螺旋流道，以促使流体产生旋流，强化流体扰动程度，促进热/冷流体充分混合，从而提高热交换效率。此外，通过有规律地改变管径，形成波纹管和缩放管，引起流体的扰流，也可进一步提高传热系数。

换热器壳程结构的改进主要分为两个方面：拓展传热表面以增大传热区域，以及优化支撑结构。拓展表面的方法中，翅片管是一种典型的示例，该方法于 1971 年首次由美国公司推出，通过扩大传热表面并加大扰动，显著提高了传热性能。翅片管形式多样，包括低肋管、光滑扩展翅片、交叉扩展翅片、针翅管、花瓣管和开孔翅片管等。管束的支撑结构相对翅片管对流体流动和传热的作用更为关键。使用折流板可以增加管束间的流速，使壳程内的流体能够有效冲刷管束表面，提高传热效率。此外，折流板还有助于减震和减少结垢，从而提升换热器的整体性能。典型的折流板包括弓形折流板和圆盘—圆环形折流板。为降低折流板引起的流动阻力，新型折流板设计逐渐涌现，如折流杆、大小孔折流板、整圆异形孔挡板、螺旋折流板和花瓣孔板等。举例来说，大小孔折流板通过开孔使壳程流体形成间隙射流，减小壳程压力损失。这些改进在提高换热器性能方面具有潜在的价值。

2）板式换热器。板式换热器一般分为焊接式和可拆式，其中焊接式又包括钎焊式板式和激光全焊式，设备购置成本高，且不可拆检。而可拆板式换热器则避免了焊接式板式换热器的缺点，它由一组金属波纹板片组成，板上有孔，供换热的介质通过。金属板片安装在一个框架内。相邻板片安装时 180°颠倒，形成流道。板片上装有密封垫片，将流体通道完全密封，并引导流体流到各自的流道，防止不同介质混合。板片组由导杆定位，通过固定板和压力板压紧，并通过夹紧螺柱夹紧。为达到更好的换热效果，冷热介质在换热器内部通常被设计成逆流。根据要求，可设计为单通或多通。通常介质接口都被布置在固定板侧，但如果设计为多通，接口也可能布置在压力板侧。可拆板式换热器结构图如图 3-23 所示。

图 3-23 可拆板式换热器

（2）储热介质及设备。在储热介质的选择中，循环水是一种常见的储热介质。采用循环水作为储热介质时需要考虑水和空气的接触形式，常见的接触形式包括喷射、泡沫、鼓泡，如图 3-24 所示。

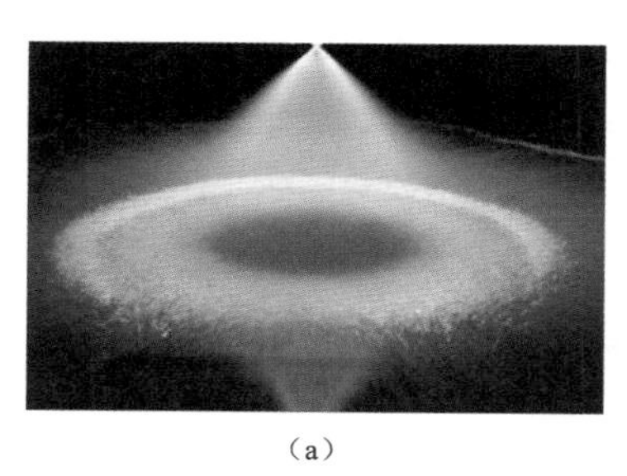

（a）

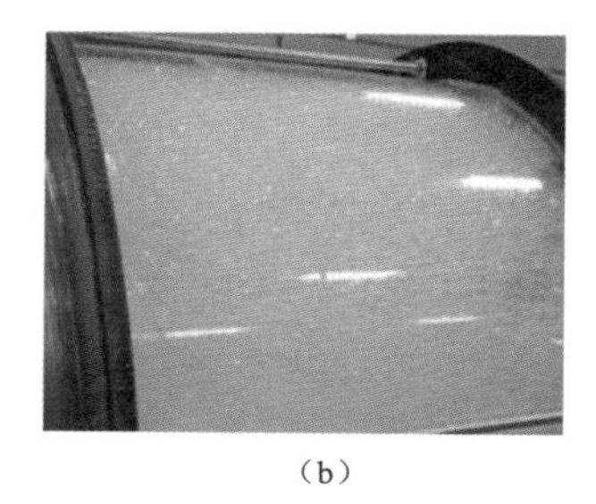

（b）

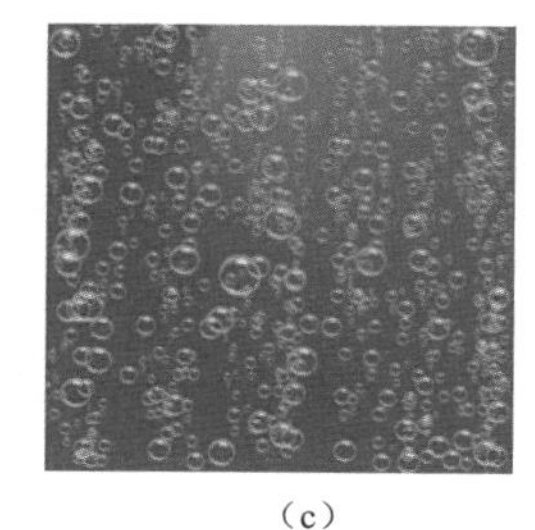

（c）

图 3-24 采用循环水作为蓄热介质时换热器中液体和气体的接触方式示意图

（a）喷射；（b）泡沫；（c）鼓泡

虽然循环水方便易得且成本低，但由于其应用的温度范围较窄，使用性能并不如人意。高温回热系统中利用导热油、熔融盐等蓄热工质，采用光热发电技术中所常用的储热介质双罐布置方案成为一种可行的方案。导热油和熔融盐因其良好的传热和储热性能，在太阳能热发电领域中已有广泛的应用。其中，导热油一般用于400℃以下的场合，且需要配置特殊的压力阀等设备；而熔融盐的工作温度范围更广，应用更为方便。

在热能储存和释放的过程中，不可避免地涉及流阻和温差等不可逆损失，导致了热能储存系统的热能㶲损失较大，另外在多换热节点复杂耦合的系统中，效率的维持和调控也极具挑战。因此，迫切需要研发面向压缩空气储能的低㶲损蓄热和换热技术，以提高蓄换热系统的㶲效率。此外，为满足不同储能系统的运行工况，需要解决以下三个关键问题：第一是在选择蓄热材料和传热工质方面需要寻求合理的解决方案，以开发高密度的热能储存方案；第二是需要创新的换热表面结构设计以提高传热效率；第三是需要发展高效的储/换热系统调控技术，以解决系统在多变工况下的运行难题。

3.2.4.4 储气装置

压缩空气储能容量与储气装置有着直接的关系，同时，储气装置的灵活性也对压缩空气储能产生较大影响。本节主要介绍盐穴储气、人工硐室储气、压力容器储气和水下储气。

（1）盐穴储气。盐穴储气是一种通常采用水溶开采方法在地下较厚的盐岩层或盐丘层中制造洞穴形成空间以储存气体的技术，最早由德国开展研究。1959年，苏联率先建设了第一座盐穴储气库。随后，美国、加拿大、法国、德国、英国、丹麦、波兰等欧美国家在二十世纪相继建设了多座盐穴储气库。盐穴储气库的建设代表了储气技术的重要进展，并在全球能源储备管理中发挥了重要作用。

我国盐穴资源丰富，但目前利用率较低，还有非常大的开发利用潜力，我国东部主要盐穴资源如表3-6所示。

表3-6　　我国东部盐穴资源容量

盐穴名称	所在省份	容量（10^6m^3）
金坛	江苏	14.3
淮安	江苏	10
平顶山	河南	4
应城	湖北	8
樟树	江西	10
潜江	湖北	4

地下盐穴储气技术具有诸多优点。第一，盐穴储气可利用现有的盐穴资源，因此建设成本远低于压力容器等其他储气方式，投资成本可低至压力容器储气的1/10。第二，盐穴储气库位于地下，地上设备简单，占地面积较小。例如，建设容积为$3\times10^5m^3$

盐穴储气库，其地面井口装置占地不超过 $100m^2$，而同等储气容积的压力容器储气库所需占地面积为盐穴储气库的近 800 倍。第三，盐穴储气是一种工程上常用的大容量储气方式，盐穴造穴技术成熟，施工方法简单可靠。此外，现有技术可精确控制盐穴的构造形状，在满足高储气压力的同时满足结构稳定性要求。第四，盐岩在高压下具有一定的塑性和损伤自我修复能力，具有非常低的渗透率与良好的蠕变特性，因此能够保证储存溶腔的密闭性，盐穴储气泄漏量仅为总储气量的 10^{-6} ～10^{-5}。第五，盐穴储气库承压能力较强，能够适应工质压力交替变化。德国 Huntorf 电站和美国 McIntosh 电站的盐穴最高储气压力分别为 10MPa 和 7.5MPa，我国金坛盐穴储气库的存储压力高达 16.8MPa。第六，盐穴储气的安全稳定性较高。岩盐与高压空气接触时不会溶解且没有化学反应，因此可保障储存介质（空气）的品质。此外，盐岩的力学性能稳定。以 1987 年投入运行的德国 Huntorf 电站的盐穴储气库为例，2001 年对该电站两个储气库形状进行了检测，发现在成功运行 20 余年后，其与初始形状差异较小，其盐穴体积收缩率平均为 0.15%/a，平均沉降速率 3.24mm/a，未发现气体泄漏。

在盐穴压缩空气系统运行方面，由于盐穴压缩空气系统涉及压缩、储热、储气及膨胀发电等多个物理系统的耦合协同，并网运行后可能引起轴系扭振问题。在与电网的协同运行控制方面，盐穴压缩空气由于功频调节速度相对较慢，也面临着与电网灵活协同运行的挑战，亟需在盐穴压缩空气储能系统的快速变工况运行及灵活性方面取得突破。

为此，需要开展相关研究，包括并网功率特性、系统故障、波形畸变对压缩空气储能电站系统影响以及运行控制技术等。

（2）人工硐室储气。人工地下硐室储气是提升大规模压缩空气储能项目选址灵活性的新型储气方式，近年来受到了越来越多的关注。

人工硐室的地质选址应综合考虑的因素主要包括区域地质、地震地质、水文地质、工程岩体质量等。可先通过对区域地质资料的研究，选择地质构造较简单、地震活动相对稳定的地段。有条件时采用大比例尺地质图，进一步避开采空区、大型喀斯特洞穴、暗河等区域，在地形条件上选择山体雄厚、完整、无滑坡、崩塌破坏的地形，避免深切沟谷和较大的地形起伏。如此逐步缩小选址范围，并结合与风电、光伏新能源基地的位置关系以及施工便利性等其他因素，最终确定人工硐室的区域位置。进一步选择岩性均一且比较坚硬完整、无含水构造、无断层或断层规模较小、节理不发育、地下水少、岩体中无有害气体、无有用矿产和放射性元素的层段，并结合施工条件和造价等因素，确定硐室深度。

在密封性方面，人工硐室难以实现绝对的密封。在储能和释能过程中，硐室壁面温度随之变化。因此需要针对人工硐室实际运行情况开展热力学模型优化研究。同时，人工硐室存在漏气和坍塌等运行安全隐患，需开展稳定性研究。如以混凝土作为衬砌的人工硐室，衬砌层可能出现裂纹，影响密封性。地下含水层储气有利于系统效率的提升，但目前尚没有大规模工程应用。

（3）压力容器储气。压力容器是指承受一定压力的密闭容器，一般用于装盛液体或气体，目前在工业生产中被广泛应用，具有强度高、设计制造技术成熟、安全可靠、应用场景多样化等优点。根据储气压力不同可分为低压储气装置（0.1MPa$\leqslant p<$1.6MPa）、中压储气装置（1.6MPa$\leqslant p<$10MPa）、高压储气装置（10MPa$\leqslant p<$100MPa）以及超高压储气装置（$p\geqslant$100MPa）。根据系统设计、运行参数可以灵活选择相应储气压力的储罐，可布置于地上或地下。

根据压力容器使用材料的不同，压力容器储气主要有金属材料储气、复合材料储气等方式。工程中应用的增强热塑性复合材料常采用高强度的芳纶、玻璃纤维、玄武岩纤维、钢丝等制成增强带，其内层和外层采用耐腐耐磨聚烯烃，承压范围为7～25MPa。应用于压缩空气储能的压力容器储气装置一般采用金属材料，根据具体类型可分为储罐储气和压力管道储气。其中，储罐一般呈圆柱形或球形。在相同存储容积下球形储罐的表面积较小，因此用料更少，且向环境的热量耗散更少；在相同内压条件下，球形储罐受力更合理，但球形储罐对材料性能和制造工艺的要求更高。相比于储罐储气方式，压力管道储气更便于集成管路，从而实现规模化应用，且安装布局更为灵活。目前，压力管道已经广泛应用于天然气储存领域，并不断向大口径、高压力的方向发展。

（4）水下储气。水下储气系统将大型气囊固定在海底或湖底，如图3-25所示，其安装深度直接决定了储气压力。采用水下储气方式的压缩空气储能系统具有以下优势：①可利用水的静压特性来维持压缩机出口和膨胀机入口的压力稳定，使得压缩机和膨胀机维持在设计点附近高效运行，可降低压缩、膨胀过程的不可逆损失，并可提高高压空气的利用率，提高系统效率；②系统安全性高，水下环境为储气系统提供了绝佳的保护措施，即使发生了故障，造成的破坏和危害也较小。

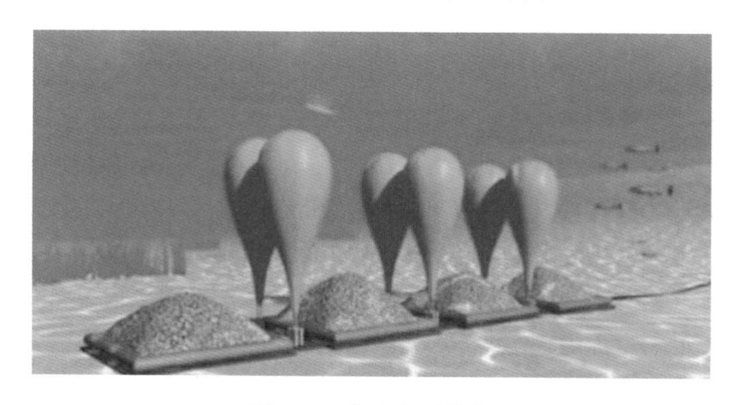

图3-25　海底气球储气

水下恒压储气方案中，储气装置内外压差较小，显著降低了对于压力容器承压能力的要求。可任意折叠变形的柔性复合材料气囊被成功应用在水下压缩空气储能系统中，如图 3-26 所示，英国诺丁汉大学 Garvey 团队受启发于超压气球的设计理念，将气囊设计成南瓜形并委托加拿大 Thin Red Line Aerospace 公司制造了直径 1.8m 和直径 5m 的南瓜形柔性储气囊，分别进行了室内水箱实验和 25m 深的真实水下实验。加拿大 Hydrostor 公司利用水滴形气囊作为储气装置，在水下 80m 进行了压缩空气储能试验。柔性复合材料气囊通常以涂层织物为原料，具有密封性良好和耐腐蚀优点，应用较为广泛的涂层织物有聚氯乙烯（PVC）衬里涂层织物和聚氨酯（TPU）衬里涂层织物等。水下柔性气囊的可靠性与其充放气过程中形成的折痕密切相关，当前对柔性储气囊在充放气过程中变形规律的研究仍然不足，需要进一步深化。

此外，美国加州大学、佛罗里达大学、北卡罗来纳大学、麻省理工大学、我国的中科院工程热物理所、华北电力大学都进行了理论及实验研究，目前尚无大规模示范项目建成。

南瓜形　　水滴形

图 3-26　水下储气气囊

3.2.5　压缩空气储能应用

3.2.5.1　压缩空气储能应用场景

压缩空气储能属于能量型储能技术，具备装机容量大、放电持续时间长等特点，对长时间尺度的能量转移具备明显优势。压缩空气储能应用场景包括电源侧、电网侧和用户侧等方面的应用。

（1）电源侧。压缩空气储能可以与风电、光伏一体化协调运行，通过其优越的调节能力，提高可再生能源发电的可调度性并改善电能质量，同时提升可再生能源的利用率；压缩空气储能与燃煤机组耦合运行，可提高机组的综合调峰能力，提高燃煤机组运行灵活性。

（2）电网侧。大型压缩空气储能系统由于具备单机容量大、储能/释能持续时间长等特点，可以部署在电网侧，由电网统一调度，为电网提供调峰调频、黑启动、缓解输配电网阻塞、提高供电可靠性等服务。

（3）用户侧。需求侧用户可以利用压缩空气储能实现需求侧电力管理，通过能量时移套利，从而节约用电成本；在工业园区，商务办公区、旅游度假区等典型园区，可将压缩空气储能作为智慧零碳能源系统重要枢纽，实现多能互补，实现园区的低碳转型和可再生能源的高效利用。

3.2.5.2 压缩空气储能工程应用

（1）德国 Huntorf 压缩空气储能电站。1978 年，Nordwest Deutsche Kraftwerke 公司在德国北部建成了世界上第一个商业性的压缩空气储能电厂 Huntorf，运营至今，如图 3-27 所示。

该电厂储能时，通过压缩机将气体压缩至高压存储在地下盐矿洞穴中，完成高压空气的存储。释能时，矿洞中的高压气体进入燃气轮机，在燃烧室中与天然气混合燃烧，驱动燃气轮机做功带动发电机对外输出电能，从而完成发电过程。系统中机组的压缩机功率 60MW，释能输出功率 290MW。该系统将压缩空气存储在地下 650～800m 的废弃盐穴中，两个储气室体积分别为 140 000m^3 和 170 000m^3，总储气容积为 310 000m^3；储气室运行储气压力范围为 4.3～7MPa。压缩机连续充气 8h，压缩过程气量 108kg/s；可实现膨胀机向外连续发电 2h，膨胀过程气量 417kg/s。冷态启动至满负荷仅需 6min。Huntorf 电站流程的主要特点为需要借助化石燃料燃烧来提高膨胀机输出功，膨胀机末级排气直接排入大气。当把燃烧部分热量与输入电能和输出电能按照同样能量形式进行计算时，整个系统储能效率达 42%（包含天然气补燃）。

图 3-27　德国 Huntorf 压缩空气储能电站实景图和地下盐穴示意图

（2）美国 McIntosh 压缩空气储能电站。1991 年，Alabama Electric Cooperative 公司在美国 Alabama 建成了世界上第二个商业性的压缩空气储能电厂—McIntosh。其地下储气洞穴位于地下 450m 的岩盐层。压缩机组功率为 50MW，最大发电功率为 110MW，在连续压缩 41h 时可发电 26h。燃气轮机系统排出的热废气用来给进口气加热，以提高热效率。

如图 3-28 所示，该储能电站机组由一套三体式压缩机组系列、一台电动/发电机和两台膨胀机所组成。其中，压缩机和膨胀机通过离合器与电动/发电机相连接，压缩机组系列包括一台带可调进气叶片的轴流式压缩机（低压，转速 3600r/min）、一个增速齿轮、一台复合式离心压缩机（中压，转速 6025r/min）和一台筒式离心压缩机（高压，转速 6025r/min）。膨胀机包含一台配备燃烧室的高压膨胀机和一台配备再热器的低压膨胀机。其压缩机每 1.6h 的压缩量可供 1h 发电用，该电站储气洞穴的容积为 19 000 000 立方英尺（538 019.2m^3），可满足储能电站在 100MW 功率下连续释电 26h。储能时，空气经轴流式压缩机压缩并经中间冷却器冷却，从第一个中间冷却器出来的空气压力为 60psia（0.41MPa），再经复合式离心压缩机压缩并经两个中间冷却器后的空气压力为 390psia（2.69MPa），最后经筒式离心压缩机压缩到压力为 890psia（6.1MPa），并经后冷却器冷却到 110℉（43.33℃），随后贮气到地下储气盐穴，各压缩机所需功率之和为 50MW。释能时，通过燃烧室将来自地下储气盐穴的 735psia（5.07MPa）/100℉（37.8℃）压缩空气增温至 1000℉（537.78℃）、压力 625psia（4.3MPa）后，进入第一级膨胀机膨胀发电，再将第一级膨胀机出口的空气再热至 1600℉（871℃）和 220psia（1.5MPa）后进入第二级膨胀机继续膨胀发电。机组从启动到满负荷约需 9min。该电站由 Alabama 州电力公司的能源控制中心进行远距离自动控制，实际运行效率约为 54%。

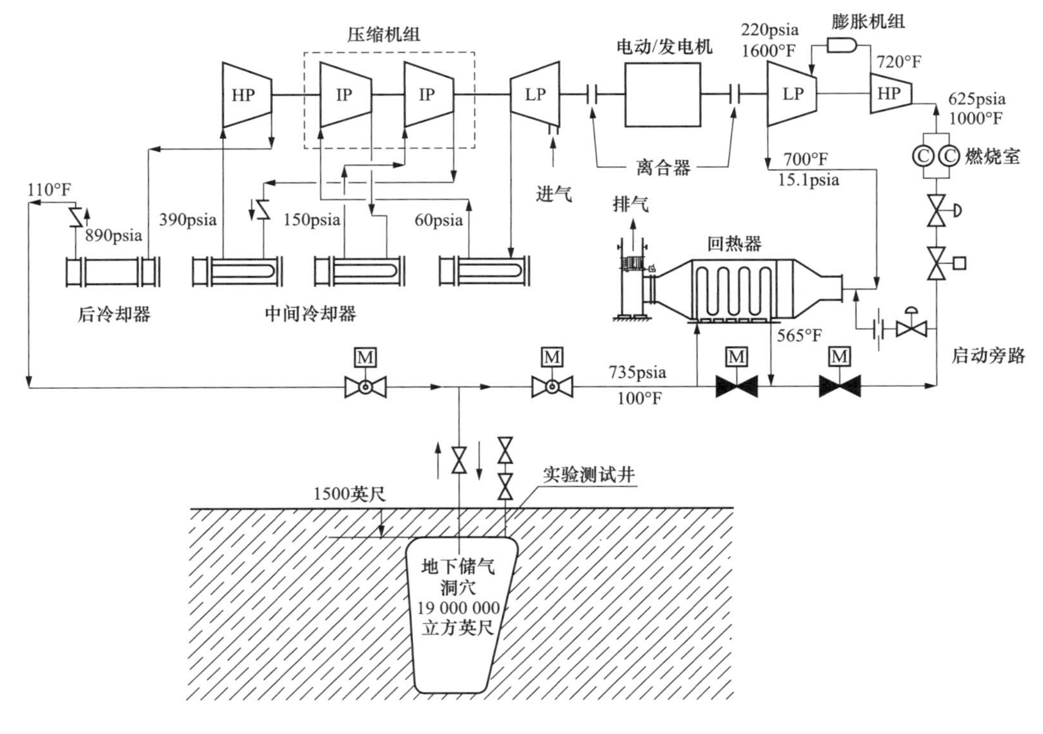

图 3-28　美国 McIntosh 压缩空气储能电站

（3）安徽芜湖 500kW 非补燃式压缩空气储能电站。该储能工业试验电站三维示意图如图 3-29 所示，电站现场全景如图 3-30 所示。压缩机采用自主研发的非稳态压缩机，排气压力 10MPa，流量 1250Nm³/h；采用自主研发的三级再热透平膨胀机，级间利用压缩机的压缩热进行回热，回热温度为 98℃。透平膨胀机的排气量为 2.41kg/s，输出轴功率为 600kW，发电机的额定功率为 500kW；储罐体积 100m³，储气温度为 20℃，储气压力 10MPa。2014 年底，该系统完成安装调试，并成功实现了带载发电，为世界上首套实现储能发电循环的绝热压缩空气储能发电系统，其电换电试验效率达到 40%。该系统关键设备均为常规成熟的工业产品，无需燃料补燃，具有零碳排放、环境友好、效率高等优点。

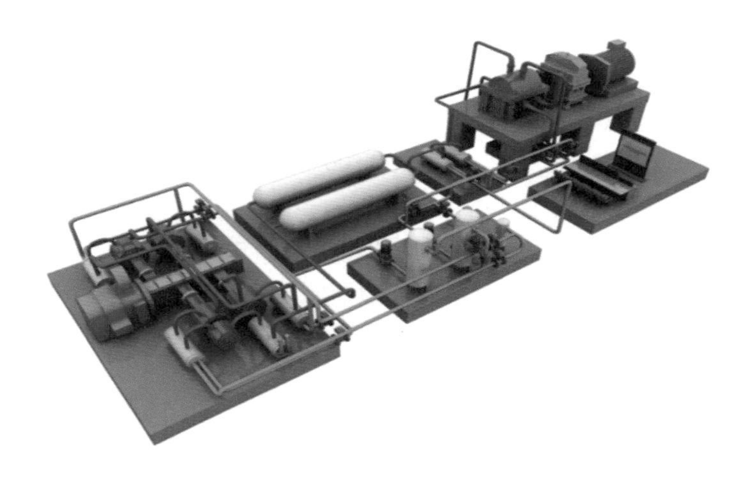

图 3-29　安徽芜湖 500kW 非补燃式压缩空气储能工业试验电站示意图

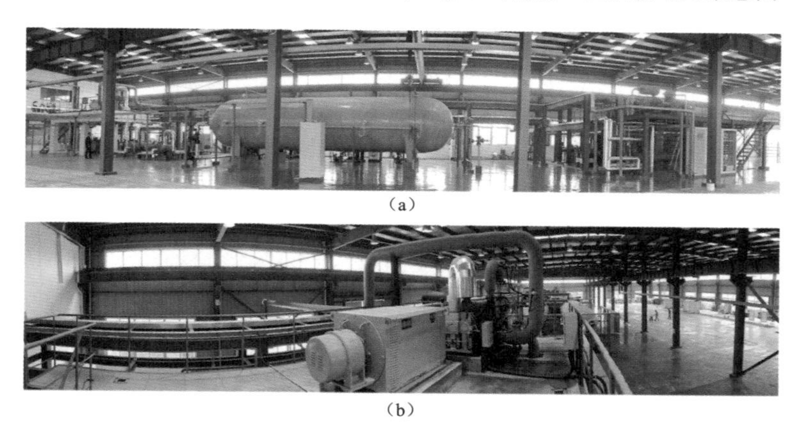

（a）

（b）

图 3-30　安徽芜湖 500kW 非补燃式压缩空气储能工业试验电站现场图

（a）系统主视图；（b）系统侧视图

（4）贵州毕节 10MW 压缩空气储能电站。贵州毕节 10MW 压缩空气储能系统由中科院工程热物理研究所研制，最大储能容量 40MWh，系统设计效率 60%，工程现场如图 3-31 所示。毕节压缩空气储能电站属于示范电站项目，并于 2021 年 10 月正式并网。

图 3-31 贵州毕节全国首套 10MW 先进压缩空气储能项目

（5）山东肥城 10MW 盐穴压缩空气储能电站。山东肥城盐穴压缩空气储能电站由中储国能（山东）电力能源有限公司投资建设，规划建设总规模 310MW，采用肥城地下盐穴储气，地下改造 1 个 40 万 m^3 标准盐穴腔体。采用中科院工程热物理研究所研发的先进压缩空气储能系统，额定运行效率 70%，设计寿命大于 30a。项目一期投资 1 亿元，建设规模 10MW，已于 2021 年 9 月 23 日正式并网发电，电站现场图如图 3-32 所示。项目二期投资 15 亿元，拟建设规模 300MW。

图 3-32 山东肥城盐穴先进压缩空气储能调峰电站

（6）江苏金坛 60MW 盐穴压缩空气储能电站。江苏金坛盐穴非补燃压缩空气储能国家示范工程，由中国华能、中盐集团和清华大学三方共同投资开发建设，规模为 60MW/300MWh，项目工程现场图如图 3-33 所示。项目于 2017 年 7 月获得国家能源局示范项目批复，2020 年 8 月主体工程正式开工，2021 年 9 月并网试验成功，2022

年 5 月 26 日在江苏常州投产。项目按照商业电站标准建设，采用热循环利用技术替代“补燃”，实现了压缩空气零碳发电，电能转换效率大于 60%。项目顺利投产运行，能够很大程度地缓解江苏电网的调峰压力，对于促进可再生能源消纳、能源结构优化升级以及电力行业可持续发展具有重要意义。

图 3-33　江苏金坛盐穴压缩空气储能国家示范工程

（7）张北 100MW 压缩空气储能电站。张家口百兆瓦先进压缩空气储能示范项目是国际首套 100MW 先进压缩空气储能项目，储能时长 4h，项目实景图如图 3-34 所示。该项目于 2018 年 10 月获批国家可再生能源示范区示范项目，列入国家重大建设项目库管理，获得中国科学院 A 类先导专项及国家可再生能源示范区产业创新发展专项重点支持。该项目于 2018 年立项，2021 年 8 月完成电站主体土建施工，2022 年 9 月 30 日投产运行。该 100MW 压缩空气储能示范项目原理图如图 3-35 所示，系统采用 5 段压缩、4 段膨胀，压缩机效率为 86.4%，膨胀机效率为 90.1%，系统电-电额定效率为 70%±4%。

图 3-34　河北张家口 100MW 压缩空气储能示范项目实景图

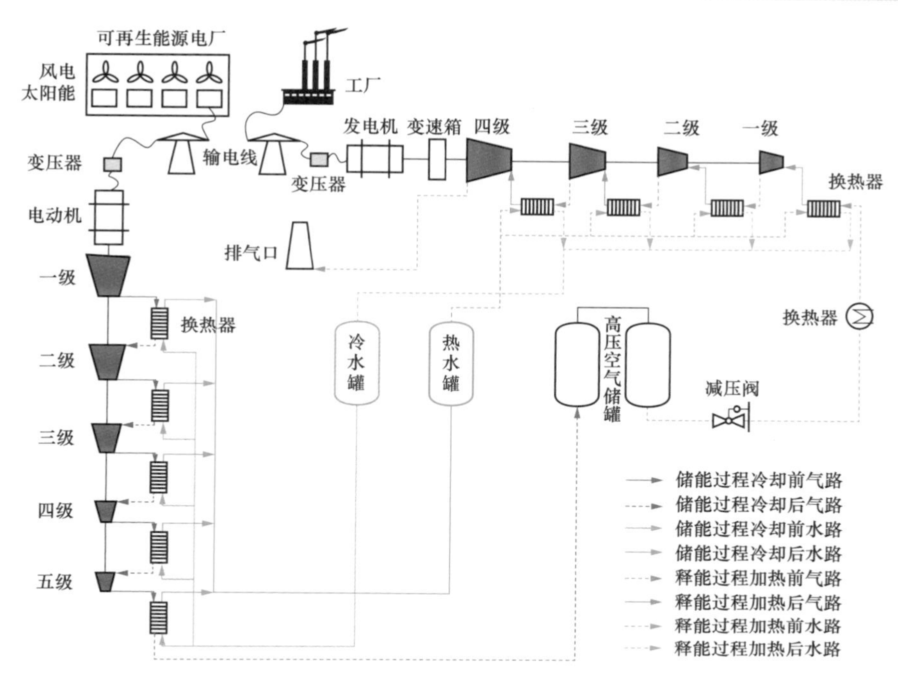

图 3-35　河北张家口 100MW 压缩空气储能示范项目原理图

（8）湖北应城 300MW 压缩空气储能电站。湖北应城 300 兆瓦级压缩空气储能示范工程，由中国能源建设股份有限公司主体投资建设，规模为 300MW/1500MWh，2022 年 7 月 26 日举行开工仪式，工程效果图如图 3-36 所示。该工程利用云应地区废弃盐穴作为储气库。项目采用 4 段压缩、3 段膨胀，采用中国能建自主研发的大容量

图 3-36　湖北应城 300 兆瓦级压缩空气储能示范工程效果图

非补燃高压热水储热中温绝热压缩技术，压缩机设计综合效率大于 90%，膨胀机设计效率大于 92%，蓄热换热设计效率超过 98%，全厂设计电-电转换效率（含厂用电）大于 65%以上，核心经济指标单位造价小于 6300 元/kW，开创了大容量压缩空气储能绿色经济的新路线。

（9）辽宁朝阳 300MW 人工硐室压缩空气储能电站。辽宁朝阳能建 300MW 压缩空气储能电站工程为全球首个采用人工硐室作为储气系统的 300 兆瓦级压缩空气储能示范工程，于 2022 年 12 月 21 日正式开工。利用辽宁朝阳市兴隆地理资源设计人工硐室并将其作为储气方式，为大规模压缩空气储能电站的灵活选址提供了便利条件。

（10）内蒙古乌兰察布盟 10MW 多元蓄热式压缩空气储能电站。为了消纳内蒙古大量的清洁能源，内蒙古乌兰察布盟建设了 10MW 多元蓄热式压缩空气储能电站，该项目是由中国长江三峡有限公司投资，总投资规模达到 1.5 亿元。该系统增加了热能输入，包括光热集热器、余热锅炉、电蓄热器，以此提高了压缩空气储能系统的储能效率。通过吸收制冷和膨胀机输出的低温空气实现冷能输出，用来实现冷-热-电-气四联供系统，系统的结构图如图 3-37 所示。

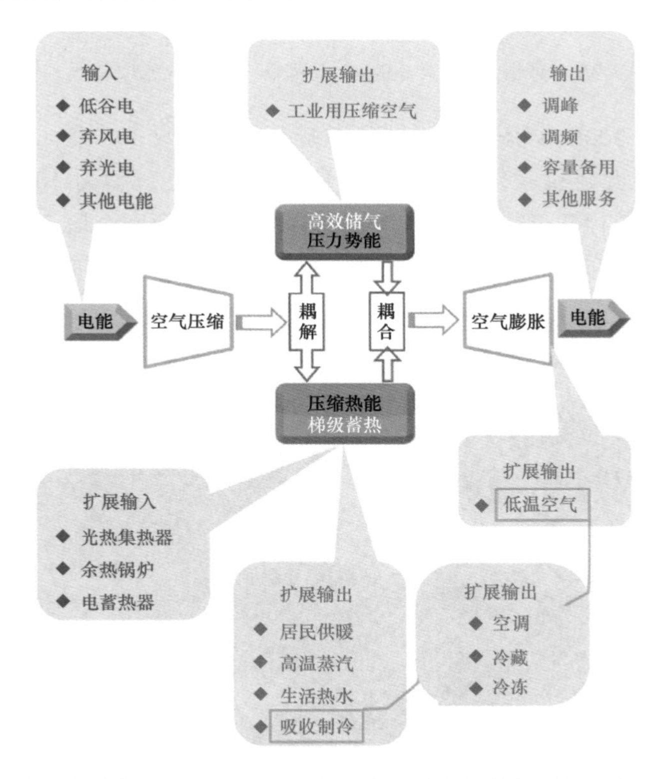

图 3-37　内蒙古乌兰察布盟 10MW 多元蓄热式压缩空气储能系统结构及输入/输出图

（11）中国科学院超临界压缩空气储能系统。2009 年，中国科学院工程热物理所开发了超临界压缩空气储能系统，该技术利用超临界状态下空气的特殊性质，综合了常规压缩空气储能系统和液态空气储能系统优点。2013 年，中国科学院工程热物理所在廊坊完成 1.5MW（压缩 0.3MW×15h，发电 1.5MW×1.5h）储能初步示范，设计效率 52%。

此外，中国科学院工程热物理研究所储能研发中心研究人员提出了一种新型的超临界压缩空气储能系统，系统流程如图 3-38 所示。该系统具有较高的能量密度，减小了系统储罐体积，摆脱了对地理条件的限制；该系统回收了间冷热，摆脱了对化石燃料的依赖。其特点在于：在储能过程中，通过电能将空气压缩至超临界态，同时回收并存储压缩热，利用冷能将超临界空气冷却液化存储；在释能过程中，液态空气加压吸热至超临界态，同时回收并存储液态空气中的冷能，超临界态空气进一步吸收压缩热并经膨胀机做功发电。

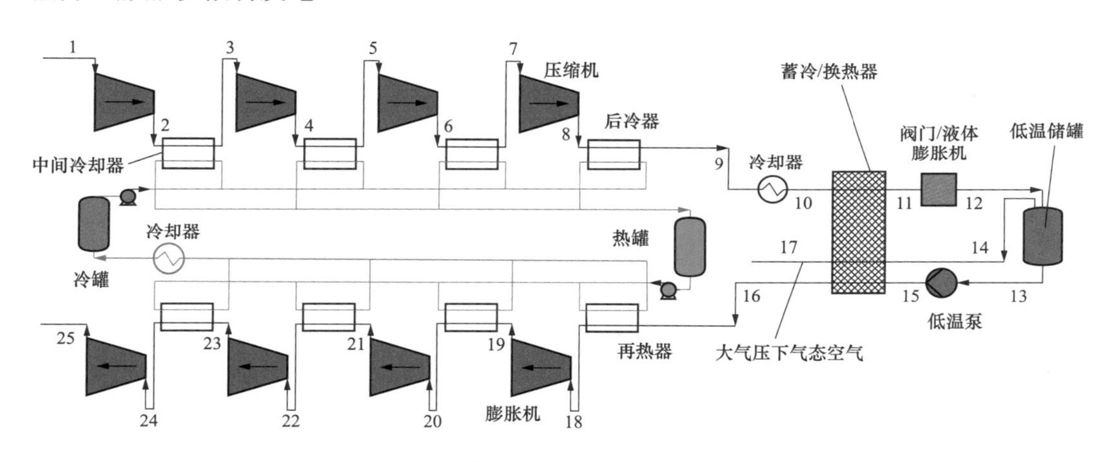

图 3-38 超临界压缩空气储能系统流程图

现有的低温蓄冷系统中采用金属、石块等材料作为储热介质，利用蓄冷介质的显热进行热量的存储，在储/释冷过程中填充床强非稳态传/储热特性带来较大的系统损失。同时，低温下储热介质比热容较低，导致蓄冷系统的体积较为庞大。在超临界压缩空气储能系统中，蓄冷子系统的冷㶲回收效率极大的影响着系统的循环效率，研究发现蓄冷比蓄热对系统效率影响更大，冷能损失对系统效率的负面影响程度大约是热能损失的 7 倍。此外，超临界压缩空气储能系统的储/释间隙时间较长，蓄冷系统保温时间一般为 6～8h。因此，超临界压缩空气储能系统对蓄冷设备的要求较为苛刻。针对这个问题，工程热物理研究所近期开展了适用于超临界压缩空气储能的分级蓄冷装置的研究工作，有效提升了蓄冷效率，储㶲效率可达 67%。

3.2.6 压缩空气储能发展趋势

压缩空气储能技术未来需要进一步提高压缩机、膨胀机规模，提升系统综合能源利用效率，同时加强储气技术研发和相关标准制定，推动更大单机规模且更长储能时长的压缩空气储能系统示范应用。

（1）核心设备。关键主机设备研发对压缩空气储能发展至关重要，需积极推动压缩空气储能关键技术突破，具体包括高压比宽负荷压缩机技术、高负荷膨胀机技术、高温低损耗蓄热技术、高效低㶲损换热技术等，推动更大规模且更高效率的主机设备研发，满足更大单机规模压缩空气储能系统要求。

（2）储气技术。储气设备是限制压缩空气储能规模化应用的最主要环节，目前有压力管道储气、盐穴储气、人工硐室储气等多种技术路线，但国内至今尚未形成成熟的产业应用方案和标准，也没有完整的产业链。压力管道储气可借鉴“西气东输”相关工程经验，但是压缩空气的压力等级远高于输气管道，其应力性能还需工程验证并形成标准；盐穴储气、人工硐室储气在油气领域也有工程应用，相关地下工程公司和研究机构都有一定工程经验，然而油气领域采用低压储油气，与压缩空气储能要求不尽相同，且地下储气存在较大施工难度和密封难度。未来，需不断完善压缩空气储能储气技术建设水平，同时发展水下储气等新型储气技术。

（3）系统优化。有关压缩空气储能整体设计优化环节，国内最早开展相关工作的以高校和科研院所为主，以清华大学和中科院工程热物理研究所为代表，建成了10～100MW不同等级、电站整体效率达50%～60%的压缩空气储能示范项目，积累了整体系统设计优化的经验。随着新型储能需求的增加，越来越多企业投入到压缩空气储能的项目开发中，单机规模300MW及以上、储能时长5h及以上的压缩空气储能电站也在不断建设中，未来压缩空气储能系统的单机规模将向更高规模、更长时间方向发展，电站整体效率将向70%以上方向发展。

3.3 液态空气储能

液态空气储能（liquid air energy storage，LAES）是一种以液态空气（或液态氮气）作为储能介质的深冷储能技术，兼具机械储能和储热双重特性，也称深冷液化空气储能。它是在压缩空气储能基础上，为摆脱原压缩空气储能系统对选址约束而发展出来的一项技术。其主要特点是在原有压缩空气储能的基础上引入了深冷低温过程，高压空气以液态存储，从而实现更高的能量存储密度（其体积能量密度是常规压缩空气储能的10倍、抽水蓄能的140倍），摆脱储能空间和选址的地理条件限制，具备大规模应用的前景。

3.3.1 概述

液态空气储能技术起始于20世纪70年代的欧美。史密斯提出了一个包含绝热压缩和膨胀过程的装置，当采用可承受–200～800℃的宽温区以及10MPa高压的蓄能装置时，可实现72%的能量回收效率。在此基础上，根特大学的研究团队基于朗肯循环与林德循环，结合应用于液化器的克劳德循环，提出了液化过程效率为43%的新循环。在工程应用中，克劳德循环在大规模液化空气中的应用最为广泛。

总体来看，液化空气储能系统具有存储容量大、调节灵活、运行寿命长、易于维护、不受地理条件限制等优点，在间歇性可再生能源的存储、分布式供能等领域具备广阔的应用前景。

3.3.2 液态空气储能电站工作原理

液态空气储能原理如图3-39所示。在储能过程中，将导热流体中的内能和富余的电能、机械能等，通过换热器和压缩机转换为液态空气的内能；在释能过程中，液态空气的内能通过发电机（图3-39中“G”所示）转化为电能进行利用。总体来说，因为液态空气储能相对于压缩空气储能增加了空气液化过程，使得整体系统的效率有所降低。也有学者将该系统的工作过程分为液化、能量存储和能量释放三个过程，此处将液化和能量储存过程合并为储能阶段加以阐述。

在储能阶段，空气经过多级压缩和换热（压缩机1、冷却器1、压缩机2、冷却器2），并经过蓄冷换热器，达到该压力值下的液化温度，之后进一步在透平1中降压液化。由于空气为混合物，气体成分复杂，不同气体的液化温度存在区别，因此，透平中存在未液化空气，这部分空气将通过气液分离器后回到蓄冷换热器释放热量，而液化的空气则经过气液分离器后储存在液态空气储罐中，等待释能时被利用。

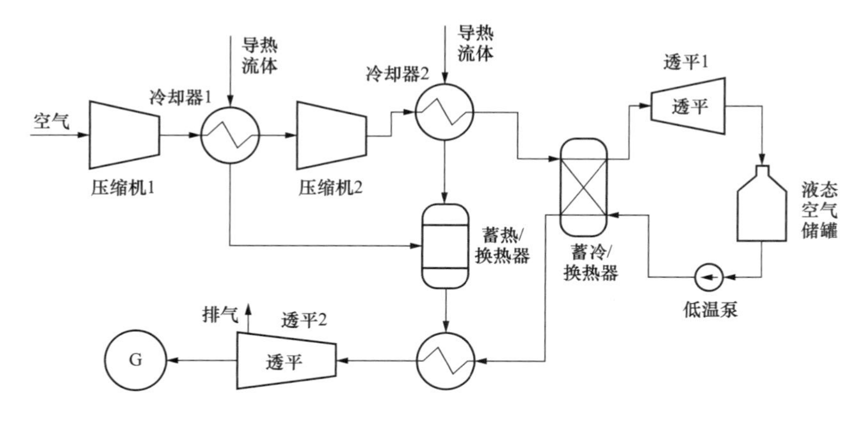

图3-39　液态空气储能原理

在系统释能阶段，液态空气经过低温泵后，压力有所升高，而后进入蓄冷换热器吸热，之后通过换热器进一步升温，进入透平膨胀做功，通过发电机转化为电能加以利用。

3.3.3 液态空气储能电站特点

液态空气储能相比压缩空气储能和抽水储能来说，虽然使用寿命和效率没有明显优势，但具备体积储能密度更大、受地理环境条件限制小等优点。

液态空气储能容量相对较大，能量密度高，可大规模应用。如表 3-7 所示，液态空气储能电站的功率可达到 10～200MW，约为大型压缩空气储能电站的 1/2。液态空气储能技术的能量密度为 214Wh/kg，约为大型压缩空气储能技术的 4 倍。液态空气储能技术储能的持续时间可达 12h 以上，使用寿命为 25a。液态空气储能的效率为 50%～60%，具体效率值会受实际系统影响。

表 3-7　液态空气储能技术与其他储能技术的比较

储能技术	容量（MW）	质量能量密度（Wh/kg）	持续时间（h）	使用寿命（a）	效率（%）	成熟度
液态空气储能	10～200	214	12	25	50～60	成熟度低
压缩空气储能	3～15（小型） 5～400（大型）	140（小型，30kPa） 30～60（大型）	3（小型） 10（大型）	20～40	50（小型） 60～70（大型）	较成熟
抽水蓄能	100～5000	0.5～1.5	5～12	40～60	75	成熟

液态空气储能体积能量密度大。如表 3-8 所示，在液态空气储能、压缩空气储能和抽水蓄能三种储能技术中，液态空气储能的体积能量密度相对较大。因此，在需要相同的储存容量的储能系统中，液态空气储能系统所需的储存容器在三者之中相对较小，同时液态空气储能系统受地理环境条件限制的影响小，应用地域非常广。

表 3-8　液态空气储能、压缩空气储能和抽水蓄能体积能量密度比较

典型储能电站	最大储能容量（10^4kWh）	储库容积（10^4m^3）	体积能量密度（kWh/m^3）
浙江天荒坪抽水蓄能电站	866	1762（水库）	0.49
江苏金坛盐穴压缩空气储能电站	30	22	1.36
英国液态空气储能示范电站（数值模拟）	3.7	0.07（储罐）	52.8

3.3.4　液态空气储能工程应用

（1）英国 350kW/2.5MWh 项目（见图 3-40）。Highview 公司的 LAES 技术已经被苏格兰南方能源公司（SSE）应用于其 80MW 生物质热电联产的 350kW/2.5MWh 液态空气储能系统中（2011～2014 年间全面运行，并成功与英国电网连接）。该技术使用液态空气作为储能介质，使用传统的工业制冷技术将空气冷却至低于−170℃，将空气进行液化，其体积收缩 700 倍。该过程类似于生产液化天然气的过程，但由于这些低温系统只使用空气为原料，因此整个充电/放电循环过程中完全没有碳排放。分析表明该系统理论效率可达 60%以上。

图 3-40 Highview 公司 350kW/2.5MWh LAES 项目示范工厂

（2）英国 5MW/15MWh 项目。2014 年 2 月，在英国能源与气候变化部（DECC）的 800 万英镑的资助下，Viridor 公司选择 Highview 公司设计并建设了一个 5MW/15MWh 商用示范液态空气储能示范工厂（见图 3-41），项目所用设施由 GE 公司提供涡轮发电机。该液态空气储能工厂建造在 Viridor 公司的垃圾填埋燃气发电厂里，这是英国 Highview 公司首次以商业规模的形式来示范 LAES 技术的应用。

图 3-41 Highview 公司 5MW/15MWh LAES 项目示范工厂

（3）英国 CRYObattery 储能项目。该项目位于英国曼彻斯特，英国政府为该项目提供了 1000 万英镑的补助，项目预计于 2023 年投入使用。该液态空气储能电站前期计划规模为 50MW/250MWh，可实现 5min 以内冷启动，未来运行过程还可进一步扩大储能空间。

其原理如图 3-42 所示。该商用系统主要由绝热压缩充能模块、液态空气储能模块、高温导热油/熔融盐/热岩蓄热模块、低温水蓄热模块、高品位蓄冷模块、双温轴向释能模块等组成，如图 3-43 所示。

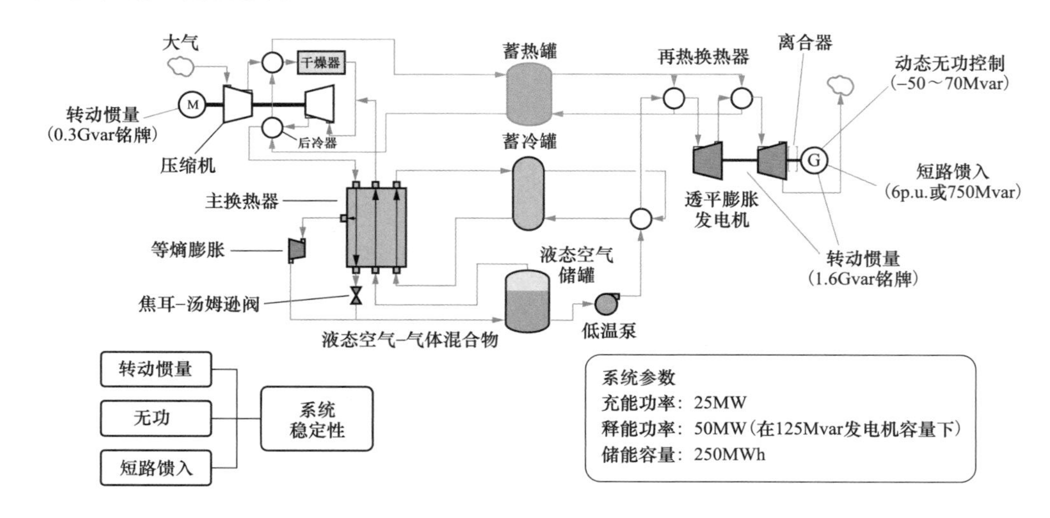

图 3-42　CRYObattery 储能项目原理图

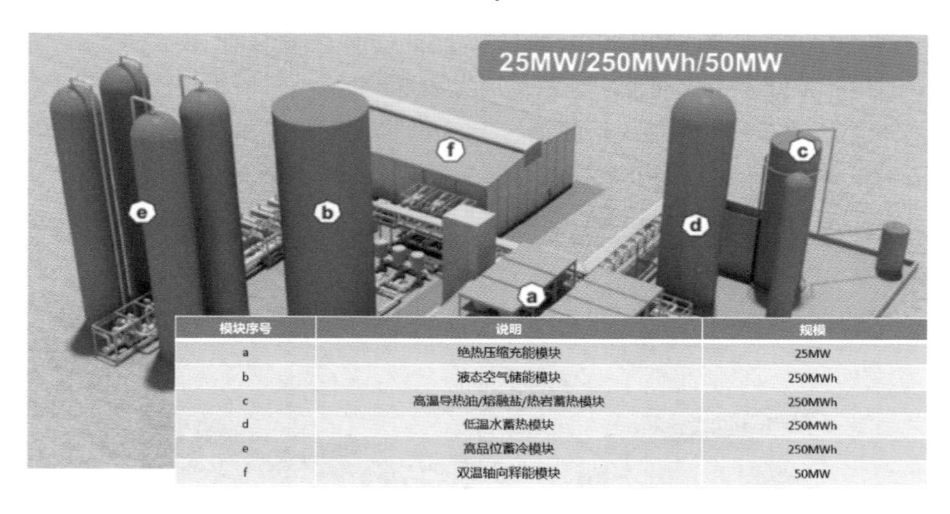

模块序号	说明	规模
a	绝热压缩充能模块	25MW
b	液态空气储能模块	250MWh
c	高温导热油/熔融盐/热岩蓄热模块	250MWh
d	低温水蓄热模块	250MWh
e	高品位蓄冷模块	250MWh
f	双温轴向释能模块	50MW

图 3-43　CRYObattery 储能项目组成模块及规模

（4）中国青海 60MW/600MWh 液态空气储能项目。2023 年 7 月 1 日，由中国绿发投资集团有限公司投资建设的青海省 60MW/600MWh 液态空气储能示范项目在海西蒙古族藏族自治州格尔木市正式开工建设，如图 3-44 所示。项目建成投产后，有望成为液态（化）空气储能领域发电功率世界第一、储能规模世界最大的示范项目，成功突破从百千瓦级到万千瓦级液态（化）空气储能系统规模化放大的设备约束。项目总投资约 15.68 亿元，采用新一代的压缩空气储能技术及自主知识产权的深低温梯级蓄冷技术，采用全国产化设备。基于低温空气液化和蓄冷技术，将电能以常压、低温、高密度的液化空气形式存储，解决了空气存储和恒压释放的难题，具有可实现大规模长持续时间储能、清洁低碳、安全、长寿命和场址不受地理条件限制等突出优点。

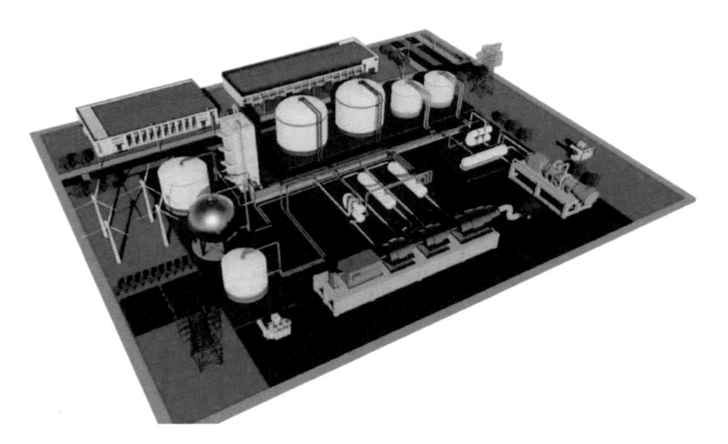

图 3-44 青海 60MW/600MWh 液态空气储能项目示意图

3.3.5 液态空气储能技术发展趋势

国内外研究人员围绕液态空气储能从系统理论、提效方法、多联产技术、应用场景等方面进行了大量研究探索。根据目前的研究现状及研究进展，同时结合已有的关于 LAES 技术理论分析及热力学分析等方面的研究，未来 LAES 技术将围绕以下几个方面开展工作：

（1）通过提高压缩热的回收利用来解决 LAES 系统能效低的问题。目前的研究中仍然存在着系统参数优化程度不够、依赖外部能量补充、参数配置不合理、系统复杂以及热力学分析不全面等问题。

（2）厘清 LAES 系统实际运行控制的动态特性。目前，由于系统运行过程中工质的热力学特性与设备的机械特性之间的耦合关系难以掌握，缺乏完备的动态建模方法，所以对 LAES 系统的动态特性认识还不足。

（3）提高 LAES 技术推广应用的经济性。虽然国内外针对该技术的成本、收益、回收期和收益率进行了诸多研究，但还缺少盈亏平衡分析、经济性评价指标的敏感性分析，以及储能补贴预测等方面的研究。

3.4 飞 轮 储 能

飞轮储能技术的起源可以追溯到 20 世纪 50 年代，最初的构想是将其用于驱动车辆，但由于当时的技术限制，飞轮储能的发展进展较为缓慢。直到 20 世纪 90 年代，高强度纤维复合材料、磁悬浮技术以及现代电力电子学等关键技术领域取得了重大突破，这为飞轮储能技术的发展奠定了基础。随着深入的研究和应用，飞轮储能技术逐渐受到广泛认可，其潜在优势和价值也逐渐显现。主要发达国家或地区（如美国、欧盟和日本）已成功将高功率的飞轮储能系统（Flywheel Energy Storage System, FESS）应用于电力系统。

飞轮储能技术在中国的发展起步相对较晚，投资规模和技术水平相对有限。然而，近年来，随着我国对该领域的重视程度逐渐提升，相关高等教育机构和科研机构等对飞轮储能技术的研究与开发投入了更多资源，取得了一定的研究成果。

3.4.1 概述

飞轮储能技术的基本原理是把电能转换为旋转体的动能进行存储。充电时，电动机拖动飞轮，使飞轮加速到一定转速，将电能转换为动能；放电时，飞轮减速，电动机作为发电机运行，将动能转化为电能。

在众多储能技术中，飞轮储能系统具有功率密度高、充放电次数高、工作环境要求低、效率高、响应快和对环境友好等优点，在短时高频领域具有很好的应用前景。具体来说，FESS 功率密度大，短时间内可输出较大功率，但持续放电时间短（分钟级），是典型的功率型储能技术，适用于提高电能质量、调频等应用场景。FESS 能量转换效率高，可达 90%以上。FESS 循环次数可达百万次以上，使用寿命可达 25 年左右；但空载损耗和自放电率较高，不适合长时间储能。

美国、德国、加拿大等国家对飞轮储能技术和应用的研究较为活跃，已有多项工程投入商业应用，例如美国 2012 年在纽约 Stephen 镇投运的 20MW 飞轮储能，主要用于为电力系统提供调频辅助服务。中国起步相对较晚，目前有多所高校、科研院所和设备厂家开展相关研究，尚处于工程试验示范阶段。

3.4.2 飞轮储能工作原理

飞轮储能技术的基本原理是电能和机械能（动能）之间的相互转换。该系统一般由高速飞轮、磁轴承系统、永磁电动/发电机、能量转换控制系统以及附加设备组成，具体结构见图 3-45。它是以高速旋转的飞轮作为机械能量储存的介质，利用电动发电机和能量转换控制系统来控制能量的输入和输出，达到充电和放电的目的。

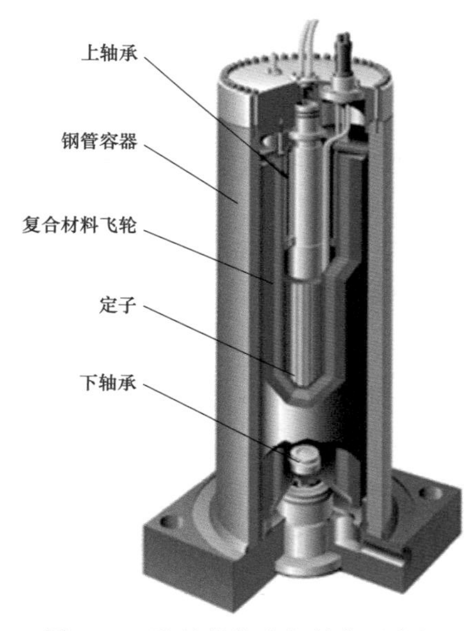

图 3-45 飞轮储能内部结构示意图

根据其工作状态，通常可分为加速充电、减速放电和空载运行三部分。当外部电能充足时，系统将电能通过电动机带动转化为飞轮的机械能储存起来；当系统外部电能不足时，将飞轮存储的机械能转化为电能输出到外部负载；当不需要系统对外供电时，飞轮处于空转状态，如果忽略阻力，飞轮将按照原有转速一直旋转，直至外部负载需要用电时。

3.4.3 飞轮储能分类及特点

飞轮储能系统，根据转速可以分为高速和低速飞轮储能系统，不同转速的储能系统所应用的飞轮材料类型会根据经济成本、强度、储能容量和功率需求加以调整。在研究和工程实践中，一般更关注飞轮储能的能量和功率特性，本节将具体介绍。

3.4.3.1 飞轮储能的特点

飞轮储能具有瞬时功率大、能量转换效率高、循环次数高、环保无污染等优势，同时在能量密度、自放电率方面存在一定不足。

（1）瞬时功率大。飞轮储能系统能够以非常短的时间释放出较大能量，同时在接下来的数分钟内完成充电过程，该特性使飞轮储能可满足电网的快速响应和快速调频需求。

（2）能量转换效率高。典型的飞轮储能系统通常能够实现约 90%的能量转换效率，若采用磁悬浮轴承技术，飞轮储能系统工作效率有望进一步提高至 95%。

（3）循环次数高。飞轮储能系统的充放电循环次数通常达到百万次甚至更高数量级，其免维护性也表现出色，一般可实现超过 10a 的免维护运行时间，保障了系统的长期可靠性。

（4）环保无污染。飞轮储能技术因其基于机械储能的特性，通常不会产生对环境有害的排放物，是一种环境友好型的储能技术。

（5）能量密度较低，自放电率高。一旦停止充电，飞轮储能系统的能量将在几到几十个小时内自行消耗殆尽。例如，对于以数万转高速运转的飞轮系统，其自放电速率大约为 100W/h。

综合以上特点来看，飞轮储能较适合高功率、短时放电或频繁充放电的储能需求，在电力系统中尤其适用于电网调频等领域，同时，在新能源汽车及军工企业也具有广阔的应用前景。

3.4.3.2 飞轮储能分类

根据飞轮的旋转速度，飞轮储能系统可以分为两类：高速飞轮储能系统和低速飞轮储能系统。通常情况下，额定转速高于 10 000r/min 系统被归类为高速飞轮储能系统，而额定转速低于 10 000r/min 系统则属于低速飞轮储能系统。

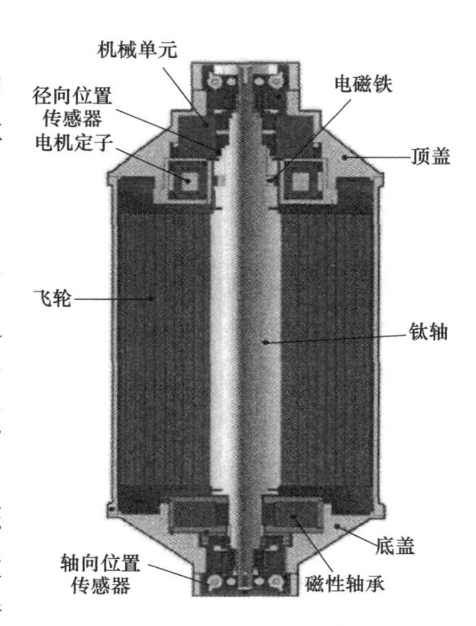

图 3-46　高速飞轮储能系统结构

图 3-46 为高速飞轮储能系统的结构示意图，该系统主要包括飞轮、电机、钛轴、径向和轴向位置传感器，以及磁性轴承等组件。高速飞轮的最大转速可达 40 000～100 000r/min，鉴于一般金属材料无

法承受如此高的转速，高速飞轮通常采用碳纤维材料，以减轻重量并降低在充/放电过程中的能量损耗。此外，飞轮和电机通常使用磁悬浮轴承并置于真空容器中，以降低机械摩擦和空气摩擦，因此，飞轮储能系统中通常会配备真空泵来实现（维持）真空环境。通过以上途径，高速飞轮储能系统的输入输出效率可达 95%左右。

如图 3-47 所示，低速飞轮储能系统的组成和高速飞轮储能系统相似。不同之处在于低速飞轮的最高旋转速度较低，因此对材料的要求相对较低，不需要使用碳纤维等高强度材料。低速飞轮牺牲部分能量转换效率，实现了总体制造成本的降低，在实际工程应用中主要采用低速钢制飞轮。

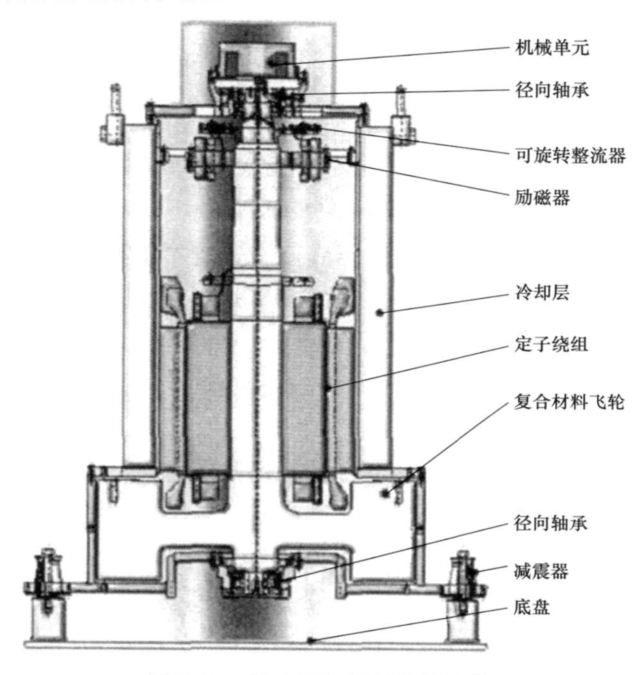

图 3-47　低速飞轮储能系统结构

无论何种飞轮储能系统，内部电机-发电机均为关键部分，因为电机-发电机的低损耗、高效率直接关系到能量的高效传递。它不但充当发电机的作用，同时也要作为电动机运行。在储能阶段，电机-发电机充当电动机的角色，系统中的电机消耗外部电能带动飞轮转子加速旋转。而在释能阶段，电机-发电机则充当发电机的角色，飞轮转速逐渐下降，将机械能转化为电能释放。飞轮转子处于空转状态时，由于系统处于真空环境，因此以最小能量损失运行。此外，飞轮储能系统的灵活性和可控性在很大程度上依赖于电力电子转换器。因此，这也使得飞轮储能系统对材料和技术的要求较高，从而导致其成本和造价相对较高。这也是当前飞轮储能技术在发展和应用方面所面临的挑战和限制因素。

3.4.3.3　飞轮储能能量特性

飞轮储能系统可以释放或储存的能量 ΔE（单位：J）可表示为

$$\Delta E = \frac{1}{2}J\omega^2 - \frac{1}{2}J\omega_b^2 \tag{3-8}$$

式中 ω——即时飞轮转子转速，rad/s；

J——转子的转动惯量，kg·m²；

ω_b——飞轮储能系统在储放能循环中设定的最低转速（额定最低转速），rad/s。

飞轮设计的最大储能量 ΔE_{max}（单位：J）为

$$\Delta E_{max} = \frac{1}{2}J\omega_t^2 - \frac{1}{2}J\omega_b^2 \tag{3-9}$$

最大能量利用率为

$$\eta = \frac{\Delta E_{max}}{\frac{1}{2}J\omega_t^2} = 1 - \left(\frac{\omega_b}{\omega_t}\right)^2 \tag{3-10}$$

考虑通常情况，最高转速 ω_t 为额定最低转速 ω_b 的 2 倍，即 $\omega_t = 2\omega_b$ 时，可得飞轮典型设计的最大储能量 ΔE_{max}^{ty}（单位：J），即

$$\Delta E_{max}^{ty} = \frac{1}{2}J(2\omega_b)^2 - \frac{1}{2}J\omega_b^2 = \frac{3}{2}J\omega_b^2 \tag{3-11}$$

此时对应的典型能量利用率为 75%。考虑到飞轮的转动惯量与飞轮转轴的位置、飞轮的质量、飞轮质量对轴的分布有关，所以由式（3-8）可知，在设计阶段增加飞轮质量，调整飞轮质量对飞轮转轴的分布（如将质量集中于远离飞轮转轴的外围），在运行储能阶段提高飞轮转速 ω，是增加飞轮储能量的最有效手段。但与此同时，产生的大离心力对飞轮材料强度提出了更高的要求，使得大容量、大功率高速飞轮储能系统造价很昂贵。

3.4.3.4 飞轮储能功率与转矩特性

飞轮储能系统的功率为即时储存能量（单位：J）对时间的导数，即

$$P = \frac{d(\Delta E)}{dt} = \frac{d\left(\frac{1}{2}J\omega^2 - \frac{1}{2}J\omega_b^2\right)}{dt} = J\omega\frac{d\omega}{dt} = J\omega\alpha \tag{3-12}$$

式中 α——角加速度，rad/s²。

通过式（3-12）可以看出，实际运行过程中，飞轮的功率与角速度和角加速度相关。

若将飞轮系统简化为单质量块，当忽略黏性摩擦（$f = 10^{-4} \sim 10^{-3}$kg·m²·s⁻¹），作用于飞轮轴上的电磁转矩 T（N·m）可表示为

$$T = J\frac{d\omega}{dt} + f\omega \approx J\frac{d\omega}{dt} = J\alpha \tag{3-13}$$

因此，如图 3-48 所示，在 t = 60s 之前，外界向飞轮储能系统持续充电，功率为 700kW，飞轮系统处于加速储能状态，飞轮转速由 1500r/min 逐渐提高到 3000r/min，此过程 $\omega\alpha$ 为定值，但由于飞轮速度不断增加，因此其角加速度 α 不断降低，这也与

图 3-48（b）中 $t=60s$ 前曲线斜率不断降低的趋势相符。$t=60s$ 之后，飞轮储能系统由持续充电变为向外界持续放电，功率为 700kW，飞轮系统处于减速释能状态，飞轮转速由 3000r/min 逐渐降低到 1500r/min，此过程 $\omega\alpha$ 为定值，但由于飞轮转速不断降低，因此其角加速度 α 不断增加，这也与图 3-48（b）中 $t=60s$ 后曲线斜率绝对值不断增加的趋势相符。

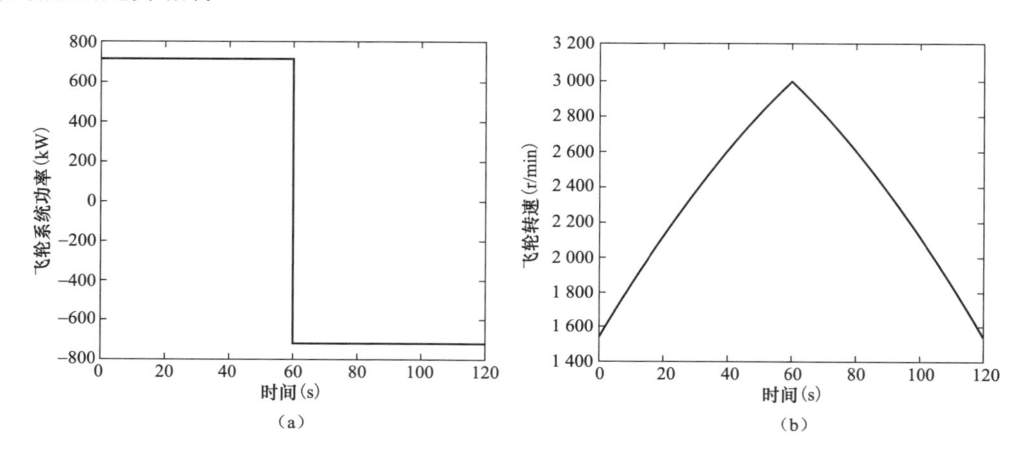

图 3-48　飞轮系统吸收、释放功率图和相应飞轮转速曲线图

（a）飞轮系统吸收、释放功率图；（b）相应飞轮转速曲线图

根据飞轮储能系统的功率转矩特性，实际过程中，可以采用恒转矩控制或恒功率控制两种方式，图 3-49 所示为恒功率、恒转矩控制图，分别反映了功率 P 和转矩 T 与角速度 ω 之间的关系：

（1）当 $0\leqslant\omega\leqslant\omega_1$ 时，功率 P 随着角速度的增大而增大，成正比关系，由式（3-12）可知，此时角加速度 α 为定值，说明为匀加速运动，考虑到飞轮转动惯量为定值，可知转矩 $T=J\alpha$ 保持不变，以恒定最大值输出；

（2）当 $\omega>\omega_1$ 时，功率 P 不再随角速度的增大而增大，其保持最大值不变，而转矩 T 则开始随着角速度的增大而减小，成反比关系，即 $T\omega$ 为定值。

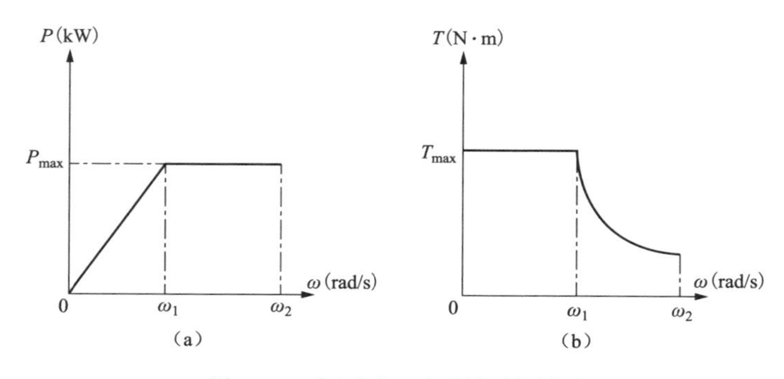

图 3-49　恒功率、恒转矩控制图

（a）功率 P 与角速度 ω 关系；（b）转矩 T 和角速度 ω 关系

3.4.4 飞轮储能工程应用

《电力系统安全稳定导则》（GB 38755—2019）中第3.5.2条规定电源（指接入35kV及以上电压等级电力系统的风力发电、光伏发电及储能电站等）均应具备一次调频、快速调压、调峰能力，且应满足相关标准要求。第3.5.6条规定电力系统应具备基本的惯量和短路容量支持能量，在新能源并网发电比重较高的地区，新能源场站应提供必要惯量与短路容量支撑。

飞轮储能技术具有良好的功率密度、长期可靠的使用寿命、高度的安全性、友好的运行环境以及较高的充放电循环次数等一系列优点，是一种适合应用于新型电力系统暂态频率支撑的储能技术。

（1）阜新查台风电场飞轮储能应用项目。大唐国际阜新查台风电场位于中国辽宁省阜新市阜蒙县旧庙镇后查台村，海拔在245～389m之间，多年平均风速为6.26m/s，主要风向为西南风。该风电场规划的装机容量为450MW，采用了明阳公司生产的MY1.5Se型双馈异步风力发电机组，在变、升压后接入35kV电压等级电网。该项目由沈阳微控新能源技术有限公司、国网辽宁电科院和辽宁大唐国际新能源有限公司共同合作完成。它是中国首个风电场站采用飞轮储能技术提供一次调频和惯量响应的应用项目。该项目于2021年秋季成功通过并网前验收，现场情况如图3-50所示。

图3-50 大唐阜新查台风电场站飞轮储能应用项目现场

（2）国能宁夏灵武22MW/4.5MWh飞轮储能工程。国家能源集团宁夏电力灵武公司光火储耦合22MW/4.5MWh飞轮储能工程于2021年5月完成首套630kW/125kWh飞轮安装和试运；2022年11月完成一期12套630kW/125kWh飞轮与火电机组的联调，并投入AGC调频运行；2023年3月完成二期24套630kW/125kWh飞轮与火电机组的联调，项目整体接入AGC调频运行后，两台600MW火电机组一次调频合格率由50%～70%提高到92%以上，其工程现场见图3-51。2023年5月通过中国电机工程学会技术鉴定。该项目是国内第一个大功率飞轮储能——火电联合调频工程，采用了华驰动能公司单体储电量最大、单体功率最大的磁悬浮飞轮储能技术，突破了 500kW 级大功率飞轮单体的技术瓶颈，单体储电量达到 125kWh，推进了大功率飞轮单体工程应用。该工程寿命周期设计是 25a，寿命周期内可以实现 1000 万次以上的储放电，充电和放电之间的转换在 200ms 左右。

图 3-51 国能宁夏灵武光火储耦合 22MW/4.5MWh 飞轮储能工程现场

（3）内蒙古霍林河 1MW/0.2MWh 飞轮储能系统。霍林河循环经济“源-网-荷-储-用”多能互补项目是以国家电投内蒙古公司在霍林郭勒的煤电铝循环经济产业集群为根基，在霍林郭勒市重点推进的创新示范应用项目。项目储能部分投资 4600 余万元，分别建设 1MW/6MWh 铁-铬液流电池储能系统、1MW/2MWh 液冷锂电池储能系统和 1MW/0.2MWh 飞轮储能系统三套不同系统。该储能系统由国电投坎德拉（北京）新能源有限公司生产。

3.4.5 飞轮储能技术发展趋势

国内外学者围绕飞轮储能技术的材料、电机损耗、动力学及控制、高能量飞轮本体、高速电机等方面开展了诸多研究。未来飞轮储能技术将围绕以下几个方面开展工作：

（1）飞轮转子方面，整体上的发展经历了从高强度合金材料、高强度纤维（碳纤维、玻璃纤维等）、复合材料转子几个阶段；后续的发展方向将是根据功率和储能容量个性化地定制飞轮转子。

（2）轴承技术方面，超导磁轴承在飞轮储能技术中的应用前景已获得世界公认，但是目前还有一些问题如稳定性、刚度等尚待解决，而且维持超导材料的超导状态所需的温度装置体积很大，消耗的能量多，费用太高；无源电动磁悬浮轴承以及永磁磁悬浮轴承+超导磁悬浮轴承两者组合而成的全被动磁悬浮轴承将是未来研究的重点。

（3）飞轮储能的阵列研究方面，已经实现了功率从千瓦（kW）级到兆瓦（MW）级，放电时间从十秒级到百秒级，储能量从千瓦时（kWh）向兆瓦时（MWh）的跨越，后续将在更大规模、更高效率的阵列系统方面继续发力。此外，高速高效率电机，先进电力电子技术（交直流转换、脉宽脉幅调制），适合飞轮储能系统的真空散热技术将是未来飞轮储能技术的发展方向。

3.5 二氧化碳储能

二氧化碳储能技术（Carbon dioxide energy storage，CES）是一种新兴的、以二氧化碳为工质的机械储能技术，由压缩空气储能技术演化而来。这项技术有着储能密度高、系统设备紧凑、运行寿命长等多个优点，在未来的电力储能市场中具有广阔的发展潜力。尽管目前大部分研究还停留在理论探讨阶段，但二氧化碳储能技术领域正在蓬勃发展。未来的发展方向包括系统的优化设计、实验验证以及产业化应用，进一步提高技术性能和可靠性，为可持续能源系统提供有前景的解决方案。

3.5.1 概述

二氧化碳储能技术（CES）源于压缩空气储能（CAES）与布雷顿循环的融合，其最早由瑞士洛桑埃尔科尔理工大学的 Morandin 教授提出。Morandin 设计了一种基于热水蓄热和冰浆蓄冷的二氧化碳电热储能系统。将 CO_2 作为储能介质带来了多方面的优势，包括相对于空气更容易达到临界点（7.39 MPa 和 31.4 ℃）以及气体无毒且不易燃烧的性质。此外，超临界二氧化碳表现出卓越的热力学性质，包括低黏度、高密度和出色的导热性能，从而降低了系统的能耗。在相同状态和压力下，CO_2 的储能密度高于空气，尤其在液态储存条件下，储能潜力巨大，使 CES 系统具备杰出的储能性能。虽然相对于压缩空气储能和液态空气储能，二氧化碳储能技术的发展相对较晚，但国内正通过试验示范项目积极推动相关工程建设，已成功建成全球首个整合二氧化碳储能与飞轮储能的示范项目。

3.5.2 二氧化碳储能工作原理

二氧化碳储能以 CO_2 作为储能系统工作介质，通过多级绝热压缩、等压加热、多级绝热膨胀和等压冷却等过程实现，但由于 CO_2 工质特殊性，系统为封闭式循环，系统设备和参数设置也与压缩空气储能有较大差异。表 3-9 列出了二氧化碳储能与绝热压缩空气储能、液态空气储能的单位质量储能介质的性能对比。

表 3-9　二氧化碳储能、绝热压缩空气储能、液态空气储能的单位质量储能介质性能对比

项目	环境工况下容积（m^3）	储能工况压力（MPa）	储能工况温度（℃）	储能工况下容积（L）	能量密度（kWh/m^3）
二氧化碳储能	0.55（1kg CO_2）	高压，7	环境温度	1.3	66.7
绝热压缩空气储能	0.82（1kg 空气）	高压，7	环境温度	12	2～6
液态空气储能	0.82（1kg 空气）	低压，＜1	−190	1.1	107

二氧化碳储能系统的工作原理如图 3-52 所示，该系统主要包括高压储罐、低压储罐、蓄冷换热器、压缩机、透平以及蓄热蓄冷单元，蓄热蓄冷单元包括再冷器、再热器、蓄热罐和蓄冷罐。系统工作过程可划分为储能和释能两个主要阶段。在储能阶段，低压储罐内的低压液态 CO_2 首先经过蓄冷换热器以吸收热量进行气化，然后通过多级压缩机被压缩至超临界状态。同时，通过再冷器吸收压缩热，并将热量储存于蓄热罐中。最后，超临界状态 CO_2 被存储于高压储罐中，将电能以热能和压力势能的形式储存起来。在释能阶段，高压储罐中的超临界 CO_2 再次升温通过再热器，然后进入透平以推动发电。同时，透平出口的 CO_2 将冷却至液化状态，经过冷却器和蓄冷换热器，将剩余的冷量储存在蓄冷罐中。最终，液态 CO_2 储存在低压储罐中，实现利用热能和压力势能转化为电能的循环过程。

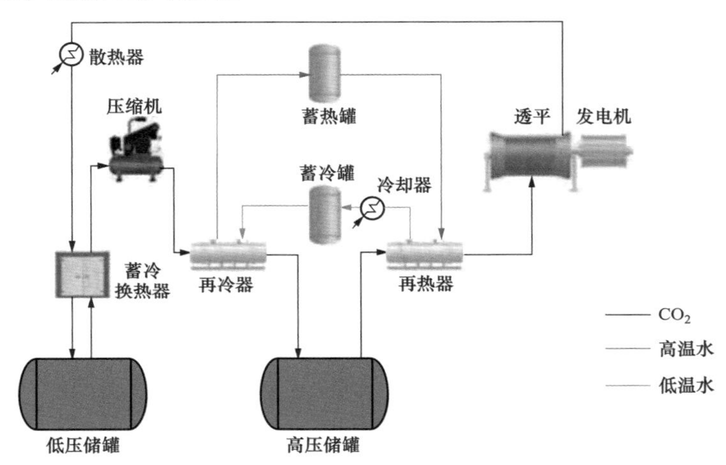

图 3-52　二氧化碳储能系统原理图

在 CES 系统中，通常采用多级压缩和多级膨胀，储能压力可达 20～25MPa，并通过多级中间冷却和多级中间再热，使压缩机和透平在接近等温的条件下运行，从而提高了系统的循环效率。此外，CES 系统通过合理地配置多级压缩机和透平，使得系统能够高度灵活地控制储能过程和释能过程，提高系统的运行灵活性。同时，在储能时长方面，CES 系统可以满足数小时甚至数十天的储能周期要求，实现高效、安全、稳定地在多种不同的应用场景下长期运行。

3.5.3　二氧化碳储能类别及特点

在典型二氧化碳储能系统的基础上，目前主要发展的技术包括：二氧化碳电热储能（thermoelectrical carbon dioxide energy storage，TE-CES）、跨临界二氧化碳储能（transcritical carbon dioxide energy storage，TC-CES）、超临界二氧化碳储能（supercritical carbon dioxide energy storage，SC-CES）、液态二氧化碳储能（liquid carbon dioxide energy storage，LCES）和耦合其他能源系统的二氧化碳储能系统。针对这些技术，系

统循环效率（round-trip efficiency，RTE）和储能密度（energy storage density，ESD）是研究中关注的两个主要方面。

3.5.3.1 二氧化碳电热储能（TE-CES）系统

二氧化碳电热储能系统包括四个部分，分别是热泵循环系统、热机循环系统、储热系统和储冷系统，其运行过程如下：在充电过程中，电能被用来驱动压缩机，将 CO_2 压缩至超临界态，并通过储能换热器将其热能储存于蓄热罐中，实现电能向热能和压力势能的转化和储存；而在放电过程中，超临界 CO_2 吸收蓄热器中释放的热能，然后进入透平膨胀做功，将热能和压力势能转化为电能输出，如图 3-53 所示。

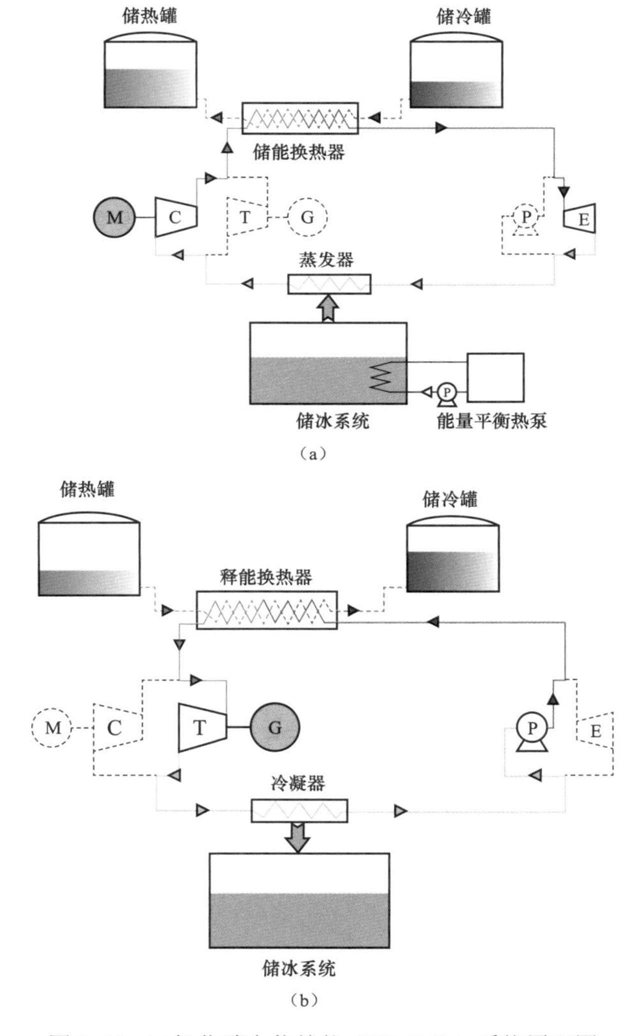

图 3-53　二氧化碳电热储能（TE-CES）系统原理图

（a）充电过程；（b）放电过程

M—电机；G—发电机；C—压缩机；T—透平；P—泵；E—膨胀机

二氧化碳电热储能系统中的换热过程，具有良好的热匹配性，在蓄热端换热时采用显热交换，CO_2 处于单相区，而在蓄冷端换热时采用潜热交换，CO_2 处于两相区。在蓄热介质的选取方面，液态水具有高热容量、出色的流动性以及极低的成本等突出优点，相对于其他常见蓄热介质（见表 3-10），在二氧化碳储能系统的换热过程中得到广泛应用。

表 3-10　　蓄热介质性能对比

性能	水	砂砾岩石	导热油	相变材料（以石蜡为例）
比热容［kJ/（kg·K）］	4.181	0.83	1.67	2.12
比潜热［kJ/（kg·K）］	—	—	—	253.0
密度（kg/m^3）	1000	1680	900	780
单价（美元/kg）	0.0005	0.03	1	2

3.5.3.2　跨临界和超临界二氧化碳储能（TC-CES 和 SC-CES）系统

在压缩空气储能研究和应用的基础上，中国科学院工程热物理研究所的研究团队提出了一种以 CO_2 为工质的压缩二氧化碳储能系统。根据透平出口压力的不同，二氧化碳储能系统可以进一步分为跨临界二氧化碳储能系统（transcritical carbon dioxide energy storage，TC-CES）和超临界二氧化碳储能系统（supercritical carbon dioxide energy storage systems，SC-CES）。TC-CES 系统的透平出口压力低于临界压力，SC-CES 系统的透平出口压力高于临界压力。目前，这两种系统的研究相对较多，主要的研究机构包括中科院工程热物理所、华北电力大学、西安交通大学、华中科技大学等。但主要停留在系统理论设计和性能分析阶段。图 3-54 所示为 TC-CES 系统和 SC-CES 系统原理图。

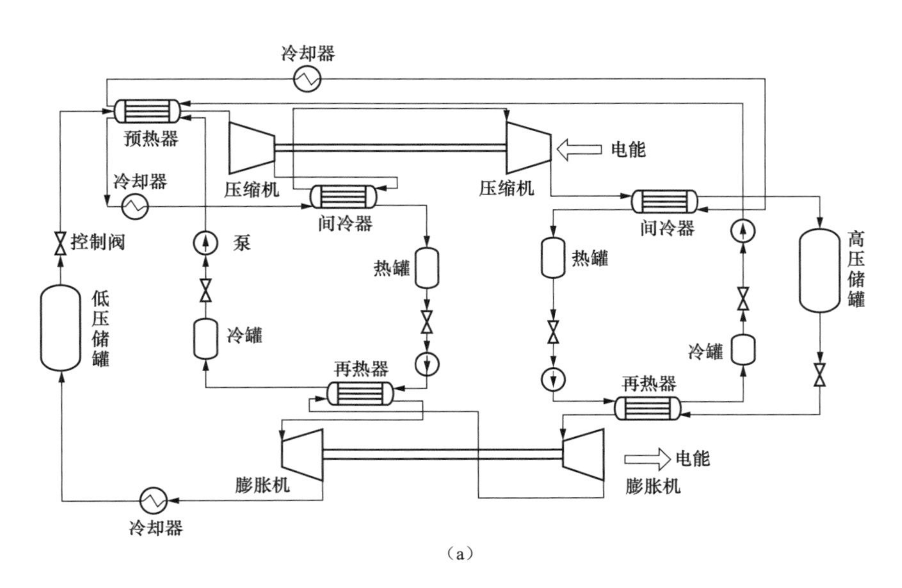

（a）

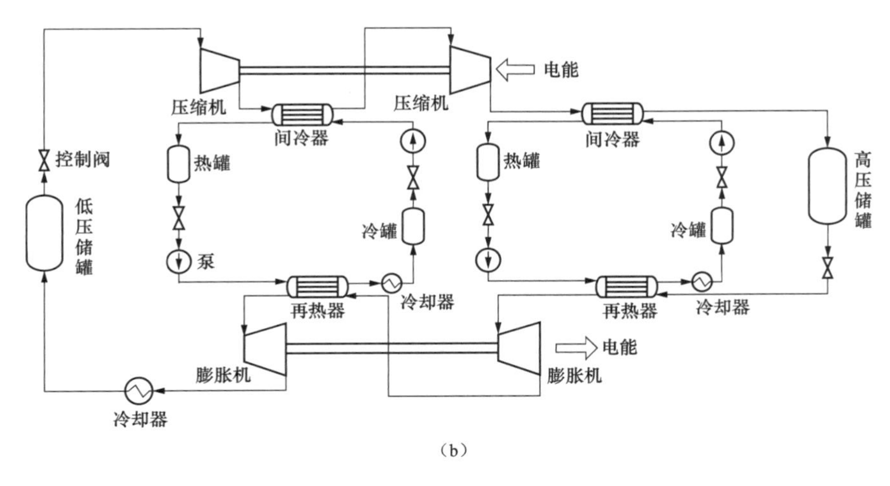

图 3-54 TC-CES 系统和 SC-CES 系统原理图

（a）跨临界二氧化碳储能系统；（b）超临界二氧化碳储能系统

北京大学的研究团队研究了基于热水蓄热原理的 TC-CES 和 SC-CES 系统。这两种系统在原理上没有本质区别，但 TC-CES 系统相对于 SC-CES 系统另外设计了压缩前预热器，其主要目的是在 CO_2 进入压缩机之前将低压储罐中的液态 CO_2 完全气化。而 SC-CES 系统中，低压储罐中的 CO_2 本身就处于超临界状态，因此可以直接进入压缩机。研究结果表明，当系统以 1MW 的释能功率输出时，TC-CES 系统的 CO_2 工质流量为 38.52kg/s，循环效率达到 60%，储能密度为 2.6kWh/m^3；而 SC-CES 系统的 CO_2 工质流量为 6.89kg/s，循环效率为 71%，储能密度为 23kWh/m^3。

图 3-55 比较了在 1MW 释能功率条件下，传统 CAES、AA-CAES、TC-CES 和 SC-CES 系统的循环效率和能量密度数据。如图 3-55 所示，TC-CES 的循环效率高于传统 CAES，但略低于 AA-CAES，而其储能密度均高于传统 CAES 和 AA-CAES 系统。与此不同，SC-CES 系统的循环效率最高，而其储能密度远超过其他三种系统。尽管 SC-CES 系统在释放能量的过程中需要额外的低压储存设备来处理透平出口的超临界态 CO_2，但由于其工质整体储存容积需求较低，因此仍具有较高的储能密度。

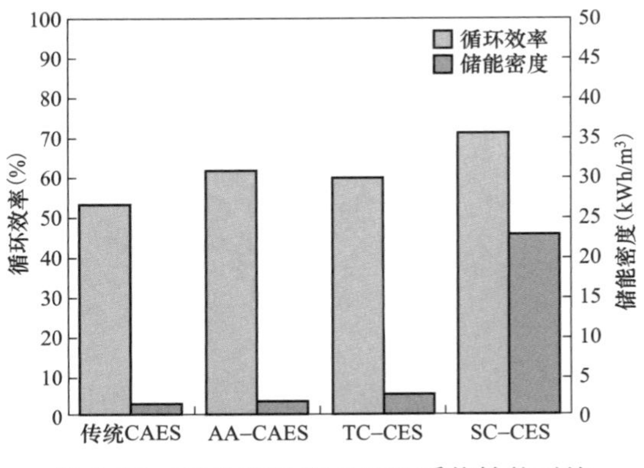

图 3-55 不同 CES 和 CAES 系统性能对比

3.5.3.3 液态二氧化碳储能（LCES）系统

针对跨临界、超临界二氧化碳储能系统需要耐高压储存设备等问题，有学者提出一种液态二氧化碳储能（liquid carbon dioxide energy storage，LCES）系统，即将高压

侧和低压侧 CO_2 均以低压液态（0.5～1.0MPa，–56～–40℃）形式储存，工质密度大于 1000kg/m^3，极大地降低了存储压力，且不受地理条件限制，还可以显著降低压力容器加工制造成本，提高了二氧化碳储能系统在可再生能源聚集地区的运行安全性。此外，关于液态空气储能技术的研究也证实了液态工质储能系统在实际工程应用的可行性。

西安交通大学提出了一种结合 ORC（有机朗肯循环）的液态二氧化碳储能系统。如图 3-56 所示，该系统由压缩机、膨胀机、蓄热单元、蓄冷单元、储罐和工质泵组成。储能时，罐 2 中的液态 CO_2 经过节流阀和蓄冷单元吸热气化，进入压缩机被压缩，然后通过蓄热单元储存压缩热，再经过水冷液化储存到罐 1 中。释能时，罐 1 中的液态 CO_2 通过工质泵 1 增压，再进入蓄热单元和膨胀机吸热做功，然后经过蒸发器和蓄冷单元冷却液化，回到罐 2 储存，温度可达–56℃，高于 LAES 系统液化温度，降低了系统冷损。膨胀机 1 排气温度较高，400～600K，因此设计了一组 ORC 系统与蒸发器并联布置，以充分利用排气中的余热。研究结果显示，该系统的循环效率可达到 56.64%左右，储能密度为 36.12kWh/m^3，高于 AA-CAES 系统和其他二氧化碳储能系统。

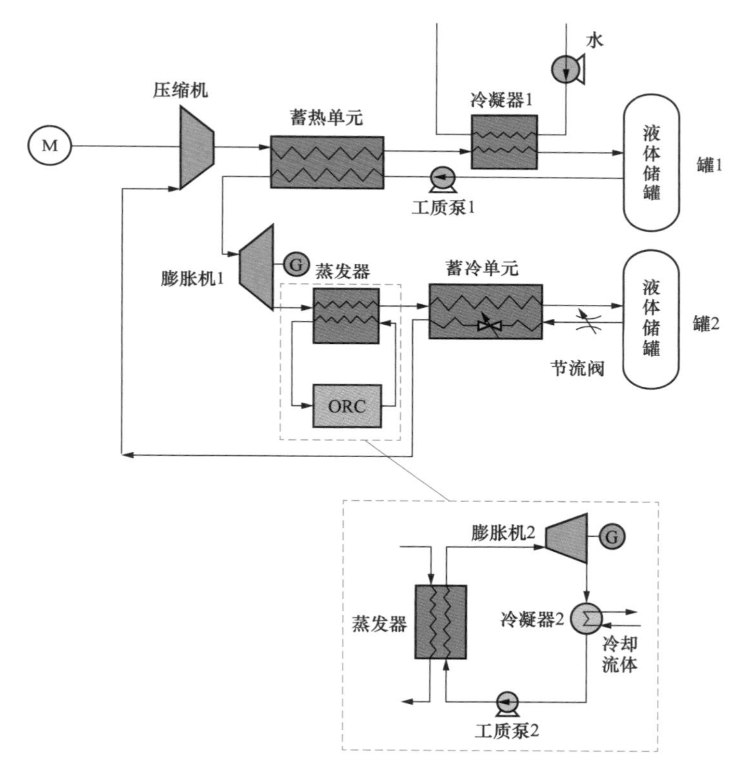

图 3-56　结合 ORC 的液态二氧化碳储能系统原理图

在 LCES 系统中，虽然解决了压力容器的加工制作和运行安全问题，进而提高了系统的储能密度，却引入了一套比较复杂的蓄冷蓄热系统，用于将 CO_2 冷却液化的换热量回收并用于膨胀过程中 CO_2 的加热气化。另外，LCES 系统循环效率还将受制于低温液体泵功耗、低温 CO_2 耗散这两个问题，导致 LCES 系统的循环效率一般略低于其他 CES 系统。

3.5.3.4 耦合其他能源系统的二氧化碳储能系统

二氧化碳储能系统不仅具备了压缩空气储能系统的功能特性，能够有效地整合风电、光伏等间歇性可再生能源，以确保持续的电力供应，还具备与碳捕集与封存（carbon capture and storage，CCS）、液化天然气（liquefied natural gas，LNG）等多种能源系统协同耦合的能力，从而实现了二氧化碳储能在多种场景下的应用和能效提升，进一步降低系统总体的碳排放强度。

西安交通大学的研究团队提出了一种通过太阳能光热系统补热的 LCES 系统，如图 3-57 所示。该系统引入了额外的太阳能光热热源，在膨胀机的入口处加热工质，以提高透平（膨胀机）入口气体的温度。同时，在透平出口处设置了换热器，用于回收 400℃的余热。LCES 系统循环效率和㶲效率高于传统 LAES 系统。但是为了保证 LCES 系统透平入口温度的稳定性，需要采用一定的控制手段来抑制太阳能热量的波动。

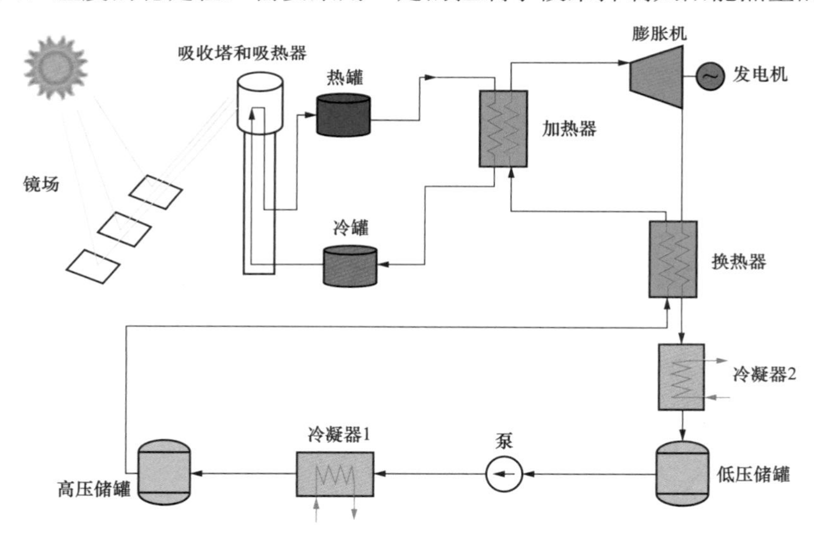

图 3-57 利用太阳能光热系统补热的 LCES 系统原理图

结合碳捕集与封存（CCS）技术，研究人员探讨了如何更有效地应用地下封存的 CO_2，以降低 CCS 系统的整体经济成本。西安交通大学的研究团队提出了一种创新的二氧化碳储能与封存（CES-CCS）系统。如图 3-58 所示，储能时，将电厂捕获的 CO_2 通过多级压缩机压缩，当达到设定压力时，将停止储存过程，多余的二氧化碳则通过注入井进行地下封存或用于驱油。在释能过程中，CO_2 驱动多级透平（膨胀机）做功以产生电力，并将出口的 CO_2 暂存于废弃洞穴。经过热力学分析和参数分析，当储能压力达到 21.9MPa 时，该系统能够实现能量转换效率 53.75%。但该系统假设二氧化碳迁移是一个理想的渗流过程，在实际工程应用中，需要更深入和详细的地质勘探以及数值模拟分析，以确保系统的可行性和可靠性。此外，该系统的应用场景可能不容易找到与之完全匹配的情况，需要在具体工程中进行更多的适应性和可行性研究。

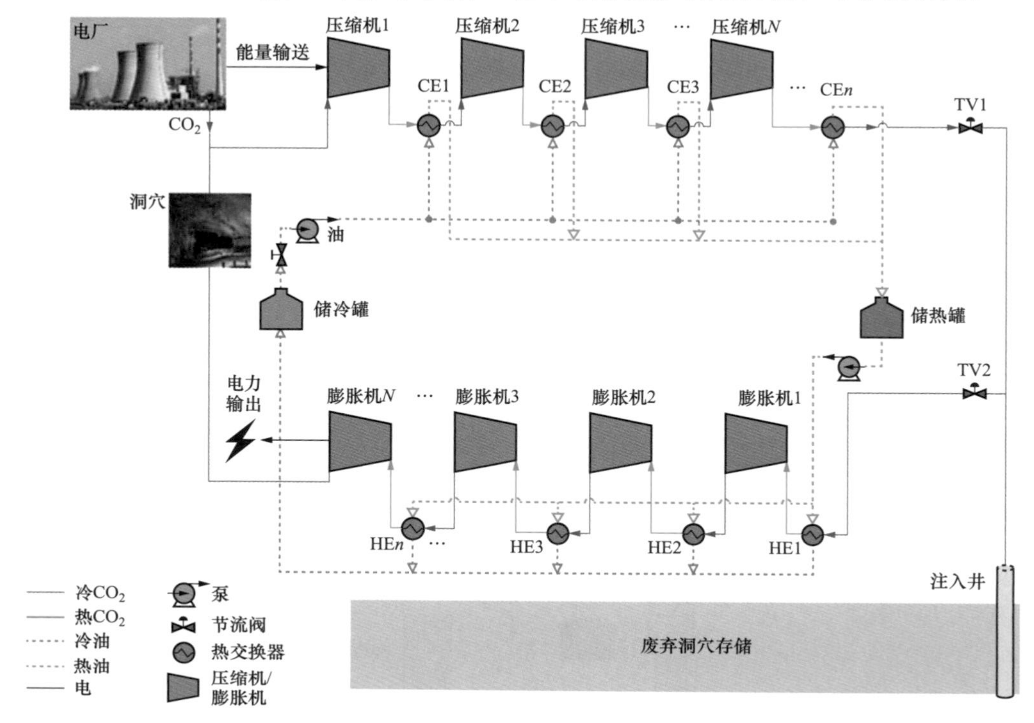

图 3-58　CES-CCS 系统原理图

液化天然气（LNG）的冷能利用也为 LCES 提供了一个良好的发展方向。LNG 在供应用户之前必须气化并升温，从极低温度（–162℃）升至室温，这个过程中每千克的 LNG 可以释放大约 830kJ 的冷能。然而，目前 LNG 的冷能存在大量浪费。对此，西安交通大学的研究人员提出了一种耦合 LNG 的 LCES 系统，如图 3-59 所示。该系

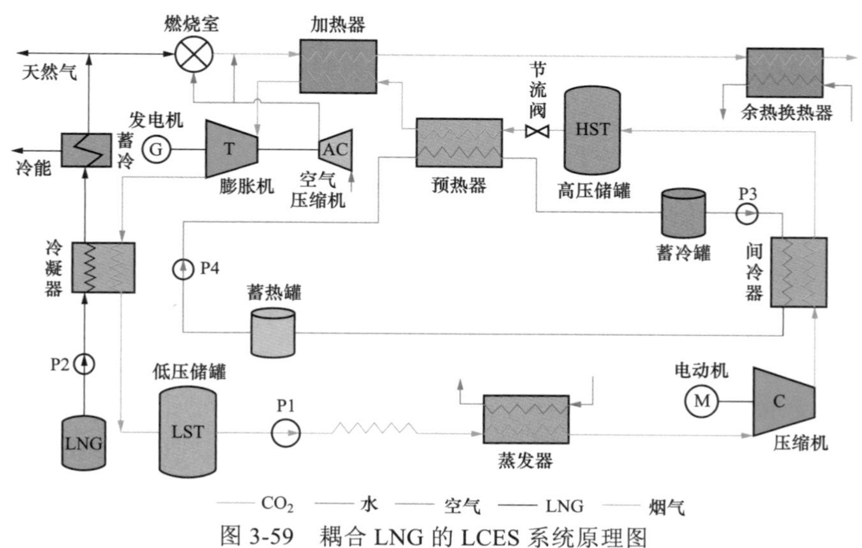

图 3-59　耦合 LNG 的 LCES 系统原理图

统引入了 LNG 冷能利用子系统和燃烧子系统，利用低温 LNG 液化低压 CO_2。释冷后一部分 LNG 进入燃烧室进行燃烧，以提高透平入口气体温度。研究结果表明，充电时间为 2.02h 时，系统在恒压和变压模式下运行的放电时间分别可达 3.64h 和 2.88h，循环效率分别可达 64.96%和 67.37%。该耦合系统为中国东南沿海地区 LNG 冷能利用问题提供了有效的解决方案。然而，由于该系统涉及燃烧化石燃料的过程，因此需要对其整体净碳排放效果进行详细评估。

3.5.4 二氧化碳储能工程示范

压缩二氧化碳储能系统集成技术已相对成熟，具备工程化条件，但离产业化还有一定距离，近期仅意大利初创公司 Energy Dome 和我国东方汽轮机有限公司等少数公司进行了工程化实践。

（1）意大利撒丁岛 2.5MW/4MWh 压缩二氧化碳储能系统。意大利初创公司 Energy Dome 在意大利撒丁岛建成世界上第一个二氧化碳压缩储能系统，于 2022 年 6 月 13 日调试完成，该储能设备容量为 2.5MW/4MWh。该系统在充电过程中，二氧化碳气体被储存在一个密封的穹顶中，通过使用多余的电力将其压缩成液体，此时压缩过程中产生的热量也会被捕获并储存起来供以后再次使用。在放电过程中，储存的热量被用来再次蒸发液态二氧化碳，此时二氧化碳就会升温、蒸发和膨胀，推动涡轮机并发电，图 3-60 为储能系统原理图。

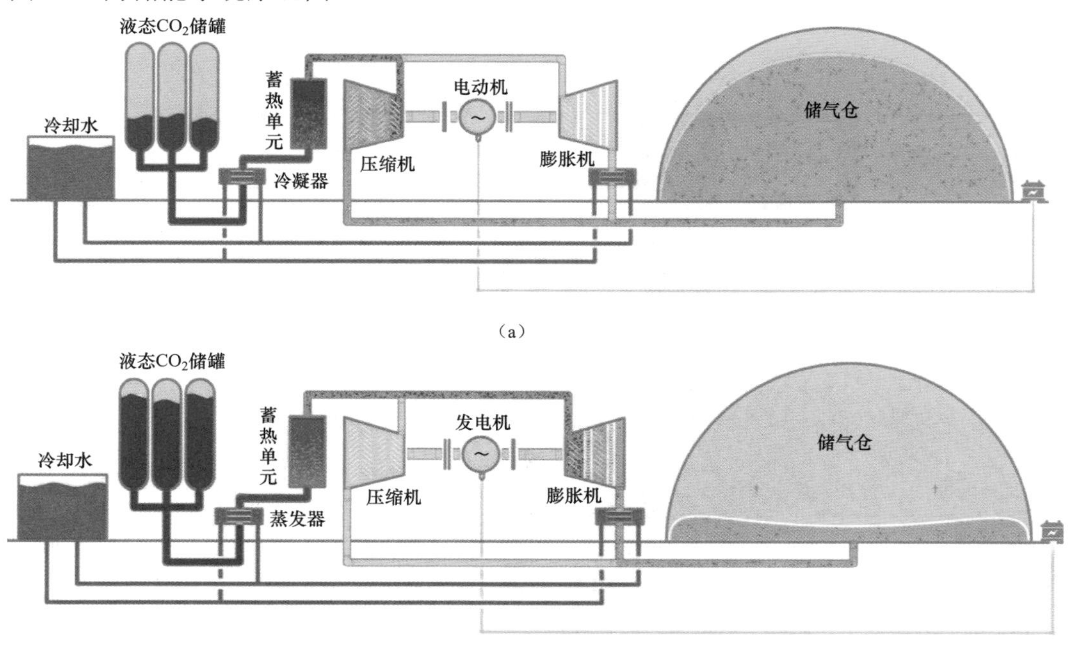

图 3-60 Energy Dome 公司 2.5MW/4MWh 二氧化碳压缩储能系统

（a）储能；（b）释能

此外，该公司还计划筹建一个储能容量为 20MW/200MWh 的大规模压缩二氧化碳储能电站。

（2）中国四川德阳 10MW/20MWh 压缩二氧化碳储能示范项目。2022 年 8 月，全球首个 10MW 压缩二氧化碳储能示范项目在中国四川省德阳市竣工（见图 3-61），该项目由东方汽轮机有限公司和百穰新能源科技（深圳）有限公司、西安交通大学合作研发。压缩二氧化碳储能规模为 10MW/20MWh，占地面积约 18 000m^2。此外，该项目还配有 250kW 的飞轮储能。该项目标志着我国压缩二氧化碳储能技术完成了技术验证，迈开了工程化的步伐，是我国压缩二氧化碳储能技术发展的重要里程碑，对于构建我国绿色能源体系具有重要意义。

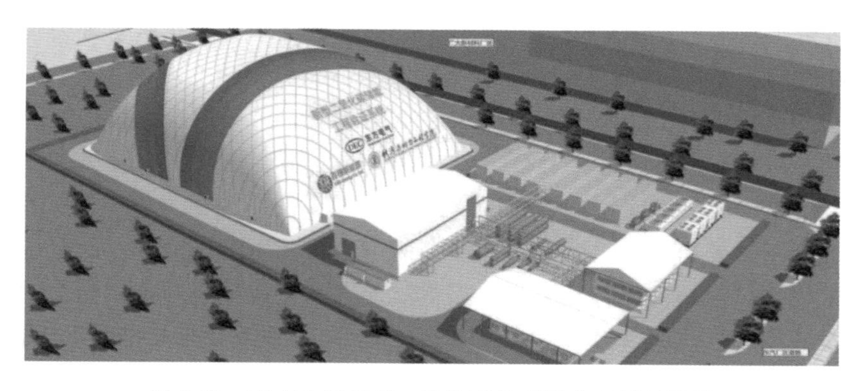

图 3-61　东方电气压缩二氧化碳储能示范项目效果图

（3）瑞士苏黎世 Ewz 公司 Auwiesen 热电储能电站。瑞士苏黎世 Ewz 公司计划在苏黎世市郊 Auwiesen 建设一座二氧化碳热电示范储能站，并接入 22kV 电网，如图 3-62 所示。该地区已有 Auwiesen（220kV/150kV）和 Aubrugg（150kV/22kV）两座变电站，可供储能站并网使用，另外还有一座 Aubrugg 生物质能电站，可以向储能站提供废热，同时储能站可以通过热力管网供热。Auwiesen 热电储能电站设计储能容量 5MW，储能时间 6h，释能时间 3h，最大循环效率 40%～45%，二氧化碳循环压力在 3～14MPa，储热温度最高 120℃，储热罐总容量达上千立方米。这一热电储能电站项目的建设为可再生能源集成和能源供应的可持续发展提供了一个成功的案例。

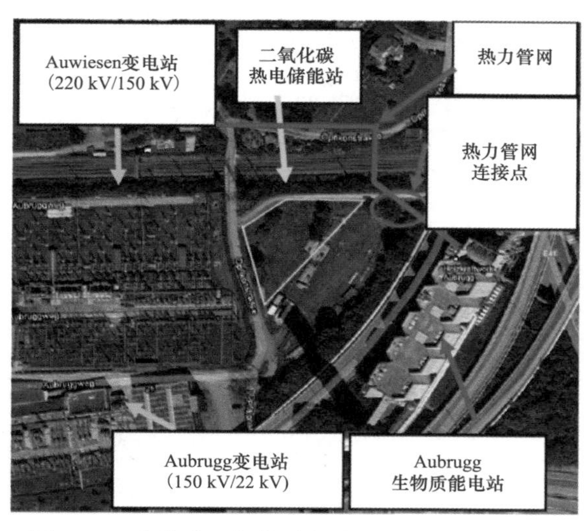

图 3-62　苏黎世二氧化碳热电储能站的建设地点

（4）美国 Alliant Energy 公司威斯康辛州哥伦比亚县 200MWh 储能项目。美国

Alliant Energy 公司将在威斯康辛州哥伦比亚县投资建设一座 200MWh 二氧化碳储能电站（见图 3-63），项目预计 2025 年开工建设，2026 年并网投运。该项目采用意大利公司 Energy Dome 研发的技术路线，充电过程中将 CO_2 压缩为液态实现储存，放电过程中将 CO_2 气化来驱动透平发电，整个过程采用闭式循环，储能时长为 10h，可实现为 2 万户家庭提供清洁用电。该项目占地将近 48 562m^2。

图 3-63　美国 Alliant Energy 公司威斯康辛州 200MWh 二氧化碳储能项目

3.5.5　二氧化碳储能技术发展趋势

二氧化碳储能作为一种较前沿的物理储能技术，在关键设备设计开发、储气技术、系[illegible]动态优化、提升系统综合能源利用效率等方面还要开展进一步的研究，同时也面临[illegible]备定制加工制造、发电动态响应、系统应用场景等挑战。

[illegible]）关键设备。二氧化碳储能的关键设备研发对其推广应用具有至关重要的作用，主要[illegible]括高压比压缩机、宽负荷透平、高效率换热器等关键设备。对于液态二氧化碳储能[illegible]术，采用节流阀、液体膨胀机等关键设备，可极大简化系统流程。在 CO_2 液化阶段[illegible]采用节流阀或液体膨胀机通过节流效应进行液化，可避免设置低温冷却系统，考虑[illegible]节流过程仍有部分 CO_2 不能液化，所以配置气液分离器并将气态 CO_2 返回压缩机继[illegible]缩液化。西安交通大学的研究人员设计的一种采用液态膨胀机的液态二氧化碳储[illegible]系统，该系统分别采用液体膨胀机和低温泵在高压侧的储能过程和释能过程中控制[illegible]压力和释能压力。该系统最佳释能压力为 18.3MPa，最佳储能压力为 11.7MPa，对应[illegible]储能效率为 50.4%，储能密度为 21.7kWh/m^3。但考虑到此系统存在膨胀机功损失，[illegible]味着此类液态二氧化碳储能技术还有很大的改进潜力。

（[illegible]储气技术。跨临界和超临界二氧化碳储能技术高压侧工作压力较高，一般为 10～2[illegible]Pa，对高压储存容器提出了严格的工作要求。采用钢制压力容器作为高压储存容器[illegible]单位储气量对应的储气成本较高，使得系统的综合成本进一步升高，影响系统整[illegible]经济性。因此一些学者提出，结合压缩空气储能技术、二氧化碳封存技术等，利用地[illegible]盐穴、人工硐室、咸水层、海底等地下储气库来存储高压二氧化碳的方案。

华北电力大学的研究团队提出了一种基于地下双储气室的跨临界二氧化碳储能系统。该系统以地下咸水层，分别位于1700m深和100m深处，作为高低压储气室，并使用热泵系统进行储热，提高了储热温度。研究结果显示，系统的循环效率为66.00%，储能效率为58.41%，储热效率为46.11%。储气量大，可有效降低储能系统单位千瓦的造价，提升二氧化碳储能系统的经济效益。

（3）系统优化。二氧化碳储能系统的综合能源利用效率与压缩机效率、压力比、最高循环温度、储罐温度等关键参数有直接关系。韩国机械材料研究所针对二氧化碳电储能（TE-CES）系统进行优化研究，研究结果表明，提高储热罐中水的温度，可以显著提高系统的循环效率。在最高循环温度下，提高膨胀机的压力比，有助于提升系统性能。随着二氧化碳储能系统参数的优化，系统的整体循环效率将超过70%，未来二氧化碳储能系统将向着长持续时间储能、高效运行的方向发展。

3.6 重力储能

重力储能技术（gravity energy storage technology，GEST）是一种在抽水蓄能原理上发展而来的新型、环保的机械储能技术。重力储能技术以重物为储能介质，具有选址灵活、长寿命、储能时间长等优势，目前已形成了缆车式、轨道机车式、塔吊式等多种形式的重力储能。未来，重力储能技术主要向模块化、大规模化方向发展。

3.6.1 概述

重力储能技术在抽水蓄能的基础上发展而来。抽水蓄能具有技术成熟、容量大、成本低等优点，但其建设对地势差和储水库容积有较高要求，因此对地理条件的依赖较为严重。为解决常规抽水蓄能电站在平原地区以及水资源不充沛地区应用受限的问题，发展出了重力储能技术。

多数重力储能技术的原理与抽水储能技术相似，不同之处在于储能介质。如有的重力储能技术通过使用固体重物代替了水作为储能介质，显著降低了选址的限制。在充电过程中，电力被用来驱动电动机将重物抬升至高处，这将电能转化为重物的势能；而在放电过程中，重物下降，释放势能，驱动发电机产生电能。重力储能技术的储能介质和方式可以根据需要进行调整，系统寿命较长，且不存在效率衰减，因此可满足未来对动态、长期可靠的储能解决方案的需求。

目前，重力储能技术正处于试点示范阶段。重力储能具备模块化建设条件，可由兆瓦级储能模块组合成较大规模的储能系统，储能时长与系统配置有关，可用于4h以上的储能应用。国内外多家公司开展了不同技术路线的重力储能研究及示范工作，如Energy Vault公司在瑞士完成了35MWh重力储能示范项目建设并完成并网，我国正在开展如东100MWh重力储能示范项目建设。

3.6.2 重力储能工作原理

重力储能技术是一种机械储能技术，储能介质为水或固体物质，利用高度落差升降储能介质改变其重力势能和动能，从而实现电能的存储与释放。以水作为介质的重力储能系统一般需要借助密封性良好的管道、竖井等结构，选址灵活性受到地形和水源限制。固体物作为介质的重力储能系统可以借助山体、地下竖井、人工建筑物等结构，重物一般选择密度较高的物质，如金属、水泥、砂石、建筑废料、灰渣等，以取得较高的质量能量密度。

图 3-64　重力储能原理示意图

以重力块为例，重力储能的工作原理如图 3-64 所示。电机提升重力块，将输入电力以重力势能的形式储存起来；放电时，控制重力块下降并带动发电机运行，将重力势能重新转换为电能。重力块可由建筑废料、灰渣等制作而成。固体型重力储能技术不再依赖庞大的液态水储能，具有布局灵活性高、环境友好、服役寿命长的优势；且电—电转化效率高，可达 85%，安全性好，可用于 4h 以上的长持续时间储能。

3.6.3 重力储能主要技术类别及工程应用

根据重力块储能形式的不同，重力储能技术可分为固体物和液体两种储能技术，固体物储能技术具体又可细分为缆车式、轨道机车式、塔吊式等，技术分类如图 3-65 所示。国外较早开展大量的重力储能技术研究，先后有英国 Gravitricity 公司、瑞士 Energy Vault 公司、总部设在奥地利维也纳的国际应用系统分析研究所等分别提出了基于山地、轨道机车、竖井改造等多种类型的重力储能技术，并进行了小规模工程示范。我国也积极开展重力储能技术布局，吸收国外先进技术，目前正在开展百兆瓦时重力储能示范项目建设。接下来将依次介绍。

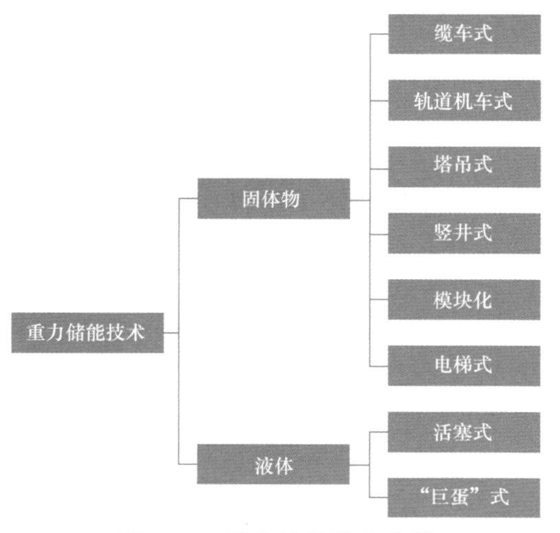

图 3-65　重力储能技术分类

3.6.3.1 缆车式重力储能技术

缆车式重力储能技术最初由国际应用系统分析研究所提出，基本构成包括一个低位存储点、一个高位存储点、起重机、电动机/发电机、存储容器、钢丝缆绳等，如图

3-66 所示。高、低位存储点通常位于峡谷或山脉边缘，通常采用沙子或砾石作为储能介质，并通过存储容器进行装载或卸载。其基本原理如下：当电力富裕时，电动机驱动起重机将存储容器中的砂砾提升至高处，将电能转化为砂砾的势能进行储存。而当外界电力不足时，砂砾随着存储容器从高位储存点降至低位储存点，驱动发电机发电，将砂砾的势能转化为电能，实现能量的释放。

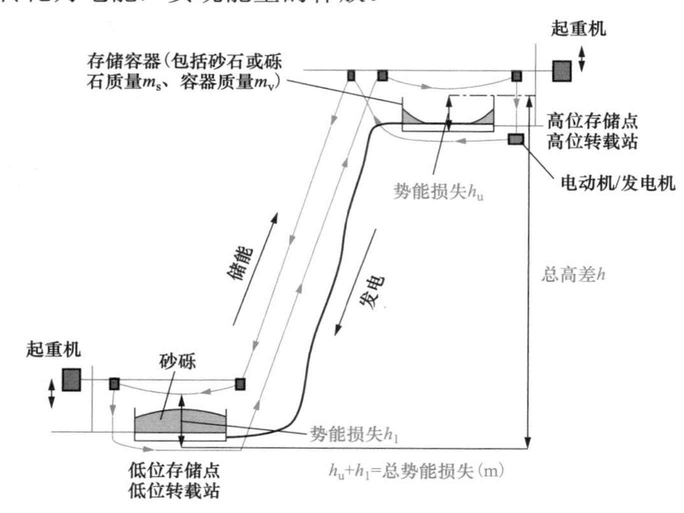

图 3-66　缆车式重力储能原理图

该系统的储能量见式（3-14），即

$$E=(m_s+m_v)\times h\times g\times e_h\times e_s \tag{3-14}$$

式中　E——该系统的储能量，J；

m_s——砂砾的总质量，kg；

m_v——存储容器质量，kg；

h——高、低位储存点的高度差，m；

g——重力加速度，m/s^2；

e_h——系统势能损失效率（在缆车式重力储能系统实际工作时，储能用介质因外界系统机械装置等外因以及介质自身黏滞性对单位质量介质的机械能造成的损失即为系统的势能损失，$e_h=\dfrac{h-h_u-h_l}{h}$）；

e_s——系统效率（75%～80%）；

h_u——高位势能损失，m；

h_l——低位势能损失，m。

相对于抽水储能系统而言，缆车式重力储能系统采用砂砾代替水源大大增加了储能系统的可实现性，使部分特殊地形可以得到充分利用。由于缆车式储能系统主要以险峻的地势为基础进行储能，因此地势对系统的储能量有显著的影响。低位储能点和高位储能点之间的高度差越大，山体越陡峭，缆车式重力储能系统的效果也越明显。

3.6.3.2 轨道机车式重力储能技术

轨道机车式重力储能技术是由美国华盛顿的ARES公司开发的一项创新技术，其核心思想是充分利用现有的铁轨技术，构建一个巨大的铁路网络，可有效连通不同地势的储存场，如图3-67所示。在这个系统中，特制的穿梭车沿着铁轨运行，穿梭车内部则搭载了电动发电机。该系统储能的基本原理如下：在储电时，电动机将穿梭车及搭载的重物从低位储存场推向高位储存场，这个过程中电能被转化为穿梭车与重物的势能储存起来。在释电时，携带重物的穿梭车从高位储存场返回低位储存场，电动发电机则转为发电机的角色，将势能还原为电能。此外，每个穿梭车都配备了先进的自动装卸系统，可以方便地进行货物的装卸操作。ARES公司在加州蒂哈查皮已经成功建造并运营了一个轨道重力储能系统，该铁轨重力储能系统规模可达100～3000MW，放电时间2～24h，系统寿命超过40a，系统效率可达78%～80%。

图3-67 轨道机车式重力储能示意图

3.6.3.3 塔吊式重力储能技术

塔吊式重力储能技术概念最早由瑞士Energy Vault公司提出，其基本构造如图3-68所示，外观结构为塔形，高达110～120m，内部由混凝土砌块而成，上方由六臂起重机组成。基本原理为利用混凝土砌块和塔吊的互相配合，在电力过剩时提升混凝土砌块进行储能，需要电力时再将势能转化为混凝土砌块动能，最终完成势能与电能的相互转化。混凝土砌块一般采用建筑废料，可实现废物利用，具有绿色、环保和经济性。

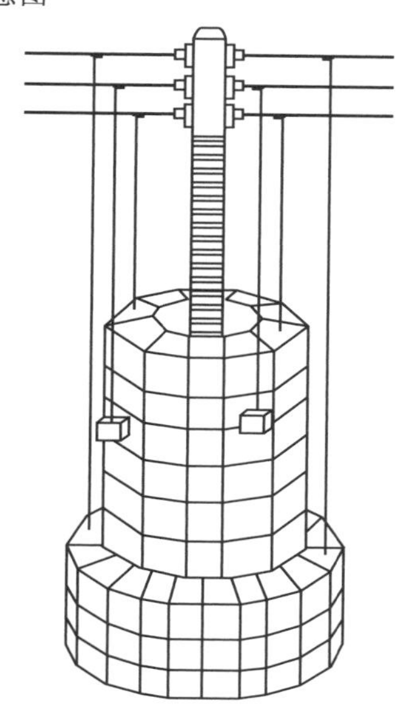

图3-68 塔吊式重力储能技术示意图

瑞士Energy Vault公司已于2020年在瑞士完成了第一个35MWh级别的塔吊式重力储能商业示范工程，并投入商业运行。据研究数据，系统能量转换效率可达90%，使用寿命预计可达30～40a。

然而，塔吊式重力储能系统对于控制的要求较高，需要克服因特定风力、重物块钟摆效应、起重机升降重物过程中的偏转等带来的影响，保证毫米级的控制精确度。为保证输出稳定，六臂塔吊需协同运行，一侧重物加速时，与其对[illegible]的重物块需相应减速。由于能量密度较低，因此大规模的塔吊式重力储能系统对[illegible]的需求较大，因此不同地区的选址问题[illegible]要进一步研究。此外，对地震、滑坡、地层坍塌等风险的应急管理机制也需要进一步明晰。

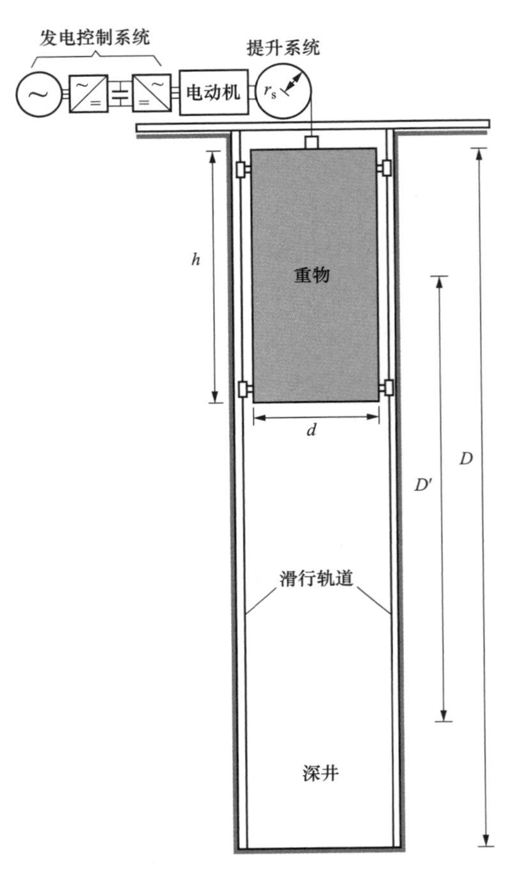

图 3-69　竖井式重力储能工作原理

3.6.3.4　竖井式重力储能技术

为解决地上重力储能系统受外界环境影响的问题，发展出了地下重力储能技术，最为常见的有基于废弃矿井改造的竖井式重力储能技术。竖井式重力储能工作原理如图 3-69 所示。竖井可形成一个可容纳重物往复运动的通道，当系统储能时，切换到电动机模式，电动机消耗电能提升重物；当需要系统供电时，重物下降释放势能，切换到发电机模式，在重物的驱动下发电。

牛津大学的 MORSTYN 等对深井重力储能系统进行理论研究，假设重物为圆柱体，即可得到最优重物质量与废弃矿井相关参数的关系为

$$m = \min\left\{m^*, \frac{D\pi\rho d^2}{8}\right\} \tag{3-15}$$

进一步可依据重物底面直径确定重物的高度为

$$h = \frac{4m}{\pi d^2 \rho} \tag{3-16}$$

式中　D ——废弃矿井的深度；

m ——最优重物质量；

m^* ——缆绳和支撑结构等所能支持的最大重物质量；

h ——重物高度；

d ——重物直径（假设重物为圆柱形）；

ρ ——重物密度。

在废弃矿井相关参数确定的前提下，参考式（3-15）和式（3-16）可以得到优化的重物质量和尺寸，以最大程度地利用矿井的存储能力。

苏格兰 Gravitricity 公司利用废弃钻井平台与矿井，开发了一种竖井式重力储能技

术，如图 3-70 所示。在 150～1500m 深的钻井中重复吊起、放下 16m 高、重达 500～5000t 的重物实现充放电过程。充放电原理如下：在用电低谷期，利用电动绞盘将重物拉升至废弃矿井上端；在用电高峰期，使重物笔直落下，释放存储的重力势能，进而转化为电能释放。该公司声称此系统可在 1s 内快速响应，效率高达 90%，寿命长达 50a。通过控制重物下落速度可以灵活调节系统放电功率和时间，储能容量在 1～20MW 范围内，放电时间为 15min～8h。Gravitricity 公司将在利斯港口建设一个 4MW 级全尺寸重力储能示范工程，预估建设成本为 100 万英镑。利用密闭的矿井，可以有效减少自然环境的影响。对于竖井式重力储能系统，需进一步探究如何提高电动绞盘的工作稳定性，降低重物的旋转晃动及重物的固定，以及解决长期循环往复作用下对钢丝绳的磨损问题等。

图 3-70 Gravitricity 公司废弃钻井重力储能构想图

我国葛洲坝中科储能技术公司提出了利用废弃矿井和缆绳提升重物的方案，如图 3-71 所示，解决了废弃矿井长时间不使用的浪费问题，也降低了重力储能系统的建设

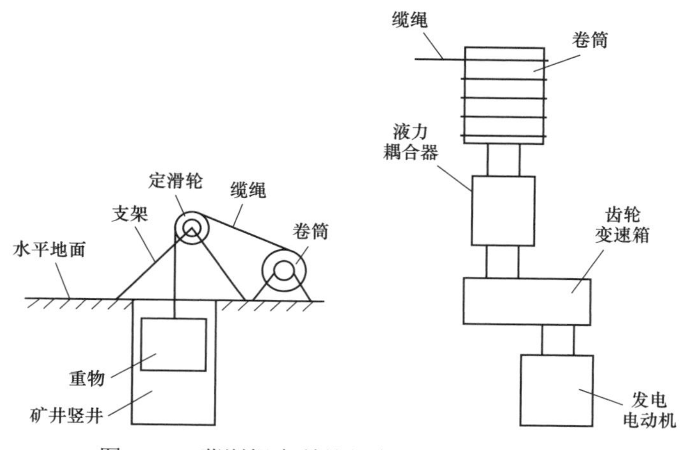

图 3-71 葛洲坝中科储能废弃矿井和缆绳系统

成本。但深井吊机的载重能力有限，重物和机组受井口尺寸限制，长绳索提升重物的形变、旋转摆动问题仍待优化，废弃矿井资源有限，选址不够灵活，还有瓦斯泄漏等安全隐患。中国能建华北电力设计院提出了一个 60MW 级/6h 的竖井式重力储能系统，系统效率预估可达 76%～83%，目前已完成可行性研究，计划在张家口开工建设国家级重力储能示范项目。

3.6.3.5 模块化重力储能技术

在塔吊式重力储能技术基础上发展出了新一代模块化重力储能技术。模块化具有规模更大、效率更高、运行更稳定的优势，还可降低塔吊式重力储能技术对高度的需求。该技术采用砌块作为 1MW/1MWh 的储能单元，通过砌块叠加的方式形成模块化储能产品。同时，模块化设计可通过选择电动发电机的大小和安装在轨道顶部的桥式起重机数量来改变功率，改变储能模块数量来确定储能容量，因而可解耦功率和能量。

目前，中国天楹在江苏如东投建的 100MWh/25MW 的模块化重力储能电站正在加紧建设中，如图 3-72 所示，电站长、宽、高分别为 110、120m 和 148m，划分为 35 层，总投资为 10 亿元。

图 3-72　江苏如东 100MWh/25MW 的模块化重力储能电站

3.6.3.6 电梯式重力储能技术

电梯式重力储能技术最早由国际应用系统分析研究所（IIASA）提出，图 3-73 为

图 3-73　电梯式重力储能系统设想图

系统设想图。该技术是将材料（如湿沙或其他高密度材料等）存入电梯中，通过电梯在建筑中移动，利用储能介质不同垂直高度下的重力势能差来储存和释放能量。材料一般通过远程控制自动拖车设备实现从电梯中的进出。电梯式重力储能技术采用的电梯已经安装在高层建筑中，因而不需要额外的投资或占用空间，而是以不同的方式利用现有的设施，为电网和建筑业主创造额外的价值。

电梯式重力储能工作原理如图 3-74 所示。当电梯满载并以最佳状态下降时，采用

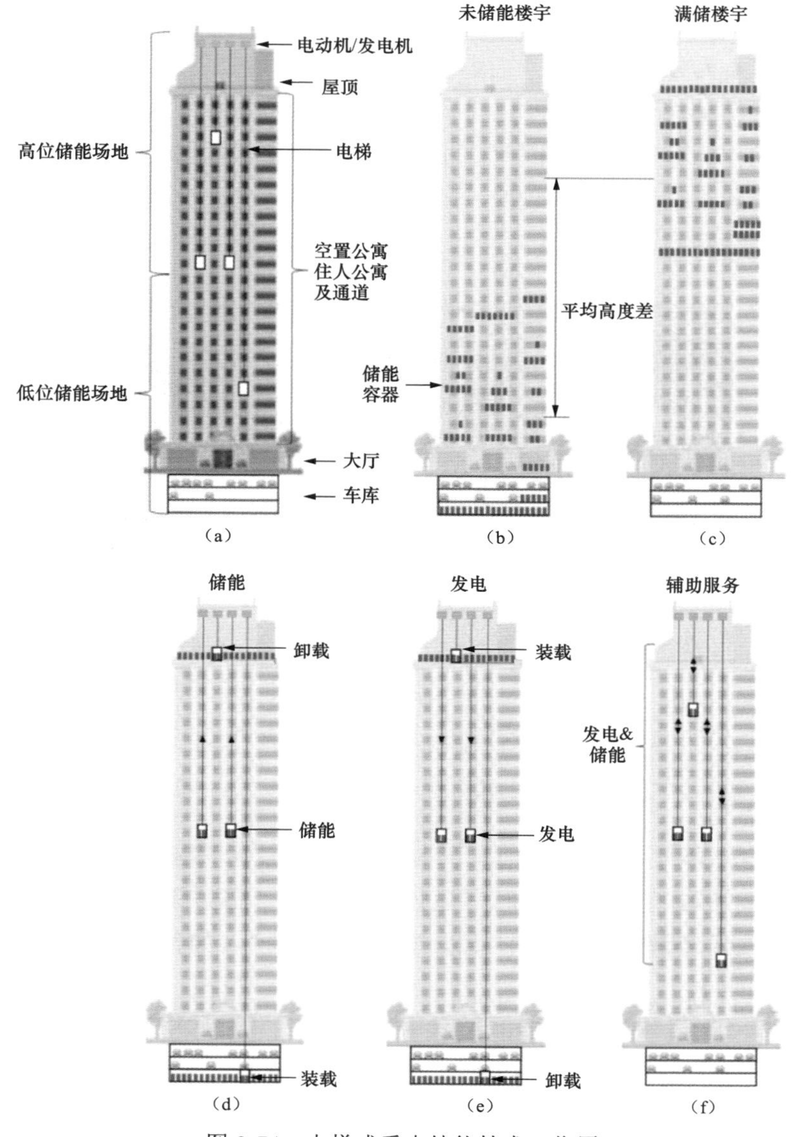

图 3-74 电梯式重力储能技术工作原理

（a）系统组成；（b）未满储时建筑物状态；（c）满储建筑物状态；（d）以储能方式运行；（e）以发电方式运行；（f）辅助服务模式

注：存储周期可分为数小时、数日、数周。

先进永磁同步齿轮电机的智能电梯可以接近92%的效率运行。如果需要储能系统迅速释放大量能量，可将升降机下降速度设置为更高值，但同时会牺牲一些效率。当与无电缆的威利-旺卡式磁力升降机系统配合使用时，该系统效率可得到进一步提升。

3.6.3.7 活塞式重力储能技术

美国 Gravity Power 公司基于抽水蓄能技术原理提出了活塞式重力储能技术。如图3-75所示，该系统由电动机/发电机、水泵/水轮机、压力管道、活塞、存储竖井和密封装置组成。储能原理如下：在用电低谷期，电动机驱动水泵抽水加压，提升重物活塞，将电能转化为重力势能存储；在用电高峰期，重力活塞下落，将势能传递给水体，水流驱动水轮机转动，进而带动发电机发电。该技术并非通过水体直接蓄能，而是以密度更高的重物作为存储介质。因此，相比于抽水蓄能电站，相同储电规模的活塞式重力储能电站对建设高度的要求较低，因而减弱了对地理条件和水资源的依赖，便于电站选址和布局。

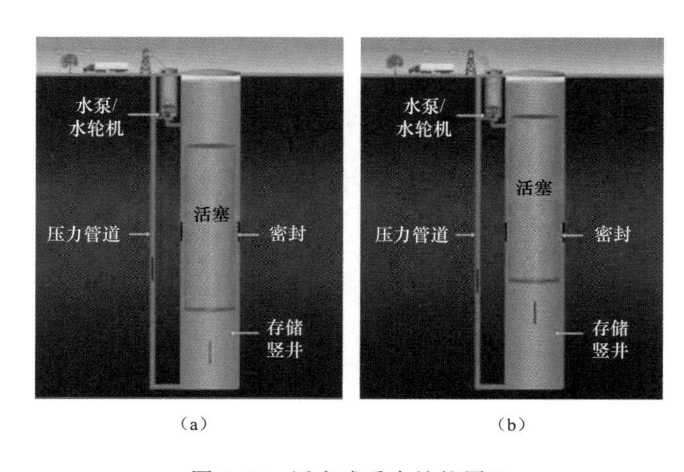

图3-75 活塞式重力储能原理

（a）储能工况；（b）发电工况

活塞式重力储能技术可采用抽水蓄能电站中的技术成熟的水泵、水轮机等核心设备，因而具备独特优势。然而，该技术依旧有一些关键技术问题需要解决，如：如何选取技术经济性能兼佳的活塞/竖井尺寸规模，如何实现两者之间的有效密封等。

3.6.3.8 “巨蛋”式重力储能技术

“巨蛋”式重力储能系统由德国法兰克福歌德大学和萨尔布吕肯大学共同提出，利用海水静压差通过水泵-水轮机进行储能和释能，系统由多个中空球体组成，因形似“巨蛋”从而将该技术命名为“巨蛋”式重力储能系统，如图3-76所示。2016年德国风能和能源系统技术研究所对该系统在博登湖进行了水上测试。“巨蛋”结构为直径30m、壁厚2.7m的中空球体，存储容量可达12 000m^3。据报道，这些“巨蛋”

的储能容量为 20MWh，功率为 5～6MW，效率为 65%～70%。这种储能结构可合理利用海洋空间，适合沿海地区的大规模储能，利于海上风电、潮汐能的消纳利用，但中空球体的制造、海底系统的加固，以及海底电缆和管道的架设问题仍待解决。

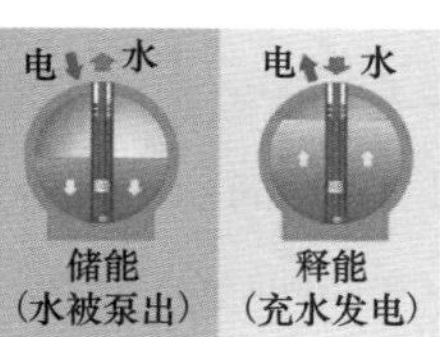

图 3-76 德国海底“巨蛋”储能系统示意图及原理图

3.6.4 重力储能技术发展趋势

当前重力储能方案结构众多，各有优劣，一般需要根据不同地形和储能需求来设计重力储能系统。重力势能系统的功率和容量与被提升物的质量和抬升高度有关，比较适合于建设中等功率和容量的储能系统，而通过建设多个重力储能系统模块，可获得更大容量和功率，有利于推动重力储能规模化利用，且模块化建设有助于容量和功率解耦。因此，未来重力储能技术将不断向模块化、更大规模化方向发展。模块化重力储能技术对建筑结构强度要求较高，同时重力块调度控制系统更加复杂，需要加强结构材料研发和控制算法改进，并深化重力储能系统稳定性和全天候适应性系统研究，并通过试点示范进一步深化技术验证。

参 考 文 献

[1] IEA（2022），Grid-Scale Storage［R］，IEA，Paris. https：//www.iea.org/reports/grid-scale-storage.

[2] IEA，Hydropower special market report – Analysis and forecast to 2030［R］，IEA，Paris. https：//iea.blob.core.windows.net/assets/4d2d4365-08c6-4171-9ea2-8549fabd1c8d/HydropowerSpecialMarketReport_corr.pdf.

[3] ODNE STOKKE BURHEIM. ENGINEERING ENERGY STORAGE［M］. Academic Press，2017.

[4] Paul Breeze. Power System Energy Storage Technologies［M］. Academic Press，2018.

［5］Andrei G. Ter-Gazarian. Energy storage for power systems［M］. 3rd edition. The institution of engineering and technology，2020.

［6］丁玉龙，来小康，陈海生，等. 储能技术及应用［M］. 北京：化学工业出版社，2018.

［7］梅生伟，李建林，朱建全，等. 储能技术［M］. 北京：机械工业出版社，2022.

［8］US Energy information administration. About 25% of U.S. power plants can start up within an hour，［G/OL］.（2020-11-19）［2022-11-11］. https：//www.eia.gov/ todayinenergy/detail.php?id=45956.

［9］国家能源局.抽水蓄能电站设计规范：NB/T 10072—2018［S］. 北京：中国水利水电出版社，2019.

［10］国家能源局. 抽水蓄能中长期发展规划（2021～2035 年）［S］. 北京：国家能源局，2021.

［11］Capabilities，Costs & Innovation Working Group. Innovative Pumped Storage Hydropower Configurations and Uses［R］. International Forum on Pumped Storage Hydropower，2021.

［12］Smart energy international. Hybrid solar-pumped hydro system planned in Hawaii［EB/OL］.（2021-01-14）［2022-11-18］. https：//www.smart-energy.com/renewable-energy/hybrid-solar-pumped-hydro-system-planned-in-hawaii/.

［13］NS energy. Siemens to supply 12MW battery storage unit for Engie’s hydropower plant in Germany［EB/OL］.（2017-03-17）［2022-11-18］. https：//www.nsenergybusiness.com/news/newssiemens-engie-to-12mw-develop-pumped-storage-hydro-in-germany-170317-5765578/.

［14］Detailedpedia. Okinawa Yanbaru Seawater Pumped Storage Power Station［EB/OL］.（2022-11-19）［2022-11-20］. https：//www.detailedpedia.com/wiki-Okinawa_Yanbaru_Seawater_Pumped_Storage_Power_Station.

［15］ANDRITZ. ANDRITZ to supply electro-mechanical equipment for the largest pumped storage plant in India［EB/OL］.（2020-10-05）［2022-11-20］. https：//www.andritz.com/newsroom-en/hydro/2020-10-05-pinnapuram-hydro.

［16］Power industry. Snowy 2.0 underway［EB/OL］.（2020-01-24）［2022-11-20］. https：//www.pumpindustry.com.au/snowy-2-0-underway/.

［17］EPV. A pump storage station for Pyhäsalmi Mine［EB/OL］.［2022-11-20］. https：//www.epv.fi/en/project/a-pump-storage-station-for-pyhasalmi-mine/.

［18］Obermeyer Hydro，Inc. Pumped Storage［EB/OL］.［2022-11-23］. http：//www.obermeyerhydro.com/pumpedstorage.

［19］NREL. Novel Design Configuration Increases Market Viability for Pumped-Storage Hydropower in the United States［EB/OL］.（2020-08-21）［2022-11-23］. https：//www. nrel. gov /news/program/2020/psh-ensures-resilient-energy-future.html.

［20］Matthew Stocks，Ryan Stocks，Bin Lu，et al. Global Atlas of Closed-Loop Pumped Hydro Energy Storage［J］. Joule，2021，5（1）：270-284.

［21］The Australian national university.Global Greenfield Pumped Hydro Energy Storage Atlas［EB/OL］.

(2022-11-16)[2022-11-24]. https://re100.eng.anu.edu.au /global/.

[22] SAN ANTONIO. CPS Energy & Quidnet Energy Announce Landmark Agreement to Build Grid-Scale，Long Duration，Geomechanical Pumped Storage Project in Texas [EB/OL].(2022-03-07)[2022-11-25]. https://quidnetenergy.com/news/2022 /03/cps-energy--quidnet-energy-announce-landmark-agreement-to-build-gridscale-long-duration-geomechanical-pumped-storage-project-in-texas/.

[23] Power Technology. Espejo de Tarapaca，Chile [EB/OL].(2021-12-03)[2022-11-27]. https://www.power-technology.com/marketdata/espejo-de-tarapaca-chile/.

[24] ALPHEUS. ALPHEUS：Augmenting Grid Stability Through Low Head Pumped Hydro Energy Utilization and Storage [EB/OL]. [2022-11-27]. https://alpheus-h2020.eu/.

[25] Water power & dam construction. Investigating Aquabank [EB/OL].(2010-01-04)[2022-11-28]. https://www.waterpowermagazine.com/features/featureinvestigat ing -aquabank-/.

[26] Succar Samir，Williams Robert H. Compressed Air Energy Storage：Theory，Resource，and Applications，2003：516.

[27] 刘澧源，蒋中明，王江营，等．压气储能电站地下储气库之压缩空气热力学过程分析 [J]. 储能科学与技术，2018，7(2)：232-239.

[28] ZHOU Y，XIA C C，ZHAO H B，et al. An iterative method for evaluating air leakage from unlined compressed air energy storage(CAES)caverns [J]. Renewable Energy，2018，120：434-445.

[29] 刘小利．储气库井柔性水泥浆体系适应性评价实验 [J]. 钻采工艺，2016，39(3)：11-14，127.

[30] 侯攀，高娅，朱忠喜．FlexSTONE 弹性水泥在地下储气库中的研究与应用 [J]. 天然气技术与经济，2014，8(4)：25-27，78.

[31] 张春贵，刘福录，朱保国，等．GB 12337—2014《钢制球形储罐》简介 [J]. 石油化工设备，2016，45(2)：50-55.

[32] 唐建峰，段常贵，吕文哲，等．西安市天然气工程储气方案优化研究 [J]. 天然气工业，2004，24(9)：145-147，19.

[33] 庄绪增．压缩空气储能系统储气室传热规律研究 [D]. 北京：华北电力大学，2019.

[34] 王恺，陈二锋，张翼，等．复合材料气瓶充放气过程仿真与验证 [J]. 压力容器，2016，33(12)：1-6.

[35] PIMM A J，GARVEY S D，JONG M. Design and testing of energy bags for underwater compressed air energy storage [J]. Energy，2014，66：496-508.

[36] CHEUNG B，CARRIVEAU R，TING D S K. Storing energy underwater [J]. Mechanical Engineering，2012，134(12)：38-41.

[37] PIMM A J. Analysis of flexible fabric structures [D]. Nottingham：University of Nottingham，2011.

[38] 程涵．柔性织物折叠建模技术及展开过程数值仿真研究 [D]. 南京：南京航空航天大学，2013.

[39] 于斌，刘志栋，赵为伟，等．国内外复合材料气瓶发展概况与标准分析(一)[J]. 压力容器，

2011，28（11）：47-52.

[40] 王登勇，吴念．增强热塑性塑料复合管国内外发展比较［J］．国外塑料，2011，29（5）：44-49，56-57.

[41] 李晓平，李愚，王茀玺，等．非金属复合材料管道综述［J］．石油工业技术监督，2017，33（10）：1-4.

[42] 郭祚刚，马溪原，雷金勇，等．压缩空气储能示范进展及商业应用场景综述［J］．南方能源建设，2019，6（3）：17-26.

[43] CHEN Haisheng，Cong T N，YANGWei，et al. Progressin Electrical Energy Storage System：A critical review［J］．Progress in Natural Science，2009，19（3）：291-312.

[44] 全球能源互联网发展合作组织．大规模储能技术发展路线图［M］．北京：中国电力出版社，2020.

[45] Ameel B，T'Joen C，De Kerpel K，et al. Thermodynamic analysis of energy storage with a liquid air Rankine cycle［J］．Applied Thermal Engineering，2013，52（1）：130-140.

[46] 刘佳，夏红德，陈海生，等．新型液化空气储能技术及其在风电领域的应用［J］．工程热物理学报，2010，31（12）：1993-1996.

[47] 梁银林，刘庆，钱勇，等．压缩空气储能系统研究概述［J］．东方电气评论，2020，34（03）：82-88.

[48] 曹广亮，陈曦．液化空气储能技术的优势分析及发展现状［J］．真空与低温，2016，22（01）：11-15.

[49] Luo X，Wang J，Dooner M，et al. Overview of current development in compressed air energy storage technology［J］．Energy Procedia，2014，62：603-611.

[50] Jubeh N M，Najjar Y S H. Green solution for power generation by adoption of adiabatic CAES system［J］．Applied Thermal Engineering，2012，44：85-89.

[51] Strahan D. Liquid Air Technologies-a guide to the potential［M］．Birmingham：Centre for Low Carbon Futures and Liquid Air Energy Network，2013：1-28.

[52] 严晓辉，徐玉杰，纪律，等．我国大规模储能技术发展预测及分析［J］．中国电力，2013，46（8）：22-29.

[53] 方莹，朱晓涵，刘益才．压缩空气气水分离装置的发展现状及展望［J］．真空与低温，2015，21（2）：73-77.

[54] Li Y，Chen H，Zhang X，et al. Renewable energy carriers：Hydrogen or liquid air/nitrogen［J］．Applied Thermal Engineering，2010，30（14）：1985-1990.

[55] Highview power storage．通用电气与英国 Highview 公司合作开发液化空气储能系统［J］．华东电力，2014，42（04）：810.

[56] Allwood P J. The future role for energy storage in the UK［R］．London：Energy Research Partnership，2011：1-47.

[57] Morgan R，Nelmes S，Gibson E，et al. Liquid air energy storage-Analysis and first results from a pilot scale demonstration plant [J]. Applied Energy，2015，137：845-853.

[58] Smith E M. Storage of electrical energy using supercritical liquid air [J]. Proc Inst MechEng 1977，191（1）：289-298.

[59] Ameel B，T'Joen C，De Kerpel K，et al. Thermodynamic analysis of energy storage with a liquid air Rankine cycle [J]. Applied Thermal Engineering，2013，52（1）：130-140.

[60] Barron R F. Cryogenic systems2ndEd [M]. New York：Oxford University Press，1985：199-211.

[61] Highview power storage. 5MW/15MWh precommercial liquid air demonstrator [J/OL]. http：//朝www.highview power.com/wpcontent/uploads/LAES-Pre-Commercial-Unit.pdf，2014/2015.

[62] 魏建新，路一平，秦景. 独立太阳能光伏发电系统储能单元设计 [J]. 电源技术，2010，34（07）：676-678.

[63] Tarrant C. Revolutionary Flywheel Energy Storage System for Quality Power [J]. Power Engineering Journal，1999，7（2）：159-163.

[64] Lee J，Han Y H，Park B J. Concept of Cold Energy Storage for Superconducting Flywheel Energy Storage System [J]. IEEE Transactions On Applied Superconductivity，2011，21（3）：2221-2224.

[65] Carrasco M，Franquelo G，Bialasiewicz T，et al. Power-Electronic Systems for The Grid Integration of Renewable Energy Sources：A Survey [J]. Industrial Electronics，IEEE Transactions On，2006，53（4）：1002-1016.

[66] 田军，朱永强，陈彩虹. 储能技术在分布式发电中的应用 [J]. 电气技术，2010，12（8）：28-32.

[67] 陈峻岭，姜新建，朱东起，等. 基于飞轮储能技术的新型 UPS 的研究 [J]. 清华大学学报（自然科学版），2004，44（10）；1321-1324.

[68] 全球能源互联网发展合作组织. 大规模储能技术发展路线图 [M]. 北京：中国电力出版社.

[69] 杨锋，于飞，张晓锋，等. 飞轮储能系统建模与仿真研究 [J]. 船电技术，2011，31（4）：3-7.

[70] 马骏毅，陈蕾，王弘法，陈国华，黄治，姚勇. 飞轮储能的特性及其研究状况 [C] //.2015 年江苏省城市供用电学术年会论文集，2015：176-182.

[71] Tsao P，Senesky M，Sanders S. An Integrated Flywheel Energy Storage System with Homopolar Inductor Motor/generator and High-Frequency Drive [J]. IEEE Transactions On Industry Applications，2003，39（6）：1710-1725.

[72] 李永丽，张惠智，谈震，等. 飞轮储能技术在电力系统中的应用. 第十三届中国科协年会第 15 分会场-大规模储能技术的发展与应用研讨会论文集 [C]. 中国电机工程学会，2011.

[73] 李然. 飞轮储能技术在电力系统中的应用和推广 [J]. 电气时代，2017，No.429（06）：40-42.

[74] 宋金鹏，王金炜，罗浩，等. 碳纤维复合材料圆环拉伸力学性能研究 [J]. 复合材料科学与工程，2021（6）：65-71.

[75] 戴兴建，胡东旭，张志来，等. 高强合金钢飞轮转子材料结构分析与应用 [J]. 储能科学与技术，2021，10（5）：1667-1673.

［76］孙玉坤，陈家钰，袁野．飞轮储能用高速永磁同步电机损耗分析与优化［J］．微电机，2021，54（8）：19-22，79．

［77］贾翔宇，汪军水，徐旸，等．接触参数对储能飞轮转子碰摩行为的影响［J］．储能科学与技术，2021，10（5）：1643-1649．

［78］任正义，黄同，杨立平．刚性飞轮转子-基础耦合系统的径向振动分析［J］．机械设计与制造，2021（3）：27-32，38．

［79］XIANG B，WANG X，WONG W O. Process control of charging and discharging of magnetically suspended flywheel energy storage system［J］. Journal of Energy Storage，2022，47.

［80］刘鸣，王攀，毕伟，等．磁悬浮飞轮中位移检测信号工频干扰分析及消除研究［J］．电子器件，2021，44（3）：579-584．

［81］陈仲伟，李达伟，邹旭东，等．双馈电机驱动的飞轮储能系统稳定运行控制方法［J］．电力科学与技术学报，2021，36（1）：177-184．

［82］沈舒楠，朱爆秋．外转子无铁心无轴承永磁同步电机参数优化设计［J］．微电机，2021，54（5）：20-26．

［83］陈海生，李泓，马文涛，等．2021 年中国储能技术研究进展［J］．储能科学与技术，2022，11（03）：1052-1076．

［84］郝佳豪，越云凯，张家俊，等．二氧化碳储能技术研究现状与发展前景［J］．储能科学与技术，2022，11（10）：3285-3296．

［85］BUDT M，WOLF D，SPAN R，et al. A review on compressed air energy storage：Basic principles，past milestones and recent developments［J］. Applied Energy，2016，170：250-268.

［86］SZABLOWSKI L，KRAWCZYK P，BADYDA K，et al. Energy and exergy analysis of adiabatic compressed air energy storage system［J］. Energy，2017，138：12-18.

［87］ANTONELLI M，DESIDERI U，GIGLIOLI R，et al. Liquid air energy storage：A potential low emissions and efficient storage system［J］. Energy Procedia，2016，88：693-697.

［88］CHAE Y J，LEE J I. Thermodynamic analysis of compressed and liquid carbon dioxide energy storage system integrated with steam cycle for flexible operation of thermal power plant［J］. Energy Conversion and Management，2022，256.

［89］KANTHARAJ B，GARVEY S，PIMM A. Thermodynamic analysis of a hybrid energy storage system based on compressed air and liquid air［J］. Sustainable Energy Technologies and Assessments，2015，11：159-164.

［90］MORANDIN M，MARÉCHAL F，MERCANGÖZ M，et al. Conceptual design of a thermo-electrical energy storage system based on heat integration of thermodynamic cycles-Part B：Alternative system configurations［J］. Energy，2012，45（1）：386-396.

［91］MERCANGÖZ M，HEMRLE J，KAUFMANN L，et al. Electrothermal energy storage with transcritical CO_2 cycles［J］. Energy，2012，45（1）：407-415.

[92] 杨科，张远，李雪梅，等. 一种以二氧化碳为工质的压缩气体储能系统：中国，CN203420754U [P]. 2014.

[93] ZHANG X R，WANG G B. Thermodynamic analysis of a novel energy storage system based on compressed CO_2 fluid [J]. International Journal of Energy Research，2017，41（10）：1487-1503.

[94] GUO H，XU Y J，CHEN H S，et al. Thermodynamic characteristics of a novel supercritical compressed air energy storage system [J]. Energy Conversion and Management，2016，115：167-177.

[95] ZHAO P，DAI Y P，WANG J F. Performance assessment and optimization of a combined heat and power system based on compressed air energy storage system and humid air turbine cycle [J]. Energy Conversion and Management，2015，103：562-572.

[96] 刘青山，葛俊，黄葆华，等. 储能压力对液态压缩空气储能系统特性的影响 [J]. 西安交通大学学报，2019，53（11）：1-9.

[97] LIU S C，WU S C，HU Y K，et al. Comparative analysis of air and CO_2 as working fluids for compressed and liquefied gas energy storage technologies [J]. Energy Conversion and Management，2019，181：608-620.

[98] PENG H，ZHANG D，LING X，et al. n-alkanes phase change materials and their microencapsulation for thermal energy storage：A critical review [J]. Energy & Fuels，2018，32（7）：7262-7293.

[99] 安保林，陈嘉祥，王俊杰，等. 液态空气储能系统液化率影响因素研究 [J]. 工程热物理学报，2019（11）：2478-2482.

[100] 何子睿，齐伟，宋锦涛，等. 耦合液化天然气的液化空气储能系统热力学分析 [J]. 储能科学与技术，2021，10（5）：1589-1596.

[101] WANG M K，ZHAO P，WU Y，et al. Performance analysis of a novel energy storage system based on liquid carbon dioxide [J]. Applied Thermal Engineering，2015，91：812-823.

[102] XU M J，WANG X，WANG Z H，et al. Preliminary design and performance assessment of compressed supercritical carbon dioxide energy storage system [J]. Applied Thermal Engineering，2021，183.

[103] CAO Z，DENG J Q，ZHOU S H，et al. Research on the feasibility of compressed carbon dioxide energy storage system with underground sequestration in antiquated mine goaf [J]. Energy Conversion and Management，2020，211.

[104] LEE I，PARK J，MOON I. Key issues and challenges on the liquefied natural gas value chain：A review from the process systems engineering point of view [J]. Industrial & Engineering Chemistry Research，2018，57（17）：5805-5818.

[105] ZHAO P，XU W P，ZHANG S Q，et al. Components design and performance analysis of a novel compressed carbon dioxide energy storage system：A pathway towards realizability [J]. Energy Conversion and Management，2021，229.

[106] 全球能源互联网发展合作组织. 大规模储能技术发展路线图 [M]. 北京：中国电力出版社，2020.

［107］KIM Y M，SHIN D G，LEE S Y，et al. Isothermal transcritical CO_2 cycles with TES（thermal energy storage）for electricity storage［J］. Energy，2013，49：484-501.
［108］LA FAUCI R，KAFFE E，KIENZLE F，et al. Feasibility study of an electrothermal energy storage in the city of zurich［C］//22nd International Conference and Exhibition on Electricity Distribution（CIRED 2013）. Stockholm，Sweden. Institution of Engineering and Technology，2013：1-5.
［109］刘辉. 超临界压缩二氧化碳储能系统热力学特性与热经济性研究［D］. 北京：华北电力大学（北京），2017.
［110］何青，郝银萍，刘文毅. 一种新型跨临界压缩二氧化碳储能系统热力分析与改进［J］. 华北电力大学学报（自然科学版），2020，47（5）：93-101.
［111］郝银萍. 跨临界压缩二氧化碳储能系统热力学特性及技术经济性研究［D］. 北京：华北电力大学（北京），2021.
［112］吴毅，胡东帅，王明坤，等. 一种新型的跨临界 CO_2 储能系统［J］. 西安交通大学学报，2016，50（3）：45-49，100.
［113］陈云良. 重力储能发电现状、技术构想及关键问题［J］. 工程科学与技术，2022，54（1）：97-105.
［114］王粟. 新型重力储能研究综述［J］. 储能科学与技术，2022，11（5）：1575-1582.
［115］HUNT J D，ZAKERI B，FALCHETTA G，et al. Mountain gravity energy storage：a new solution for closing the gap between existing short- and long-term storage technologies［J］. Energy，2020，190：116419.
［116］瑞士创新推出重力储能技术［J］. 电气技术，2018，19（12）：127.
［117］CHATURVEDI D K，YADAV S，SRIVASTAVA T，et al. Electricity storage system：A Gravity Battery，F，2020［C］. IEEE.
［118］FYKE A. The fall and rise of gravity storage technologies［J］. Joule，2019，3（3）：625-630.
［119］MOAZZAMI M，MORADI J，SHAHINZADEH H，et al. Optimal economic operation of microgrids integrating wind farms and advanced rail energy storage system［J］. International journal of renewable energy research，2018，8（2）：1155-1164.
［120］CAVA F，KELLY J，PEITZKE W，et al. Advanced rail energy storage：green energy storage for green energy［M］//LETCHER T M. Storing Energy. Amsterdam：Elsevier，2016：69-86.
［121］ANEKE M，WANG M. Energy storage technologies and real life applications e a state of the art review. Applied Energy，2016，179：350-377.
［122］MORSTYN T，CHILCOTT M，MCCULLOCH M D. Gravity energy storage with suspended weights for abandoned mine shafts［J］. Applied energy，2019，239：201-206.
［123］Gravitricity renewable energy storage［EB/OL］. https：//gravitricity.com/.
［124］张正秋，武安，张海川. 一种依托煤矿矿井的重力储能系统：CN209676010U［P］. 2019-11-22.
［125］Leveraging nature’s strengths to provide energy storage［EB/OL］.［2021–10–15］. https：//

www.gravitypower.net.

[126] Energiespeicher tief unter dem Meeresspiegel [EB/OL]. https://www.bundesregierung.de/bregde/suche/energiespeicher-tief-unterdem-meeresspiegel-263486.

[127] SLOCUM A H，FENNELL G E，DUNDAR G，et al. Ocean renewable energy storage（ORES）system：Analysis of an undersea energy storage concept [J]. Proceedings of the IEEE，2013，101（4）：90.

4

储热技术

热能是人类最早利用的能源（如人类早期就利用生物质能、太阳能、煤炭、石油、天然气等热能来取暖、烹饪、冶炼等），也是现代社会能源需求的重要组成（如建筑物的采暖、制冷，餐饮方面的加工、烹饪，金属冶炼及加工、水泥制造及其他工业应用，通过热能转换而发电的热力发电站等）。从最终能源需求来看，现代化国家对热能的需求占比超过了50%。

储热技术，是热能储存（thermal energy storage，TES）或热能式储能技术的简称，是指一种通过加热或冷却储能介质（即蓄热介质）来储存热能的技术，所储存的热能可在后续需要时释放并加以直接利用（如采暖、加热、冷却）或间接利用（如热能转换为机械能，再转换为电能）。TES有多种分类法，本章重点围绕热能存储方式分类法（即显热式储热、潜热式储热、热化学式储热）展开介绍。TES可支持极宽的温度范围和储能持续时长（见表4-1），可平衡时、日、周甚至季节性等不同时间尺度的热能需求和供给，有效克服热能需求和供给之间的不匹配、不连续，有助于增加可再生能源在能源组合中的份额、支撑可再生能源可靠替代、提升发电侧和用户侧的灵活性和电力系统的韧性和可靠性，减少能源峰值需求、能源消耗、温室气体排放和用能成本等，进而提高整个能源系统的效能和绿色可持续性。

表4-1　储热技术可支持温度范围及储能持续时间尺度

项目	显热式储热	潜热式储热	热化学式储热
温度范围	≤0～2400℃（大多数显热储热技术可覆盖极宽的温度范围）	≤0～1600℃（各类潜热储热技术有着各自特别的应用温度范围）	0～900℃（当前成熟技术类别较少，所支持的温度范围相对较窄）
储能持续时间	数分钟-数月（多数显热储热技术，如热水罐、导热油罐等，可用于日内-数日的储能持续时长；一些技术，如含水层储热、钻孔储热等，可用于数月的储能持续时长）	数小时-数天（多数潜热储热技术，如水合盐、无机盐相变储热等，可用于数小时-数天的储能持续时长）	数小时-数月-数年（各类热化学储热技术具有长时间尺度的储能固有潜能）

续表

项目	显热式储热	潜热式储热	热化学式储热
技术成熟度	多数已完全商业化（大多数显热储热技术已有成功的示范工程、商业化应用成熟案例）	部分已商业化（相当一部分潜热储热技术成熟，一些已商业化应用，一些处于研发、实验阶段）	研发、试验验证、示范阶段（大多数热化学储热技术尚处于研发或试验验证阶段）

储热技术是大规模部署可再生能源以及全球本世纪中叶实现“碳中和”目标的关键赋能者。国际能源署将储热技术在能源转型、温室气体净零排放中的作用界定为重要，LDESC（国际长持续时间储能委员会）将储热技术确立为极具潜力的长持续时间储能技术之一。在全球能源转型及“碳中和”进程中，特别是中国新型能源体系、新型电力系统构建中，储热技术可发挥极其重要的作用，其市场应用前景十分广阔。

4.1 概　　述

人类最早对热能的灵活有效利用来源于火的发明。中国上古神话传说是燧人氏钻燧取火而成为古代人工取火的发明者，希腊神话传说是普罗米修斯从太阳神阿波罗那里盗来火种而送给人类。正如恩格斯所言，摩擦生火第一次使得人支配了一种自然力，使人类告别了茹毛饮血的时代，从而最后与动物界分开。可见火的发明及其热能利用是人类发展史上重要的一步。

从第一次工业革命期间蒸汽机的大量应用开始，再到后来的以蒸汽轮机等为代表的外燃机，以燃气轮机、汽油机、柴油机等为代表的内燃机等的大量应用，热能为人类社会的发展带来了蓬勃动力。在电力工业，以燃气电站、燃煤电站等为代表的化石燃料发电站，以光热电站、地热电站、生物质能电站等为代表的可再生能源发电站，以亚水堆核电站、重水堆核电站等为代表的原子能发电站，均是通过热能转换来进行发电。此外，以空气源热泵、水源热泵、地源热泵等为代表的各类热泵技术（指从自然界的空气、水或土壤中获取低品位热能，经过电力做功，然后再向人们提供可被利用的高品位热能的技术）也是热能利用的高效装置之一。总之，热能在人类的发展史上始终扮演着举足轻重的角色，如今热能的利用已深入到现代日常生活、农业、工业、商业等方方面面。据国际能源署“key world energy statistics 2021（世界能源关键统计2021）”报告，2019 年全球最终总能耗为 418EJ，其中石油占比 40.4%，天然气占比 16.4%，生物燃料及垃圾占比 10.4%，煤炭占比 9.5%，电力占比 19.7%，光热、地热等占比 3.6%。2019 年，热能在全球最终总能耗的占比接近 80%。

能源转型是人类应对全球气候变化的关键举措，能源转型已成为全球可持续发展的重要目标之一。维基百科将“能源转型（energy transition）”定义为：能源转型是用低碳能源替代化石燃料的持续过程。通常而言，能源转型会带来能源系统在能源供应和能源消费方面的重大结构性变化。国际可再生能源署（IRENA）指出，能源转型是到 21 世纪后半叶全球能源部门即实现从化石能源向零碳能源转型之路，其核心是需要减少与能源相关的二氧化碳排放，以遏制气候变化。国际能源署（IEA）也指出，全球能源转型应与世界气候目标相适应，全球能源部门应力争在2050年实现净零二氧化碳排放，这是一项艰巨的任务。由于几乎每种类型的可再生能源在其可用性和强度方面都具有波动性、不稳定、不规则性和间歇性等特征，因此，储能对于能源转型中可再生能源技术的大规模发展应用至关重要。在各种储能方法中，储热技术是最有前途的大规模储能技术之一。

储热（TES）技术涵盖通过加热或冷却各种蓄热介质来储存热能并供以后再利用的各种储能技术。煤炭、石油、天然气、生物质能等是大自然馈赠给人类的储热物质，属天然的储热介质。如表4-2所示，TES是研发、利用除自然形成的煤、油、气等以外的储热介质，来实现人为的热能储存及后续再利用的目的的储能技术。不同的TES技术有着各自不同的温度应用范围、应用规模、储能持续时间尺度、技术成熟度等特性，适合不同的工程应用场景。通过TES的技术进步及推广应用，改进热流的时间和空间分布及控制，优化储能容量利用，可增加常规煤电、气电、核电等的灵活性，提升风电、光伏等新能源的大规模深度利用和消纳水平，提高热泵等节能装置充分利用低品位热能的效能，节约能源，提高能效，降低系统总的运营成本。TES是全球能源转型，大规模部署并消纳利用可再生能源，高碳能源行业、高碳工业及建筑业低碳化，我国3060“碳达峰　碳中和”目标如期实现，全面建立绿色低碳循环发展的经济体系、清洁低碳安全高效的新型能源体系的关键赋能力量。

据IMARC集团于2022年年底发布的“储热市场：全球产业趋势、份额、规模、增长、机会及预测2022—2027（Thermal Energy Storage Market：Global Industry Trends，Share，Size，Growth，Opportunity and Forecast 2022—2027）”报告：2021年全球储热市场已达到56亿美元。基于全球节能意识不断提高、可再生能源的日益普及、储热与可再生能源集成可提升电网灵活性并使效率损失最小化、储热在工业及市政大规模供热及制冷系统的应用、储热在绿色建筑应用的迅猛增长等多重因素，预计2022～2027年间储热综合年均增长率为10.4%，到2027年全球储热市场将达到105亿美元，其中显热储热系统占比约60%、潜热储热系统占比约30%、热化学储热系统占比约10%。

表4-2　　各类储热技术蓄热温度、储能持续时长、技术成熟度概览表

储热技术类别	储（蓄）热介质	储热温度						储能持续时长			技术成熟度阶段		
		0℃以下	低温（0～100℃）	中温（100～500℃）	高温（500～900℃）	甚高温（900～1600℃）	特高温（1600～2400℃）	小时	天	周	概念提出-概念实验验证	小样、大样、全样或早期示范验证	商业示范或商业稳定运行
显热储热	石墨						√	√	√				√

续表

储热技术类别	储（蓄）热介质	储热温度						储能持续时长			技术成熟度阶段		
		0℃以下	低温（0～100℃）	中温（100～500℃）	高温（500～900℃）	甚高温（900～1600℃）	特高温（1600～2400℃）	小时	天	周	概念提出-概念实验验证	小样、大样、全样或早期示范验证	商业示范或商业稳定运行
显热储热	陶瓷、二氧化硅、砂	√	√	√	√	√		√	√				√
	熔融盐			√	√	√		√	√				√
	混凝土		√	√	√			√	√	√			√
	岩石	√	√	√	√			√	√				√
	钢铁			√				√	√	√	√		
	地下水		√					√	√	√			√
	水		√					√	√	√			√
潜热储热	微胶囊金属			√	√	√		√	√			√	
	无机盐和共晶混合物				√			√	√				√
	钠			√	√			√	√			√	
	其他液态金属			√				√	√		√		
	熔融铝合金		√	√				√	√			√	
	石蜡、脂肪酸		√					√	√			√	
	水合盐		√					√					√
	盐水混合物		√	√				√					√
	冰	√						√	√				√
	液态空气	√							√			√	
热化学储热	热化学反应		√	√	√				√	√		√	
	热化学吸附		√					√				√	

（来源：LDES、McKinsey&Company）

4.2 概念、分类及机理

4.2.1 热能与热量

热能是物质内分子粒子运动产生的一种总能量。1840 年，英国物理学家和数学家詹姆斯·普雷斯科特·焦耳首次发现了这一现象，因而能量单位和焦耳定律即以他的名字来命名。

热量在物理学中的定义是：穿过围绕一个热力学系统周围的明确确定的边界所传递的热能，即由于存在温度差而自发从高温体流向低温体所传递的能量总量（见图 4-1）。热量是对物质热能转移的度量，表示物体吸热或放热多少的物理量。热交换，即热量交换或热量传递，可发生在存在温差的物体间，也可发生在同一物体内存在温差的不同部分间。热交换一般通过热传导、热对流和热辐射三种方式来完成。

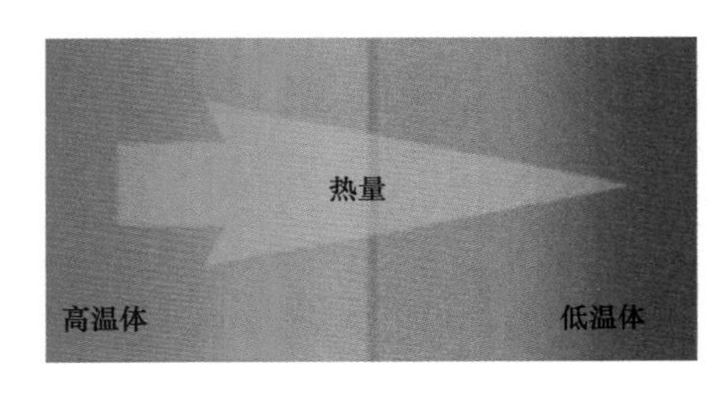

图 4-1　热量概念示意图

热能与热量两者紧密关联又有本质不同。热能是一种能量形式（能量有热能、机械能、化学能、电能、辐射能等多种形式），而热量是传递的热能；热能是状态量，物体通过热传递（热交换）或者被做功来获得热能，而热量是过程量，是物体对外传递的热能的量；热能是系统属性，而热量不是系统的属性，“某介质（或物质）含有 X 量的热量（或冷量）”的描述是不正确的，“某介质（或物质）具有将 X 量的热量（或冷量）传递到另一个介质（或物质）的热力学势”这样的描述才是正确的。只有在给定的参考条件下，才能准确确定所储存的热能。国际上有的学者将储热或蓄热介质称为“热量电池”，严格意义上讲是不科学严谨的。

4.2.2 储热系统

储热系统（或装置）通常由储热材料（也称储热介质、蓄热材料、蓄热介质）、传热（介质）装置（也称热交换装置、换热装置）、储热容器、监视及控制系统等主要部分构成。这几部分既各司其职又互有关联或包含关系，储热材料主要负责热能的蓄积、储存和释放；传热（介质）装置借助传热介质，完成将热能从外部传送进入储热材料、将储热材料所储存的热能传送出去的功能；储热容器是用于布置储热材料、传热装置等的隔热容器，有两方面作用，其一是起到封闭并保护储热材料及其他设施的作用，其二是最大程度减小热损失，有助于将最大份额的㶲传递给用户。储热系统通常与外部能源系统（如发电系统、供热系统）相集成，一方面储热系统从能源系统（热源）获取热能，另一方面又将所储存的热能供给能源系统（热沉，即用户）。

如图 4-2 所示，储热系统是通过储热装置（或蓄热介质）将来自热源的间歇性、不稳定、富余的或废弃的热能加以蓄积存储，并保持一定的时间，当热用户（或负载）需要时再加以释放，以解决热能在时间、空间或强度上供给与需求间的不平衡不匹配的问题，最大限度地提升整个系统能源利用率的系统。储热全过程至少包含蓄积热能、保持或储存热能、释放热能三个步骤。由于热量是过程量，在量化评价一个储热系统时，需考虑热能的蓄积、保持、释放等每个步骤及其与环境间的热交换。

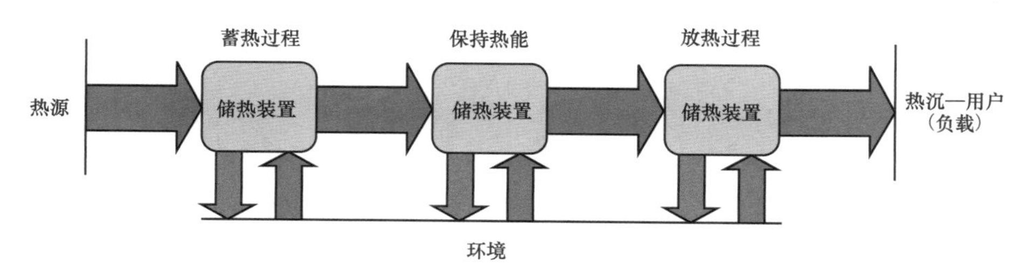

图 4-2　储热系统示意图

如第 2.1.4 节所述，能量是由㶲与

燷所组成，热能也不例外。热量中的㶲可做功，而燷则在㶲从热量中分离做功后排放到环境中而不能被利用。㶲值取决于当前环境工况，其大小代表了储热系统所存储热能的品质。如图 4-3 所示，从热源开始，储热系统各个过程中㶲值与燷值的变化情况。尽管储热系统全过程能量守恒（㶲值与燷值之和不变），但在过程中㶲值（以红块表示）却在不断减小，并以燷的形式不断释放到周围环境中，最终储热装置的温度降至环境温度，此时㶲值为零，燷值达到最大。

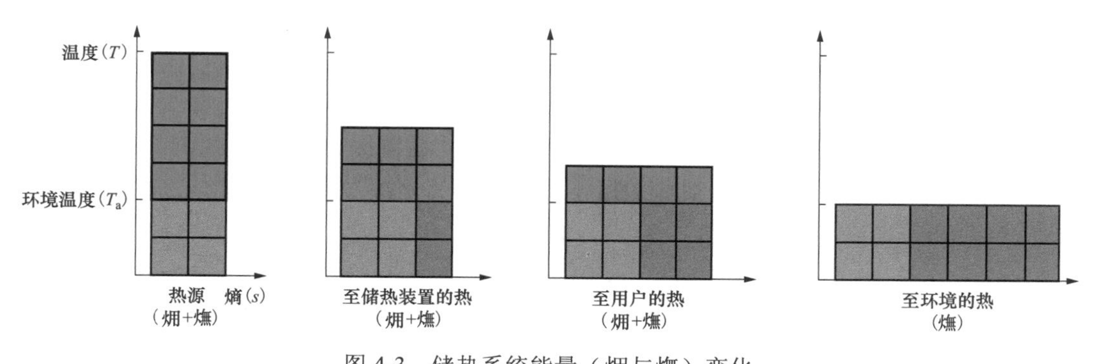

图 4-3　储热系统能量（㶲与燷）变化

（来源：ZAE Bayern）

4.2.3　储热技术分类

储热技术的分类方法有很多，常见的有依据热能存储方式不同的储热方式分类法、依据储热介质温度不同的温度分类法、依据储热材料类别不同的材料分类法、依据储热材料本身是否循环的主动/被动分类法等，如图 4-4 所示。

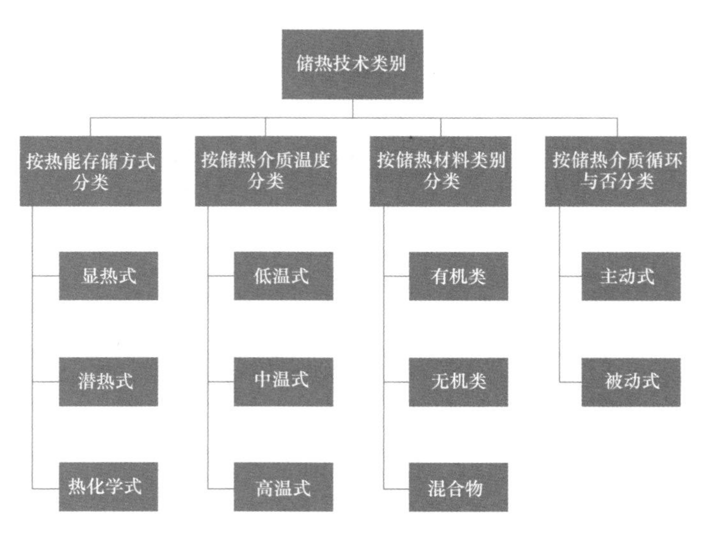

图 4-4　储热技术分类

（1）按储热系统热能存储方式不同，可将储热技术分类为：

1）显热式储热：指储热系统所采用的储热介质的温度随系统中热能的存储/释放而相应升高/降低，且储热介质不发生相变的储热技术。

2）潜热式储热：指储热系统所采用的储热介质通过介质熔化/凝固、蒸发/冷凝、升华/凝华或在一定恒温条件下产生其他某种状态变化来存储/释放热能的储热技术。

3）热化学式储热：指储热系统利用储热介质发生可逆的化学吸附或化学反应进行热量的存储/释放的储热技术。

（2）按储热系统储热介质温度高低，可将储热技术分类为：

1）低温储热：指储热系统利用 150℃以下的低温蓄热材料来进行热能的储存/释放的储热技术。低温储热还可根据应用不同，细分为冷冻（温度低于 0℃）、制冷（通常为 5～18℃）、空间供暖（通常为 25～60℃）、热水供应（通常为 60～95℃）、工业低温供热（≤150℃）等。低温储热可用于中低温地热发电及循环利用、电力设备及电子设备热管理、建筑采暖、热泵应用、低品位热利用、制冷、冷冻食品等场合。

2）中温储热：指储热系统利用 150～400℃中温段用蓄热材料来进行热能的储存/释放的储热技术。中温热量品位相对较高，可通过常规发电装置给水加热系统、汽水系统等加以直接回收利用，该技术也广泛应用于可再生能源发电站（如槽式太阳能热发电站等）、工业余热利用、工业废热回收等场合。

3）高温储热：指储热系统利用 400℃以上的高温段用蓄热材料来进行热能的储存/释放的储热技术。高温热量品位高，可通过常规发电装置汽水系统或蒸汽轮机机组等加以直接回收利用，该技术也广泛应用于可再生能源发电站（如塔式太阳能热发电站）、工业余热利用等场合。

（3）按储热系统所采用的储热材料类别不同，可将储热技术分类为：

1）有机类储热：指储热系统采用有机类蓄热材料（如石蜡族、脂肪酸族等）来进行热能的储存/释放的储热技术。

2）无机类储热：指储热系统采用无机类蓄热材料（如无机盐、水合盐、金属等）来进行热能的储存/释放的储热技术。

3）混合物类储热：指储热系统采用混合物类蓄热材料（无机和有机共熔混合）来进行热能的储存/释放的储热技术。

（4）按储热介质自身是否循环，可将储热技术分类为：

1）主动式储热系统：采用流体类储热材料，在吸收热量—储存热量—释放热量等循环过程中，储热介质循环流动，在换热设备中进行强迫对流换热。根据储热介质参与换热过程的不同，主动式储热系统又可细分为主动式直接储热系统（即储热介质也是传热介质）和主动式间接储热系统（即储热介质仅负责热量存储和释放，另有传热介质来完成热量的收集、传输、换热等）。

2）被动式储热系统：储热介质不循环流动（常为固态储热材料），常采用双介质（储热介质、传热介质）材料，储热介质自身不在换热设备中进行强迫对流换热，而是通过传热介质的循环热传递来实现充热和放热。

此外，储热系统也可按其在能源系统中的物理位置，分为集中类（储热系统安装在集中能源附近，例如太阳能光热电站内的熔融盐储热系统）和分散类（储热系统安装在热能用户附近，例如安装于办公区域的用于储存冷能的潜热储热系统）；按储热系统是否具有可移动性，分为固定式储热系统（储热系统安装在永久固定位置）和移动式储热系统（储热装置具移动性，便于将多余的热能通过储热容器或泵送蓄热介质——如相变材料浆液等方式，远距离输送至潜在用户）；有的场合也有按储热容量、能量密度、热输出、储热持续时长（如几周或跨季节以上储热周期的为长持续时间储热，几小时或几天储热周期的为短持续时间储热等）等来分类。

4.2.4 储热技术机理

储热系统原理虽均属于热力学范畴，但显热储热、潜热储热、热化学储热的工作机理却大不相同。显热储热的热量变化是随着蓄热介质的温度变化而变化；潜热储热的储热过程则伴随着蓄热介质的相变，即蓄热介质材料物理结构的变化；热化学储热是利用可逆化学反应或吸附过程（基于物理力）来实现储热。常见的显热储热、潜热储热、热化学储热及其细类见图 4-5。

4.2.4.1 显热储热

显热是指当蓄热介质在蓄积热能（加热）或释放热能（冷却）过程中，蓄热介质

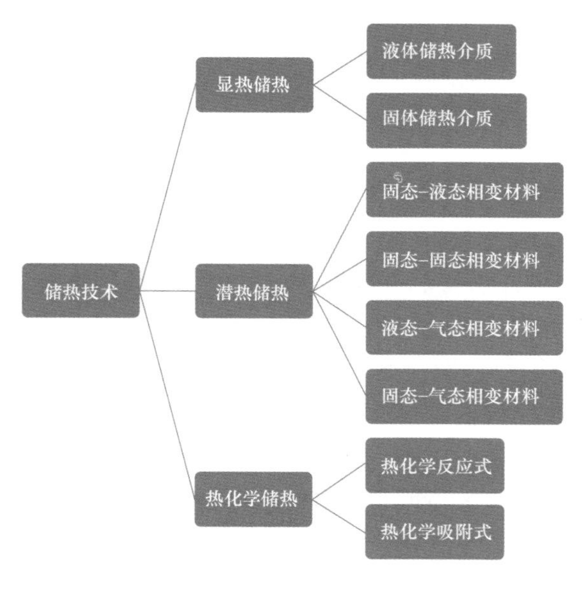

图 4-5 储热存储方式及其细类

的温度随之相应升高或降低而不改变其原有相态所需吸收或放出的热量。因其有相应的温度数值随之对应变化，且能使人们有明显的冷热变化感觉，故名“显热”。所谓“显热储热”，是指通过固态或液态蓄热介质温度的升高来蓄积热量或冷量的储热技术，蓄热材料在储存或释放热量或冷量时，只发生温度变化，不发生相变。水是一种高效的蓄热介质，$1m^3$ 水可蓄热 334MJ（93kWh）。日常生活中对液体水的加热/冷却即为最常见的显热储热示例，当传递到水的热量逐渐增加/减小时，水的温度也相应升高/降低，水的焓值也随之相应变化。

在显热储热中，储热系统所存储的热能与蓄热（储热）介质总质量、比定压热容、储热前后的介质温差等有关，见式（4-1）。

$$Q_S = \int_{T_1}^{T_2} mc_p \mathrm{d}T = \int_{T_1}^{T_2} V\rho c_p \mathrm{d}T = \int_{T_1}^{T_2} \left(\frac{\partial S}{\partial T}\right) \mathrm{d}T = \bar{T}\Delta S_{12} \tag{4-1}$$

式中 Q_S ——储热介质整个过程中所存储的热能；

T_1、T_2——储热介质储热过程中的初始温度、最终温度；

m——储热介质总质量；

c_p ——储热介质比定压热容；

V——储热介质体积；

ρ ——储热介质密度；

$\bar{T}$ ——储热介质平均温度；

ΔS_{12} ——储热介质熵变。

显热储热系统所常用的储热介质材料可分为液体材料（如水）、固体材料（如砂石）两大类。由式（4-1）可知，在工程中，储热介质宜选择材料密度和定压比热容两者乘积较大的材料。

4.2.4.2 潜热储热

潜热，是相变潜热的简称，是指在等温或近似等温条件下，储热介质从一个相转变到另一个相的相变过程中所吸收或放出的热量。这是储热介质在固、液、气三相之间以及不同的固相之间相互转变时所具有的特征之一。通常固←→液之间的潜热称为熔解热或凝固热，液←→气之间的潜热称为汽化热或凝结热，固←→气之间的潜热称为升华热或凝华热。所谓“潜热储热”，是指通过储热介质材料的熔解/凝固、气（汽）化/凝结、升华/凝华或在一定恒温条件下产生其他某种状态变化来储存或释放热量或冷量的储热技术。

潜热储热与显热储热两者最大不同在于在热能的蓄积和释放过程中，除了温度变化，潜热储热系统的储热介质还会发生相变（故潜热储热技术的储热介质材料又常被称为相变材料），显热储热系统的储热介质则只会发生温度变化而不会发生相变，如图4-6所示。由于存在潜热，潜热储热的蓄热密度要高于显热储热，在小温差下即可实现大量热能的储存。

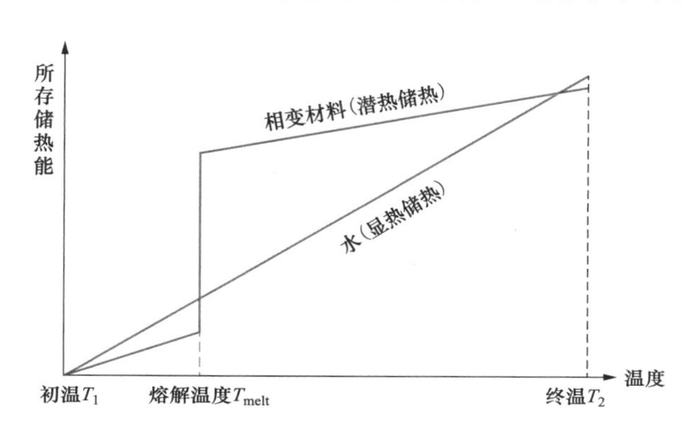

图 4-6　显热储热与潜热储热对比示意图

鉴于具有足够高的焓值且相变时介质体积变化小等因素，潜热储热常采用液相和固相两相相互转变，即储热介质通过在液态和固态之间的凝固或熔解来储存热能或释放热能。如图4-6所示，潜热储热系统的相变材料在储热过程中将经历显热、潜热、显热三个阶段的变化：

（1）从初始温度（T_1）升温到熔解温度（T_{melt}），储热介质（相变材料）保持固相；该过程储热系统储存显热。

（2）在熔解温度（T_{melt}）下，储热介质（相变材料）完成由固相到液相的相变，介质材料由固态变为液态；该过程储热系统储存潜热。

（3）从熔解温度（T_{melt}）升温到终温（T_2），储热介质（相变材料）保持液相；该过程储热系统继续储存显热。

在潜热储热中，储热系统所存储的热能与储热介质相变焓值、储热介质总质量、定压比热容、储热前后的介质温差等有关，见式（4-2）。

$$Q_L = \int_{T_1}^{T_{melt}} mc_{p,s}\mathrm{d}T + \Delta H_{sl} + \int_{T_{melt}}^{T_2} mc_{p,l}\mathrm{d}T \tag{4-2}$$

式中　Q_L——储热介质在整个蓄热过程中所存储的热能；

m——储热介质总质量；

$c_{p,s}$、$c_{p,l}$——储热介质（相变材料）在固相、液相时的比定压热容；

ΔH_{sl}——储热介质（相变材料）在相变过程中焓值的变化，即相变温度下相变材料的潜热。

同理，式（4-2）也适用于描述液相-气相之间的相变潜热储热过程。通常而言，液相和气相之间的相变潜热更大，相变焓值更高，例如水的汽化热大约是熔解热的10倍。理论上，工程中利用液相和气相之间的相变来储热是可行的，但技术上处理储热系统相变过程中相变材料非常大的体积变化的难度较大。

4.2.4.3 热化学储热

热化学储热是一种新兴的且极具发展潜力的储热技术，该储热技术是利用可逆的化学反应或化学吸附，以化学能的形式来进行热能的存储与释放的储能技术。与显热储热和潜热储热相比，通常热化学储热技术具有更高的储能密度、更长的储能持续时长、储热过程几乎无热量损失，且在热能存储和热能释放期间还可调节其温度水平以适应不同的要求。当前该领域研究取得长足进步的是吸附和吸收工艺（从原理上更倾向于“物理”储热），并正在评估在工业余热和工业干燥复合应用等场合的效率及经济性。

热化学储热系统中，储热材料发生热化学反应的通式（以一个反应物 A 和两个反应物 B 发生化学反应生成 AB_2 为例）见式（4-3），其化学反应热 Q_c（反应焓ΔH）可根据摩尔焓变化来进行相应计算，见式（4-4），其中 M 为摩尔质量。

$$A+2B \rightleftarrows AB_2+Q_c \tag{4-3}$$

$$Q_c=\Delta H=m_{AB2}M_{AB2}(\bar{h}_{AB2}-\bar{h}_A-2\bar{h}_B) \tag{4-4}$$

热化学反应储热系统在放热反应过程中释放热量，在吸热反应过程中吸收热量。在放热反应后，发生可逆过程需有两个前提，其一是必须有足够高的温度以向系统重新蓄热，以触发逆反应，其二是必须将全部生成物再通过反应返转回其原始状态（此处是 A + 2B ）。由第 2.1.5 节可知，发生化学反应的驱动力是化学势或吉布斯自由能。当式（4-5）中 $\Delta_f \bar{g}$ 为负值时，反应会是自发的，可自行进行。此时需要的是触发能量 $\Delta_{act}\bar{g}$ （见图 4-7），触发能量是反应必须克服的障碍，一旦这个障碍被克服，加入触发能量后，反应物即可开始反应，能量增益将很大，反应的吉布斯自由能将为负，反应即可自发继续。

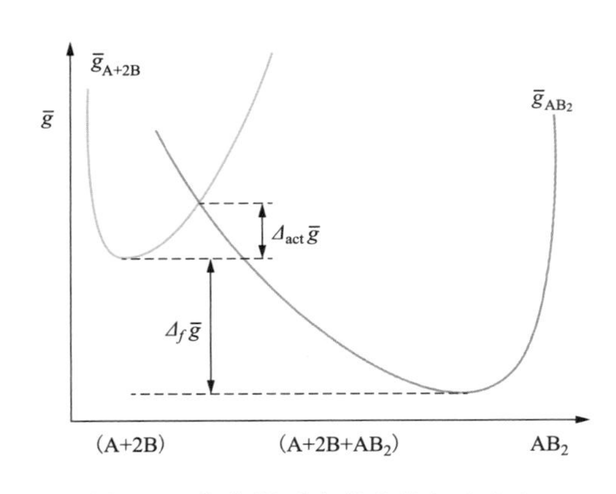

图 4-7 热化学反应储热的混合物与组合物能量稳定曲线

（来源：ODNE STOKKE BURHEIM）

$$\Delta_f \bar{g}=\bar{g}_{AB2}-\bar{g}_A-2\bar{g}_B \tag{4-5}$$

式中 $\Delta_f \bar{g}$ ——反应的净摩尔吉布斯自由能；

$\bar{g}_A$、$\bar{g}_B$、$\bar{g}_{AB2}$ ——A、B、AB_2 的摩尔吉布斯自由能。

4.2.4.4 技术简要对比

显热储热、潜热储热、热化学储热等三种储热方式在储热机理、储热介质（储热材料）、储热密度、优势、不足、技术成熟度、发展方向等方面都有各自不同的特点。显热式、潜热式、热化学式等三类储热技术的简要对比见表 4-3，在后续章节中将分别详细展开介绍各类储热技术。

表 4-3 显热式、潜热式、热化学式储热技术对比表

项目	显热式储热	潜热式储热	热化学式储热	备注
储热机理	基于储热介质（材料）的显热来蓄热和放热	基于储热介质（相变材料）的相变潜热及显热（以相变潜热为主）来蓄热和放热	基于储热介质的可逆化学反应或化学吸附来蓄热和放热	采用显热+潜热的复合式储热系统是发展趋势之一，如将相变材料封装在高热容的介质（例如混凝土）中，可提高储热密度 2～3 倍
储热介质（储热材料）	水、导热油、岩石、陶瓷、熔融盐、土壤等	有机材料、无机材料、金属（如铝）等	碳酸盐、金属氢化物、金属氧化物、金属氯化物等	
体积储热密度（kWh/m^3）	小，约 50（储热介质）	中，约 100（储热介质）	高，约 500（反应物）	基于法国替代能源和原子能委员会（CEA）研究
质量储热密度（kWh/kg）	小，0.02～0.03（储热介质）	中，0.05～0.1（储热介质）	高，0.5～1（反应物）	基于法国替代能源和原子能委员会（CEA）研究
优势	系统相对简单，技术难度小； 储热介质材料成本低； 可靠性高； 对环境影响小	储热密度高于显热式； 可提供恒温热能，易与其他系统集成	储热密度最高； 储热持续时长较长，基本无热损； 系统紧凑	
不足	储热密度低； 储热系统庞大，占地较大； 存在自放热及其他热损现象； 建设成本较高	相变材料成本高； 热稳定性略差； 材料易出现结晶、腐蚀现象	蓄热、放热控制难度大； 循环稳定性差； 系统相对复杂，造价高	
技术成熟度	热水罐法技术成熟度最高，已达 TRL11（稳定性已达到证明）； 熔融盐法—TRL8～9（商业示范、商业应用）； 真空隔热高温水箱法—TRL8（商业示范）	固态-液态相变储冰系统、固态-液态盐水溶液相变储能系统—TRL9（商业运行）； 固态-固态相变储能系统、液态-气态相变储能系统、固态-液态糖醇相变储能系统、固态-液态脂肪酸相变储能系统、固态-液态水合盐和石蜡相变储能系统、固态-液态高温热储能系统、固态-液态低温热储能系统—TRL8（商业示范）； 主动潜热储能系统、形状稳定的相变材料系统（ss-PCM）—TRL4（试验室测试验证）	吸附热泵系统—TRL9（商业应用）； 化学吸附储热系统—TRL5～7（有的处于大样验证阶段，有的处于全样验证阶段，有的处于商业示范初期阶段）； 基于气-气或气-固化学反应的储热系统—TRL3-4（试验室测试验证阶段、小样验证阶段）	热水罐显热储热系统已广泛应用于国内火电厂灵活性改造项目； 熔融硝酸盐（硝酸钠+硝酸钾组成的二元熔盐）显热储热系统已大量应用于国内外太阳能光热发电站，开始应用于国内火电厂灵活性改造项目

续表

项目	显热式储热	潜热式储热	热化学式储热	备注
发展趋势	研发更高温度（如达1000℃以上）、更稳定可靠的蓄热材料； 储热系统运行参数优化； 降低储热系统能耗及热损	研发及推广应用稳定可靠的新型相变材料或复合相变材料； 改进相变材料传热特性； 优化相变储热系统结构设计	研发新型热化学蓄热材料，降低成本； 储热、放热过程有效控制方法； 优化热化学储热系统结构设计	

4.3 显热储热技术

显热储热（sensible heat storage，SHS）技术原理简单，应用历史悠久，近几十年来得到了广泛发展，其总体技术成熟度在显热、潜热、热化学等三类储热技术中最高，是日常生活和工业中最常用的储热系统类型（如每家每户常见的热水器、采暖供热用的热水罐，太阳能槽式光热电站常用的导热油储热系统、塔式光热电站常用的熔融盐储热系统等）。SHS通过在加热过程中加热不发生相变的蓄热介质来储存热能。常见的蓄热介质有水、导热油、熔融盐等流体类，岩石、砂石、水泥、陶瓷等固体类。热能储存于蓄热介质中，储热特性取决于蓄热介质材料的热容及储热系统的隔热性能。在发电站中，可通过储热系统来产生蒸汽或蓄积富余的蒸汽来回收高效利用热能，并通过生成或储存的蒸汽来驱动蒸汽轮发电机组来发电。对于低温储热应用场合，水是最常用的蓄热介质，储罐储热系统、含水层储热系统、钻孔储热系统和矿坑储热系统等多种低温储热技术正在开发中，广泛用于采暖、制冷、太阳能热利用、建筑节能等场合。

4.3.1 概述

人类应用显热储热技术的历史悠久，被誉为华夏“第一人文始祖”的有巢氏，在远古时代即“教人巢居，冬则营窟，夏则居巢”，利用木材、石材等显热储热材料构建了冬暖夏凉的“巢居”，这是有史料记载的人类最早应用显热储热技术的先例。

自1973年爆发第一次世界石油危机后，储热技术研发及应用在发达国家迅速兴起并受到高度重视，成为开发新能源、提高能效及能源利用率、匹配能源供给与消费不平衡的重要手段。进入21世纪，特别是《巴黎协定》生效后，为了实现在本世纪末前，把全球平均温升控制在工业化前水平以上2℃以内，并努力把温升限定在工业化前水平以上1.5℃内的气候目标，世界主要经济体纷纷将储热技术作为能源转型的重要赋能技术之一而加大研发投入及推广应用力度。国际能源署将储热技术在能源转型、温室气体净零排放中的作用界定为重要。在全球能源转型，“碳中和”进程中，储热技术的市场应用潜力巨大，应用前景十分广阔。

显热储热作为主要的储热技术之一，是通过固态蓄热介质或液态蓄热介质的温度升高/降低（过程中蓄热介质只发生温度变化不发生相变）来储存/释放热量或冷量，其系统工作原理简单、技术难度小、材料成本低、应用时间悠久、技术成熟度高。

在工程中，最常用的显热蓄热介质是水、蒸汽、导热油、熔融盐等。在实际应用中，储热应用技术大体可分为四类，其一是电能至热能（electrical energy to thermal energy，E2T），如通过电加热器、电锅炉等将废弃的波动性的风电、光伏电等转换为可连续高效应用的热能，并通过储热系统加以储存利用；其二是热能至电能（thermal energy to electrical energy，T2E），如通过储热系统将常规火电站中富余的蒸汽收集储存，需要时再通过蒸汽轮发电机组来输出电能，提升机组灵活性和经济性；其三是热能至热能（thermal energy to thermal energy，T2T），如通过储热系统将太阳能、工业余热等收集、储存、利用等；其四是热量至蒸汽（heat to steam，H2S），可通过储热系统将工业余热、废热、地热、太阳能等热能转化为蒸汽加以储存和进一步利用。

4.3.2 显热储热材料及选择

储热材料吸收/释放热能，是储热系统的核心。储热材料本身的物性及功能/性能优劣很大程度上决定了储热系统品质的好坏。理想的储热材料应具有储能密度大、比热容高、热导率高、化学性能稳定、腐蚀性小、无毒及危险性小、资源丰富、价格便宜等特征。常用的显热储热材料按照物态不同可分为液态储热材料和固态储热材料两种类型（少数场合也有采用固态-液态混合物作为显热储热材料的）。

4.3.2.1 液态显热储热材料

液态显热储热材料除可作为储热材料外，同时还可作为传热（换热）介质实现热能的蓄积、储存与输送，这是相较于常规固态储热材料最大的优势（在工程前沿技术中，也在研究具有流体特性的细固体颗粒既作为储热介质也作为传热介质的技术）。例如，槽式太阳能光热电站中常直接采用导热油作为储热介质和传热介质，通过导热油工质在槽式集热器中被加热吸收热量后，进入换热器直接利用或进入储罐储热，待无太阳能时再将储罐内所蓄积的热导热油泵送至换热器产生蒸汽推动汽轮发电机组发电。当管道及设备的保温隔热良好时，理论上液态储热材料可保持往返效率接近 100%。

表 4-4 列出了一些常见的液态显热储热材料的物性。工程中用到的液态显热储热材料包括水、导热油、熔融盐、液态金属等物质。水具有较大比热容且成本低，是较为理想的低温储热材料，常用于火电机组灵活性改造的热水蓄热装置、太阳能蓄热装置、对电网负荷进行削峰填谷作用的空调蓄冷装置等。导热油具有热稳定性好、可高温低压传热且传热效率高、运动黏度低、无腐蚀性、易燃、高温下易发生热裂解和被氧化等特点，是较好的中高温储热、传热材料，在槽式太阳能光热电站储热系统、导热油电加热装置中达到广泛应用。熔融盐是指盐类熔化后形成的、由金属阳离子和非

金属阴离子所组成的熔融体，其种类多达数千种。工程中所用的熔融盐常为硝酸盐、氯化物、碳酸盐及其共晶体，具有应用温度区间宽（150～1200℃）、热稳定性好、储热密度高、传热系数高、黏度低、饱和蒸气压低、无毒、不易燃、成本低、凝固点较高、有一定的腐蚀性等特点，是较为理想的中高温储热和传热材料。实际应用中，较少采用单一盐，较多会将二元、三元无机盐混合共晶形成混合熔融盐，通过组分配比的改变得到所期望的熔点，在较低的熔化温度下获得较高的能量密度。采用熔融盐作为储热及传热介质的储能系统已处于成熟商业应用阶段，由硝酸钠+硝酸钾组成的二元熔融盐储热已广泛应用于国内外塔式太阳能光热发电站，用以储存白天所吸收的太阳能，以便在夜间没有太阳能时加以利用所存储的热能来发电；熔融盐储热系统也可和火力发电厂系统相集成，以提高火力发电机组的爬坡率，提升火力发电机组的灵活性，从而进一步提高风电光伏等波动性新能源在电力系统中的消纳水平；熔融盐在核电先进堆型中也有应用，如 MSR 熔盐堆及 LS-VHTR 液态盐超高温堆是熔融盐作为主冷却剂在核裂变反应堆中的应用实例。因液态金属具有较高的热稳定性和热导率，在第四代核反应堆——快堆中常采用液态金属作为储热、传热材料，如俄罗斯试验快堆 BOR-60、示范堆 BN-600 和商用快堆 BN-1600、中国试验快堆 CEFR、欧洲商用快堆 EFR 等采用液态钠作为储热、传热材料，俄罗斯快堆 BREST-OD-300 采用液态铅作为储热、传热材料等。此外，低熔点合金（含有 Bi、Cd、Ga、In、Pb、Sb、Sn、Zn 等金属的二元、三元、四元等共晶或非共晶合金）具有化学活性低、热导率高、密度大等特点，是一种潜在的储热和传热介质。

表 4-4　　常见液态显热储热材料及其物性

材料	温度（℃）	密度（kg/m³）	动力黏度 10^{-3}（Pa·s）	比热容 [kJ/（kg·K）]	热导率 [W/（m·K）]	备注
水	20	998	100.16	4.184	0.598	
SIL180 硅油（聚二甲基硅氧烷）	20	930	11	1.51	0.157	
变压器油	60	842	$6.9\times10^{-8}m^2/s$（运动黏度）	2.09	0.122	
导热油 XCELTHERM 600	200	743.2	0.623	2.61	0.1216	属 C_{20} 石蜡油，凝固点低于 0.0℃，上限温度 316℃
导热油 Therminol VP-1	200	913	0.395	2.048	0.114	由二苯醚和联苯构成的合成油（重量百分比分别为 73.5%和 26.5%），凝固点 12℃，上限温度 400℃

续表

材料	温度（℃）	密度（kg/m^3）	动力黏度 10^{-3}（Pa·s）	比热容［kJ/（kg·K）］	热导率［W/（m·K）］	备注
熔融盐（摩尔百分数 7%$NaNO_3$–49%$NaNO_2$–44%KNO_3）	200	1938.99	8.29	2.302	0.48（400℃）	熔点142℃，超过 538℃后不稳定
熔融盐（摩尔百分数 50%$NaNO_3$–50%KNO_3）	230	1943.7	28.4	1.483	0.45（400℃）	熔点223℃，超过 550℃后不稳定
熔融盐（摩尔百分数 68%KCl-32%$MgCl_2$）	600	1950	4	0.990～1.013（450～800℃）	0.465～0.424（450～800℃）	熔点430℃，上限温度超过800℃
钠	450	844	$3\times10^{-7}m^2/s$（运动黏度）	1.272	71.2	熔点 98℃
锂	450	491	$7.1\times10^{-7}m^2/s$（运动黏度）	4.205	51.3	熔点 180.5℃
钾	450	739	$2.4\times10^{-7}m^2/s$（运动黏度）	0.763	41.9	熔点 63.6℃
铅	450	10 520	$1.9\times10^{-7}m^2/s$（运动黏度）	0.147	17.12	熔点 327.5℃

4.3.2.2 固态显热储热材料

相较液态显热储热材料，固态显热储热材料通常具有工作温度高、工作温度范围宽、密度大、不易泄漏、成本低等优势。但由于常规固态材料不能作为传热介质，故在以固态储热材料构成的显热储热系统中，在热量蓄积和释放时，还需配有另外的传热介质（如水、气体、导热油、熔融盐等）来实现与固态储热介质的热量交换。

表 4-5 列出了一些常见的固态显热储热材料的物性。由第 4.2.4.1 节可知，储热系统中储热材料的关键参数是密度与热容的乘积以及热导率。前者决定了储热材料的体积蓄能容量，后者对储能效率十分重要。高热导率会减少热量在储存与释放过程间的㶲损失。

表 4-5　　常见固态显热储热材料及其物性

材料	温度（℃）	密度（kg/m^3）	比热容［kJ/（kg·K）］	热导率［W/（m·K）］	熔点（℃）
铝	20	2700	0.92	250	660
铜	20	8300	0.419	372	1083
铁	20	7850	0.465	59.3	1538
铸铁	20	7200	0.54	42～55	1150
铅	20	11 340	0.131	35.25	327
石墨	20	2300～2700	0.71	85	3500
碳化硅	20	3210	0.75	3.6	2730

续表

材料	温度（℃）	密度（kg/m³）	比热容［kJ/（kg·K）］	热导率［W/（m·K）］	熔点（℃）
Fe_2O_3	20	5200	0.76	2.9	1565
Al_2O_3	20	4000	0.84	2.5	2054
普通砖	20	1920	1.0	1.04	1800
花岗岩	20	2700	0.79	1.7～4.0	1215
大理石	20	2700	0.88	2.3	825
铁燧岩	20	3200	0.8	1.0～2.0	1538
石灰岩	20	2500	0.74	2.2	825
砂（干燥）	20	1555	0.8	0.15～0.25	1500
砂岩	20	2000～2600	0.92	2.4	1300
普通岩石	20	2480	0.84	2～7	1800
混凝土	20	2240～2400	0.75	1.7	1000（破碎）
土壤（干燥）	20	1200～1600	1.26	1.5	1650
普通黏土	20	1450	0.88	1.28	800～900
耐火黏土	20	2100～2600	1.0	1～1.5	1800
砾质土	20	2040	1.84	0.59	1200～1500
氯化钠	20	2165	0.86	6.5	801

工程中应用的固态显热储热材料有混凝土、砂、岩石、砖块、陶瓷、土壤、石墨、碳化硅、铝、铜、铸铁，甚至废金属屑等。岩石、砂、土壤等材料在自然界中广泛存在且价格便宜，是显热储热系统最常用的固态储热材料。例如，尽管水的比热容是岩石的约 5 倍，但岩石的密度是水的约 2.5 倍，水只能用于低温储热，而岩石可用于低温、中温、高温任何储热温度段，且不存在泄漏问题，许多研究表明岩石作为储热材料在大规模储热时具有非常好的经济性。除天然材料外，人工合成的陶瓷、砖、混凝土等材料也常用于显热储热系统（如建筑保温蓄热蓄冷），耐火砖、碳酸盐类陶瓷等可用于高温储热系统。金属固态材料通常具有较高的热导率和热稳定性，但出于成本因素，主要是用在快速蓄热和放热的系统中。石墨具有来源丰富、高比热容、高热导率、化学稳定等优势，是较为理想的储热介质和传热介质，市场潜力不可小觑。例如，国外已开发出基于石墨的高温（825℃）储热系统，放热持续时长可达 8h（其中 700℃以上的持续热量释放时长可达 6h）。此外，某些材料（如岩石、砂）可用于形成填充床储热系统，传热流体通过多孔区来储存或释放热能。其他材料（如混凝土）也可与嵌入的管道形成一个整体，通过传热流体在管道中的流动来将热量蓄积在储热材料中或从储热材料中提取热能。

4.3.2.3 显热储热材料的选择

显热储热材料的选取是显热储热系统设计的关键一环，决定了储热系统技术/经济可行性和运营的安全可靠性。工程中选择显热储热材料的主要步骤有：

（1）依据工程应用场景及边界条件，确定储热系统的功能、性能需求及其设计条件。

（2）将储热系统中显热储热材料的设计条件及边界条件转换为储热材料的技术参数。

（3）依据以下准则从储热材料数据库中初选出符合工程要求的储热材料：

1）在设计年限内，设计工作条件和频繁的储热/放热循环工作条件下，具有高化学稳定性和物理（如机械）稳定性、高温无结炭、沸点高、不易分解、凝固点低、不易凝结，运行稳定可靠的材料。如液态显热储热材料在工作温度范围内宜保持液态，同时具有低蒸气压，以满足压力管道和容器的安全要求。

2）在工作范围内具有较高比热容（又称比热容量，是单位质量的储热材料的热容量，即单位质量的储热材料改变单位温度时所吸收或放出的热量）和较高密度的材料，以使所需的储热材料用量少，所存储的热能最大化。

3）在工作温度范围内具有较高热导率（即导热系数，是对材料导热能力的量度，定义为材料的单位温度梯度在单位时间内经单位导热面所传递的热量）和良好黏度的材料，以便传热效率高，增加系统的动态性能，利于快速储存热量和释放热量，㶲损最小。

4）对于固态块状材料，宜具备高填充密度；对于固态散料，宜具备高堆积密度。

5）首选无毒、非易燃易爆性、无腐蚀性材料，次选低毒、闪点高、难燃难爆、低腐蚀性材料。

6）低热膨胀系数（指材料单位温度变化所导致的长度量值的变化，分为线膨胀系数、面膨胀系数和体膨胀系数）储热材料，并需和嵌入到储热材料中的传热介质载体（如金属换热器）的热膨胀系数相匹配，以确保良好的换热性能。

7）材料与容器、管路（包括阀门）等具有相容性。

8）低成本，生产、加工过程耗能低。

（4）根据材料物性，对初选出的满足技术经济要求的材料按照图表法等方法进行分类分级。

（5）基于初选材料的分类分级结果，兼顾工程技术经济可行性，按照综合性能最优、综合成本最低为目标，采用敏感性分析等方法，量化选出最优材料。

4.3.3 显热储热容器

工程中常见的显热储热容器可分为两大类，一类是箱/罐类，另一类是填充床类。箱/罐类储热适用于液态显热储热材料，填充床类储热适用于固态显热储热材料。此外，有时也会用到嵌入式方式，即将导热流体管道直接嵌入到固态储热材料中来实现储换热。

4.3.3.1 罐（箱）类储热容器

箱/罐类储热容器是工程中应用最多的显热储热容器，通常由钢、铝、钢筋混凝土、玻璃纤维等材料制成，并用硅酸钙制品、纤维类制品、膨胀珍珠岩制品或复合硅酸盐制品等作为保温材料进行绝热保温。在日常生活中，为满足家庭日常需求所用的存储卫生热水的热水罐、真空隔热高温水箱等就是显热储热容器的应用示例。

工程中常用的箱/罐类储热容器按配置不同，可分为双罐系统和单罐系统两种配置方式，两种配置各有千秋。

4.3.3.1.1 双罐系统

双罐（箱）系统是指储热系统配置有一个高温罐（箱）类储热容器和一个低温罐（箱）类储热容器，高温罐（箱）用于容纳、储存蓄积热量后的高温储热材料，低温罐（箱）用于收纳释放过热量后的低温储热材料。该配置的优点是冷/热储热介质分开储存，当储罐保温隔热效果好时，储能往返效率可接近 100%；缺点是需要设置两个容器，增加了储热系统建设成本。

双罐系统目前技术最成熟，已达 TRL11（稳定性证明阶段），是工程中最常见的显热储热配置方式。图 4-8 示出了在塔式太阳能光热发电站中最为典型的双罐熔融盐储热系统实例。在塔式光热电站中，常采用主动式直接储热系统类型，熔融盐既是储热介质也是传热介质。在吸热储热阶段，冷盐罐内的冷盐（低温熔融盐）被泵送到吸热塔上的吸热器，吸收定日镜反射的太阳能热量而成为热盐（高温熔融盐）后进入热盐罐储存；在放热阶段，热盐从热盐罐被送至蒸汽发生器，在蒸汽发生器内加热给水，产生高温蒸汽来驱动汽轮发电机组发电，放热后的冷盐返回冷盐罐，完成一次熔融盐储热/放热循环。

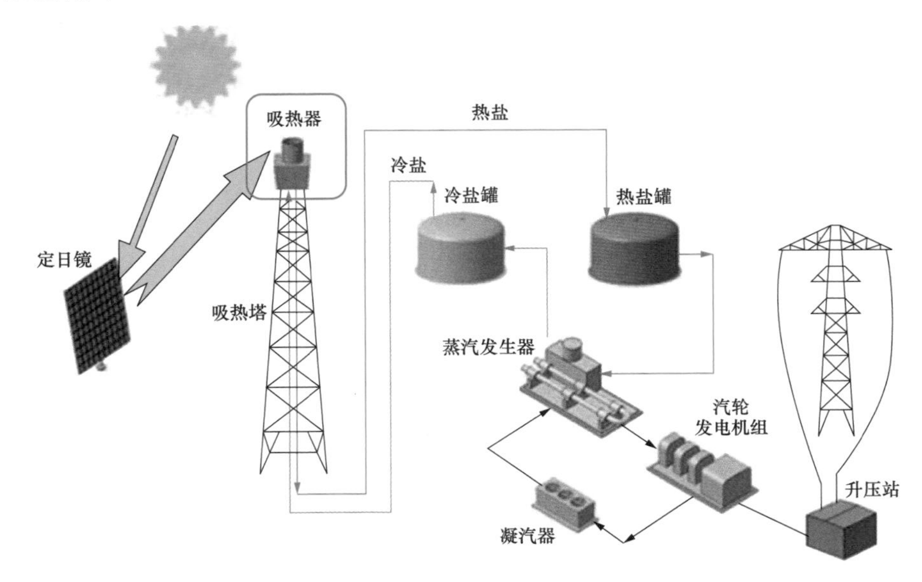

图 4-8 塔式太阳能光热发电站原理示意图

在工程中，根据传热介质是否同时充当储热介质，双罐系统有两种不同系统配置方式（见图 4-9）——传热介质与储热介质相同（两位一体）时的系统配置（对应主动式直接储热系统类型）方式、传热介质与储热介质不同时的系统配置（对应主动式间接储热系统类型）方式。理想高效的方案是所选取的材料介质既作为传热介质同时也作为储热介质，该方案如图 4-9（a）所示，介质在吸热器吸收热能后，携带热能的热传热介质直接被存储在热罐中，避免了经过换热器后热能温度的降低、热能的损失。提取热能时，储热（传热）介质从热罐被泵出，经过放热换热器热交换之后，介质温度降低，然后储存在冷罐中。当需要储存热能时，来自冷罐的介质又被泵出以被加热，然后再储存在热罐中。当工程中出于成本考虑或材料的物性不合适（如过低的密度、过低的热容）等原因时，传热介质与储热介质会采用不同的材料，如图 4-9（b）所示，传热介质在吸热器吸收来自热源的热能后，经过换热器将所吸收的热能传递给储热介质。例如，在一些槽式太阳能光热电站中，采用主动式间接储热系统，导热油作为吸收热源热能的传热介质，熔融盐作为储热介质，导热油和熔融盐之间设置油/盐换热器，完成导热油到熔融盐之间的热交换。

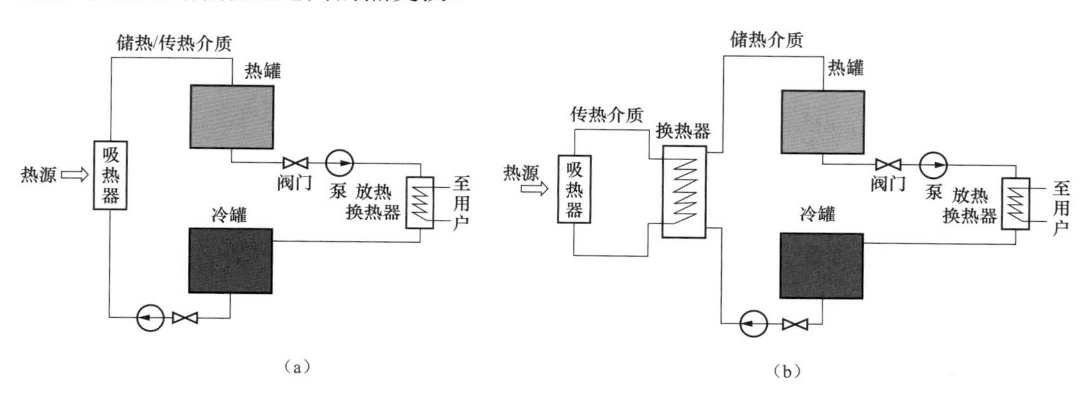

图 4-9　双罐储热系统流程框图

（a）传热介质与储热介质两位一体；（b）传热介质与储热介质不同

4.3.3.1.2　单罐系统

尽管双罐系统储能效率高、能效好，但工作时常常有一个储罐空置，譬如当热能储满后，热罐充满了热的储热介质，冷罐则没有储热介质，冷罐处于放空状态；当所储热能全部释放后，冷罐又充满了冷的储热介质，热罐则处于放空状态。如此，在储热、放热过程中，存在某种程度上储罐空间的浪费，储罐没有完全物尽其用。因此一种仅使用单个储罐的储热系统应运而生。与常规双罐储热系统相比，单罐储热系统的工程成本可降低 20%～35%。

工程中常用的单罐系统有两种类型（见图 4-10），其一是如图 4-10（a）所示的纯斜温层型单储罐系统，其二是如图 4-10（b）所示的可动隔热挡板型单储罐系统。这两种类型的单储罐系统工作时，通常均要求在热能加充时热储热介质总是从罐顶充入储罐，在热能释放时则流向相反，热储热介质从罐顶流出，冷储热介质从罐底部流入储罐。如此，在热量加充、储存与热量输送、释放过程中，热储热介质总是保持在罐顶部，而冷储热介质总是维持在罐底部，从而因温度梯度和浮力效应而产生热-冷分层，即斜温层现象。

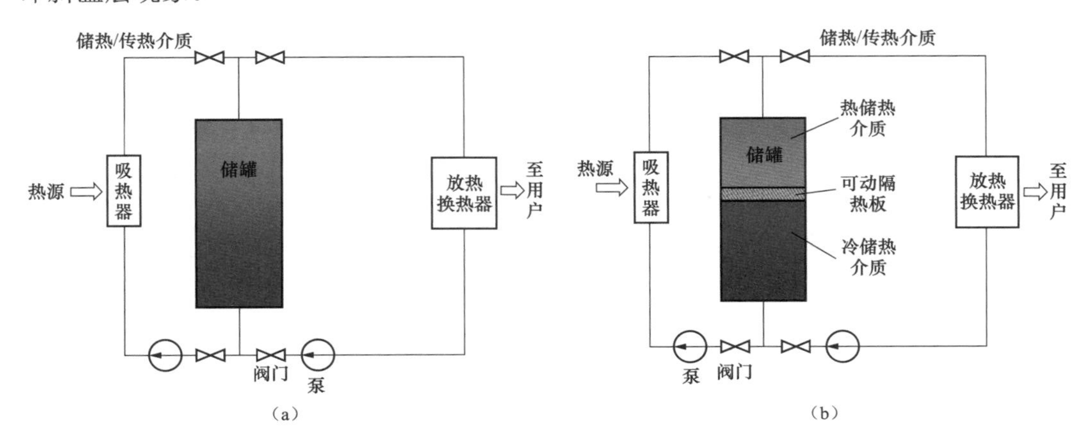

图 4-10　单罐储热系统流程框图

（a）纯斜温层型储罐；（b）可动隔热挡板型储罐

斜温层（thermocline）也称温跃层，是自然界中常见的现象，如在海洋或湖泊等大体积水体内，在一定深度存在一层很明显的薄层，该薄层将水体上面的混合层和下面安静的深水分开，在该层内的温度随深度变化较在该层之上或之下的温度变化都快。

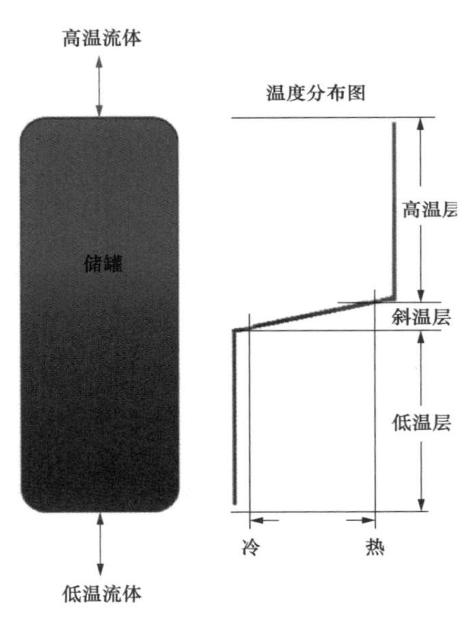

图 4-11　储热罐内斜温层示意图

对于斜温层单罐而言，如图 4-11 所示，单罐斜温层是指在分层储热罐中，在较热的上部储能介质层——高温层和较冷的下部储能介质层——低温层之间形成的过渡层或混合层。如前所述，斜温层是通过所存储的储热介质的上/下部分自身温度和密度的差异将储热介质自然分离而自然形成的过渡层（混合层）。从混合层到更深、密度更大、更冷的储能介质层（低温层）的温变梯度较陡，故斜温层的特点是层内温度急剧下降。

如图 4-11 所示，储热系统单个斜温层储罐内的温度分层有高温层、斜温层、低温层三层，可使储热系统在单个储罐内高效工作。顶层（高温层）由温度较高、密度较低的储热介质组成；底层（低温层）由温度较低、密度较大的储热介质构成；中间是斜温层。斜温层随着储罐的热能加充/释放周期而上下移动。此外，随着储罐静置时间的延长，斜温层也会随之加厚。

通过利用斜温层技术，允许单个储罐储存加充热量后的储热介质和释放热量后的储热介质，起到代替常规的“热罐”和“冷罐”的双罐功能。在储热系统的储罐中，斜温层与储罐的工作循环一致。斜温层的厚度也是储罐内高温储热介质和低温储热介质混合水平、储罐储热效率的度量指标。混合主要是由于储罐内储热介质进入的流速所造成。发生的混合越少，斜温层厚度就越薄，罐内热损失就越少，储罐系统效率就越高，经济性就越好。储热介质高速流入储罐或操作的急剧变化或其他工况，易冲击储罐内的分层，破坏斜温层并降低储罐系统效率。因此，工程设计时，高温储热介质和低温储热介质进/出口处宜设置相应的储热介质流动分配器。工作时，要确保较低的储热流体进/出速度和储热流体自然浮力，以助于保持储罐的热分层，即热流体“上浮”而冷流体“下沉”。

图 4-10（b）所示为可动隔热挡板型单储罐系统。在热储热介质和冷储热介质之间加装一个隔热挡板来将高温层与斜温层、低温层分隔开，从而使储热介质热-冷分离或分层更加理想。

综上可知，单罐储热系统可显著降低工程建设成本，但运行中如不能很好地抑制储热介质的流动扰动，则会破坏斜温层。采用挡板来分离热储热介质和冷储热介质也需要合适的移动和控制机构。从技术成熟度而言，当前单罐储热系统在电力行业的应用尚处于示范试验阶段。

4.3.3.2 填充床类储热容器

填充床类储热容器（见图 4-12）是一个装有高热容、高密度的固态填充材料（如砂、岩石、混凝土、陶瓷块）的床。通常使用空气等导热流体作为传热介质，以空气为例，加充热量时常从床顶部将热空气送入床内加热置于床内的储热材料，完成储热；热量释放时则改变空气循环的流动方向，从床的底部风道通过布风板将冷空气送入床内，并穿过填充床得到加热后从床顶部排出，从而实现储热材料向空气的热量传递，完成放热。陶瓷块、岩石等具有较高的换热系数（换热系数是表征流体与固体表面之间换热性能的参数，即在物体表面与传热介质温差为 1K 时，单位时间单位面积的物体与传热介质所交换的热量）、较低的成本，且传热介质流经以陶瓷块或岩石为填料的填充床的压降较低、热损较小，故成为填充床储热系统最常用的材料。填充床储热具有能量密度高、储热效率高、运行温度区域宽（20～1600℃）、储热容量可灵活部署、蓄热和放热持续时间解耦、寿命长（30a 以上）、建设和运营成本低等优势，但由于储/放热过程中需以传热介质为媒介，储热介质与传热介质之间的换热不可避免，两者温度差难以避免，因而储热往返效率难以达到 100%。

在工程中，有时传热介质不适合用作储热介质（如传热介质成本太高、单位储热容量不能满足要求，或者传热流体需极高压力来保持液态，造成大型储罐需承受较大的机械应力等）。此时，就可能用到填充床类储热容器。在此场景下，填充床内的储热材料须具有更高的单位储能容量。除填充床内的储热材料外，填充床储热系统内部仍有一定量的传热介质，其仍存储了一定量的热能。因此，有的也将填充床类储能方式称为双介质储热方式。

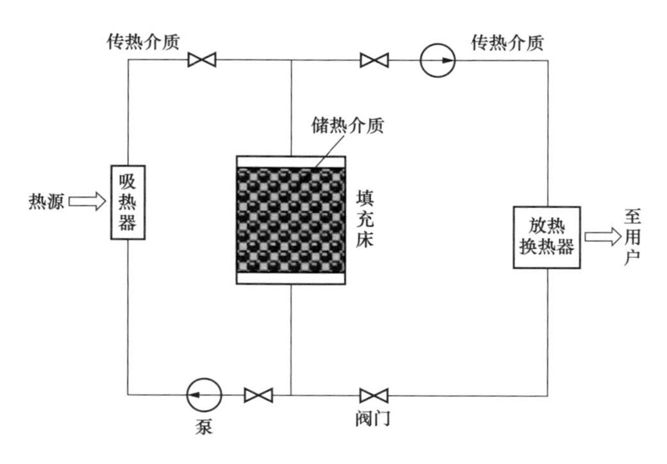

图 4-12　填充床储热系统示意图

工程中填充床储热系统可选用的显热储热材料主要有碎岩石、鹅卵石、砂、预制混凝土块、陶瓷块等，这些材料（其物性见表 4-5）的密度和比热容之积较大、单位储热容量高、来源广泛、成本较低。在设计填充床时，需考虑确保传热流体在填充床顶部和底部流体腔中的径向均匀分布措施。在填充床填料时，需确保储热材料放置均匀，不能在多孔储热介质中出现上下直通的沟槽。如此，可使填充床中的传热流体的流动在相对较短的流程长度内达到所要求的均匀性。在用所选取的储热材料来装填填充床时，当材料粒径（鹅卵石、碎岩石或砂）大致均匀时，填充床的孔隙度为 0.35～0.41；当材料粒径不均匀（如不同规格的岩石）时，填充床的孔隙度可能会低至 0.326；当采用砂与岩石类的混合材料时，孔隙度会更低，约为 0.22。当鹅卵石、预制混凝土块、陶瓷块等储热材料的表面积非常大时，传热介质与这些储热介质之间的接触面积就极大，传热温差就会非常小，换热效果就会极佳，从而会大大改善填充床储热系统的储热效率。

运行中，如图 4-12 所示，在对填充床的储热介质加充热能和释放热能时，传热介质的流动方向必须相异。例如，加充储存热能时，从热源吸收热能后的热传热介质从上至下穿过填充床；释放热能时，冷传热介质从下至上穿过填充床。如此，可确保在释放热量时，冷传热介质在穿越填充床的整个过程中始终处于吸热状态，其温度保持不断上升。

4.3.3.3　嵌入式储热

除箱（罐）、填充床外，工程中有时也会用到嵌入式配置方式。嵌入式，也称集成式，是将储热材料与传热材料集成在一起，即将导热管道或导热（传热）流体嵌入或集成到由储热材料等所构成的型材中。常见的嵌入配置方式有三种类型，如图 4-13 所示，左侧图示采用平板式储热材料，构成二维式传热（导热）流体槽；中间图示采用棒状储热材料，传热（导热）流体在棒束间隙中流动；右侧图示采用密积储热材料，导热管道嵌入其中。

由于嵌入式的换热面积相对较小，因此工程中需考虑采用在储热材料中添加金属颗粒、金属泡沫或金属盘管等，在导热管道外设置鳍片、肋片等措施来强化材料的换热。

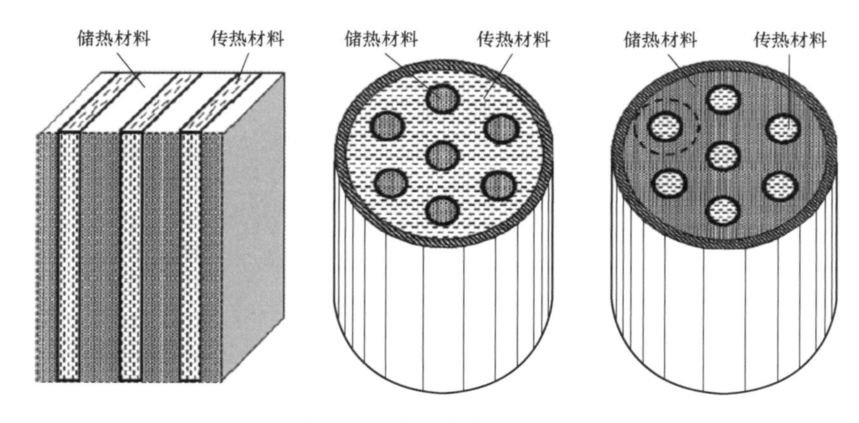

图 4-13　嵌入式类型示意图

4.4 潜热储热技术

显热储热通过蓄热材料温度升高或降低的变温过程来实现热能的蓄积或释放，具有技术原理简单、蓄热材料来源丰富、成本较低、技术成熟度相对较高等显著优势。但因其蓄热密度相对较小、储热装置体积庞大、传热所需的温差带来能量损失、效率不高等因素，又制约了其进一步发展。由此，潜热储热技术应运而生。

4.4.1 概述

潜热储热（latent heat storage，LHS）主要是利用相变材料发生相变来蓄积或释放热能，因而有时也称为“相变储热”。潜热储热具有相变潜热大、蓄热密度高、储热温度恒定（储热、放热过程近似等温）、化学稳定性和安全性较好等特点，因而有助于保持储热装置几何结构紧凑，实现储热装置的小型化。

类似于显热储热，人类对潜热储热（冷）技术的应用也由来已久。例如，古人在冬季采回天然冰并储藏于冰窖，终年用之保存食物、冷却饮料等。图 4-14 所示为 1977 年出土于湖北省随州市曾侯乙墓的战国青铜冰鉴。冰鉴是由一个作为外套的方鉴和一件置于方鉴内的方尊缶组成的双层方形容器。冰块放置于缶的外壁和鉴的内壁之间的

图 4-14 曾侯乙青铜冰鉴

空间，用于冰镇酒浆或食物等，故冰鉴也被称为“世界上最早的冰箱”。

工程中常用的相变材料主要为有机材料、无机材料（包括金属）、共晶材料等。潜热储热所采用的相变材料根据其在相变过程中形态不同，可分为固态-固态、固态-液态、液态-气态、固态-气态等四种相变形式，四类相变形式的技术特点比对见表 4-6。由于具有较高的焓值和对蓄热介质体积的较小影响，固态-液态相变储热材料的应用最为广泛，即应用中通过相变材料由固态熔解为液态来吸收热能，相变材料由液态凝固为固态来释放热能。如将熔点为 20～25℃的相变材料集成到建筑结构中，可增加建筑物的热惰性，有助于维持室内舒适的空间温度。

表 4-6　　四种相变形式对比表

相变形式	相变过程	相变潜热	相变材料体积变化	备注
固态-固态	当环境温度高于/低于相变温度时，相变材料从一种晶体形态变为另一种晶体形态	小	小	固体不发生流动，只是固体晶体状态改变
固态-液态	当环境温度高于相变温度时，相变材料从固态溶解转变为液态并吸收热量；当环境温度低于相变温度时，相变材料从液态凝固转变为固态并释放热量	大	大	应用最广泛；材料相变后，其液相会产生流动
液态-气态	当环境温度高于相变温度时，相变材料从液态气化转变为气态并吸收热量；当环境温度低于相变温度时，相变材料从气态液化转变为液态并释放热量	甚大	甚大	材料相变后，材料气体体积膨胀，收集较困难
固态-气态	当环境温度高于相变温度时，相变材料从固态升华转变为气态并吸收热量；当环境温度低于相变温度时，相变材料从气态凝华转变为固态并释放热量	超大	超大	材料相变后，材料气体体积膨胀，收集较困难

潜热储热，特别是中、高温潜热储热，因其具有相变温度高、储热容量大、储热密度高、储热装置紧凑等特点，易与亚临界发电机组蒸汽循环集成，实现光热发电与太阳能辐射时间上的解耦，改善蒸汽电站的动态性能，减少机组部分负荷时间和启动损耗，故在太阳能热利用、热力发电站发电过程、化石燃料电站灵活性提升、电力“削峰填谷”、余热/废热回收利用、工业/民用建筑采暖节能等领域达到广泛应用。但一些常用相变材料在高温热稳定性、化学稳定性、腐蚀性、与结构材料的兼容性、循环使

用寿命等方面的不足还需进一步解决。

4.4.2 潜热储热材料（相变材料）及选择

相（phase）是指物理性质和化学性质完全相同且成分相同的均匀物质的聚集态。相变（phase change）指随自由能变化而发生的相的结构的变化；相变过程指物质从一种相转变为另一种相的过程。

与固、液、气（汽）三态对应，物质有固相、液相、气相。物质的固相、液相和气相之间的转变即为相变，也称为物态变化。按物质相变前后的凝聚状态，可将物质相变分类为固相Ⅰ←→固相Ⅱ（即物质在特定温度/压力下的晶型转变）、固相←→液相（即物质在特定温度/压力下的结晶、熔融）、固相←→气相（即物质在一定温度/压力下的升华和凝华）、液相←→气相（即物质在一定温度/压力下的蒸发和凝聚）等。所谓的潜热储热材料是指在相变过程中能够储存热能的材料，也常称之为相变材料（phase change material，PCM）。通常 PCM 有着相当高的能量密度，因而潜热储热较之显热储热可储存更多的热能。

工程中常用的 PCM 类别有无机材料 PCM（包括金属及金属合金、熔融盐等）、有机材料 PCM、共晶类 PCM 等。在相变过程中，PCM 的材料密度与相变潜热之积称为 PCM 的储热容量（热容）。各类常用 PCM 材料的潜热储热容量对比见图 4-15。

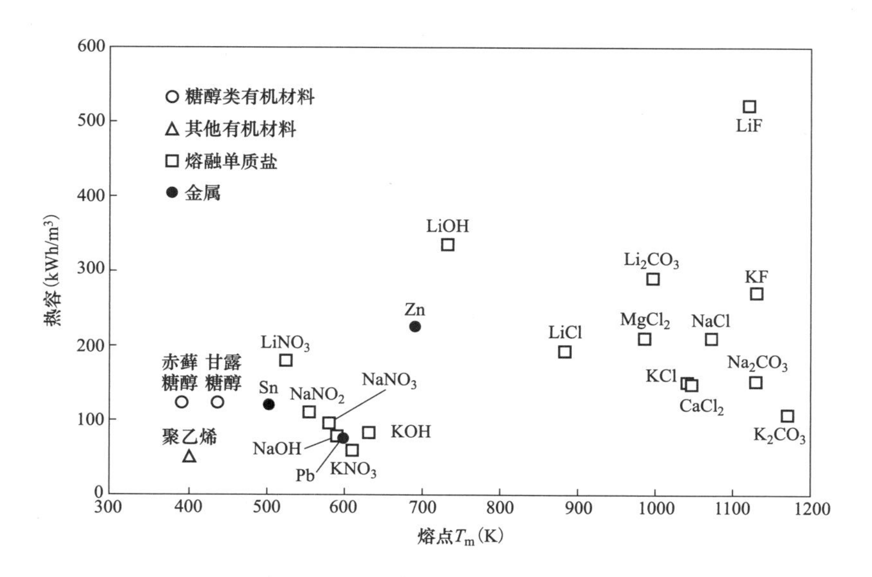

图 4-15 各类 PCM 的潜热热容

4.4.2.1 相变材料分类

市场上的相变材料（PCM）品种非常多，常见的相变材料分类方法有相变形式分类法、化学性质分类法、封装技术分类法、相变温度分类法等，见图 4-16。

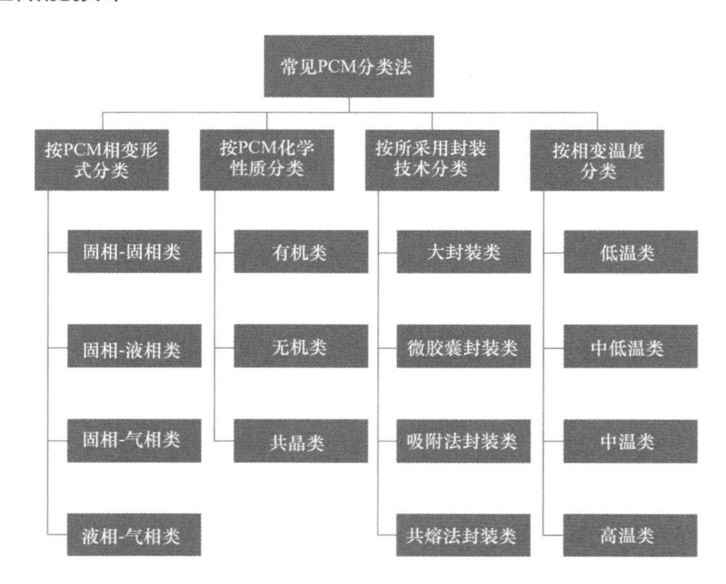

图 4-16　相变材料（PCM）分类法

（1）按 PCM 发生相变时的相变形式不同，可将相变材料分类为：

1）固相-固相类：发生相变时，PCM 固体材料维持固相，相变过程只是从一种晶体形态变为另一种晶体形态。晶体形态变化时 PCM 体积变化小，工程中无需对 PCM 进行密封。常见的固相-固相 PCM 有无机盐类、高密度聚乙烯等。

2）固相-液相类：发生相变时，PCM 在固相-液相间进行相变。当温度高于相变点时，PCM 由固相变为液相，吸收热量；当温度低于相变点时，PCM 又由液相变为固相，释放热量。目前常见的固相-液相 PCM 有结晶无机物类、有机物类等。

3）固相-气相类：发生相变时，PCM 在固相-气相间进行相变。当温度高于相变点时，PCM 升华，由固相变为气相，吸收热量；当温度低于相变点时，PCM 凝华，又由气相变为固相，释放热量。

4）液相-气相类：发生相变时，PCM 在液相-气（汽）相间进行相变。当温度高于相变点时，PCM 蒸发，由液相变为气（汽）相，吸收热量；当温度低于相变点时，PCM 凝结，由气（汽）相变为液相，释放热量。蒸汽动力电站是最为常见的典型应用，凝结水经加热器变为给水后，在锅炉（或蒸汽发生器）中吸收热量变为蒸汽，蒸汽推动蒸汽轮发电机组发电，发电后的排汽（乏汽）在凝汽器中又凝结为凝结水，完成一次汽水循环。

（2）按 PCM 化学性质不同，可将相变材料分类为：

1）有机类：通常，有机类 PCM 在固相时成型性能较好，腐蚀性较小，物性较稳定，毒性小，成本低，热导率小，储热密度小，易挥发、氧化、老化等。常见有机类 PCM 有石蜡族、脂肪酸族、醋酸和其他有机物等。

2）无机类：工程中常用的无机类 PCM 有无机盐类、水合盐、金属或合金类等。

盐类 PCM 具有成本低、储热密度大、熔解热大、熔点固定、工作温度范围宽、热导率优于有机类 PCM 等优点，但也存在过程中易出现过冷、相分离等问题。金属、合金类 PCM 通常具有相变温度高、热导率大、蓄热/放热速率快等显著优点。

3）共晶类：共晶 PCM 是指将具有相似或相同熔点、凝固点的两种或以上相变材料组合而形成的相变材料。具有熔化/凝固时结晶均匀、较高热导率及密度、较为理想的相变温度等优点。

（3）按 PCM 封装工艺不同，可将相变材料分类为：

1）大封装类：将相变材料直接放置于管道或容器中，或将 PCM 封装在尺寸较大的长方体、圆柱体或球体等外壳或膜中后再将其放置于管道或容器内，故也称为宏封装。

2）微胶囊封装类：将相变材料封装在如聚合物等材料构成的外壳所形成的微米级或纳米级的狭小空间内（见图 4-17）。

3）吸附法封装类：利用吸附和浸渍工艺，将相变材料吸附到具有多孔且大孔径的基质载体（如膨胀珍珠岩、膨胀石墨、膨胀黏土等）的孔洞内，形成外形上具有不流动性的多孔基定形相变储热材料。

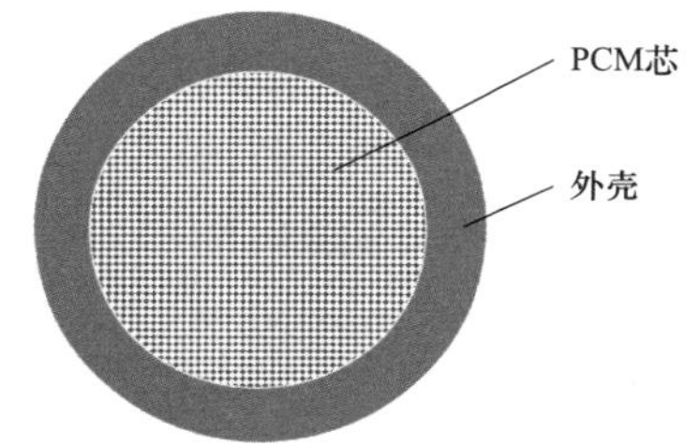

图 4-17　微胶囊封装示意图

4）共熔法封装类：将相变材料与熔点较高的高密度材料在高于高密度材料熔点的温度下共混熔融，再降温至熔点之下，高密度材料先凝固形成空间网状结构作为支撑材料，相变材料则均匀分散到这些网状结构体中，形成定形复合相变材料。

（4）按 PCM 相变温度（如熔点）不同，可将相变材料分类为低温类、中低温类、中温类、高温类等四类，但具体温度限值范围没有一致的约定，如有的将室温及以下界定为低温类，温度小于 150℃界定为中低温类，150～400℃界定为中温类，温度大于 400℃界定为高温类；有的将温度小于 220℃界定为低温类，220～420℃界定为中温类，温度大于 420℃界定为高温类等。低温类 PCM 有冰、水胶、共晶盐、水合盐（如 $NaF \cdot H_2O$）等；中低温类 PCM 有水合盐、石蜡、脂肪酸等；中温类、高温类 PCM 有熔融盐类、碱类、金属和合金等。

4.4.2.2　有机相变材料

有机物是有机化合物的简称，是含碳化合物（碳的氧化物和硫化物、碳酸、碳酸盐、金属碳化物、氰化物等除外）或碳氢化合物及其衍生物的总称。有机物至少含有一个碳原子，同时不包含任何来自 1～12 族的元素（氢除外）。已知的有机物种类多达数千万种，有机材料指的是成分为有机物的材料，常用作相变材料的有机物主要有石蜡族（C_nH_{2n+2}）、脂肪酸族［$CH_3(CH_2)_{2n}COOH$］、醋酸（CH_3COOH）和其他有机物等。其中，主要由直链烷烃混合而成的石蜡族为提炼石油的副产品，其来源丰富，无毒无腐蚀，价格便宜，是应用最广泛的有机相变材料，其熔点一般在–14～76℃，相变焓一般在160～270kJ/kg，储热密度约150MJ/m^3，热导率约0.2W/（m·K），500℃以下具有良好的化学稳定性。随碳链长度增加，其相变温度和相变焓相应升高。C_7H_{16}以上的奇数烷烃和$C_{20}H_{42}$以上的偶数烷烃在7～22℃范围内会发生两次相变，先是在低温处发生固—固相变，略高温度时再发生固—液相变，是非常适合的低温相变材料，但其主要局限是热导率很低。

在工程中，有机相变材料主要用于低温储热场合，如电力电子/电子设备热管理、建筑物采暖制冷等。多数有机相变材料的相变温度值通常不是一个特定值而是一个温度区间，常称为“糊状区”。在相变温度点或糊状区内，有机相变材料会释放/存储很大的潜热，有机相变材料储热密度较大（如普通石蜡潜热为200～300kJ/kg，脂肪酸潜热为100～200kJ/kg），在应用过程中物理性能和化学性能相对稳定，不易出现相分离，无过冷，低毒，低腐蚀性，与多数储热容器材料的相容性好。有机相变材料主要缺点是热导率较低，储热效率及传热效率不高，可燃，暴露在空气中易缓慢氧化、老化等。表4-7列出了一些常见的有机相变材料的物性。

表4-7　　常见有机相变材料的热物性

相变材料（PCM）	熔点（℃）	溶解热（kJ/kg）	密度（kg/m^3）	比热容[kJ/（kg·K）]	热导率[W/（m·K）]	备注
正十二烷	–9.6	216	753（液）	2.21（液）		$C_{12}H_{26}$
正十六烷	18	210	773（液）			$C_{16}H_{34}$
正十八烷	28	244	814（固） 724（液）	2150（固） 2180（液）	0.358（固） 0.152（液）	$C_{18}H_{38}$
正二十一烷	40～41	155.5～213	778（液）	2386（液）	0.145（液）	$C_{21}H_{44}$
正二十三烷	46～47	302.5	777.6（液）	2181（液）	0.124（液）	$C_{23}H_{48}$
正二十四烷	49～52	207.7	773.6（液）	2924（液）	0.137（液）	$C_{24}H_{50}$
石蜡（C_{14}）	5.5	228	771			
石蜡（C_{15}）	10	247	768			
石蜡（C_{16}）	16.7	237.1	774			
石蜡（C_{13}～C_{24}）	22～24	189	760（液） 900（固）	0.21		
石蜡（C_{18}）	28	244	774（液） 814（固）	0.148		
石蜡（C_{16}～C_{28}）	42～44	189	765（液） 910（固）	0.21		
石蜡（C_{20}～C_{33}）	48～50	189	769（液） 912（固）	0.21		
石蜡（C_{22}～C_{45}）	58～60	189	795	0.21		

续表

相变材料（PCM）	熔点（℃）	溶解热（kJ/kg）	密度（kg/m^3）	比热容[kJ/（kg·K）]	热导率[W/（m·K）]	备注
油酸	13	75.5	871（液）	1744（液）	0.103（液）	脂肪酸类
癸酸	32	153	1004（固） 878（液）	1950（固） 1720（液）	0.153（液）	脂肪酸类
月桂酸	44	178	1007（固） 965（液）	1760（固） 2270（液）	0.147（液）	脂肪酸类
棕榈酸	64	185	989（固） 850（液）	2200（固） 2480（液）	0.162（液）	脂肪酸类
硬脂酸	69	202	965（固） 848（液）	2830（固） 2380（液）	0.172（液）	脂肪酸类
聚乙二醇	8	99.6	1125（液） 1228（固）	0.187		$HO（CH_2CH_2O）_nH$
聚乙二醇 E600	22	127.2	1126（液） 1232（固）	0.1897		

4.4.2.3 无机相变材料

无机与有机对应，一般指的是与非生物体有关或从非生物体而来的化合物或单质（少数与生物体有关的化合物也是无机化合物，如水），常指不含碳元素的化合物，但包括碳的氧化物、硫化物、碳酸盐、氰化物、碳硼烷、羰基金属等在无机化学中研究的含碳化合物，简称无机物。无机材料指由无机物单独或混合其他物质而成的材料，包括岩石、砂、陶瓷、玻璃、无机盐、水合盐、金属或合金类等。工程中常用的无机相变材料主要有无机盐、结晶水合盐、金属或合金类等。本节主要介绍除金属或合金类以外的无机相变材料，金属及合金相变材料将在下节进行单独介绍。

水合盐、无机盐等无机相变材料的熔点覆盖范围非常宽（–80～1300℃），可用于低温、中温、高温等各类储热场合。水合盐是在无机盐结构中含有水分子的离子化合物，是无机盐（硝酸盐、碳酸盐、硫酸盐、氧化物和卤化物等）与水分子按特定比例结合而成的化合物，其命名方式为“无机盐·nH_2O”（其中，n 表示在该水合盐结构中所结合的水分子量）。按水合盐晶体结构中水分子所处位置不同，可分为配位水和结构水两种类型。当水分子配位于无机盐的阳离子周围时称为配位水，而当水分子填充于无机盐结构的空隙时称为结构水。某种无机盐是否易与水分子结合而成为水合盐取决于该种无机盐的晶体结构开放性程度。水合盐具有储热密度大、熔点固定（无糊状区）、熔解热高、工作温度范围宽、热导率高于有机相变材料、液相-固相间密度变化小、难燃、价格便宜等优点。但在应用过程中，存在当热量加充时易脱水而致材料分解，稳定性欠佳；大部分盐具有腐蚀性，增加了储热装置的设计及制造成本；有一定的过冷度和相分离等问题。

相分离和过冷问题严重影响水合盐的广泛应用。相分离现象是指当温度升高时，水合盐所释放的结晶水量不足以溶解全部非晶态固体脱水盐或低水合物盐，这些未溶盐因密度差异会沉降到容器底部；当在逆相变过程温度降低时，沉降到底部的未溶盐无法和结晶水结合而不能重新结晶，使得相变过程不可逆，形成相分层，由此造成储热材料的储热能力逐渐下降。在工程中，可通过加增稠剂、晶体结构改变剂、搅动等措施来解决水合盐的相分离问题。过冷现象是指当水合盐结晶成核性能差时，一方面会造成当水合盐冷凝到冷凝点时并不结晶，而是需要温度继续下降到冷凝点以下一定温度后才开始结晶；另一方面是当温度上升到冷凝点时，水合盐也不及时发生相变，也需要温度继续升高到一定程度才会发生相变，从而影响热能的及时释放和利用。在工程中，可采用加成核剂、冷指法（cold finger，保持一部分冷区，保留一部分固态相变材料作为成核剂）、应用物理场（超声场、电磁场、磁场）等方法来解决水合盐过冷问题。

无机盐相变材料主要是利用其固态下不同种晶型的变化进行蓄热和放热，工程中应用的无机盐相变材料主要有熔融盐、部分碱、混合盐（有的混合盐也是共晶盐）等。高温熔融盐主要有氟化物、氯化物、硝酸盐、硫酸盐等，其相变温度较高，相变潜热较大，如 LiH 相对分子质量小而潜热高达 2840J/g。碱的比热容高、熔化热大、稳定性好，高温下蒸汽压低，如 NaOH 在 287℃和 318℃均有相变，潜热达 330J/g。混合盐熔融温度可调，可依需要把不同种类的盐配制成不同相变温度（如几百到上千摄氏度）的储热材料，具有溶化热大、熔化时密度变化小、传热性能较好等优点。

表 4-8 列出了一些常见的无机相变材料的物性，图 4-18 示出了各种熔融盐相变材料的熔解热热容对比，供工程设计参考。

表 4-8　　常见无机相变材料的热物性

相变材料（PCM）	熔点（℃）	溶解热（kJ/kg）	密度（kg/m^3）	比热容[kJ/（kg·K）]	热导率[W/（m·K）]	备注
H_2O	0	334	1000	2.10（固） 4.22（液）	2.3（固） 0.56（液）	
MgF_2	1263	938	1945			无机盐
KF	857	452	2370			无机盐
ZnCl2	280	75	2907		0.5	无机盐
$MgCl_2$	714	452	2140			无机盐
$NaNO_3$	307	172	2260	1.66（固） 1.66（液）	0.6（固） 0.51（液）	无机盐
$NaNO_2$	270	180	1810	1.6～1.8（液）	0.7～1.3（固） 0.5～0.7（液）	无机盐
Li_2SO_4	577	267	2220			无机盐
Na_2CO_3	854	275.7	2533		2.00	无机盐

续表

相变材料（PCM）	熔点（℃）	溶解热（kJ/kg）	密度（kg/m^3）	比热容[kJ/（kg·K）]	热导率[W/（m·K）]	备注
NaOH	322	210	2130	2.0（固） 2.1（液）	0.9（固） 0.8（液）	无机盐
NaCl	800	492	2160		5.0	无机盐
KOH	380	149.7	2044		0.50	无机盐
KNO_3	336	116	2110	1.4（固） 1.3～1.4（液）	0.4～0.5（液）	无机盐
$LiNO_3$	254	360	1780	1.8（固） 1.6～2.0（液）	1.4（固） 0.6（液）	无机盐
K_2CO_3	897	235.8	2290		2.0	无机盐
LiOH	471	876	1430			无机盐
LiOH+LiF	700	1163	1150		1.20	混合盐
Na_2CO_3-$BaCO_3$/MgO	500～850	415.4	2600		5.00	混合盐
61.5%NaCl-38.5% $MgCl_2$	435	351	2480			混合盐
24.5%NaCl-55% $MgCl_2$-20.5%KCl	393	240	1800	1.0（固） 1.0（液）	1.0（固）	混合盐
35%K_2CO_3-32%Li_2CO_3-33%Na_2CO_3	397	275	1900	1.7（固） 1.6（液）		混合盐
50%NaCl-50% $MgCl_2$	273	429	2240		0.96	混合盐
95.4%NaCl-4.6%$CaCl_2$	570	191	2260		0.61	混合盐
58%NaCl-42%KCl	360	119	2084.4		0.48	混合盐
37%LiCl-63%LiOH	535	485	1550		1.10	混合盐
50%$NaNO_3$-50%KNO_3	220	100.7	1920		0.56	混合盐
46%$NaNO_3$-54%KNO_3	222	100	1950	1.4（固） 1.5（液）	0.5（液）	混合盐
51%$NaNO_3$-49%$LiNO_3$	194	265	1900		0.5	混合盐
53%KNO_3-40% $NaNO_2$-7%$NaNO_3$	142	80	1980	1.3（固） 1.6（液）	0.5（固） 0.5（液）	混合盐
67%KNO_3-33%$LiNO_3$	133	170	1900			混合盐
65%K_2CO_3-35%Li_2CO_3	505	345	1960	1.3～1.8（固） 1.8～2.3（液）		混合盐
56%Na_2CO_3-44%Li_2CO_3	496	370	2320		2.09	混合盐
75%NaF-25%MgF_2	650	860	2820		1.15	混合盐
80.5%LiF-19.5%CaF_2	767	816	2390		1.70（液） 3.80（固）	混合盐
68.1%KCl-31.9%$ZnCl_2$	235	198	2480		0.8	混合盐

续表

相变材料（PCM）	熔点（℃）	溶解热（kJ/kg）	密度（kg/m^3）	比热容［kJ/（kg·K）］	热导率［W/（m·K）］	备注
$KF \cdot 4H_2O$	19	230	1460	1.8（固） 2.4（液）		水合盐
$Na_2SO_4 \cdot 10H_2O$	32	254	1485（固） 1330（液）	7369（固） 13 816（液）	0.554（固）	水合盐
$Na_2S_2O_3 \cdot 5H_2O$	48.5	210	1650（固）	6113（固） 9965（液）	0.57（固）	水合盐
$MgCl_2 \cdot 6H_2O$	117	168.6	1450（液） 1569（固）		0.570 （液@120℃） 0.694 （固@90℃）	水合盐
$CaCl_2 \cdot 6H_2O$	29	170～192	1802（固） 1562（液）	1.4（固） 2.1～2.3（液）	1.008（固） 0.561（液）	水合盐
$Na_2HPO_4 \cdot 12H_2O$	35～44	280	1522（固）	0.514（固）		水合盐
$ZnNO_3 \cdot 6H_2O$	36	146.9	1828（液）	0.464（液）		水合盐
Ba（OH）$_2 \cdot 8H_2O$	78	265～280	1937 （液@84℃） 2180（固）	0.653 （液@85.7℃） 1.255 （固@23℃）		水合盐

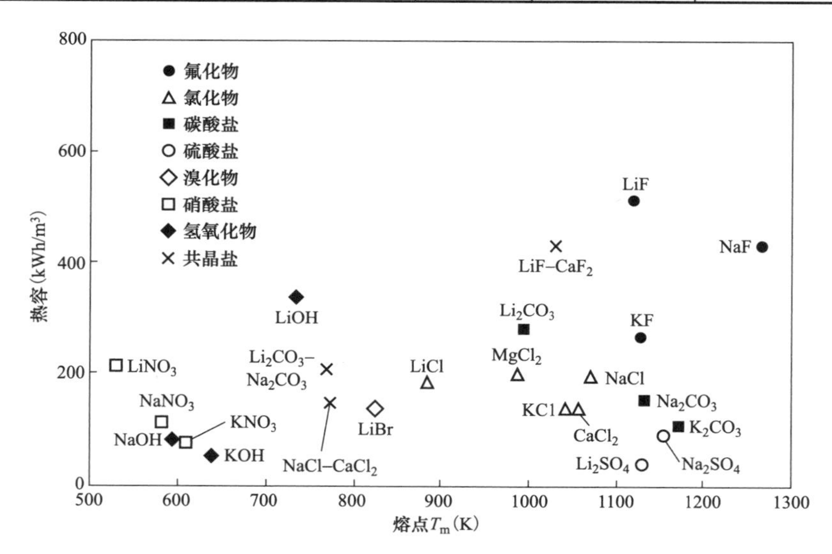

图 4-18　各类熔融盐熔解热热容对比

（来源：Sol Energy）

4.4.2.4　金属及合金相变材料

金属及金属合金相变温度覆盖范围宽，可作为低温、中温、高温储热材料。相较于其他相变材料，金属及合金材料的最大优点是其储热密度高、热导率大（通常其热导率是熔融盐的数十倍至数百倍）、导热性能好、蓄热/释热速率快，此外还具有物理性能和化学性能稳定、过冷度小、蒸气压力低、相变时体积变化小等优点。但金属及金属合金相变材料也存在高温条件下液态腐蚀性强，与储热容器材料相容性差等不足，由此限制了其在高温相变储热场合的广泛应用。常见金属相变材料物性见表 4-9。

表 4-9　常见金属相变材料的热物性

相变材料（PCM）	熔点（℃）	溶解热（kJ/kg）	密度（kg/m^3）	比热容［kJ/（kg·K）］	热导率［W/（m·K）］	备注
汞（Hg）	−38.86	11.4	13 546（25℃）	0.139（25℃）	8.34（25℃）	有强烈神经毒性
铯（Cs）	28.65	16.4	1796（100℃）	0.236（100℃）	17.4（100℃）	碱金属
镓（Ga）	29.80	80.12	5907（50℃）	0.37（50℃）	29.4（50℃）	
铷（Rb）	38.85	25.74	1470（熔化温度）	0.363（熔化温度）	29.3（熔化温度）	碱金属
钾（K）	63.20	59.59	664（熔化温度）	0.78（熔化温度）	54.0（熔化温度）	碱金属
钠（Na）	97.83	113.23	926.9（100℃）	1.38（100℃）	86.9（100℃）	碱金属
铟（In）	156.80	28.59	7030（150℃）	0.23	36.4（150℃）	
锂（Li）	186	433.78	515	4.389	41.3	碱金属
锡（Sn）	231.89	60.5	730（100℃）	0.221	15.08（200℃）	
铋（Bi）	271.2	53.3	979	0.122	8.1	
锌（Zn）	419.53	112	7140	0.39（固） 0.48（液）	116	
镁（Mg）	651	365	1740	1.27（固） 1.37（液）	156	
铝（Al）	661	388	2700	0.9（固） 0.9（液）	237	

由铋（Bi）、铅（Pb）、锡（Sn）、镉（Cd）、铟（In）、镓（Ga）、铊（Tl）、锌（Zn）、锑（Sb）等金属构成的二元、三元、四元等低熔点合金，其熔点可低于 200℃，甚至低于 100℃，具有化学活性低、热导率大、密度高等优点，是一种具有潜力的低温储热和传热介质。表 4-10 为常用低熔点合金物性表。

表 4-10　常见低熔点合金物性表

合金熔点（℃）	合金成分（%）					备注
	Bi	Pb	Sn	Cd	其他	
46.8	44.7	22.6	8.3	5.3	In 19.1	共晶合金
58.0	49.0	18.0	12.0		In 21.0	共晶合金
60.0	53.5	17.0	19.0		In 10.5	共晶合金

续表

合金熔点（℃）	合金成分（%）					备注
	Bi	Pb	Sn	Cd	其他	
70.0	50.0	18.7	23.3	10.0		共晶合金
72.0	34.0				In 66.0	共晶合金
78.8		57.5	17.3		In 25.2	共晶合金
91.5	51.6	40.2		8.2		共晶合金
95.0	52.5	32.0	15.5			共晶合金
102.5	54.0	26.0		20.0		共晶合金
124.0	55.5	44.5				共晶合金
130.0	56.0		40.0		In 4.0	共晶合金
138.5	58.0		42.0			共晶合金
142.0		30.6	51.2	18.2		共晶合金
144.0	60.0			40.0		共晶合金
177.0			67.75	32.25		共晶合金
183.0		38.14	61.86			共晶合金
199.0			91.0		Zn 9.0	共晶合金
221.0			96.5		Ag 3.5	共晶合金
236.0		79.9		17.7	Sb 2.6	共晶合金
247.0		87.0			Sb 13.0	共晶合金
70.0～78.9	50.5	27.8	12.4	9.3		非共晶合金
70.0～83.9	50.0	34.5	9.3	6.2		非共晶合金
70.0～90.0	50.72	30.91	14.97	3.4		非共晶合金
70.0～101.1	42.5	37.7	11.3	8.5		非共晶合金
95.0～103.9	35.1	36.4	19.06	9.44		非共晶合金
95.0～148.9	56.0	22.0	22.0			非共晶合金
95.0～148.9	67.0	16.0	17.0			非共晶合金
95.0～142.8	33.3	33.33	33.3			非共晶合金
102.6～226.7	48.0	28.5	14.5		Sb 9.0	非共晶合金
138.3～170.0	40.0		60.0			非共晶合金

4.4.2.5 共晶相变材料

共晶相变材料是指两种或两种以上具有相同或相近熔点/凝固点的相变材料所组合而成的材料（见表 4-10 中的共晶合金）。按其组合材料化学性质种类的不同，共晶相变材料可细分为有机材料-有机材料组合类、无机材料-无机材料组合类、有机材料-无机材料组合类等类别。共晶相变材料通常具有熔化、凝固时不易出现结晶分布不均匀的偏析、相分离现象，热导率和密度较高，可依需要配制出满足不同相变温度需求的组合材料，成本较高等特点。

常见的共晶相变材料有共晶盐、共晶合金材料等。共晶盐是指由无机盐、水和若干起成核作用和稳定作用的添加剂所调配而成的混合盐，通常具有应用温度区间宽（150～1200℃）、高潜热和理想的熔化温度、高导热性和高密度、热稳定性好、黏度低、饱和蒸气压低、价格低等优点，但也存在过冷和腐蚀性等问题。共晶盐在工程中应用最多，如 $NaNO_3$-KNO_3、KCl-$ZnCl_2$、LiCl-LiOH、NaCl-KCl、Na_2CO_3-Li_2CO_3 等由硝酸盐、氯化物、碳酸盐等组成的共晶盐。通过将二元、三元，甚至四元等无机盐适当改变其组分配比，混合共晶形成所期望熔点的共晶盐，可满足在较低熔化温度下获得较高的热量密度，且将蓄热性能好的高价格材料与低价格材料组合在一起除维持热容量近似不变外，还可降低成本。

4.4.2.6 相变材料的选择

对于潜热储热系统而言，相变材料（PCM）综合性能的优劣决定了系统的好坏，相变材料的选择对于确保潜热储热系统正常工作至关重要。相变材料种类较多，在工程中选择相变材料时，主要需从以下五方面进行综合考虑：

（1）热力学性能：所选择的 PCM 相变温度应满足工程应用所要求的温度范围；PCM 单位相变潜热或相变焓值高，密度大，以节约储热装置空间；材料比热容大，以便充分利用除潜热以外的显热；材料热导率大，导热性能好，以增加加充热能、释放热能的速率，满足储热系统蓄热或放热速率要求，减小系统的蓄热、放热过程时间，维持系统的最小温度变化；相变过程中 PCM 体积变化小，蒸气压低，易于选择简单容器或换热器，并保障容器的安全性；当选择熔融化合物材料时，宜选择材料一致性好，不易出现相分离的材料；循环稳定性好，以确保材料在频繁相变、长时间运行过程中性能稳定。

（2）动力学性能：熔化温度一致，无过冷或相分离现象；或凝固过程中过冷度较小，熔化后在凝固点温度结晶率高，有较好的相平衡性质，不易出现相分离现象。

（3）化学性能：与储热装置（容器或管道等）的材料化学兼容性好，不互相腐蚀或腐蚀性低；在长期相变过程中，化学稳定性好，不发生化学分解，寿命周期长；无毒或低毒，不燃或难燃，不易爆炸。

（4）经济性能：来源广泛，易于加工，低成本，适宜大规模生产应用。

（5）环境保护性能：对环境无污染或影响小；具备可回收、再循环利用特性。

4.4.3 相变材料复合与强化换热

相变材料类型不同、温度范围及应用场景各异，在工作时会在固态、液态、气态之间频繁转换。相变发生时，系统处于非稳态过程，且常伴有相变材料体积方面的变化。因此，需通过相变材料的封装与成型、强化换热等技术来实现相变过程的可控和增强储热/传热的有效性。

4.4.3.1 相变材料封装与成型

在工程中应用相变材料时，需先将PCM（相变材料）封装在一定形状和容积的容器中（见图4-19），构成一个小型储热单元，再根据实际应用由多个小型储热单元组合而成不同性能和用途的储热系统。常用的相变材料封装技术有大封装法、微胶囊封装法、吸附封装法、共熔封装法等。近年来，PCM封装技术在低温和中温储热系统应用中得到了快速发展，用于500℃以上高温储热系统的PCM封装技术仍处于研发和试验阶段。

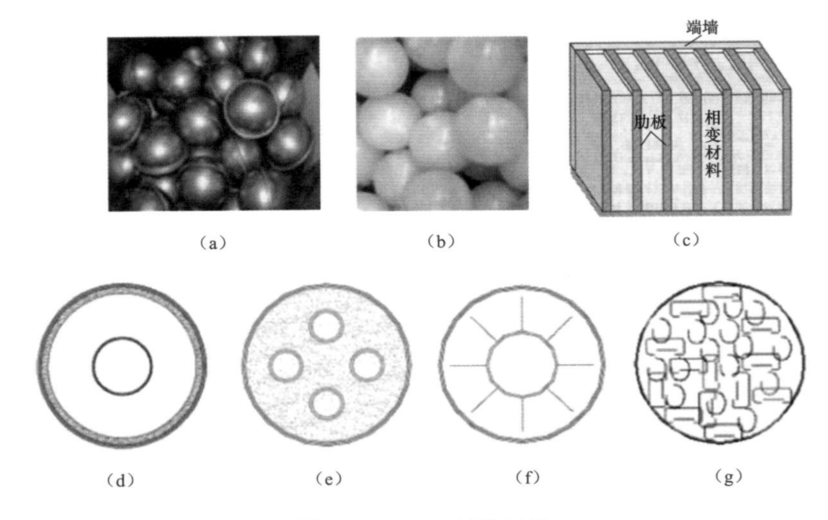

图4-19 PCM封装示例

（a）金属球封装高温PCM；（b）塑料球封装低温PCM；（c）带肋板的大封装PCM；（d）环形PCM；（e）管道嵌入式PCM；（f）鳍式PCM；（g）带金属环的PCM

（1）大封装法。大封装法是指将PCM材料直接放置于由金属、塑料、薄膜等制成的管、球、板、箱、罐或换热器等容器中［见图4-19（a）和（b）］，使用中通过传热流体将热能输入或输出相变材料。在设计封装容器时，需考虑PCM材料和封装容器材料之间的相容性（如腐蚀、渗透、化学反应等）、封装容器的力学性能（如强度、硬度、塑性、韧性等）和热物理性能（如热导率、热稳定性等）等。封装容器材料常用金属或塑料。通常来讲，无机相变材料具有较大的潜热，但具有一定的对金属腐蚀性和较低的热稳定性；有机相变材料常易溶于塑料，具有非常低的对金属的腐蚀性，更好的热稳定性和化学稳定性，但具有更低的潜热和导热性。大封装法具有相变材料封装容易，储热密度相对较高，但包封的相变材料中易出现空穴，会影响传热性能等特点。

（2）微胶囊封装法。微胶囊封装法是指通过原位聚合（in-situ polymerization，将反应性单体或其可溶性预聚体与催化剂一起加入由芯材物质所构成的分散相或连续相中，在芯材上发生聚合反应，预聚体沉积在芯材的表面形成微胶囊）、界面聚合

（interfacial polymerization，先将两种含有双、多官能团的单体分别溶解在不相混溶的相变材料乳化体系中，聚合反应时两种单体分别从由相变材料乳化液滴所构成的分散相和连续相向其界面移动并在界面上聚合，生成的聚合物膜将相变材料包覆形成微胶囊）、悬浮聚合（suspension polymerization，溶有引发剂的相变材料单体以液滴状悬浮于液体中进行自由基聚合）、复凝聚（complex coacervation，指使用两种带相反电荷的高分子材料作为复合囊材，在一定条件下交联且与囊心物凝聚成微胶囊）、喷雾干燥、喷雾冷冻、空气悬浮、相分离、溶胶-凝胶（sol-gel）、电镀等制备方法，将 PCM 材料封装在如聚合物等高分子有机材料或二氧化硅等无机材料构成的微米级或纳米级的狭小空间内。进一步细分，常将胶囊粒径小于 1μm 的称为纳胶囊，粒径大于 1μm 的称为微胶囊。原位聚合和界面聚合是两种非常相似的化学封装技术，主要不同在于原位聚合的显著特征是芯材中不包含反应物，所有聚合都发生在连续相中，而界面聚合则是聚合发生在连续相和芯材之间界面的两侧。此外，电镀法制备金属微胶囊相变材料可满足中高温储热应用要求，但其制备工艺复杂，可选电镀金属材料范围小，在高温相变时有时金属间合金化现象严重。高分子聚合物等有机壁材有强度较弱、传热速度较低、易燃等不足，二氧化硅等无机壁材则可克服上述有机壁材的这些不足。

微胶囊封装在一定程度上克服了 PCM 材料相变时的体积收缩，避免了 PCM 的泄漏、相分离、腐蚀等问题，封装后有着较好的热循环稳定性，比表面积大，换热面积相对较大，增加了传热速率，缩短了相变时间，且易于集成在如混凝土等材料中，使其具备更好的储热性能，但其选材、制备、封装工艺复杂，控制难度大，产量较低，生产成本高，且当采用高分子材料封装后受外壳材料限制，相对而言其热导率低、强度低。

（3）吸附封装法。吸附封装法是利用微孔的毛细作用力，通过吸附和浸渍等方法将 PCM 材料吸附、浸渍到具有大孔径结构的多孔基质（如膨胀珍珠岩、膨胀石墨、膨胀黏土、石膏等）的孔洞内，形成多孔基定形相变储热材料。吸附封装法制成的复合相变材料一般具有良好的多孔基定型结构和导热性能，但也存在制备过程长、均匀性和稳定性不高，多次相变循环后易出现渗漏等问题。

（4）共熔封装法。共熔封装法是将 PCM 材料与熔点较高的其他高密度材料在高于材料熔点温度下共混熔融，再降温至高密度材料熔点以下，如此液态 PCM 材料会均匀分散至高密度材料凝固形成的空间网状结构中，加工形成定型复合相变材料。共熔封装法具有潜热高，材料力学性能好，便于加工成型，性能稳定，无过冷和相分离现象，使用寿命长等优点，但由于高密度材料的掺混会导致整个材料储热密度的降低。在制备过程中需控制好工艺过程，确保 PCM 的分散均匀性。共熔封装法所形成的复合相变材料在实际应用中，应在高于 PCM 材料熔点而低于高密度材料熔点的温度范围内使用。

4.4.3.2 相变材料的强化换热

传热速率是储热系统的关键性能指标，其大小会直接影响储热系统蓄热/蓄冷或供热/制冷过程的效率。传热速率取决于传热温差、传热介质的热导率及换热面积等。在工程具体应用场合，储热系统的热源、热沉（热负荷）、环境的温度及 PCM 材料的相变温度均是确定的，因而强化换热的主要手段主要聚焦于增加换热面积和提高传热介质（PCM 材料）的热导率两个方面。

（1）增加换热面积。除采用微胶囊等封装法来显著增加 PCM 换热面积外，也可通过如图 4-19（c）、（f）、（g）所示，在 PCM 中增加鳍片、肋板、金属片等方法来增大换热面积。工程中，鳍片、肋板、金属片的材质、形状、间距、数目等需通过进一步的热分析测试来确定。

（2）提高传热介质（PCM 材料）热导率。多数 PCM 材料（除金属及金属合金外）的热导率较低，直接影响储热系统的工作效率。在工程中，可通过以下方法来提升 PCM 材料热导率：

1）将 PCM 材料与高热导率的多孔材料复合。如将 PCM 材料熔化后，均匀填充到导热性能优良的膨胀石墨孔隙中，利用多孔石墨的比表面积大和热导率高的优势来提高 PCM 材料的导热能力。又如将 PCM 材料均匀填充到高孔隙率的泡沫金属骨架内的空隙中，也可大大改善材料的传热性能。

2）在 PCM 材料中添加高导热材料微粒。如在 PCM 材料中均匀添加热导率高的微细颗粒（如铜粉、铝粉），可有效提高 PCM 材料的热导率，缩短储热单元储/放热时间。

3）在 PCM 材料中添加固定形状的金属材料。这项措施与增加换热面积措施有一定重叠。如图 4-19（g）所示，通过在 PCM 材料中添加金属环或金属片来改善 PCM 材料自身的导热性能。

4.4.4 潜热储/换热容器

潜热储热系统在应用中，相变材料主要有两种配置类型。一种是将相变材料直接嵌入或集成到其他设备或材料中，如将相变材料集成到建筑材料（如墙板、地板）或电子设备热管理设备中，达到调节室内环境温度、电子设备工作温度，提高能效的目的；另一种则是将相变材料填充于储热或换热容器中，如将相变材料置放于填充床中，用于太阳能热能蓄热或光热发电工程等。在大型电力工程中，容器配置类应用较多，下面重点介绍填充床和换热器储热方式。

4.4.4.1 填充床类储热容器

填充床类储热容器是一个装有高比热容、高密度的固态填充储热材料，以空气或导热油等导热流体作为传热介质的床类容器。填充床最初应用于显热储热系统，通常床内填充有如砂、岩石、混凝土、陶瓷块等高比热容的固态显热储热材料。与显热储热系统比较，潜热储热系统的填充床内采用 PCM 相变材料替代显热储热材料，在同等储热容积下，有着更大的潜热，可获得更高的储热密度和更低的运营成本；在同等储热容量下，可使填充床容器小型化，节约工程造价。

在工程中，常见的填充床储热材料填充方案有四种（见图 4-20），其一为填充如混凝土、岩石等固态显热储热材料的方案（属显热储热范畴），见图 4-20（a）；其二为填充如大封装、微胶囊封装等潜热储热材料（PCM 相变材料）的方案，见图 4-20（b）；其三为不同种类的储热材料分区或混合填充方案［见图 4-20（c）］，如可将不同类别的显热储热材料填充于顶部和底部区域，封装后的 PCM 材料填充于中部区域，或可将具有级联熔点的各类 PCM 封装储热单元按熔点高低分区填充，也可将显热储热材料和潜热储热材料直接混合填充；其四为将导热流体（传热流体）管道直接嵌入储热材料（或为显热储热材料，或为潜热储热材料）填充物中，见图 4-20（d）。

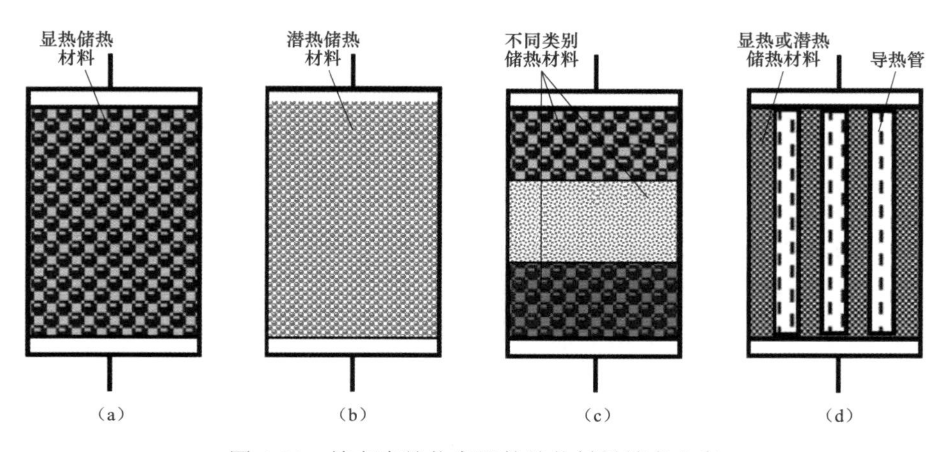

图 4-20 填充床储热容器的储热材料填充方案

（a）固态显热储热材料填充；（b）潜热储热材料填充；（c）各类储热材料分区或混合填充；

（d）带嵌入式导热管的填充

4.4.4.2 换热器类换热容器

常用的换热器有两种类型，一是经典的管式换热器（见图 4-21），也称管壳式或列管式换热器，壳体多呈圆形，内部装有平行管束，管束两端固定于管板上，该类换热器在电力工业上的应用有着悠久的历史（如发电站中的常规给水加热器），至今仍在所有换热器中占据主导地位；二是板式换热器（见图 4-22），是一种新型高效换热器，具有换热效率高、热损失小、结构紧凑、占地面积小、应用广泛、使用寿命长等特点。

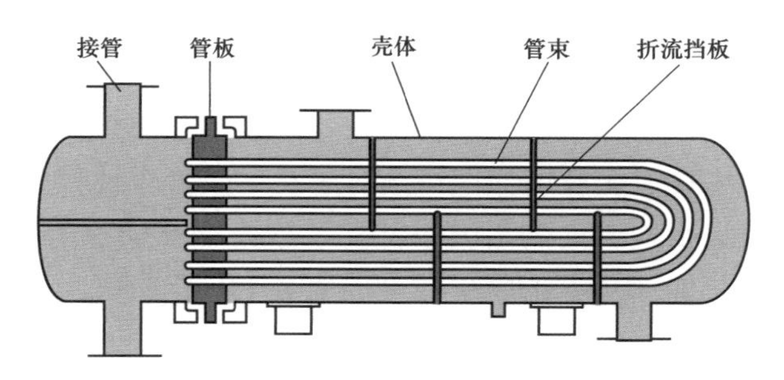

图 4-21 管式换热器

图 4-22　板式换热器

在潜热储热系统中，可将 PCM 材料置于换热器以进一步提高系统性能。对于管式换热器，根据传热介质流道不同，可将 PCM 材料置于管侧或壳侧。板式换热器的工作原理是冷/热两种介质通过换热板上规律排列的波纹通道来完成间隔传热、热交换，PCM 材料置于任一介质流道中均可。

4.5　热化学储热技术

显热储热、潜热储热技术相对成熟，其储热系统规模可做到 300MWe、6～8h 等级范围，可储存大量的热能直接用于热力发电，也可用于提升常规电站发电机组和风电/光伏等新能源电站的运行灵活性。100%新能源所构成的新型电力系统的可靠运行，必须有长持续时间储能，尤其是超长持续时间储能作为支撑。但若将显热或潜热技术用于更长储能时间（如跨季节或跨年份）的储热则仍然非常具有挑战性。其中主要的挑战是难以实现长期经济、可靠、高效的保温绝热，难以使储热过程热损失最小化。因此，科研和工程人员付诸于热化学储能技术的研发和应用，以期解决长时间尺度热能储存的需求。

4.5.1　概述

热化学储热是一种利用可逆的化学反应或化学吸附方法，以化学能的形式来进行热能蓄积和释放的新兴技术，其发展潜力巨大。与显热和潜热技术相比，热化学储热系统有着更高的储能密度、更长的储能持续时长且储热整个过程几乎无热量损失，并还可调节其温度水平以适应不同储热/放热场景，满足变温储热的要求。

根据储热方式的不同，热化学储热技术可细分为热化学吸附储热和热化学反应储热两大类。前一种技术是基于吸附（化学键或物理键作用）和吸收（材料的吸收/溶解）机理，通过吸附剂和吸附质直接接触、吸附剂吸收或解吸吸附质的过程来释放或蓄积热量，对热源品质要求不高，主要应用于低品位热能回收利用、分布式冷热电多联供等场合，其技术成熟度达 TRL5-7（大样、全样、商业示范早期阶段）；后一种技术是通过吸热反应将化合物分解为反应产物、通过放热逆反应使反应产物再复合为化合物，主要应用于中、高温热能利用等场合，其技术成熟度达 TRL3-4（概念验证、试验验证阶段）。

4.5.2 热化学吸附储热

吸附是一种广泛存在的物理化学现象，可细分为物理吸附和化学吸附两类。①物理吸附（也称范德华吸附）是指吸附质和吸附剂间以分子间范德华引力为主的吸附，吸附过程不产生化学反应，不发生电子转移、原子重排及化学键的破坏与生成，热能是以分子势能的形式储存，吸附能较小。②化学吸附是指吸附质和吸附剂间产生化学作用，生成以原子（或离子）间的化学键为主的吸附，热能是以化学能的形式储存，吸附能较大。究其原因，是因为化学吸附的吸附/解吸过程伴随化学反应，会发生分子内化学键的破坏和再生，其产生的作用力远远大于物理吸附中的范德华力，故其吸附热可达每摩尔近百千焦，远远高于物理吸附的吸附能。

热化学吸附储热是一种主要利用化学吸附来进行储热的技术。热化学吸附储热系统常用吸附工质对包括硅胶/水、硫酸镁/水、溴化锂/水、氯化锂/水等。热化学吸附储热可产生相当高的储热容量，且在储能期间不会产生任何热损失，被公认为是一种节约一次能源、减少温室气体排放、高效节能的有效方法，应用前景广阔。

4.5.2.1 吸附储热循环

热化学吸附储热是指以化学吸附为主，在吸附质与吸附剂之间形成吸附化学键过程中所伴随发生的热效应来进行的热能存储。吸附剂吸附吸附质的吸附过程就是热能的释放过程，而吸附剂解吸吸附质的解吸过程则为热能的蓄积过程。在工作时，可利用电网低谷电、弃风弃光电、太阳能、工业过程废热、工业过程余热等加热吸附剂来解吸被吸附的吸附质，同时实现热量的存储，如图 4-23（a）所示；分解后的吸附剂和吸附质可在室温下分别单独储存，如图 4-23（b）所示；在用能高峰时（如电网负荷高峰或顶峰时段、热能利用高峰时段），通过吸附质和吸附剂的重新吸附形成原始反应物，并利用吸附过程中释放出的大量热能来发电和供热，如图 4-23（c）所示；如此，通过吸附剂对吸附质的解吸→储存→吸附……来完成热能的加充→储存→释放……储热循环。

与传统储热单元相比，热化学吸附储热具有非常高的热容，吸附储热材料的储热密度可高达 800～1000kJ/kg，是一般潜热储热相变材料的数倍；工作温度覆盖范围非常宽，可达−50～1300℃，并可实现变温储热；储热过程中，吸附剂可保持和大气环境同温，不向周围环境传热，无热量损失，可实现跨月份、跨季节、跨年份等长时间尺度的能量无损储能；吸附储热单元可直接输出热量和冷量；吸附储热材料通常无毒、无污染，环保性能好；但也存在由于吸附剂常为多孔材料，传热传质性能相对较差，换热温差相对较高，降低了吸附储热系统的储热效率，且吸附储热过程较为复杂、材料价格相对昂贵等不足。

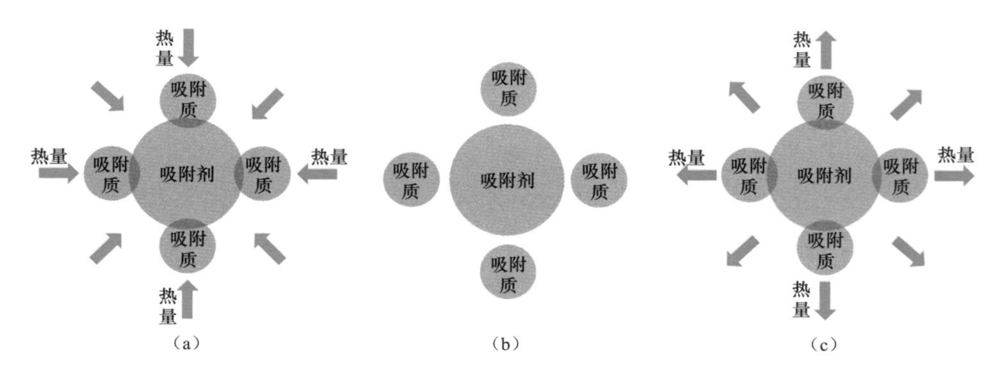

图 4-23　热化学吸附储热工作过程

（a）加充热能；（b）储存热能；（c）释放热能

4.5.2.2　吸附工质对选择

工程中，吸附剂常选用具有多孔结构的固态物质（如沸石、硅胶等），利用其内部细微多孔隙结构，增大吸附剂和吸附质的接触表面积，加快加大吸附剂吸附吸附质的速度和数量，快速实现吸附过程的平衡，同时在吸附或解吸过程中也会释放或蓄积更多热能。吸附质常为液态或气态物，可为单质流体，也可是多种流体物构成的混合质流体。基于储能密度、环保、安全性和经济性等因素综合考虑，热化学吸附储热系统常用的“吸附工质对”（吸附剂-吸附质）有结晶水合物体系，如 $MgSO_4 \cdot 7H_2O$、$CaSO_4 \cdot 2H_2O$、$Na_2S \cdot 5H_2O$ 等；由 NH_3 或 H_2O 为吸附质或吸附剂所构成的吸附工质对，如 $LiBr\text{-}NH_3$、$CaCl_2\text{-}NH_3$、$BaCl_2\text{-}NH_3$、$MnCl_2\text{-}NH_3$、$NH_3\text{-}H_2O$ 等；化学吸附主要是通过水合盐与水的水合反应、氨合物与氨的配位反应来进行。但无机盐在吸附过程中易潮解，影响吸附剂传质性能，且自身热导率极低，严重影响吸附蓄热、放热过程的反应速率。水是一种理想的吸附质，来源广泛且无毒无污染，汽化潜热大（蒸发温度 5℃时达 2490kJ/kg），但不足在于其蒸发压力低，组成的系统常为负压系统。氨也是一种较为理想的吸附质，不破坏大气环境，汽化潜热较大（蒸发温度 5℃时达 1250kJ/kg），但氨有一定的毒性、腐蚀性、易燃易爆，且系统压力高。

工程中所选用的吸附剂，通常需满足以下要求：

（1）高化学稳定性和物理（如机械）稳定性，可长期循环使用；

（2）比表面积大；

（3）对所选吸附质的吸附量大、吸附速度快；

（4）传热传质性能好；

（5）无毒或低毒，危险性小，腐蚀性小；

（6）资源丰富，价格便宜。

在工程中选择吸附质时，主要需从以下几方面进行综合考虑：

（1）单位体积蒸发潜热大；

（2）良好的热稳定性，可长期循环工作；

（3）工作压力适中；

（4）无毒或低毒、无污染，环保性能好；

（5）来源广泛，价格便宜。

4.5.2.3 吸附蓄热床

工程应用中，吸附、解吸循环过程所对应的放热、蓄热过程均是在吸附蓄热床内进行的，蓄热床是吸附储热系统的关键设备，蓄热床的传热传质特性一定程度上决定了吸附储热系统的性能好坏。工程设计时，可通过提高吸附剂的热导率，降低吸附剂自身热阻，优化蓄热床换热器结构与性能，降低吸附剂与蓄热床换热器间的接触热阻来提升吸附蓄热床的传热性能。

常见的吸附蓄热床换热器结构形式见图 4-24。管壳式是最常用的吸附换热器，具有结构简单、造价低、流通截面宽、易于维护等优点，缺点是吸附换热器与吸附剂之间难以保持良好接触、传热系数低、占地面积大。近年来，工程科研人员对吸附蓄热床换热器结构进行了优化，推出了平板式吸附换热器、板翅式吸附换热器、螺旋板式吸附换热器、套管式吸附换热器等各种结构类型，分别见图 4-24（b）～（e）。平板式吸附换热器和板翅式吸附换热器具有结构紧凑、换热效率高、成本低等特点，螺旋板式吸附换热器和套管式吸附换热器具有防止热疲劳、增加换热效率、尺寸紧凑等特点。

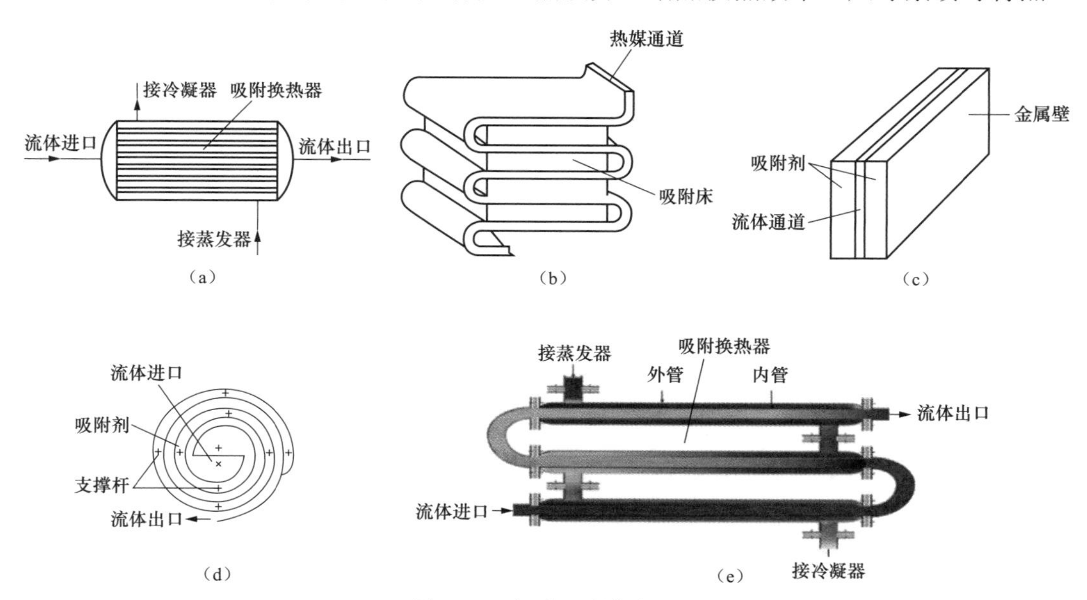

图 4-24 各类吸附换热器

（a）管壳式吸附换热器；（b）平板式吸附换热器；（c）板翅式吸附换热器；

（d）螺旋板式吸附换热器；（e）套管式吸附换热器

当采用非固结型吸附蓄热床时，固态吸附剂呈颗粒状散布于蓄热床中，吸附剂与吸附换热器表面的接触热阻较大，热导率低，传热性能差。此时，可通过使用翅片、肋片、添加金属微纳米颗粒等来增大吸附换热器的传热面积、改善热导率，以优化蓄热床的传热性能。

4.5.3 热化学反应储热

热化学反应储热是一种利用可逆热化学反应，将热能转换为化学能，并储存于反应介质中；当需要热能时，再通过逆向热化学反应，将所储存的化学能以反应热的形式释放出来的储能技术。热化学反应储热基于可逆化学反应，如氨的可逆反应、氢氧化钙分解为氧化钙和水的可逆反应等，通过强化学键将热能转换为化学势来进行能量储存。与显热储热、潜热储热等储能方式相比，由于其采用与温度无关的储能方式，热化学反应储热理论上能以任意跨时间、跨空间的方式，以更高的能量密度和最小的能量损失来对能量进行储存。近十年来，热化学反应储能技术的优点和潜力促使一些发达国家、头部企业对其研发投入及力度在不断增加。

4.5.3.1 热化学反应储热循环

热化学反应储热是指利用可逆热化学反应，将热能转换为化学能，储存于反应介质中；储能时长可为任意时间尺度，也可远距离跨空间运输至异地进行能量无损存储；当需要热能时，再通过逆向热化学反应，将所储存的化学能以反应热的形式释放出来。热化学反应储热的过程循环如图 4-25 所示，第一步是储热材料 C 吸收外界热能，发生化学分解而生成反应产物 A 和 B，同时将所吸收的热能以化学能的形式储存在生成产物 A 和 B 中；第二步是反应生成物 A 和 B 分开储存，可实现任意时间尺度或跨空间距离的热能储存（如时、日、月、季、年等）；第三步是当需要用能时，反应产物 A 和 B 重新接触发生逆向热化学反应，重新合成为 C，同时释放大量热能，可利用释放出的大量热能来进行发电或供热等；如此完成了热能的加充→储存→释放……储热循环。

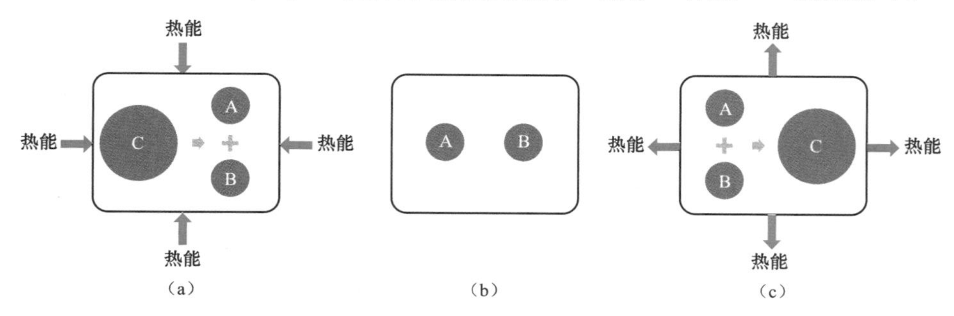

图 4-25 热化学反应储热工作过程

（a）加充热能（吸热）；（b）储存热能；（c）释放热能（放热）

在热化学反应中，储能材料分子中原子之间的键被打破、重新排列和重建，将原子重新组合成新的分子。催化剂可通过降低活化能（活化能是化学反应发生所必须克服的能量障碍)，使原子更容易断裂并形成新的化学键。因此有的热化学反应需加催化剂以提高反应速率或降低开始化学反应所需的温度或压力。热化学反应按参与反应物类别不同，可分为气相催化反应、气-固反应、气-液反应、液-液反应等类别。

与其他储热方式相比，热化学反应储热具有以下显著优点：

（1）热化学反应储热通过对储热材料原化学键的打破、重组、复原，实现“热能-化学势能-热能”的能量转换，储热量大，其常用储热材料的蓄热密度均在GJ量级，比常用的相变蓄热材料的蓄热密度要高出一个量级；

（2）热化学反应所生成的反应产物的储能形式为化学势能，热能储存不需要追求绝热的储热罐，能量可在环境温度下以任意时间尺度、不存在热量损失的短周期、中周期、长周期方式储存，也可远距离运输到异地来跨空间储存；

（3）热化学反应储热基于强化学键实现能量的转换和储存，所储存或释放的能量为高品位热能，适用的温度范围宽，非常适应电力工业中如常规热力发电站、太阳能光热电站、分布式能源系统、电力系统灵活性和韧性提升及空间太阳能热动力系统等中/高温热能利用场合。

但是，热化学反应储热也存在系统复杂、反应器中传质传热效率不高、系统整体效率低、成本高、当前技术成熟度低等不足。

4.5.3.2 热化学反应储热材料及选择

热化学反应储热（或蓄热）材料是热化学反应储热技术的核心技术之一，储热材料基于可逆吸热/放热化学反应进行热能的储存/释放，储热密度大，反应过程没有潜热储热中物理相变存在的问题，反应产物分离后可长期无损储能，适用温度范围宽，可用于低温、中温和高温等各种储热应用领域。当前研究及试验的热化学反应储热材料的储热密度在100～2000kJ/kg范围内，较常用PCM相变材料的储热密度高了一个数量级。

4.5.3.2.1 热化学反应储热材料类别

当前主要研究及实验、测试或试用的热化学反应储热材料大体可分为结晶水合物、碳酸盐、金属氢化物、金属氧化物和非金属氧化物、氢氧化物、氨基材料、有机材料等七大类。以下分别进行简要介绍。

（1）结晶水合物。结晶水合物是指物质晶体里含一定数目的水分子的物质。在热化学反应储热系统中，结晶水合物有水合盐、氢氧化物水合物等。以水合盐为例，水合盐是一种含有一个或多个水分子的无机盐，其化学式为 $AB \cdot nH_2O$。在无机盐与水在氢键等化学键作用下构成水合盐的同时，会释放出热能；水合盐在吸收热能、断裂化学键后，又可分解为无机盐和水。利用水合盐的分解与重构的可逆循环，可实现低温热能的储存和释放。热化学反应储热系统常用的水合盐材料有 $MgSO_4 \cdot nH_2O$、$NaS \cdot nH_2O$、$NH_4NO_3 \cdot 12H_2O$ 等。结晶水合物储热材料具有储热密度低、反应物和反应产物较为安全、储热温度通常低于150℃的特点，适合于低温储热系统应用。

（2）碳酸盐。碳酸盐是不可燃材料、通常无毒，是一种金属元素阳离子和碳酸根相化合而成的盐类，其特征在于存在碳酸根离子（CO_3^{2-}）。碳酸盐在受热的煅烧反应（通常大于450℃高温）下分解为正盐和二氧化碳，在放热的碳化反应下又化合为碳酸盐。例如，$CaCO_3$在受热178kJ/mol下发生煅烧反应分解为CaO（固体）和CO_2（气体），CaO和CO_2在可逆碳化反应下放热又生成$CaCO_3$（固体）。$CaCO_3$-CaO体系的工作温度范围在973～1273K之间，CO_2分压在0～1MPa之间，具有能量密度高（理论值692kWh/m^3）、反应无需催化剂、无副产品、反应产物易于分离（气-固）、技术成熟、成本低等优点，但有存在反应有团聚和烧结现象、反应性差、CO_2储存、需渗杂Ti等问题。热化学反应储热系统常用的碳酸化合物材料有$CaCO_3$-CaO体系、$PbCO_3$-PbO体系等。

（3）金属氢化物。金属氢化物是指由某些金属元素与氢元素组成的化合物。某些金属或合金与氢气会发生化学反应生成金属氢化物，同时释放出大量热量；在加热这些金属氢化物时又会发生可逆反应，金属氢化物吸热分解成金属与氢气。例如，MgH_2固体在受热75kJ/mol下发生反应分解为金属Mg（固体）和氢气H_2（气体），金属Mg和氢气H_2在一起又会发生可逆热化学反应，生成MgH_2并释放热量。MgH_2-Mg体系具有储热密度大（0.86kWh/kg）、储热/放热温度可变、可逆性好、反应无副产品、反应产物易于分离（气-固）、成本低等优势，但也存在H_2储存、Mg和H_2反应慢、反应需掺杂Fe或Ni、反应存在烧结现象、工作压力高（5～10MPa）等问题。热化学反应储热系统常用的金属氢化物储热材料有氢化锂（LiH）、氢化钙（CaH_2）和氢化镁（MgH_2）等，工程人员已对这些材料进行了深入研究，并已试用于太阳能光热电站的储热系统。

（4）金属氧化物和非金属氧化物。广义上的氧化物是指氧元素与另外一种化学元素组成的二元化合物，分为金属氧化物（另一种化学元素为金属元素）和非金属氧化物（另一种化学元素不为金属元素）。氧化物通常具有较大的储热密度和较高的工作温度（600～1000℃）。其热化学储热的机理是氧化还原反应，空气既作为反应物又能作为传热工质，从而可简化储热系统，降低工程造价。例如，氧化钡BaO（固体）发生氧化反应生成过氧化钡BaO_2（固体），并释放77kJ/mol热能；在加热过氧化钡BaO_2（固体）后，可发生还原反应，生成氧化钡BaO（固体）和氧气O_2（气体）。该反应条件是氧气分压为0～1MPa，温度为673～1300K。除BaO_2外，热化学反应储热系统常见的金属氧化物储热材料还有Fe_2O_3、Co_3O_4、Mn_2O_3、Mn_3O_4等，其中Co_3O_4具有优异的动力学性能，物性稳定，反应无需催化剂，反应转化率40%～50%，高反应焓（约205kJ/mol），无副产品，反应产物易于分离（气-固），但具有高毒性和高成本的限制。热化学反应储热系统中常见非金属氧化物体系有SO_3-SO_2，该体系反应在773～1373K温度和0.1～0.5MPa压力下发生，吸热反应通常采用V_2O_5作为催化剂，SO_3（气体）吸热后分解为SO_2（气体）和O_2（气体）。SO_2（气体）和O_2（气体）在放热反应中又可合成为SO_3（气体）并释放出热量。工艺成熟（硫酸制造工艺）是该体系显著优点，但也存在产物有腐蚀性、毒性、反应需催化剂等不足。

（5）氢氧化物。氢氧化物是指金属阳离子或铵根离子与氢氧原子团（—OH）形成的无机化合物。利用金属氧化物与水反应生成氢氧化物时放出热量，金属氢氧化物吸收热量后分解为金属氧化物与水的可逆反应，进行热化学储热。例如，氢氧化镁 $Mg(OH)_2$ 固体受热 81kJ/mol 后，分解为氧化镁 MgO（固体）和蒸汽 H_2O（汽体）；氧化镁 MgO（固体）遇蒸汽 H_2O 后，发生可逆热化学反应生成氢氧化镁 $Mg(OH)_2$ 固体并释放热量。氢氧化镁 $Mg(OH)_2$-氧化镁 MgO 体系具有反应无需催化剂、材料能量密度高（理论值 380kWh/m^3）、低工作压力（0.1MPa）、良好的反应可逆性、反应无副产品、反应产品易分离（气-固）、无毒性、实验时间长（近 40a 的研发实验）、材料易取得、无毒且价格便宜等优点，但也存在反应易渗杂、反应性低（50%）、传质传热性能低（低热导率）等不足。热化学反应储热系统常见的氢氧化物储热材料体系有 $Ca(OH)_2/CaO+H_2O$、$Mg(OH)_2/MgO+H_2O$ 等。

（6）氨基材料。氨基材料指的是基于氨类或铵根的热化学储热材料，常见的有氨 NH_3、硫酸氢铵 NH_4HSO_4、氯盐氨合物等材料。硫酸氢铵 NH_4HSO_4（液体）吸收热量后分解为 NH_3（气）、H_2O（汽）、SO_3（气），NH_3（气）+H_2O（汽）+SO_3（气）在一起会发生放热反应（336kJ/mol）生成 NH_4HSO_4（液）。该体系具有储热材料能量密度高（理论值 860kWh/m^3）、反应无需催化剂、易于分离（气-液）等优点，但存在腐蚀性和毒性、试验数据量不丰富等不足。氨气受热（66.9kJ/mol）后分解为氮气和氢气，氮气和氢气又可发生可逆放热反应而生成氨气。该反应发生条件是温度 400～700℃，压力 1～3MPa，正向反应和逆向反应均需催化剂，放热反应-即氨合成常用催化剂为 Haldor TopǾe“KM1”，吸热反应-氨分解所用催化剂材料为 Haldor TopsǾe“DNK-2R”。该体系具有氨合成工艺成熟（100 多年历史）、氨在环境条件下为液态，易于实现和产物的分离，无副反应发生、低成本等优点，但也存在氢气和氮气长期安全储存、反应需催化剂、工作压力大、正/逆反应不完全转化等问题。国外已在太阳能蝶式光热电站储热系统和塔式光热电站储热系统中进行了 $NH_3/N_2/H_2$ 体系的测试和试用。

（7）有机材料。热化学反应储热所用的有机材料主要有甲烷、环己烷等，分别采用甲烷重整、环己烷脱氢-苯加氢等方法。

甲烷重整：可分为蒸汽甲烷重整和二氧化碳甲烷重整，是工业制氢的主要工艺。甲烷重整，特别是二氧化碳甲烷重整，不仅可减少二氧化碳温室气体排放，而且还可提供如太阳能、风能等可再生能源的高效能源储存和输送的方法。两种反应可采用镍基催化剂或钌基催化剂。

1）蒸汽甲烷重整：反应式为 $CH_{4(气)} + H_2O_{(液)} + 250kJ/mol_{CH_4} \xrightleftharpoons{可逆} CO_{(气)} + 3H_{2(气)}$，伴随副反应为 $CO_{(气)} + H_2O_{(液)} \xrightleftharpoons{可逆} CO_{2(气)} + H_{2(气)} - 41.2kJ/mol_{CO}$。反应条件为温度范围 873～1223K，压力范围 2～15MPa。蒸汽甲烷重整具有工艺成熟、高反应焓（约 250kJ/mol）、气相等优点，但也存在反应需采用催化剂、有副反应、可逆性低、材料

成本高、氢气储存等问题。国外有的已用此方法进行了高温核能的热能储热及利用的示范试验，用以改善核电站的整体系统效率。

2）二氧化碳甲烷重整：在储能方面，二氧化碳甲烷重整法不会发生水的蒸发，其工艺方法优于蒸汽甲烷重整法。在吸热反应过程中，甲烷和二氧化碳在973～1133K温度和0.35MPa绝对压力下分解成氢气和一氧化碳，其主反应式为$CH_{4(气)}+CO_{2(气)}+247kJ/mol_{CH_4}\xrightleftharpoons{可逆}2CO_{(气)}+2H_{2(气)}$；副反应式为$CO_{2(气)}+H_{2(气)}-41.2kJ/mol_{CO}\xrightleftharpoons{可逆}CO_{(气)}+H_2O_{(气)}$。

环己烷脱氢-苯加氢：该反应在化学工业中众所周知。在蓄积热能阶段，将环己烷气体（C_6H_{12}）在0.1MPa压力下加热至566K温度即可发生吸热反应，分解反应产物为氢（气体）和苯（气体）；在热能储存阶段，苯（C_6H_6）可在大气压下以液态进行储存，氢气则必须压缩后储存；在热能释放阶段，将苯和氢气在610K温度和7MPa压力下混合后发生放热反应，生成环己烷并释放热量。其显著优势是工艺成熟，不足在于反应需加催化剂、有副反应、反应产物苯易燃且有毒、氢气储存等。

各类典型热化学反应储热系统类型汇总详见表4-11（ΔH_r为反应热）。表4-11列出了结晶水合物、碳酸盐、金属氢化物、氧化物、氢氧化物、氨基材料和有机材料等7类典型热化学反应储热系统的可逆反应通式或反应式、反应物和反应产物的相、典型介质、特点等，供研究及工程设计参考。

表4-11　各类典型热化学反应储热系统汇总

热化学反应储热类别	反应（通）式	典型介质	特点
结晶水合物	$Melting\cdot nH_2O_{(固)}+\Delta H_r\xrightleftharpoons{可逆}Melting_{(固)}+nH_2O_{(汽)}$	$MgSO_4\cdot nH_2O$、$NaS\cdot nH_2O$、$NH_4NO_3\cdot 12H_2O$、$LiOH\cdot H_2O$、$Ba(OH)_2\cdot 8H_2O$、$Na_3PO_4\cdot 12H_2O$	利用水解/水合反应完成热量蓄积/释放，反应简单安全，反应条件温和，反应产物易于分离（汽—固），成本低；水合反应速率低，反应温度较低（<150℃），易与多孔材料形成复合材料（以改善传热性能）
碳酸盐	$MCO_{3(固)}+\Delta H_r\xrightleftharpoons{可逆}MO_{(固)}+CO_{2(气)}$	$CaCO_3$、$PbCO_3$、$SrCO_3$、$MgCO_3$、$FeCO_3$、$BaCO_3$	能量密度高，工作温度高，工作压力低，反应可无催化剂、无副产品，反应产物易于分离（气—固），无毒，成本低等优点；存在反应有团聚和烧结现象，反应性差、稳定性欠佳、二氧化碳储存等问题
金属氢化物	$MH_{n(固)}+\Delta H_r\xrightleftharpoons{可逆}M_{(固)}+\frac{n}{2}H_{2(气)}$	LiH、CaH_2、MgH_2、TiH_2	储热密度较大，储热/放热温度可变，可逆性好、反应无副产品、反应稳定性好、反应产物易于分离（气—固），成本低等优势；存在H_2储存、Mg和H_2反应慢、反应有烧结现象、工作压力高等问题

续表

热化学反应储热类别	反应（通）式	典型介质	特点
氧化物	$M_mO_{n+q(固)}+\Delta H_r \xrightleftharpoons{可逆} M_mO_{q(固)}+\frac{n}{2}O_{2(气)}$	BaO、Fe_2O_3、Co_3O_4、Mn_2O_3、SO_3、Mn_3O_4、CuO、V_2O_5	利用氧化/还原反应完成热量释放/蓄积，工作温度范围宽，无腐蚀性和不需气体储存（对金属氧化物而言）；存在成本高，可逆性弱，有毒性（如 Co_3O_4），腐蚀性（如 SO_3、SO_2）等不足
氢氧化物	$M(OH)_{2(固)}+\Delta H_r \xrightleftharpoons{可逆} MO_{(固)}+H_2O_{(汽)}$	Ca（OH）$_2$、Mg（OH）$_2$、Fe（OH）$_2$	材料能量密度较高，反应无需催化剂、反应可逆性好、反应无副产品、反应产品易分离（汽—固），无毒性，低工作压力，实验数据丰富，材料易取得且价格便宜等优点；存在反应易烧结、反应性低，传质传热性能低（低热导率）等不足
氨基材料	$2NH_{3(气)}+\Delta H_r \xrightleftharpoons{可逆} N_{2(气)}+3H_{2(气)}$ $NH_4HSO_{4(液)}+\Delta H_r \xrightleftharpoons{可逆}$ $NH_{3(气)}+H_2O_{(汽)}+SO_{3(气)}$ $MCl_2\cdot NH_{3(固)}+\Delta H_r \xrightleftharpoons{可逆} MCl_{2(固)}+NH_{3(气)}$	NH_3、NH_4HSO_4、$CaCl_2\cdot NH_3$、$BaCl_2\cdot NH_3$、$MnCl_2\cdot NH_3$、	氨气：具有氨合成工艺成熟，无副反应发生、稳定性好，低成本等优点；存在氢气和氮气长期安全储存、反应需催化剂、工作压力大、正/逆反应不完全转化等问题。 NH_4HSO_4：具有储热材料能量密度高、反应无需催化剂、易于分离（气—液）等优点；存在腐蚀性和毒性、试验数据量不丰富等不足。 氯盐氨合物：通过可逆分解/化合反应进行热量的蓄积/释放，反应简单安全，反应产物易于分离（气—固），成本低；但反应温度较低（<200℃），主要适用于低温储能场合
有机材料	$CH_{4(气)}+H_2O_{(液)}+\Delta H_r \xrightleftharpoons{可逆} CO_{(气)}+3H_{2(气)}$ $CH_{4(气)}+CO_{2(气)}+\Delta H_r \xrightleftharpoons{可逆} 2CO_{(气)}+2H_{2(气)}$ $C_6H_{12(气)}+\Delta H_r \xrightleftharpoons{可逆} C_6H_{6(气)}+3H_{2(气)}$	CH_4、C_6H_{12}	蒸汽甲烷重整：具有工艺成熟、高反应焓（约 250kJ/mol）、气相等优点；存在反应需采用催化剂、有副反应、可逆性低、材料成本高、氢气储存等问题。 二氧化碳甲烷重整：不会发生水的蒸发，其工艺方法优于蒸汽甲烷重整，其他与蒸汽甲烷重整相似。 环己烷脱氢-苯加氢：工艺成熟，但反应需加催化剂、有副反应、反应产物苯易燃且有毒、氢气储存等问题

4.5.3.2.2 热化学反应储热材料选择

热化学反应储热系统设计涉及化学（如反应选择、可逆性、反应速率、工况条件、催化剂寿命、动力学等）、材料（如毒性、易燃易爆性、有害性、腐蚀性、能量密度、杂质影响、成本等）、传质传热（如反应器/热交换器设计、催化反应器设计、传热传质分析及优化等）、过程工程（如工艺选取、过程优化等）、系统分析（如过程安全性、技术和经济可行性、成本/收益分析）等多个专业或过程，其中储热材料的选择是重要一环。

对于热化学反应储热系统而言，通常在蓄积热能时，储热材料吸收热能并分解成不同反应产物；在需要热能时，再将反应产物混合，通过发生可逆热化学反应生成储热材料，同时释放热能并加以利用。

热化学反应储热材料选择时，需综合考虑以下因素：

（1）根据工程边界条件，初步确定所选取的热化学反应类别（如结晶水合物类、碳酸盐类、金属氢化物类、金属氧化物类、非金属氧化物类、氢氧化物类、氨基材料类、有机材料类等）。

（2）分析研究化学可逆反应特性，如热力学性能、动力性能、可逆性、反应速率、运行工况（包括工作压力和工作温度）等：

1）反应物和反应产物材料的化学性能和物理性能稳定；

2）反应焓值高，储能密度高（宜在 500kWh/m^3 及以上）；

3）具有合适的反应温度、反应压力和反应速率等，通常用于蓄积热能的吸热反应温度宜低于 1273K，用于热能释放回收利用的放热反应温度宜高于 773K；

4）反应可逆性好，在工作条件下无副反应及不良副产品或较少产生副反应，且反应产物产率高、易分离、易处理和适合长期稳定存储等。

（3）材料热导率高，有良好的换热效率。

（4）存储时，化合物不宜与环境发生反应。

（5）材料无毒、无腐蚀性、不易燃易爆；或在工作受控条件下低毒低腐蚀性，不会燃烧和爆炸，环境友好。

（6）来源广泛，成本低、经济性好。

常见的热化学反应储热材料的反应物性见表 4-12。

表 4-12　　常见热化学反应储热材料反应物性表

反应物	反应式	反应焓（kJ/mol）	工作温度工况（K）	材料储能密度
氨	$2NH_3 + \Delta H_r \xrightleftharpoons{可逆} N_2 + 3H_2$	66.9（储热） 53（放热）	储热：723（0.9～15MPa） 放热：723（1～30MPa）	745kWh/m^3（液氨） 1.09kWh/kg（液氨）
硫酸氢铵	$NH_4HSO_4 + \Delta H_r \xrightleftharpoons{可逆} NH_3 + H_2O + SO_3$	336	储热：1200 放热：700	860kWh/m^3（硫酸氢铵） 0.81kWh/kg（硫酸氢铵）
甲烷/水	$CH_4 + H_2O + \Delta H_r \xrightleftharpoons{可逆} CO + 3H_2$	250	储热：1223 放热：803	7.8kWh/m^3（甲烷气体） 4.34kWh/kg（甲烷气体）
甲烷/二氧化碳	$CH_4 + CO_2 + \Delta H_r \xrightleftharpoons{可逆} 2CO + 2H_2$	247	储热：1223 放热：803	7.7kWh/m^3（甲烷气体） 4.28kWh/kg（甲烷气体）
环己烷	$C_6H_{12} + \Delta H_r \xrightleftharpoons{可逆} C_6H_6 + +3H_2$	206.7	储热：590 放热：670	530kWh/m^3（环己烷液体） 0.68kWh/kg（环己烷液体）

续表

反应物	反应式	反应焓（kJ/mol）	工作温度工况（K）	材料储能密度
甲醇	$CH_3OH+\Delta H_r \xrightleftharpoons{\text{可逆}} CO+2H_2$		473～523	
氢氧化镁	$Mg(OH)_2+\Delta H_r \xrightleftharpoons{\text{可逆}} MgO+H_2O$	81	储热：423 放热：373	388kWh/m^3（氢氧化镁） 0.39kWh/kg（氢氧化镁）
氢氧化钙	$Ca(OH)_2+\Delta H_r \xrightleftharpoons{\text{可逆}} CaO+H_2O$	104	储热：723 放热：298～673	437kWh/m^3（氢氧化钙） 0.39kWh/kg（氢氧化钙）
氢氧化亚铁	$Fe(OH)_2+\Delta H_r \xrightleftharpoons{\text{可逆}} FeO+H_2O$		423	2.2GJ/m^3（氢氧化亚铁）
碳酸铅	$PbCO_3+\Delta H_r \xrightleftharpoons{\text{可逆}} PbO+CO_2$	88	储热：723 放热：573	303kWh/m^3（碳酸铅） 0.09kWh/kg（碳酸铅）
碳酸钙	$CaCO_3+\Delta H_r \xrightleftharpoons{\text{可逆}} CaO+CO_2$	178	储热：1133 放热：1153	692kWh/m^3（碳酸钙） 0.49kWh/kg（碳酸钙）
碳酸钡	$BaCO_3+\Delta H_r \xrightleftharpoons{\text{可逆}} BaO+CO_2$	212	1770	661kWh/m^3（碳酸钡） 0.298kWh/kg（碳酸钡）
碳酸亚铁	$FeCO_3+\Delta H_r \xrightleftharpoons{\text{可逆}} FeO+CO_2$		453	2.6GJ/m^3（碳酸亚铁）
氢化镁	$MgH_2+\Delta H_r \xrightleftharpoons{\text{可逆}} Mg+H_2$	75	储热：653 放热：503	580kWh/m^3（氢化镁） 0.80kWh/kg（氢化镁）
Mg_2NiH_4	$Mg_2NiH_4+\Delta H_r \xrightleftharpoons{\text{可逆}} Mg_2Ni+2H_2$	128	526	0.319kWh/kg（Mg_2NiH_4）
四氧化三钴	$2Co_3O_4+\Delta H_r \xrightleftharpoons{\text{可逆}} 6CoO+O_2$	205	1143～1173	295kWh/m^3（四氧化三钴） 0.24kWh/kg（四氧化三钴）
过氧化钡	$2BaO_2+\Delta H_r \xrightleftharpoons{\text{可逆}} 2BaO+O_2$	77	963～1053	328kWh/m^3（过氧化钡） 0.13kWh/kg（过氧化钡）
超氧化钾	$KO_2+\Delta H_r \xrightleftharpoons{\text{可逆}} \frac{1}{2}K_2O+\frac{3}{4}O_2$	101	941	423kWh/m^3（超氧化钾） 0.395kWh/kg（超氧化钾）
三氧化硫	$2SO_3+\Delta H_r \xrightleftharpoons{\text{可逆}} 2SO_2+O_2$	98	储热：1073～1273 放热：773～873	646kWh/m^3（三氧化硫液体） 0.34kWh/kg（三氧化硫液体）
四氧化三铁	四氧化三铁（Fe_3O_4）/ 氧化亚铁（FeO）的氧化还原反应		2273～2773	
七水硫酸镁	$MgSO_4 \cdot 7H_2O+\Delta H_r \xrightleftharpoons{\text{可逆}}$ $MgSO_4+7H_2O$	411	395	389kWh/m^3（七水硫酸镁） 0.463kWh/kg(七水硫酸镁）
二水氯化钙	$CaCl_2 \cdot 2H_2O \xrightleftharpoons{\text{可逆}}$ $CaCl_4 \cdot H_2O+H_2O$	48	447	84kWh/m^3（二水氯化钙） 0.091kWh/kg(二水氯化钙）
五水硫酸铜	$CuSO_4 \cdot 5H_2O \xrightleftharpoons{\text{可逆}}$ $CuSO_4 \cdot H_2O+4H_2O$	226	377	287kWh/m^3（五水硫酸铜） 0.251kWh/kg(五水硫酸铜）
一水硫酸铜	$CuSO_4 \cdot H_2O \xrightleftharpoons{\text{可逆}} CuSO_4+H_2O$	73	478	163kWh/m^3（一水硫酸铜） 0.114kWh/kg(一水硫酸铜）

4.6 储热技术应用

储能是能源转型的“瑞士军刀”，是构建可持续的新型能源体系的“四梁八柱”之一。储能有助于能源电力系统有效集成可再生能源，提高可再生能源的灵活性和利用率，提高常规能源的清洁高效性和灵活性，进而大大提升整个能源系统的能效、可靠性、韧性和绿色可持续性。

作为储能技术的重要组成，储热技术是整个国民经济各行业集成高效利用来自太阳能、地热能等可再生热能，循环利用余热、废热等废弃能源，有效克服热能需求和供给之间的不匹配、不连续等的最有效技术手段，如全天候的太阳能光热发电，建筑物的采暖供热制冷、热水/冰水供应，工业过程供热及余热利用等。随着新型电力系统的建设，电网中来自风、光等波动性间歇性可再生电能的份额越来越高，储热可改善这些波动性间歇性可再生能源的可调度性等电网友好性指标，促进其渗透率、利用率、能效持续提升。此外，储热能提升电网用户侧的灵活性，也是电网用户侧管理的有效技术手段之一。

从用能视角场景看，储热技术应用大体可分为 T2E（热能至电能）、E2T（电能至热能）、T2T（热能至热能）和 H2S（热量至蒸汽）等四类应用场景。在实际应用中，有时也采用这四类技术的复合或组合应用。例如，基于 E2T，采用电加热器等将电网不能消纳的废弃的风电、光伏电等转换为热能，并通过储热系统加以储存；基于 T2E，在电网用电高峰时，将储热系统所储存的热能输送至热力发电站发电；基于 T2T，在用热高峰时，将储热系统所储存的热能输送至工商业用户或居民用户用于采暖供热等。

4.6.1 热能至电能方面的应用

热能至电能（thermal energy to electrical energy，T2E）指基于朗肯循环、布雷顿循环等原理将热能转换为电能的技术及应用。T2E 最为经典且至今仍广泛应用的用例是构成现代发电基础的热力发电站（包括燃煤电站、燃气电站、核电站、太阳能光热电站、地热电站、生物质能电站等）。基于塞贝克效应（热电效应）的热电发电机，因需在热端和冷端间维持尽可能高的温度梯度，且效率不高，故只在一些特殊的场合（如卫星、太空飞行器）才会应用。基于热光电效应（光子来自热发射器）的热光伏电池、基于温度驱动电化学势原理的电化学热机（热再生电化学系统）、基于热阴极/冷阳极的热离子转换器等其他 T2E 发电技术，尚处于实验室研发验证阶段。

电力系统运营的一个关键目标是保持系统的可靠性和稳定性，确保电力供给和需求在任一时间和任一地点均需达到瞬时、一致的平衡，即发电-输配电-用电的同时性和一致性。不断增长的可再生能源容量以及可变可再生能源的间歇性和高度可变性的输出，叠加不断加大的总需求波动，给电网跟踪和实时平衡电力供需带来了巨大挑战。

由此电网对传统的燃煤、燃气等发电机组的灵活性也提出了更高、更苛刻的要求。

储热具有解决能源需求和供给间不匹配、不连续的先天能力，与传统电站、新能源电站的融合，可在一定程度上缓解电网所面临的上述挑战。

以下分别从常规电站、可再生能源电站视角，介绍储热技术在热能至电能场景中的相关应用及优势。

4.6.1.1 常规电站应用

长期以来，常规电站（如燃煤电站、核电站）大都在基荷下运行，每年只会有少数几次冷启动，机组年利用率甚至超过 80%。但随着电网中风电、光伏等波动性新能源（VRE）占比、渗透率的不断提高，“鸭子曲线”（见 3.1.4.2.2 和 8.5.3.2）愈加陡峭。因此，电力系统要求常规电站具备更快速的爬坡能力和高度的灵活性，承担转动惯量支撑、快速负荷响应、调频调峰等功能，以平抑 VRE 出力的波动性、随机性，保障电力系统安全稳定运行。

概括而言，新形势要求以燃煤电站为代表的常规电站需具备以下新的运行模式：

（1）更短的机组启动时间和更低的启动成本；

（2）降低机组最低运行负荷，改善机组带部分负荷的效率；

（3）更快的机组爬坡率；

（4）更短的机组运行时间等。

新的运行模式对常规电站带来以下不利影响：

（1）机组及辅助设备的热疲劳和相关蠕变疲劳加大；

（2）负荷、压力、温度等快速变化引起的设备、部件的机械疲劳加大；

（3）快速启/停及负载循环变化加快设备磨损；

（4）机组效率下降（如机组负荷下降 20%会造成机组效率下降 2%～5%）；

（5）机组污染物、温室气体排放量（如 SO_x、NO_x、CO_2）增加；

（6）运营、维护成本增加等。

在新的模式下，常规电站与储热系统集成，一方面可支持电网中波动性新能源的渗透率不断增加，另一方面也可改善常规电站的灵活性、可靠性和整体性能，使电站具有更好的效率和环保性能、更好的经济性、更低的运营及维护成本、更长的机组设备寿命、更快速的系统负荷需求响应等。

常规热力发电站大都基于朗肯循环来发电，而储热系统极宜与常规热力发电站的汽-水循环系统、烟气系统相集成。以燃煤电站为例，2017 年德国启动了 FLEXI-TES 项目（见图 4-26），旨在开发部署煤电与储热一体化的系统，以改善新建及原有燃煤电站的灵活性。

方案一为“热再热器—9 号高压加热器”间接储热方案。该方案采用带两个熔融盐罐（一个热罐和一个冷罐）的熔融盐显热储热系统。在电力负荷需求低时，来自冷罐的冷熔融盐被泵送至汽-盐换热器处，与来自再热器出口（见图 4-26 中热能加充点

A）的高温蒸汽交换热量后变为热熔融盐，加充热能后的热熔融盐流入热罐并加以储存。离开蒸汽-盐换热器的冷却后的蒸汽返回至中压缸和低压缸之间的溢流管。此时因进入中压缸做功的再热蒸汽质量流量减少，机组的发电功率会相应减少。在电力负荷需求高时，用给水-盐换热器取代 9 号高压加热器（HPPH9），用来自热罐的热熔融盐取代高压缸抽汽来加热给水，此时关闭来自高压缸至 9 号高压加热器的抽汽并旁路 9 号高压加热器。由于关闭了高压缸的抽汽，通过汽轮机高压缸、中压缸和低压缸做功的蒸汽质量流量增加，从而相应增加了机组的发电功率。

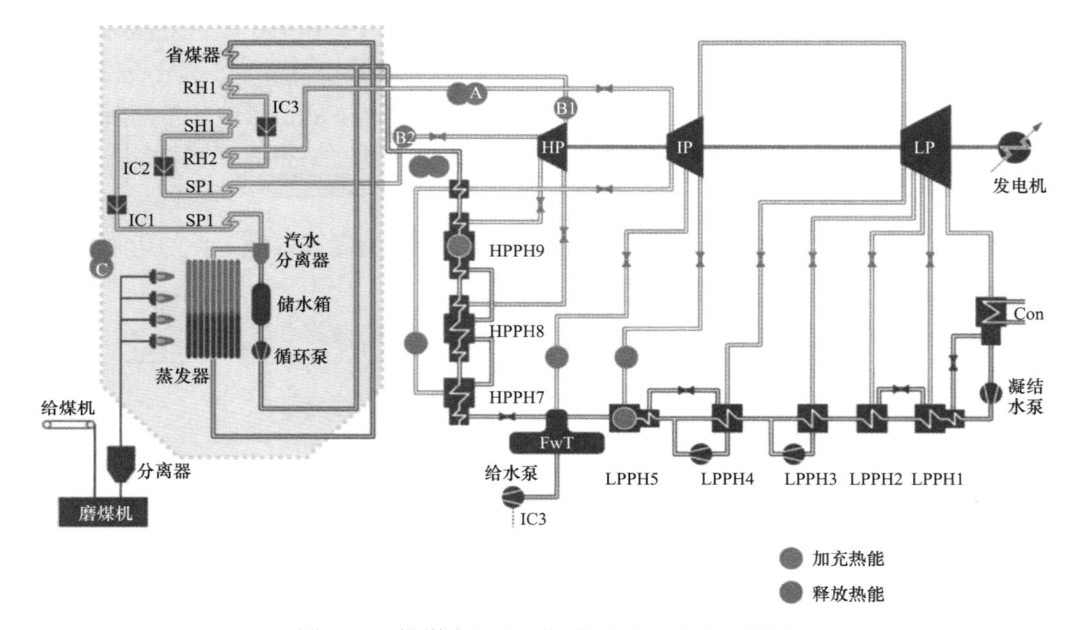

图 4-26　燃煤电站带储热点的汽水回路示意图

Con—凝汽器；LPPH—低压加热器；FwT—除氧器；LP—低压缸；HP—高压缸；RH—再热器；HPPH—高压加热器；SH—过热器；IC—减温器；IP—中压缸；SP—蒸汽预热器

（来源：Krüger）

方案二为“冷再热器—7 号高压加热器”直接储热方案。该方案采用基于鲁斯式（Ruths）蒸汽蓄能器（重力蓄能器，见图 4-27）的汽水潜热储热系统。鲁斯式蒸汽蓄能器基于闪蒸原理而工作，是一个装有部分水的压力容器。尽管其储能容量有限，但可提供较高的热功率出力并有着良好的热动性能。在电功率低需求时加充热能，若此时机组运行在高负荷段则抽取汽机高压缸出口至再热器的部分冷再热蒸汽（见图 4-26 中热能加充点 B1），若此时机组运行在低负荷段则抽取过热器出口的部分主蒸汽（见图 4-26 中热能加充点 B2），并将所抽取的蒸汽送入蒸汽蓄能器。在蓄能器中，部分蒸汽释放出汽化潜热来加热蓄能器中的水，剩余蒸汽则充满水位以上的容器空间。蓄能器全部蓄能完成后，容器压力、温度和水位均得以升高。由于蓄热时，抽取了部分冷再热蒸汽或主蒸汽，减少了至汽轮机做功的蒸汽质量流量，从而相应减少了机组的电功率输出。在电功率需求高时则释放热能，即从蓄能器中抽出饱和蒸汽替代原先的中压缸抽汽，至 7 号高压加热器（HPPH7）。随着蒸汽不断抽出，蓄能器压力随之下降，从而又会闪蒸出更多的蒸汽，蓄能器压力和温度随着蒸汽的不断抽出也渐渐降低。在此工况下，由于关断了至 7 号高压加热器的来自中压缸的抽汽，增加了中压缸和低压缸做功的蒸汽质量流量，机组的电功率输出随之相应增加。

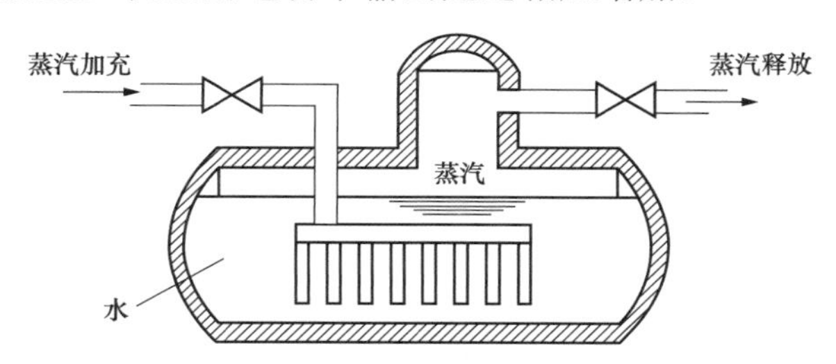

图 4-27 鲁斯式蒸汽蓄能器示意图

方案三为“烟气—空气”间接储热方案。该方案采用基于固态显热储热材料的显热储热系统。固态显热储热材料可运行在高温段且有着较大储热容量。在加充热能时，从锅炉蒸发器区域（见图 4-26 中热能加充点 C）或辐射区域上抽取热烟气并使之穿过装有岩石和混凝土块的储热容器，热烟气中的热量传热给储热容器中储热介质来储存。离开储热容器的冷却后的烟气再被送回锅炉主烟道。在释放热能时，从周围环境抽取空气，并将空气穿过储热容器的热固态储热材料而空气得到加热，加热后的空气注入锅炉蒸发器区域或辐射区上。这部分注入锅炉炉膛的热空气为锅炉提供了额外的热能，从而可相应增加锅炉所生成的新蒸汽量，进而增加了机组的电功率输出。

据美国桑迪亚国家实验室和 EPRI（电力研究院）研究，采用基于固态显热储热材料的 THERMS 储热技术对退役的燃煤电站进行改造，与新型光热电站、压缩空气储能电站、抽水蓄能电站、氢能电站、PV+电池储能电站等多种技术方案比较，THERMS+煤电改造的经济性最佳。如图 4-28 所示，新型光热电站、压缩空气储能电站、抽水蓄能电站、氢能电站、长持续时间电池储能电站的平均成本为 0.15～0.30 美元/kWh，而 THERMS+的平均成本可低至约 0.10 美元/kWh。该技术若大量推广，全球每年可节约成本约超过千亿美元。

近年来，国内也陆续启动了利用熔融盐显热储热技术进行传统火电机组灵活性调峰改造的工程项目。如 2022 年底，江苏国信靖江电厂（2×660MW）国内首套煤电机组耦合熔盐储热调峰供热示范项目投入运行，项目设计配套储热量 75MWh，储热熔融盐用量 1260t，工作温度范围 180～450℃，机组爬坡率提升至 20MW/min，AGC 考核指标提升 50%以上。

4.6.1.2 可再生能源电站应用

以风、光等为代表的可再生能源，存在一定的波动性、间歇性，故国际上将之称为可变可再生能源（variable renewable energy，VRE）。VRE 虽然绿色低碳可持续，但因其固有的可变性，随着其在电网的渗透率不断增高，对电网安全、可靠运行带来的挑战也在激增。储热和 VRE 融合，则可在一定程度上解决其可变性带来的电网安全问题。

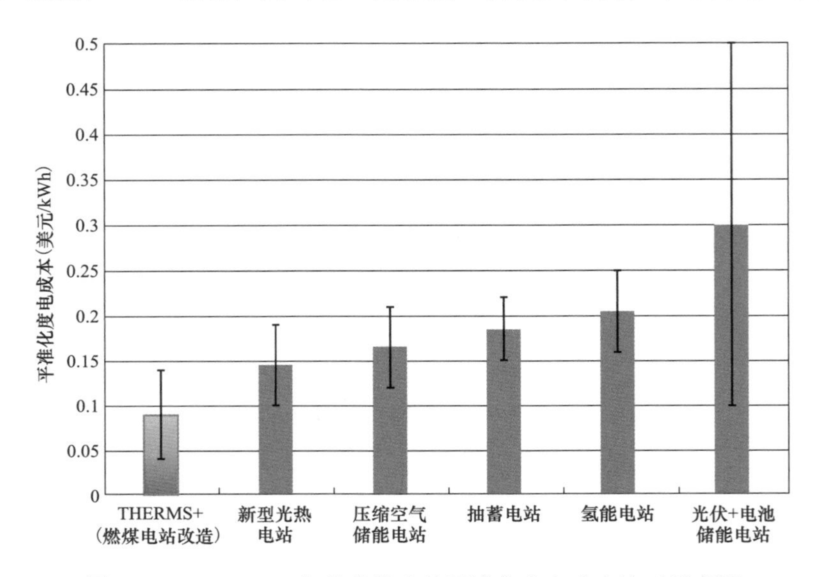

图 4-28 THERMS+与其他技术的平准化度电成本比对示意图

（来源：NREL/EPRI）

以太阳能光热电站为例，储热系统在其中占有十分重要地位。一是可使聚光集热系统和发电系统解耦运行，在暂态天气变化时，缓冲太阳辐射波动对发电量的影响，平滑发电出力；二是可在白天把一部分光热转化成热能并储存下来，在夜晚无太阳光时再用于发电，实现机组连续稳定发电；三是可利用储热能力，提高机组对电网调度需求的适应能力（如调峰），提高发电机组的年利用率。

表 4-13 列出了国际上代表性的典型光热电站各类型储热系统应用类型。此外，国际上也在进行氨基热化学储能系统的研发及应用。氨基热化学储能系统（见图 4-29）蓄能时，在太阳能接收器（或吸热器）处吸收太阳能后实现液态 NH_3 的吸热分解，反应产物 N_2 和 H_2 储存在储罐中；放热时，储存在储罐中的 N_2 和 H_2 可通过在蒸汽发生器（放热反应器）中发生逆向放热反应合成 NH_3 并释放热能。澳大利亚国立大学 ANU 已研发成功了一种与抛物线蝶式光热发电耦合的氨基热化学储能系统，工作温度达到 475℃。

表 4-13　　国际光热电站储热系统应用类型

项目名称	储热系统类型	聚光系统类型	最高温度（℃）	储热容量（MWh_{th}）	投运时间
Eurelios（意大利）	双罐熔融盐，蒸汽蓄能器	塔式/定日镜	430	0.5	1981
SSPS（西班牙）	双罐液钠	塔式/定日镜	530	1.0	1981
Nio 中央吸热器（日本）	蒸汽蓄能器	塔式/定日镜	250	3.0	1981

续表

项目名称	储热系统类型	聚光系统类型	最高温度（℃）	储热容量（MWh_{th}）	投运时间
Solar One（10MW，美国）	单罐导热油斜温层	塔式/定日镜	300	28	1982（已退役）
CESA-1（西班牙）	双罐熔融盐	塔式/定日镜	340	3	1983
Themis（法国）	双罐导热油，双罐熔融盐	塔式/定日镜	450	40	1984
SEGS-1（13.8MW，美国）	双罐导热油（1999年火灾损坏储热系统）	槽式	307	120（3h）	1984，现已退役
TSA（西班牙）	空气填充床	塔式/定日镜	700	1	1993
Solar Two（10MW，美国）	双罐熔融盐	塔式/定日镜	565	110（3h）	1995（已退役）
PS10（11MW，西班牙）	蒸汽蓄能器	塔式/定日镜	245	20（1h）	2007
Nevada Solar One（72MW，美国）		槽式	393	0.5	2007
Jülich（1.5MW，德国）	陶瓷热沉	塔式/定日镜		1.5h	2008
Andasol-1（50MW，西班牙）	双罐熔融盐	槽式	393	1010（7.5h）	2009
Puerto Errado 1（1.4MW，西班牙）	蒸汽蓄能器（单罐斜温层）	线性菲涅尔	270		2009
Archimede（4.7MW，意大利）	双罐熔融盐	槽式	550	100（8h）	2010
Arcosol 50（Valle Ⅰ）（50MW，西班牙）	双罐熔融盐	槽式	393	7.5h	2011
Lake Cargelligo（3MW，澳大利亚）	石墨储热	塔式/定日镜			2011
Solar Tres/Gemasolar（20MW，西班牙）	双罐熔融盐	塔式/定日镜	565	2300（15h）	2011
Puerto Errado 2（30MW，西班牙）	蒸汽蓄能器（单罐斜温层）	线性菲涅尔	270	0.5h	2012
Augustin Fresnel 1（0.3MW，法国）	蒸汽蓄能器	线性菲涅尔	300	0.25h	2012
八达岭大汉（1MW，中国）	两级（饱和蒸汽/油）	塔式/定日镜		1h	2012
Greenway CSP Mersin（1.4MW，土耳其）	熔融盐，单个三相储罐，自然循环	塔式/定日镜			2012
中控德令哈10MW塔式（10MW，中国）	双罐熔融盐	塔式/定日镜		2h	2013
Arenales（50MW，西班牙）	双罐熔融盐	槽式	393	7h	2013
ASE示范（0.4MW，意大利）	双罐熔融盐	槽式	550	4.27h	2013
Solana（250MW，美国）	双罐熔融盐	槽式	393	6h	2013
Energy Ait-Baha（3MW，摩洛哥）	岩石填充床	槽式	570	5h	2014
Crescent Dunes（110MW，美国）	双罐熔融盐	塔式/定日镜		10h	2015

续表

项目名称	储热系统类型	聚光系统类型	最高温度（℃）	储热容量（MWh_{th}）	投运时间
首航敦煌一期（10MW，中国）	双罐熔融盐	塔式/定日镜		15h	2016
Bokpoort（50MW，南非）	双罐熔融盐	槽式	393	1300（9.3h）	2016
Khi Solar One（50MW，南非）	饱和蒸汽	塔式/定日镜		2h	2016
Jemalong（1.1MW，澳大利亚）	双罐液钠	塔式/定日镜		3h	2017
张北华强兆阳（15MW，中国）	固态配制混凝土	线性菲涅尔		14h	2018
NOOR Ⅲ（150MW，摩洛哥）	双罐熔融盐	塔式/定日镜		7h	2018
eLLO（9MW，法国）	汽包	线性菲涅尔	285	3h	2019
Plot A /Negev Energy（110MW，以色列）	双罐熔融盐	槽式		4.5h	2019
Atacama I / Cerro Dominador 110MW 光热+100MW 光伏（智利）	双罐熔融盐	塔式/定日镜		17.5h	2021
Partanna MS-LFR（4.26MW，意大利）	双罐熔融盐	线性菲涅尔	545	15h	在建

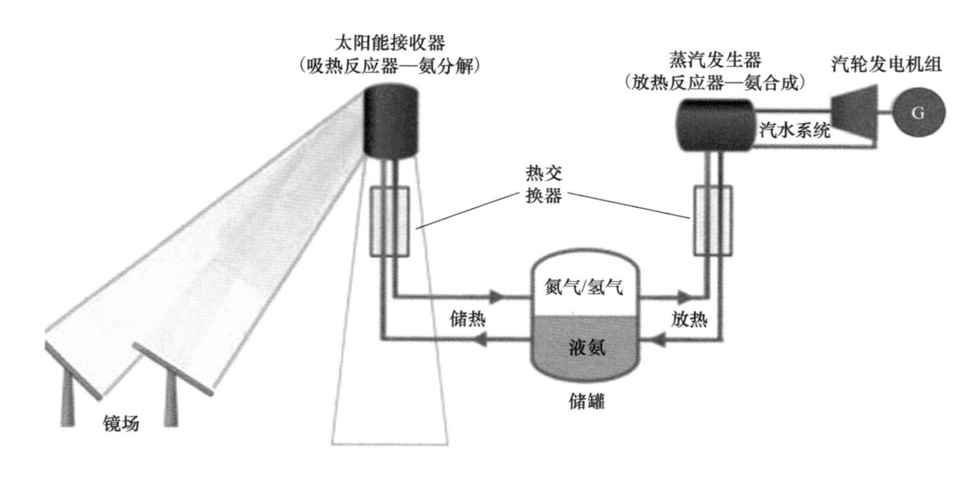

图 4-29　氨基热化学储热系统示意图

国内于 2016 年启动建设了第一批太阳能热发电示范项目。示范项目中，无论是塔式还是槽式等其他聚光类型，均采用了熔融盐储热系统。如中广核德令哈 50MW 槽式光热发电示范项目采用 9h 熔融盐储热系统，首航节能敦煌 100MW 塔式光热发电示范电站采用 11h 熔融盐储热系统，青海中控德令哈 50MW 塔式光热发电示范项目采用 7h 熔融盐储热系统，乌拉特中旗导热油槽式 100MW 光热发电项目采用 10h 熔融盐储热系统，中国电建青海共和 50MW 熔盐塔式光热发电示范项目采用 6h 熔融盐储热系统，中电工程新疆哈密 50MW 熔盐塔式光热发电示范项目采用 13h 熔融盐储热系统，甘肃玉门鑫能 50MW 二次反射塔式光热发电示范项目采用 9h 双罐熔融盐储热系统，兰州大成敦煌熔盐线性菲涅尔式 50MW 光热发电示范项目采用 15h 双罐熔融盐储热系统，鲁能海西州多能互补集成优化国家示范工程 50MW 塔式光热项目采用 12h 熔融盐储热系统等。所应用的塔式双罐熔融盐储热系统示意见图 4-30，抛物线槽式双罐熔融盐间接储热系统（以导热油为传热介质）示意见图 4-31。

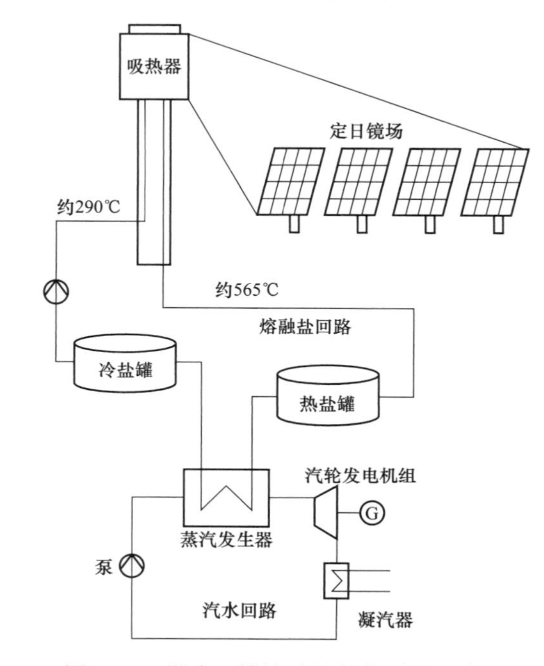

图 4-30　塔式双罐熔融盐储热系统示意图

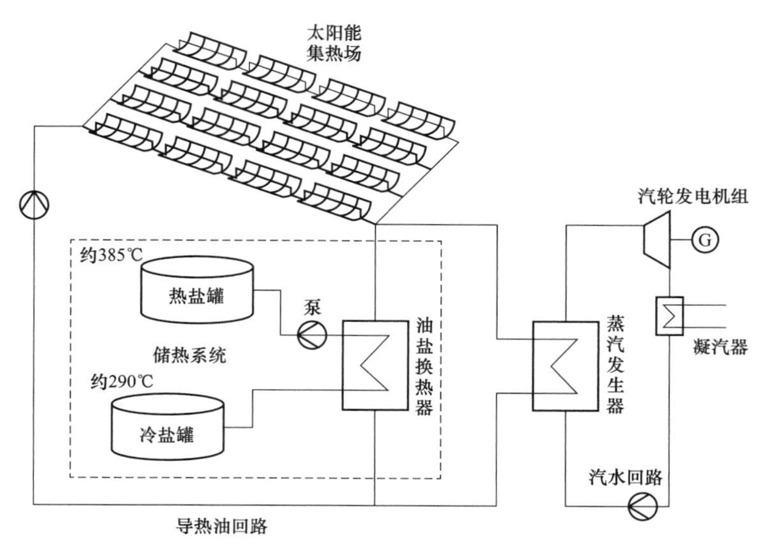

图 4-31　槽式双罐熔融盐间接储热系统示意图

4.6.2 电能至热能方面的应用

电能至热能（electrical energy to thermal energy，E2T）指通过电热转换装置（如电阻元件、电加热器、热泵、空调等）将电能转化为热能的技术及应用。热能在日常生活、现代农业、电力工业和工业制造中的应用无处不在，终端用户所需的各种能量大部分是通过热能形式来转换或是以热能为最终用能形式的，因此加入储热系统是对系统能量流在时间上或空间上进行调节或优化配置的最有效手段。如图 4-32 所示，电能（电源）和热能（热源）在源头上通过 E2T 或 T2E 集成融合，实现热/电耦合、互助互济；能流管理器负责协调控制和调度电源、热源、储电系统、储热系统和用户之间的电/热供给和需求，实现经济高效低碳的能流管控；稳态时，分别由电源、热源给用户正常供电、供热（冷）；用电/用热（冷）低谷时储电系统/储热系统分别对应进行电能/热能的储存；动态（包括用电/用热/用冷高峰）时，可由储电系统、储热系统分别负责相应电能/热能供给和需求间在时空上的动态平衡。

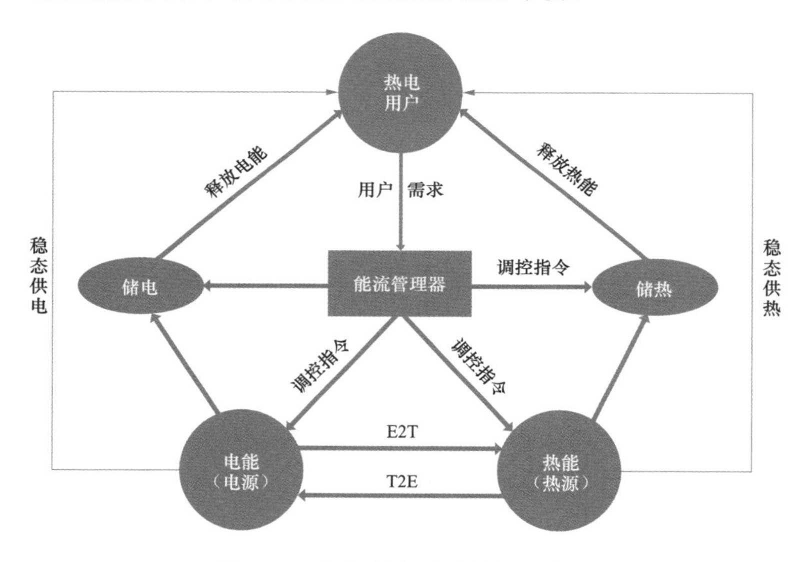

图 4-32 电能-热能综合管控示意图

单从储能视角而言，“E2T+储热”较之其他储能技术的优势十分明显。例如，通过电阻元件进行 E2T 的转换效率可达 99.9%，电化学电池储能效率为 80%～90%，电制气效率仅约 54%，E2T 所转换的热能可通过显热储热系统或潜热储热系统等完好地长周期储存。加之电化学电池属原材料密集型，在材料获取、电池制造、运营成本、环保性能等方面也较显热等储热系统劣势明显。此外，储热系统还对电网波动（如电压波动）的耐受性、鲁棒性更强。

可见，“E2T+储热”有望在电力系统负荷调节、削峰填谷、新能源消纳、清洁供热等方面大展身手。

4.6.2.1 常规电能至热能的应用

随着国民经济的发展、社会的进步，居民和第三产业等在电力系统中的用电占比渐次增大，电网负荷峰谷差增大态势明显。基于“E2T+储热”技术，储热系统除可为用户提供清洁热（冷）能外，还可参与电力系统需求侧响应，提供电网辅助服务，动态调整电力电量平衡，助力电力系统碳中和进程。

以色列 Nostromo 能源公司在美国能源部资助下，计划于 2023 年开始在加州部署所研发的冰基潜热储热（冷）系统——IceBrick 系统（见图 4-33），工程总容量为 100MW/275MWh，可为多达 120 个商业和工业建筑提供热能（冷能）。该系统为大规模、模块化、用户侧冷能储存系统，由 IceBrick 储热单元模块构成，每个单元模块内置淡水和特殊成核剂，可储存和释放相当于电制冷系统耗电 25kWh 时的能量，系统往返热效率 86%～92%，系统往返总效率大于 85%，释能深度 94%@4h，设计寿命 20a。IceBrick 通过 Cirrus 云管理系统平台进行系统的集中优化管控，除可降低建筑用能成本和碳排放量、为充电桩提供更多充电容量外，还可作为虚拟电厂运行（据统计，当地建筑用能在总用电量中占比高达 74%，而商业和工业建筑冷能需求约占建筑用能的一半。IceBrick 系统投运后，可为电网平移用电负荷 1/3 以上），为当地电网提供更多的需求侧灵活性，并可极大提升电网的去碳化水平和极端天气下的韧性。

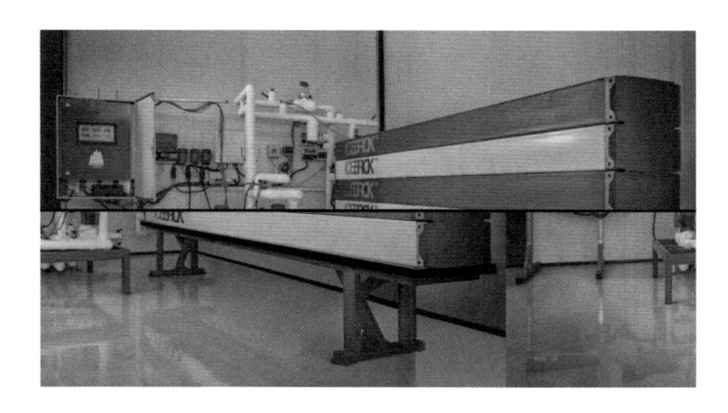

图 4-33 IceBrick 装置

（来源：Nostromo）

随着熔融盐显热储热系统在太阳能光热电站的成熟应用，国内也相继在清洁供热工程方面开始应用熔融盐储热系统。工作时，主要利用电网低谷电或绿电加热熔融盐进行储热及供热，满足用户的用能需求。已投运的工程有西子航空熔盐电蓄热项目（熔融盐用量 280t，供汽量约 36t/d）、绍兴绿电熔盐电蓄热项目（熔融盐用量 7500t，输出蒸汽压力 3MPa/温度 257℃，供汽能力 50t/h，年供汽量可达 42×10^4t）等。

4.6.2.2 绿色电能至热能的应用

在所有类型的储能解决方案中，储热系统的显著优点是其能以极低的成本来储存非常大的热能。随着波动性可再生能源（VRE）的大量部署，弱电网或 VRE 富积地区的弃风电量、弃光电量逐年增加。在该情景下，可利用弃风电、弃光电等绿色电或低谷电等，采用电加热器等装置来加热储热介质（如水、熔融盐、陶瓷块、混凝土块），通过储热系统将这部分废弃或浪费的能源储存下来；在用能高峰时，再通过储热系统释放热能，产生蒸汽来直接供热或间接发电。如此，可平滑 VRE 的输出功率，提升 VRE 的消纳水平，实现电力系统的削峰填谷，提高整个系统的能效及能源利用率。

德国 Nechlin 风电场每年发电量约 7×10^7kWh，电网不能完全消纳而所弃的风电量约 5%。为此，ENERTRAG 于 2019 年秋季开始在 Nechlin 建设基于风电的显热储热系统（见图 4-34），并于 2020 年 2 月投入商运。该系统全部利用电网所弃风电来为 Nechlin 住户供热，当储热系统热能充满后，可为全部住户供热长达 2 周。在工作状态下，当电网调度发出弃风电指令时，储热系统即自动启动基于风电的储热设施（电加热器）进行蓄热。当热水温度达 95℃时自动切断电加热器，当水温降至 60℃时再自动接通电加热器。该系统采用热水罐显热储热系统，热水储罐直径 18m、 高 4m，热水储量 1.02×10^6L，储热量 38 000kWh，电加热器输入电功率 2000kW/20kV，最大输出供热量 300kW，年供热量 720 000kWh。热水储罐（罐体没有任何密封件或螺钉，可做到免维护，工作寿命长）施工周期 6 个月、当地热网施工周期 3 个月。与燃油供热比较，该系统运营成本可减少约一半，且每年还可减排二氧化碳 20t。

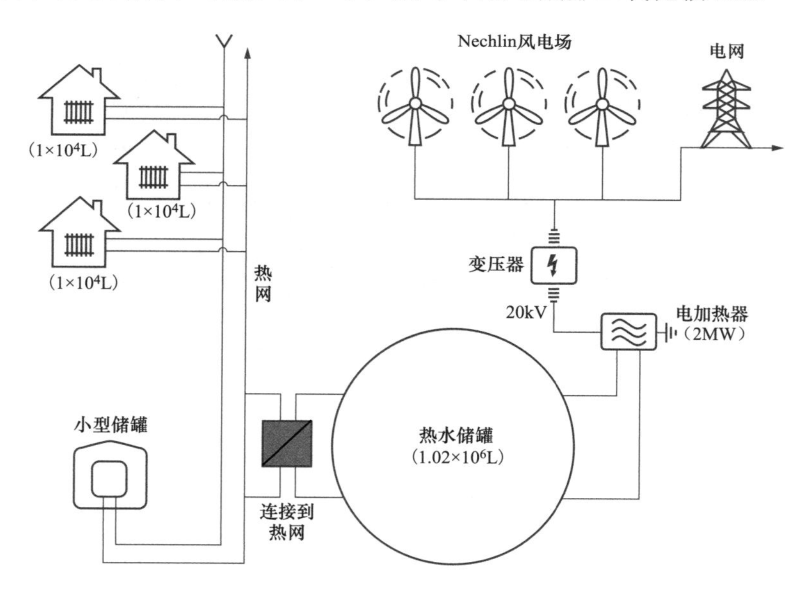

图 4-34　德国 Nechlin 基于风电的显热储热系统

为防止削减风电和当地不能利用且远距离输电不能消纳风电所造成的功率损失，近期，德国输电运营商 50Hertz 和 EVH 启动了 40MW 容量的 E2T 厂建设项目。该项目采用浸没式电加热器将德国东北部风力发电厂产生的多余电力转换为热能并用相应显热储热系统加以储存，实现哈雷市（Saale）的持续清洁供热。对 VRE 实施“利用代替削减”的原则具有经济意义和生态意义，由此可促进地区更充分地挖掘可再生能源的潜力，早日实现碳中和。

4.6.3 热能至热能方面的应用

热能至热能（thermal energy to thermal energy，T2T）指通过热能收集、储存、转换及利用装置或系统将不同品质或数量等级的热能进行转换及利用的技术及应用。从能效视角看，直接利用热能是最明智、最高效、最经济的做法。如若直接使用所生成或收集的热量来为控制中心、数据中心及厂房等建筑物供暖，为冶炼、石化、工业过程等供热，则可用的热能可在几乎没有能量损失下全部得以有效利用。当前所应用的供热网络除通过化石燃料燃烧供热外，还时常存在热源（如热电联产电站、供热锅炉）和热沉（如工业热用户）在时间和空间上的热能供需矛盾，且供热管网敷设繁杂、工程量大和造价高昂。储热系统的深度应用则可实现绿色供热，并可大大缓解热源和热沉之间热能供需的时空不一致问题，特别是移动式分布式储热系统的应用更有助于显著提高工业废热或余热就地利用的灵活性。

在热力网中，常在热电联产电站、供热首站、热力管网区域等装设显热储热装置（如基于斜温层原理的热水罐），起到平滑、优化热源与热沉运行，在供热源与热用户间提供缓冲、稳定热力网工作压力，作为尖峰/备用热源等功能。如国电吉林江南热电厂（2×330MW 亚临界供热机组）装设了 1 个 20 000m^3 的常压蓄热罐，设计总储热量 1302MW，可满足采暖期单日 24h 完全蓄热/完全放热一次循环供热过程的热量所需。

在全球碳中和大背景下，为了解决区域供热的绿色低碳挑战，奥地利 AEE INTEC（AEE 可持续技术院）于 2018 年发起了“giga_TES”（千兆级储热系统）项目（见图 4-35），旨在为奥地利和中欧城市等地区开发非常大的清洁储热系统，最终目标是为城市提供 100%的可再生能源供热。基于太阳能光热、地热、热泵、废热及余热回收等绿色技术可实现热源的清洁化，基于长时间储热、热负荷平衡储热等可实现季节性长期、每日/每时短期等不同时间尺度的热能供需平衡。大型长时间储热技术类型有地下储罐式、地坑储热式、含水层储热式、钻孔式储热等，项目需在综合考虑建造、地质、地球物理、材料、区域供暖系统及其运行特点、经济、公众接受度等多重因素后比选最终确定所采用的类型。项目所用的大型储热装置的容积是当前所用大型储热装置容积的数十倍，达到 200 万 m^3（相当于 800 个奥运游泳池大小）。在城市中集成建造如此庞大的地下构筑物，在材料、项目设计、建造、试验验收等方面都面临挑战。为此该项目确定了 6 项具体研发目标：①基于千兆级储热应用和安装的要求和挑战，研发适应国际和奥地利代表性未来区域供热应用场景的科学决策工具；②创新和优化千兆级储热系统的施工方法，特别是基于地表和地下地质条件的地下施工法（如各类深坑开挖机械方法的评估及创新）；③千兆级储热系统关键储热装置部件建造（如地下储罐底板、内衬和盖子等）技术经济可行解决方案（如将大型储热设施顶部场地用于太阳能电站或运动场等)；④千兆级储热系统大型储热装置采用新型聚合物材料和无机材料（如可应对所涉及的储热容积和高温的长效防水材料）的测试、试验和寿命评估方法；⑤考虑不同建模深度和相关边界条件的千兆级储热系统仿真模型开发、验证和应用，建立用于优化系统配置和控制策略的联合仿真平台；⑥评估大型储热系统对现有和未来供热网的附加效益及重要性等。

大规模储热技术可大量、经济地储存如太阳能等依赖于天气的可再生能源，并在热负荷需求高时加以高效利用，其在减少地区热网的温室气体排放量方面有着巨大发展潜力。此外，在建筑物或构筑物中，储热技术的规模化应用（如采用相变材料石膏板、办公建筑用热化学吸附储热系统），可极大降低采暖通风能耗，为新一代建能融合及绿色建筑的建设助力。

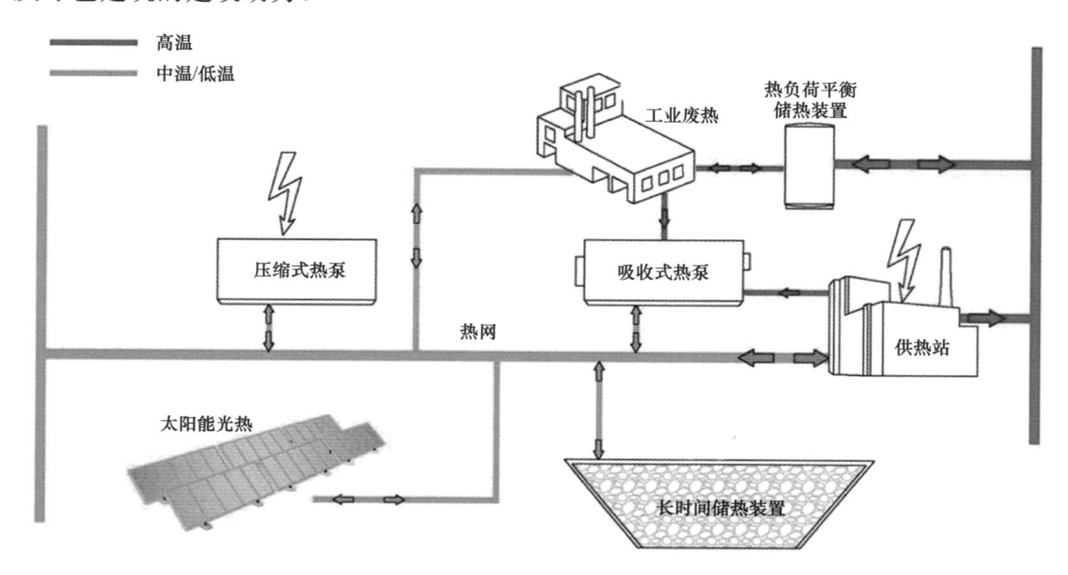

图 4-35 “giga_TES”千兆级储热系统示意图

（来源：AEE INTEC）

4.6.4 热量至蒸汽方面的应用

热量至蒸汽（heat to steam，H2S）指通过热能收集、传质传热和利用装置或系统（如锅炉、太阳能光热接收器等）将一定量的较低品位热能转换为蒸汽，以便热量更高水平有效利用的技术及应用。从概念范畴而言，H2S 从属于 T2T，是 T2T 的子集。考虑到蒸汽作为能源载体在电力工业、制造业及其他工业和日常生活中（如压力锅）的普遍应用已有很长时间，故国际上常将其应用单列。

第一次工业革命时，蒸汽机曾作为动力源在工业中得到普遍应用。在现代工业中，蒸汽也规模化地用于为热力发电、蒸发或蒸馏过程、吸热反应或干燥过程等提供热量。由于蒸汽的多用途，H2S 对整个经济行业都有现实意义。当前，H2S 主要还是利用化石一次能源来产生蒸汽，但在碳中和战略背景下，采用“绿色”能源或工业废热/余热产生蒸汽的方法被视为工业脱碳的合理和重要的组成部分。如此，储热系统在将低能量密度的可再生能源转化为高能量密度的高品位蒸汽能源、调节蒸汽供给和需求在时空上的动态平衡等方面，可发挥其不可替代的作用（如通过储热系统将工业余热、地热、太阳能等热能转化为蒸汽，利用热化学储热生成蒸汽，利用蒸汽甲烷重整技术制取绿氢等）。

综上，具有广谱储能特性的各类储热技术可为不同的应用领域提供相应的不可替代的服务，特别是为绿色低碳循环经济、可持续发展的能源体系的建立赋能。

4.7 储热技术发展

按照储热方式不同，储热技术可分类为显热储热、潜热（相变）储热、热化学储热或以上三种的组合技术等类别。国际上越来越多的科研机构正在推动储热技术的快速发展，其中产生了大量实用的概念。参考国际能源署及其他相关资料，图 4-36 示出了当前国际上所研发的储热技术概念及相关储热材料，供参考。

以下分别从显热储热、潜热（相变）储热、热化学储热、复合储热及其他等四个方面来讲述其相关技术发展现状及趋势。

4.7.1 显热储热技术发展

显热储热（SHS）的技术成熟度和商业化应用程度在各类储热技术中相对较高。发展方向是开发更高工作温度、更大储热密度和热导率、更低全生命周期成本、更长储能时间、更高可靠性、可规模化大容量多场合（如地下）部署的新材料、新设备和新工艺（如用于大容量长时间储热的地下储罐储热系统、地坑储热系统、含水层储热系统、钻孔式储热系统等）。

热水罐作为热力网和每家每户常用的储热容器，已在全球大规模部署，其技术成熟度最高，已达 TRL11（达到稳定性证明阶段）。据 IEA（国际能源署）数据，2016 年成本为 1～15 欧元/kW 或 0.4～10 欧元/kWh，计划将成本降低到 0.35 欧元/kWh 水平。德国制造商 Hummelsberger 研发的真空超级隔热（VSI）热水罐（见图 4-37），采用双壁钢圆柱体，双壁中间填充微孔超级隔热材料（如珍珠岩），并保持 0.05～0.1mbar 真空。其 15m^3 的示范水罐工作热损仅为 1.98W/℃，在罐内水温 95℃和环境温度 0℃工况下罐体水温只会损失 0.23℃/d，该产品已开始商业示范应用。

美国、日本、韩国等国家积极推动冷冻水储热系统的应用，该系统技术成熟度为 TRL9（已成功商业应用），可应用于电子设备、电气设备、建筑物的热管理。当电网负荷处于低谷时，冷冻水储热系统通过空气/水/地-水调节单元制取冷冻水。当电网负荷处于高峰时，冷冻水储热系统将所存储的冷冻水回送到分配系统，从而减小了

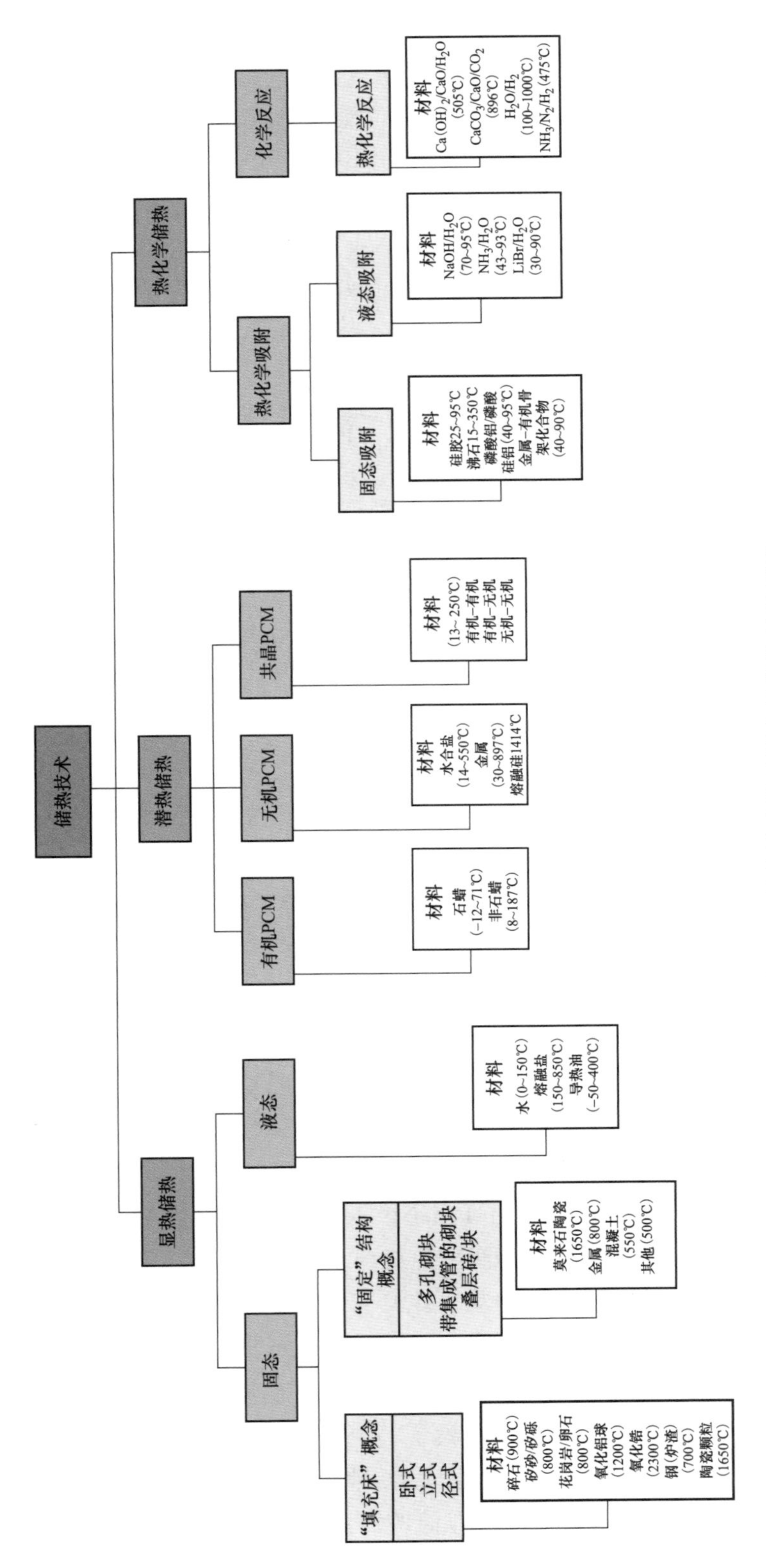

图 4-36 储热技术设计概念及储热材料概览

高峰用电负荷，起到虚拟电厂的功用。美国纽约州能源研究和开发机构一直在电力系统中极力倡导应用该技术。

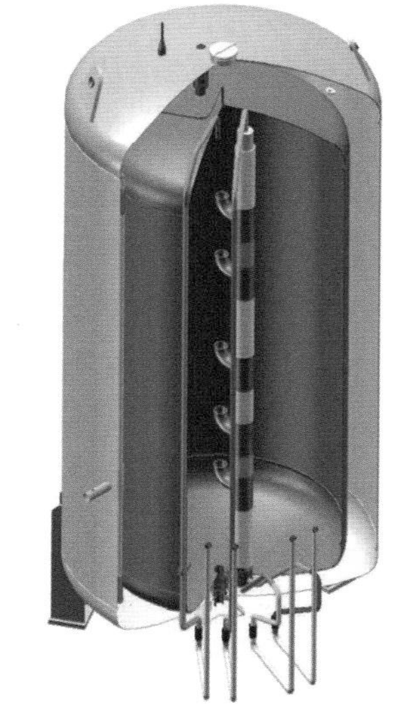

图 4-37 Hummelsberger 真空超级隔热（VSI）热水罐

显热储热系统在太阳能光热电站中有着相当广泛的应用，技术成熟度达 TRL8-9（按所采用储热介质不同，碎石、砂等处于初期商业示范，导热油、二元/三元熔融盐已成功商业应用）。在光热电站中，集中后的太阳光可使工作介质温度达 550～1500℃。通常选择的储热介质为熔融硝酸盐（其成本低、储热和传热性能好，但有一定腐蚀性，凝固点高，工作中需防止其凝固，否则易导致设备损坏），目前正在开发储热温度和储热密度更高的显热储热解决方案（如固态显热储热材料），并在电站中组合不同储热单元，优化储热系统的蓄热/放热性能及储能容量等。

将高温储热系统集成到常规热力发电厂中，可使机组根据需求来灵活发电。近期研发工作重点是在常规电站中，利用可再生式储热系统，降低机组最小负荷，提升负荷变动能力，提高燃气、燃煤、生物质或其他燃料电站的运行灵活性，提高热电联产电站供热与发电耦合的灵活性。图 4-38 所示为 RWE 和 DLR 研发的在燃气轮机烟气通道中所用的固态填充床储热系统。西门子 Gamesa 最近研发的电储能（ETES）技术，用绿电、低谷电或弃电将火山石加热到 600℃以上，再通过蒸汽轮机将所存储热能转换回电能。德国汉堡试点项目的储热容器中填充约 1000t 岩石，额定储能温度 750℃，储能容量达 130MWh。ETES 可集成到化石燃料电站，并将通过可再生能源储存的热能释放到发电过程中，以实现电站更灵活、更绿色的运行。

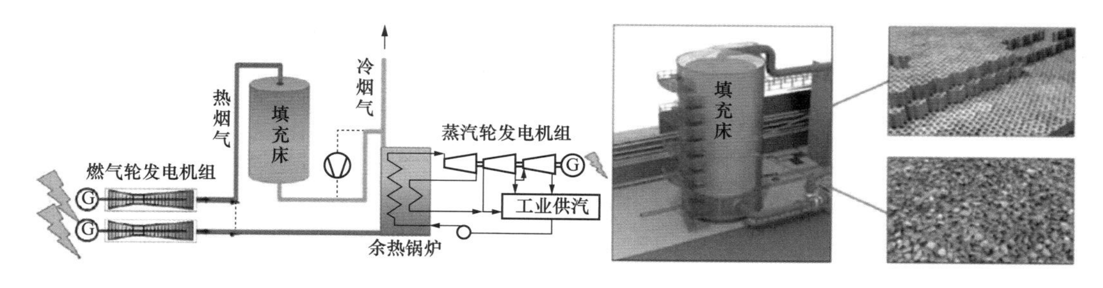

图 4-38 300MW 燃气-蒸汽联合循环机组填充床储热系统

（来源：RWE/DLR）

4.7.2 潜热储热技术发展

潜热储热采用相变材料（PCM）来储存热能，其储热密度高、储热装置紧凑、充热/放热近似等温、易于运行控制，是一种高效的储热方式，也是当今研发热点。当前应用较为成熟的主要是低温相变储热、固态—液态相变，发展方向是研发新型相变材料（如合金 PCM）、相变材料的复合技术（如复合有机物和无机物的 PCM）、强化储热技术（如将微米/纳米材料与 PCM 融合）、功能型相变热流体（兼具储热密度大和传质传热率高优点）、优化储热系统性能（如 PCM 与结构材料的兼容性、热稳定性、化学稳定性、循环使用寿命、经济性等）、拓展应用领域等。

固态—固态、固态—液态、液态—气态及其他新型 PCM 技术或系统发展动态如下：

（1）固态—固态 PCM：基于固态材料晶体结构的改变，热能可在恒定温度下存储和释放，常见的 PCM 有无机盐类、高密度聚乙烯等，主要用于建筑物或设备的制热和制冷，技术成熟度达到 TRL8（商业示范阶段）。发展目标是通过将储热介质的密度在当前基础上增加 10 倍，减少部件尺寸和传热流体体积，以大幅降低系统成本。

（2）固态冰—液态水：水是最常用的相变材料，应用时在固态冰和液态水之间变化，实现了热能在恒定温度下的储存和释放，该系统用于 0℃的空间加热或冷却应用或工业上冷能供应场合，技术成熟度达 TRL9（已成功商业应用阶段）。

（3）固态—液态盐：基于盐在固态和液态间的相变，热能在恒定相变温度下存储和释放。此类系统主要用于 200℃以上应用场合，技术成熟度达 TRL8。美国马萨诸塞州的 Malta 公司研发的热-电储能系统（thermo-electric energy storage）采用熔融硝酸盐+防冻液进行储能。所宣布的储热系统成本降低目标是通过将储热介质的密度相对于现在增加 10 倍来大幅降低成本。

（4）固态—液态糖醇：基于糖醇材料固态与液态的相变，热能在恒定温度下储存和释放。该类系统应用温度范围为 90～200℃，主要应用于空间加热或制冷场合，技术成熟度达 TRL8。主要研究方有荷兰埃因霍温理工大学（TU/e）团队等。

（5）固态—液态脂肪酸：基于脂肪酸材料从固态到液态的溶解或从液态到固态的凝固，热能在恒定温度下实现储存和释放。固态—液态脂肪酸潜热储热系统适用于 15～70℃温度应用场合，技术成熟度达 TRL8。国际上主要由加拿大达尔豪斯大学的研究团队等展开研究。

（6）固态—液态水合盐和石蜡：基于水合盐或石蜡材料在固态和液态之间的相变，实现恒定温度下的热能存储和释放。该潜热储热系统适用温度可达 100℃，技术成熟度为 TRL8。

（7）固态—液态盐水溶液：基于盐水溶液从固态到液态的相变，热能在恒定温度下存储和释放。固态—液态盐水溶液潜热储热系统适用于 0℃以下的温度应用场合，适用于电子设备的热管理（如数据中心服务器等）、加热垫等应用场合，当前技术成熟度达 TRL9。

（8）液态—气态 PCM：由于 PCM 材料在液态和气态之间相变，热能在恒定温度下储存和释放，常用的 PCM 为水-蒸汽。蒸汽发电站中锅炉或蒸汽发生器内汽水相变就是典型实例。工业中主要应用场合是工业蒸汽系统，用蒸汽作为工作介质，通过凝结或蒸发过程进行储热或放热，技术成熟度达 TRL8。

（9）新型形状稳定的相变材料（ss-PCM）：德国马丁路德·哈勒维腾贝格大学（MLU）和莱比锡大学的科学家开发了一种基于二氧化硅和硬脂酸丁酯的新型蓄热材料，用于被动冷却光伏系统和储能电池。该 ss-PCM 通过将其物理状态从固态变为液态来吸收大量热能，然后在材料凝固时再释放大量热量。目前，这种材料仍在实验室中少量生产，技术成熟度为 TRL4（早期原型阶段）。

（10）建筑集成相变材料：建筑集成相变材料通过改变 PCM 的相位，在恒定温度下提供潜热储能，其技术成熟度达 TRL6（规模化全样阶段），在建筑-能源融合、绿色建筑建设方面潜力巨大。建筑集成相变材料可集成到不同的建筑组件（如墙体、屋顶和外墙等）中或钢筋混凝土、钢、玻璃、铝合金等结构件间。可使用隔热墙板，甚至与建筑集成光伏（BIPV）相结合。通过热损的减少，提高了建筑物的热性能，使建筑更节能、更绿色。代表性项目有欧盟 TESSe2b 项目（节能建筑用储热系统——太阳能和地热资源用于住宅建筑储能的集成解决方案）、欧盟 PCMSOL 项目（用于建筑物的太阳能制冷和采暖应用的球形胶囊相变材料储热系统）、美国阿拉巴马大学的“经济高效的热活性建筑系统，以支持具有高渗透率的现有可再生能源电网系统”（将开发一种新型的热活性建筑围护结构系统，将不可燃相变材料和循环加热/冷却传热流体整合到建筑围护结构中，旨在降低建筑运营的能源成本，并支持可再生能源在电网中的可靠性、品质、韧性和可调度性）。PCM 投资回收期受到材料类型、建筑类型和所处位置的较大影响，回收期范围为 4～40 a 以上。随着 PCM 价格的大幅下降，尤其是正十八烷的价格已降至低于 2 美元/kg，其投资回收期预计会进一步缩短。美国、阿拉伯联合酋长国、新加坡、欧盟等国家或地区大力倡导该技术。

（11）固态-液态中/高温潜热储热系统：通过中温、高温 PCM 材料（如硝酸盐或共晶盐、岩石、砂、合金等）在固态和液态间的相变，实现恒定温度下的热能存储和释放。采用无机 PCM 的潜热储热系统功率范围已达到 1～700kW，容量在小时范围内，适用于 140～305℃温度应用范围（见图 4-39），技术成熟度达 TRL8。带集成翅片管换热器的中温潜热储热系统也已在 140～305℃之间的可变相变温度下建造和运行（TRL 7）。在电力系统中主要是研发可应用于太阳能光热电站的高温可靠 PCM（当前主流采用的是导热油或二元硝酸熔融盐显热储热系统），通过高温潜热储热系统的应用，除可使太阳能光热电站在日落后仍然可以提供电力外，更能使机组在更高效率下运行。位于法国的 CEA 已推出了相应的储热示范装置，如高压蒸汽回路用相变材料、岩石填充床用导热油、高温烟气/空气回路（可达 1200℃）用堆叠陶瓷等。澳大利亚 1414 Degrees（14D）公司研发出将热量作为潜热储存在熔融硅 PCM 中，硅具有较高的储能密度，其熔点温度为 1414℃，故该公司因之得名。该公司研发的熔融硅储热系统规模从 10MWh 到 1000MWh，2022 年底其示范模块已建成，炉膛温度已加热至 1420℃，2023 年将对系统进行调试并试运行。考虑到铝的熔点约为 660℃，从固态到液态的相变潜热为 321J/g，$1m^3$ 纯铝在相变过程中可释放或吸收几乎 900MJ 的热能，且铝具有良好的导热性、熔化均匀、无过冷、价格便宜，且其相变温度极适合蒸汽轮机应用场合，故丹麦技术研究所正在研究使用铝作为相变材料的高温潜热储热系统。

图 4-39　700kW-1h 潜热储热模块（储热介质 $NaNO_3$，相变温度 305℃）

（来源：BVES）

（12）固态-液态低温潜热储热系统：该系统所用低温 PCM 主要为有机材料和部分无机材料，如水（冰）、水合盐、石蜡等，技术成熟度达到 TRL6～TRL8（分别为规模化全样、早期商业示范、商业示范等）。巴黎拉德芳斯商业区已采用基于冰水的集中制冷和冷水配网系统来供应冷气和冷水。与制取系统相结合，储热系统可调节供需，提升制冷机组的性能，并改善配网系统的可靠性。采用稳定、高效和生态环境友好的 ss PCM（形态稳定相变材料）储热材料，用于建筑围护结构，也可减小建筑物/构筑物的温度波动，从而降低空调或采暖系统负荷，达到节能目的。在电力系统中，该系统可用于调度控制中心、电站集中控制楼等建筑物的温度调节，大型电力设备、机械设备、锂离子电池模组等的热管理，废热或余热利用等应用场合。当前研发重点是高性能、高能量密度的潜热储热系统（见图 4-40）。

（13）主动潜热储能系统：该系统将传热部件与蓄热体集成，从而增强储热装置可存储的总储能量与放热功率之间的独立性。德国 Fraunhofer ISE（弗劳恩霍夫太阳能系统研究院）开发了一种创新的主动潜热储热系统，该系统使用螺旋式热交换器（见图 4-41）在两个罐体（冷罐和热罐）之间传输相变材料。由于总储能容量取决于储罐容积，而热量释放功率取决于螺旋式换热器的规模大小，因此系统实现了总储热容量和放热功率之间的解耦。当前其技术成熟度为 TRL4（试验室已验证原型阶段）。

图 4-40 无外壳的高性能潜热储热装置试验模型

（采用增强导热的铝纤维结构，容积 10L，连续出力 2kW，峰值出力 10kW）

（来源：BVES）

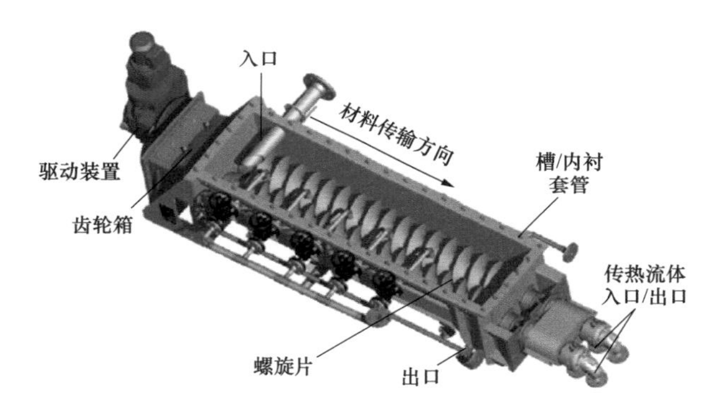

图 4-41 螺旋式热交换器

4.7.3 热化学储热技术发展

热化学储热是一种利用储热材料可逆的化学反应或化学吸附进行热能的蓄积和释放的新兴技术，储热密度大、热能储存的持续时间长且储存中没有热量损失是其最大优势。但受限于热化学储热工艺过程的复杂性、稳定性、可控性等因素，当前其技术成熟度还相对较低，还需进行大量的基础研发和工程化应用研究。

当前热化学吸附储热和热化学反应储热的发展动态如下：

（1）热化学吸附储热：热化学吸附储热通过吸附工质对之间的吸附（物理键作用）和吸收（材料的吸收/溶解）过程来蓄积和释放热量。在整个过程中，反应物（例如沸石和水）通过解吸分离而蓄积反应热，通过重新吸附结合而释放反应热。虽然吸附式储热与吸附式热泵工作原理相同，但吸附式热泵技术成熟度已达 TRL 9，已成功商业应用，而热化学吸附储热的技术成熟度现在还处于 TRL5-7（大样、全样、商业示范前期），超过 1h 放热循环的吸附储热仍在研究和开发中。

（2）热化学反应储热：热化学反应储热当前研发主要是聚焦气-气反应或气-固反应两种类别。通常是利用热能将化合物（“AB”）分解为反应产物（“A”和“B”），进行热能的蓄积；随后在用能时，反应物重新复合为原化合物时，发生放热的逆向反应，释放先前所储存的反应热。理论上热化学反应储热系统可实现无损的长时间尺度热能储存，当前其技术成熟度为 TRL 3-4（概念验证阶段、早期原型阶段），研发目标是解决设计方面的挑战，开发新的复合材料以避免工质泄漏等工程难题。

澳大利亚国立大学（ANU）可持续能源系统中心对基于氨的热化学反应储热技术进行了深入研究，设计出了满足 10MW 太阳能光热电站 24h 基荷运行需求的氨基热化学储热系统（见图 4-42），并进行了详细的技术经济性能评估。法国 CEA 已在其 COCHYSE 建造了一座 15kWh 容量的用于聚光式太阳能光热电站的热化学储能示范系统。图 4-43 为德国航空太空研究中心（DLR）所研发的 10kW/100kWh 热化学高温储热实验装置，图 4-44 为其用于废热回收（温度大于 140℃）的热化学储热装置（1 kW）试验台。

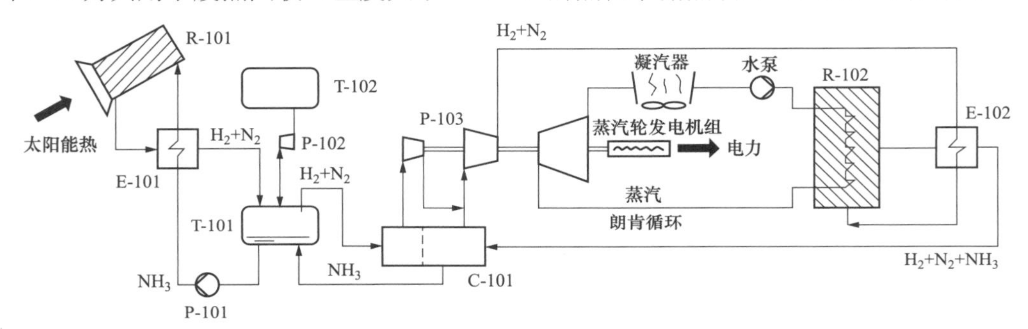

图 4-42 基于闭式氨基热化学储热系统的太阳能光热电站概念系统设计

R-101—太阳能热分解反应器；P-102—合成气（H_2+N_2）膨胀机/泵；E-101—太阳能换热器；P-103—合成气补充&再循环压缩机；T-101—主高压罐；C-101—过程冷却器/凝结水分离器；T-102—变压罐；R-102—氨合成反应器；P-101—加氨泵；E-102—换热器（NH_3 供给/产物）

（来源：ANU）

图 4-43 高温热化学储热试验装置

（来源：DLR）

图 4-44 热化学储热试验台

（来源：DLR）

关于热化学储热领域的研究，当前国际上主要聚焦于以下几个方面：

（1）开发和研制简单实用、适应性广、兼具传质传热工效的反应器；

（2）一体化、集成化概念研究，特别是气体反应产物的高效集成技术；

（3）反应床/结构的稳定性和充热/放热的稳定性，如储热材料的颗粒、成团（如球形、圆柱形）、透气胶囊等封装成型技术及应用；

（4）针对热力学性能、动力学性能、循环稳定性等，进一步研发或优化储热材料或导热材料等；

（5）储热系统的集成设计、运行和维护、监视和控制、测试检验等系列工程化技术。

4.7.4 复合储热及其他技术发展

为了克服单一类别储热技术的局限性，进一步提升储热系统的工效和经济性等性能，应用中有时需将不同种类的储热技术复合应用。例如，结合显热与潜热储热材料优点的中、高温复合结构储热材料，综合平衡了储热材料的结构、储热、导热等方面的性能，对于开拓在太阳能光热发电、新能源灵活性及消纳、常规发电灵活性、工业余热/废热回收利用等中高温领域深度应用有着重要意义。此外，为了解决大规模、高容量、多地域、经济高效的储热，地下储热等新型储热方式也取得了长足技术进展。

复合储热、地下储热技术发展动态如下：

（1）复合显热与潜热的储热系统：为了克服相变材料的不足，如材料的腐蚀性、热稳定性、化学稳定性、与结构材料的兼容性、循环使用寿命等方面的问题，常将相变材料封装在高热容介质（如混凝土）中，形成复合显热和潜热的新型储热材料或系统。现在通过多种储热介质的耦合已可将储热材料的储热密度提高 2～3 倍。复合显热与潜热的储热系统现今技术成熟度已达到 TRL8（商业示范阶段）。2018 年 9 月德国 Steag 发电公司在其热电联产电站 300℃蒸汽系统中首次集成了一个 6MW 容量的复合潜热和显热储热系统，以代替原先的燃油燃烧器。

（2）钻孔储热（borehole thermal energy storage，BTES）技术：该技术是一种通过在不同地层（从沙子到硬岩等各类地层）垂直钻出深度达数十米到数百米的钻孔来构成闭式地热网络（见图 4-45），以跨季节方式将热能存储在地下的地下储热技术。BTES 基本上是一个大型地下热交换器，可在夏季多吸收太阳热能并将所采集的热能以 BTES 方式储存在地下，等冬季时再将所储存的热能通过地源热泵高效释放利用。现在，BTES 技术成熟度达 TRL9，已成功商业示范。美国乔治亚州奥尔巴尼海军陆战队后勤基地（MCLB）在极力推动该项技术的应用，早在 2015 年该基地就进行了美国首个 BTES 系统的实施，工程包括 306 个深 210 英尺的钻孔，这些钻孔分布在三个同心圆柱形区域，工程第一期就取得了全年减少 52%能耗的成果，每年可节省约 238 000

美元的能源开支。

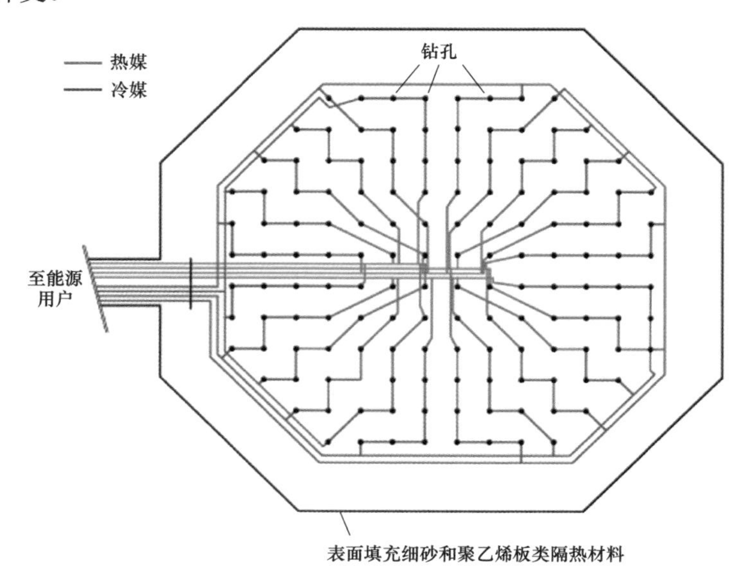

图 4-45　钻孔储热系统俯视图

（3）含水层储热（aquifer thermal energy storage，ATES）技术：该技术是一种采用天然地下透水层作为储能介质，通过地下水井从含水土层中提取和注回地下水来实现热能储存和回收的储热技术。ATES 通常由用于储存热能和冷能的热井、冷井组成，故也常称为双井式储能系统。系统通常以季节性模式运行，热能的传递是通过从地下透水层抽取地下水和再将地下水回注回地下透水层，以地下水的质量及能量传递来实

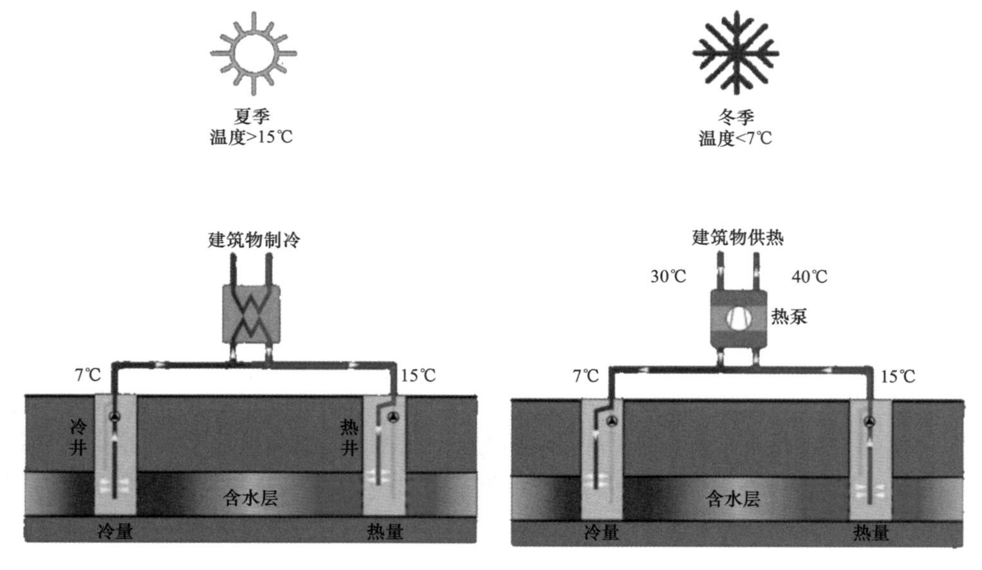

图 4-46　含水层储热（ATES）系统示意图

（来源：IF Technology）

现的（见图 4-46）：夏季抽取地下水为建筑物制冷，加热后的地下水被注回含水层，将热量储存在含水层中。在冬季则流向相反，从含水层中提取地下水用于供暖（通常与热泵结合使用），从而调节季节性变化的供暖与供冷需求。ATES 技术于 20 世纪 60 年代发源于中国，后期荷兰等将之发扬光大，当前技术成熟度达 TRL9（已成功商业示范）。据荷兰应用数据，较传统供暖和制冷系统，ATES 可降低 40%供暖能耗、65%供冷能耗、减少 60%温室气体排放量。就 COP（coefficient of performance，性能系数）而言，ATES 在制冷模式下可高达 10～20（地源热泵系统仅为 4），在供暖模式下为 5（也远高于地源热泵 COP）。特别是采用 ATES 制冷，所储存的冷量可用于被动制冷，不须使用热泵，储能效率可高达 90%，从而可显著降低电网负荷高峰时的用电需求；近年来，荷兰和中国已在联合开发针对中国地区的制热和制冷含水层储热系统。

参 考 文 献

[1] IEA．Key World Energy Statistics 2021［R］．Paris：IEA，2021．

[2] Andreas hauer．Advances in Energy Storage – Latest developments from R&D to the market［M］．West Sussex：John Wiley & Sons，2022．

[3] LDES council．Net-zero heat：Long duration energy storage to accelerate energy system decarbonization［R］．Boston：LDES council，2022．

[4] Marske Felix，Lindenberg Titus，Silva Juliana，et al．Experimental data showing the influence of different boron nitride particles on the silica network，the butyl stearate and the porogens in shape-stabilized phase change materials．Data in Brief．38. 107428. 10.1016/j.dib.2021.107428．

[5] 梅生伟，李建林，朱建全，等．储能技术［M］．北京：机械工业出版社，2022．

[6] MarketWatch．Thermal Energy Storage Market Report：Outlook，Industry Drivers，Growth，Size，Share，and Forecast 2022-2027［EB/OL］．(2022-12-14)［2022-12-18］．https：//www.marketwatch.com/press-release/thermal-energy-storage-market-report-outlook-industry-drivers-growth-size-share-and-forecast-2022-2027-2022-12-14．

[7] 丁玉龙，来小康，陈海生，等．储能技术及应用［M］．北京：化学工业出版社，2018．

[8] Kraft block. Thermal Energy Storage，TES［EB/OL］．［2022-12-20］．https：//kraftblock.com/en/insights/thermal-energy-storage-systems.html．

[9] HotDisk. Thermal Conductivity of Silicone Oil –Polydimethylsiloxane［EB/OL］．［2022-12-23］．https：//www.hotdiskinstruments.com/applications/thermal-conductivity-silicone-oil/．

[10] ODNE STOKKE BURHEIM. ENGINEERING ENERGY STORAGE［M］．Academic Press，2017．

[11] Andrei G. Ter-Gazarian. Energy storage for power systems［M］．3rd edition. The institution of engineering and technology，2020．

[12] IAEA. Thermophysical Properties of Materials For Nuclear Engineering：A Tutorial and Collection of Data

［M］. IAEA，2008.

［13］Xiankun Xu，Xiaoxin Wang，Peiwen Li，et al. Experimental Test of Properties of KCl–MgCl2 Eutectic Molten Salt for Heat Transfer and Thermal Storage Fluid in Concentrated Solar Power Systems［J］. Journal of solar energy engineering，2018，140（5）.https：//asmedigitalcollection.asme.org/solarenergyengineering/article/140/5/051011/368304/Experimental-Test-of-Properties-of-KCl-MgCl2/.

［14］Hasnain SM. Review on sustainable thermal energy storage technologies. Part 1. Heat storage materials and techniques［J］. Energy conversion and management，1998，39（11）：1127-1138.

［15］Araner.Thermocline-layer［G/OL］.［2022-12-27］. https：//www.araner.com/blog/ thermocline-layer/.

［16］Peiwen Li，Cho lik Chan. Thermal energy storage analyses and designs［M］. Academic Press，2017.

［17］Sofrigam. THERMOCHEMICAL SORPTION：A SOLUTION FOR TEMPERATURE-CONTROLLED TRANSPORT［G/OL］.［2023-01-19］. https：//sofrigam.com/en/thematic-study/8-thermochemical-sorption-a-solution-for-temperature-controlled-transport#：～：text=Thermochemical%20storage%20based%20on%20a%20solid-gas%20chemical%20sorption，reaction%20between%20the%20latter%20and%20a%20reactive%20solid/.

［18］Gil A，Medrano M，Martorell I，Lazaro A，Dolapo P，Zalba B，et al. State of the art on high temperature thermal energy storage for power generation. Part 1 –concepts，materials and modelisation［J］. Renew Sust Energy Rev 2010；14（1）：31-55.

［19］Pedro Pardo，Alexandre Deydier，Zoé Anxionnaz-Minvielle，Sylvie Rougé，Michel Cabassud，et al. A review on high temperature thermochemical heat energy storage［J］. Renewable and Sustainable Energy Reviews，2014，vol. 32，pp. 591-610.

［20］Keith Lovegrove，Wes Stein. Concentrating solar power technology - Principles，developments and applications［M］. Duxford：Woodhead Publishing Limited，2012.

［21］Manuel J. Blanco，Lourdes Ramirez Santigosa. Advances in Concentrating Solar Thermal Research and Technology［M］. Duxford：Woodhead Publishing Limited，2017.

［22］Qian zhu. Fossil fuel-based energy storage［R］. London：International centre for sustainable carbon，2021.

［23］Yusuf Latief. Ice-based energy storage system and VPP seeks deployment［EB/OL］.（2023-01-06）［2023-01-29］. https：//www.smart-energy.com/industry-sectors/new-technology/ice-based-energy-storage-system-and-vpp-seeks-deployment/.

［24］Nostromo Introduces the IceBrick™，the World's First Modular Thermal Energy Storage Cell［EB/OL］.［2023-01-29］. https：//www.powerinfotoday.com/thermal/ nostromo-introduces-the-icebrick-the-world-s-first-modular-thermal-energy-storage-cell/.

［25］Nostromo［EB/OL］.［2023-01-29］. https：//www.nostromo.energy/technology/.

［26］Pamela Largue.Power-to-heat plant aims to reduce wind curtailment in Germany［EB/OL］.（2023-

01-24）[2023-01-29]. https：//www.powerengineeringint.com/ renewables/wind/power-to-heat-plant-aims-to-reduce-wind-curtailment-in-germany/?utm_source=PEI_NL_Thur_This_Weeks_Must_Reads&utm_medium=email&utm_campaign=PEI_NL_Thur_This_Weeks_Must_Reads_PEI_2023-01-26/.

[27] IEA. Very large thermal energy storage for renewable districts [EB/OL].（2021-10-22）[2023-01-29]. https：//www.iea.org/articles/very-large-thermal-energy-storage-for-renewable-districts/.

[28] Enertrag. Wind Power：The Smart Energy For Local Heating Networks As Well [EB/OL]. [2023-01-30]. https：//enertrag.com/en/products/wind-based-thermal-energy/.

[29] Windnode. We could heat the entire North-East with wind power [R]. Berlin：Windnode，2020.

[30] gigaTES.SEASONAL STORAGES INCREASING THE SHARE OF RENEWABLES IN URBAN DISTRICTS [EB/OL]. [2023-01-31]. https：//www.gigates.at/index.php/en/gigates /project/.

[31] 1414degrees. Major milestone in SiBox™ Demonstration Module construct [EB/OL].（2022-12-12）[2023-02-01]. https：//1414degrees.com.au/major-milestone-in-sibox-demonstration-module-construct/.

[32] IEA. ETP Clean Energy Technology Guide [EB/OL].（2022-09-21）[2023-02-01]. https：//www.iea.org/data-and-statistics/data-tools/etp-clean-energy-technology-guide/.

[33] NREL.Concentrating Solar Power Projects [EB/OL]. [2023-02-02]. https：//solarpaces. nrel.gov/.

[34] Verena Zipf，Anton Neuhäuser，Daniel Willert，et al. High temperature latent heat storage with a screw heat exchanger：Design of prototype [J]. Applied Energy，2013，109：462-469.

[35] Marines. MCLB ALBANY MOVES ONE STEP CLOSER TO NETZERO [EB/OL].（2019-07-11）[2023-02-04]. https：//www.albany.marines.mil/News/News-Article-Display/Article/1901883/mclb-albany-moves-one-step-closer-to-netzero/.

[36] Daisy Chi. Netherlands and China co-operate on Aquifer Thermal Energy Storage for heating and cooling [EB/OL].（2022-05-19）[2023-02-05]. https：//energypost.eu/ netherlands-and-china-co-operate-on-aquifer-thermal-energy-storage-for-heating-and-cooling/.

[37] Andreas Luzzi，Keith Lovegrove，Ermanno Filippi，et al. TECHNO-ECONOMIC ANALYSIS OF A 10 MWe SOLAR THERMAL POWER PLANT USING AMMONIA-BASED THERMOCHEMICAL ENERGY STORAGE [J]. Solar Energy，1999，66（2）：91-101.

[38] Laubscher，Hendrik，Ho，Clifford，Guin，Kyle，Ho，Gordon，and Willard，Steve. Defining a Business Model for Utility-Scale Thermal Energy Storage ? Value Proposition，Needs，and Opportunities .. United States：N. p.，2021. Web.

5

电能储能技术

电力系统储能技术绝大多数是将电能转换为机械能、热能、电化学能等其他能量形式来进行储存，利用时再将其他能量形式转换为电能输出，而电能储能系统没有不同能量形式的转换，是以电流或具有电势差的电荷的形式来直接存储电能。超导磁储能和超级电容器是两种主要的电能储能技术形式。

5.1 超导磁储能

1969年法国人 M. Ferrier 提出了超导磁储能（superconducting magnetic energy storage，SMES）的概念——将能量储存在由直流电流（DC）感应的磁场中。1971年，美国威斯康星大学 Peterson 和 Boom 发明了 SMES 系统，该电能储能系统由一个用于储电的超导电感线圈和一个用于电能充放的三相 AC/DC 格里茨（Graetz）电桥组成。从20世纪70年代开始，美国、英国、德国、法国、日本、苏联等国的许多单位均展开了 SMES 的研发工作，提出了许多 SMES 工程项目，但只有少部分进行了工程实施。这其中，起先导作用的主要是美国、苏联、日本等国。1976年，美国 LASL（洛斯阿拉莫斯国家实验室）建造并测试了 SMES 的抑制功率振荡功能和日负荷平衡功能，自此开创了超导磁储能在电力系统中的应用。世界首个投入商业运行的 SMES 是由 LASL 设计、1982年由 Bonneville 电力公司建造并接入 Bonneville 电网的 LASL 超导磁储能项目（储能容量30MJ，额定功率10MW，主要参数见表5-1）。苏联也于同期由 IVTAN（高温研究所）建设了储能容量10kJ、额定功率0.3MW 的试验 SMES，并通过6脉冲晶闸管逆变器接入莫斯科电力系统。自1989年后，在俄罗斯国家科学“高温超导”项目框架下，IVTAN 建设了100MJ/32MW 的 SMES，并接入莫斯科电力公司的11/35kV 变电站（主要参数见表5-1）。1999年，德国多家公司联合研制了800kW/2MJ 超导储能装置，解决 DEW 实验室敏感负荷的供电质量问题。日本九州电力公司先后研制了30kJ 以及1MW/3.6MJ 的超导磁储能装置。国内，中国科学院电工研究所、清华大学、华中科技大学等多家高校或研究所也先后开展了高温超导磁储能技术研究。

2011 年，中国科学院电工研究所研制的 1MJ/0.5MVA SMES 在甘肃省白银市 10kV 变电站投入示范运行，SMES 对于提高电力系统可靠性、稳定电压、提高电能品质、改善功率因数、降低线路损耗等均具有积极意义。

表 5-1　　小型 SMES 系统典型参数

参数	美国 LASL 项目	俄罗斯 IVTAN 项目		备注
		额定值	强制值	
储能容量（MJ）	30	50	80～100	
额定功率（MW）	10	20	32	
绕组最大电流（kA）	5.0	3	7.1	
可用能量（MJ）	11	18	25～30	在 0.35Hz 周期振荡下
电桥数	2	4	4	
电桥电压（kV）	2.5	1	1	
电桥电流（kA）	5	5	8	
工作温度（K）	4.2	4.2	4.2	
电感（H）	2.4	11.1	3.96	
电磁场（T）	3.92			
机械压力（MPa）	280			
平均半径（m）	1.29			
高度（m）	0.86			
电流密度（A/m^2）	1.8×10^9			
制冷装置负载（W）	150			
液氦耗量（m^3/h）	1.5×10^{-2}			

5.1.1　超导磁储能基本原理

顾名思义，超导磁储能依赖于超导体（需将超导材料冷却到足够低的温度，即超导材料的临界温度下），即利用超导线圈（超导磁体）产生的电磁能与电能进行相互能量转换，从而实现电能的存储与释放。其工作原理为基于电动力学原理，利用电阻为零的超导材料制成超导线圈，形成大电感，在通入直流电流后，线圈周围产生磁场，从而将电能以电磁能的方式存储起来。电磁储能的大小与超导线圈直接相关，存储能量可由式（5-1）表示，即

$$E=\frac{0.5lAB^2}{\mu}\text{ 或 }E=0.5I^2L \tag{5-1}$$

式中　E——电磁能，J；

B——电磁感应强度，T；

l——磁场长度，m；

A——磁场面积，m^2；

μ——空气磁导率（$4\pi\times10^{-7}$），H/m；

I——超导线圈电流，A；

L——超导线圈电感，H。

超导磁储能的每个工作周期分为充电、储能、放电三个阶段。

（1）充电阶段：冷却系统将超导线圈温度维持在超导状态所需的临界温度以下。在超导线圈的输入端连接外部电源，向线圈提供电流。外部电源的电流通过超导线圈，形成感应磁场。由于超导材料的磁通排斥效应，磁场被完全排斥在超导线圈内部，形成一个磁场空间。在这个过程中，电能被转化为磁场能量，并存储在磁场空间中。在充电过程中控制系统监测超导线圈的温度、电流和磁场等参数，并根据需要调整电流供应和输出端口的连接，以控制充电速率和磁场能量的存储。

（2）储能阶段：一旦超导线圈达到所需的磁场能量或外部电源停止供电，充电阶段结束。超导线圈继续保持超导状态，磁场能量稳定储存在磁场空间中。

（3）放电阶段：当需要释放储存的能量时，外部电源断开与超导线圈的连接。超导线圈继续保持超导状态。输出端口连接到外部负载，使超导线圈与外部负载电路相连。超导线圈中的磁场能量开始转换为电能，并通过输出端口供应给外部负载。放电过程中控制系统监测放电过程中的电流、电压和磁场等参数，并根据需要调整输出连接和放电速率，以控制能量释放过程。随着磁场能量的释放，超导线圈中的磁场逐渐减弱，直到最终耗尽。一旦放电完成，超导线圈恢复到初始状态，可以进行下一轮工作循环。

5.1.2 超导磁储能技术特点

超导磁储能具有功率密度大、响应速度快、往返效率高、工作寿命长的特点，应用于电力系统中时可以作为储能装置和功率装置，有效地提高电力系统的稳定性。同时，超导材料对环境温度要求高、低温制冷运行成本高、制造成本相对较高，一定程度上限制了其应用。超导磁储能的主要特点如下：

（1）功率密度大。超导线圈载流量大，一般可达数百安培甚至上千安培，比普通线圈高出两个以上的数量级，具有非常高的功率密度。

（2）响应速度快。SMES 直接储存电磁能，在储能过程中没有电能—机械能、电能—电化学能、电能—热能之间的相互能量形式转换过程，其能量加充或能量释放的响应速度极快（可达毫秒级），所需的功率几乎是瞬时可获得。

（3）运行灵活。SMES 规模灵活，易构成小型或大型功率和能量系统；可独立灵活与电力系统进行四个象限的有功或无功功率交换。

（4）往返效率高。采用超导磁储能时，在超导状态下超导线圈电阻为零，理论上不产生导体发热所引起的焦耳损耗，可实现低能量损耗储能，往返效率可超过 95%。

（5）电能储存时间长。理论上，只要冷却系统能确保 SMES 始终工作在超导工况下运行，电能就可无限期地存储，但更长的储能时间受到制冷系统所需的能量需求的限制。

（6）工作寿命长。在工作循环中没有化学反应，且除冷却系统为机械设备外，没有其他可动部件和机械损耗，故 SMES 工作循环次数高，工作寿命长。

此外，SMES 还具有维护简单、对安装和使用环境要求低等优点。但在运行过程中，需始终确保 SMES 处于超导状态，防止由于失超（失去超导状态）所致的绝缘层损坏、设备损坏、设备破裂和爆炸等问题。由于 SMES 通常具有较低能量密度和较短的放电持续时长，故主要适用于短持续时间储能应用场合（如频率调节、电压调节等）。

5.1.3 超导磁储能系统构成和关键技术

超导磁储能系统主要由超导线圈（超导磁体）、低温容器（杜瓦容器）、制冷装置（冷却系统）、功率变换装置、保护系统、监视与控制系统组成，其系统组成如图 5-1 所示。

（1）超导线圈。超导线圈是实现超导磁储能的关键环节，按照结构不同，可分为螺管形线圈和环形线圈。螺管形线圈结构简单，通常适用于小型超导线圈；当线圈较大时，螺管形线圈内的电磁力会变得太大，难以管理，此时通常采用更复杂的环形线圈，其外部电磁力较小，更易在物理上控制。按照超导线圈材料临界转变温度的不同，超导磁储能可分为低温超导磁储能和高温超导磁储能。低温超导磁储能采用的低温超导材料包括金属低温超导材料、合金低温超导材料等，如金属铌、钛铌合金、铌的氮化物等。总体来说，低温超导材料技术较为成熟、部分实现了商业化，适合应用于中小型的超导磁储能系统中。同时，低温超导材料往往需要维持在低于 30K 的温度下工作使用，影响了其大规模应用。高温超导磁储能采用的高温超导材料主要有铋系、钇系、铁基超导体（如硒化铁）等，相比于低温超导材料，其磁-热稳定性更高，使用范围场景更广。其中，钇系材料、铁基材料是目前主要的研究方向。

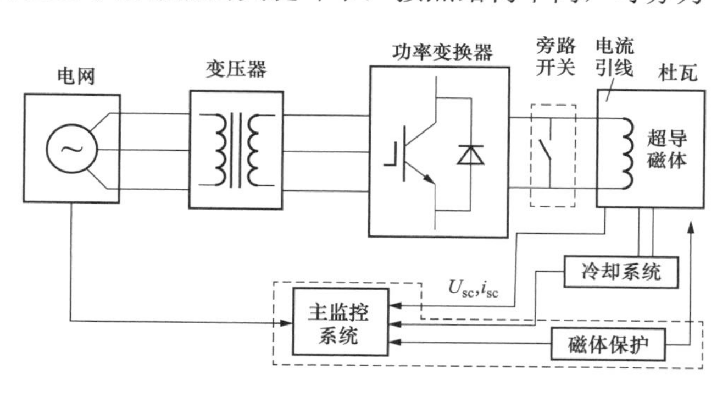

图 5-1　超导磁储能系统组成

（2）低温容器。低温容器是用于将超导线圈冷却到超导状态所需的低温环境的设备。它通常采用绝热材料构建，以最大程度地减少热量传导。低温容器内部包含冷却介质（如液氮或液氦），通过将超导线圈浸入冷却介质中的液体冷却方式，或通过与制冷机、热交换器、导冷装置的直接冷却方式，可以降低线圈、电流引线等的温度到超导状态所需的临界温度以下。

（3）制冷装置。制冷装置是超导磁储能系统的关键组成部分，用于提供冷却介质来维持低温环境。它可使用液氮或液氦等低温冷却剂，并通过压缩机、冷凝器和蒸发器等组件来实现循环冷却过程。制冷装置的主要功能是将冷却介质冷却至适当的温度，并将其提供给低温容器以保持超导线圈的超导状态。一种典型的液氮浸泡冷却循环系统如图 5-2 所示。

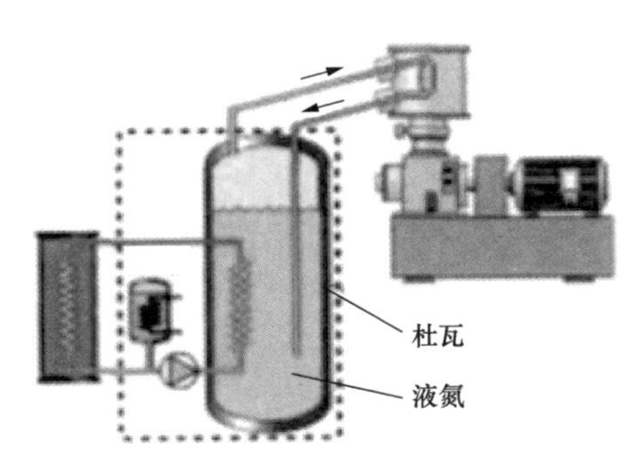

图 5-2 液氮浸泡冷却循环系统

（4）功率变换装置。功率变换装置（也称变流器）在超导磁储能系统中起到能量转换和控制的作用。它可以将电能从外部电源转换为线圈所需的电流，并控制充电和放电过程。功率变换装置通常包括整流器、逆变器、变压器和开关等电力电子元件，用于实现能量的转换和电流的控制。功率变换装置可分为电压型和电流型两种，其拓扑结构如图 5-3 所示。电压型通过调节电容电压、电力系统输出电压幅值及相角，实现 SMES 和电力系统间的功率交换；电流型结构简单，通过调节电力系统输出电流的幅值及相角，可快速实现 SMES 和电力系统间四象限功率交换。

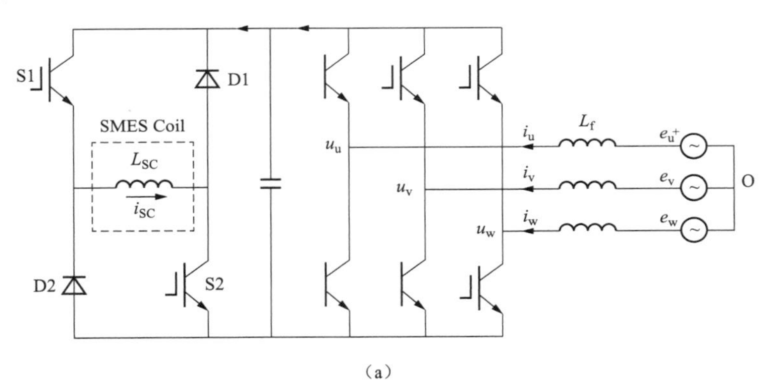

（a）

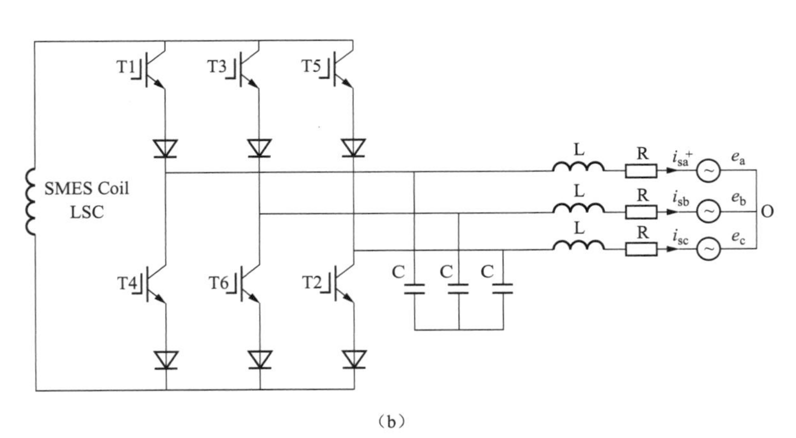

（b）

图 5-3 功率变换装置拓扑结构示意图

（a）电压型变流器；（b）电流型变流器

（5）监视与控制系统。监视与控制系统是用于监测 SMES 的运行状态、工作参数和操作，并控制 SMES 运行的系统（见图 5-4）。它包括传感器、控制器、执行机构等，用于测量、监视、控制超导线圈的温度、电流、磁场以及与外部负载的连接状态等。监视与控制系统能够实时获取系统的运行信息，并根据需要调整功率变换装置的操作，以确保 SMES 系统的安全和高效运行。

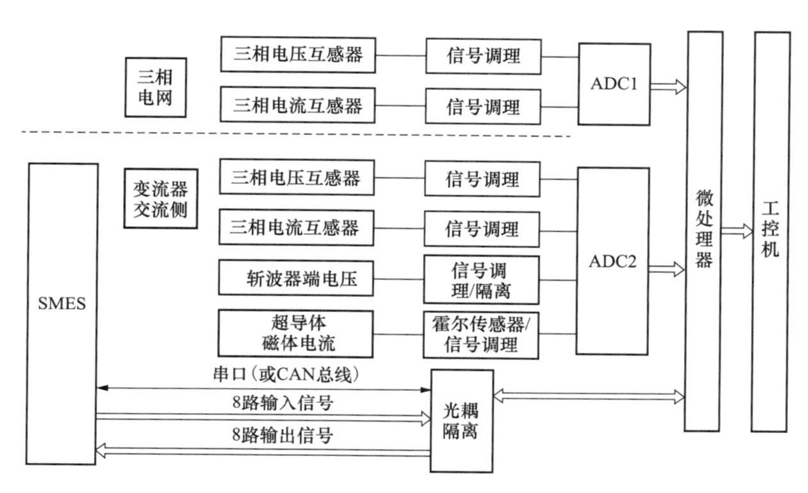

图 5-4 监控系统拓扑结构示意图

（6）失超保护系统。超导磁体在超过其临界电流或临界磁场时会发生失超现象，即失去超导状态而转变为正常导体。失超会出现“淬火”现象，引发电阻上升、局部热点形成以及能量损耗等问题，会对超导磁体和系统造成损害。因此，失超保护系统是超导磁体应用中至关重要的一部分，旨在监测是否发生失超（见图 5-5，可通过桥式电路检测是否失超），并在失超时触发失超保护（见图 5-6，可通过并联电阻，释放超导磁体能量，避免超导磁体温度过高），采取措施以保护磁体和系统的安全。

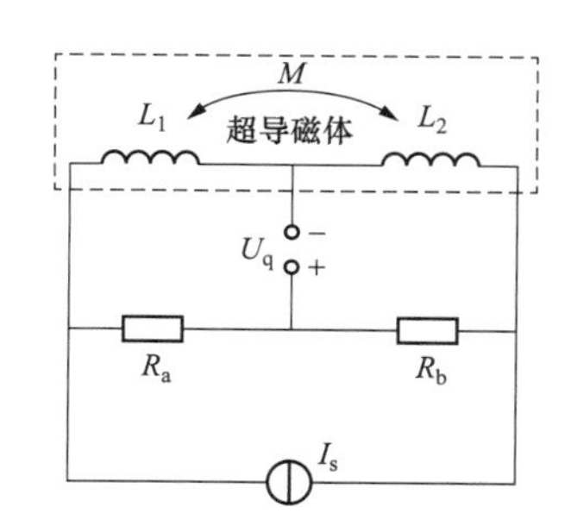

图 5-5 典型失超检测电路拓扑结构

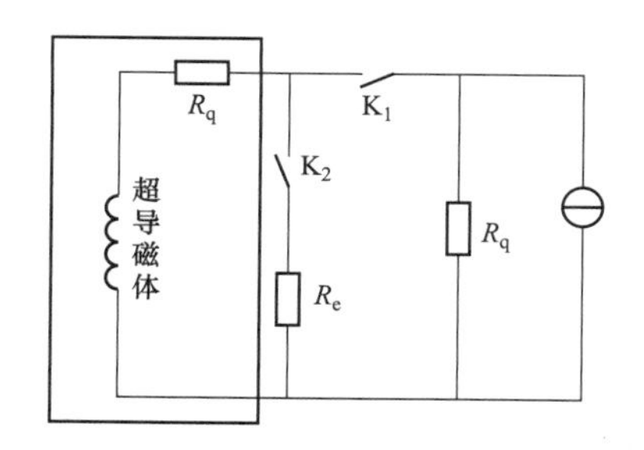

图 5-6 典型失超保护电路拓扑结构

5.1.4 超导磁储能技术应用及展望

超导磁储能在早期工程化时，美国曾设计了高达 1000MW 或更大容量的大型 SMES

系统（见表 5-2），但由于当时较高的超导磁储能系统制造、建造和运营成本，使工程由于经济原因而未能上马（据研究，SMES 项目成本分布大体为超导绕组 45%，支撑结构 30%，现场安装 12%，功率变换装置 8%，制冷系统 5%）。无论如何，大规模 SMES 储能的理念并未消失，美国能源部一直持续在资助大型 SMES 储能技术的研究。特别是进入 21 世纪后，随着全球能源转型迫在眉睫，以及高温超导材料研发及应用取得的不断突破（高温超导材料温度运行条件较低温超导材料相对宽松，例如《自然·材料》2023 年 6 月 22 日报道，美国麻省理工学院研究人员已发现硒化铁铁基材料在 70K 温度下即可转变为超导状态），电力电子技术、制冷技术、工厂制造和现场施工技术的显著进步，SMES 系统的经济性大幅改善，大型 SMES 项目的前景持续向好。

表 5-2　　大型 SMES 系统典型参数

参数名	参数值	备注
总储能量	10 000～13 000MWh	
可用能量	9000～10 000MWh	
放电时长	5～12h	
最大功率	1000～2500MW	
最大电流	30～300kA	
最大磁场	4～6T	在导体处
绕组平均直径	300m	
绕组总高度	80～100m	
地下平均深度	300～400m	
往返效率	85%～90%	假定每天一次完整充电/放电循环
功率变换器损耗	平均额定功率的 2%	
制冷装置驱动功率	20～30MW	

现有的成熟技术为功率容量在 100kW～100MW 之间的小型商业 SMES 储能装置，其技术成熟度高、易于模块化部署、经济性好，尤其是 10～30kWh 储能容量的微型 SMES 在极快速的电网支持、提高电力系统稳定性、改善电能品质、平滑新能源出力等应用方面性能突出。

当 SMES 储能应用于分布式发电或微网时，可有效提高电力系统的稳定性。作为储能装置，超导磁储能通过存储能量，可作用于瞬间断电或电源波动时，从而防止供电品质变化对负载的冲击。同时，超导磁储能还可以作为功率设备，灵活调节和控制有功和无功功率，进行功率补偿，从而消除电力系统中的低频振荡，减少谐波分量，实现配电系统的智能化管理，提高电力系统的稳定性。此外，超导磁储能还可用于风电、光伏等新能源系统中，抑制功率波动、调节系统频率、优化新能源输入及输出调度，平滑新能源出力，提高新型能源系统的稳定性。一个典型的含超导磁储能系统的交流微电网拓扑结构如图 5-7 所示，将 SMES 与储能电池共同部署，可发挥电池能量密度高、SMES 功率密度高的联合优势，降低系统综合成本。

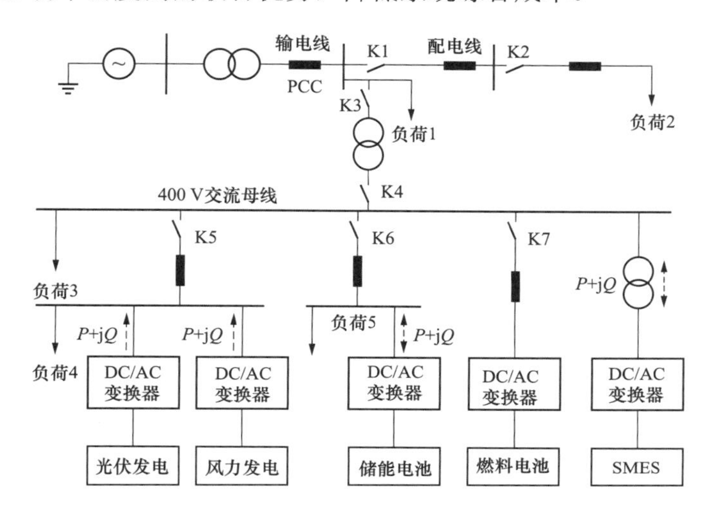

图 5-7 含 SMES 交流微电网拓扑结构

超导磁储能技术具有广阔的发展前景。首先，对于大容量高温超导磁体，可以采用多个高温超导磁体并联的方式实现千安级别的大容量超导磁体。然而，在并联过程中需要考虑超导材料之间的微小差异和电流分布不均的问题，需要进一步研究和解决这些技术挑战。其次，对于超导磁储能的低温高压绝缘，目前研究相对较少，需要深入研究以优化绝缘结构，减小对绝缘性能的不利影响。此外，超导磁储能系统的在线状态监视与控制技术可以提供失超预警和保护，同时需要解决从高频高压信号中提取微弱失超信号的问题，并采取控制手段保证超导磁体的安全运行。另外，高效低温制冷系统是维持超导磁体低温状态的关键，需要进行杜瓦瓶和制冷机等设备的优化设计，降低制冷系统的损耗，提高超导磁储能系统的运行效率。综上所述，超导磁储能技术在大容量高温超导磁体、低温高压绝缘、在线状态监视与控制以及高效低温制冷系统等方面仍有许多发展空间，有望为未来能源储存和应用提供可靠、高效、经济的解决方案。

5.2 超级电容器储能

超级电容器（supercapacitor，ultracapacitor），又称电化学电容器（electrochemical capacitor）、黄金电容器、法拉第电容器，是一种专门设计、具有非常高的电容值、复合常规电容器和充电电池特性于一体、可储存非常大容量的电荷的新型储能装置，被《Discover》（发现）杂志评为 21 世纪世界七大发明技术之一，是《中国制造 2025》和工业强基支持的核心基础部件。1853 年，德国人 Helmholtz 首次提出用于描述胶体粒子表面准二维区间相反电荷分布的双电层模型，为超级电容器的诞生奠定了早期理论基础。1947 年，美国物理化学家 David C. Grahame 提出了将相界紧密层再分为内 Helmholtz 层和外 Helmholtz 层的理论，进一步完善了双电层理论模型。20 世纪 50 年代，美国通用电气公司的 Becker 采用高比表面积活性炭材料作为电极，提出了将微型电化学电容器作为能量存储装置的想法。20 世纪 60 年代，美国俄亥俄标准石油公司（SOHIO）的 Robert A. Rightmire 采用硫酸溶液为电解液，首次实现电化学超级电容器的大规模商业化应用。20 世纪 70 年代，日本 NEC 公司开始将超级电容器应用于电动汽车启停系统中，加速其大规模商业化应用进程。随着材料与工艺技术的进步，超级电容器的产品质量和性能不断提升，并不断向大容量、高功率方向发展。目前超级电容器已广泛应用于电力、电子工业、交通等领域的辅助峰值功率、备用电源、能量回收、低功率电源、快速充放电等场合。

5.2.1 超级电容器基本原理

根据构造及机理不同，超级电容器可分为双电层电容器、法拉第电容器（赝电容器）和混合型超级电容器，表 5-3 列出了三类超级电容器的简要特性对比。根据结构对称性不同，超级电容器可分为对称型（正负电极相同且分别向同一反应的两个不同方向进行，如碳电极双电层电容器、贵金属氧化物赝电容器等）和非对称型（正负极材料不同或电极发生的反应不同，其能量密度和功率密度较好）。根据溶液类型不同，超级电容器可分为水溶液型（具有较高电导率，较低电阻，电解质分子直径小，能量密度和功率密度较高，成本低，不可燃、安全性好等特点）、有机溶液型（具有较高的分解电压，电容电压高，能量密度大、工作温度范围宽、无腐蚀性等特点）、离子溶液型（具有良好的热稳定性、电化学稳定性等特点）、固态电解液型（具有质量轻、安全性好、成型性好、弹性好等优点）等。因电极材料类型不同，超级电容器可分为碳电极材料型、贵金属氧化物电极型、导电聚合物电极型等。

接下来将依次介绍双电层电容器、法拉第电容器（赝电容器）和混合型超级电容器技术的组成结构和工作原理。

表 5-3　　三类超级电容器对比表

类别项目	双电层电容器	法拉第电容器（赝电容器）	混合型超级电容器
电极材料	正负极结构对称，电极材料有活性炭、碳纤维、碳纳米管、碳气凝胶、石墨烯等	单过渡金属氧化物（氧化还原反应速率快、比电容高，可选空间小）、双过渡金属氧化物（含两种金属离子，材料利用率低、反应复杂）、导电聚合物（种类多、成本低、可大规模生产、电阻大、功率密度低、循环稳定性差）	常以赝电容器电极材料为正极、双电层电容器材料为负极

续表

类别项目	双电层电容器	法拉第电容器（赝电容器）	混合型超级电容器
储能机理	通过电极/电解液形成的界面双电层来存储电荷	通过电极/电解液之间快速可逆氧化还原反应实现电荷的存储/释放	正极通过氧化还原反应、负极通过双电层实现储能
单体电压	0～3V（有机系）；0.8～1.7V（水系）	0.8～1.7V（水系）	取决于正/负极材料体系
工作温度	–40～70℃	–20～65℃	–20～55℃
循环次数	＞100万次	＞1万次	＞5万次
技术成熟度	已商业化应用	商业化早期	研发、示范应用

（1）双电层电容器。双电层电容器是最常见的超级电容器类型，由两个电极（常采用具有高表面积的活性炭材料）和电解液（常采用具有较高的离子导电性的有机溶剂，如乙二醇二甲醚或1-丙醇）构成。所谓双电层是指在电极-电解液界面上形成的稳定而正负符号相反的双层电荷，电解液中的带电阴阳离子在一定电场作用下，分别移动到与所带电性相反的电极，并靠静电作用吸附在电极材料表面。双电层电容器即是通过静电电荷吸附在电极表面来储存能量，具有高功率密度和长循环寿命等优点。

双电层电容器原理如图5-8所示。当双电层电容器未充电时，电极表面的电荷数量相等且相反，形成了一个电荷双层。正离子吸附在负电极表面，而负离子则吸附在正电极表面。这种电荷分离形成了一个电位差，在没有外部电路连接的情况下，这个电位差会阻止进一步的电荷迁移。

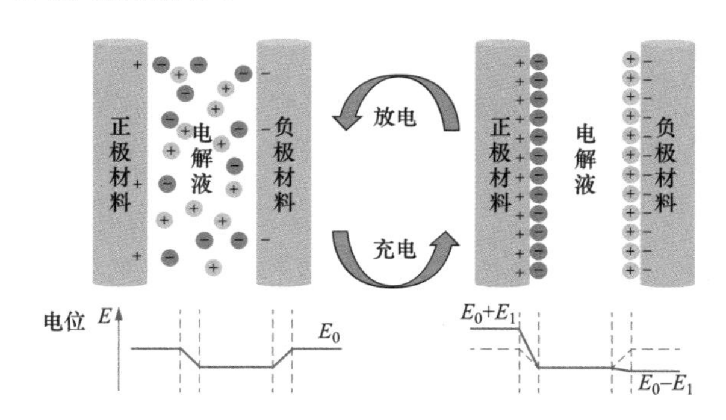

图5-8 双电层电容器充放电过程原理图

当双电层电容器进行充电时，外部电源通过电极和电解质之间的连接引入电荷。正电极吸收额外的电子，而负电极释放额外的电子。这导致电荷双层的扩散，增加了电荷分离的表面积。因为不涉及电化学反应，而是通过电荷吸附和解吸来实现能量的存储，所以本过程以极快速度进行。

在放电过程中，电荷从电极返回到电解质中，从而释放储存的能量。同理，由于电荷分离和电荷累积过程不受化学反应速率的限制，双电层电容器能够以非常高的速率进行充放电。

双电层电容器的比电容是指单位质量的电极材料所能存储的电荷量，是衡量双电层电容器性能的重要参数之一，其受电极材料、电极结构、电解质导电性能等方面影响。比电容 C（F/g）的计算式为

$$C = \varepsilon S / \delta \tag{5-2}$$

式中 ε ——电解液的介电常数，F/m；

δ ——双电层厚度，m；

S ——电极比表面积，m^2/g。

由式（5-2）可知，提高电极比表面积或者减小电层厚度可以显著提升超级电容器的电容值。超级电容器多采用活性炭材料（S>$2000m^2/g$）制作成多孔碳电极，以增大电极比表面积。

（2）法拉第电容器（赝电容器）。法拉第电容器，常称赝电容器（psuedocapacitance），也称准电容的电化学超级电容器，其赝电容现象产生于部分电吸附过程和电极表面或氧化物薄膜的氧化还原反应中，这种反应与双电层电容器所发生的电极反应有所不同。双电层电容器储能是基于电荷以静电吸附方式吸附于电容器电极表面的电势依赖性，而赝电容器储能则涉及电荷穿过双电层的电子转移过程——法拉第过程，有点类似于电池的充/放电过程。赝电容器工作原理见图 5-9，其以电活性物质进行的高度可逆化学吸附和氧化还原反应实现电荷的存储。这个过程中电极材料的氧化还原反应在电极表面及内部均会发生，故可获得比双电层电容更高的电容量和能量密度。需说明的是，所发生的氧化还原反应与电化学电池的氧化还原反应不同，赝电容器的氧化还原反应主要发生在电极表面，离子扩散路径短，不发生相变，电极的电压随电荷转移的量呈线性变换，对外表现出电容特征，故称为“准电容”。赝电容器的电极材料常为金属氧化物（如 RuO_2、MnO_2、SnO_2、Co_3O_4、NiO 等）、导电聚合物（如 PEDT、PPy、PAN 等）或杂原子掺杂化合物（如 N-HCSs 等）。由于材料本身会产生一定的损耗，使得赝电容器的倍率性能和循环寿命相比于双电层电容器略差一些。因为赝电容器发生的法拉第反应在短时间内能够产生较高的电荷量，所以其比电容和能量密度均大于双电层电容器。在相同电极面积下，赝电容器容量是双电层电容器容量的 10～100 倍。但赝电容器的电极参与氧化还原反应的速率小于电荷吸/脱附发生的速率，导致其功率密度一般较低。赝电容器充放电的电荷量与电压变化有关，若提升电容器的电压，其储能效应会增强。

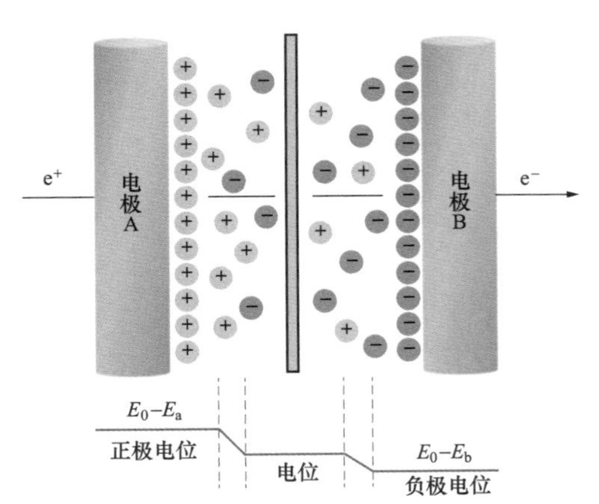

图 5-9 赝电容器充电过程的原理图

（3）混合型超级电容器。混合型超级电容器结合了双电层电容器和赝电容器的优点。它们在一个设备中同时使用双电层电容和可逆氧化还原反应来储存能量。按照电极材料结构不同，混合型超级电容器可分为两个类别，一类是其中一个电极采用电池电极材料，另一个电极采用双电层电容电极材料，构成不对称电容器结构，如此可拓宽电容器电位窗口，提高其能量密度；另一类是采用由电池电极材料与双电层电容电极材料混合组成的复合电极，构成混合型电池电容器。

混合型超级电容器原理如图 5-10 所示。当混合型超级电容器充电时，双电层电容效应和可逆氧化还原反应同时发生。在双电层电容效应中，电极表面的电荷分离和电荷累积导致电荷的存储。而赝电化学反应则涉及到电极材料的电子和离子之间的迅速吸附和解吸，产生一个可逆氧化还原反应。这两种机制共同作用，使混合型超级电容器能够以较高的能量密度存储电荷。在放电过程中，存储的电荷从电极释放出来，供给外部电路使用。双电层电容效应和氧化还原反应逆过程也同时发生，导致电荷从电极返回到电解质中。

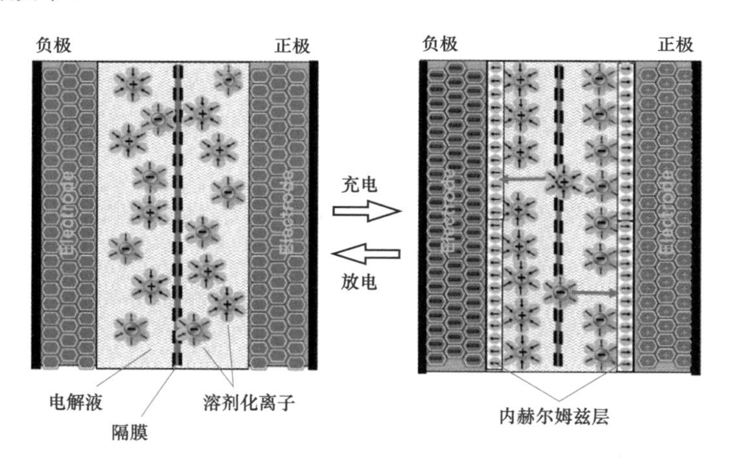

图 5-10　混合型电容器原理示意图

混合型超级电容器通过同时利用双电层效应和可逆氧化还原反应，实现了较高的能量密度和功率密度。双电层电容效应提供了高功率密度和长循环寿命，而可逆氧化还原反应提供了较高的能量密度。因此，混合型超级电容器在应对高功率和高能量需求的应用中具有更好的平衡性。

5.2.2　超级电容器技术特点

超级电容器功率密度和能量密度介于常规电解电容器和二次电池之间，相比于传统储能设备，超级电容器界面双电层和电极反应均能存储电荷，具有更高的功率密度；相比于二次电池，超级电容器充/放电时间短，安全系数高（无爆炸、无燃烧安全风险），且循环寿命可达数十万次以上（见表 5-4）。超级电容器主要特点如下：

表 5-4　　　　各类储能技术性能对比表（供参考）

储能类别性能	电解电容器	超级电容器	铅酸电池	锂离子电池	可逆燃料电池
典型充电时间（s）	10^{-6}～10^{-3}	0.1～30	600～1000	1000～6000	3000～5000
典型放电时间（s）	10^{-6}～10^{-3}	0.1～30	1000～14 400	1000～21 600	3600～40 000
功率密度（W/kg）	10 000～200 000	3000～50 000	75～415	80～370	20～100
能量密度（Wh/kg）	<0.1	5～80	10～50	50～260	200～800
工作电压（V）	4～630	0～3	2	2～4.2	0～1
工作温度（℃）	−40～105	−40～100	−10～50	−10～60	60～120
循环寿命（次数）	无限次	10^5～10^6	250～4500	500～20 000	3000～5000

（1）高功率密度。相比于传统电化学储能电池，超级电容器具有极高的功率密度，可在短时间内释放大量的能量，适用于需要瞬间高功率输出的场合，例如执行机构的驱动电源。

（2）快速充放电。超级电容器具有快速的充电和放电能力，可在秒到分钟级内完成充放电过程，尤其适合需要快充/快放的应用场景。相比之下，传统电化学电池的充电时间通常较长。超级电容器的快速充电/放电能力使其在需要频繁充/放电的应用中非常有用，如能量回收系统和电力管理系统。

（3）长循环寿命。超级电容器具有很长的循环寿命，其充/放电过程通常不受电化学反应影响，循环次数可达数十万次以上且不损失性能。相比之下，传统的电化学电池（如铅酸电池）的循环寿命较短。这使得超级电容器在需要长期可靠性和持久使用的场合中具有优势。

（4）宽温度范围。超级电容器在较宽的温度范围内能够正常工作。它们可在极端高温或低温条件下保持性能稳定，适应各种环境和应用要求。这使得超级电容器在新能源发电、交能融合等领域中具备良好的适应性。

（5）低内阻。超级电容器具有低内阻，能够快速传递电荷和电能。这使得它们能够提供更高的电流输出，并减少能量损失。低内阻也有助于提高超级电容器的效率和响应速度。

此外，超级电容器还具有环境污染小、安全性能好、运行维护成本低等优点，但也存在能量密度低、充/放电过程中端电压波动大等不足。

在电力系统场景应用时，超级电容器往往需要经过多次串并联，以满足电压和容量的需求。

5.2.3　超级电容器技术应用现状及展望

目前，超级电容器已经在多个领域得到广泛应用。在交通运输领域，超级电容器被用于混合动力和电动汽车中，提供高功率启动和制动能量回收，其快速充放电特性和长循环寿命使其成为提高动力系统效能和延长电池寿命的理想选择。在工业设备中，超级电容器用于提供瞬态功率支持和平衡能量波动，提供快速启动和停止所需的高功率，以及应对设备启动时的峰值负载。超级电容器的快速充放电能力和长寿命使其在工业自动化和机械设备中具有重要作用。而在电子设备中，它们用于提供备份电源和稳定电源供应并在电池充电时间不足或无法提供所需功率时提供额外的能量支持。

在电力系统中，超级电容器也有较大的应用空间。在可再生能源领域，超级电容器被用于平衡能源供需间的波动，平抑光伏和风电等新能源的出力波动性和随机性。在直流母线电流受到干扰而发生波动时，超级电容器也有望发挥调节作用，吸收母线波纹峰值功率以调节功率输出，给电网提供平滑的功率输出。

超级电容器的能量密度相对较低，无法与传统电化学电池相媲美。未来的研究重点之一是通过开发新型高性能电极材料和多层结构（如麻省理工学院近期开发了水、水泥与碳黑组成的低成本超级电容器），提高超级电容器的能量密度，满足更广泛的应用需求。此外，超级电容器的集成和系统级应用也是未来的发展趋势。将超级电容器与其他能量存储装置（如锂离子电池）相结合，可以提供更高效的能量管理和储存解决方案。随着技术的进步和不断的研究，超级电容器技术有望取得更大的突破，并在更多领域得到应用。

参 考 文 献

[1] 全球能源互联网发展合作组织．大规模储能技术发展路线图［R］．北京：中国电力出版社，2020．

[2] 魏孔贞，孙红英．超导磁储能技术在微电网中的应用［J］．2021，4：19-22．

[3] 梅生伟，李建林，朱建全等．储能技术［M］．北京：机械工业出版社，2022．

[4] 郑俊生，秦楠，郭鑫等．高比能超级电容器：电极材料、电解质和能量密度限制原理［J］．材料工程．2020，48（9）：47-58．

[5] 郭曼盈．构建超级电容器正负电极材料及其电化学性能的研究［D］．吉林：吉林大学，2022．

[6] 刘洋，唐跃进，石晶，等．超导磁储能系统发展现状及前景［J］．南方电网技术，2015，9（12）：58-64．

[7] 夏亚君，薛曼玉，王海飞，等．高温超导磁储能监控与保护系统设计［J］．分布式能源，2019，4（04）：48-54．

[8] 郑冻冻．赝电容器材料的制备及其性能研究［D］．重庆：重庆大学，2018．

[9] 丁玉龙，来小康，陈海生，等．储能技术及应用［M］．北京：化学工业出版社，2018．

[10] MIT Engineers create an energy-storing supercapacitor from ancient materials［J］．Design 007 Magazine，2023，8：9．

6

电化学储能技术

电化学储能主要是指通过电池内部不同材料间的可逆电化学反应实现电能与化学能的相互转化的一类储能技术，其技术类型丰富多样。根据电化学反应原理的不同，电化学储能技术可分为常规二次电池、液流电池等类型，其中常规二次电池有锂离子电池、钠离子电池、高温钠硫电池、铅酸电池等技术路线。电化学储能技术具有高能效、配置灵活、可同时向系统提供有功和无功支撑等优势，在众多储能技术中电化学储能技术发展速度相对较快。本章首先对电化学储能技术的发展情况进行了概述，接着介绍了不同电化学储能电池的基本原理、技术特点及应用情况，最后对各类电化学储能技术的性能指标进行了总结并对适合的应用场景进行了分析。

6.1 概　　述

电化学储能电池一般是指二次电池（rechargeable battery），也称充电电池或蓄电池。其工作原理是通过电极或电解液中活性物质的氧化还原反应，实现化学能向电能的转化。同时，由于电极反应具有可逆性，电池可进行多次充放电过程。根据电极反应类型不同，可分为嵌入-脱出型（简称嵌脱型）、氧化还原型等。

自科学家亚历山德罗·沃尔塔在1800年首次提出“电池”这一概念以来，电化学储能技术在研究、开发、商业化应用方面有着悠久的历史，从而产生了许多目前在现代社会中发挥重要作用的电池技术和产品。一个典型的案例为铅酸电池，早期广泛应用于内燃车的启停电源、小型备用电源和二轮电动车等。随着电池技术不断革新，嵌脱型二次电池被研制出来，典型的类型为锂离子电池。锂离子电池的诞生开启了便携式电子产品的时代。与此同时，由美国国家航天航空局（NASA）资助研发，Thaller L.H.于1974年公开提出了一种氧化还原型的铁-铬（Fe-Cr）液流电池。这种电池在结构上与其他传统二次电池存在较大差异，电池功率与容量相互独立，可解耦。随后，还发展出锌-溴（Zn-Br）、全钒等多种体系的液流电池。此外，电化学储能技术还包括20世纪60年代由福特汽车公司开发出来的高温钠硫电池，虽然早期是由汽车公司开发，目前对高温钠硫电池的研究兴趣主要受储能应用所驱动。近年来锂离子电池开展了大规模的应用，但也暴露出锂资源受限的问题，因此，与锂离子电池原理相似的钠离子电池重新回到研究者们关注的视野中。同时，随着储能规模不断提高，锂离子电池的安全事故频频出现，安全性成为人们更为关心的指标。基于此，近10多年来研究人员积极开展了前沿电化学储能技术探索，通过构建更加安全、更加廉价的新体系，为未来规模化储能提供新选择。

6.2 锂离子电池

锂离子电池技术发展历经50多年，1976年美国埃克森公司的Whittingham研究出了一种二硫化钛（TiS_2）正极材料，率先明确提出了嵌入-脱嵌的机理，为锂离子电池的发展奠定了基础。1980年，美国科学家Goodenough研究出了一种插层型正极材料钴酸锂（$LiCoO_2$），并相继在1982年提出锰酸锂（$LiMn_2O_4$），在1996年提出磷酸铁锂（$LiFePO_4$）。1986年，日本旭化成公司的研究员Akira Yoshino构建了第一个锂离子电池原型，负极为碳材料、正极为钴酸锂。1992年，日本索尼公司实现了以碳材料为负极，以含锂的化合物作正极的锂离子电池的商业化。自此，锂离子电池开创了设备便携化时代，极大改善了人们的生活。2019年诺贝尔化学奖颁发给了Whittingham、Goodenough和Yoshino三位科学家，以表彰他们在锂离子电池领域作出的杰出贡献。

6.2.1 锂离子电池基本原理

锂离子电池是一种二次电池，其中，电势高的电极称为正极，电势低的称为负极。锂离子电池的充电过程与电解池反应过程类似，工作时通过外电路在两个电极间施加一个更高电压，从而使电池的正极与负极发生氧化还原反应，实现电能向化学能的转化。电池充电时，其正极与电源的正极相连，失去电子发生氧化反应（又称阳极反应）；其负极与电源的负极相连，得到电子发生还原反应（又称阴极反应）。电池的放电过程可用原电池反应过程描述，是一个自发反应，其正极得到电子发生还原反应（即阴极反应）；负极失去电子发生氧化反应（即阳极反应）。无论充放电过程中的电极以何种体系命名，电势高的称为正极，电势低的称为负极；发生氧化反应的称为阳极，发生还原反应的称为阴极。本书中统一使用正极/负极的说法对电池电极进行命名。

锂离子电池主要依靠锂离子在正极（阴极）和负极（阳极）之间来回嵌入和脱出，伴随着电极材料失去和得到电子，从而在外部形成电流，并实现能量的储存和释放，其工作原理如图6-1所示。

充电时，锂离子从正极材料主体结构中脱出，经电解液嵌入负极材料主体结构，同时电子经外电路流动到负极。相反的是，放电时锂离子从负极材料主体结构中移出，经过电解液进入正极材料内部。以磷酸铁锂为正极、石墨为负极为例，锂离子电池充电时电极反应如下：

正极　　$LiFePO_4 = Li_{1-x}FePO_4 + xLi^+ + xe^-$

负极　　$6C + xLi^+ + xe^- = Li_xC_6$

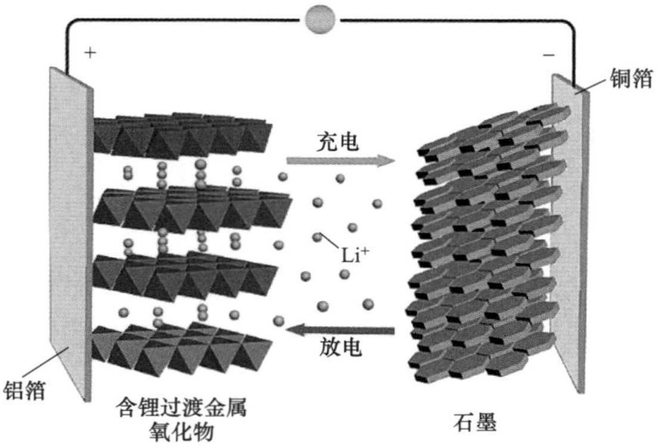

图 6-1　锂离子电池的原理示意图

锂离子电池的基本组成单元为电芯，一般包含电极（正极和负极）材料、隔膜、电解液和封装材料，其主要组成与分类情况如图 6-2 所示。根据电极材料和电解质的不同，锂离子电池已发展出了包括磷酸铁锂电池、三元锂电池、钴酸锂电池、锰酸锂电池、钛酸锂电池、聚合物锂电池、富锂锰基电池等多种电池体系。

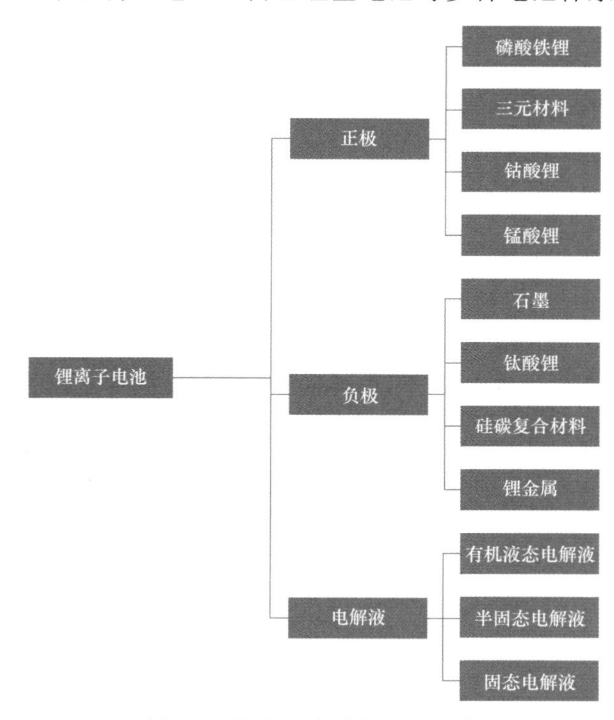

图 6-2　锂离子电池组成及分类

6.2.2 锂离子电池技术特点

（1）概述。锂离子电池相比于其他电化学储能技术，具有能量密度、能量转化效率相对较高的优势，且响应速度快、循环寿命较长，综合性能较优，其主要技术特性如表 6-1 所示。锂离子电池储能电站建设周期相比于其他技术较短，可满足多种应用场景需求。因此，锂离子电池是目前电化学储能应用于储能领域的主要技术路线。

表 6-1　锂离子电池技术特性

性能指标	锂离子电池
能量密度（Wh/kg）	130～260
循环寿命（次）	2000～10 000
使用寿命（a）	8～10
能量转换效率（%）	85～90
全功率响应时间	毫秒级
建设周期（个月）	6～12

锂离子电池种类多样，各具特点，表 6-2 依次对磷酸铁锂电池、钴酸锂电池、锰酸锂电池、三元锂电池和钛酸锂电池进行介绍。

表 6-2　不同类型的锂离子电池主要特点

锂离子电池类型	主要特点
磷酸铁锂电池	铁、磷等原材料成本较低，磷酸铁锂电池的能量密度一般在 130～170Wh/kg，平均电压在 3.2V 左右，安全性能相对较好，循环寿命较长，目前主要应用于电动汽车及大规模储能
钴酸锂电池	随着钴酸锂电池截止电压提升至 4.5V，目前钴酸锂电池的能量密度可达 240～280Wh/kg，平均电压一般在 3.7V。钴酸锂电池的安全性能一般，能量密度较高，大量使用的钴价格高使得总成本较高，目前主要应用于便携式 3C 电子产品等领域
锰酸锂电池	原材料价格低，锰酸锂电池的能量密度一般在 120～160Wh/kg，平均电压在 3.8V 左右，安全性能较好，在高温下循环寿命快速衰退，主要应用于电动工具、电动自行车、电动汽车等领域
三元锂电池（镍锰钴酸锂、镍钴铝酸锂）	原材料中钴价格高，三元型锂电池的能量密度一般在 200～260Wh/kg，平均电压一般在 3.6V，安全性能相对较差，主要应用于电动工具、电动自行车、电动汽车等领域
钛酸锂电池	相对于碳负极，钛酸锂负极价格高，钛酸锂电池的能量密度与所采用的正极有较大关系，平均电压在 1.6V 左右，快充能力好，适合于大电流充放电，主要应用于不间断电源、电动汽车等领域

电力系统储能电站往往在兆瓦级以上规模，相比于其他应用领域（如电动汽车、3C 设备等）具有更高的能量和功率，因此电力系统储能更关注锂离子电池储能系统的

寿命和安全性能，同时对其经济性方面提出了更高要求。然而目前锂离子电池单体的循环寿命一般在2000～10 000次，储能系统的使用寿命一般在8～10 a，相比于其他电力电子设备的使用年限仍然有待提高。技术经济方面，由于储能电站规模大，对成本造价更为敏感。安全性能方面，锂离子电池使用的有机电解液易燃，电池发生内短路后经热蔓延继而极易引发整个系统的热失控，因此存在易燃易爆等方面的安全隐患。

（2）安全隐患。如上文所述，在系统安装、运行和维护过程中，储能电站的安全问题都是人们最为关注的问题之一。安全控制和危险消除的方法需要考虑与这些系统相关的固有危害，而这种固有危害因不同电池技术而异。本书主要聚焦于火灾及爆炸隐患、化学危险源、电气危害、滞留或储蓄能量危害和物理危害五个方面，根据正常运行工况和非正常运行工况两种情况，对锂离子电池储能系统存在的安全隐患进行了总结，如表6-3所示。

表6-3 锂离子电池储能系统存在的安全隐患

项目	正常运行工况	非正常运行工况
火灾及爆炸隐患	如果电池内部结构存在潜在缺陷或防止电池热失控的控制设计存在问题，则可能带来潜在的火灾隐患	因异常情况发生导致电池无法在正常参数下运行可能会导致热失控发生，还可能因电池短路引发火灾
化学危险源	—	电池发生故障后，内部有机电解液等挥发从而释放有害气体
电气危害	当电池系统处于非正常电压和能量水平阶段时，电池维护时易带来电气危害	当电池系统处于非正常电压（例如运行电压过高等）和能量水平时，异常工况下将带来电气危害
滞留或储蓄能量危害	当电池在维护期间未断电处理，可能存在潜在的滞留或储蓄能量危害	当电池进入非正常运行条件下，电池可能带有剩余电量，处理时如不小心，可能带来储蓄能量危害风险
物理危害	—	在异常情况下，如果可触及的部件出现过热现象，或者有移动的危险部件（如可能缺少防护装置的风扇）暴露，可能导致物理危害发生

6.2.3 锂离子电池充放电特性及电池模型

（1）充放电特性。以磷酸铁锂电池为例，介绍锂离子电池的充放电特性。典型的磷酸铁锂电池充放电过程中的电压-容量曲线如图6-3所示。磷酸铁锂电池充放电特性为：

1）充电特性：锂离子电池一般采用先恒流后恒压的方式进行充电，通常先恒流充电至充电截止电压，后转入恒压充电，当恒压充电电流降低至0.02C时即停止充电。

2）放电特性：锂离子电池一般采用恒流连续放电，达到放电截止电压后停止放电。

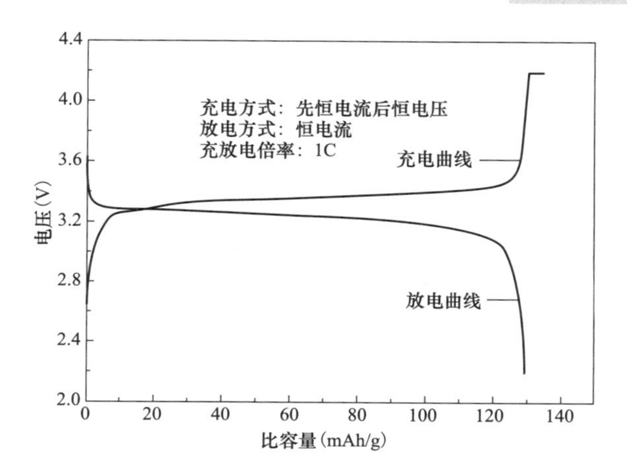

图 6-3　锂离子电池充放电曲线（以磷酸铁锂电池为例）

锂离子电池的充放电曲线较为对称，均存在一个较长的充放电平台，在该电压下发生大部分容量的存储与释放。不同的电极材料组成的锂电池的电压平台各不相同，例如，磷酸铁锂电池电压平台一般在 3.1～3.3V 之间，三元锂电池在 3.5～3.8V 之间。

不同电极材料组成的锂离子电池的充放电比容量存在差异。除此之外，影响比容量的因素还有充放电功率、充放电截止电压、环境温度等。电池在不同功率下进行恒功率充、放电测试得到的充放电曲线如图 6-4 所示。随着功率的变化，电池充电能量密度变化较小，放电能量密度变化较大。随着充电功率增大，受到电池极化的影响，充电电压平台升高，放电电压平台降低。

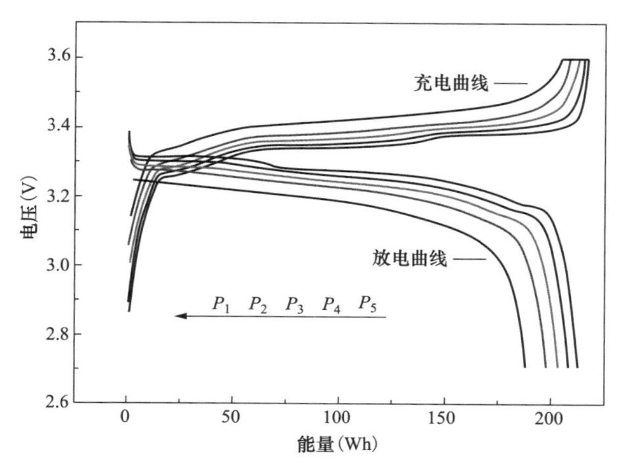

图 6-4　不同功率下的恒功率充、放电曲线

注：P_1~P_5 功率递减。

（2）电池模型。实际生产运行过程中，为更好地监视或分析锂离子电池运行状态，建立锂离子电池充放电过程中电池外部特性参数与电池内部状态的映射关系［内部状

态参数包括荷电状态（SOC）、健康状态（SOH）等]，需建立锂离子电池模型。锂离子电池模型一般分为电化学模型、等效电路模型、神经网络模型和热耦合模型等，较为常用的为前两种，其具体分类如图 6-5 所示。

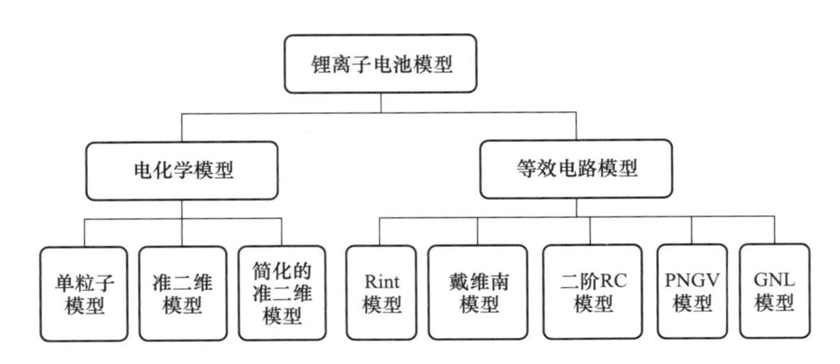

图 6-5　锂离子电池模型分类

电化学模型是将锂离子电池以正极、负极、隔膜和电解液的组成形式作为研究对象，基于多孔电极和浓溶液理论，从电化学反应机理来描述电池充放电过程，从而建立的电池模型。该方法可将锂离子电池内部微观反应过程直观化，常用于锂离子电池的设计研发、充放电优化及状态监视及故障诊断等场合。在实际使用中，电化学模型存在理论模型复杂、计算量大的问题。目前，常用的锂离子电池电化学模型主要有单粒子模型、准二维模型和简化的准二维模型。

在电化学模型中，最为经典的是 Doyle 和 Newman 提出的准二维电化学模型，模型结构原理图如图 6-6 所示，其基本原理是基于多孔电极理论和浓溶液理论而提出，基本假设如下：

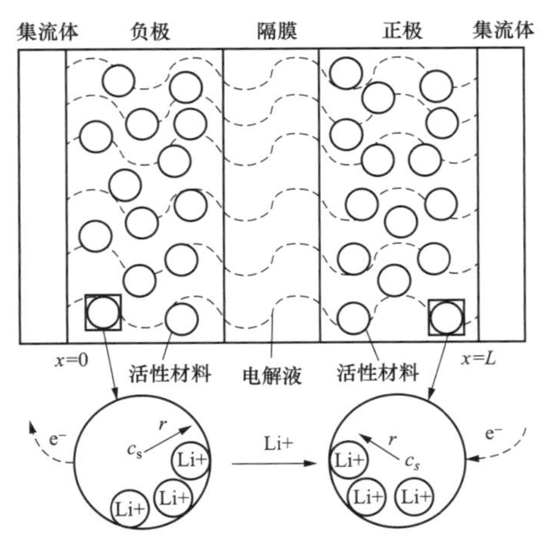

图 6-6　准二维电化学模型结构原理图

1）正负电极活性材料由半径相同的球形颗粒组成；

2）电池内部反应仅发生在固相和液相中，且无气体产生；

3）正负电极集流体导电率非常高，电化学反应仅发生在 x 轴方向；

4）忽略双电层效应的影响；

5）电池液相体积分数保持不变。

准二维电化学模型基本原理为，放电时锂离子从负极活性材料脱嵌进入负极液相电解质溶液中，负极活性材料粒子表面与内部形成浓度差导致内部锂离子向表面发生固相扩散；负极液相电解质中的高浓度锂离子向低浓度锂离子方向扩散，并通过隔膜到达正极液相电解质中；部分正极活性材料粒子表面嵌入的锂离子向内部发生固相扩散，同时电子通过外部电路从负极移动到正极发生反应，充电时则相反。上述五个反应阶段，分别可采用相应的方程来表示：

1）固相扩散方程主要用来表示锂离子在正极或负极活性材料粒子内部发生扩散的过程，由 Fick 第二定律可描述活性材料粒子内部锂离子浓度，即

$$\frac{\partial c_{\mathrm{s}}}{\partial t}=\frac{1}{r^{2}}\frac{\partial}{\partial r}\left(r^{2}D_{\mathrm{s}}^{\mathrm{eff}}\frac{\partial c_{\mathrm{s}}}{\partial r}\right) \tag{6-1}$$

式中 c_{s} ——正负极固相中锂离子浓度；

$D_{\mathrm{s}}^{\mathrm{eff}}$ ——固相有效扩散系数；

t 和 r ——活性材料内部锂离子扩散的时间和位置。

2）液相扩散方程用来描述锂离子在液相电解质中发生扩散的过程，表示为

$$\varepsilon_{\mathrm{e}}\frac{\partial c_{\mathrm{e}}}{\partial t}=D_{\mathrm{e}}^{\mathrm{eff}}\frac{\partial^{2}c_{\mathrm{e}}}{\partial x^{2}}+\frac{1-t_{+}^{0}}{F}j_{\mathrm{r}} \tag{6-2}$$

式中 c_{e} ——液相中锂离子浓度；

$D_{\mathrm{e}}^{\mathrm{eff}}$ ——液相有效扩散系数；

ε_{e} ——液相体积分数；

t_{+}^{0} ——锂离子迁移数；

F ——法拉第常数；

j_{r} ——活性材料表面摩尔通量；

t 和 x ——液相电解质中锂离子扩散的时间和沿 x 轴的位置。

3）通过欧姆定律可以得出正负极电势与固相电流密度的关系，其描述方程为

$$\sigma^{\mathrm{eff}}\frac{\partial\varphi_{\mathrm{s}}}{\partial x}=-i_{\mathrm{s}} \tag{6-3}$$

式中 φ_{s} ——固相电动势；

σ^{eff} ——固相有效电导率；

i_{s} ——固相电流密度。

4）液相电势由液相锂离子浓度分布和液相电流密度组成且也遵循欧姆定律，其描述方程为

$$\kappa^{\mathrm{eff}}\frac{\partial\varphi_{\mathrm{e}}}{\partial x}=-i_{\mathrm{e}}+\kappa^{\mathrm{eff}}\frac{2RT}{F}(1-t_{+}^{0})\frac{\partial\ln c_{\mathrm{e}}}{\partial x} \tag{6-4}$$

式中 κ^{eff} ——液相有效电导率；

φ_{e} ——液相电动势；

i_{e} ——液相电流密度；

R ——摩尔气体常数；

T ——电池温度。

5）Butler-Volmer 电化学反应方程用以描述电极活性材料颗粒与液相电解质交界

处的电化学反应为

$$j_r = a_s i_0(x,t)\left[exp\left(\frac{\alpha_a F\eta}{RT}\right) - exp\left(\frac{\alpha_c F\eta}{RT}\right)\right] \tag{6-5}$$

$$i_0(x,t) = kc_e^{\alpha_a}(c_{s,max} - c_{s,e})^{\alpha_a} c_{s,e}^{\alpha_c} \tag{6-6}$$

$$\eta = \varphi_s - \varphi_e - U \tag{6-7}$$

式中 a_s——正负电极活性材料单位体积的表面积；

$i_0(x,t)$——交换电流密度；

k——电化学反应系数；

α_a和α_c——阴阳极传递系数；

$c_{s,max}$——电极活性材料粒子中最大的锂离子浓度；

$c_{s,e}$——活性材料粒子表面的锂离子浓度；

η——过电势；

U——电池开路电压。

等效电路模型是用电阻、电容、电感等电器元件经过不同组合方式来反映锂离子电池内外特性的方法，具有清晰的物理意义且模型简单直观，还可直接根据电路推导出数学方程，有利于获取相关参数。目前，电池的等效电路模型主要有 Rint 模型、戴维南模型、二阶 RC 模型、PNGV 模型和 GNL 模型等，电路结构如图 6-7 所示，图中涉及的模型参量列于表 6-4 中。

等效电路模型中应用较为广泛的是戴维南模型，也称作一阶 RC 模型。它是在 Rint 模型的基础上添加了由电阻和电容构成的 RC 并联网络。该 RC 并联网络可以模拟电池在充放电过程中的极化效应。该模型结构相对简单，物理意义清晰，计算量小，能够较好地反映电池的动态特性，具有较高的实用价值。

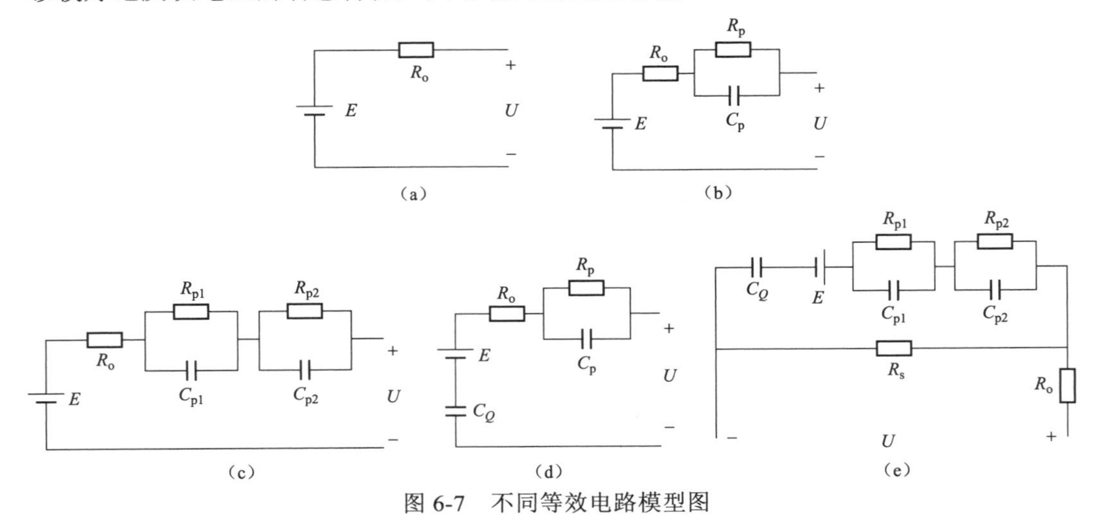

图 6-7 不同等效电路模型图

（a）Rint 模型；（b）戴维南模型；（c）二阶 RC 模型；（d）PNGV 模型；（e）GNL 模型

表 6-4　　不同等效电路模型图的参量

Rint 模型	戴维南模型	二阶 RC 模型	PNGV 模型	GNL 模型
U 端电压	U 端电压	U 端电压	U 端电压	U 端电压
E 电动势	E 电动势	E 电动势	E 电动势	E 电动势
R_o 欧姆内阻	R_o 欧姆内阻	R_o 欧姆内阻	R_o 欧姆内阻	R_o 欧姆内阻
	R_p 极化内阻	R_{p1} 电化学极化内阻	R_p 极化内阻	R_{p1} 电化学极化电阻
	C_p 极化电容	C_{p1} 电化学极化电容	C_p 极化电容	C_{p1} 电化学极化电容
		R_{p2} 浓差极化内阻	C_Q 串联电容	R_{p2} 浓差极化内阻
		C_{p2} 浓差极化电容		C_{p2} 浓差极化电容
				C_Q 串联电容
				R_s 自放电电阻

6.2.4 锂离子电池储能系统集成

电化学储能系统集成是指在基于应用领域及项目整体目标需求基础上，通过对储能系统主要设备、配电、控制、环境与安全等底层设备的经济配置和有机整合，各自功能的优化运行，彼此间逻辑有效衔接以及电气与温度环境的安全构建，最终实现储能系统对内智能化管理，对外一体化响应或者主动完成功率控制与能量调度，从而实现能量流与信息流的互动。

储能用锂离子电池系统主要组成部分包括能量储存单元（电池组）、电池管理系统（BMS）、储能变流器（PCS）、能量管理系统（EMS）、热管理系统和其他辅助设备等。出于安全和方便运维，现阶段电化学储能系统的主流集成方案是将电池、本地控制设备、BMS、辅助设备等直流侧设备集成在集装箱内，将变流器和变压器集成在交流预制舱内，集装箱式储能系统结构如图 6-8 所示。

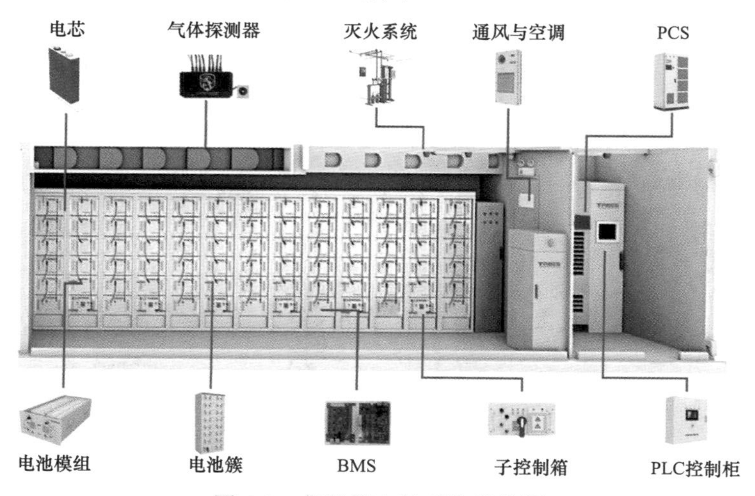

图 6-8　集装箱电池系统结构图

电化学储能系统架构按照能量流、信息流和主辅设备关系，可分为电气一次集成、电气二次集成和辅助设备与集装箱三部分（见图 6-9）。接下来将依次介绍组成电化学储能系统架构的主要设备的特点、作用及技术。

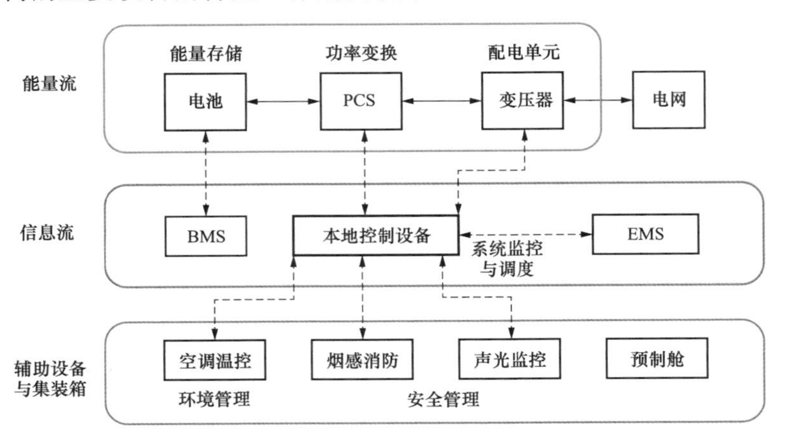

图 6-9　电化学储能集成架构

（1）电池组和电池簇。电池组是实现电能存储和释放的载体，一般由多个电芯经串并联形成。多个电池组再与电池管理系统、温度控制系统等辅助设备共同组成电池簇。

1）电芯：其主要组成形式有圆柱形、方形和软包形三种，如图 6-10 所示。方形电芯一般为钢壳或铝壳，结构相对简单，是目前我国大规模储能用电芯最常使用的类型。软包电芯与方形电芯的形状和结构类似，其外壳材质为铝塑复合膜。储能用锂离子电池电芯容量一般为 150～315Ah 等。随着电芯容量的提升，模组的体积能量密度有望提高，并可进一步简化模组装配工艺，但也易带来更为严重的散热问题。

2）电池组：数个电芯组成电池组的方式有先串联后并联、先并联后串联和全串联三种方式，先串联后并联有利于模块化设计，但是串联支路电芯数量增加不利于不同支路电芯的均衡管理；先并联后串联可以提高电池模组的可靠性，在电芯的均衡管理上也有所改善；全串联方式电路结构简单，方便安装及管理，且最有助于电芯的一致性管控，适用于大电芯的电池系统。图 6-11 所示为储能电芯成组示意图。

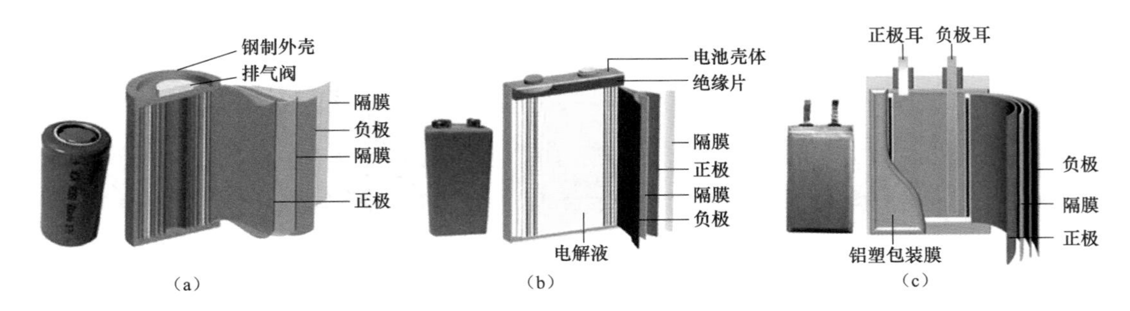

图 6-10　锂离子电池电芯结构

（a）圆柱电芯；（b）方形电芯；（c）软包电芯

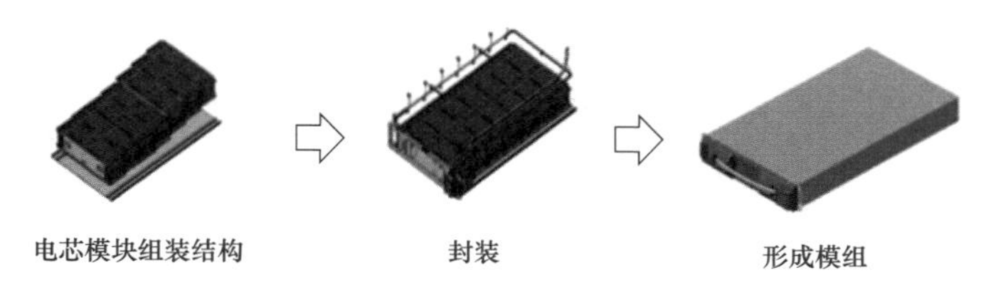

图 6-11　储能电芯成组示意图

3）电池簇：电池组通过串并联后进一步提高电压等级，组成单个电池簇，电池簇示意图如图 6-12 所示。目前，PCS 直流侧电压一般为 1500V，因此单个电池簇电压一般不超过 1500V。电池串联电流一致，对于电池一致性最有利，便于电池均衡管理，因此多数技术均选择全模组串联模式组成电池簇，为了体现全串联的特征，也有很多厂家称“电池簇”为“电池串”。例如，宁德时代 EnerOne 储能系统的电池簇，就采用 52 个 25.6V 电池模组串联组成，电池簇标称电压为 1331.2V。

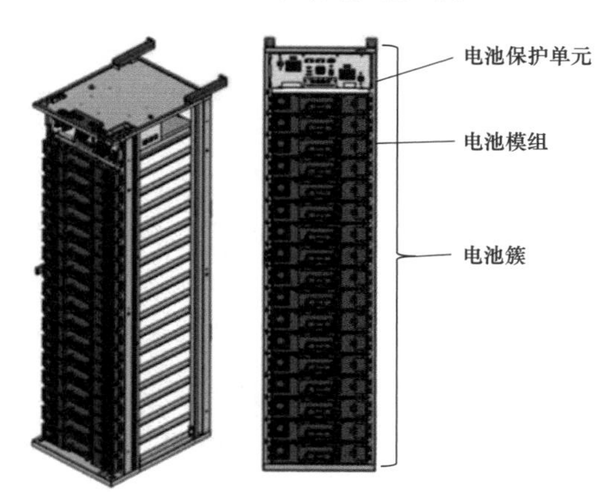

图 6-12　储能电池簇示意图

（2）电池管理系统。BMS 可实现电池的分层管理，针对电芯、电池簇和系统形成电池模块管理单元（BMU）、电池簇管理单元（BCMU）和电池系统管理单元（BAMS）的三层架构，其结构如图 6-13 所示。BMU 可实现单体电池和模组电压、温度的采集，针对电量不一致情况进行均衡。BCMU 完成电池簇电压、充放电电流以及电池簇的高压绝缘电阻检测，并汇总 BMU 采集的数据，进行电池簇剩余电量估计、故障诊断、均衡控制和安全控制等。BAMS 实现对储能系统的全面控制与保护，并实现与储能变流器和站内监控系统的通信。

当前，BMS 的研究主要集中在电池建模仿真和 SOX 算法。当前电池模型研究以不同 SOH 阶段与工况模式下的动态参数辨识和参数优化为主流，通过多维信号采集以及历史数据分析，动态调整电池参数，提升 SOC 的估计精度，在电池性能、安全与寿命中进行最佳寻优。另外，结合云端大数据监控平台，开发云端 BMS，以实现全生命周期电池特性变化的精确测量与控制。

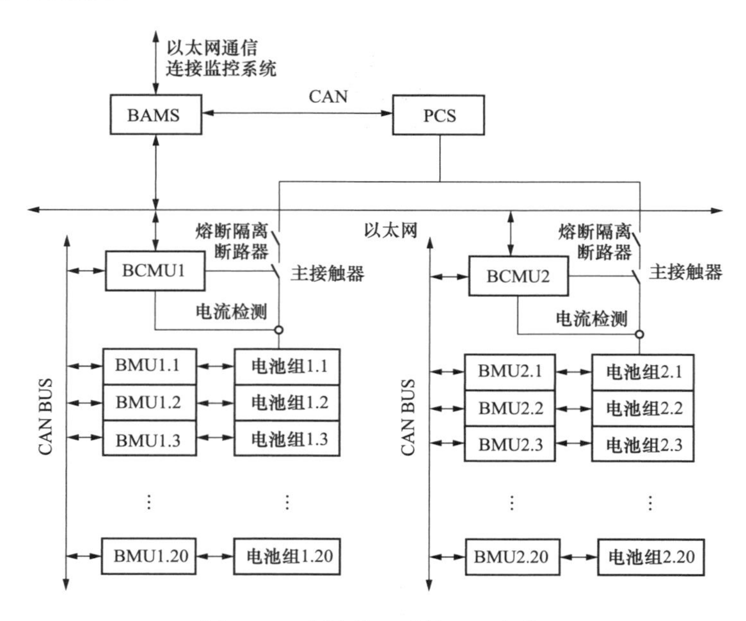

图 6-13　电池管理系统 3 层架构

（3）储能变流器。PCS 是交直流功率变换单元，是连接储能系统与电网或负荷的双向电流可控转换装置，由交直流双向变流器、控制单元、保护和监控软件等部分组成。

按照电路拓扑结构与变压器配置方式，PCS 可分为工频升压型和高压直挂型。按照功率变化级数的不同，两者均存在单级和双级拓扑结构。工频升压型 PCS 工作效率高，结构相对简单，但电池组容量低且电压选择灵活性较差，直流侧出现短路故障时易导致电池组受到较大电流冲击危害。高压直挂型 PCS 可避免过多电池组并联情况，有望成为大容量储能系统的解决方案。当前 1500V 集中式 PCS 应用较广，为实现电池的精细化管理，集中式 PCS+DC/DC 方案和组串式 PCS 的系统优化方案成为行业研究方向，但目前难点是需要在性能改善和系统成本增加之间取得平衡。

（4）能量管理系统。从整个储能系统的组成来看，EMS 是整套控制系统的指挥中心，其包括数据采集、网络监控、能量调度和数据分析四个功能，主要用于储能系统的能量控制和功率平衡维持，以保证系统的正常运行。为实现毫秒级控制和响应，多种快速响应的总线架构如 EtherCAT，被广泛应用于监控系统快速控制网。同时基于 HTML5 等技术开发的 SCADA 系统，针对储能系统具备电芯级监控和高速故障录波功能，可以应用数据分析技术进行故障预测、功率预测、寿命分析，确保系统安全和合理收益。

（5）热管理系统。锂电池寿命与使用温度息息相关，储能电池排列紧密，产热量大且散热不均，当集装箱内电池温差大于 10℃时电池寿命将缩短 15%以上。为了使电池系统达到最佳的性能和寿命，需要通过引入热管理系统改善电池组温度曲线。热管理系统主要作用包括对电池温度进行实时监控与测量，当电池组温度超过一定限制时，能有效快速地散热和降温。除了对电池组层面的控制，热管理系统还需具备集装箱整体温度控制的作用。现阶段，关于电池的热管理技术主要包括热性能预测及热管理方案设计。

1）热性能预测对于热管理系统至关重要。目前，热模型可分为 3 种，即基于电阻的热模型、电热模型和电化学热模型。基于电阻的热模型结构简单和计算成本低，在现阶段应用最为广泛。电热模型将电模型和热模型耦合在一起，并使用开路电压和端电压来计算电池内部产生的热量。虽然该模型比热模型揭示了更多的信息，但开路电压与电荷状态、温度和熵变均有关联，校准困难，计算成本高。电化学热模型与前文所介绍的电化学模型基本类似，可以通过模拟电池内部的电化学反应来探究热量产生的机制。该模型理论精度最高，能反映电化学参数的演变，但在 3 种热模型中其结构最复杂，计算成本大。

2）热管理系统的常规方案一般包括风冷和液冷，还有较为前沿的相变材料冷却和热管冷却等技术，四种方案的主要特点如表 6-5 所示。

表 6-5　热管理系统常规方案

热管理方案设计	特点	结构示意图
风冷	风冷技术利用空气作为媒介，利用热传导和热对流两种传热方式带走电池产生的热量，从而达到冷却的效果。具有结构简单、便于安装且成本相对较低的优点，但也存在进、出口电池散热不均匀的现象	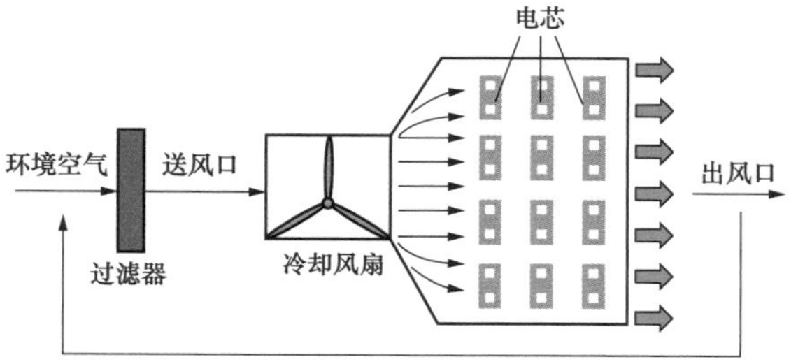 电芯 环境空气 送风口 过滤器 冷却风扇 出风口
液冷	液冷是以冷却液为传热介质的热管理技术，利用液体具有较高热容量和换热系数的特性，将低温液体与高温电池进行热量交换，从而达到降温目的	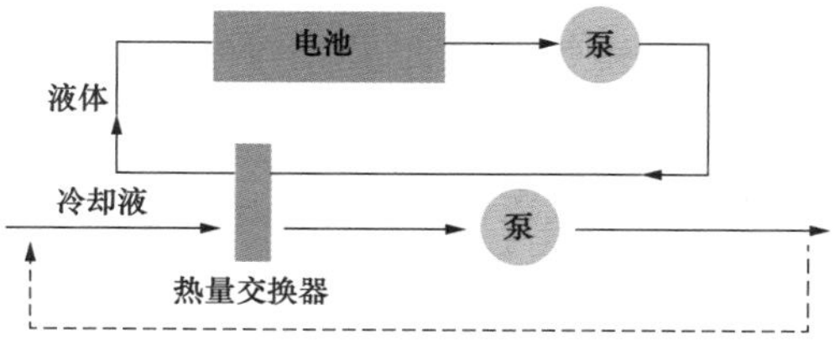 电池 泵 液体 冷却液 泵 热量交换器
相变材料冷却	相变材料冷却是利用其本身的相态转换来达到电池散热的目的。对电池散热效果影响最大的是对相变材料的选择，当所选相变材料的比热容越大、传热系数越高，相同条件下的冷却效果越好，反之冷却效果越差	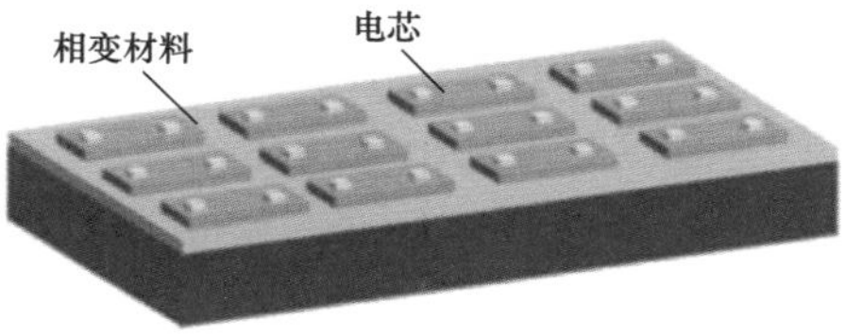 相变材料 电芯

续表

热管理方案设计	特点	结构示意图
热管冷却	热管冷却是利用介质在热管吸热端的蒸发带走电池热量，热管的放热端通过冷凝的方式将热量发散到外界，从而实现冷却电池的目的	

（6）其他辅助设备。锂离子电池储能系统的其他辅助设备包括消防设备和监控设备等。消防设备是储能电站的最后一道安全屏障。在产品结构设计上，储能新品采用隔舱设计的方式，将电池与电器件分舱放置，舱壁具备超过 1h 的耐火能力，可有效隔绝隐患，避免火灾蔓延，降低损失；并结合精准探测、排风防爆、主动灭火等功能。监控设备主要实现对外通信、网络数据监控和数据采集、分析和处理的功能，保证数据监控准确、电压电流采样精度高、数据同步率及遥控命令执行速度满足要求。

（7）可再生能源与储能的连接方式。可再生能源具有随机性和波动性，而储能可为其在电网中供电提供良好的稳定性和韧性。电化学储能系统与可再生能源的连接方式存在多种形式。本节以太阳能光伏+储能（Solar-plus-storage）模式为例，简要介绍三种主要的架构方式，即交流耦合（AC-coupled）、可变直流耦合（Variable DC-coupled）和固定直流耦合（Fixed DC-coupled）架构。

交流耦合系统为目前最为常见的架构，结构形式如图 6-14 所示。架构主要包括两个逆变器，一个与太阳能光伏组串连接，另一个与电化学储能电池连接，使储能电池具备通过电网或太阳能电池进行调度和充电的能力。交流耦合系统涉及多次交直流电的相互转化，此过程涉及能量损失。同时，也存在一定的设备成本。

直流耦合架构与交流耦合架构不同的是，光伏组串产生的能量流入双向 DC-DC 转换器，通过转换器调节直流母线和电池之间的电压，从而可实现无需经过多个逆变器和变压器直接给电池充电。最终，由光伏板产生的直流电或储能电池释放出的直流电通过逆变器转换为交流电到达电网。相比之下，直流耦合架构中具有更少的逆变器。直流耦合架构可细分为可变直流电压耦合架构和固定直流电压耦合架构，分别如图 6-15 和图 6-16 所示。

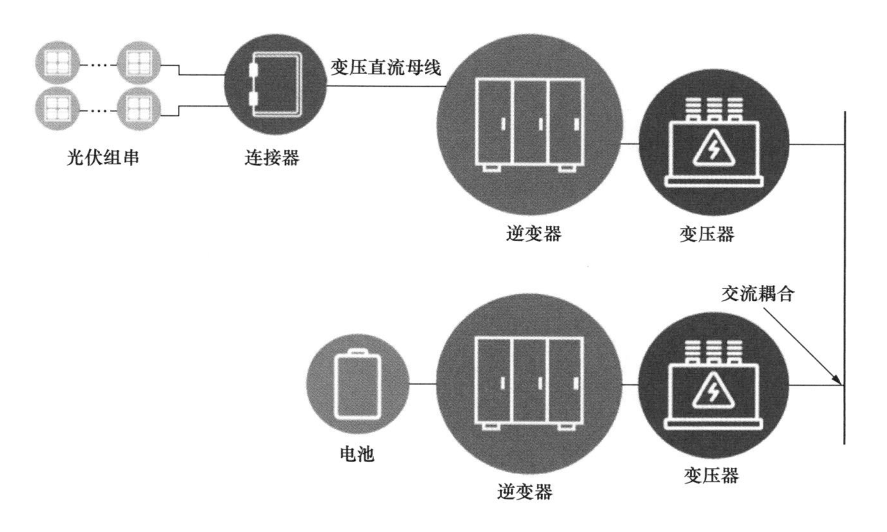

图 6-14　交流耦合架构

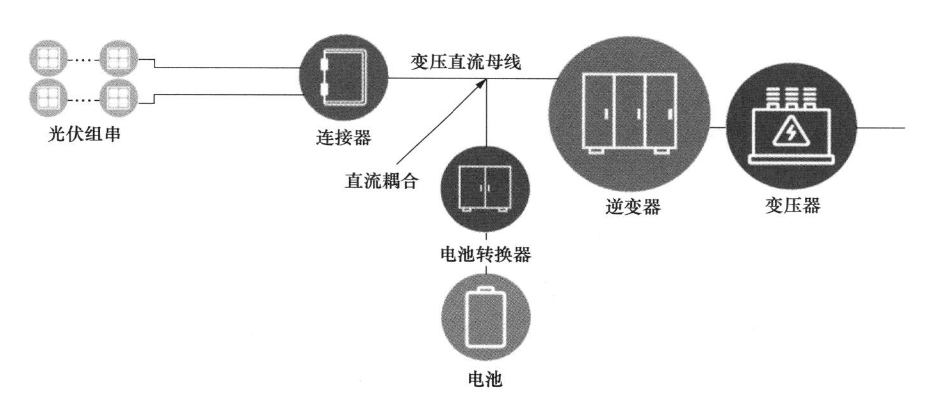

图 6-15　可变直流电压耦合架构

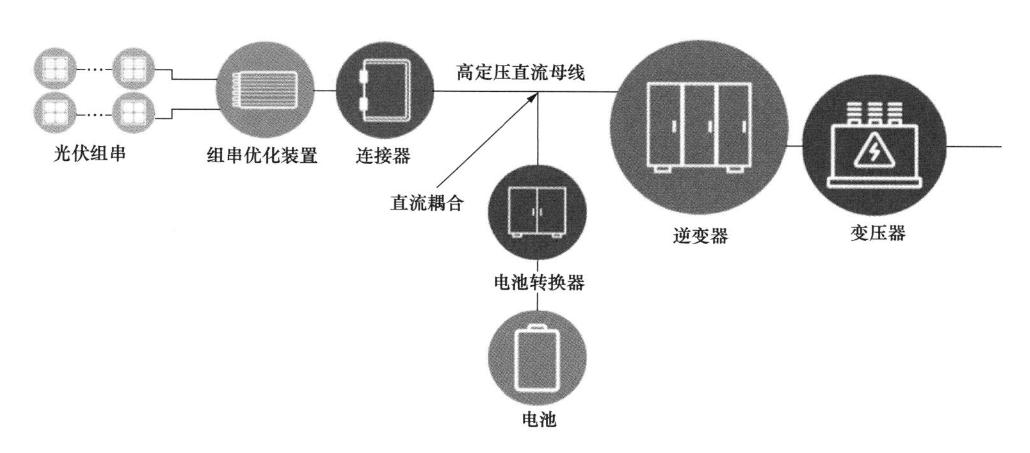

图 6-16　固定直流电压耦合架构

6.2.5 锂离子电池安全技术

电化学储能安全技术可分为本体安全、过程安全和消防安全技术。

（1）本体安全技术是指开发本体安全型电池，为第一道安全防线。在电解液方面研发兼备电化学性能和高安全性的难燃或不燃电解液，在正极材料方面对电极材料进行改性研究提升材料的热稳定性，在隔膜方面开发高熔点、无机陶瓷的新型高安全性隔膜材料。

（2）过程安全是指火灾精准预测预警技术，主要包括故障诊断和热失控预测预警两个方面，为第二道安全防线。故障诊断方面，改善电池组健康状态评价方法，实现对隐患电池的及时处置；热失控预测预警方面，通过多信息融合优选热失控表征参数，开发故障预警、热失控预警和火灾报警的多级预警技术。

（3）消防安全是指在火灾不可避免时，实现迅速、高效灭火与抗复燃的技术，为第三道安全防线。《电化学储能电站设计规范》（GB 51048）中明确规定了电化学储能电站的消防设计要求。灭火技术方面，常用的灭火药剂种类有细水雾、七氟丙烷、全氟己酮。其中，水喷淋降温灭火效果最佳，但易造成电池和电路板短路，对水压、用水量要求高；七氟丙烷灭火效果好，但不存在降温作用，不能阻止复燃；全氟己酮可扑灭明火，存在降温效果，但不能阻止复燃。我国已有的储能系统消防技术多以七氟丙烷系统为主，部分项目采用了模组级细水雾灭火系统，2022 年以来全氟己酮消防系统也逐渐在储能示范项目中得到推广应用。此外，液氮等新型可抑制复燃、爆炸的电池火灾灭火介质也在不断发展中。

6.2.6 锂离子电池应用现状及展望

近年来，在可再生能源大力发展的驱动下，全球对储能的需求量不断提升，预测结果如图 6-17 所示。美国 McKinsey 公司研究数据表明，2022～2030 年，全球锂离子

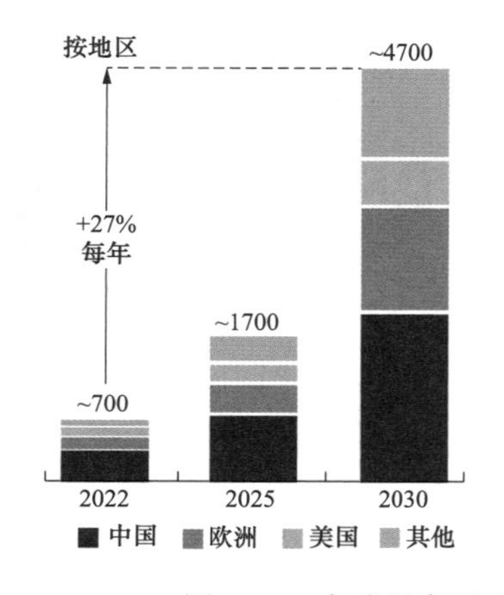

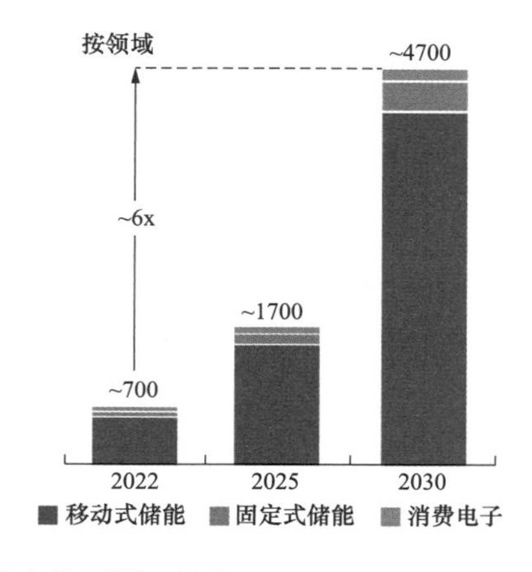

图 6-17　全球锂离子电池需求量预测（单位：GWh）

电池总需求量将达到4700GWh，年均增长量近30%。研究认为，从地域分布来看，对锂离子电池需求量高的国家和地区集中在中国、欧洲和美国。

在储能应用领域方面，国内外已有大量锂离子电池储能工程应用项目，如表 6-6 所示。我国锂离子电池储能处于大规模商业化应用阶段，已投运的锂离子电池储能电站规模最大达 200MW，储能时长以 2～4h 居多，电源侧调频以 0.5h 为主。国外锂电池储能项目中磷酸铁锂路线和三元锂电池路线均有存在，而我国锂电池储能项目以磷酸铁锂电池为主。其在电力系统中的主要应用场景包含电源侧火电配套储能、电源侧新能源配套储能、电网侧储能和用户侧储能等方面。例如，宁德时代在晋江建设的 36MW/ 108MWh 的磷酸铁锂储能项目，电池循环寿命可达 10 000 次，在福建省调频和调峰应用方面取得了较好的应用。

表 6-6　锂离子电池储能典型工程

项目类型	储能项目	储能时长	功率/容量
磷酸铁锂电池	中国三峡乌兰察布新一代电网友好绿色电站	2h	550MW/1100MWh
	宁德时代储能微网项目	0.5h	250kW/500kWh
	佛山市顺德德胜电厂储能调频国家级示范项目	0.5h	9MW/4.5MWh
	美国亚利桑那州公用事业厂商 Salt River Project 公司储能项目	4h	25MW/100MWh
	宁德时代晋江磷酸铁锂储能项目	3h	36MW/108MWh
三元锂电池	澳大利亚南部	约 1h	100MW/129MWh

我国在电力系统应用中的锂离子电池技术路线将仍以相对安全的磷酸铁锂电池为主。磷酸铁锂电池储能技术未来的发展趋势包括以下三点：

（1）进一步提高锂离子电池及储能系统的循环寿命和使用寿命，如电池单体循环寿命超过 15 000 次，储能系统预期服役寿命大于 25a；

（2）进一步提高锂离子电池储能系统的规模及降低成本造价，如输出规模超过 1GWh，等效度电成本不大于 0.1 元/kWh，使其更为有力地支撑大规模电力系统储能；

（3）需进一步提升储能系统的安全性能，在电芯和系统层面发展本质安全、过程安全的锂离子电池储能安全技术。

6.3 液流电池

液流电池最早于 20 世纪 70 年代出现，由美国航天局（NASA）投入开发，将其作为太空任务中的潜在储能解决方案。早期研究中，Fe-Cr 液流电池能量密度较低，铬的半反应缓慢，尚未满足美国航天局（NASA）最初设想的目的。近年来，随着研发的不断投入，Fe-Cr 液流电池的性能也在不断改善。与此同时，Exxon 公司也在开发 Zn-Br 液流电池。Zn-Br 液流电池具有相对更高的电压平台（1.7V），但电极也存在金属枝晶带来的短路现象和溴的高毒性问题。澳大利亚新南威尔士大学的 Maria Skyllas-Kazacos 教授提出了一种全钒液流电池，目前已成为商业化主流的液流电池技术。全钒液流电池的正负极活性材料均为不同价态的钒酸盐，因而可以避免不同种类离子反应的交叉污染。

6.3.1 液流电池基本原理

液流电池是一种氧化还原型电池，基本结构如图 6-18 所示，主要通过反应活性离子的价态变化实现电能的转化。液流电池正负极的活性物质分别存储在独立的储罐中，经泵驱动通过管路输送进电堆后发生电化学反应，从而实现能量的储存与释放。与二次电池不同的是，液流电池的电极与电解液并未封装于一体，即电解液未储存于单体电池中。以全钒液流电池为例，正极采用 VO^{2+}/VO_2^+电对，负极采用 V^{3+}/V^{2+}电对，充电时电极反应式为

正极 $$VO^{2+}+H_2O = VO_2^++2H^++e^-$$

负极 $$V^{3+}+e^- = V^{2+}$$

液流电池体系多样，根据电解液的种类可分为无机体系和有机体系。无机体系是目前相对成熟的体系，包括全钒液流电池、铁铬液流电池和锌溴液流电池等技术路线，目前已实现在电力系统储能领域应用的无机体系液流电池技术路线有全钒液流电池和铁铬液流电池等；有机体系的液流电池技术仍以实验室研究阶段为主。在众多液流电池储能技术中，全钒液流电池具有能量转换效率高、使用寿命长、安全环保等优势，成为目前大规模储能应用中的首选之一。

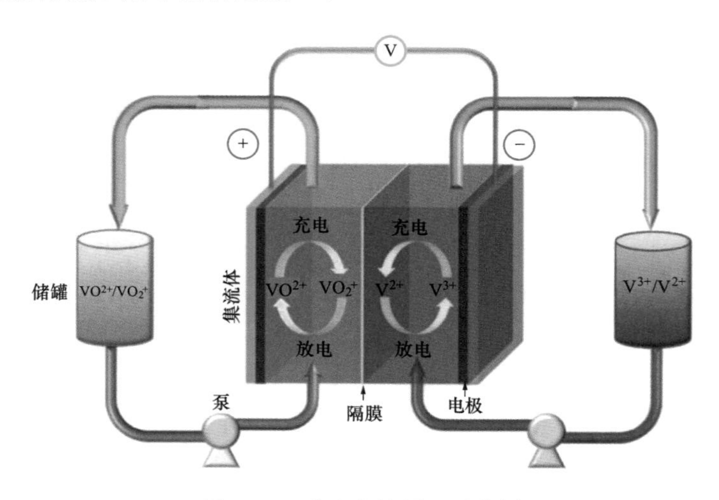

图 6-18 液流电池原理示意图

6.3.2 液流电池技术特点

液流电池与常规二次电池相比，最大的特点在于正负电极与电解液储存场所分离，从而可实现电化学能量储存场所与能量反应释放场所分离，因此可独立设置电池功率和容量。全钒液流电池与锂离子电池相比，在循环寿命和安全性能方面更具优势，其主要技术特性如表6-7所示。液流电池单体循环次数一般可超过10 000次，循环寿命相对较长；安全性能方面，液流电池电解液不易燃，且电化学能量储存场所和能量反应释放场所分离，安全性能相较于二次电池更优。此外，液流电池的输出功率和储能容量相互独立，具有可灵活配置的特点，适合定制化设计。总的来说，液流电池具有长循环寿命、较好的安全性能和灵活配置的优点，基本可以满足电力系统储能的要求。

表6-7　全钒液流电池主要技术特性

性能指标	全钒液流电池
能量密度（Wh/L）	10～40
循环寿命（次）	＞10 000
使用寿命（a）	＞10
能量转换效率（%）	65～75
全功率响应时间	秒级
建设周期（个月）	6～12

安全隐患方面，全钒液流电池在正常工况运行下，主要涉及化学危险源、电气危害，前者主要来自含钒电解液，后者主要与电池维护过程中出现非正常电压和电量有关。在非正常工况运行下，液流电池存在火灾及爆炸隐患、化学危险源、电气危害、滞留或储蓄能量危害，以及物理危害五个方面的安全隐患。全钒液流电池电解液不易燃，相对其他二次电池的火灾风险较低。但因全钒液流电池在充电过程中会产生少量氢气，当处于非正常工况下，存在氢气大量聚集而引起爆炸的风险，因此在设计过程中需在爆炸危险区内选择防爆设施。值得注意的是，当储能系统温度过热时，可能导致整个系统压力过大，从而导致严重的物理危害。

6.3.3 液流电池储能系统

目前，全钒液流电池为应用最为广泛的技术路线，本节主要以全钒液流电池为例介绍其储能系统的组成情况。

全钒液流电池储能系统多采用模块化设计，模块化设计有利于提高系统运行的可靠性和经济性。全钒液流电池储能系统一般由电池系统、电池管理系统（BMS）、储能变流器（PCS）、能量管理系统（EMS）和其他辅助设备等组成。其中，电池系统按组成形式分模块配备电池管理系统，经储能变流器实现交直流电的转换。以卧牛石风电场为例，全钒液流电池系统设备布局如图 6-19 所示。

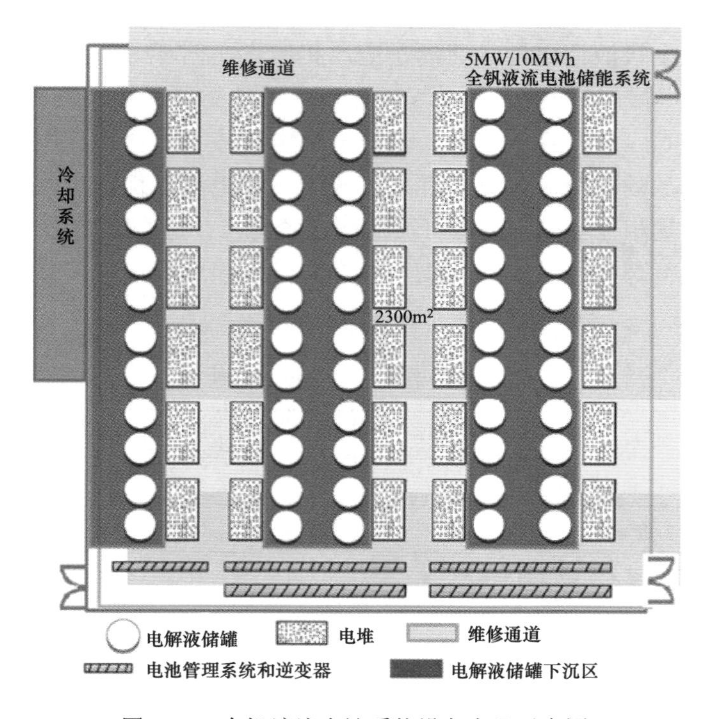

图 6-19　全钒液流电池系统设备布局示意图

液流电池储能系统与锂离子电池储能系统在组成上较为类似，均包含 PCS、BMS、EMS 及辅助设备。主要不同之处是电池系统与电池管理系统，接下来将主要介绍这两部分。

（1）电池系统。组成电池系统的单元一般包括电堆、电解液储罐、循环泵和管路等，数个电堆按照压滤机方式组装，并集成在集装箱中。经循环泵和管路，与数个储罐连接并按一定形式排列后组成电池系统模块。

1）电堆是提供电子转移与化学反应的场所，关键组成材料包括电极、离子交换膜、双极板、集流体和封装材料等。电堆在全钒液流电池系统中的主要作用为控制电池系统充放电过程，且直接决定了电池系统的输出功率。影响电池系统输出功率的主要因素包括串联电堆的数量以及电堆中电极的反应面积大小。一般地，单个电堆的额定输出功率在 10～40kW 之间，电池系统模块的额定输出功率在 200～500kW 之间。

2）电解液是电化学反应过程的活性物质，直接决定了电池系统的储能容量，同时也会影响电堆的性能。全钒液流电池的电解液一般为钒盐的硫酸溶液，其体积和钒离子浓度均会影响电池系统容量。

（2）电池管理系统。与锂离子电池储能系统类似，液流电池储能系统也需配备电池管理系统。液流电池活性物质与电极的分离，使其需要配备循环泵、电控、管道等设备，其系统组成更为复杂。因此液流电池储能系统的电池管理系统除了需要实时监控电池充放电时电压、电流、温度等状态，根据电解液的物理化学性质来估计电量等，还需具备实时测量液体流量、压力、温度等工况，控制循环泵启停、监测电解液漏液情况等功能，从而保证整个储能系统的平稳运行。

6.3.4 液流电池应用现状及展望

技术应用方面，液流电池储能规模为 250kW～100MW 不等，储能时长一般为 4～6h，国内外典型工程如表 6-8 所示。全钒液流电池已形成模块化产品，大连全钒液流电池储能调峰电站示范项目一期已并网，电站规模为 100MW/400MWh，是世界上最大的全钒液流电池储能项目；铁铬液流电池方面，我国开展了张家口铁铬液流电池储能示范项目，规模为 0.25MW/1.5MWh，电站于 2020 年投产，储能配置时长达 6h。

表 6-8　液流电池储能典型工程

项目类型	储能项目	储能时长	功率/容量
全钒液流电池	大连液流电池储能调峰电站国家示范项目	4h	一期：100MW/400MWh； 二期：100MW/400MWh
	大连镇海网源友好型风电场示范项目	4h	10MW/40MWh
全钒液流电池	驼山网源友好型风电场示范项目	4h	10MW/40MWh
	美国能源固化风电场	3h	25MW/75MWh
	圣地亚哥天然气发电厂微电网项目	4h	2MW/8MWh
铁铬液流电池	张家口铁铬液流电池储能示范项目	6h	250kW/1.5MWh
	美国 EnerVault 公司铁铬液流电池电站	4h	250kW/1000kWh

根据液流电池技术目前的发展情况，其未来的发展方向主要包括以下三点：

（1）通过材料、工艺进步和系统优化提升关键技术参数，液流电池储能系统效率提升至 80%以上；

（2）进一步推动膜材料等关键部件的性能提升及国产化替代；

（3）推动液流电池系统设计、集成技术的多元发展，通过优化设计集成等手段，进一步降低成本。

6.4 钠离子电池

自 Whittingham 报道了 TiS_2 的嵌锂机制，锂离子电池正极 $LiCoO_2$ 被报道后，具有类似原理的钠离子电池的正极层状氧化物材料、负极硬碳材料也被相继发现。然而，自20世纪90年代锂离子电池商业化以来，钠离子电池的研究进入停滞不前的阶段。随着锂离子电池在电动汽车、储能等领域广泛推广应用，锂资源受限导致原材料价格飙升的弊端也逐步凸显。而钠离子电池体系与锂离子电池原理类似，且钠资源基本不受限。同时，钠离子电池低温性能良好，可与磷酸铁锂电池形成互补。自此，钠离子电池重新兴起，再次成为关注焦点之一。

6.4.1 钠离子电池基本原理

钠离子电池的工作原理与锂离子电池类似，充电时钠离子从正极脱出经电解液和隔膜嵌入负极，此时电子经外电路从正极流向负极，放电过程与之相反，钠离子电池工作示意图如图6-20所示。

以过渡金属氧化物 Na_xMO_2 作为正极、硬碳作为负极为例，钠离子电池充电时电极反应为

正极 $$Na_xMO_2 = Na_{x-y}MO_2 + yNa^+ + ye^-$$

负极 $$xC + yNa^+ + ye^- = Na_yC_x$$

钠离子电池单体电芯的主要组成部分与锂离子电池类似，主要包括正极、负极、电解液和封装材料（见图6-21）。钠离子电池正极材料主要包括过渡金属氧化物、聚阴离子型化合物和普鲁士蓝/白型化合物。其中，过渡金属氧化物具有较高的比容量和电压平台，但循环寿命、部分材料耐水性不佳；聚阴离子型化合物具有高的电压平台、良好的热稳定性，但比容量相对较低；普鲁士蓝/白型化合物具有高的比容量，但循环寿命和热稳定性有待提升。负极材料以碳基材料为主，一般以无定型碳作为前驱体，主要包括硬碳材料和软碳材料。其中，硬碳材料是指在2800℃以上无法石墨化的碳材料，具有较高的放电容量优势，但成本较高；软碳材料在高温下可石墨化，其导电性良好且在成本方面具有优势，但容量相对较低。

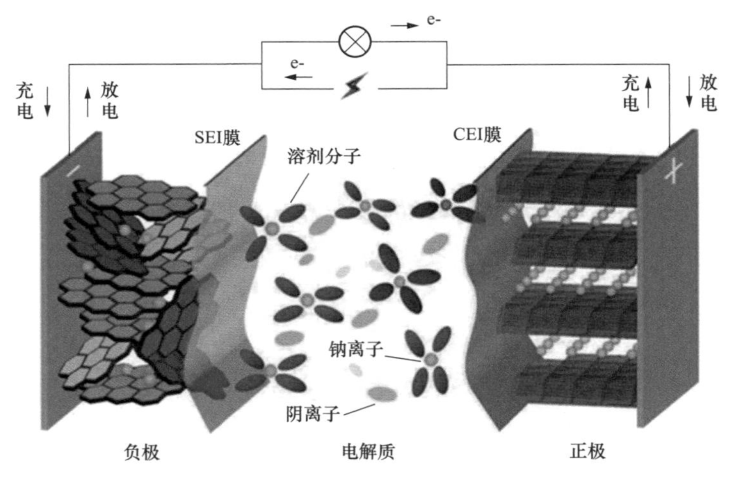

图6-20　钠离子电池原理示意图

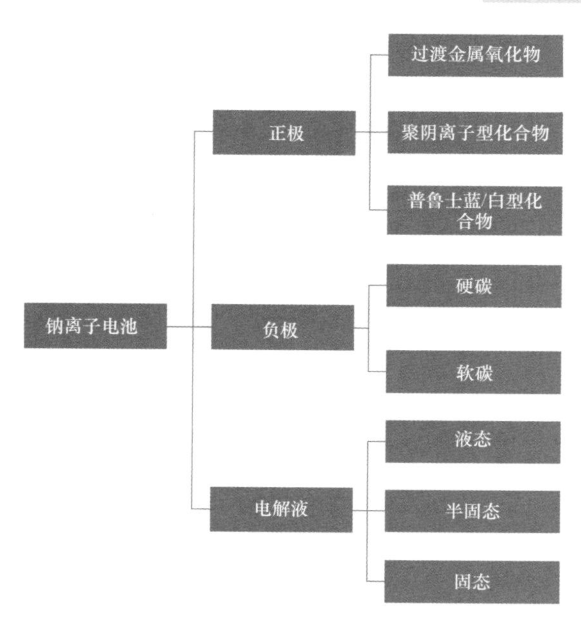

图 6-21 钠离子电池主要组成

6.4.2 钠离子电池技术特点

技术特点方面，钠离子电池相比于磷酸铁锂电池，其突出优势在于低温性能好，可在–20℃的环境下工作，一定程度上补充磷酸铁锂电池的短板。钠资源丰富且分布均匀，在原材料成本上供给充足，从供应链角度来看更加安全。同时，钠离子电池与锂离子电池特点十分类似，例如能量转换效率高，全功率响应时间在毫秒级，使用寿命上也基本相当。此外，现阶段钠离子电池技术仍处于产业化发展初期阶段，主要难点在能量密度和循环寿命。钠离子电池主要技术特性如表 6-9 所示。

表 6-9 钠离子电池技术特性

性能指标	钠离子电池
能量密度（Wh/kg）	120～150
循环寿命（次）	1500～4000
使用寿命（a）	8～10
能量转换效率（%）	85～90
全功率响应时间	毫秒级
建设周期（个月）	6～12

6.4.3 钠离子电池应用现状及展望

全球已规划或正在建设钠离子电池制造工厂约 20 个。技术应用方面，钠离子电池储能项目规模已突破兆瓦时级，我国研制出的钠离子电池光储充智能微网系统在山西综改区 1MWh 钠离子电池储能示范项目中投入运行。

根据钠离子电池技术当前的发展情况，其未来的发展方向主要包括以下两点：

（1）进一步提升钠离子电池的循环寿命和能量密度等关键指标，电芯循环寿命提升至 10 000 次以上，电芯能量密度提升至 150Wh/kg 以上；进一步探索钠离子电池在更低温条件下的可行性。

（2）加强更大规模的钠离子电池储能系统研制，实现在大规模储能、分布式储能及工业储能等领域的应用验证。

6.5 高温钠硫电池

钠硫电池最早是由美国福特汽车公司为电动汽车中的应用而研发出来的。高温钠硫电池属于典型的高温钠电池，至少有一个电极使用了熔融金属。与其类似的体系还有 ZEBRA 电池（$Na-NiCl_2$）、液态金属电池，本书主要介绍高温钠硫电池。

6.5.1 高温钠硫电池基本原理

高温钠硫电池是以钠金属为负极，硫单质为正极，钠离子导电陶瓷 β-氧化铝为固态电解质（兼具隔膜功能）的一种高温二次电池。钠硫电池的工作温度一般在 300～350℃，在该温度下，电极均以熔融态形式存在，固态电解质具有较高的离子导电性，可允许 Na^+通过。钠硫电池工作原理如图 6-22 所示，放电时，负极 Na 失电子形成 Na^+，电子经外电路进入正极，S 得电子形成 S^{2-}。Na^+经固态电解质迁移至正极与 S^{2-}发生反应，形成多硫化钠（Na_2S_x），完成能量的存储与释放；充电过程与之相反。钠硫电池充电过程的反应方程式如下：

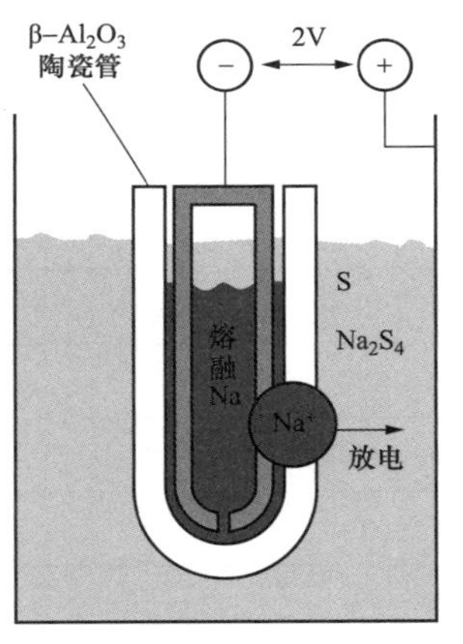

图 6-22 钠硫电池原理图

正极 $$S^{2-} = S + 2e^-$$

负极 $$2Na^+ + 2e^- = 2Na$$

6.5.2 高温钠硫电池技术特点

高温钠硫电池在电能转换效率和能量密度方面具有优势，其理论能量密度高达 760Wh/kg，实际可达到的能量密度水平为 150～300Wh/kg，在电化学储能技术中仍处于中高水平，钠硫电池的主要技术特性如表 6-10 所示。钠硫电池需要 300℃以上的运行温度条件，使其工作时需要持续加热保温，同时使用的电极材料金属钠活泼性高，遇水发生剧烈反应，因此钠硫电池应用于电力系统大规模储能时尤其需要注意可能存在的安全隐患。

表 6-10　　高温钠硫电池技术特性

性能指标	高温钠硫电池
能量密度（Wh/kg）	150～300
循环次数（次）	3000～4500
使用寿命（a）	10～15
能量转换效率（%）	75～90
全功率响应时间	毫秒级
建设周期（个月）	6～12

6.5.3 高温钠硫电池应用现状及展望

技术应用方面，高温钠硫电池常用于新能源并网、电网侧削峰填谷等应用场景，储能时长一般较长，规模相对较小，国内外典型工程如表 6-11 所示。典型案例如福岛六所村风电场储能电站，为新能源侧配储，主要用于风电场并网。

表 6-11　　高温钠硫电池储能典型工程

储能项目	储能时长（h）	功率/容量（MW/MWh）
上海世博会示范项目	8	0.1/0.8
日本福岛六所村风电场项目	约 7	34/224
美国 PG&E 项目	7	6/42

6.6 铅 酸 电 池

铅酸电池是发明较早的一种二次电池，最早由法国物理学家普兰特在 1859 年发明出来，发展至今已超过 160 年的历史。铅酸电池是一项高度成熟的电池技术，且成本低廉、回收利用工艺较为简单，美国与欧洲的回收率可超过 99%。因此，已广泛应用于工业、通信、交通、电力系统等应用场景。现阶段，铅酸电池在电力系统大规模储能的应用主要受限于能量密度和循环寿命，未来铅酸电池的发展需要加强关键性能指标的提升。

6.6.1 铅酸电池基本原理

传统铅酸电池基本组成包括电极与电解液，其中正负极活性材料分别为金属铅（Pb）及其氧化物（PbO_2）；电解液为硫酸溶液（H_2SO_4），用来提供反应所需的硫酸根离子。其工作原理为：放电时，负极上 Pb 与硫酸溶液发生反应失电子，电子经外电路转移至正极，正极上 PbO_2 得电子并与硫酸发生反应生成硫酸铅。铅酸电池放电时反应方程如下：

正极 $$PbO_2+2e^-+SO_4^{2-}+4H^+ = PbSO_4+2H_2O$$

负极 $$Pb+SO_4^{2-} = PbSO_4+2e^-$$

在传统铅酸电池的基础上，近年来发展出了一种铅碳电池。铅碳电池在铅酸电池负极活性材料中添加了碳材料，常见的有石墨、炭黑、活性炭、碳纳米管和石墨烯等，碳材料的加入一方面有利于阻止负极硫酸盐化的现象，从而提高电池的循环寿命；另一方面，碳材料是超级电容器常用的电极，碳的加入使铅碳电池兼具部分电容的特性，从而具备快充的能力。

6.6.2 铅酸电池技术特点

铅酸电池具有成本低廉、安全性好以及易于再生的优点，但在能量密度、循环寿命方面仍有待提升，这使得铅酸电池在电力系统大规模储能中的应用受到限制，铅酸电池的主要技术特性如表 6-12 所示。铅碳电池虽然能在一定程度上提升电池寿命与能量密度等关键特性，但与锂离子电池相比，仍存在较大提升空间。除此之外，铅酸电池中主要使用的铅及其氧化物，具有较高的危险性和污染性，需要依靠完备高效的回收机制进行管理。

表 6-12　　铅酸电池技术特性

性能指标	铅酸电池
能量密度（Wh/kg）	40～80
循环寿命（次）	500～3000
使用寿命（a）	5～8
能量转换效率（%）	70～85
全功率响应时间	毫秒级
建设周期（个月）	6～12

铅酸电池在非正常工况下工作时，可能出现电池过热等现象，将导致氢气浓度升高、电池短路等问题，从而带来火灾隐患。由于电解液中大量使用硫酸，酸泄漏具有极大的腐蚀性，对环境及人员都将产生极大危害。

6.6.3 铅酸电池应用现状及展望

我国铅酸电池技术应用以用户侧配储应用场景居多，技术路线多采用铅碳电池。典型案例如安徽省首个用户侧储能项目，采用了 18 套 500kW 铅碳电池的单元储能系统模块，通过削峰填谷，降低企业用能成本，缓解高峰负荷供电需求（见表 6-13）。

表 6-13　　铅碳电池储能典型工程

储能项目	储能时长（h）	功率/容量（MW/MWh）
无锡新加坡工业园储能电站	2	2/4
安徽华铂削峰填谷储能电站	8	9/72
美国新墨西哥州储能电站	4	0.25/1

根据铅酸电池技术当前的发展情况，其未来的发展方向主要包括以下两点：

（1）进一步提升铅酸电池的循环寿命和能量密度等关键指标，完善铅酸电池的回收闭环体系。

（2）基于铅酸电池的特性，发展与之匹配的应用场景，如分布式发电系统、用户侧削峰填谷和需求侧管理等。

6.7　电化学储能技术展望

未来，电化学储能技术主要向高安全、低成本、长寿命等方向发展，目前正在从实验室向产业化发展的技术路线主要包括固态电池、金属空气电池、液态金属电池等。

（1）固态电池。固态锂电池主要由正极、负极、固态电解质组成（见图 6-23），根据固态电解质类型可分为全固态锂电池和半固态锂电池。全固态锂电池是使用具有较好锂离子传导特性的固态电解质完全取代液态有机电解液的锂离子电池，半固态锂电池是指电解质液体含量在 1～10wt%的锂离子电池。固态电解质具有较高的热稳定性，可显著提高锂电池的安全性能；同时，固态电池可以采用更高比容量的正、负极材料，从而具有更高的能量密度。现阶段全固态电池还处于实验室研发及试验示范阶段，半固态电池正在电动汽车领域开展少量应用。为实现高安全、高能量密度的固态锂电池的大规模应用，未来还需要不断提升电解质材料的电化学稳定性、电导率，以及与电极间的界面稳定性，开发适合于固态电解质的电池结构等。

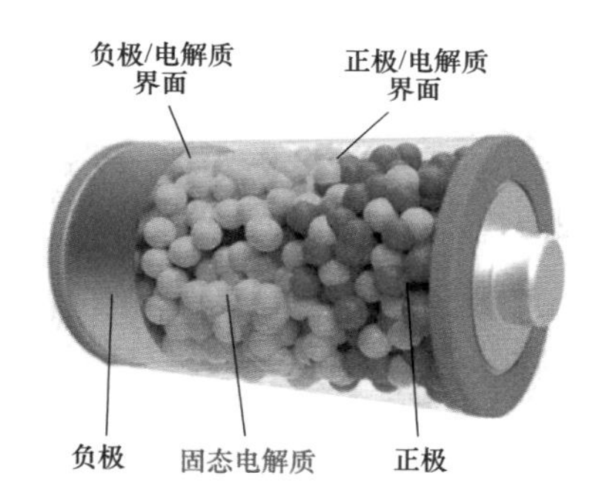

图 6-23　固态电池主要组成示意图

（来源：Small 期刊）

（2）金属空气电池。金属-空气电池是以金属为负极，多孔导电材料为正极，空气或纯氧为正极反应的活性物质组成的电池。根据金属材料的不同，已发展出锂空气电池、铁空气电池、铝空气电池、锌空气电池、镁空气电池等。金属空气电池具有成本低廉、能量密度较高、安全、环保等优点，是目前研发的热点技术之一。但是，目前金属空气电池技术方面存在金属电极易放电和腐蚀现象，仍存在电池稳定性差和能量密度较低等问题。因此，目前研究方向为根据不同的金属电极匹配合适的电解质，开发催化性能好、成本低、易产业化的催化材料，发展合金化金属电极材料等。目前已有相关公司开展铁空气电池的储能项目，项目效果图如图 6-24 所示。

2023 年 9 月，美国能源部（DOE）宣布拨款 7000 万美元以支持两项铁空气电池储能电站建设，电站规模均为 10MW/1000MWh，拟建设于明尼苏达州和科罗拉多州两座退役燃煤电厂处。其中，明尼苏达州公用事业委员会已批准了铁空气电池项目建设，预计将于 2024 年第二季度开始施工。

图 6-24　铁空气电池储能项目效果图

（来源：Form Energy 公司）

（3）液态金属电池。液态金属电池是指一种至少有一个电池电极采用液态金属的新兴电池。通常，其电池正极采用具有高电负性（即相对电负性，也称电负度，是对金属元素原子在化合物中吸引电子能力的标度）、高密度物性的金属（如 Bi、Te、Sn、Te、Sb），电池负极采用具有低电负性、低密度物性的碱金属或碱土金属（如 Li、Ca、Na、Mg、K）。当前，研发及应用中常见的液态金属电极对有 Ca-Bi、Ca-Sb、K-Hg、Li-Bi、Li-Cd、Li-Pb、Li-Sb、Li-Se、Li-Sn、Li-Te、Li-Zn、Mg-Sb、Na-Bi、Na-Hg、Na-Pb、Na-Sb、Na-Sn、Na-Zn、Zn-Bi、Sn-Pb 等。此外，液态金属电池还常采用具有密度介于电池正极和负极密度范围之间、成本低廉、电导率高、安全性好的电解质（如 $CaCl_2$、二元或三元熔融卤素无机盐）。

如图 6-25 所示，全液态金属电池结构由基于密度不同而分层，且堆叠在一起的三层不混溶的液体层组成。密度最大的乙类液态金属，作为电池阴极，位于金属电池的底部；密度最小的甲类液态金属，作为电池阳极，位于金属电池的顶部；中等密度的电解质则位于金属电池中间。

依据工作温度不同，可将液态金属电池分类为：①高温液态金属电池：工作温度大于 350℃，常采用熔融盐电解液、液体金属或液体合金电极；②中温液态金属电池：工作温度范围 100～350℃，常采用固体电解质或液体电解质，至少有一个液体金属电极或液体合金电极；③低温液态金属电池：工作温度低于 100℃，常采用固体电解质或液体电解质，至少采用一个液体金属电极或液体合金电极。此外，也常依据所用负极金属种类的不同，将液态金属电池分类为镁基液态金属电池、锂基液态金属电池、钙基液态金属电池、钠基液态金属电池、钾基液态金属电池等。

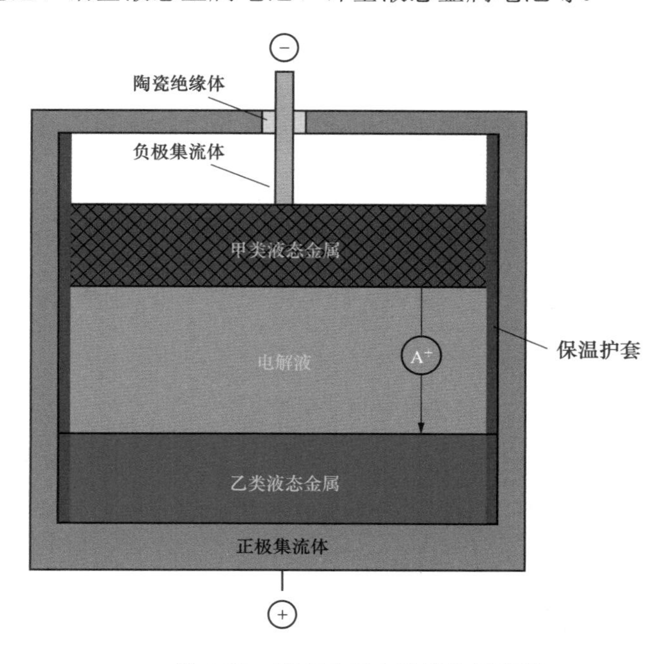

图 6-25 液态金属电池结构示意图

液态金属电池具有结构简单（无隔膜、无分离装置）、原材料成本低、制造方便、化学成分不易挥发/不易燃易爆、无热失控风险、热弹性高、功率密度高、可承受高电流密度、较快的扩散传质和反应动力学特性、适合快速充电和放电、容量衰减小、效率高、易于规模化和循环寿命长等特点。据测试分析，液态金属电池产品运行 20 年后仍可保持 95%的额定容量。因此液态金属电池储能被认为是一种非常适合电力系统大规模、长持续时间储能应用的关键技术。此外，液态金属电极和电解质必须在一定温度下工作，以免其凝固。通过适当的保温隔热，液态金属电池可通过在其充电和放电循环时产生的热量来保持其工作温度，从而不需要装配其他辅助加热器。

麻省理工学院从 2007 年开始，就对液态金属电池进行了系列研发，并于 2010 年成立新的公司（Ambri）专门进行液态金属电池产品的商业化。据介绍，Ambri 公司生产的液态金属电池当前成本为 180～250 美元/kWh（具体成本取决于储能持续时长和规模大小等），预计到 2030 年成本可降至 21 美元/kWh。

Xcel 能源公司已在美国科罗拉多州奥罗拉太阳能技术加速中心示范项目中安装了一台 Ambri 的液态金属电池（Ca-Sb 液态金属电极、$CaCl_2$ 电解液，工作温度 500℃，每天全充/全放 2 次）以进行工程系列试验测试验证，并拟于 2024 年年初开始在奥罗拉建设一个 300kWh 的液态金属电池电力储能示范系统，并计划于当年年底前全面投入商业运行。

在大规模商业化应用之前，液态金属电池还需进一步研究维持高电流密度下运行安全稳定性、工作期间始终保持金属处于液相、有效抑制界面层枝晶形成、大幅降低工程造价的有效措施。

电化学储能技术类型丰富多样，除了本章所介绍的电池技术外，铝离子电池、水系电池等新概念电池体系也在加速实验室研发，为未来规模化储能提供新选择。

总体来说，电化学储能技术具有响应速度快、建设周期短等优点，根据各类电化学储能技术性质的差异，电化学储能技术在电力系统中适用的场合不尽相同。锂离子电池、全钒液流电池、钠离子电池、高温钠硫电池和铅酸电池的主要特点及其在电力系统储能中的应用形式如下所述。其中，表 6-14 总结了当前主要的电化学储能技术特性情况。

表 6-14　　电化学储能技术特性

性能指标	磷酸铁锂电池	全钒液流电池	钠离子电池	高温钠硫电池	铅碳电池
能量密度（Wh/kg）	130～170	10～40Wh/L	120～160	150～300	40～80
循环寿命（次）	2000～10 000	＞10 000	1500～4000	3000～4500	500～3000
使用寿命（a）	8～10	＞10	8～10	10～15	5～8
能量转换效率（%）	85～90	65～75	85～90	75～90	70～85
全功率响应时间	毫秒级	秒级	毫秒级	毫秒级	毫秒级
建设周期（个月）	6～12				

（1）锂离子电池能量密度高、循环寿命较长，综合性能较好，但在安全性能方面存在提升空间。锂离子电池储能适合大多数不同规模的应用场景，涵盖电网侧、发电侧及用户侧等，未来在电力系统储能中具有广阔的应用前景。

（2）全钒液流电池具有循环寿命长的优点，具有大量的运行经验，但能量密度仍具提升空间，并对占地面积具有一定要求。综合来看，液流电池适合应用于 4h 以上的大规模电力系统储能。

（3）高温钠硫电池技术发展较为成熟，占地面积小，理论能量密度较高，未来在能量密度上具有较大提升空间。此外，高温钠硫电池可在高温环境下工作，在电力系统中具有一定的应用前景。

（4）铅碳电池成本低廉、安全可靠，同时也受到容量较低的限制，适合于用户侧、较低功率的储能应用场景，如分布式发电系统、削峰填谷和需求侧管理等。

（5）钠离子电池原材料价格低廉，同时与锂离子电池产业链类似，未来可借助锂电池相关产业链发展，且钠离子电池低温性能较好，适合在寒冷环境下使用。

参 考 文 献

［1］郭继鹏，钟国彬，徐凯琪，等．磷酸铁锂电池恒流和恒功率测试特性比较［J］．2017，54（2）：109-115．

［2］杨杰，王婷，杜春雨，等．锂离子电池模型研究综述［J］．2019,8（1）：58-64．

［3］游峰，钱艳婷，梁嘉，等．兆瓦级集装箱式电池储能系统研究［J］．电源技术，2017，41：1657-1659．

［4］张鹏杰，罗军，杨文辉，等．兆瓦级锂电池储能系统设计及应用［J］．河南科技，2021，040（013）：28-31．

［5］陈海生，李泓，马文涛，等．2021 年中国储能技术研究进展［J］．储能科学与技术，2022，11（03）：1052-1076.

［6］陈海生，李泓，徐玉杰，等．2022 年中国储能技术研究进展［J］．储能科学与技术，2023，12（5）：1516-1552．

［7］朱信龙，王均毅，潘加爽，等．集装箱储能系统热管理系统的现状及发展［J］．储能科学与技术，2022，11（1）：12．

［8］张华民，王晓丽．全钒液流电池技术最新研究进展［J］．储能科学与技术. 2013，2（3）：281-288．

［9］全球能源互联网发展合作组织．大规模储能技术发展路线图［M］．北京：中国电力出版社，2020．

［10］梅生伟，李建林，朱建全，等．储能技术［M］．北京：机械工业出版社，2022．

［11］中国化工学会．储能学科技术路线图［M］．北京：中国科学技术出版社，2020．

［12］MIT Energy Initiative. The future of energy storage［R］．2022．

［13］NFPA855. Standard for the installation of stationary energy storage systems［S］．2020．

［14］Wook Mackenzie. How to maximize the potential of solar-plus-storage［R］．2022．

［15］余勇，年珩．电池储能系统集成技术与应用［M］．北京：机械工业出版社，2021．

［16］容晓晖，陆雅翔，戚兴国，等．钠离子电池：从基础研究到工程化探索［J］．储能科学与技术．2020，9（2）：515-522．

［17］张天任，赵海敏，郭志刚，等．铅炭电池关键材料研究进展及机理分析［J］．储能科学与技术，2017，6（6）：1217-1222．

7

化学储能技术

在电力系统中，化学储能是一种利用电能产生单质或化合物并将其存储，需要释放能量时再将单质或化合物的化学能转化为电能从而实现储能的技术。该技术常用的储能载体有氢气、碳氢燃料、氨气等化学物质，根据能量转换方式的不同，可释放出电能、热能等。本章主要讨论化学物质通过燃料电池或燃气轮机等转化为电能的储能技术。与电化学储能技术相比，化学储能技术的日自释能率更低，更适合在长持续时间储能领域应用。此外，化学储能中存储的化学物质还可作为交通运输、农业和工业等领域中的燃料或原料，这种多用途的特点有望提高化学储能系统中某些关键设备的利用率，从而提高技术经济性。

化学储能技术中常用的储能介质包括氢气及其衍生物。氢气具有组分简单、热值高、来源广泛等优势，氢储能是一种极具潜力的化学储能技术。由于氢气在标准工况下为气体，储存和运输过程中往往需要额外的设备将其转换成低温液体或压缩气体。此外，在标准工况下，氢气的体积能量密度（体积能量密度是指单位体积能量载体中包含的能量）大约是天然气的 1/3。虽然可将氢气液化以增加其体积能量密度，但需将氢气冷却并保持在–253℃，而该过程非常耗能。因此，为了获得更高的体积能量密度，需将氢气转化为氢载体，如氨气、甲烷、甲醇等。氢气为各类化学物质实现低碳储能奠定了基础，因此本章首先重点围绕氢储能技术的主要技术原理、特点和环节进行了介绍，主要包括制氢、储氢、输氢、氢能发电等环节，接着对氢储能技术的应用情况和未来发展趋势进行了阐述。此外，还分别针对碳氢燃料、氨储能技术，从原理、特点、应用和技术发展趋势等方面展开介绍。

7.1 氢 储 能

氢元素，作为元素周期表中原子序数第一的元素，其构成分子态——H_2气体，具有质量轻、密度低、自然界中极为稀有的特性。氢储能以氢气作为储能介质，具有高效、清洁等优点，是一种极具潜力的新型储能技术。氢气的发现可追溯至 18 世纪。

18 世纪 60～80 年代，英国物理和化学家 Carvendish、法国化学家 Lavoisier 等先后在实验过程中制备出了氢气，并开展了相关研究。该气体由于具有可燃性，被命名为氢气（hydrogen）。

燃料电池是氢气实现电能存储利用的装置，电解水过程是一种典型的利用氢气实现储能的过程。19 世纪初，英国科学家 Anthony Carlisle 和 William Nicholson 首次发现通电能使水分解成氢气和氧气（水电解）。1839 年，英国物理学家 William Robert Grove 将两个铂电极的一端浸没于硫酸溶液中，另一端分别置于氢气和氧气中，检测到铂电极之间的电流流动以及液面上升（水电解的相反过程），由此燃料电池雏形诞生。20 世纪以来，英国工程师 Thomas Francis Bacon、美国科学家 Thomas Grubb、荷兰科学家 Broers 和 Ketelaar 先后开发出了碱性燃料电池、聚合物电解质燃料电池、熔融盐燃料电池。20 世纪中后期，随着燃料电池技术不断提升，1966 年通用汽车公司推出了全球第一款燃料电池汽车 Electrovan。近年来，我国也在加氢、制氢、储氢、氢燃料电池等氢储能的各个环节加大部署力度，氢储能产业发展进入快车道。2022 年，我国多项氢电耦合、氢能综合利用示范站等项目先后开工和投运。

7.1.1 概述

7.1.1.1 基本原理、特点及分类

氢储能技术是通过化石能源重整、热解、气化或电解水等方法制氢并将其存储，在需要时将氢能转化为其他能源形式的技术。在电力系统中，氢储能技术应用原理（见图 7-1）为：采用风能或太阳能等可再生能源发出的电能通过电解水装置制取氢气，并将氢气存储起来，从而完成电能向氢能的转化。在需要用电时，通过燃料电池或燃机等装置将氢能转化为电能。氢储能技术采用的储能介质氢气，其热值是汽油的 3 倍、焦炭的 4.5 倍，具有储能容量大、存储时间长、可灵活利用等优点。与其他储能技术

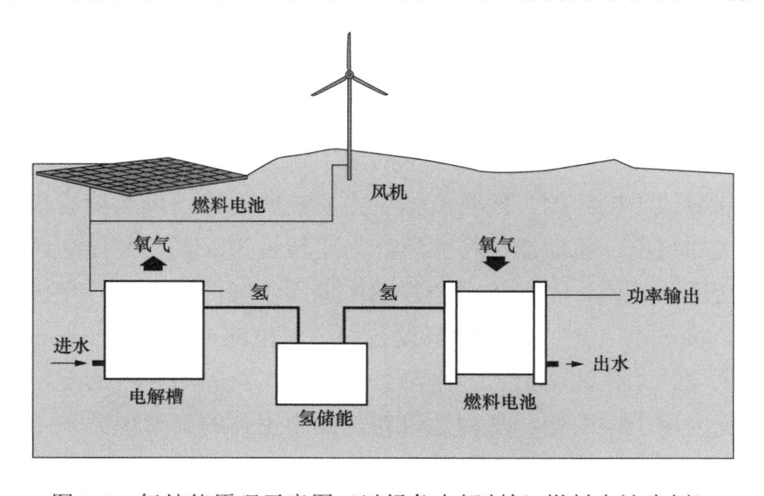

图 7-1　氢储能原理示意图（以绿色电解制氢+燃料电池为例）

不同的是，氢能不仅可用于电能的存储，而且氢本身也是一种能源和原料。它可以替代煤炭和天然气等传统化石能源，作为交通工具和发电站的动力燃料。这种多重应用潜力使氢能在能源领域具有广泛的前景。本节主要讨论氢能向电能转化的技术。

根据氢气的制取方式不同，常采用颜色对氢气进行区分，形成氢气色谱，包括“绿氢”“蓝氢”“灰氢”“黑氢”等。“绿氢”是指用可再生能源电解水制取的氢气等，“蓝氢”通常指从化石燃料中生产的氢气，并通过碳捕集利用和封存（carbon capture，utilization and storage，CCUS）技术减少二氧化碳排放。“灰氢”一般指天然气或甲烷制氢，“黑氢”或“棕氢”分别指烟煤和褐煤气化制氢。此外，还包括“绿松石氢”“紫氢”“粉氢”等多种颜色的氢气类型，具体如图 7-2 所示。

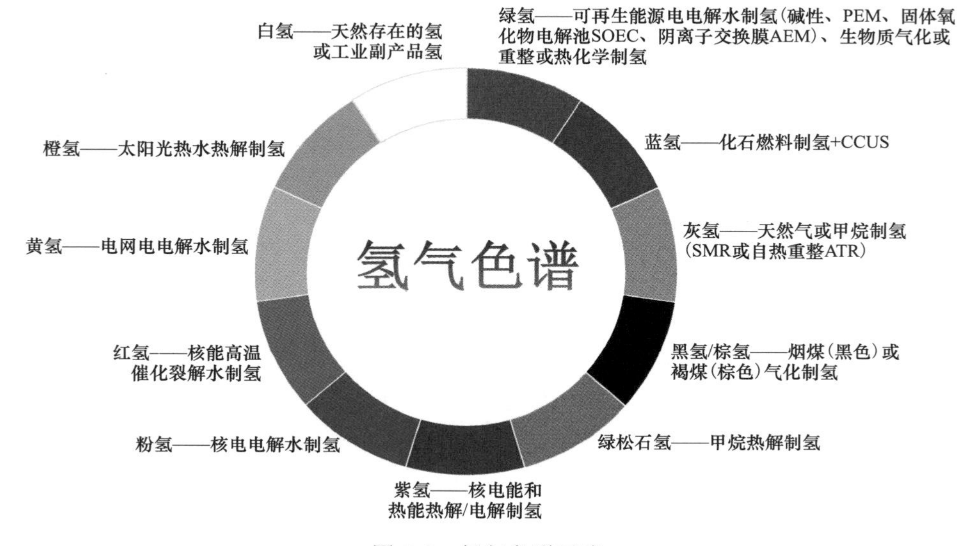

图 7-2　氢气色谱示意

7.1.1.2　氢储能的主要应用场景

氢储能具有存储时间长、质量能量密度高和利用方式灵活等优势，可弥补传统电能不易大量经济存储的缺点。同时，不同于电化学储能，氢储能在电源侧、电网侧、负荷侧的各种储能时间尺度下均具有丰富的应用场景。

（1）氢储能应用于电源侧。随着新型电力系统的建设，风光渗透率逐渐提高，弃风弃光问题会更加突出。氢储能可将弃风弃光电转换为绿氢，在提高新能源利用率的同时，还可为交通、钢铁、工业等多个领域提供绿色氢能；风电、光伏具有较强的波动性、间歇性，将风电、光伏耦合制氢设备和燃料电池或燃气轮机，通过电-氢-电模式，可实现对风电、光伏波动出力的平滑处理，提高新能源并网的友好性。

（2）氢储能应用于电网侧。从构建以新能源为主体的新型电力系统看，我国调峰容量还存在较大的缺口，氢储能凭借其具备的储能时间长、能量密度高等优势，可为新型电力系统提供较为可观的调峰容量。

（3）氢储能应用于负荷侧。氢储能具备绿色环保，长时间持续储能等优势，如可作为应急备用电源应用于负荷侧，通过氢-电转换模式为系统提供绿色、可靠的电力供应；可利用燃料电池、燃气锅炉等分布式供热方式替代传统的热电厂集中供热，为社区、园区等具有供热需求的区域供热，解决传统热力管网、电网等基础设施建设的高额投资问题。如日本自 2009 年开始推广家用燃料电池热电联供系统，普通家庭 40%～60%的能源消耗可由此系统供给，商业化应用推广较为成功。

7.1.1.3 氢储能的主要环节

氢储能的本质是以氢为核心能源载体的储能形式，其在电力系统中的应用主要以“电—氢—电”模式为主。“电—氢—电”过程是指通过各类技术制取氢气后将其存储起来，通过燃料电池、燃气轮发电机组、内燃发电机组等装置将氢能转化为电能，主要包括制氢、储氢、输氢和氢能发电等技术环节，详细内容如图 7-3 所示。

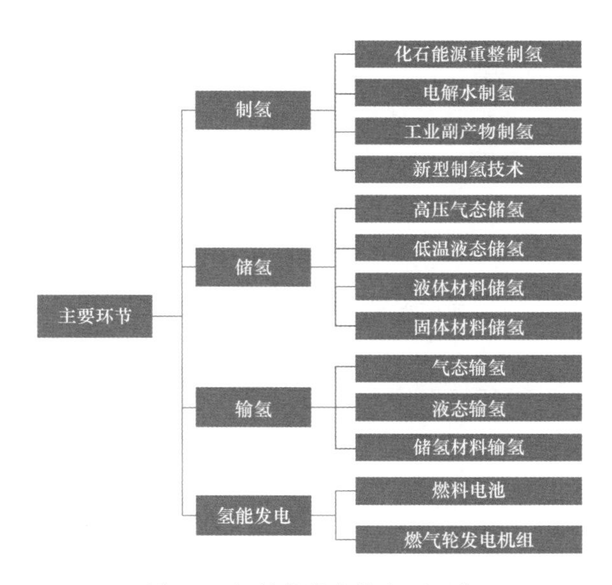

图 7-3 氢储能技术的主要环节

“电—氢—电”模式常以高比例可再生能源供能为目标，基于各类发电、制氢、储氢技术，利用区域内的太阳能、风能、水能等可再生能源，通过电解水制氢设备、氢储运设备和燃气轮机、燃料电池等氢能发电设备实现电能与氢能的双向转化和跨区输送，构建满足区域内电、热、冷等多种能源需求的可持续、高弹性多能互补新型综合能源系统。

制氢技术一般可分为电解水制氢、化石能源重整制氢、工业副产物制氢等类型。在氢储能中，制氢技术一般更倾向于采用可再生能源电解制氢。虽然该技术现阶段成本优势不明显，但整个过程碳排放量低，更符合绿色、环保要求，各类制氢技术成本比较如表 7-1 所示。

表 7-1　　制氢技术成本比较

制氢技术	制氢成本（元/m^3）
可再生能源发电制氢	1.1～2.2
煤制氢	0.69～1.18
天然气制氢	0.8～1.7

电解水制氢是一种将水分子电解成氢气和氧气的重要方法，涵盖了碱性电解水制氢、质子交换膜电解水制氢、高温固体氧化物电解水制氢等主要技术。碱性电解水制氢技术（ALK）已经实现了工业化应用，成本较低，设备寿命可达 15a。然而，其效率较低，约为 60%，且难以快速调节制氢速度。质子交换膜电解水制氢技术（PEM）是以质子交换膜替代原有隔膜，能效可提高到 70%左右，同时提高氢气的纯度；缺点在于质子交换膜和贵金属催化剂价格昂贵，成本相对较高。高温固体氧化物电解水制氢技术（SOEC）在中、高温（500～1000℃）条件下，水蒸气被分解后在阴极形成氢气，反应整体活性高，因此该技术能效可达到 85%左右；但在高温工作环境下对材料要求高，目前仍处于试验示范阶段。考虑到可再生能源的波动性，将 3 种技术负载范围进行比较，具体如表 7-2 所示。PEM 电解制氢具有最宽负载范围，在电力输出极端条件下仍可以使用，相比其他技术在可再生能源电解水制氢方面具有较大优势。

表 7-2　　电解水制氢技术负载范围比较

电解水制氢技术	负载范围（%，相对标准负载）
ALK	10～110
PEM	0～160
SOEC	20～100

相对成熟的储氢技术有高压气态储氢技术、低温液态储氢技术、有机液体储氢技术和金属氢化物储氢技术，各类储氢技术特点比较如表 7-3 所示。高压气态储氢技术是目前唯一大规模使用的储氢类型，技术难度低、成本相对较低，在大规模储氢中应用具有优势；低温液态储氢技术在国外发展较为成熟，具有储氢质量密度大的优势，但液化过程耗能大，加之该技术对储氢容器的绝热性能要求高，储氢成本高，限制了其在大规模储氢中的应用。有机液体储氢技术和金属氢化物等材料储氢技术，在国内外产业化发展程度均较低，尤其是金属氢化物储氢，目前基本处于小规模实验阶段。

输氢方式可分为气态输氢、液态输氢和固态输氢。气态输氢主要包含长管拖车高压气态输氢、氢气管道输氢和天然气管道输氢技术；液态氢运输包括低温液态氢运输和各类储氢液体材料（如有机液体、甲醇和液氨等）的运输；固态输氢为对各类储氢固体材料（包括储氢合金、储氢碳质材料等）的运输。气态氢储存和低温液态氢储存本质均为压缩储氢方式，氢稳定性低，对运输要求高；而材料储氢技术中氢稳定性高，易于储存运输，对运输要求低。

表 7-3　各类储氢方式特点比较

储氢技术	储氢密度（wt%）	技术成熟度
高压气态	1.0～5.7	成熟商业化
低温液态	5.1～10.0	国外已实现商业化，国内仅应用于航空领域
有机液体材料	1.0～10.5	研发阶段
固体材料	5.0～10.0	研发阶段

氢能发电技术主要包括氢燃料电池和燃机。燃料电池主要包括质子交换膜燃料电池、固体氧化物燃料电池、熔融碳酸盐燃料电池、磷酸燃料电池、碱性燃料电池等。质子交换膜燃料电池、固体氧化物燃料电池是目前最有前途和最具竞争力的能源转换技术，熔融碳酸盐燃料电池、磷酸燃料电池、碱性燃料电池电解质的高度腐蚀性大大限制了其商业可行性和竞争力。

为了实现完整的可再生能源-电能-氢能-电能转化过程，制氢技术、储氢技术、输氢技术、燃料电池及氢燃气轮机技术等在氢储能领域的发展尤为关键。接下来，将依次详细介绍四个环节所涉及的技术原理、特点等。

7.1.2　制氢环节

我国是氢气生产和消费大国，现阶段氢气主要来源于化石能源制氢和工业副产物制氢，随着全球应对气候变化压力的持续增大，低碳氢源得到广泛关注。不同制氢技术路线在制氢能量来源和工艺方面存在差异，一般可分为：以煤炭、天然气为主的化石能源制氢，焦炉煤气、氯碱尾气、丙烷脱氢等工业副产物制氢，电解水制氢，生物质等低热值含碳原料制氢、热化学循环分解水制氢、光催化分解水制氢等新型制氢技术。接下来将对各类技术展开介绍。

7.1.2.1　化石能源制氢

全球绝大多数氢气的生产依赖于化石能源，其中，煤气化制氢技术占据重要地位。这一方法以煤粉、煤浆或煤焦为原料，在高温环境中与气化剂（包括空气、氧气和水蒸气）进行反应，生成合成气（主要包含氢气和二氧化碳）。随后，通过一系列生产步骤，如煤气净化、CO 变换以及氢气提纯，可以获得一定纯度的大量氢气。我国由于有丰富的煤炭资源和发达的煤炭产业，煤气化制氢技术得到广泛应用，尤其在合成氨、合成甲醇等煤化工行业中，煤气化制氢工艺流程如图 7-4 所示。这一技术路线在我国拥有成熟且稳定的生产能力，可以实现大规模的氢气生产。可见，煤气化制氢是当前成熟高效、经济性高的一种制氢方式。

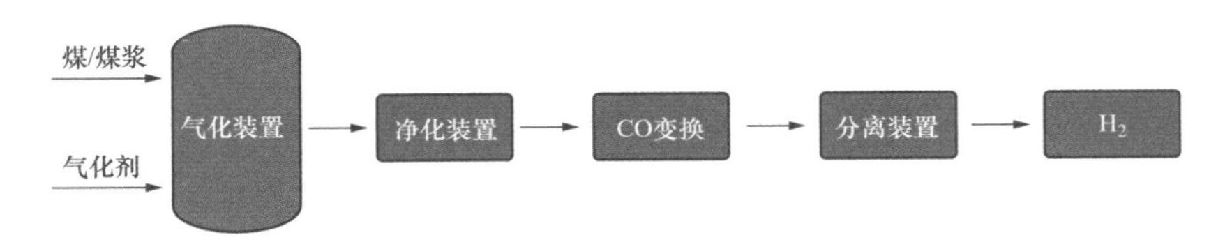

图 7-4　煤气化制氢工艺流程

天然气蒸汽重整制氢技术发展成熟。天然气制氢方法包括天然气蒸汽重整制氢、天然气部分氧化制氢、天然气自热重整制氢、天然气催化裂解制氢。天然气蒸汽重整（SMR）制氢是将天然气与水蒸气在催化剂的作用下，在 820～950℃温度下反应，生成 H_2 和 CO_2 的工艺过程，主要包括天然气脱硫、重整反应、CO 变换、氢气提纯等过程，如图 7-5 所示。

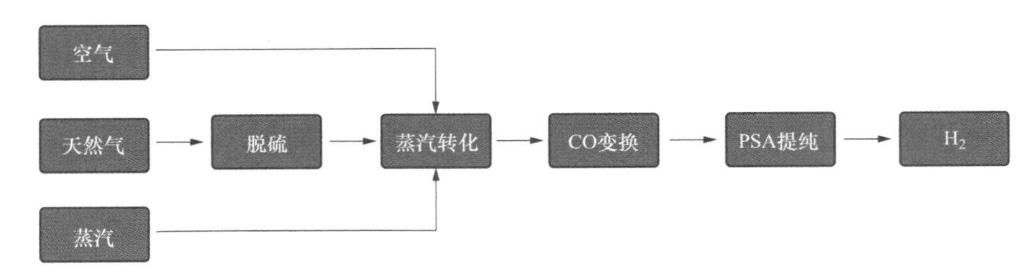

图 7-5　天然气重整制氢工艺流程

7.1.2.2　电解水制氢

电解水制氢是一种电化学过程，通过在电流作用下将水分子分解为氢气和氧气，并分别在阴极和阳极析出。这一领域涵盖了多种电解水制氢技术，其中主流技术为碱性电解水制氢、质子交换膜电解水制氢、高温固体氧化物电解水制氢等技术。三种技术的主要特性对比情况如表 7-4 所示。

表 7-4　　电解水制氢技术特性

项目	碱性电解水制氢技术	质子交换膜电解水制氢技术	高温固体氧化物电解水制氢技术
技术成熟度	已成熟商业应用	已初步商业应用	试验验证
电解质/隔膜	碱性水溶液/石棉隔膜	纯水/质子交换膜	固体氧化物
运行温度（℃）	60～80	50～80	650～1000
电解槽能耗（kWh/Nm^3）	4.4～5.1	4.3～5.0	≤3.5
氢气纯度（%）	＞99.8	约 99.999	—
能效（%）	约 60	约 70	约 85
负载范围（%）	10～110	0～160	20～100
启动（热-冷启动）	1～10min	秒级	—
变负荷（%/s）	0.2～20	100	—

（1）碱性电解水制氢技术。碱性电解水制氢是一种采用碱性电解质（通常是碱性溶液，如氢氧化钾或氢氧化钠）、利用电解反应将水分解成氢气和氧气的技术。其装置主要组成包括阳极、阴极和石棉隔膜。

碱性电解水制氢的工作原理（见图 7-6）：以 20%～30%的 KOH、NaOH 水溶液为电解质，采用石棉布等作为隔膜，在直流电的作用下将水电解，水分子在阴极被分解为 H_2 和 OH^-，OH^-穿过隔膜到达阴极，在阳极失去电子生成 O_2 和 H_2O。碱性电解槽电极上的反应为

阴极 $$4H_2O+4e^- = 2H_2+4OH^-$$

阳极 $$4OH^- -4e^- = 2H_2O+O_2$$

碱性电解水制氢技术早在 20 世纪中期就实现了规模级工业化应用，其技术成熟度高，电极不需要昂贵的催化剂，常采用镍电极，使用寿命可达 15a。碱性电解水制氢技术存在的主要不足有：①由于液体电解质存在高欧姆损耗，导致其电解槽电流密度较低（约 0.25A/cm^2）、能效较低（约 60%）；②碱性电解液易与空气中的 CO_2 反应，形成不溶性碳酸盐而阻塞多孔催化层，阻碍产物和反应物的传递，进而降低电解槽性能；③工作时需始终控制并保持电解池的阳极和阴极两侧压力均衡，以防止氢气、氧气穿过多孔薄膜混合而引起爆炸，加之碱液电解槽难以快速关闭或者启动，制氢速度难以快速调节，因此难以与风电、光伏等波动式可再生能源完美配合。

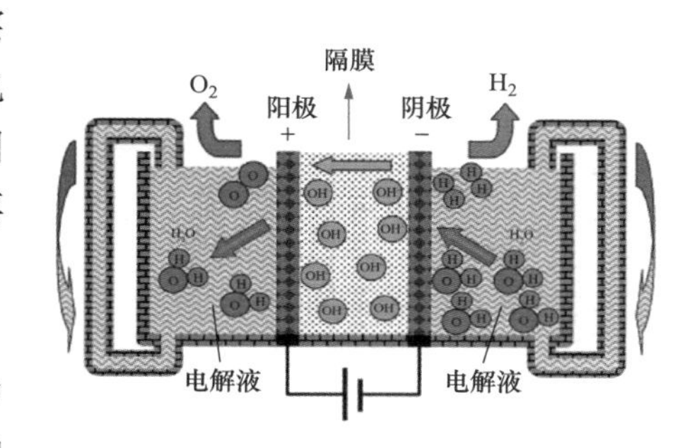

图 7-6 碱性电解水制氢技术工作原理

（2）质子交换膜电解水制氢技术。质子交换膜电解水制氢是一种高效、清洁的氢气生产技术。其装置主要组成包括质子交换膜、阳极和阴极。工作原理（见图 7-7）是将水分解成 H_2 和 O_2，通过电流在电解槽中进行。在这个过程中，质子交换膜允许 H^+通过，但阻止 H_2 和 O_2 混合，从而分离 H_2 和 O_2。PEM 电解槽电极上的反应为

阴极 $$4H^+ +4e^- = 2H_2$$

阳极 $$2H_2O-4e^- = 4H^+ +O_2$$

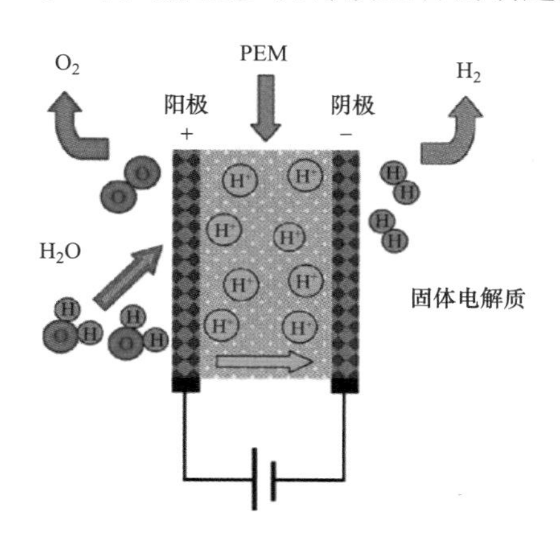

图 7-7 质子交换膜电解水制氢技术工作原理

质子交换膜电解水制氢技术具有高效、低温操作、零排放的特点，适用于多种应用领域，如氢燃料电池和工业氢气生产。相比传统的碱性电解水制氢技术，质子交换膜电解水制氢技术由于具有更高的电流密度（高于 1A/cm^2）和效率、更高的 H_2、O_2 纯度、安全可靠等优势而被认为是最有前景的电解

水制氢技术之一，但也存在质子交换膜和贵金属催化剂价格昂贵的问题，一定程度上制约了其商业化进程。

（3）高温固体氧化物电解水制氢技术。高温固体氧化物电解水制氢是一种在高温条件下进行水分解以产生氢气的技术。其装置主要组成包括固体氧化物、阳极、阴极。工作原理是在高温（通常在 650～1000℃范围内）下，高温水蒸气在阴极被分解为 H^+和 O^{2-}，H^+得到电子进一步生成 H_2，O^{2-}经电解质到达阳极生成 O_2，固体氧化物电解槽在电极上的反应为（原理图如图 7-8 所示）

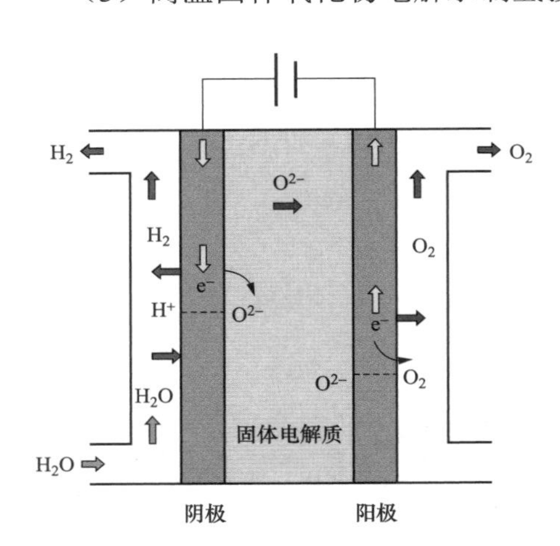

图 7-8　高温固体氧化物电解水制氢技术工作原理

阴极　　$2H_2O+4e^- = 2H_2+2O^{2-}$

阳极　　$4O^{2-}-4e^- = 2O_2$

高温固体氧化物电解水制氢技术具有能量转化效率高且不需要使用贵金属催化剂的优点；此外，高温固体氧化物电解水制氢技术还可用于 CO_2 的转化与减排，具有广阔的发展前景。然而，高温固体氧化物电解水制氢技术材料成本较高，在高温工作环境下对材料要求高，目前高温固体氧化物电解水制氢技术仍然处于试验示范阶段，尚无大规模商业化运行装置。

7.1.2.3　工业副产物制氢

工业副产物制氢技术是通过提纯工艺从焦炉行业副产的焦炉气、氯碱行业生产烧碱及丙烷脱氢生产丙烯的过程中提取氢气。提纯工艺常采用变压吸附提纯（PSA）技术，利用固体吸附剂对气体的吸附具有选择性，以及气体在吸附剂上的吸附量随其分压的降低而减少的特性，实现气体混合物的分离和吸附剂的再生，达到制氢提纯的目的。工业副产物制氢主要应用于钢铁、化工等行业，通过该技术制氢既能提高资源利用效率和经济效益，又能减少大气污染。

7.1.2.4　新型制氢

新型制氢技术包括光催化分解水制氢、热化学循环分解水制氢及生物质和其他低热值含碳原料制氢等。

（1）光催化分解水制氢。光催化分解水制氢的基本原理是利用催化剂（通常是半导体材料）吸收太阳光或其他可见光源的能量，将水中的分子分解成氢气和氧气。这个过程涉及光生电子-空穴对的生成，光生电子被催化剂捕获并用于还原水分子生成氢气，而空穴则用于氧化水分子生成氧气。光催化分解水制氢通常需要特殊设计的催化剂、光吸收剂和电子传递材料。未来光催化分解制氢研究关键技术包括：对光催化制氢的催化剂的改进、开发更高效的光吸收材料等。光催化分解水制氢技术具有广阔的前景，该技术由可再生能源驱动，清洁绿色，同时光催化制氢可分散式部署，使能源生产更加灵活分散。

（2）热化学循环分解水制氢。热化学循环分解水制氢技术旨在利用太阳能、核能、工业余热等各种热源，通过一系列化学反应循环的方式实现水的分解来产生氢气。热化学循环分解水制氢的基本原理是通过一系列高温化学反应，将水分子分解成氢气和氧气。这个过程通常涉及多个步骤，其中一些步骤需要提供高温能量，而其他步骤则是释放氢气和氧气的产物。常见的热化学循环包括硫碘循环、硫氯循环、硫氧循环和氨硫循环等。

硫碘循环技术具有温度相对低(800～1000℃)、理论效率高等特点，是发展较快的热化学分解水制氢技术。硫碘循环的化学反应方程式如下：

硫酸分解：$2H_2SO_4 = 2H_2O + 2SO_2 + O_2$

Bunsen 反应：$2SO_2 + 2I_2 + 4H_2O = 4HI + 2H_2SO_4$

氢碘酸分解：$2HI = H_2 + I_2$

热化学循环分解水制氢技术具有潜在的前景，由于该技术通常需要高温环境，因此适合与聚光式太阳能、核能等高温能源结合，同时热化学循环可以实现相对高的能源转换效率。目前，该技术总体上处于实验室向中试过渡的阶段，下一步需要针对工程材料、关键设备等与工程应用相关的关键技术进行深入研究和攻关。

（3）生物质和其他低热值含碳原料制氢技术路线可根据原料的种类采用生物质气化制氢、超临界水汽化制氢和生物法制氢等。①生物质气化制氢技术是在现有成熟的生物质气化工艺上进一步集成相应的水汽变换装置和氢气分离系统。②超临界水汽化制氢是指在温度、压力高于水的临界值条件下，以超临界水作为反应介质，利用超临界水的特殊性质进行热解、氧化、还原等一系列复杂的热化学反应，将生物质中的有机物转化为氢气。③生物法制氢是以有机废水、玉米秸秆、麦麸等原料通过微生物的新陈代谢制氢。

7.1.3 储氢环节

标准状态下氢气的体积热值约 10.79MJ/Nm^3，仅为天然气体积热值的 1/3，因此，储氢技术的关键在于储氢能量密度的提高，兼顾经济性、能耗以及使用周期等因素。氢能发电领域中应用的储氢技术，有别于燃料电池汽车领域中所涉及的车载储氢和加氢站储氢技术，需要实现更大规模储氢，并具备大量、快速和稳定的充装释放能力。

目前研究和应用中的储氢技术主要可分为两类：

（1）物理储氢技术。该储氢技术中，氢气保持气态或转化为液态储存，此过程不发生化学反应或物理吸附，主要包括高压气态储氢技术和低温液化储氢技术。

（2）材料储氢技术。利用固体或液体材料作为储氢介质，经过化学反应或物理吸附等过程实现对氢的储存和释放，吸放氢条件根据所选取储氢材料的不同而具有显著差异，主要包括有机液体、氨等液体材料储氢技术和金属合金、碳质材料等固体材料储氢技术。

7.1.3.1　物理储氢技术

（1）高压气态储氢。高压气态储氢技术是指将氢气压缩在储氢容器中，使之以高密度气态形式储存的技术。该技术为纯物理过程，具有储氢纯度高、氢气充装释放速度快、成本相对较低、适应性广等特点。高压气态储氢技术主要通过提高储存压力来提升储氢能量密度，但氢气压缩过程会产生一定能耗，储氢压力越大，能耗相对越高。

高压气态储氢技术难点主要在于设计制造能够承受高压的储氢压力容器和压缩机等配套设备，本书主要关注储氢压力容器相关技术及研究进展。根据结构形式不同，储氢压力容器可以分为地上固定式储罐和地下洞穴储气库两种。

1）地上固定式储罐。储罐设备结构相对简单，稳定适应范围广，压缩氢气耗能较低，是目前最为成熟的储氢技术之一。氢储罐一般包含Ⅰ～Ⅳ型，四种类型的储罐适用于不同的应用场景，表7-5对比了四类储罐的技术特点情况。

表7-5　四类固定式储罐技术特点比较

储罐类型	储罐材料	工作压力（MPa）	储氢密度（wt%）
Ⅰ	纯钢质金属罐	17.5～20.0	≈1.0
Ⅱ	钢质内胆纤维缠绕罐	26.3～30.0	≈1.5
Ⅲ	铝内胆纤维缠绕罐	30.0～70.0	≈2.5～4.0
Ⅳ	塑料内胆纤维缠绕罐	＞70.0	≈2.5～6.0

2）地下洞穴储气库。储气库主要包括盐穴储气库、枯竭的油气藏储气库和含水层储气库，适用于大规模储氢，工作气量可达几亿至几十亿立方米，可进行季节性调节。盐穴储气库通过对厚层盐丘进行化卤造腔，需要对卤水进行地面净化处理，投资成本高，但盐腔注采能力高，泄漏率低，氢气污染风险低，调峰能力最强；枯竭的油气藏储气库是利用已开发到末期的油气藏进行注气改造，由于油气开发过程中对地下认识已逐渐加深，所以建库风险小，投资成本较低，但存在氢气污染风险；含水层储气库由地下高渗透性含水构造注气驱水改造而成，性能与枯竭油气藏相似，但需要额外的地下勘探投资，建库风险相对较大。

（2）低温液态储氢。液氢的体积密度为70.8kg/m^3，为标准气态时的845倍，显著高于高压储氢密度（70MPa常温下约为39.6kg/m^3）。氢气以液态存在的温度范围非常窄，氢气在常压下的熔点为−259.1℃，沸点为−252.87℃，即常压下−259.1～−252.87℃之间，氢气以液体存在，其他温度范围内均以固体或气体存在。低温液态储氢技术就是将氢气经过多级压缩冷却后液化成为液态氢，再装入低温绝热容器中进行储存的技术。

低温液态储氢的关键技术为氢液化技术和液氢储罐绝热技术。氢液化技术能耗高，液化过程需要经过多级压缩冷却，消耗的能量可达氢能总量的 30%。

7.1.3.2 材料储氢

（1）液体材料储氢技术。根据储氢载体不同，主要分为有机液体储氢、甲醇储氢和液氨储氢，其优势在于储氢密度高、燃烧和爆炸危险性相对较低。缺点在于储氢介质加氢、脱氢反应条件严苛，脱氢反应效率较低；部分储氢材料还需采用贵金属催化剂或反应温度高，导致总体成本较高。

有机液体储氢通常是利用烯烃、炔烃或芳香烃等不饱和液态有机物，在一定的温度、压力和催化剂的作用下，与氢气发生可逆反应实现加氢和脱氢，进而实现氢气的储存和释放。有机液体储氢技术的关键在于选择合适的储氢介质，常见有机液体储氢介质及其加氢、脱氢特性如表 7-6 所示，其中所列介质储氢密度均为理论值，实际上由于加氢反应和脱氢反应的不充分，有机液体储氢介质的实际储氢量要比理论储氢量低 10%～20%。有机液体储氢介质在利用过程中始终以液态方式存在，可以在常温常压下存储，安全性高，有利于氢能的大规模利用。

表 7-6　　典型有机液体储氢介质及其加氢、脱氢特性

有机液体储氢介质种类	毒性	质量储氢密度（wt%）	体积储氢密度（kg H_2/m^3）	加氢条件（温度、压力）	脱氢条件（温度、压力）	催化剂种类
环己烷	低毒	7.19	56	300～370℃ 2.3～3MPa	400℃ 101kPa	Pt-Mo/SiO_2
甲基环己烷	低毒	6.18	47	90～150℃ 约 11MPa	300～400℃ 101kPa	Ni/Al_2O_3
十氢萘	低毒	7.29	64.7	120～280℃ 2～15MPa	210～280℃ 101kPa	加氢：Ni/Al_2O_3 脱氢：5%Pt/C
N-2-乙基吲哚	低毒	5.23	48	160～190℃ 9MPa	160～190℃ 101kPa	加氢：5%Ru/Al_2O_3 脱氢：5%Pd/Al_2O_3
2-甲基吲哚	低毒	5.76	52	120～170℃ 7MPa	160～200℃ 101kPa	加氢：5%Ru/Al_2O_3 脱氢：5%Pd/Al_2O_3
N-乙基咔唑	低毒	5.8	54	200℃ 6MPa	230℃ 101kPa	加氢：20%Ni/Al_2O_3 脱氢：20%Ni-5% Cu/Al_2O_3

甲醇储氢是指利用一氧化碳、二氧化碳与氢气反应生成甲醇，将一氧化碳、二氧化碳作为储氢载体循环利用，见式（7-1）和式（7-2）。如式（7-3）所示，甲醇在一定条件下也可分解得到氢气，实现对氢气的释放，甲醇也可直接作为燃料利用。然而，在甲醇的利用过程中仍会产生碳排放，需要利用环境中收集的二氧化碳合成甲醇以实现整个循环的零碳排放。

储氢过程（甲醇合成）：$$3H_2+CO_2 = CH_3OH+H_2O \tag{7-1}$$

$$CO+2H_2 = CH_3OH \tag{7-2}$$

释氢过程（甲醇水蒸气重整）：$CH_3OH+H_2O = 3H_2+CO_2$ （7-3）

液氨储氢技术是利用氮气与氢气反应生成液氨，将氮气作为储氢载体循环利用，反应如式（7-4）所示。合成氨反应属于传统成熟化工产业技术，但液氨高效分解制取氢气属于新兴产业，目前液氨制氢是在常压、400℃条件及催化剂条件下分解得到氢气。常用的催化剂包括钌系、铁系、钴系与镍系，其中钌系的活性最高。液氨本身也可用作燃料，用于氨燃料电池或燃机发电。

$$N_2+3H_2 = 2NH_3 \quad (7\text{-}4)$$

（2）固体材料储氢技术。固体材料储氢技术主要利用金属（合金）碳材料、金属-有机骨架材料等作为储氢介质通过物理吸附或者化学吸附进行氢储存，当需要释放氢气时，可通过加热固体储氢材料来实现释氢。固体材料储氢技术具有体积储氢密度高、安全性好等优点，但普遍存在储氢材料价格高、寿命短或者储存、释放条件苛刻等缺陷。储氢金属（合金）材料主要通过吸氢金属与氢结合形成稳定金属氢化物储氢，主要包括稀土系、钛系、锆系和镁系等。储氢碳质材料主要通过巨大的比表面积和孔容积对氢气进行吸附储存，主要包括活性炭、碳纤维和纳米碳管。金属-有机骨架材料是金属离子或金属簇与有机配体结合形成的具有周期性网络结构的晶态多孔材料，通过范德华力进行吸附储氢，具有孔隙率高、吸附量高、热稳定性好等特点，主要包括MOF-5、HKUST-1、ZIF 系列等。

7.1.3.3 储能密度对比

不同储氢技术对应的质量储氢密度和体积密度，如图 7-9 所示，其中数值均为理论计算数值，材料储氢技术体积密度普遍高于物理储氢技术。以高压气态氢和液氢为代表的物理储氢技术的技术成熟度高，有利于近期开展规模化氢能利用，而材料储氢技术仍处于研究或示范阶段，在大规模氢能储存应用上仍有待进一步探索。

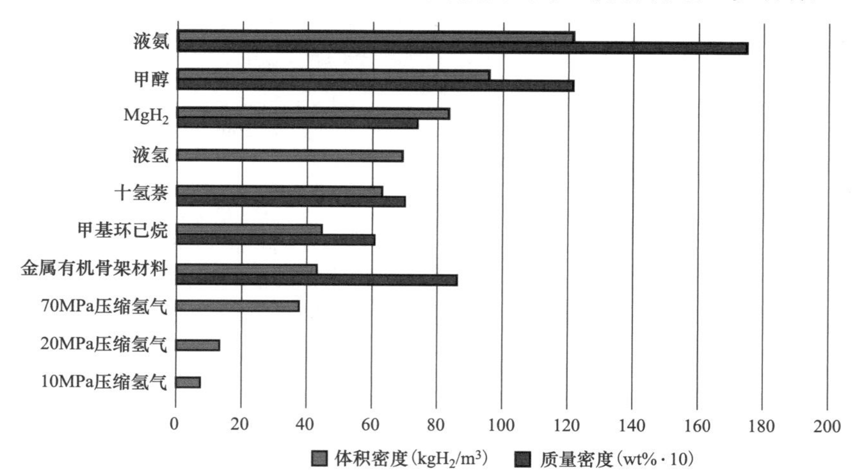

图 7-9 各类储氢方式的质量密度和体积密度对比情况

注：以上体积密度和质量密度均为理论值；金属有机骨架材料（MOFs）因其结构不同，具有不同的体积密度和质量密度，图中数据为这一类材料在高压、−196℃条件下的代表储氢容量。

7.1.4 输氢环节

输氢是连接氢气制、储、用的桥梁，是氢能高效利用的关键因素之一，对氢能发电经济性具有重要影响。目前可供选择的输氢方式较多，技术相对成熟，不同应用场景较为适合的输运氢的方式均不相同，需要结合氢运输量、运输过程氢的损耗、运输里程等因素综合考虑。

输氢方式根据其运输过程中所储氢气形态不同，可分为气态氢运输、液态氢运输和固态氢运输。气态氢运输主要为高压气态氢运输；液态氢运输包括低温液态氢运输和对各类储氢液体材料（如有机液体、甲醇和液氨等）的运输；固态氢运输为对各类储氢固体材料的运输，包括储氢合金、储氢碳质材料等。高压气态氢储存和低温液态氢储存本质均为压缩储氢方式，氢稳定性低，对运输要求高；而材料储氢技术中氢稳定性高，易于储存运输，对运输要求低。下面将主要对高压气态氢运输、低温液态氢运输、储氢材料氢运输分别进行介绍。

7.1.4.1 气态输氢

气态氢运输技术是指将氢气加压至一定压力后，利用集装格、长管拖车和管道等工具输送。其中，管道运输被认为是大规模氢气运输最经济有效的方法，又可分为氢气管道运输、天然气管道掺氢运输方式。接下来将主要介绍长管拖车高压气态氢输氢、氢气管道输氢和天然气管道输氢技术。

（1）长管拖车高压气态氢运输。长管拖车结构分为车头部分和拖车部分，车头部分提供动力，拖车部分主要提供存储空间，且车头部分和拖车可分离，运输技术较成熟、标准规范较完善，目前主要应用于短距离、小规模氢气运输，长管拖车结构如图 7-10 所示。

图 7-10 长管拖车实物图

长管拖车由数个旋压收口成型的高压气瓶组成，国外早期多采用钢瓶，工作压力介于 20～25MPa 之间，单车运输氢气量一般不超过 400kg，后来提高工作压力至 30～45MPa 后，单车输氢量可提高至 700kg。目前国外部分公司已将缠绕技术用于高压储氢运输储罐，美国 Lincoln Composites 公司利用金属丝缠绕结构储氢罐，工作压力为 25MPa，单罐储氢量约 150kg，单车一般可搭载 4 台，使得单车运输氢气量达 600kg。Air Products 公司采用集合复合材料管束，开发了 52MPa 超高压氢气运输管车，配备了自动控制阀门，在与加氢站控制系统对接后，氢气将直接进入加氢机，氢气配送的价格约为 10 元/kg，使氢气终端销售价格下降到 40 元/kg 以下。

国内氢气输运多采用高压长管拖车，工作压力一般采用 20MPa，载氢量一般为 300～460kg/车，目前国内在 45MPa 及以上高压输氢技术有待进一步发展。

长管拖车输氢技术基础设施成本较低，且灵活性强，在氢能推广的最初阶段十分有利，且在一段时期内会成为偏远地区或低需求地区的最佳选择。但长管拖车储氢容量小，运输距离短，随着今后需求的减少和运输距离的增加，其经济效益会有所下降。

（2）氢气管道运输。氢气管道运输是指在氢相容性管道中进行氢气的运输，如图 7-11 所示，管道运行压力一般为 2.0～10.0MPa，管道直径一般不超过 1.0m，管道材料主要为低强度管线钢，管道运输具有速度快、效率高、建设技术成熟等优点，但管道建设的初始投资较高，这主要与管道的直径和长度有关。氢气管道根据建设长度可分为长距离输送管道（即长输管道）和短距离配送管道。一般来说，长输管道输氢压力相比短距离配送管道更高，管道直径更大。

图 7-11　氢气输送管道实物图

美国和欧洲是世界上最早发展氢气管网的地区，已有 80 余年发展历史。欧洲首条氢气管道建设于 1938 年，位于德国莱茵河和鲁尔地区之间，直径为 0.25～0.3m、长约 240km 的钢制管道，压力为 2～21MPa。自此，氢气管道开始在不同国家建设，主要位于美国、加拿大和欧洲等工业国家和地区，据统计全球范围内氢气输送管道建设总长度已超过 4600km。美国氢气管道建设里程最长，已达 2720km，最大运行压力为 5.5～10.3MPa，基本采用低碳钢，主要由商用氢气生产商建设，布局于大型氢气用户（如炼油厂和化工厂）集中的地方，如美国于 2012 年在墨西哥沿岸建造完成了全球最大的氢气供应管网，全长约 965km，连接 22 个制氢厂，输氢量达到 150 万 Nm^3/h。

我国输氢管道的建设范围不断扩大，为了实现能源转型和双碳目标，输氢管道建设已经进入全面推进的阶段。2023 年 4 月，中国石化宣布“西氢东送”输氢管道示范工程已被纳入《石油天然气“全国一张网”建设实施方案》，该管道是国内首条跨省区、大规模、长距离的纯氢输送管道。2023 年 4 月，中国石油宣布现有天然气管道长距离输送氢气的技术取得了新突破，天然气掺氢管道长 397km，掺氢比例已逐步达到 24%，在 100 天的测试运行中整体运行安全稳定。2023 年 6 月，国家管网集团完成首次高压力纯氢管道试验并取得成功。2023 年 7 月，宝鸡钢管公司成功完成国内首次全尺寸螺旋焊管长周期高压高比例掺氢试验，试验各项指标均满足相关技术要求。据《中国氢能产业基础设施发展蓝皮书》的估计，到 2030 年，我国的氢气管道总长度有望达到 3000km。

当前要推动输氢管道发展，仍存在一系列需要克服的难题。①建设输氢管道初始投资较高，包括管道本身的建设成本、氢气的净化和压缩成本、管道维护和监测成本等。这使得管道建设项目需要大量的资金支持；②输氢管道存在安全问题，氢气极易泄漏、燃烧和爆炸，必须采取相应措施来预防氢气的泄漏、爆炸和火灾等安全事件；③需要政策和法规的支持，国家相关机构需要为氢能技术提供支持，制定相关的法规和标准，以确保输氢管道的合规性和安全性。

（3）天然气管道掺氢运输。氢气长输管道的建设成本一直备受关注，因此利用现有的天然气管道来输送氢气与天然气的混合气成为备受瞩目的技术。天然气和氢气在物理性质上有一定的相似性，因此现有的天然气基础设施，如压缩、储存和管道，在一定程度上适用于氢气的运输（尤其是低比例混合氢气的情况下更为适用）。天然气管道掺氢运输流程如图 7-12 所示，通过将制取的氢气按照一定比例注入天然气管网，可以实现氢气与天然气的混合运输。这种混合气体可以直接供应给工厂、居民和商业用户作为燃料使用，或者在使用地点进行分离提取，以满足不同用途的需求。

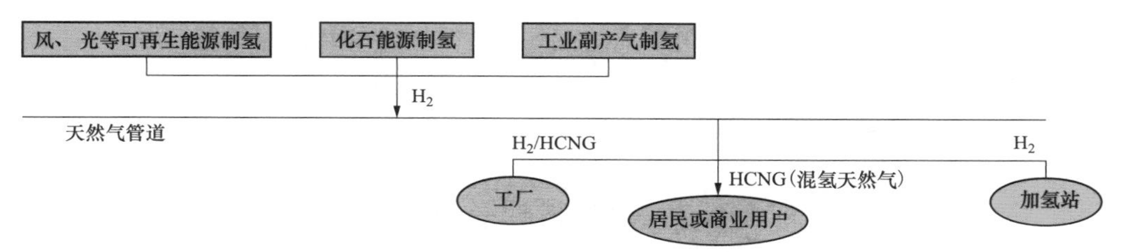

图 7-12　天然气管道掺氢流程图

将氢气与天然气混合后通过天然气管道运输可以显著降低初始投资成本，但面临多项挑战。虽然氢气和天然气在物理性质上有些相似，但其气体分子的大小和渗透性质存在差异，这可能导致混输后的管道内流动状态的变化，引起系统输气能力、混合气体的泄漏和爆炸特性等方面的变化；氢气具有易泄漏、易燃易爆性，因此在混输和管道系统中需要采取额外的安全措施来防止泄漏和燃烧爆炸事故；管道材料的选择也是一个关键问题，因为氢气可能引起材料出现氢脆现象，这可能影响管道的耐久性和安全性；此外，天然气管道的建设和运行管理经验通常不能完全适用于氢气输送管道，因此需要制定新的法规和标准，以确保混输气体的安全和有效输送；对于氢气与天然气混输管道的适应性评估也需要突破研究，需要充分考虑不同掺氢比例下管道材料的力学性能和劣化规律。

7.1.4.2 液态输氢

液态氢运输是将氢气以液氢形态进行运输的技术，包括液氢槽罐运输和液氢管道运输。液氢一般采用液氢罐车运输，液氢生产厂离用户较远时，可以把液氢装在专用低温绝热槽罐内，放在船舶或飞机上运输，可以满足大规模氢运输，但氢液化过程能耗较大。

液氢槽罐运输技术是将液态氢气装载进专用的低温绝热槽罐中，然后使用不同类型的运输工具，如车辆、船舶，来满足液氢在不同距离和规模上的运输需求。当涉及较远的液氢运输时，通常会选择船舶进行运输。而对于短距离液氢运输，通常采用槽罐车来完成。液氢的储存和运输需要严格控制温度，保持在–253℃或更低，这与外部环境的温度差异较大。为了确保液氢槽罐的密封性和隔热性能，需要对材料和制造工艺提出极高的要求。

图 7-13 为液氢槽罐车输氢实物图，液氢罐车运输系统由动力车头、整车拖盘和液氢储罐三部分组成。液氢槽罐运输的成本对距离不敏感，运输成本随距离增加而产生的增幅不大，主要由于液化过程中消耗的电费仅与载氢量有关，因此，在长距离运输下更具成本优势，适用于氢气大规模、远距离运输。

图 7-13　液氢槽罐车输氢

液氢可用专门的液氢管道进行输送，液氢管道采用真空夹套绝热，由内外两个同心套管组成，两个套管之间抽成高度的真空。目前液氢管道只用于航天领域的短距离液氢输送，技术要求和投资均较高。

7.1.4.3　储氢材料输氢

储氢材料氢运输又可分为储氢材料液态氢运输和储氢材料固态氢运输，接下来将分别介绍这两类输氢技术。

（1）储氢材料液态氢运输。储氢材料液态氢运输一般是在常温常压下运输至目的地后，再在一定压力和温度条件下释放氢气，是实现氢气液态运输的新型技术方案。该技术方案在规模化安全输氢方面具有优势，但目前仍处于试验阶段，技术成熟度低。一方面，有机液态储氢技术及催化剂的成本尚不明确；另一方面，加氢及脱氢处理使得氢气的高纯度难以保证。

常见的液体储氢介质如液氨、甲醇、有机液体等，其运输安全性较高，尤其是液氨，由于其运输网络成熟、规范，且储运灵活度高，被视为大规模氢运输的重要选择。氨的沸点为–33℃，冰点为–77℃，密度为 0.73kg/m^3，大气条件下自燃温度为 657℃，汽化热高达 1371kJ/kg，在 20℃、891kPa 条件下能液化，在储运过程中需使用热绝缘性高的容器。氨活性较低，其燃烧和爆炸危险性比其他气体和液体燃料低，但毒性较高，运输中的防泄漏是关键问题，因此运输规范中对安全性要求苛刻，对储氨罐的重量和牢固性要求也很严格。液氨运输基础设施和相关技术成熟，主要包括船运、公路罐车和铁路罐车运输，其中罐车运输易受到天气、道路等多种客观因素的影响，安全性不高，易发生风险事故，检修及运输要求高，因此公路、铁路运输方式多用于短距离运输。有机液体储氢介质可在常温常压下运输，具有显著的运输优势，但其通常具有一定的毒性（通常为低毒），在运输的安全性上需要进行评估，同时还需关注长途运输的经济性问题，脱氢后的介质必须返厂加氢，即往返均为重载运输，降低了运输的经济性。

（2）储氢材料固态氢运输。储氢材料固态氢运输是在常温常压下运输至目的地之后再在一定压力和温度条件下释放氢气，常用的储氢材料有储氢合金。理论上，与高压钢瓶同等重量的储氢合金所能吸纳的氢气量是高压钢瓶的上千倍，可大幅度提升氢气运输的体积能量密度。然而，固态氢运输质量密度较低，经济性不高，且目前仍处于试验阶段，技术成熟度低。

7.1.5 氢能发电环节

氢的利用是氢能产业的终端环节，也是关键环节。氢能（氢气）利用方式既包括交通、电力、燃烧供热等领域的能源化利用方式，也包括化工、冶金等领域的原料利用方式，本书主要针对氢储能在电力系统中的利用，考虑氢能的能源化利用方式，主要讨论氢燃料电池及燃气轮机等在大规模固定式发电的应用场景。

在氢能固定式发电方面，燃料电池发电技术和掺氢/纯氢燃机发电技术是最具代表性的技术路线。其中，燃料电池是通过电化学反应把燃料化学能中的吉布斯自由能部分转换成电能，由于不受卡诺循环效应的限制，因此理论发电效率较高，但其单体容量较小；而掺氢/纯氢燃机发电技术则采用常规的热力循环，发电效率受布雷顿循环效率限制，但单机容量大、技术风险相对较小。

7.1.5.1 燃料电池

基于燃料电池技术的氢能利用在多个方面展现出卓越的优势，如应用灵活、具有与多种能源系统的集成潜力。目前，燃料电池技术已广泛应用于不同领域，包括固定式发电、便携式发电以及交通领域等。如图 7-14 所示，燃料电池的应用仍以交通领域为主，固定式发电占比逐年增长，便携式发电装机占比极小。截至 2020 年，全球交通领域、固定式发电、便携式发电的装机容量占比分别为 75.34%、24.63%和 0.03%。本节主要讨论燃料电池技术在固定式发电领域的应用。

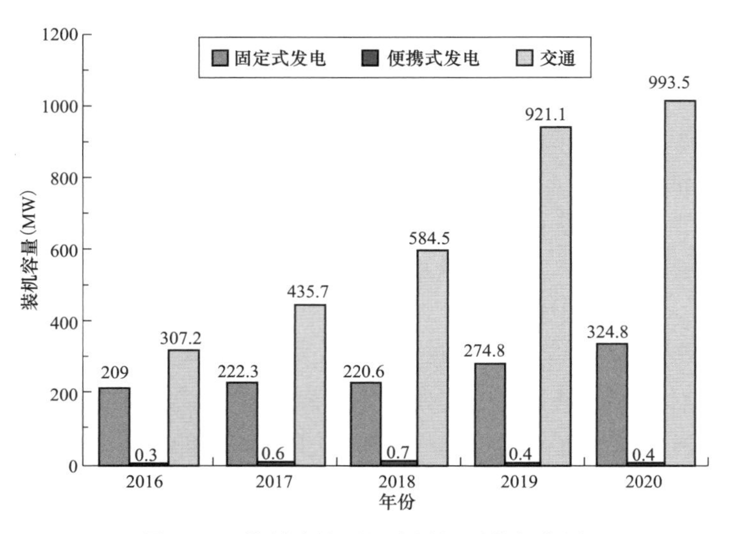

图 7-14　燃料电池不同应用场景装机容量

燃料电池技术根据电解质的性质等不同可分为质子交换膜燃料电池（proton exchange membrane fuel cell，PEMFC）、固体氧化物燃料电池（solid oxide fuel cell，SOFC）、熔融碳酸盐燃料电池（molten carbonate fuel cell，MCFC）、磷酸燃料电池（phosphoric acid fuel cell，PAFC）、碱性燃料电池（alkaline fuel cell，AFC）、阴离子交换膜燃料电池（anion exchange membrane fuel cell，AEMFC）等。其中，AEMFC 是最新开发的技术，尚未实现商业化应用。主要的燃料电池分类如图 7-15 所示，各类燃料电池技术特性比较如表 7-7 所示。AFC、PAFC 和 MCFC 因为电解质具有高度腐蚀性而大大限制了其商业可行性和竞争力，PEMFC 和 SOFC 成为目前最有前途和最具竞争力的能源转换技术。

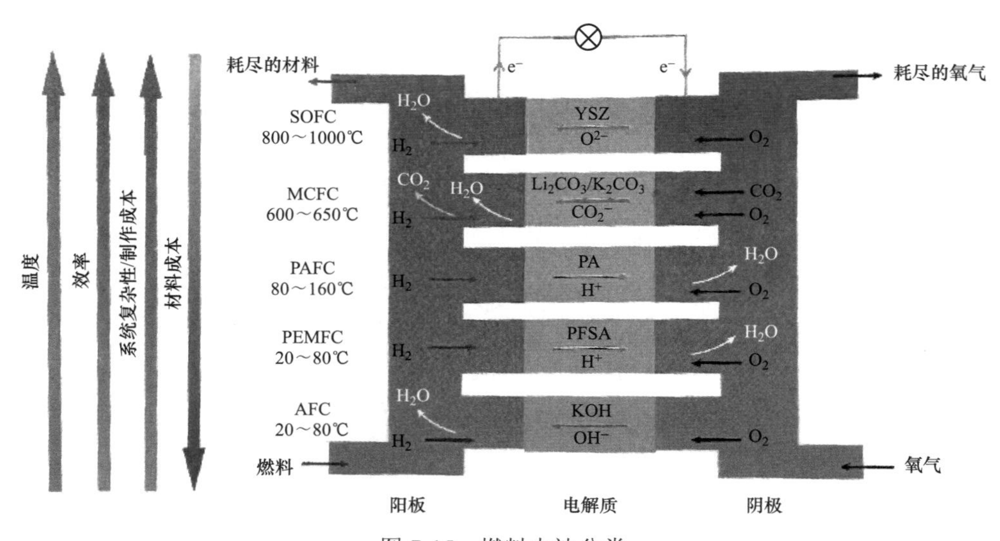

图 7-15　燃料电池分类

表 7-7　　燃料电池参数

参数	PEMFC	SOFC	MCFC	PAFC	AFC
发电效率（%）	40～60	50～60	45～55	35～55	约 60
电解质	离子交换膜	陶瓷	熔融碳酸盐	液体磷酸	氢氧化钾
电解质腐蚀性	无	无	强	强	强
氧化剂	空气	空气	空气	空气	纯氧/双氧水
极板材料	石墨，金属	陶瓷，不锈钢	镍，不锈钢	石墨	镍
催化剂	铂系	钙铁矿	镍	铂系	镍
寿命（h）	20 000～60 000	5000～8000	30 000～80 000	20 000～40 000	≤90 000

（1）质子交换膜燃料电池（PEMFC）。质子交换膜燃料电池，又称为聚合物电解质燃料电池，通常采用聚合膜作为电解质，是当前应用最为广泛的燃料电池技术路线之一。PEMFC 的基本组成包括阴极、阳极和聚合物电解质。相比于其他技术路线，PEMFC 工作温度较低，一般在 100℃以下。当前，PEMFC 发电效率一般在 40%～60%，电池寿命可达 20 000～60 000h。此外，PEMFC 还具有启动速度快、比功率高、结构简单、操作方便等优势。

PEMFC 的工作原理为：H_2 燃料在阳极催化剂作用下失去电子，转化为 H^+，H^+穿过质子交换膜到达阴极并释放电子。阴极上 O_2 与 H^+和电子发生反应形成 H_2O。PEMFC 工作原理如图 7-16 所示。

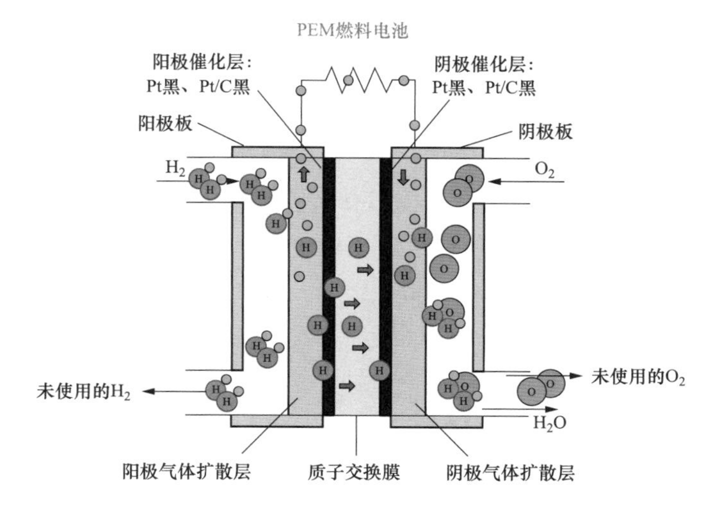

图 7-16　质子交换膜燃料电池工作原理图

PEMFC 电化学反应方程式如下：

阳极：$4H^{+}+4e^{-}═══2H_2$

阴极：$O_2+4H^{+}+4e^{-}═══2H_2O$

总反应：$2H_2+O_2 = 2H_2O$

（2）固体氧化物燃料电池（SOFC）。固体氧化物燃料电池是一种高温燃料电池技术，其工作原理与其他燃料电池基本相同，为电解水的逆反应。SOFC单电池由阳极、阴极和固体氧化物电解质组成，电极多采用多孔化合物，固体氧化物电解质需同时具备传递O^{2-}、分隔氧化剂和燃料的作用。SOFC工作温度高，运行温度通常在650～1000℃。当前，SOFC发电效率一般在50%～60%，电池寿命可达5000～8000h，主要在中、小型固定式热电联产中开展了少量应用。

SOFC的工作原理（见图7-17）为：O_2燃料在阴极催化下失电子生成O^{2-}，在电势差和浓差极化作用下，O^{2-}转移至阳极侧与H_2燃料进行氧化反应，生成H_2O。

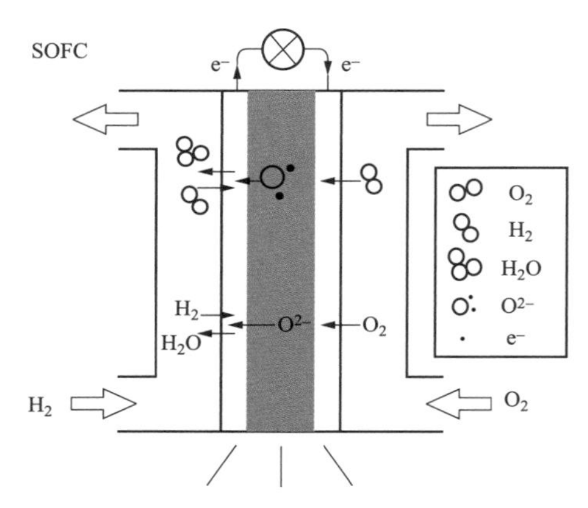

图7-17　固体氧化物燃料电池工作原理图

SOFC电化学反应方程式如下：

阳极：$2H_2+2O^{2-} = 2H_2O+4e^-$

阴极：$O_2+4e^- = 2O^{2-}$

总反应：$2H_2+O_2 = 2H_2O$

SOFC单体电池电压一般为0.7～1.1V，为满足实际应用的需求，需通过串联、并联、混联的方式组成电池组的方式来提高输出功率。当前，SOFC技术路线常用于中、小型固定式热电联产发电，未来还需不断通过技术创新提高技术经济性，促进更大规模的应用。同时，由于SOFC技术工作温度最高运行温度可达650～1000℃，需要注意高温环境下电极材料、电池组件等的腐蚀和渗漏问题。

（3）熔融碳酸盐燃料电池（MCFC）。熔融碳酸盐燃料电池是一种高温燃料电池技术，通常采用碱土金属Li、Na、K、Cs的熔融碳酸盐混合物作为电解质。MCFC与SOFC技术类似，工作温度高，反应速度相对较快，同时也存在材料腐蚀的问题。当前，MCFC发电效率一般在45%～55%，电池寿命可达30 000～80 000h，主要应用于区域性供电。

MCFC的工作原理（见图7-18）为：CO_2与O_2在阴极催化下发生反应生成CO_3^{2-}，CO_3^{2-}通过电解质膜转移至阴极，H_2发生反应生成CO_2和H_2O。

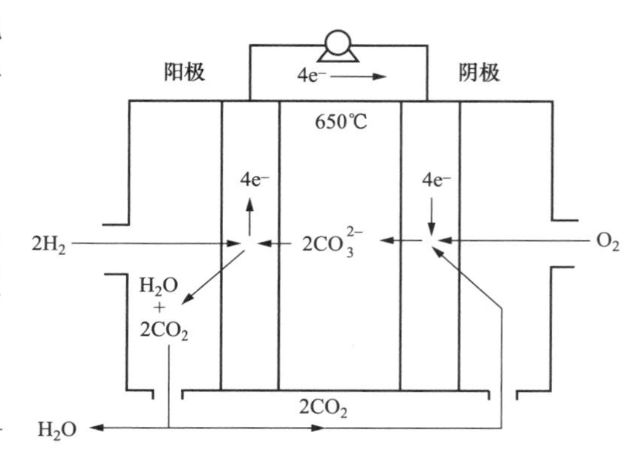

图7-18　熔融碳酸盐燃料电池工作原理图

MCFC电化学反应方程式如下：

阳极：$2CO_3^{2-}+2H_2 = 2H_2O+2CO_2+4e^-$

阴极：$CO_2+O_2+4e^- = 2CO_3^{2-}$

总反应：$2H_2+O_2 \xlongequal{} 2H_2O$

（4）磷酸燃料电池（PAFC）。磷酸燃料电池是一种中温燃料电池，电解质一般采用浓磷酸（H_3PO_4），工作温度一般在 150～220℃。PAFC 不仅可使用氢气作为燃料，还可直接利用天然气、甲醇等廉价原料进行电化学反应。这种多样性使得 PAFC 成为一种灵活的燃料电池技术，能够适应多种不同的能源供应情况。当前，PAFC 发电效率一般在 35%～55%，电池寿命可达 20 000～40 000h。

PAFC 的工作原理（见图 7-19）为：燃料气体和水蒸气在改质器、高温环境下发生化学反应，转化为 H_2、CO，CO 与 H_2O 经催化剂作用进一步转化为 CO_2 和 H_2。经过处理的燃料气体进入阳极，空气中的氧气通入阴极，在催化剂作用下发生反应。

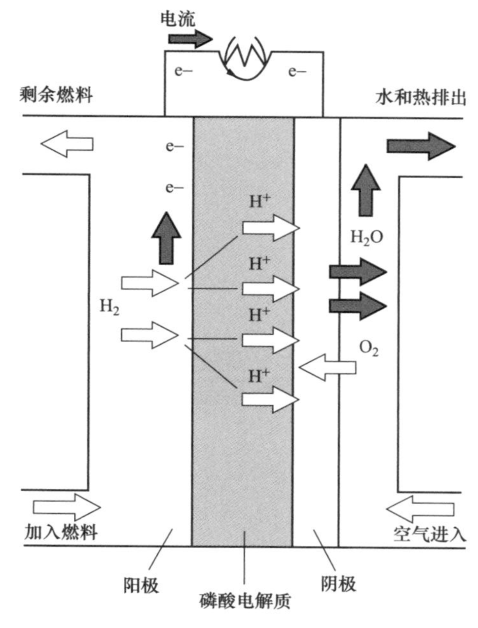

图 7-19　PAFC 工作原理图

PAFC 电化学反应方程式如下：

$C_xH_y+xH_2O \xlongequal{} xCO+(x+y/2)H_2$

$CO+H_2O \xlongequal{} CO_2+H_2$

阳极：$H_2+2e^- \xlongequal{} 2H^+$

阴极：$1/2O_2+2H^+ \xlongequal{} H_2O+2e^-$

总反应：$1/2O_2+H_2 \xlongequal{} H_2O$

（5）碱性燃料电池（AFC）。碱性燃料电池工作温度一般在 80℃左右，通常采用碱性电解液，如氢氧化钾溶液。当燃料电池的电解质具有碱性特性时，燃料在电解质中的渗透性会减小，同时电解质的电流密度会增加。同时，由于使用碱性电解液，在电池运行中氧化剂需通入纯氧。如果使用空气作为氧化剂，由于空气中含有大量 CO_2，实际电池寿命将显著缩短，从而导致商业应用的成本大幅大升。当前，AFC 发电效率一般在 60%左右，电池寿命在 90 000h 左右，应用主要在军用领域。

AFC 工作原理图如图 7-20 所示，电化学反应方程式如下：

阳极：$2H_2+4OH^- \xlongequal{} 4H_2O+4e^-$

阴极：$O_2+2H_2O+4e^- \xlongequal{} 4OH^-$

总反应：$1/2O_2+H_2 \xlongequal{} H_2O$

总体来说，燃料电池固定式发电能够最大程度地减少运输消耗，并有效利用发电过程产生的余热，从而提高能源利用效率，同时具有噪声低、体积小、排放低的优势，适用于靠近用户的千瓦级至兆瓦级的发电系统。目前，燃料电池固定式发电的应用场景主要为家庭用微型热电联供系统（m-CHP）、大中型固定式发电（0.1～10MW）等。如图 7-21 所示，m-CHP 主要采用 PEMFC、SOFC 技术，大中型固定式发电主要采用

MCFC、SOFC、PAFC 技术。

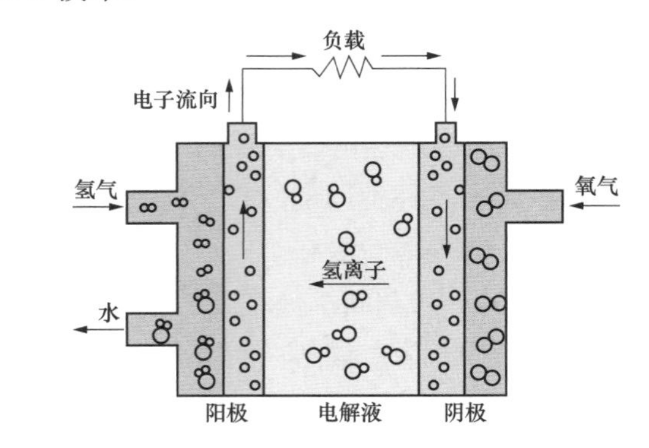

图 7-20　AFC 工作原理图

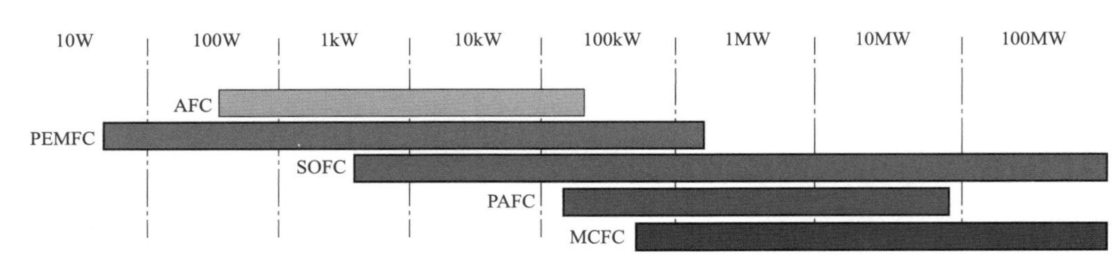

图 7-21　燃料电池应用场景容量范围

当前我国分布式燃料电池系统技术总体还处于研发阶段，与国际先进水平差距很大，在单堆容量、示范发电系统容量、系统集成及能量转化效率等方面都需要进一步提升。应加大对燃料电池核心技术攻关和关键设备研发，加快技术引进消化吸收再创新，如在 PEMFC 方面开发千瓦级至兆瓦级分布式发电系统、发展针对家庭热电联供和百千瓦级商用分布式供电；在 SOFC 方面重点优化关键材料和部件性能，不断缩小技术和产业上同国际先进水平的差距，并大幅降低燃料电池发电系统的成本，培育行业龙头企业，为示范应用和规模化推广创造条件。

基于国内的居民和工商业电价水平，小型分布式燃料电池发电系统在国内很长一段时间内将难以具备经济性优势；对于大型工商业分布式燃料电池系统，只有到中长期尤其是远期，考虑热力价值后，大型分布式热电联供系统才能展现出较明显的经济性优势。

7.1.5.2　燃气轮机

氢燃气轮机以连续流动的纯氢或掺氢气体为燃料，燃烧后形成高温高压烟气作为工质，带动叶轮高速旋转，从而将纯氢或掺氢燃料的化学能转变为机械能。

氢燃气轮机作为同步机电源，在保证系统安全稳定运行方面具备优势，可为系统提供必要的频率支撑、电压响应和转动惯量、短路容量支撑。氢燃机可以参与一次调频和二次调频。一次调频方面性能优越，限幅和死区小；二次调频综合调频性能指标 K_P 最大值可接近 1.9，约是水电最大值的 2/3，约是 60 万 kW 燃煤机组的 3 倍。氢燃机与常规新能源技术相比，也具有一定的竞争力。氢燃机同风电、光伏的技术特性对比如表 7-8 所示。

表 7-8　氢燃机与风电、光伏特性对比

指标	氢燃机	风电、光伏发电
电力保障	提供稳定可靠的电力供应，满足系统高峰负荷需求	提供间歇性、波动性电力，不能全额计入电力平衡
调峰特性	可作为电网的主力调峰电源，调峰深度大，调峰速度快	需要调峰电源为其提供调峰服务
系统短路容量支撑能力	作为同步机电源，可为系统提供短路容量和支撑能力	无法向电网提供短路容量支撑
系统频率支撑能力	频率支撑能力强，可增加系统惯量，参与电网的一次调频和二次调频	频率支撑能力弱，同时其间歇性、波动性出力可能会引发系统频率波动
谐波	基本不产生谐波	并网逆变器产生谐波
次同步振荡	同步机电源，可抑制次同步振荡	易引发次同步振荡
碳排放	随着掺氢比例的增加，碳排放逐渐减少	基本不产生碳排放

氢能固定式发电领域主要采用燃机和燃料电池。基于当前的电力系统和技术发展水平，氢燃气轮机在技术成熟度、设备造价以及电网友好性等方面具备一定的优势，见表 7-9。

表 7-9　氢燃机与燃料电池技术特性对比

指标	氢燃机	燃料电池
技术成熟度	掺氢燃机技术成熟度好。 已有燃机轮机具有一定掺氢能力，百兆瓦级重型燃气轮机通常具有约 30%的掺氢能力，而 100～10MW 等级燃气轮机则具有 50%～60%掺氢能力	示范及商业化初期。 PEMFC、SOFC、PAFC：十千瓦级到百千瓦级 MCFC：兆瓦级
发电效率	F 级燃机：简单循环效率约为 40%，联合循环效率约为 60% H 级燃机：简单循环效率 41%～45%，联合循环效率 61%～64%。	PEMFC：40%～60%； PAFC：≈40% MCFC：≈50% SOFC：≈60%
燃烧适应性	燃料适应性广，适应不同含量的含氢燃料	PEMFC：氢气体积分数不低于 99.97%； SOFC：燃料适应性广，适应不同体积分数的含氢燃料
系统短路容量支撑能力	作为同步机电源，可为系统提供短路容量和支撑能力	无法向电网提供短路容量支撑
系统频率支撑能力	频率支撑能力强，可增加系统惯量，参与电网的一次调频和二次调频	频率支撑能力弱

值得注意的是，氢是一种较小的分子，具有易泄漏、易燃易爆、热值低等特性。因此，燃气轮机中掺烧氢燃料受安全性、高效率、低排放等要求影响，存在诸多挑战。与天然气相比，氢的存在极大地改变了“混合氢”的燃烧特性。向天然气中添加氢会增加其火焰速度，减少其点火延迟时间，并扩大了其可燃极限。同时，增加氢的存在将改

变燃烧系统的热声特性。燃料中高氢含量还会带来热通道部件使用寿命降低、华白指数降低引起的更高压降、自燃和回火风险较高等诸多挑战。掺氢燃烧还会提高局部火焰温度，如果不采取其他措施，将可能导致燃烧室出口的污染物排放（NO_x）增加。

燃气轮机可通过扩散燃烧来燃烧纯氢，但会产生 NO_x 的高排放。干式低 NO_x 燃烧技术有望使燃料在 0%～100% H_2 条件下实现低排放。因此，目前的研究和开发集中于干式低 NO_x 燃烧技术，开发有可能大幅度减少或消除 NO_x 排放的技术，然而还需要进一步的努力来制定有效的技术解决方案。

现阶段，氢燃气轮机技术发展趋势主要包括：①尽可能利用已有的天然气设施，实现 20%以上掺氢能力；②对已有的天然气燃气轮机进行改造；③污染物排放标准与天然气燃气轮机持平或进一步降低；④对不同掺氢比例燃料灵活性的考虑；⑤保持燃气轮机电厂本身的运行灵活性，如调峰、快速启停等；⑥保持或降低燃气轮机热通道部件成本，从而降低燃气轮机运行成本。

未来，纯氢燃气轮机的发展趋势体现在如下方面：①燃气轮机具备纯氢、氨，以及 LOHC（含氢化合物）燃料适应能力，燃气轮机可以适应多种燃料，在氢能利用价值链环节中发挥作用；②发展先进的氢燃气轮机热力循环概念，包括在纯氢氧燃烧技术基础上改进的间冷循环、闭式布雷顿循环、开式超临界二氧化碳循环、闭式超临界二氧化碳循环等，进一步提升效率，并降低 NO_x、CO_2 排放水平；③发展 100kW、1MW、10MW，以及 100～500MW 等不同容量等级的纯氢燃机，适应从大规模集中发电、区域热电联供，到分布式能源等多场景的灵活应用。

7.1.6 氢储能技术应用

7.1.6.1 氢燃料电池的应用

（1）氢燃料电池汽车应用。随着我国“十四五”规划的出台以及“双碳”目标的提出，可再生清洁能源的发展已是大势所趋。传统燃油车产生的汽车尾气是导致全球变暖的主要因素之一，而氢燃料电池发电技术可实现真正的零碳排放、零污染，是传统燃油汽车的极佳替代品，也是氢能利用的一个重要途径。

为实现“碳达峰　碳中和”计划，我国对于氢燃料电池汽车的发展给予了多项政策支持，在 2020 年出台的《新能源汽车产业发展规划（2021—2035）》等文件中，明确提出要大力发展氢燃料电池汽车，并提出到 2030 年，我国要实现氢燃料电池汽车保有量 200 万辆的目标。在国家政策大力支持下，我国氢燃料电池汽车发展不断加速，市场不断扩大。

（2）氢燃料电池分布式发电应用。分布式发电一般是指在用户侧或靠近用电现场配置容量小于 30MW 的发电机组。氢燃料电池分布式发电则是采用氢燃料电池替代传统火电、水电等发电机组，使碳排放最小化。

（3）家用热电联产系统。氢燃料电池家用热电联产系统是一种将制氢、供热水及发电过程有机结合在一起的能源利用系统，将制氢与发电供热充分利用，大大提高了能源利用率，具有很好的经济效益。研究表明，在小规模应用中使用微型热电联产装置有助于节能减排，家用热电联产系统是一种创新的解决方案，只使用一种主要能源即可同时提供电力与热量，较传统发电厂相比能效高、环境效益高。

7.1.6.2 氢作为能源载体的应用

（1）可再生能源消纳。随着可再生能源装机容量不断增长，易出现大量弃风、弃光和弃水（“三弃”）资源，加之我国处于能源绿色转型的关键阶段，可考虑将可再生能源（风力、光伏等）转化为氢气或含氢的能源载体，可大大降低制氢成本，提高我国可再生能源利用率，加速能源体系清洁化进程，从而加速推进“双碳”目标的实现。

采用富余可再生能源制氢，即在新能源发电量超过负荷需求时，将风力、光伏等新能源电力接入氢储能系统，用电解水制取“绿氢”，制得的氢气储存在储氢罐中，需要时再将氢气结合氢燃料电池或燃机发电并网，为电网供电，由此可以解决新能源发电间歇性、波动性问题，提高新能源并网电能质量。

（2）天然气掺氢。将可再生能源电解水制得的“绿氢”与天然气混掺，通过天然气加氢工艺储存为家用天然气，既利用了氢气火焰传播快的特点，又能降低碳排放，用于发动机并提高发动机热效率，还能通过燃气管网解决氢能输运的难题。

7.1.6.3 氢能在传统化工领域的应用

（1）石油精炼。氢气在石油生产过程中是改善油品质量不可或缺的原料之一。炼油过程包含催化、加氢裂化、催化重整和加氢精制等过程，氢气的应用主要集中在催化重整和加氢精制两个环节。催化重整即在催化剂作用下对汽油馏分中烃类分子结构重新排列的过程，该过程副产氢气是加氢精制过程重要的氢来源；加氢精制是指石油馏分在氢气及催化剂作用下对馏分油脱硫、脱氮等，改善油品质量。

（2）氢能冶金。氢还原炼铁是指用氢替换碳作为炼铁还原剂，使得炼铁工序最终产生水而不是二氧化碳作为副产物，可大幅减少冶金行业碳排放，实现绿色冶金。氢能炼铁技术核心为直接还原炼铁技术，目前单模块直接还原炼铁设备生产规模可以达到 250 万 t/a，这也为氢能炼铁领域奠定了装备基础。世界各国正积极探索氢能炼铁技术，为“碳中和”目标赋能。

7.1.7 氢储能技术发展趋势

在未来相当长一段时间内，绿色低碳发展将是我国能源转型的主基调。制氢是连接可再生能源发电与终端用户的重要纽带，高效氢储运技术是解决大规模新能源发电存储的重要途径，氢能在电力、工业、交通和建筑等领域的应用是降低化石能源消费占比的重要方式，发展氢能对促进可再生能源电力消纳、优化能源消费结构具有重要意义。

在制氢方面，以电解水为核心的氢能制备体系是未来重要的发展方向。氢能产业发展初期，将以化石燃料制氢、工业副产氢就近供给为主，可再生能源发电制氢规模化技术示范、生物制氢技术研发示范等可积极推动。中期将以可再生能源发电制氢、煤制氢等大规模集中稳定供氢为主，工业副产氢为补充。远期将以可再生能源发电制氢为主，煤制氢+CCUS技术、生物制氢和太阳能光催化分解水制氢等技术可作为补充。

在储氢方面，未来将向“低压到高压”“气态到多相态”技术方向发展。低温液态储氢技术是我国未来的重要发展方向之一。液氨和有机液体储氢技术储氢密度高安全性好，储运条件要求低，中远期随着化学储氢技术难点得以突破，液氨和有机液体储氢在氢能大规模储运方面具有极大的发展空间。未来将形成多种氢储运方式互补格局，氢能运输范围和应用场景都将得到进一步的拓展。

在氢能发电方面，燃料电池和掺氢/纯氢燃机是氢能发电技术的重要发展方向。目前我国燃料电池和掺氢燃机技术正处于探索研究和试点示范阶段，但未来发展空间巨大。燃料电池方面，单堆容量、示范发电系统容量、系统集成及能量转化效率等方面的提升是未来技术发展方向。掺氢/纯氢燃机方面，更高比例的掺氢能力、更优的污染物控制措施、更宽的燃料适应范围、更高效灵活的运行能力将是未来技术发展方向。

7.2 碳氢燃料储能

氢气难于压缩液化，极其容易挥发和燃烧爆炸，会对金属材料的力学性能产生劣化作用出现氢腐蚀，使得氢气配套基础设施的建设标准和成本均成倍提高，存在难以储运和保障安全性的问题，因此，在氢储能技术的基础上进一步延伸发展成为当下氢储能领域的重要研究方向。利用电解水制取的氢气与CO_2反应转化为碳氢燃料（如甲烷、天然气、甲醇、乙醇等）进行存储，不但可有效解决储能介质难于输运的问题，还可产生良好的附加收益。考虑到天然气的主要成分为甲烷，获得甲醇后可以进一步方便地生产乙醇，故本节主要对电制甲烷和甲醇方面进行讨论。

7.2.1 基本原理、特点及分类

目前，电制碳氢燃料储能技术主要有三条技术路线（见图7-22）：电解水制氢结合CO_2加氢技术路线、电化学还原CO_2技术路线、高温共电解H_2O/CO_2混合气体技术路线。电解水制氢结合CO_2加氢技术路线先利用电能将水分解为氢气和氧气，再将氢气与CO_2在一定反应条件和催化剂的作用下进行反应生成甲烷、甲醇等碳氢燃料。不同技术路线的描述和现状可参考表7-10。

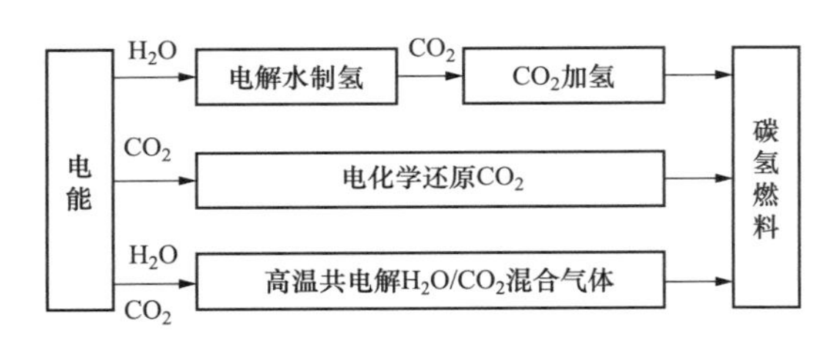

图7-22 电制碳氢燃料储能技术的主要技术路线

表 7-10　　不同电制碳氢燃料技术路线的描述和现状

技术路线	电解水技术和 CO_2 催化加氢技术	电化学还原 CO_2	高温共电解 H_2O/CO_2 混合气体
原理	先利用电能将水分解为氢气和氧气，再将氢气与 CO_2 在一定反应条件和催化剂的作用下进行反应生成甲烷、甲醇等	利用电能将 CO_2 在电解池的阴极上还原，根据电催化剂和电解液的不同可生成 CO、甲醇、甲酸等分子	利用高温固体氧化物电解池将水蒸气和 CO_2 在阴极共电解生产合成气（H_2+CO），再利用合成气生产各种碳氢燃料，原理上能量转化效率高
技术成熟度	相对成熟	主要处于实验室基础研究阶段，距实用化还有相当差距	尚不成熟
当下技术难点	—	电催化剂的活性低、选择性差和稳定性低等问题；CO_2 在电解液中非常有限的溶解和扩散能力	高温固体氧化物电解池技术；高温高湿条件下的高应用性能；长寿命和低价格的各种关键材料（如电极材料、电解质材料和密封材料等）；电堆热循环稳定性等问题

7.2.2　碳氢燃料储能应用

利用电制碳氢燃料储能，美欧日进行相关研究较早。日本是最早开展电转甲烷储能示范技术研究的国家。1995 年，日本东北大学建成了国际上首套电转甲烷小型示范装置，成功验证了电转甲烷的技术可行性。2003 年，日本东北工业大学建成了电转甲烷小型示范工厂，具有 $1Nm^3/h$ 的甲烷生产能力。

自 2009 年以来，欧洲越来越重视电转甲烷储能技术的应用，已经建成、正在建设和处于规划阶段的示范项目总数已达 30 多个，分布在德国、丹麦、瑞士等多个国家（见图 7-23），其中较为典型的有德国奥迪汽车公司的 e-gas 工厂项目、欧盟 HELMETH 项目和 STORE＆GO 项目。以上项目的具体情况可以参考表 7-11。

表 7-11　　欧洲现有电转甲烷储能示范项目情况（部分）

项目	甲烷生产规模	全过程能源效率	配套设备
德国韦尔特 e-gas 工厂	最大甲烷生产能力为 $325Nm^3/h$（甲烷纯度高于 96%）	54%（不含余热利用）	4 台 3.6MW 海上风力发电机通过 3 台 2MW 的碱性电解水制氢装置制取氢气
欧盟 HELMETH 项目	—	85%以上（理论）（德国卡尔斯鲁厄理工学院，串联双等温固定床反应器实际效率 76%）	—
STORE＆GO 项目德国（法尔肯哈根）示范装置	容量 1MW 的 CO_2 甲烷化装置	—	已有 2MW 碱性电解水制氢装置；新型等温蜂窝结构化催化剂反应器
STORE＆GO 项目瑞士（索洛图恩）示范装置	储能规模 700kW（余热用于城镇供暖）	—	—
STORE＆GO 项目意大利（特罗亚）示范项目	200kW	—	已有 1000kW 碱性电解水制氢装置

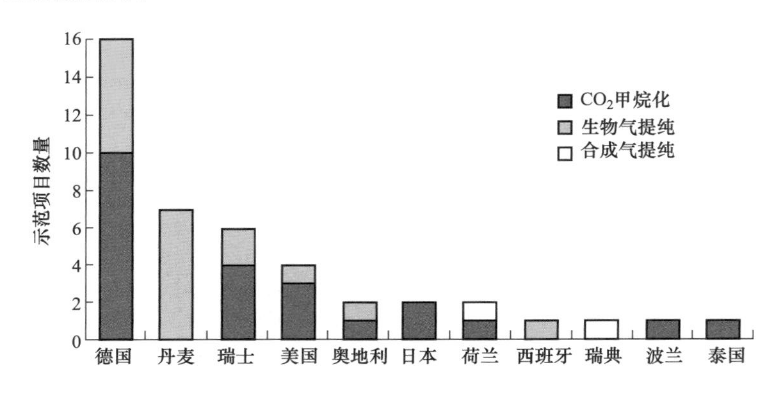

图 7-23 现有电转甲烷储能示范项目数量的分布情况

在政策的推动下，我国碳氢燃料储能项目加速发展。2023 年 2 月，我国首个甲醇制氢加氢一体站正式投用，可日产 1000kg 99.999%高纯度氢气。该站采用中国石化石科院自主研发的分布式甲醇制氢系统及配套催化剂，制氢装置占地面积小，系统制氢效率、自动化、智能化水平达全国领先水平。项目建设周期短，生产过程绿色环保。综合考虑制、储、运成本相比加氢站传统用氢方式，成本可降低 20%以上。

7.2.3 碳氢燃料储能技术发展趋势

目前，电转甲烷储能技术正处于早期发展阶段，在 CO_2 甲烷化技术、系统集成等方面都存在广泛的发展空间，重点需提高其技术经济性和效率。包括以下两个方面：

（1）针对电力系统储能需求，开发更为适应波动式可再生能源动态工况的具有可快速启动、较宽负荷动态范围等功能性能的 CO_2 甲烷化反应的工艺路线，研究 CO_2 甲烷化反应动力学机理，研制相关反应器和设备，研发更为高效的催化剂，提高催化效率。

（2）加强电解水制氢、CO_2 捕集、CO_2 甲烷化等环节的协同，提升电解水产物的综合利用，提高电转甲烷储能的综合能效，提高系统整体的经济性。

7.3 氨 储 能

为解决氢气液化过程耗能较大的问题，将氢气转化为在标准压力和温度下具有更高体积能量密度的氨气成为未来的发展趋势之一。在电解水制氢过程中，耦合生产氨气，并利用我国氨生产、储运和使用形成的较为完备的产业链，有望实现低成本、跨地域长距离存储和输运氢。除此之外，氨气还可直接作为燃料，参与火电厂发电过程等。

7.3.1 基本原理、特点及分类

氨储能系统是指利用合成氨进行能量的储存和释放，可通过将太阳能、风能等新

能源发电的电能以氨能的形式储存，应用时以热能、电能等形式进行释放。

同氢储能中氢的生产类似，氨的生产可以划分为“灰氨”（消耗化石燃料生产氨）、“蓝氨”（结合碳捕集的消耗化石燃料生产氨）和“绿氨”（利用可再生能源生产氨）三种，目前工业上通过 Haber-Bosch 法制备的氨多为灰氨，需以煤炭作为原料，每生产 1t 氨，会排放 4.2t CO_2，但随着未来对制备蓝氨和绿氨技术的研发加速，有望实现制氨过程的零碳排放。

与其他储能方式相比，氨储能具有以下 3 方面的特征：

（1）储运灵活性。氨在标准大气压下即可液化，温度仅需降至-33℃，这使氨的储存和运输较为便捷。此外，在我国，氨气拥有较为完善的运输体系。

（2）储能密度。氨具有较高的储能密度，高达 11.8GJ/m^3，其能量密度是氢气的 2 倍，锂离子电池的 9 倍，与甲醇相当。此外，同等体积的液氨比液氢含氢量高出 60%。

（3）储能时长和经济性。与氢储能和锂离子电池储能相比，氨储能的储能时长可达 10～10 000h，更适用于长持续时间的储能。与此同时，氨储能的成本较低，具有明显的经济优势。图 7-24 展示了氢、氨、锂离子电池储能的储能时长和成本比较。

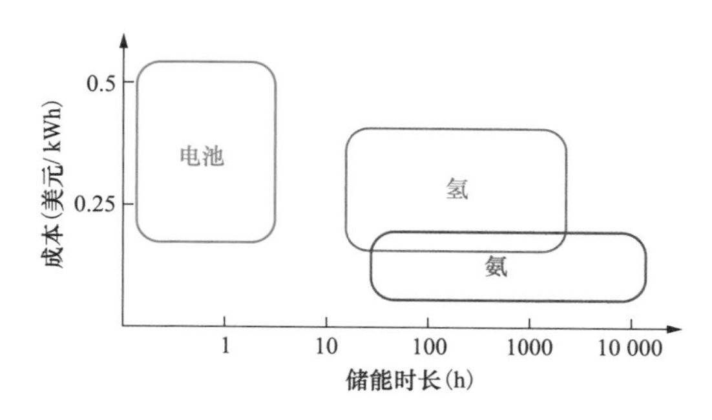

图 7-24　氢、氨、锂离子电池储能时间和储存费用

7.3.2　氨储能应用

目前，氨储能应用研究较多的路线包含氨的氢储能应用、氨燃气轮机应用、氨-煤混燃应用、氨燃料电池应用等。

（1）氨的氢储能应用。氨的氢储能应用主要是指氨参与氢氨融合发展格局的构建。一种典型的应用方式就是作为氢储运中间环节的媒介，例如作为一种工艺成熟、成本低廉的非碳基储氢材料使用。相关的储能项目主要有福大紫金氢能的 3kW 氨制氢燃料电池。氨制氢加氢站目前还在推进过程中，2022 年 8 月，我国首座“氨现场制氢加氢一体站”示范项目启动仪式在福建省福州市长乐区举行，标志着“氨制氢加氢”这一国际领先技术首次投入商业应用。

（2）氨燃气轮机应用。氨应用于燃气轮机主要有氨气纯燃、氨气与氢气混燃、氨气与甲烷混燃三种形式。目前，日本、美国的相关公司开展了氨的燃气轮机研发工作。

三菱重工（MHI）和日本发电公司 JERA 在新加坡裕廊岛共同探索开发 60MW 的 100% 氨燃料联合循环燃气轮机（CCGT）项目。

（3）氨-煤混燃应用。在火电厂发电中掺氨燃烧的主要研究方向是通过不断提高掺氨燃烧的比例，降低二氧化碳排放和能耗总量。日本十分重视氨的替代应用，已经完成了中试规模的氨-煤混烧实验，并规划在 1000MW 燃煤机组上开展氨-煤混燃试验。我国已先后开展煤电机组 100～300MW 多种工况负荷下掺氨 10%～35%的技术研究，由皖能集团和合肥能源研究院合作研制的纯氨燃烧器已达到了 8.3MW，为 300MW 火电机组一次性点火成功，并稳定运行 2 个多小时。

（4）氨燃料电池应用。相较于裂解制氢与直接燃烧，氨燃料电池的优势是可以更大限度地利用氨分子中的化学能，整体效率较高。常见类型的氨燃料电池的特点如表 7-12 所示。

表 7-12　　常见类型的氨燃料电池类型的特点

类型	热效率（%）	优势	不足
质子交换膜燃料电池（PEMFC）	40～50	分布式技术成熟	高成本，需去除残余氨
碱性燃料电池（AFC）	50～60	廉价，氨耐受度高	低能量密度，CO_2 影响大
固体氧化物燃料电池（SOFC）	50～65	技术成熟，廉价	高温，部件易腐蚀

7.3.3　氨储能技术发展趋势

“绿氨”应用市场处于探索期、种子阶段，还不具备商业化条件。氨作为燃料方面，目前存在不易点燃、燃烧稳定性较差、实际燃烧可能产生氮氧化物排放等技术问题需要攻关；氨用于燃料电池还面临着分离和纯化过程存在大量成本、电池的耐久性问题（电池中毒）、催化反应条件较为苛刻（温度较高）等困难；氨储能作为储能应用，同样面临成本难以降低的问题。

参 考 文 献

[1] 赵世怀，张翠翠，杨紫博，等．碱性燃料电池阳极催化剂的研究进展［J］．精细化工，2018，35（08）：1261-1266．

[2] 陈济颖，郑家阳，祝晓强．燃料电池发电技术的发展现状与应用研究［J］．新型工业化，2019，9（09）：106-110．

[3] 木村正，石金华．磷酸型燃料电池的新用途［J］．国外油田工程，2001（12）：52-54．

[4] 孙百虎．磷酸燃料电池的工作原理及管理系统研究［J］．电源技术，2016，40（05）：1027-1028．

[5] 冷贵峰．基于燃料电池的分布式发电并网系统的研究［D］．湖南大学，2009．

[6] 钟仁升．纳米碳纤维基团及其负载铂催化剂的阴极氧还原性能［D］．华东理工大学，2013．

［7］刘蓓蓓．固体氧化物燃料电池的新型电解质和阳极材料［D］．中国科学技术大学，2012．
［8］王世学，路晓瑞，梅书雪，等．固体氧化物燃料电池冷热电三联供系统及其性能分析［J］．天津大学学报（自然科学与工程技术版），2021，54（10）：1061-1069．
［9］高铭泽．中国新能源汽车产业研究［D］．吉林大学，2013．
［10］侯绪凯，赵田田，孙荣峰，等．中国氢燃料电池技术发展及应用现状研究［J］．当代化工研究，2022，17：112-117．
［11］焦钒，刘泰秀，陈晨，等．太阳能热化学循环制氢研究进展［J］．科学通报，2022，67（19）：2142-2157．
［12］崔卫玉．几种制氢技术的研究综述［J］．江西冶金，2021，41（3）：56-61．
［13］张瑀净，张宝山，孙洁．电解水制氢技术及其催化剂研究进展［J］．石油化工高等学校学报，2022，35（6）：19-27．
［14］张浩．氢储能系统关键技术及发展前景展望［J］．山东电力高等专科学校学报，2021，24（2）：8-12．
［15］王浩，黄裕茜．氢储能产业发展与安全［J］．中国电力企业管理，2022，30：80-82．
［16］樊宇航，曾琴，袁满．氢储能系统关键技术及应用分析［J］．电气技术与经济，2023，1：66-68．
［17］汪德良，张纯，杨玉，等．基于太阳能光热发电的热化学储能体系研究进展［J］．热力发电，2019，48（7）：1-9．
［18］郭建平，陈萍．多相化学合成氨研究进展［J］．科学通报，2019，64（11）：1114-1128．
［19］郑沐云，万宇驰，吕瑞涛．电催化氮气还原合成氨催化材料研究进展［J］．化工学报，2020，71（6）：2481-2491．
［20］于琳竹，王放放，蒋昊轩，等．氨储能在新型电力系统的应用前景、挑战及发展［J/OL］．化工进展：1-20［2023-04-06］．
［21］刘晓璐，耿钰晓，郝然，等．环境条件下电催化氮还原的现状、挑战与展望［J］．化学进展，2021，33（07）：1074-1091．
［22］于多，杨索贤，张春涛．双碳背景下渔业船舶替代燃料分析与展望［J］．船舶工程，2022，44（3）：20-25．
［23］王鲁丰，钱鑫，邓丽芳，等．氮气电化学合成氨催化剂研究进展［J］．化工学报，2019，70（8）：2854-2863．
［24］仲蕊．氨氢融合拓宽氢能应用场景［N］．中国能源报，2021-12-20（10）．
［25］WANG Yuegu，ZHENG Songsheng，CHEN Jing，et al. Ammonia（NH_3）storage for massive PV electricity［J］．Energy Procedia，2018，150：99-105．
［26］赵晓东，文婕，于明伟，等．氨能源技术的开发及前景展望［J/OL］．现代化工：1-6［2023-04-07］．
［27］高正平，涂安琪，李天新，等．面向零碳电力的氨燃烧技术研究进展［J］．洁净煤技术，2022，28（3）：1-14．
［28］夏鑫，蔺建民，李妍，等．氨混合燃料体系的性能研究现状［J］．化工进展，2022，41（5）：

1-10.

[29] 周上坤，杨文俊，谭厚章，等. 氨燃烧研究进展 [J]. 中国电机工程学报，2021，41（12）：4164-4182.

[30] Lamb K E，Dolan M D，Kennedy D F. Ammonia for hydrogen storage：a review of catalytic ammonia decomposition and hydrogen separation and purification [J]. International Journal of Hydrogen Energy，2019，44（7）：3580-3593.

[31] Ganley J C. An intermediate-temperature direct ammonia fuel cell with a molten alkaline hydroxide electrolyte [J]. Journal of Power Sources，2008，178（1）：44-47.

[32] Lan R，Tao S W. Direct ammonia alkaline anion-exchange membrane fuel cells [J]. Electrochemical and Solid State Letters，2010，13（8）：B83-B86.

[33] Stoeckl B，Subotić V，Preininger M，et al. Characterization and performance evaluation of ammonia as fuel for solid oxide fuel cells with Ni/YSZ anodes[J]. Electrochimica Acta，2019，298：874-883.

[34] 郑津洋，张俊峰，陈霖新，等. 氢安全研究现状 [J]. 安全与环境学报，2016，16（06）：144-152.

[35] 闫存极，李鑫，窦立广，等. 电转甲烷储能技术的研究进展 [J]. 电工电能新技术，2019，38（09）：42-51.

[36] Varone A，Ferrari M. Power to liquid and power to gas：an option for the German Energiewende [J]. Renewable & Sustainable Energy Reviews，2015，45：207-218.

[37] 宋鹏飞，侯建国，姚辉超，等. 电制气技术为电网提供大规模储能的构想 [J]. 现代化工，2016，36（11）：1-6.

[38] Eveloy V，Gebreegziabher T. A review of projected power-to-gas deployment scenarios [J]. Energies，2018，11（7）：1824.

[39] Bailera M，Lisbona P，Romeo L M，et al. Power to Gas projects review：Lab，pilot and demo plants for storing renewable energy and CO_2 [J]. Renewable & Sustainable Energy Reviews，2017，69（MAR.）：292-312.

[40] Martín A J，Larrazábal G O，Pérez- Ramírez J. Towards sustainable fuels and chemicals through the electrochemical reduction of CO_2：Lessons from water electrolysis [J]. Green Chemistry，2015，17（12）：5114-5130.

[41] 周锋，刘士民，A.S.Alshammari，等. 离子液体调控的 CO_2 电化学催化转化研究进展 [J]. 科学通报，2015，60（26）：2466-2475.

[42] 王振，于波，张文强，等. 高温共电解 H_2O/ CO_2 制备清洁燃料 [J]. 化学进展，2013，25（07）：1229-1236.

[43] Hashimoto K，Kumagai N，Izumiya K，et al. The production of renewable energy in the form of methane using electrolytic hydrogen generation [J]. Energy，Sustainability and Society，2014，4（1）：17.

[44] Bailera M，Lisbona P，Romeo L M，et al. Power to Gas projects review：Lab，pilot and demo plants

for storing renewable energy and CO_2［J］. Renewable & Sustainable Energy Reviews，2017，69（MAR.）：292-312.

［45］俞红梅，衣宝廉. 电解制氢与氢储能［J］. 中国工程科学，2018，20（03）：58-65.

［46］McDonagh S，O'Shea R，Wall D M，et al. Modelling of a power-to-gas system to predict the levelised cost of energy of an advanced renewable gaseous transport fuel［J］. Applied Energy，2018，215：444-456.

［47］任若轩，游双矫，朱新宇，等. 天然气掺氢输送技术发展现状及前景［J］. 油气与新能源. 2021，33（04）：26-32.

8 储能技术应用

自工业革命以来，因人类活动造成的全球温室气体排放量一直处于快速上升态势，由此造成的全球气候变化范围广泛、速度迅速并不断加剧，所观测到的气候变化的负面影响比原来预计来得更迅速、更广泛、更剧烈。全球气候变化是人类有史以来面临的最大最严峻挑战，碳中和是关键的应对之道。据《中华人民共和国气候变化第二次两年更新报告》，在我国碳排放总量（包括非二氧化碳排放）中，能源活动碳排放占比约 85%。在碳中和进程中，能源是主战场，电力是主力军，推动能源电力的绿色低碳转型是重中之重。

储能是一种应对能源供给与需求在时间、空间、形态、强度等维度上矛盾的颠覆性技术，是第三次工业革命的五大支柱技术之一（注：五大支柱分别为可再生能源、建筑与能源融合——将每一建筑转化为可再生能源发电厂、氢能及其他储能、能源互联网、交通与能源融合——将交通工具及其基础设施转换为电动车及分布式可再生能源发电厂等），是能源电力绿色低碳转型的倍增器、赋能器。储能在提高电力绿色可持续性的同时，还可实现电力系统更大的安全性、韧性、灵活性、可靠性、成本节约和更高 ROI（投资回报率）。以可再生能源为例，储能是 VRE（风能、太阳能等波动性可再生能源）的完美搭配，通过 VRE+储能的互补互济，可有效解决 VRE 的间歇性、波动性、难以预测性、不确定性、调频调压等问题，使 VRE 成为电网友好型可调度电源；同时通过储能增加的灵活性，可一定程度解耦发/输/变/配/用间的同时性，通过削峰填谷、电能时移等进一步提升 ROI。通过储能在发电侧、输/配电侧、用户侧、微电网、综合能源等多场景的融合应用，所提供的可再生能源出力平滑及容量稳定、辅助服务、输电网/配电网基础设施服务、能量管理服务等增强功能，可使电力系统（大电网或微电网）具有更高的可靠性、更宽的控制度、更便捷的应用、增强的绿色可持续性、更高的能效、更低的能源和运营成本、更灵活的可扩展性及更长寿命等。综上可见，储能在我国新型能源体系、新型电力系统的构建中具有不可替代的核心作用。

8.1 概　　述

能源是人类生存和发展不可或缺的重要资源，是现代经济社会发展的基础和命脉。工业革命以来，随着化石燃料（煤炭、石油、天然气等）用量的快速增长，导致全球大气中二氧化碳排放量持续增多（如图 8-1 所示，来自燃料燃烧及工业过程的全球 CO_2 排放量从 1900 年的 2.0Gt 增至 2022 年的 36.8Gt，年排放量增加了近 20 倍），温室气体浓度不断增加。当前，能源活动约占人类活动造成的全球温室气体排放量的 2/3，能源生产和使用已成为造成全球变暖的唯一最大因素。

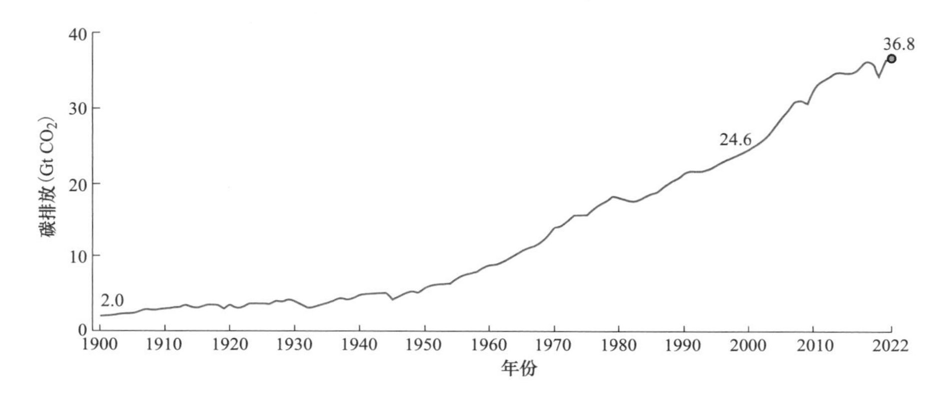

图 8-1　来自能源燃烧及工业过程的全球 CO_2 排放（1900～2022）

（来源：IEA）

随着中国工业化进程的持续推进和人民生活水平的不断提高，如今中国温室气体年排放量已位列世界第一（见图 8-2），中国 2020 年温室气体年排放量略高于当年美

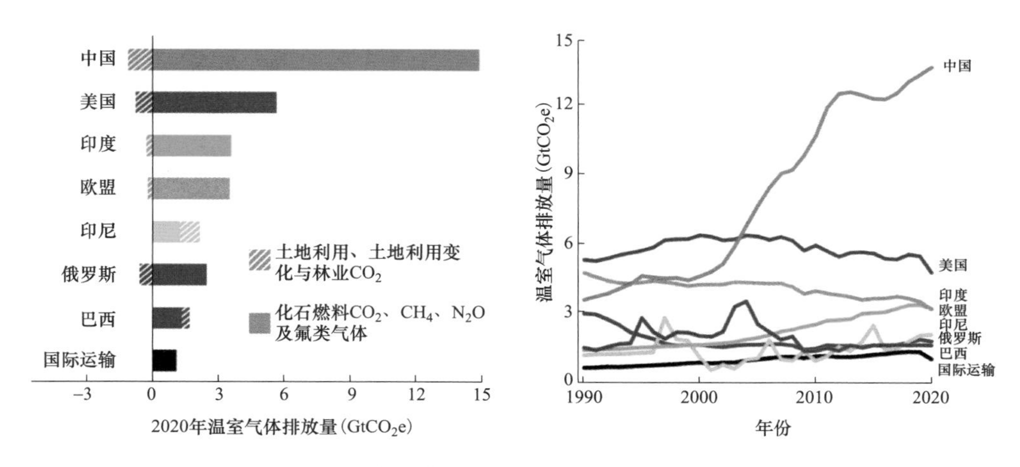

图 8-2　2020 年温室气体排放及 1990 年以来排放趋势

（来源：IPCC）

国、欧盟和印度的年排放量之和。图 8-3 示出了中国 2020 年温室气体年排放量及主要碳源分类占比。其中，能源活动碳排放量达 10.1GtCO_2eq，占比 73%；电力行业碳排放量达 4.6GtCO_2eq，占比 33%。可见，实现中国 30 • 60 碳达峰-碳中和战略目标，能源是主战场，电力是主力军。加快规划建设清洁低碳、安全高效的新型能源体系，全力推动能源行业清洁低碳转型迫在眉睫。

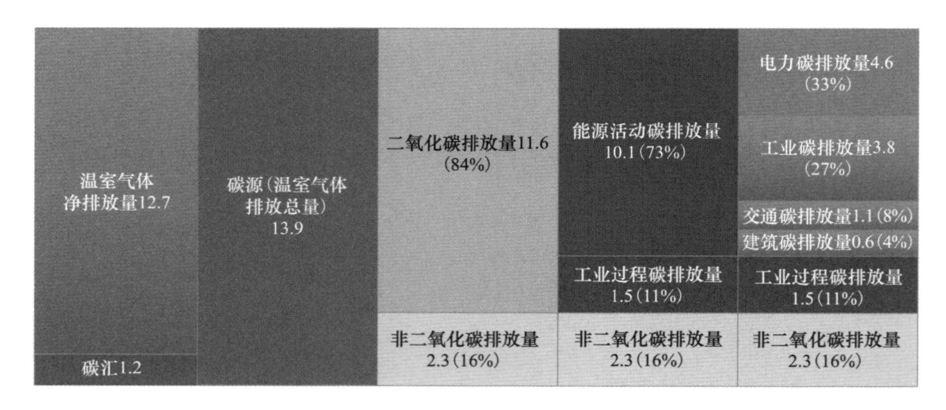

图 8-3　2020 年中国温室气体排放总量及分类占比（单位：GtCO_2eq）

（来源：中国碳中和 50 人论坛）

根据国内某机构的研究，中国能源电力双碳实现路径可分为碳达峰阶段（当前～2030 年）、深度低碳阶段（2030～2050 年）和零碳阶段（2050～2060 年）等三个阶段。表 8-1 列出了所预测的 2030、2050、2060 年关键时间节点各电源品种的装机容量及发电量。

表 8-1　双碳关键节点各电源类型预测装机容量及发电量

电源类型	2030 年		2050 年		2060 年	
	装机容量（亿 kW）	发电量（万亿 kWh）	装机容量（亿 kW）	发电量（万亿 kWh）	装机容量（亿 kW）	发电量（万亿 kWh）
风电	8.5	1.9	17.5	4.2	20.2	4.6
太阳能发电	8.6	1.1	22.1	3.5	25.8	4.1
常规水电	4.0	1.6	5.3	2	5.4	2
核电	1.2	0.9	3.5	2.6	4	2.9
生物质发电	1.1	0.6	1.8	0.7	2	0.7
抽水蓄能	1.2	0	3.6	0	4	0
煤电	12.4	5.1	5.2	1.2	4	1
气电	2.2	0.8	3.8	0.9	4	0.6
合计	39.2	11.8	62.8	15	71.4	16

从表 8-1 可得出各个阶段的 VRE（可变可再生能源）发电量占比（见图 8-4），碳

达峰阶段 2030 年为 25.4%，深度低碳阶段 2050 年为 51.3%，零碳阶段 2060 年为 54.3%。

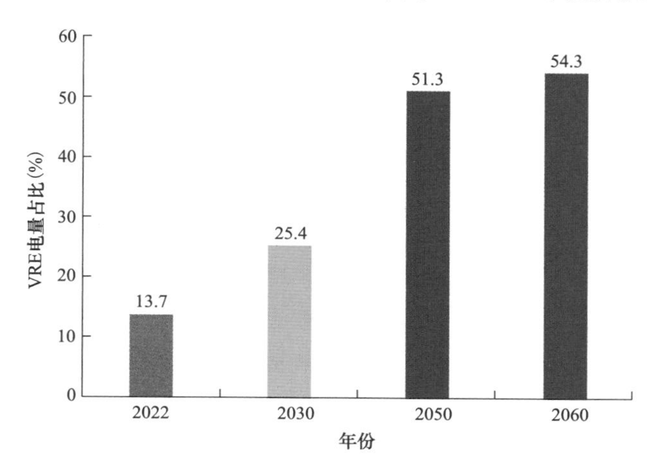

图 8-4 双碳阶段主要时间点 VRE 电量占比

参照 IEA（国际能源署）对电力系统实现温室气体净零排放的相关研究，对于以新能源为主体的新型电力系统的构建，按照 VRE 集成到电力系统的程度不同，从低到高可分为 6 个阶段。6 个阶段的特征及挑战分别为：

（1）第一阶段：VRE 渗透率＜5%（VRE 渗透率即 VRE 发电量占比）。借助电力系统自身所具有的储能特性，VRE 对原有电力系统性能没有任何明显影响。

（2）第二阶段：VRE 渗透率介于 5%～10%之间。VRE 对原有电力系统运行有轻微至中度影响（电力系统运行模式有较小变化）。

（3）第三阶段：VRE 渗透率介于 10%～30%之间。VRE 发电决定了电力系统的运行模式（净负荷波动更大，电力潮流模式发生变化）。

（4）第四阶段：VRE 渗透率介于 30%～50%之间。电力系统会经历 VRE 发电几乎占所有发电量的时间段（在高 VRE 发电量下，供电的鲁棒性遇到挑战，净负荷曲线会从鸭子曲线变化为峡谷曲线）。

（5）第五阶段：VRE 渗透率更高，VRE 发电量更大，出现不断增长的从天到周的电量盈余或亏缺（能量盈亏期变长）。

（6）第六阶段：VRE 供电出现月度或季节性盈亏（需利用合成燃料或氢、跨季节性储能来应对）。

从图 8-4 可知，当前中国电力系统整体正处于从第二阶段到第三阶段的过渡期，VRE 对电力系统的影响会从低、中烈度向中、高烈度扩展。众所周知，电力系统的稳定高效运行需要电力供给和电力需求的时刻精准匹配，而 VRE 具有不可调度、不同步、间歇性、波动性、难以预测的天然特性（这些特性对电网而言均具有不友好性），随着 VRE 渗透率向 10%及以上的增加，不断增加的 VRE 量会加剧从毫秒、秒、分钟、小时、天、周到季节等不同时间尺度上发电和负荷之间的不匹配，加之 VRE 代替火电同步发电机组后带来的物理转动惯量的下降，极易给电网运行带来不稳定性，造成电力系统可靠性的下降。例如，2019 年 8 月 9 日，闪电击中英国一条 400kV 国家输电线，继而联至当地配电网上的分布式发电机组脱网，与输电网相联的两个发电站发电机组也在半秒内相继跳闸，导致电力系统频率速降至 49.1Hz（超出 50.5～49.5Hz 的允许范围），由此触发 LFDD（低频需求断开）保护机制，因而造成 100 多万用户的停电，使英国经历了数十年来最严重的停电事故。这一事件突显了在高 VRE 渗透率下拥有电力供需快速平衡、快速频率响应技术的价值，以及随着常规火力发电机组的不断退出，提供更多转动惯量（或快速频率响应）的必要性。

储能是一种应对能源电力供给与需求在时间、空间、形态、强度等维度上矛盾的颠覆性技术，可提供大宗能源服务、辅助服务、电网基础设施服务、用户能量管理服务等各类服务，具备能量控制、能量转移、能量后备、能量管理、惯量备用、电压控制、无功补偿、平滑出力、黑启动等多种功能，故国际上常称储能为能源转型的“瑞士军刀”（见图 8-5），IEA 将不同类别储能技术在能源净零排放中的重要性分别界定为重要、非常重要（如将抽水蓄能、液流电池储能、显热储热、高温潜热储热、储氨等储能技术界定为重要，将锂离子电池等储能界定为非常重要）。储能是 VRE 的完美搭配，通过 VRE+储能的互补互济有机融合，可有效解决 VRE 的间歇性、波动性、不确定性、难以预测性、调频调压、快速频率响应等问题，使 VRE 成为电网友好型可调度电源。储能系统与火电机组集成，除可进一步提升火电机组的灵活性和辅助服务性能外，还可消除电力系统对发电机组过度灵活运行的需求，使其能够以最佳出力和效率运行，减少寿命损耗，降低因机组快速变负荷而带来的污染物增多概率，减少对环境的负面影响。可见，储能在提高电力绿色可持续性的同时，还可实现电力系统更大的安全性、韧性、灵活性、可靠性、成本节约和更高效能。因此，储能是电力绿色低碳转型的倍增器、赋能器，是构建以新能源为主体的新型电力系统的利器。

图 8-5　储能——能源转型“瑞士军刀”

8.2 电力储能在系统中的地位及作用

储能，特别是新型储能，是落实我国碳达峰碳中和战略目标，最大限度利用风、光等新能源的关键技术，是构建新能源占比逐渐提高的新型电力系统，建立清洁低碳、安全高效新型能源体系的重要支撑。

新型电力系统构建对储能发展存在巨大刚性需求。一方面，随着新能源占比逐渐提高，对系统调节能力建设需求日益迫切，新型储能在保障新能源合理消纳利用，提升系统调节能力方面发挥重要作用。另一方面，新能源大规模发展的同时尚未形成对化石电源的有效可靠替代，系统电力可靠供应的难度明显上升，新型储能可在一定程度上替代传统电源为系统提供可靠容量支撑。同时，交/直流送/受端强耦合的复杂电网形态，及高比例新能源、高比例电力电子设备的“双高”形态，给电力系统安全稳定运行带来巨大压力，新型储能可提升系统频率、电压调节能力，缓解系统运行稳定性问题。

结合新型电力系统建设实际需求，新型储能规模化、健康有序发展迫在眉睫。新型储能在支撑电力保供、提升系统调节能力、提高电网安全稳定运行水平、增强电网薄弱地区供电保障能力、延缓和替代输变电设施投资、提升系统应急保障能力等方面可发挥重要作用。

（1）新型储能支撑电力保供。新能源快速发展的同时尚未形成对化石能源的可靠替代，无法为系统提供可靠容量支撑，在电力需求带来的负荷刚性增长依然存在、煤电发展受限的情况下，系统供需保障压力日趋增加。新型储能可在一定程度上替代传统火电电源为系统提供可靠容量支撑。

支撑电力保供新型储能对于系统的容量支撑作用主要体现为顶峰供电。如图 8-6 所示，对于尖峰负荷突出的地区，电力系统存在日内电力缺口但无电量缺口的情况下，新型储能发挥日内电量转移的功能。对区域电力系统进行全年逐日电力生产运行模拟，对每个月份典型日进行分析，在充分考虑需求侧响应、备用优化等手段之后，结合技术经济性及地区负荷特性，配置新型储能带尖峰负荷，填补系统电力缺口。

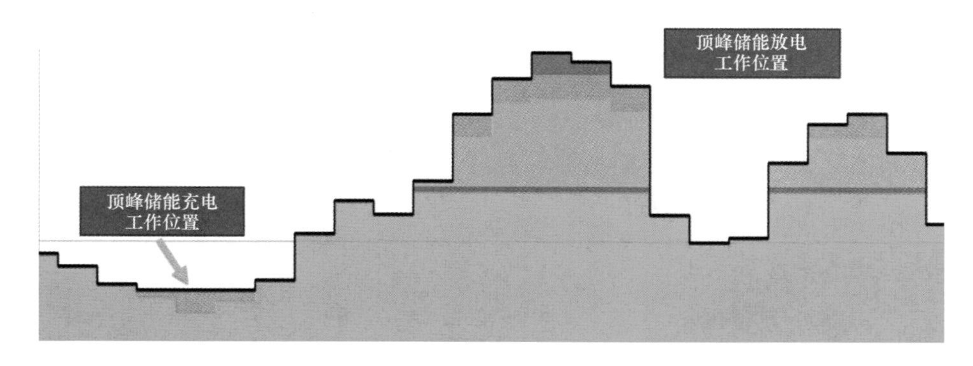

图 8-6　支撑电力保供新型储能在电力系统中工作位置示意图

（2）新型储能提升系统调节能力。随着新能源在系统中占比的逐渐提升，仅靠发挥常规电源及电网的灵活性无法满足系统调节能力和新能源消纳的需求，需要统筹源、网、荷、储各侧调节资源，充分挖掘各侧灵活调节能力，促进新能源消纳。

目前，系统灵活调节措施主要包括省间调节能力互济、需求侧响应、调峰气电、煤电灵活性改造、新建抽水蓄能、新建新型储能等。在开展系统调节能力提升研究时，优先考虑成本相对较低的省间调节能力互济和需求侧响应两种措施。其他调节资源中，调峰气电受气源、价格及燃机技术影响较大。抽水蓄能电站受站址资源限制且建设周期较长，投产时序相对确定。煤电灵活性受规模总量和市场机制制约等，目前发展情况不及预期。新型储能具有规模布局相对灵活、建设周期短等优势，但是当前新型储能成本仍相对较高。

在充分考虑省间调节能力互济、需求侧响应、调峰气电、煤电灵活性改造、新建抽水蓄能等各种促进新能源消纳措施的前提下，新能源利用率无法维持在合理水平时，需要配置新型储能解决系统调节能力建设及新能源消纳问题。

（3）新型储能提高电网安全稳定运行水平。随着风电和光伏等新能源机组大规模接入电网，系统面临着等效转动惯量小、缺乏一次调频能力、电压调节能力有限、频率和电压耐受能力不足等挑战，对系统安全稳定运行的影响较大。新型储能可以提供有功调节和无功支撑，支撑节点电压、平抑系统频率波动，缓解上述可再生能源高渗透带来的系统运行稳定性问题，有效提高电网调节能力，降低故障发生后的电网运行事故风险。

对于送端地区，当前部分大容量直流送端系统动态稳定问题严重，例如当波动性新能源出现有功跌落时，由于无功调节能力受限，易出现过电压并导致大面积新能源电源脱网事故。由于储能具备有功/无功双重调节能力，可实现调相机和虚拟同步机的功能，进行动态无功调节，支撑沙漠、戈壁、荒漠地区大型风光基地外送，在部分地区缺少煤电且网架薄弱的情况下保障电网安全稳定运行。

对于受端地区，常规电源被区外来电、新能源大规模替代，造成电网等效转动惯量、快速调节能力持续下降。由于储能可提供转动惯量、提高系统调节能力，将新型储能布局在我国中东部多直流集中馈入且交/直流耦合运行风险大的受端地区，可有效保障系统稳定运行。

针对新能源机组有效转动惯量小、对系统高频和过电压的耐受能力较差，容易在系统频率和电压变化时大规模脱网的问题，可通过配套储能电站来解决。电力储能具备快速调节能力，调频能力数倍于传统机组，平均来看，储能调频效果是水电机组的1.7倍，是燃气机组的2.5倍，是燃煤机组的20倍。同时，电力储能还可以支撑系统电压、平抑频率波动，提升电网抵御突发性事件和故障的能力，避免大范围连锁故障的发生。因此，电力储能配套新能源应用，可以解决新能源转动惯量小、高频高压耐受能力差的问题。

从电网调度运行的角度，新型储能发挥其削峰填谷、负荷跟踪、调频调压、热备用、电能质量提升等功能，提升电网运行安全稳定性。电网紧急故障状态下，电力储能可通过快速吸收或释放功率支撑节点电压、平抑系统频率波动，提升电网抵御突发性事件和故障的能力，避免大范围连锁故障的发生，提高电网供电可靠性。

（4）新型储能增强电网薄弱地区供电保障能力。电网末端及部分偏远地区供电半径长，末端电压及用户电能质量难以保证。同时部分海岛基础设施差、无法正常用电，存在供电稳定性不足、自动化水平低、供电能力薄弱等问题，严重影响海岛居民的生活质量，制约海岛经济社会发展。2021 年 7 月，国家发展改革委和国家能源局下发《关于加快推动新型储能发展的指导意见》（发改能源规〔2021〕1051 号），文件鼓励两类电网侧储能建设，一是“通过关键节点布局电网侧储能，提升大规模高比例新能源及大容量直流接入后系统灵活调节能力和安全稳定水平”；二是“在电网末端及偏远地区，建设电网侧储能或风光储电站，提高电网供电能力。围绕重要负荷用户需求，建设一批移动式或固定式储能，提升应急供电保障能力或延缓输变电升级改造需求”。在远离大电网的偏远地区供电、电网末端供电、海岛供电等情况下，通过技术经济性比选，若储能投资全寿命周期成本小于电网建设成本、改造升级成本，可考虑利用新型储能及储能搭配分布式电源方式解决局部地区的供电问题。

（5）新型储能延缓和替代输变电设施投资。负荷的增长和电源的接入（特别是大容量可再生能源发电的接入）都需要新增输变电设备、提高电网的输电能力。然而，受用地、环境等问题的制约，输电走廊日趋紧张，输变电设备的投资大、建设周期长，难以满足可再生能源发电快速发展和负荷增长的需求。大规模储能系统可以作为输电网投资升级的替代方案，通过提高关键输电通道、断面的输送容量，延缓输电网的升级与增容。

部分电网项目主要为解决局部地区季节性、时段性的重过载问题，建成后利用率较低、经济性不高。通过在电网部分关键节点布局储能，可有效缓解电网阻塞、改善潮流分布、提升电网设备利用率，延缓新建或改造电网设施投资，提高系统经济性。

从延缓投资角度出发，储能项目更适合针对负荷增长已相对稳定，负荷增速处于中低速增长的地区，而对于负荷增速较高的地区，延缓投资的收益不明显。从替代项目类型来看，对于替代的输变电项目投资越高的，延缓投资的收益也越高，故储能项目更适合为解决电网少量受限问题而需要新建或改造项目工程量较大、投资较高的项目替代。通过对储能及替代的电网设施进行技术经济性对比，分析储能替代电网设施的综合社会经济效益，在储能投资全寿命周期成本小于电网设施建设及改造升级成本的前提下，对替代性储能的投资价值和装设必要性进行论证和评估。

（6）新型储能提升系统应急保障能力。通过储能灵活接入作为应急电源，提升电网抵御突发性事件和故障的能力，避免大范围连锁故障的发生，提升电网运行的安全性、灵活性和可靠性，提升系统供电保障能力。

2020 年 7 月，国家能源局印发《坚强局部电网规划建设实施方案》，指出坚强局部电网是针对超过设防标准的严重自然灾害等导致的电力系统极端故障，以保障城市基本运转、尽量降低社会影响为出发点，以特级、部分一级及二级重要用户为保障对象，选取城市相关变电站、线路和本地保障电源进行差异化建设维护，保障重要用户保安负荷不停电，非保安负荷快速复电的最小规模网架，并具备孤岛运行能力。“十四五”中期，所有省会城市及计划单列市力争建设完成坚强局部电网，“十四五”后期重点城市力争实现坚强局部电网全覆盖。加强本地保障电源建设，为避免依赖单一性质电源，保障电源形式应满足多样化要求。加强公用应急移动电源建设，加强不间断电源（UPS）车、发电车、车载式发电机等应急移动电源建设。推进网源荷储深度融合，系统提高电网坚韧性和应急保障能力。

仅从投资上来看，储能较柴油发电机价格高，但从启动灵敏度、功能复用、消纳清洁能源的角度来看，储能的优势明显，未来随着储能价格的进一步降低，其优势将更加突出。因此，可采用储能电站作为应急备用电源，在电网失电时为用户的特别重要负荷（涉及人身安全、重要设备）提供可靠的应急后备电源。

8.3 电力储能系统构成及建模

8.3.1 电力储能系统构成

电力系统储能系统是指通常采用独立控制方式，可将电力系统中产生的能量加以吸纳，并将其转换为适合存储的能量形式并存储一定时间，在需要时再将尽可能多的能量释放返回至电力系统的系统。根据该定义，电力系统储能可分为 3 个主要部分（见图 8-7）。

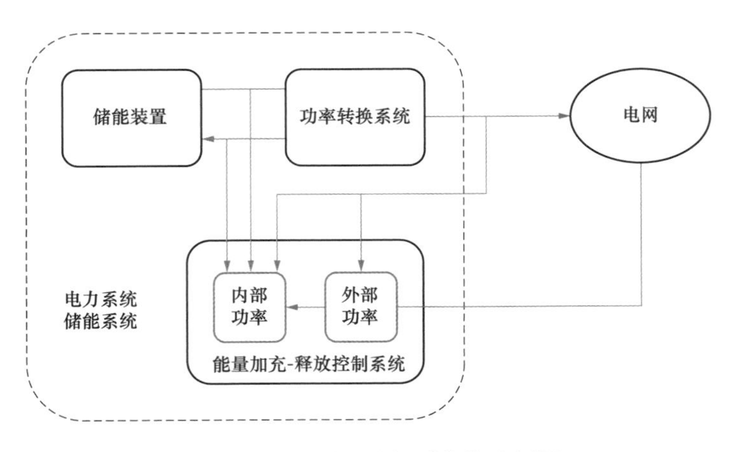

图 8-7　电力系统储能系统构成框图

（1）功率转换系统；

（2）储能装置；

（3）能量加充-释放控制系统。

8.3.1.1 功率转换系统

功率转换系统（power transformation system，PTS）将电网和储能装置耦合在一起，充当功率调制系统作用，并控制储能装置和电网之间的能量交换。功率转换系统基本类型，见表 8-2。储能系统与电网有以下几种可能的耦合方式（见图 8-8）：

（1）并联式耦合方式，见图 8-8（a）。该方式为常规耦合方式，在该耦合方式下，储能装置与电网之间的功率交换需通过功率转换系统实现，功率转换系统的额定功率须满足储能功率容量和电力系统的相关要求，其控制性能也须符合电力系统对储能释能时间的要求。

（2）串联式耦合方式，见图 8-8（b）。在串联耦合方式下，储能系统还必须承担输电线路功能，全部输送电能均需通过储能系统的功率转换系统，功率转换系统的额定功率须满足电力系统输电线路的相应要求。

（3）混合能源式或复合能源式，见图 8-8（c）。该方式是指储能布置于供给侧（如发电厂内）或需求侧（如工厂内），且根据储能与供给侧或需求侧本体能源系统的组合关系，细分为混合能源式或复合能源式等类别。混合能源式（hybrid energy type）是指储能自成系统（有自身的功率转换系统，具备直接释放能量至电网的能力），与供给侧（或需求侧）本体能源系统相组合，可有各自独立的能源输入和至电网的共同的能源输出的能源组合方式。如将电池储能系统配置在电源交流侧的光伏-电池储能混合电站。复合能源式（combined energy type）是指储能不是独立系统（没有自身的功率转换系统，不具备直接释放能量至电网的能力），需依赖于供给侧（或需求侧）本体能源系统向电网释放能量的能源组合方式。如配熔融盐储能系统的太阳能光热电站，其熔融盐储能系统释能至电网必须依靠光热电站汽水系统及汽轮发电机组来完成。

从电力系统的发电、电网、用户视角看，常将并联式、串联式称为储能的电网侧应用，将混合能源式或复合能源式供给侧储能称为储能在电源侧的应用，将混合能源式或复合能源式需求侧储能称为储能在用户侧的应用。

8.3.1.2 储能装置

储能装置（storage device，SD）是指同时满足在能量加充期间，可将能量加充到预定的功率等级；与在能量释放期间，可按设定的功率速率来提取能量的两方面要求的能量储存体。储能装置包括储能介质和储能容器两部分，常见的储能装置种类有机械式、热能式、电化学式、电能式、化学式五种类型（见表 8-2）：

（1）机械式。以储能介质的动能或势能（包括重力势能、弹性势能）的形式来存储能量，如抽水蓄能、压缩空气储能、飞轮储能等。

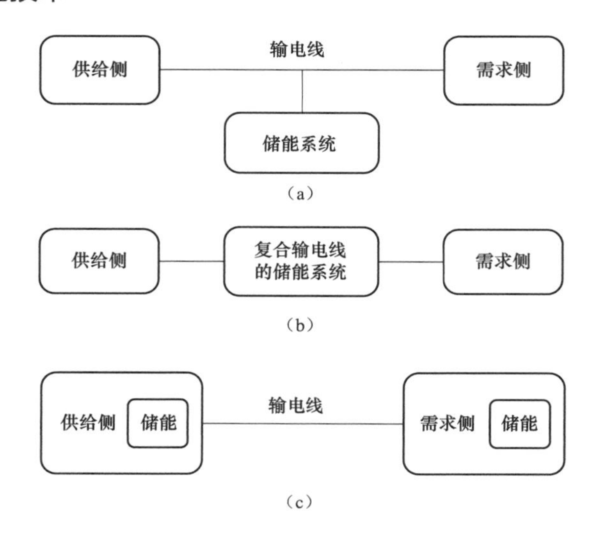

图 8-8　储能系统在电力系统中的位置示意图

（a）并联式；（b）串联式；（c）混合能源式或复合能源式

表 8-2　　常见电力储能系统技术类别

储能技术类型	储能介质	储能容器	功率转换系统
机械式-抽水蓄能	水	上水库、下水库	水泵-水轮机，发电-电动机
机械式-压缩空气储能	压缩空气	人工或自然的压力空气容器（如地下盐穴、地下硐室、压力容器等）	空气压缩机-膨胀机（透平机），电动机-发电机
机械式-飞轮储能	飞轮转子	飞轮	电动机-发电机
机械式-重力储能	混凝土、砖等组成的重力块，增压水等	重力块容器（如机车）、竖井、矿井等	机电动力装置（如水泵-水轮机、起重机、电机/发电机）
热能式-显热储热	水、导热油、熔融盐等液态显热储热材料；混凝土、砂、岩石、金属等固态显热储热材料	人工或自然蓄热容器（如箱、罐、填充床、地下透水层等）	电加热器、电锅炉、热泵等电热转换装置；常规热力发电站、光热电站、热电发电机、热光伏电池等热电转换装置或系统
热能式-潜热储热	有机相变材料（如石蜡）、无机相变材料（如无机盐、水合盐）	填充床、换热器等	电加热器、电锅炉、热泵等电热转换装置；常规热力发电站、光热电站、热电发电机、热光伏电池等热电转换装置或系统
电化学式-二次电池	电极-电解质	电池外壳、电堆-电解液储罐（液流电池）等	储能变流器（晶闸管逆变器、整流器）
电能式-超导磁储能	电磁场	超导线圈	储能变流器（晶闸管逆变器、整流器）
电能式-电容储能（包括超级电容）	静电场	电容	储能变流器（晶闸管逆变器、整流器）
化学式-合成燃料	氢气、甲烷、甲醇、乙醇等	人工或自然容器（如箱、罐、地下盐穴等）	合成燃料制备装置或反应器（如电解装置），热力发电站、燃料电池等

（2）热能式。以储能介质的显热、潜热或热化学的形式来存储能量，如熔融盐储热、导热油储热等。

（3）电化学式。以电池的电化学形式来储存电能，如锂离子电池、全钒液流电池等。

（4）电能式。以储能介质的电磁能或静电能形式来储存电能，如超导磁储能、电容储能等。

（5）化学式。以储能介质的化学能形式来储存能量，如氢、甲烷、合成气和氨等化学品。

上述电化学储能、热化学储热与化学储能概念之间互有关联。电化学式涉及引起电子移动的化学过程，包括电能和化学能间的相互转换；热化学储热涉及发生可逆的化学吸附或化学反应过程，包括热能和化学能间的相互转换；化学能是指储存在原子和分子键中的能量，从广义而言，其包括电化学式和热化学储热等。

在实际应用中，储能装置通常需保持储存一定量的能量，以确保功率转换系统具备能在设定的功率水平下正常工作的能力，以满足电力系统的需求。此外，为了确保不损伤整个储能系统的寿命，通常也不允许将储能装置所储存的能量百分之百完全释放。

8.3.1.3 能量加充-释放控制系统

能量加充-释放控制系统（energy charge-discharge control system，CDCS）也常称为充电/放电控制系统。该控制系统根据电力系统的要求来分别控制储能系统的能量加充功率水平、能量释放功率水平，主要由输入部分、控制部分、输出部分等构成。输入部分通过传感器来采集储能装置、功率转换系统、电力系统特定节点等处的状态或过程等信息，接收电力系统调度相关指令；控制部分依据所采集到的信息和接收到的控制指令，按照相应的控制策略形成相应的控制信号；输出部分负责将所生成的控制信号输出至功率转换系统，完成储能系统相应的功率流的控制。

8.3.2 电力储能系统建模

8.3.2.1 数字孪生与建模

数字孪生是工业热点技术之一，据 MarketsandMarkets 预测，全球数字孪生市场预计将从 2022 年的 69 亿美元增长到 2027 年的 735 亿美元，其综合年均增长率高达 60.6%。数字孪生狭义是指某对象或系统全生命周期的虚拟表示，并采用实时数据对其进行动态更新，采用建模仿真、机器学习及推理等技术进行分析决策；广义是指某对象或系统及其相关环境和过程的虚拟表示，并通过物理系统和虚拟系统之间的信息交互实现动态更新。

数字孪生从对象或系统的构成结构维度可分类为部件孪生、资产孪生、系统孪生、过程孪生等类别：

（1）部件孪生。部件孪生是数字孪生的基本构成单元，是功能部件的最小示例。如电池储能系统中的电芯孪生等。

（2）资产孪生。当两个或多个部件协同工作时，就形成了某个资产。资产孪生主要关注资产内的部件间的相互作用，可生成丰富的性能数据，供分析处理，并转化为具备高洞察力和高执行性的决策。如电池储能系统中的电池模组、电池簇孪生等。

（3）系统孪生。也称单元孪生，主要关注不同资产间是如何有机组合并形成一个完整的功能系统的。系统孪生增强了资产间相互作用的可视性，并可提供系统级性能提升的优化建议。如电池储能集装箱孪生等。

（4）过程孪生。是对象或系统的数字孪生最高级，用以展示系统间是如何协同工作以形成整个生产或制造设施的。过程孪生可分析在极高效率下如何高速同步协调各个子系统，进而提升工厂过程的整体效能。如整个电池储能电站孪生等。

数字孪生从对象或系统的功用维度可分类为结构、功能、性能、商务、位置等基本元素类别：

（1）结构基本元素。结构主要对对象或系统的机械信息（如储能装置的尺寸、外壳）或结构特性（如储能部件、部件间联接、与外部的接口等）进行数字表示。

（2）功能基本元素。功能主要对对象或系统所支持的功能方面（如储能应用功能、运行功能、任务等）进行数字描述。

（3）性能基本元素。性能主要对对象或系统的功能方面的特性（如储能工作循环往返效率、对电力系统的响应性能、荷电状态、健康状态等）进行数字表示。

（4）位置基本元素。位置主要对对象或系统在整个工厂中的位置（如储能装置的相对位置、绝对位置、位置标识、环境工况等）进行数字表示。

（5）商务基本元素。商务主要反应对象或系统的商务方面属性（如储能装置制造商、数量、价格等）进行数字表示。

综上可知，建模仿真是数字孪生的核心，是建立数字储能系统的关键。储能要减少能源供给与需求之间的时空不平衡，有效实现大宗能源服务、辅助服务、电网基础设施服务、需求侧能量管理服务等功能，就需要在工程中充分利用建模仿真等数字技术，来定量评估、预测储能系统的功能及性能，进而实现其技术、经济、安全等方面效能的大幅提升。

8.3.2.2 储能系统建模分析

电力储能系统（见图 8-7）主要由储能装置、功率转换系统、能量加充-释放控制系统三大部分组成。其结构模型、位置模型等可通过三维建模软件平台基于数据字典和工程信息等进行建模。工程中所用到的储能系统种类繁多，其储能工作原理、储能设备类型、工作模式等差异较大，以下原则性地简要分析储能系统的功能和性能建模方法，在工程应用中可分类映射并细化。

储能装置其实质为能量储存体，其功能是以所期望的量来积蓄能量，以所设定的速率来释放能量。从电力系统视角看，可将储能装置视为具有一定能量容量——E_S（在储能容器中所储存的能量），且可按设定的功率容量——P_S 来进行能量加充或能量释放，具有能源供给和能源消费双重特征的能源体。E_S 和 P_S 是储能装置的两个重要参数。储能系统所储存的能量 E_S 可视为储能装置结构参数 CP_S（对于给定储能装置而言，结构参数为一常量）、可变参数 VP_S（可变参数取决于储能装置所处的状态）和当前时间 t 的函数，见式（8-1）。储能系统的功率是储能能量对时间的一阶导数，其功率流计算式见式（8-2）。

$$E_S = f_S(CP_S;VP_S;t) \tag{8-1}$$

$$P_S = \frac{\mathrm{d}E_S}{\mathrm{d}t} = \frac{\mathrm{d}f_S(CP_S;VP_S;t)}{\mathrm{d}t} \tag{8-2}$$

功率转换系统（PTS）可由其额定能量加充功率 P_c 和能量释放功率 P_d 所定义，对于分体式功率转换系统（即储能系统的能量加充和能量释放采用不同装置的功率转换系统，例如采用电动机驱动压气机来进行空气压缩储能、采用高压空气驱动透平发电机来进行释能发电的压缩空气储能系统）的功率容量 P_{PTS} 而言，按储能、释能工况不同分别对应取 P_c 或 P_d；对于一体式功率转换系统而言，其功率容量 P_{PTS} 取 P_c 和 P_d 的最大值，即 $P_{PTS} = \max(P_c|P_d)$。功率转换系统主要功能是按照主控系统指令来调节储能系统的功率流，穿过 PTS 的功率流 P_{PTS} 取决于 PTS 的结构参数 CP_{PTS}、可变参数 VP_{PTS}、调节参数 RP_{PTS}、电力系统参考节点处的参数 PS_{PTS} 等，见式（8-3）。

$$P_{PTS} = f_{PTS}(CP_{PTS};VP_{PTS};E_S;RP_{PTS};PS_{PTS}) \tag{8-3}$$

能量加充-释放控制系统（CDCS）是一个专门用于储能系统的计算机控制系统，需满足电力系统、储能系统等服务对象和被控对象的相关要求。工作时，测量感知电网给定节点处和储能系统等相关工况及参数 SP，接收电力调度相关指令 AGC，综合计算出期望的储能功率流 P_{CDCS}［见式（8-4）］，再结合储能系统实际状态，形成相应的功率控制输出指令 RP_{PTS}［见式（8-5）］并发送至 PTS。其功率控制指令可控制储能系统处于能量加充、能量储存模式，也可控制储能系统处于能量释放模式。

$$P_{CDCS} = f_{CDCS}(AGC;SP) \tag{8-4}$$

$$RP_{PTS} = F_{CDCS}(P_{CDCS};VP_{PTS};VP_S) \tag{8-5}$$

在静态平衡状态时，P_S、P_{PTS} 和 P_{CDCS} 三个功率值相等，即 P_S=P_{PTS}=P_{CDCS}。上述 f_S、f_{PTS}、f_{CDCS} 和 F_{CDCS} 函数取决于储能装置类型、功率转换系统类型、储能工作状态、系统要求等多方面因素。

电力系统的储能系统从属于电力系统，是电力系统的组成部分，因而在储能系统接入电网的并网点处，其功率能量处于平衡态，不考虑电网损耗时，式（8-6）和式（8-7）成立。

$$N_{ps}-L_{Load}+P_{es}=0 \tag{8-6}$$

$$Q_{ps}-Q_{Load}+Q_{es}=0 \tag{8-7}$$

式中　N_{ps} 和 Q_{ps} ——电力系统供给侧（电源）输出的有功功率和无功功率；

L_{Load} 和 Q_{Load} ——电力系统需求侧（负荷）接收的有功功率和无功功率；

P_{es} 和 Q_{es} ——电力储能系统输出的有功功率和无功功率；能量加充时为负，能量释放时为正。

能量守恒也同样适用于储能系统。图 8-9 示出了储能系统一个工作循环内的能量平衡工况，其中 E_c 为储能系统能量加充期间所消耗的能量，E_s 为能量加充完成后储能装置所储存的初始能量，E_s' 为储能装置储能一定时间后的剩余能量（图示为储能系统开始释放能量时储能装置中所储存的剩余能量），E_d 为储能系统释能期间所输出的能量，ΔE_c、ΔE_s、ΔE_d 分别为储能系统能量加充、储存、释放期间的能量损失。

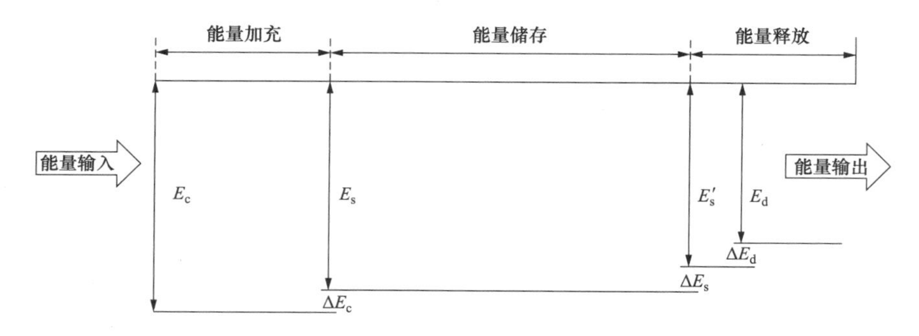

图 8-9　储能系统能量平衡图

从图 8-9 可知，储能电站与发电站不同，储能只是一个能量储存体而不是真正的电源体，其能量加充——储存——释放的工作循环内存在能量损失，单个工作循环内的总能量损失$\Delta E=E_c-E_d=\Delta E_c+\Delta E_s+\Delta E_d$，储能系统能量加充效率 $\eta_{c(t)}=\dfrac{E_s}{E_c}$，储能系统能量储存效率 $\eta_{s(t)}=\dfrac{E_s'}{E_s}$，储能系统能量释放效率 $\eta_d=\dfrac{E_d}{E_s'}$，储能系统工作循环整体效率 $\eta_s=\eta_c\eta_{s(t)}\eta_d=\dfrac{E_d}{E_c}$。

8.4　电力储能系统的技术与经济性比较

8.4.1　电力储能系统技术性能比较

储能技术种类繁多（如以电化学储能技术类别为例，其主要种类就有锂离子电池、钠离子电池、铅酸电池、锌电池及其他金属电池，全钒、铁—铬、锌—溴、锌—氯及其他液流电池，铝—空气、铁—空气、镁—空气、锌—空气、锂—空气及其他金属空气电池。其中，锂离子电池又可细分为钴酸锂、磷酸铁锂、锰酸锂、钛酸锂、三元镍钴锰、镍钴铝等细类），且在今后10～15年内还会涌现出更多的储能技术。不同种类的储能设备利用不同的储能工作机理，有着不同的技术性能，直接进行储能系统技术的全面评估和比较往往非常复杂且十分困难，有时也不现实。因此，在工程实践中，通常是选择储能系统的通用储能特性，如能量密度、工作循环往返效率、释能时间、响应时间、寿命等主要技术指标，来进行不同类别储能系统的技术比较，采用如此比对方法合理可行、简洁易行。值得特别说明的是，当前各类储能技术各有长短，各有自己最适宜的应用场景，还不存在一种可以适用任何场景、技术和经济性兼佳的储能技术。

表8-3列出了常见储能系统的关键技术特性，如质量能量密度和质量功率密度、体积能量密度和体积功率密度、功率容量、工作循环往返效率、释能时间、响应时间、寿命、日自放电率、环境影响、技术成熟度等。表中数据基于近年来国内外储能生产商或集成商的产品数据、储能电站工程应用数据、IEC（国际电工委员会）和IRENA（国际可再生能源署）等相关资料，供工程设计参考。需说明的是，表中一些数据给出的是范围而非确定值，这主要是因为实际应用中还需取决于所采用的是哪种具体储能系统类型及储能设备制造工艺等。如以锂离子电池质量能量密度和工作循环寿命为例，由 $LiCoO_2$（阴极）-石墨（阳极）构成的锂钴氧化物（钴酸锂，LCO）类锂离子电池分别为150～200和500～1000，由 $LiFePO_4$（阴极）-石墨（阳极）构成的磷酸铁锂（LFP）类锂离子电池分别为85～120和2000，由 $LiMn_2O_4$（阴极）-石墨（阳极）构成的锂锰氧化物（锰酸锂，LMO）类锂离子电池分别为100～150和300～700，由 $LiMn_2O_4$ 或 $LiNiMnCoO_2$（阴极）-$Li_4Ti_5O_{12}$（阳极）构成的钛酸锂氧化物（LTO）类锂离子电池分别为50～80和7000～15 000，由 $LiNiCoAlO_2$（阴极）-石墨或硅（阳极）构成的锂镍钴铝氧化物（NCA）类锂离子电池分别为130～260和500～800，由 $LiNiMnCoO_2$（阴极）-石墨或硅（阳极）构成的锂镍锰钴氧化物（三元镍钴锰，NMC）类锂离子电池分别为130～240和1000～3500等。

从表8-3简单对比可知：从能量密度和功率密度看，电化学储能系统，特别是锂离子电池，其能量密度和功率密度相对较高，其储能设备容积、外形较小，适宜于对储能系统重量敏感的场合应用。从功率容量和释能时长看，抽水蓄能、压缩空气储能、液流电池、热化学储能等适宜于大功率、长持续时间释能等应用场合；超级电容、超导磁储能、飞轮储能等适宜于电能品质提升、快速频率响应等应用场合。从日自释能率看，多硫化钠-溴液流电池、全钒氧化还原液流电池和锂离子电池等日自放电率极低，适宜于较长时间尺度的储能应用；ZEBRA电池、超级电容、超导磁储能、飞轮储能等日自放电率较高，适宜于频率调节、电能质量等短时间尺度的储能应用场合。从环境友好性看，铅酸电池、钠硫电池、镍-铬电池、镍-金属氢化物电池、抽蓄等对环境有较大的负面影响，储热、超级电容、飞轮储能等环境友好性较好。此外，从安全方

表 8-3　常见储能系统的关键技术性能比对

储能系统类别	储能机理	质量能量密度（比能量）（Wh/kg）	体积能量密度（kWh/m^3）	质量功率密度（比功率）（W/kg）	体积功率密度（kW/m^3）	功率容量（MW）	工作循环往返效率（%）	释能持续时间	响应时间	日自释能率（%）	环境影响程度	寿命（a）	技术成熟度
钠硫（NaS）电池	电化学	100～240	140～300	150～230	150～300	0.05～50	70～90	1～24h	秒级	0.05～20	高	5～25（循环次数1000～10 000）	已商业化验证
$NaNiCl_2$ 电池（ZEBRA电池）	电化学	100～120	150～280	150～200	150～300	0.3～3	85～92	秒级～小时级	秒级	11～15	中～低	8～22（循环次数1000～8000）	已商业化验证
铅酸电池	电化学	10～50	25～100	75～415	10～700	0～50	65～92	≤4h	5～10ms	0.033～0.6	高	3～15（循环次数250～4500）	成熟及完全商业化
锂离子电池	电化学	50～260	200～735	80～370	50～5000	0.005～300	77～86	分钟级～小时级	20ms～1s	0.036～0.33	中～低	5～20（循环次数500～20 000 以上）	已商业化验证
镍镉（Ni-Cd）电池	电化学	30～80	30～150	50～300	100～450	0～45	60～90	秒级～小时级	20ms～1s	0.067～0.6	高	5～20（循环次数2000～2500）	完全商业化
镍-金属氢化物（Ni-MH）电池	电化学	30～120	83～320	177～600	7.8～588	0.01～3	50～80		秒级	0.3～0.83		3～15	完全商业化
全钒氧化还原液流电池（VRFB）	电化学	10～50	10～70	80～166	0.5～34	0.05～200	60～85	秒级～10h	毫秒级～10min	0.2	中～低	5～24（循环次数达12 000～14 000）	已商业化验证
多硫化钠-溴液流电池（PSB）	电化学	10～29	10～60	1.31	1.35～4.16	0.1～15	60～83	秒级～10h		小	中	10～15	试验验证
锌-溴液流电池（Zn-Br）	电化学	20～85	20～70	90～110	2.58～6	0.1～15	65～85	秒级～10h		0.24	中	5～20（循环次数300～14 000）	示范
铁-铬液流电池（Fe-Cr）	电化学		10～20			0.25～1	70					循环次数10 000 以上	示范
超级电容（SCES）	电能	0.5～30	1～35	500～10 000	1000～5000	0～10	65～99	毫秒级～小时级	≤10ms	5～40	极低	8～20（循环次数50 000 以上）	成熟或已商业化验证

续表

储能系统类别	储能机理	质量能量密度（比能量）（Wh/kg）	体积能量密度（kWh/m^3）	质量功率密度（比功率）（W/kg）	体积功率密度（kW/m^3）	功率容量（MW）	工作循环往返效率（%）	释能持续时间	响应时间	日自释能率（%）	环境影响程度	寿命（a）	技术成熟度
超导磁储能（SMES）	电能	1～75	0.2～13.8	500～2000	300～4000	0.1～20	80～98	毫秒级～小时级	≤10ms或＜100ms	10～15	低	20～30	已商业化验证
显热储热（STES）	热能	10～250	80～120	10～30		0.001～10	30～90	≤10min		0.05～1	极低	10～30	成熟或已商业化
潜热储热（PCM）	热能	80～250	80～500	10～30		0.001～1	40～90	小时级～数天	≤10min	0.5～1	低	20～40	成熟或已商业化验证
热化学储热（TCS）	热能	80～250	80～250	10～30		0.01～1	30～100	小时级～数天	≤10min	0.05～1	低	10～30	示范
压缩空气储能（CAES）	机械能	30～60	2～6		0.5～10	5～300	40～70	1～24h+	3～15min	低	中～低	20～100（循环次数10 000～100 000）	已商业化验证
抽水蓄能（PHS）	机械能	0.05～2	0.05～2	0.5～1.5	0.5～1.5	10～5000	70～85	1～24h+	秒级～2min	极低	高～中	30～100（循环次数12 000～100 000）	成熟或已商业化
飞轮储能（FES）	机械能	10～30	20～200	400～1500	800～2000	0.1～20	80～90	毫秒～1h	≤10ms或＜4ms	100	极低	15～25（循环次数100 000～1 000 000以上）	成熟或正在商业化
氢能储能	化学能	33 000	3（1bar）			0.3～60	20～66	天～月	＜1s			5～30（循环次数10 000～20 000）	成熟或正在商业化
甲烷	化学能	1389.9	9.96				30～38	1天～1月	＜1s				

面来说，除电危险（如触电、电弧）、杂散或存储能量危险（如危险能量释放）、物理危险（如动能部件、热灼伤）外，电化学储能系统，特别是锂离子电池，还存在火灾和爆炸危险（如热失控）、化学品危险（如腐蚀性或有毒电解液、有毒气体或固体）等，工程中需注意做好储能系统相关的热失控或机械失效等失效模式与影响分析（FMEA）、减灾分析（HMA）等，并按分析结果和标准规范要求，配置所需的安全防护结构、设备或系统等技术安全防护措施。

储能技术种类较多，且还处于快速发展中。不同功率容量、不同能量容量、不同技术特性的储能决定了其有着各自不同的用途。鉴于实际应用中，储能技术的种类、特性、应用等差异较大，较难对各类储能技术进行全面详细地评估和对比，故图 8-10 仅是对各类储能技术及其应用进行了概括性粗略比对，示出了常见电力储能系统模块的功率范围、释能时长及在电力系统中的主要作用，以便读者建立起总括性概念。其中抽水蓄能、压缩空气储能等系统额定功率模块较大（可达百兆瓦级以上），电容、镍镉电池等单位功率容量较小，锂离子电池、液流电池、飞轮储能等介于两者之间。大部分储能产品由于采用了模块化设计，在工程中可按模块化集成安装方式，组合成更大功率容量、能量容量的储能电站。图 8-11 示出了主要电力储能技术的当前主要应用功能、潜能、2030 年前研发需求，其中缩略语分别为 PHS-抽水蓄能、CAES-压缩空气储能、FW-飞轮储能、LA-铅酸电池储能、NiMH-镍-金属氢化物电池储能、NaS-钠硫电池储能、NaNiCl-钠镍氯电池（ZEBRA 电池，也称斑马电池）储能、RFB-氧化还原液流电池储能、HFB-混合液流电池储能、H_2-氢能储能、SNG-合成天然气储能、DLC-双层电容储能、SMES-超导磁储能等。当前，常规抽水蓄能、飞轮、铅酸电池、ZEBRA

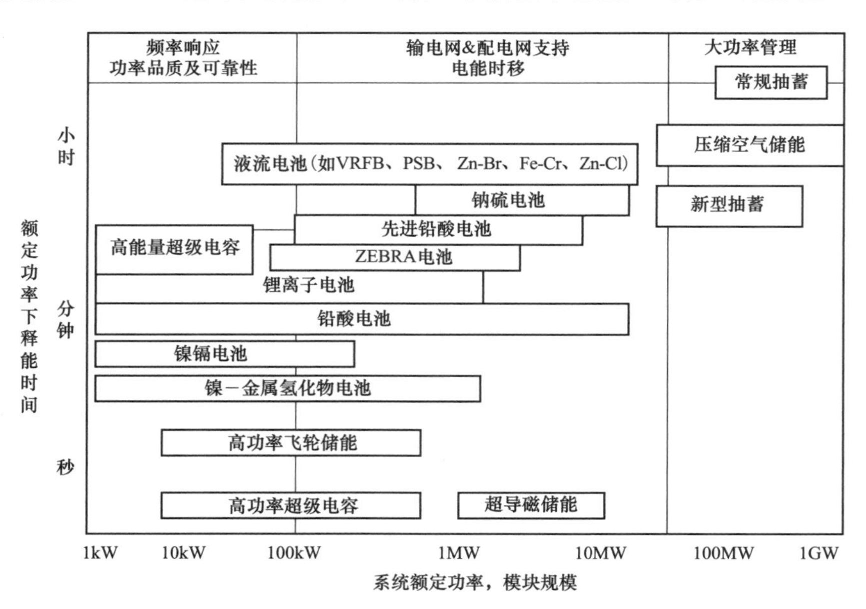

图 8-10　常用电力储能技术位置示意图

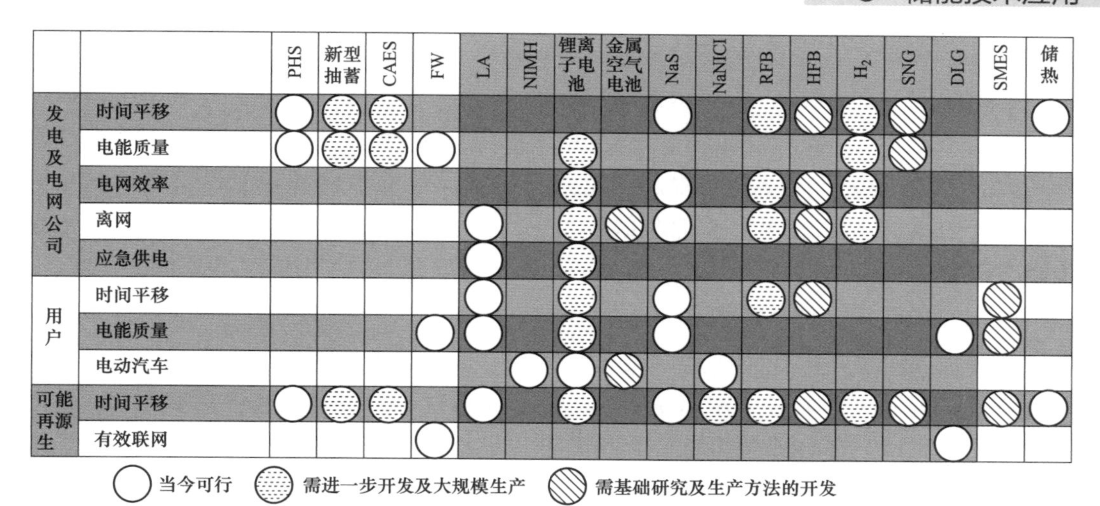

图 8-11　电力储能技术可行性、潜能及 2030 年前开发需求

（来源：Fraunhofer ISE）

电池、钠硫电池、双层电容、显热储热等较为成熟；新型抽蓄、压缩空气储能、锂离子电池、全钒氧化还原液流电池、氢能储能等相对成熟，但还需进一步研发，以提升性能，并通过规模化生产及学习效应来继续降低成本；金属空气电池、混合液流电池、超导磁储能等还需进一步加大研发投入和生产工艺的改进，以使其尽早实现市场化规模应用。

8.4.2　电力储能系统经济性比较

储能系统的经济性取决于其在电力系统中的功用、当地电力市场现状、建设位置及条件、储能容量规模、工程设计/施工/运营水平等多种因素，因此评估储能系统的经济性也较为困难。

国际工程中，通常是基于储能系统的基建成本、运维成本、年化成本（包括单位能量年化成本、单位功率年化成本等）、LCOE（平准化能源成本）或 LCOS（平准化储能成本）等经济指标来分析比较储能系统可用生命期内的经济性。其中，年化成本衡量的是每年用于支付储能资产使用寿命内的所有投资和运营支出的成本，同时也包括如税务和保险等其他财务参数。单位能量或功率年化成本指标是通过将每年支付的总年化成本除以额定能量收益——“美元/额定千瓦时（kWh）-年”或除以额定功率收益——“美元/额定千瓦（kW）-年”而得出的，其中 kWh 和 kW 分别是储能系统的额定能量和额定功率。LCOE 衡量的是来自储能资产的单位能源输出需要以何种价格出售以覆盖其所有的支出，可通过将每年支付的年化成本除以储能系统的年释放能源总量来计算得出。LCOS 衡量的是来自储能资产的单位能源输出需要以何种价格出售以覆盖项目全生命期内的全部成本，包括大修、小修，设备更换等，还需考虑储能系统自释能、性能下降等因素。虽然 LCOE 和 LCOS 这两个指标均表示的是在计入全部储能电站项目成本（包括纳税、融资、运营、维护及其他）下，出售单位能量输出所需的平均价格，但是，较之 LCOE，LCOS 明确纳入了与储能相关的部件和内涵，明确包括了向储能系统加充能量的成本、储能本体和功率设备增加和更换的成本等，其术语定义更加全面准确和规范。因此，现今国际储能项目更倾向于采用 LCOS 指标。

对于储能系统而言，有两种投资成本十分重要，其一为单位容量的投资成本，即单位千瓦成本——功率成本，其二是单位储能的投资成本，即单位千瓦时成本——能量成本。储能系统的能量成本和功率成本是储能系统两个重要的经济性参数。即使对于同一储能技术，储能系统每单位容量的投资成本也有较大差异。例如，抽水蓄能电站的功率成本从 500 美元/kW 到 4342 美元/kW 不等。通常而言，较小装机容量的储能电站往往比较大装机容量的储能电站的单位投资成本更高。基于近年来国内外储能电站工程应用数据、IEC 和 IRENA 等相关报告及文献，表 8-4 列出了常见储能系统的建设及运维成本，包括能量成本、功率成本等建设成本和年运营&维护成本等。鉴于国内外数据来源、统计基准及工程规模等的不同，其数据仅供参考。其中，飞轮储能系统的成本高达 500～6000 美元/kWh，表面看起来相对昂贵，但飞轮可比其他常规储能技术更快地输送功率，同时提供转动惯量，实现快速频率响应等独特功能。表 8-5 列出了国际咨询公司 Lazard 于 2016 年发布的各类储能 LCOE（平准化能源成本）对比研究结果，LCOE 从低到高排列顺序分别为压缩空气储能、抽水蓄能、锂离子电池储能、钠电池储能、全钒液流电池储能、除全钒及锌溴以外的其他液流电池、锌溴液流电池等，供参考。

表 8-4　　常见储能系统的建设及运维成本比对

储能系统类别	能量成本（美元/kWh）	功率成本（美元/kW）	年运维成本（美元/kW）
钠硫（NaS）电池	116～735	350～400	7～80
$NaNiCl_2$ 电池（ZEBRA 电池）	130～488	150～300	
铅酸电池	54～473	200～651	7～50
锂离子电池	200～1260	900～4342	10（规模＞1MW） 6～12
镍镉（Ni-Cd）电池	400～2400	500～1500	20
镍-金属氢化物（Ni-MH）电池	250～1500		
全钒氧化还原液流电池（VRFB）	150～2800	430～2500	7～70
多硫化钠-溴液流电池（PSB）	120～2000	330～4500	
锌-溴液流电池（Zn-Br）	150～2000	175～4500	6（规模＞1MW） 7～16
铁-铬液流电池（Fe-Cr）	76～1000	3000～9000	

续表

储能系统类别	能量成本（美元/kWh）	功率成本（美元/kW）	年运维成本（美元/kW）
超级电容（SCES）	300～2000	100～480	6
超导磁储能（SMES）	1085～10 854	200～489	18.5
显热储热（STES）	0.04～13.65	3400～4500	5
潜热储热（PCM）	11.78～68.26	6000～15 000	5
热化学储热（TCS）	9.43～136.56	1000～3000	5
压缩空气储能（CAES）	2～271	400～2700	16.7～18.9
抽水蓄能（PHS）	5～271	500～4342	6.2～43.3
飞轮储能（FES）	500～6000	250～380	5.6～5.8
氢储能	2～15	500～5500	

表 8-5　　常见储能系统 LCOE 比对

储能技术类别	LCOE 范围（美元/kWh）
压缩空气储能	116～140
抽水蓄能	152～198
全钒液流电池储能	314～690
锌溴液流电池储能	434～549
其他液流电池储能	340～630
锂离子电池储能	267～561
钠电池储能	301～784

（来源：Lazard，2016）

美国能源部下属的 PNNL（西北太平洋国家实验室）对锂离子（LFP 和 NMC）电池、全钒氧化还原液流电池、铅酸电池、锌基电池（Ni-Zn 电池、锌-溴电池、锌-溴液流电池、锌-空气电池等）、氢储能（PEM+燃料电池）、抽水蓄能、重力储能、压缩空气储能、储热（包括交流电进/交流电出的热泵式储热系统 PHES、交流电进/交流电出的基于显热的储热系统、基于制冷循环的液化空气储能系统 LAES 等）等各类储能技术的经济性进行了较为全面的分析研究。考虑到每一储能技术可用的商用产品、代表性水平及应用场景，电池储能系统（包括 LFP 和 NMC 锂离子电池、全钒氧化还原液流电池、铅酸电池、锌基电池等）选取了额定功率 1、10、100、1000MW 及其释能持续时长 2、4、6、8、10、24、100h，抽水蓄能系统选取了额定功率 100、1000MW 及其释能持续时长 4、10、24、100h，压缩空气储能系统选取了额定功率 100、1000MW 及其释能持续时长 4、10、24、100h，重力储能系统选取了额定功率 100、1000MW 及其释能持续时长 2、4、6、8、10、24、100h，热式储能系统选取了 100、1000MW 及其释能持续时长 4、6、8、10、24、100h，氢能储能系统选取了额定功率 100、1000MW 及其释能持续时长 10、24、100h 进行了对比分析。所采用的 LCOS 计算方法见式（8-8）。

$$LCOS = \frac{[(FCR \times CAPEX_{PV}) + O\&M_{Fixed}]}{AH} + ECC \tag{8-8}$$

式中 $LCOS$——储能成本，美元/kWh；

FCR——固定费率，%；

$CAPEX_{PV}$——资本支出现值，美元/kW；

$O\&M_{Fixed}$——年固定运行和维护成本，美元/（kW・a）；

AH——年放电（释放能量）小时数［见式（8-9）］；

ECC——充电（加充能量）成本，包括由于损耗而增加的成本，即 ECC=用于购电的充电成本（美元/kWh）除以储能系统 RTE（工作循环往返效率，%），美元/kWh。

$$AH = \frac{Cycles_a \times DOD \times E_{rated}}{P_{rated}} \tag{8-9}$$

式中 AH——年放电（释放能量）小时数；

$Cycles_a$——储能系统年工作循环数［见式（8-10）］；

DOD——放电（释放能量）深度，%；

E_{rated}——储能系统额定能量容量，kWh；

P_{rated}——储能系统额定功率容量，kW。

$$Cycles_a = Cycles_{max} \times \min\left(\frac{1}{DOD}, \frac{24}{CT + Rest + DT + Rest}\right) \tag{8-10}$$

式中 $Cycles_a$——储能系统年工作循环数；

$Cycles_{max}$——储能系统允许的年最大 100%DOD 等效工作循环数，通常作为储能系统保证值的一部分；

DOD——放电（释放能量）深度，%；

CT——储能充电（加充能量）所需时间［见式（8-12）］，h；

DT——储能放电（释放能量）所需时间［见式（8-11）］，h；

$Rest$——储能充电（加充能量）或放电（释放能量）后所需的空置时间，具体数值取决于储能技术类别和持续时间，h。

$$DT = DOC \times RED \tag{8-11}$$

式中 DT——储能放电（释放能量）所需时间，h；

DOD——放电（释放能量）深度，%；

RED——储能系统额定能量持续时间长度（即在额定功率下储能系统释放额定能量的持续时间，等于额定能量/额定功率），h。

$$CT = \frac{DT}{RTE} \tag{8-12}$$

式中 CT——储能充电（加充能量）所需时间，h；

DT——储能放电（释放能量）所需时间，h；

RTE——储能系统工作循环往返效率，%。

图 8-12 示出了 2021 年各类储能技术的建设总费用，图 8-13 示出了预计到 2030 年各类储能技术的建设总费用。其建设总费用包括储能本体及其辅助系统、功率设备、仪表控制和通信、系统集成、EPC（工程设计、采购及施工总承包）、项目开发、接入电网等各项费用。图 8-14 和图 8-15 分别示出了 2021 年功率容量 1MW 和 10MW、100MW 和 1000MW 及其释能持续时长 2、4、6、8、10、24、100h 各类储能系统 LCOS。图 8-16 和图 8-17 分别示出了预计到 2030 年 1MW 和 10MW、100MW 和 1000MW 及其释能持续时长 2、4、6、8、10、24、100h 储能系统 LCOS。表 8-6 列出了锂离子电池、铅酸电池、全钒氧化还原液流电池、锌基电池、抽水蓄能、压缩空气储能、氢能等各类型储能电站的 2021 年的运行维护成本，供工程参考。

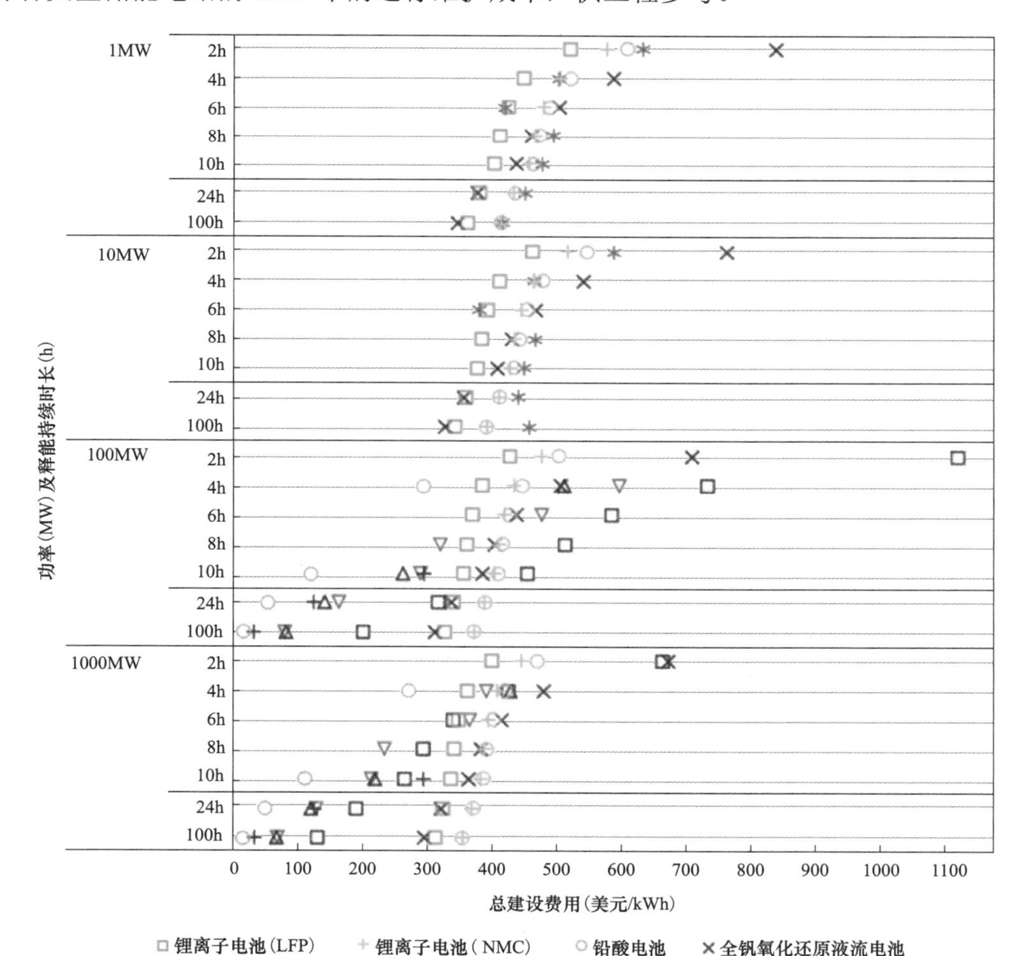

图 8-12　2021 年各类储能技术建设总费用对比图

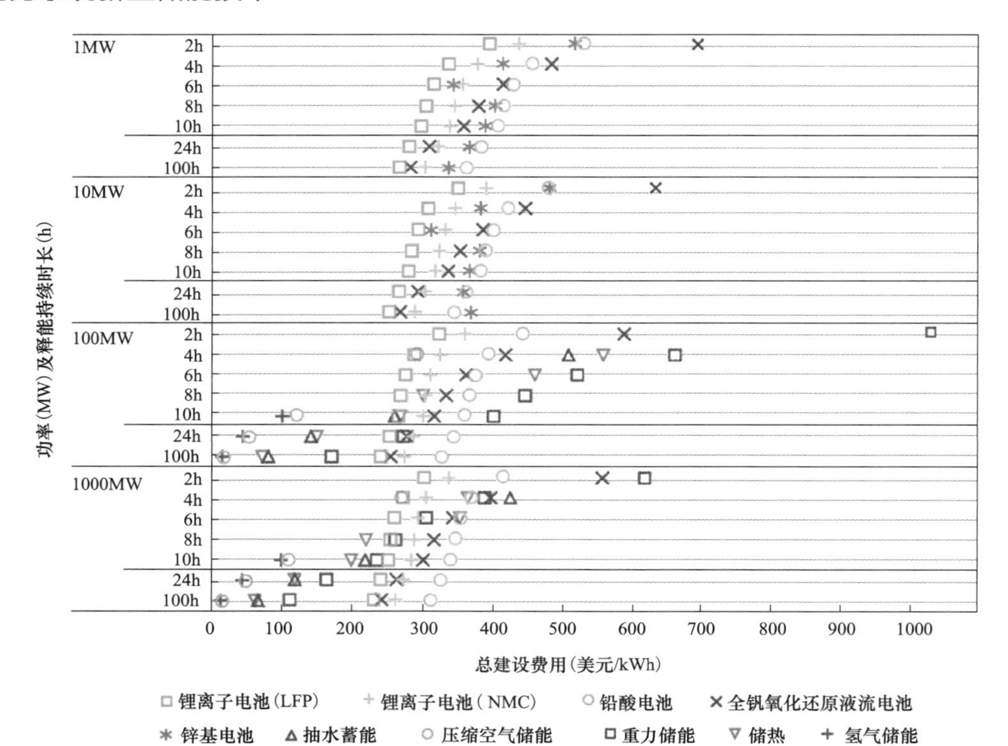

图 8-13　预测到 2030 年各类储能技术建设总费用对比图

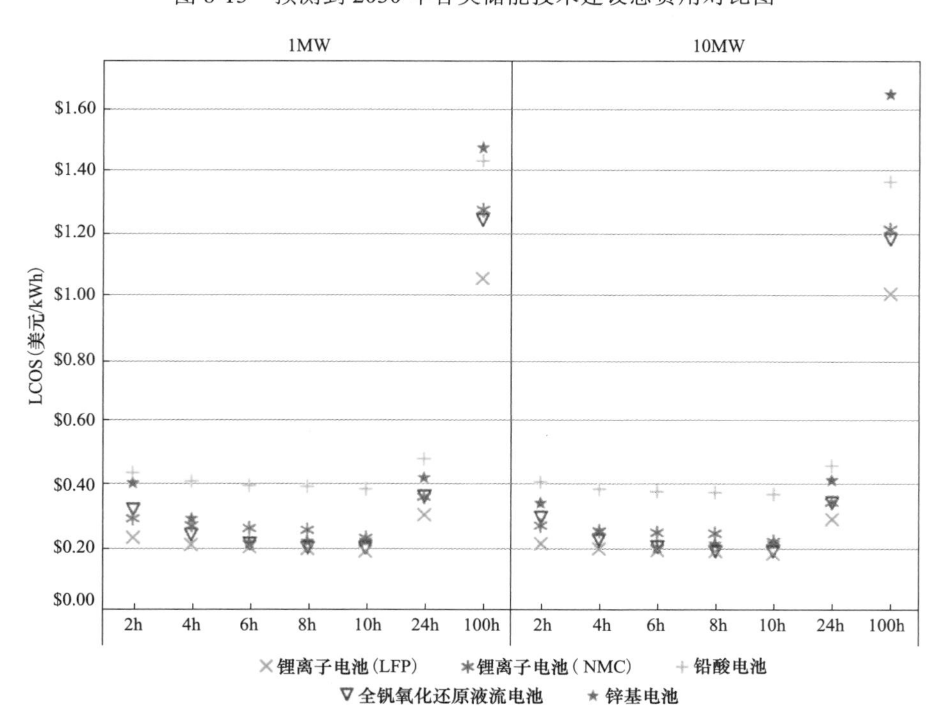

图 8-14　2021 年 1MW 和 10MW 储能系统 LCOS 对比图

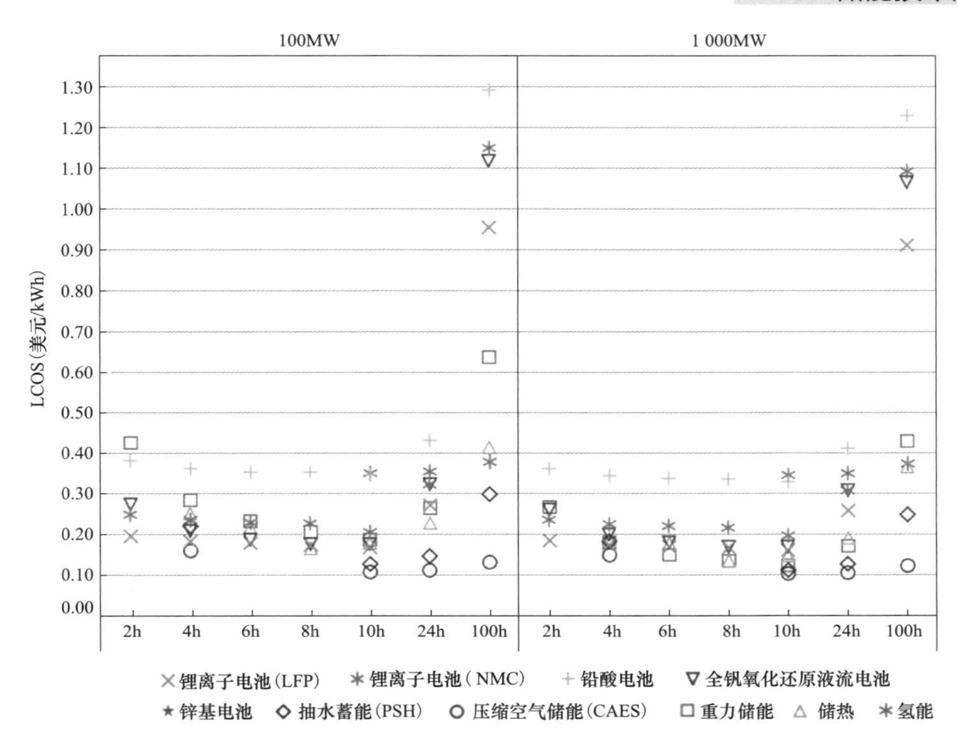

图 8-15　2021 年 100MW 和 1000MW 储能系统 LCOS 对比图

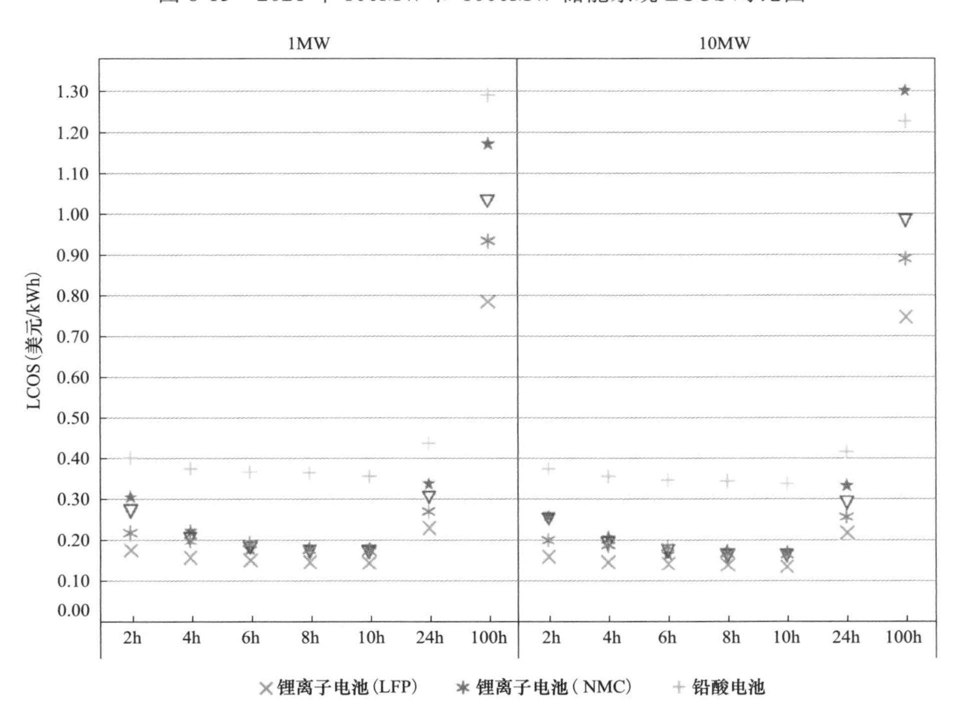

图 8-16　2030 年 1MW 和 10MW 储能系统 LCOS 对比图

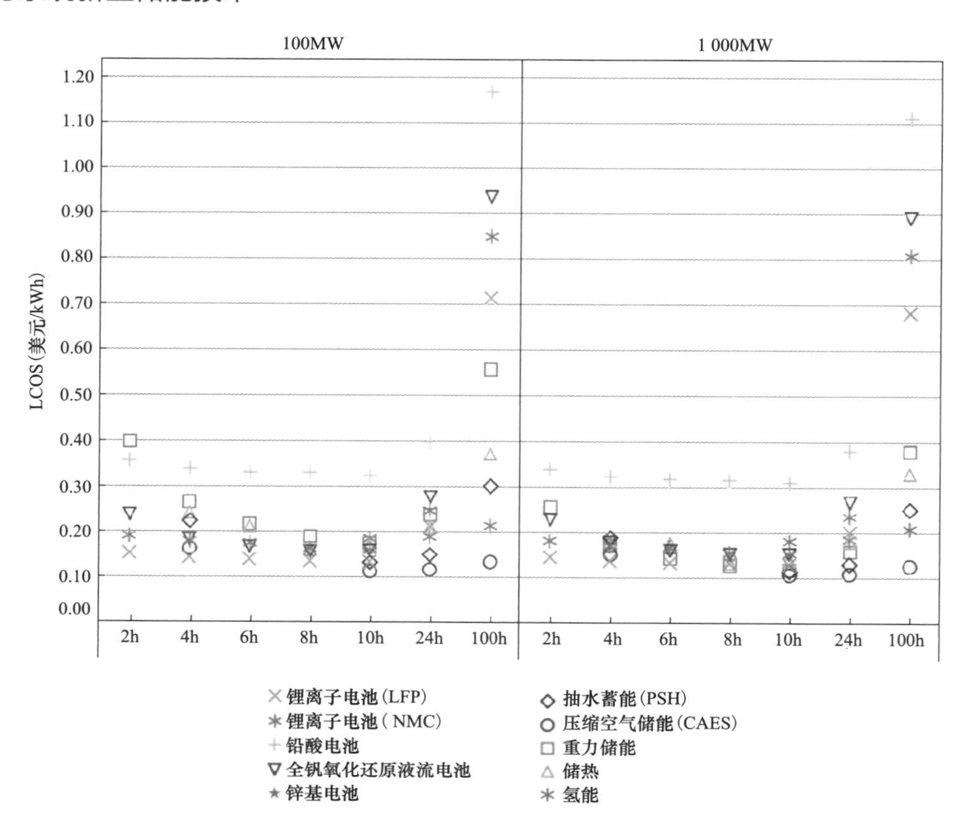

图 8-17　2030 年 100MW 和 1000MW 储能系统 LCOS 对比图

表 8-6　　**国际储能电站运维成本比对（2021 年）**

储能电站类型及容量	不同释能时长下的固定运维成本［美元/（kW·a)］							可变运维成本（美元/MWh）	系统 RTE 损耗成本（美元/kWh）	备注
	2h	4h	6h	8h	10h	24h	100h			
锂离子（磷酸铁锂）电池储能电站 1MW	2.85～3.48	4.54～5.55	6.22～7.60	7.88～9.63	9.53～11.65	20.97～25.63	81.42～99.52	0.5125	0.005	按 80% DOD 和 RTE83% 考虑
锂离子（磷酸铁锂）电池储能电站 10MW	2.52～3.07	4.13～5.05	5.72～7.00	7.31～8.93	8.89～10.86	19.78～24.17	77.38～94.58	0.5125	0.005	按 80% DOD 和 RTE83% 考虑
锂离子（磷酸铁锂）电池储能电站 100MW	2.30～2.81	3.84～4.69	5.36～6.55	6.87～8.40	8.37～10.23	18.75～22.92	73.64～90.00	0.5125	0.005	按 80% DOD 和 RTE83% 考虑
锂离子（磷酸铁锂）电池储能电站 1000MW	2.13～2.60	3.59～4.39	5.04～6.16	6.48～7.92	7.91～9.67	17.80～21.76	70.09～85.67	0.5125	0.005	按 80% DOD 和 RTE83% 考虑

续表

储能电站类型及容量	不同释能时长下的固定运维成本［美元/（kW·a）］							可变运维成本（美元/MWh）	系统RTE损耗成本（美元/kWh）	备注
	2h	4h	6h	8h	10h	24h	100h			
锂离子（三元镍钴锰）电池储能电站1MW	3.10～3.79	5.04～6.16	6.96～8.50	8.86～10.83	10.75～13.14	23.83～29.12	92.98～113.64	0.5125	0.005	按80% DOD和RTE83%考虑
锂离子（三元镍钴锰）电池储能电站10MW	2.76～3.37	4.60～5.63	6.43～7.86	8.24～10.07	10.04～12.27	22.50～27.50	88.36～107.99	0.5125	0.005	按80% DOD和RTE83%考虑
锂离子（三元镍钴锰）电池储能电站100MW	2.53～3.09	4.28～5.23	6.02～7.35	7.74～9.46	9.45～11.55	21.29～26.02	83.88～102.53	0.5125	0.005	按80% DOD和RTE83%考虑
锂离子（三元镍钴锰）电池储能电站1000MW	2.34～2.86	4.01～4.90	5.66～6.91	7.29～8.91	8.92～10.90	20.17～24.65	79.66～97.37	0.5125	0.005	按80% DOD和RTE83%考虑
铅酸电池储能电站1MW	3.24～4.73	5.60～7.39	7.93～10.02	10.24～12.63	12.55～15.23	28.46～33.17	112.52～127.96	0.5125	0.008	按78% DOD和RTE77%考虑
铅酸电池储能电站10MW	2.90～4.20	5.14～6.72	7.36～9.22	9.56～11.70	11.75～14.17	26.87～31.23	106.78～121.34	0.5125	0.008	按78% DOD和RTE77%考虑
铅酸电池储能电站100MW	2.74～3.88	4.87～6.28	6.97～8.66	9.07～11.02	11.15～13.37	25.53～29.58	101.48～115.24	0.5125	0.008	按78% DOD和RTE77%考虑
铅酸电池储能电站1000MW	2.59～3.62	4.61～5.90	6.62～8.16	8.60～10.40	10.58～12.63	24.25～28.04	96.46～109.47	0.5125	0.008	按78% DOD和RTE77%考虑
全钒氧化还原液流电池储能电站1MW	3.66～6.58	4.73～8.78	5.79～10.97	6.86～13.16	7.93～15.35	15.39～30.70	55.93～113.99	0.5125	0.0144	按80% DOD和RTE65%考虑
全钒氧化还原液流电池储能电站10MW	3.28～5.94	4.30～8.02	5.31～10.11	6.33～12.20	7.35～14.29	14.46～28.90	53.06～108.22	0.5125	0.0144	按80% DOD和RTE65%考虑
全钒氧化还原液流电池储能电站100MW	3.03～5.46	3.99～7.44	4.96～9.43	5.92～11.41	6.89～13.39	13.64～27.27	50.32～102.63	0.5125	0.0144	按80% DOD和RTE65%考虑
全钒氧化还原液流电池储能电站1000MW	2.91～5.17	3.83～7.05	4.74～8.94	5.66～10.82	6.58～12.71	12.99～25.89	47.83～97.48	0.5125	0.0144	按80% DOD考虑

续表

储能电站类型及容量	不同释能时长下的固定运维成本［美元/（kW·a）］							可变运维成本（美元/MWh）	系统 RTE 损耗成本（美元/kWh）	备注
	2h	4h	6h	8h	10h	24h	100h			
锌基电池储能电站 1MW	9.58～11.71	19.45～23.77	2.08～2.54	10.52～12.86	11.17～13.65	24.88～30.41	55.48～67.81			按 80% DOD 和 RTE 66%～81%考虑
锌基电池储能电站 10MW	9.50～11.61	19.93～24.35	1.88～2.30	10.38～12.68	11.01～13.46	24.80～30.31	55.40～67.71			按 80% DOD 和 RTE 66%～81%考虑
压缩空气储能电站 100MW		14.51～17.71			14.51～17.73	14.55～17.97	15.47～24.09	0.5125	0.0005	按 80% DOD 和 RTE52%考虑
压缩空气储能电站 1000MW		8.84～10.80			8.84～10.80	8.84～10.82	8.93～11.43	0.5125	0.0005	按 80% DOD 和 RTE52%考虑
抽水蓄能电站 100MW		25.29～30.91			25.37～31.00	26.29～32.13	47.81～58.09	0.5125	0.0075	按 80% DOD 和 RTE80%考虑
抽水蓄能电站 1000MW		14.02～17.14			14.03～17.15	14.11～17.24	15.89～19.39	0.5125	0.0075	按 80% DOD 和 RTE80%考虑
氢能（电-氢-电）储能电站 100MW					21.63～25.06	21.84～27.04	22.90～37.77	0.5125	0.056	按 80% DOD 和 RTE31%考虑
氢能（电-氢-电）储能电站 1000MW					15.33～18.75	15.52～20.72	16.49～31.39	0.5125	0.056	按 80% DOD 和 RTE31%考虑
重力储能电站 100MW	8.40～28.20	12.00～28.20	15.28～28.20	18.77～28.20	22.26～28.20	28.20～46.70	28.20～179.40			按 80% DOD 和 RTE84%考虑
重力储能电站 1000MW	8.15～15.60	11.64～15.60	15.13～15.60	15.60～18.62	15.60～55.12	15.60～46.56	15.60～179.26			按 80% DOD 和 RTE84%考虑
显热储能电站 100MW		9.61～11.75	11.35～30.00	12.01～49.60	14.84～53.65	21.31～81.52	25.84～222.82			按 80% DOD 和 RTE 34%～60%考虑
显热储能电站 1000MW		6.25～7.64	7.57～15.00	8.19～37.63	10.91～41.44	15.00～67.64	15.00～205.15			按 80% DOD 和 RTE 34%-60%考虑

结合工程应用及上述图表可得出以下结论：

（1）抽水蓄能是全球在役电力储能系统容量占比最大的储能类型，2021 年 100MW-10h 抽蓄总建设成本为 189.47～288.00 美元/kWh，其主要成本构成是水库（68～83 美元/kWh）、厂房（321～817 美元/kW）、机电设备（420～513 美元/kW）。当储能持续时长扩展到 24h 时，其总建设成本降至 109.22～156.83 美元/kWh。

（2）近十年来，电池储能容量增长最快，尤其是锂离子电池储能，已成为仅次于抽蓄的第二大在役储能类型。2021 年 100MW-10h 锂离子 LFP、锂离子 NMC、全钒氧化还原液流电池、铅酸电池的总建设成本分别为 320.81～392.10 美元/kWh、349.96～427.72 美元/kWh、269.78～435.31 美元/kWh、377.87～433.64 美元/kWh。在工程应用中，出于安全考虑，NMC 类型三元锂储能系统的最大 SOC 通常限定于 90%，而 LFP 类型磷酸铁锂储能则无此限制，故 NMC 储能系统的储能成本需除以 0.9，因而 NMC 储能成本在单位 kWh 上较之 LFP 会高出约 10%。锌基电池较为新兴，还无 100MW 等级储能电站投运，其 10MW-10h 容量储能电站的总建设成本为 340.14～627.80 美元/kWh。

（3）当采用天然洞穴（如盐穴）作为储气库时，压缩空气储能电站是 4h 及以上释能持续时长的大容量储能系统中建设成本最低的储能类型（如 100MW-10h 下，建设成本为 106.48～143.34 美元/kWh。采用盐穴、多孔介质、人工硬岩硐室等类型储气库的压缩空气储能电站成本对比见表 8-7）。在相同功率下，抽蓄是 10h、24h、100h 持续时长的储能系统中总建设成本第二或第三低的储能系统。预计到 2030 年，100MW-4h 容量的 LFP 锂离子电池储能（256.09～323.28 美元/kWh）和压缩空气储能（262.26～333.59 美元/kWh）建设成本接近；10h 及以上时长下，氢能储能成本低于压缩空气储能成本。

表 8-7　　采用不同类型储气库的压缩空气储能电站成本比对表

储气库类型	规格（MWe）	功率相关电站设备成本（美元/kW）	能量相关电站设备成本（美元/kWh）	典型释能持续时长（h）	总成本（美元/kWe）	备注
盐穴	200	350	1	10	360	空气压缩至高压并储存至地下盐穴
多孔介质	200	350	0.1	10	351	空气压缩至高压并储存至在多孔介质中（如砂岩孔隙）
人工硬岩硐室	200	350	30	10	650	空气压缩至高压并储存至人工硬岩硐室

（数据来源：EPRI，2002）

（4）从平准化成本看，1MW 和 10MW-10h 及以下时长的储能系统中，电池储能系统的 LCOS 范围为 0.20～0.40 美元/kWh（其中，LFP 最低，铅酸最高）；24h 及 100h 更长时长时，电池储能系统的 LCOS 开始增加，1MW-24h 系统的 LCOS 为 0.30～0.45 美元/kWh，1MW-100h 系统的 LCOS 为 1.05～1.50 美元/kWh。电池储能系统的 LCOS

最低点约在 10h 储能时长下。

（5）在 100MW 及以上的功率容量下，压缩空气储能是各种储能时长下 LCOS 最低的储能系统（如 1000MW-10h 为 0.10 美元/kWh），其主要原因是采用了低成本的天然储气库及压缩空气储能质量能量密度相对较高（是抽水蓄能的数倍或数十倍）。在 1000MW-10h 容量下，LCOS 第二和第三低的储能系统分别为抽蓄（约 0.11 美元/kWh）和重力式储能（约 0.13 美元/kWh），铅酸电池和氢能储能 LCOS 较高，分别为 0.33 美元/kWh 和 0.35 美元/kWh。

8.5 储能在电力系统中的应用场景

8.5.1 概述

经典电力系统具有两个典型特征，其一是发/用时间同时性，即发即用，发电量和用电量必须时刻保持相等，否则供需不平衡会伤害电力系统稳定性和电源品质（电压和频率）；其二是发/用空间分离性，即发电厂通常远离负荷用户，发电厂输出的电能需通过输电线路输送至用户侧，当出现大容量电力流所致的输电线路阻塞或电网发生故障时，电力供应将会受到影响，甚至中断。此外，由于供电线的必需性，为移动应用供电也变得较为困难。为应对全球气候变化，以化石燃料为主、基于机电技术的大型同步发电机、大电网等为特征的传统电力系统正向以风光等可再生能源为主、基于电力电子技术的转换器/逆变器、大电网与微电网共融等特征的新型电力系统演进。随着风光等 VRE（波动式可再生能源）在电力系统中渗透率的逐渐提高，与 VRE 相关的资源波动性、间歇性、难以预测性、不确定性等对电力系统的安全性、可靠性、灵活性、韧性等带来的挑战愈加明显。

储能具有缓解能量供需时间和空间矛盾、解决能量形态转换、提升用能密度和用能灵活性等方面的主要特征，电力储能可在电能富余时将电能直接或间接储存，在需要时再将所储存的能量以电能形式释放回电力系统。凭借其独特的吸收、储存和再注入电力等能力，电力储能一是可改变经典电力系统的供需瞬时平衡、发输配用同时完成的运营模式，对电力系统的组织结构、规划设计、拓扑形态、调度控制、运行管理、营运模式、应用方式等带来革命性的变化；二是可有效应对电力系统所面临的上述挑战，并被视为解决与可再生能源集成相关的技术挑战的关键解决方案，在新型电力系统构建中定会发挥关键作用。举例来说，电力储能可为电力系统提供大宗能源服务、辅助服务、输电网基础设施服务、配电网基础设施服务、用户侧能量管理等主要服务（见图 8-18）。其中的大宗能源时移、零售能源时移、供电容量服务、频率响应、频率调节、转动惯量、延缓或避免输电网及配电网升级改造、供电可靠性及性能等服务，对显著提升 VRE 在电力系统的渗透率具有直接或间接的显著正向作用。

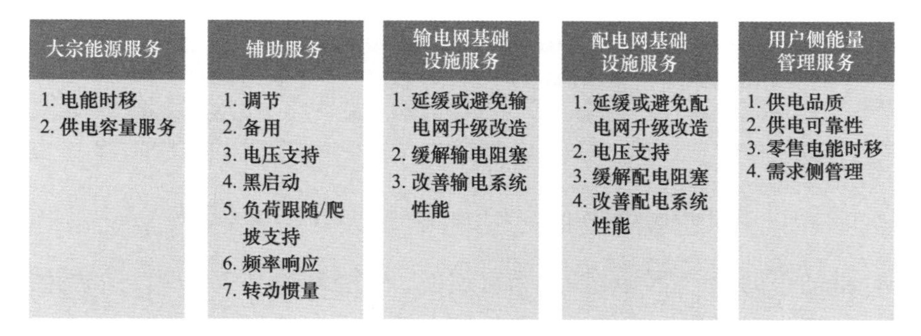

图 8-18　电力储能可提供的主要服务类别概览

此外，以时间尺度为例，电力储能还可提供从实时动态、亚秒、秒、分钟、时、天、周、月、季等不同时间尺度的，从转动惯量、快速频率响应、运行备用、负荷跟随及时移，到长持续时间储能，甚至超长持续时间储能等系列的电力系统服务（见图 8-19）。例如，抽水蓄能、压缩空气储能，以及由快速响应储能、功率逆变器/转换器及构网设备等构成的虚拟同步机可提供转动惯量、系统阻尼来作为应对电力系统中发电机突然跳闸、需求突然变化等紧急工况的第一道防线；锂离子电池、飞轮、超级电容、超导磁储能等具有高响应速度、高功率密度的储能特别适宜提供从亚秒到秒级的快速频率响应（如 300ms～2s），以快速处理电力系统供需不平衡，保持电力系统频率稳定（如英国电网、国内西北电网等要求并网主体提供快速频率响应服务）；超级电容、锂离子电池等具有毫秒级快速响应的储能还可提供瞬态电压稳定、谐波减缓等服务；电化学储能、抽水蓄能等具有高循环寿命、较快响应速度、可集成为一定规模容量的储能电站可提供秒级到分钟级的一次调频、二次调频、运行备用、平滑可再生能源发电出力等服务；分钟级时间尺度以下的储能可根据电力系统工况做出自动快速响应，提供短时间的能量支持，提高电力系统功角稳定性，支持新能源机组低电压穿越或高电压穿越，补偿系统电压跌落，抑制系统暂态过电压等；常见的各类储能可对电力系统不平衡功率作出灵活快速响应，提供从分钟级到小时级的负荷跟随、负荷调节、削峰填谷、能量时移等服务，提高输配电网设施利用率；抽水蓄能、压缩空气储能、液态空气储能、重力储能、液流电池、混合液流电池、显热储热等可提供从小时级到天的长持续时间储能服务，以应对电力负荷高峰/尖峰、无风无光等极端天气等场合；化学式储能、储热等超长持续时间储能或跨季节储能，可提供周、月、季等超长时间尺度的清洁用能需求（如通过储热系统将夏季储存的热能移到冬季应用，将冬季储存的冷能移到夏季应用等）。此外，分钟级以下的储能还常与动态电压调节器（dynamic voltage regulator，DVR）、静止同步补偿器（static synchronous compensator，STATCOM）、统一潮流控制器（unified power flow controller，UPFC）等柔性交流输电系统（flexible AC transmission system，FACTS）设备相结合，实现有功和无功双重快速控制，有效抑制电压暂降、电压电流波形畸变及闪变等，可取得更好的应用效果。

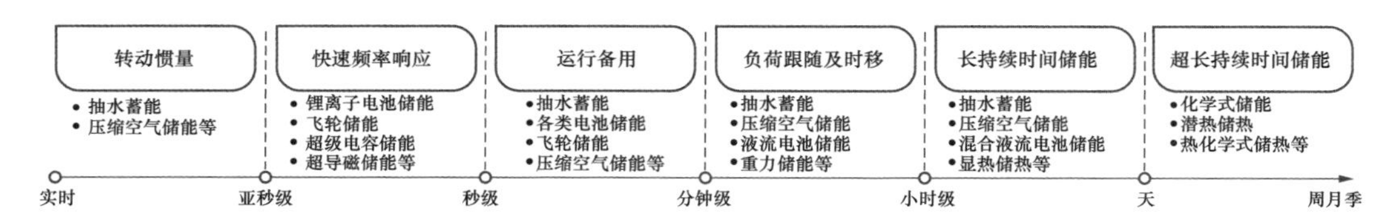

图 8-19　不同时间尺度下电力储能可提供的服务概览

综上，储能可助力可再生能源成为可调度、可控制的灵活电源，改善传统电源灵活性、能效、寿命损耗和经济性、安全性综合性能，支撑大规模高比例可再生能源基地的电源远距离外送与消纳，促进分布式可再生能源发电灵活高效接入系统及灵活应用，提升微电网的可靠性、韧性、经济性等综合性能，提升输电网和配电网基础设施的利用率和经济性，提高系统供电可靠性和供电电能品质，促进电力系统规划设计和运行管理方式发生革命性蝶变。可见，储能可在电力系统各个环节提供系统所需的主要服务，规模化应用后可实现可再生能源对化石能源的可靠替代，实现发电和用电在时间和空间上的解耦，是新型电力系统构建的“瑞士军刀”和“助推器”。

8.5.2　储能在电力系统中的应用分类

工程项目中，除按储能技术原理对储能电站或系统进行分类（如抽水蓄能电站、电化学储能电站、压缩空气储能电站等）外，国际上还常依据储能在电力系统中所处的位置不同而对储能进行相应应用分类。

此类位置分类主要有以下两种分类法：

（1）按照储能在电力系统发电、输电、配电、用电等环节部署位置的不同进行分类。依此可细分为发电侧储能、电网侧储能（包括输电侧储能和配电侧储能）、用户侧储能（包括用户储能、商业和工业用储能）、分布式能源或微电网侧储能等主要类别。

1）发电侧储能：发电侧储能主要配置在电源端，除可为传统发电端提供调峰调频、辅助服务、提升综合能效、减少温室气体排放、延缓发电机组扩建/新建（见图 8-20 中 EES4 和 EES5）外，也更多应用在风光等新能源削峰填谷、平抑波动、提高新能源消纳、提升新能源灵活性或可调度性、降低对风光功率预测系统的准确度需求等方面（见图 8-20 中 EES1-EES3）。储能可作为一个独立的装置运行（见图 8-20 中 EES1 和 EES5），也可与发电设施或系统融合集成一体运行（见图 8-20 中 EES2-EES4，典型示例如应用于光热电站的导热油储热系统、太阳能盐储热系统等）。若储能与电站相集成，布置在一起，而不是作为一个独立的运行单元时，国际上常称之为“混合电厂”（hybrid power plant）。

2）输电侧储能：输电侧储能分布在输电网关键节点（见图 8-20 中 EES6、EES7），可大幅提升大规模高比例新能源并网和大容量直流系统接入的灵活调节能力，主要发挥调峰调频辅助支撑、无功支持、缓解输电线路阻塞、延缓输电设备扩容升级等作用。

3）配电侧储能：与输电侧储能类似，分布在公用配电网关键节点（见图 8-20 中 EES8），可起到调峰调频辅助支撑、电压支持、缓解配电网阻塞、延缓配电设备扩容升级、改善供电品质和供电可靠性、支持分布式可再生能源接入、为变电站提供直流电源等作用。

4）用户侧储能：也称需求侧储能，安装在用户配电系统或负荷端，起到能量时移、削峰填谷、需求响应、提升供电品质、电源备用、增加光伏等可再生能源自用占比等作用。此外，还可通过将多个独立的用户侧储能单元集成到一起形成聚合式储能（虚拟电厂），以参与能量管理、电力现货市场和电力辅助服务市场等。按用户类别不同，还可细分为户用电力储能（服务于居民用户，见图 8-20 中 EES9）、商业和工业电力储能（服务于商业、工业用户或其他专业活动场所，见图 8-20 中 EES10）等。

5）分布式能源或微电网侧储能（包括 V2G）：兼具发电侧储能、电网侧储能和用户侧储能的基本特点，主要区别在于其规模相对于发电侧和电网侧储能配置的规模较小。包括 V2G 储能应用（见图 8-20 中 EES11 和 EES12 所示）、小型离网储能应用、海岛微网储能应用、园区微网储能应用等。

（2）按照储能相对于电力系统中关口计量表的前后位置分类。按此可分类为 FTM（front-the-meter）储能——“电表前储能”和 BTM（behind-the-meter）储能——“电表后储能”两大类。

1）FTM 储能（电表前储能）：指的是布置于电力系统关口计量表前，所储存的电能需通过关口计量表到达需求侧来供用户使用的储能，见图 8-20 中 EES1-EES8 等。FTM 储能的产权通常属于电力系统运营商。基本上常见的各类储能技术（包括抽蓄、压缩空气储能等大型储能技术，铅酸电池、锂离子电池等小型化模块化储能技术等）均可作为 FTM 储能部署。

2）BTM 储能（电表后储能）：指的是布置于电力系统关口计量表后、所存储的电能可不通过关口计量表而直接供用户应用的储能（见图 8-20 中 EES9-EES12），包括户用电力储能、商业和工业电力储能、微电网侧储能、分布式储能、离网储能等。通常 BTM 储能的产权归用户所有。BTM 储能技术主要有铅酸电池、锂离子电池、锂-硫电池、锂聚合物电池和锂金属聚合物电池、钠离子电池、固态电池、硅和锡阳极电池、金属离子电池、有机自由基电池（ORB）等模块化储能技术。

8.5.3 储能在电力系统中的应用场景分析

储能在电力系统中的功能应用场景多种多样，是构建以新能源为主体的新型电力系统的“瑞士军刀”。例如，储能可通过能量时移、削峰填谷等应用来显著降低负荷高峰时段甚至尖峰时段的高昂发电成本和用电成本，延缓或避免调峰电厂或尖峰电厂的扩建或新建；可通过调频调压、运行备用、供电品质及可靠性等应用来确保电力系统为用户提供连续、稳定、可靠、灵活的电能；也可通过缓解线路阻塞、改善输配网系统性能、延缓或避免输配网升级改造等应用来应对电网阻塞，提升长距离供电可靠性及供电品质，最大限度提高电网基础设施可用性和经济性；还可通过对 VRE（如风光等波动式可再生能源）的平滑处理、虚拟惯量、能量时移、灵活爬坡等应用来应对 VRE 的多变性和不确定性，提升 VRE 的可预测、可控制、可调度能力，使 VRE 成为电网友好型电源，助力电力系统碳中和进程。

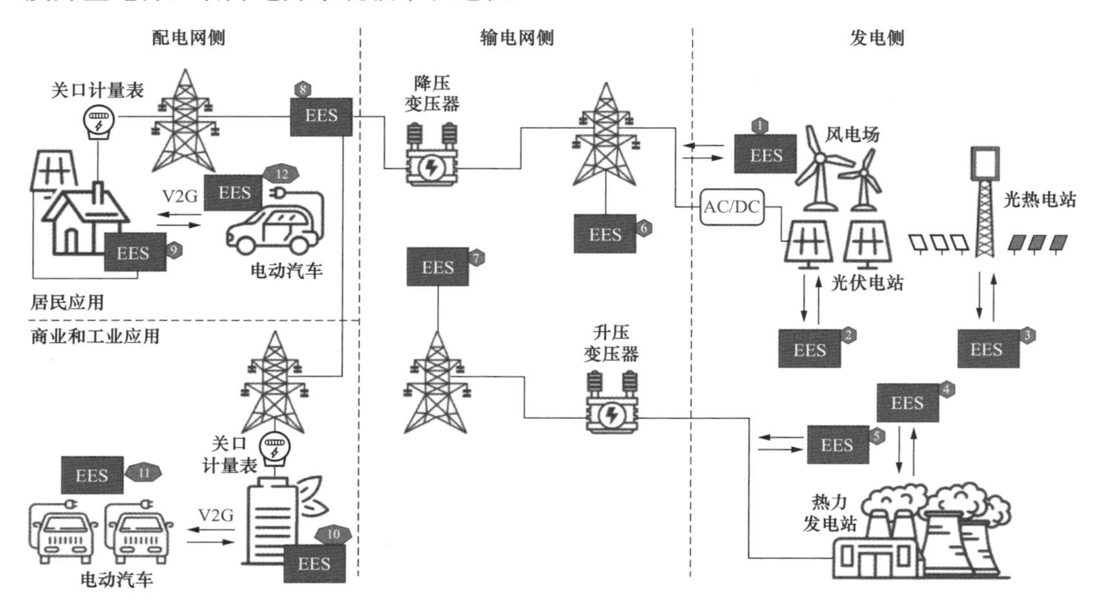

图 8-20　储能在电力系统各环节的应用示意

V2G—车辆到电网；EES—电力储能

从电力系统服务方视角看，储能主要应用场景为电能时移（削峰填谷）、供电品质提升（调功、调频、调压、UPS-不间断电源）、基础设施高效利用（高效发挥现有发电、电网基础设施，延缓或避免调峰电厂或尖峰电厂的扩建或新建、输电网/配电网的升级改造）、新能源消纳（系统灵活性、快速爬坡）、孤网或离网可靠供电、敏感设备及重要设施的可靠供电（起 UPS 后备电源作用）等；从电力系统需求方（用户方）视角看，储能主要应用场景有电能时移（用电成本节约）、紧急供电（UPS）、移动应用（如 V2G）等；从可再生能源发电方视角看，储能主要应用场景为能量时移、平滑和稳定出力、有效联网等。因此，本节选取能量时移、灵活爬坡、平滑 VRE、运行备用、延缓电网投资、节省调峰（包括尖峰）电站投资、离网高比例可再生能源应用、BTM 储电等基本应用场景进行相应说明分析。

8.5.3.1　能量时移

能量（电能）时移是指储能系统在能量（电能）充足且便宜时段（如电力负荷低谷时段、电网弃风弃光时段、电价较低时段、白天光照充沛时段等）储存能量（电能），在随后能量（电能）稀缺且昂贵时段（如用电高峰时段、尖峰负荷时段、电价较高时段、夜晚无光时段等）释放能量（电能），即通过储能系统实现能量（电能）在时间轴上迁移的服务。平常所讲的削峰填谷即是其典型用例。

电能时移除提供市场套利服务外（国际上常见套利方式是在日前市场买卖电力，再到日内和实时市场交易，利用日前和日内、实时市场价格之间的差异进行套利），还对电力系统具有诸多有益之处：

（1）通过能量时移，将低谷电移至负荷高峰时段有效利用，可减少电力系统对调峰电厂的需求，降低调峰电厂投资成本。

（2）当输电网或配电网线路阻塞时，通过能量时移将受阻塞的电能储存下来，当线路有空余容量时，再将所储存的电能注入电网，延缓输电网或配电网的扩容升级。

（3）当 VRE 出力超过电网限值，需削减 VRE 出力时，可通过能量时移，将不能消纳的 VRE 电量储存下来，待电网需要且许可时，再注入电网，有效解决 VRE 消纳难题。此外，也可通过将风电或光伏大发且上网电价较低时的 VRE 能量时移到 VRE 发电量低且上网电价高时再上网，不仅增加 VRE 项目的收益，同时也可相应降低对常规火电机组爬坡率的要求。

（4）电力系统运营方通常要求 VRE 方配置高准确度的功率预测系统，当功率预测系统的实际预测性能不能满足系统要求，VRE 方则会面临相应的罚款。为应对 VRE 高的不确定性、难以预测性，通过储能系统的能量时移，则可弥补 VRE 功率预测系统的性能不足，同时还可增加 VRE 的灵活性、可调度性、电网友好性。

（5）当有显著的季节变化差异时，可通过能量时移将季节性充足电能储存至能源稀缺的季节再加以利用（例如季节性抽水蓄能电站，在夏季水量充沛时蓄水，到冬季用电高峰时再发电）。

（6）通过能源时移，可实现 VRE 和常规火电的高效利用，增加发电燃料节约量，减少电力碳排放总量，同时避免电力稀缺时的电价飙升，使电价曲线平滑化。

抽水蓄能、压缩空气储能、电池储能等常用于此功能。抽水蓄能、压缩空气储能较电池储能寿命较长、有着更高的能量/功率比，但电池储能也有着部署便利、建设期短、效率较高（如锂离子电池效率超过 90%）等长处。

Hornsdale 储能电站位于南澳大利亚，采用特斯拉 Powerpack 锂离子电池系统（最大 232kWh/Powerpack），电站总投资成本约 9000 万澳元，储能容量为 129MWh，额定放电/充电功率为 100MW/80MW，接入电网电压等级为 275kV。该储能电站为当地电力系统提供电能时移、调节、FCAS（紧急频率控制辅助服务）服务等，承担了南澳大利亚 FCAS 市场的 55%服务，减少了电力系统辅助服务成本约 90%。如图 8-21 左图所示，该储能电站在每天夜晚和凌晨电网电价低时充电（负荷），在下午及傍晚用电高峰且上网电价较高时放电（发电）。在投入运行后的 2017 年 12 月～2018 年 3 月期间，该储能电站充电或作为负荷被调度的时间占比为 38%，负荷总量为 11GWh，放电（发电）

时间占比为 32%，放电量为 8.9GWh，平均充/放电价格间的平均差价套利约为 91 澳元/MWh（见图 8-21 右图）。该储能电站 2018 年的收入超出了投资方预期，全年收入约为 2900 万澳元（包括来自南澳大利亚州政府为期 10 年 420 万澳元固定收入和来自 FCAS 与电能套利约 2400 万澳元），如此 3 年左右即可回收电站全部投资成本。考虑到有利的盈利机会，该电站于 2020 年将容量扩建到 194MWh。

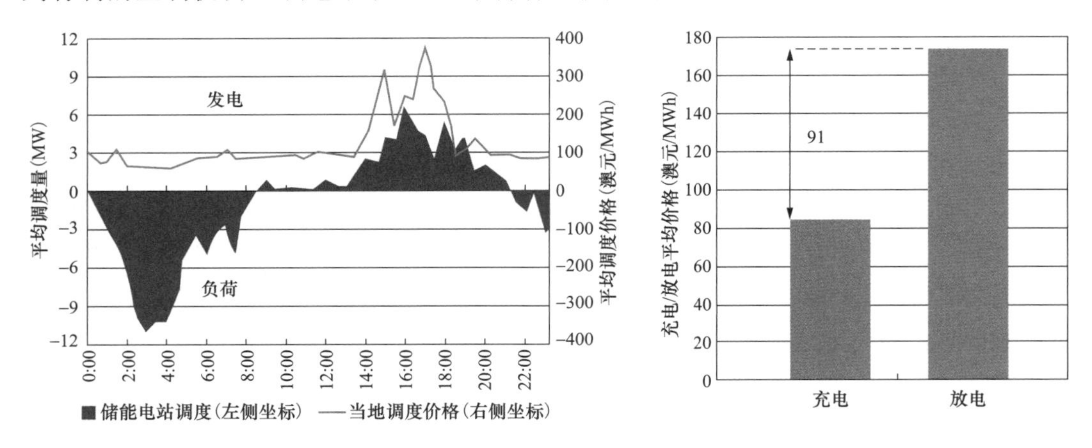

图 8-21　Hornsdale 储能电站平均调度价格及充/放电价格

（来源：Vorrath and Parkinson，2018）

8.5.3.2　灵活爬坡

灵活爬坡属于电力系统辅助服务中与频率调节类别（包括一次调频、二次调频和三次调频等）不同的非频率调节类别服务，具体是指为应对电力系统中不确定因素（主要指风电或光伏等 VRE 可再生能源发电波动等）带来的系统净负荷短时大幅变化，具备较强负荷调节速率的并网主体根据调度指令快速调整出力，以维持系统供需平衡所提供的服务。灵活爬坡服务包括最大上坡率（MW/min）、最大下坡率（MW/min）和上坡/下坡持续时间等主要指标。

需求曲线或负荷曲线是电力系统重要特征曲线之一。传统电力系统通常每天用电高峰时段为 7:00～11:00 和 19:00～23:00，平常时段为 11:00～19:00，低谷时段为 23:00～次日 7:00。由此可见，负荷曲线有早高峰（7:00～11:00）和晚高峰（19:00～23:00）两个峰段，外形大体呈骆驼形，故常将之俗称为“骆驼曲线”。随着 VRE 在电力系统渗透率的不断提高，VRE 资源的可变性和高度不确定性造成净负荷曲线（系统需求-VRE 发电量=净负荷或净需求）形状也随之发生显著变化，其形状会从骆驼形变化为鸭子形（该现象较早出现于加州电力系统，且在加州电力系统中尤为突出），即“骆驼曲线”变换成了“鸭子曲线”（见图 8-22，红色曲线所示为净负荷曲线——“鸭子曲线”，黑色曲线所示为负荷曲线——“骆驼曲线”）。若 VRE（特别是光伏）渗透率继续持续升高，净负荷曲线的“腹部”会越来越深，腹部的净负荷会达到零或甚至为负，此时“鸭子曲线”又会转变为“峡谷曲线”（见图 8-23，美国加州净负荷曲线已由2018年的“鸭子曲线”变换为2023年的更加陡峭的“峡谷曲线”)。一般来说，传统电力系统中的骆驼曲线是可预测的（峰段、平段、谷段时间及负荷变化量相对较易预测)，且其负荷变化速率也不是很陡峭，因而常规电力系统可较为从容应对。由于VRE具有高度波动性和不确定性，加之系统需求变动因素与之叠加，由此显著增加了鸭子曲线或峡谷曲线的不确定性和预测难度。为了有效管控鸭子曲线或峡谷曲线，电网运营商需要一种能够快速响应负荷需求并满足净需求急剧变化的资源组合——灵活爬坡并网主体。

图8-22所示为加州电力系统典型负荷曲线示例。以2018年5月15日为例，凌晨4点左右开始出现第一个爬坡（上坡)；早晨7点左右，随着太阳升起，太阳能发电出力逐渐增加，出现第二个爬坡（下坡)；下午5点左右太阳开始落山，太阳能发电出力陡降，出现第三个极其严重的爬坡（上坡)，3h内电力系统需增加11 000MW发电机组出力，爬坡率要求为50MW/min。可见，随着风电、光伏等VRE在电力系统中接入比例的不断提高，其波动性和不确定性要求电力系统必须具有高度灵活性，否则会严重影响电力系统的可靠运行。

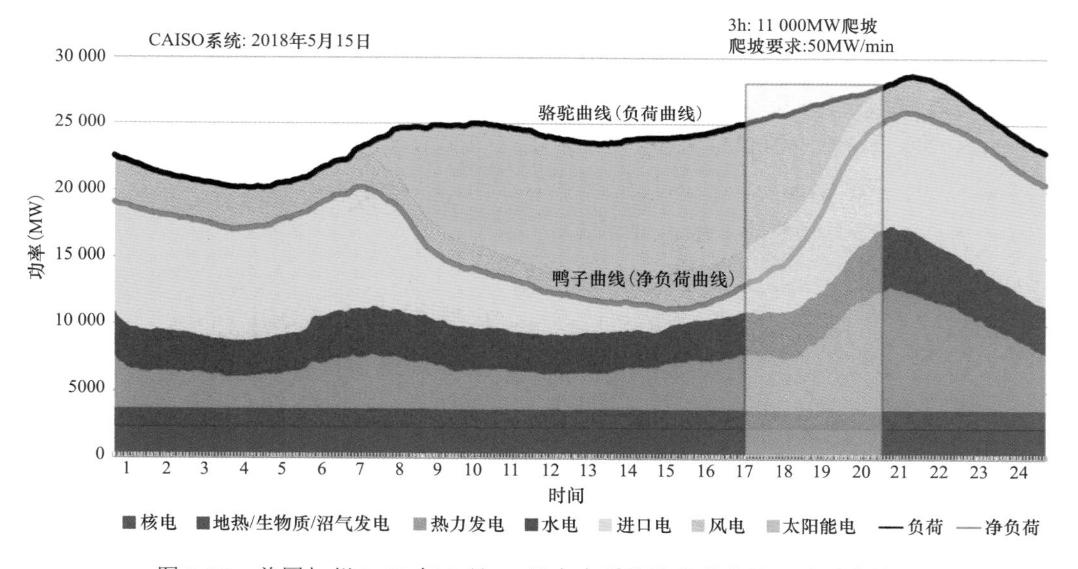

图8-22　美国加州2018年5月15日电力系统净负荷曲线（鸭子曲线）

（来源：CAISO/IRENA）

美国加州独立系统运营商（CAISO）是全球较早引入灵活爬坡辅助服务的电力系统运营商。早在2016年11月，CAISO就实施了15min和5min时间间隔的灵活上坡和灵活下坡辅助服务，对提供灵活上坡、灵活下坡服务的灵活爬坡并网主体的补偿上限分别为247美元/MWh、152美元/MWh。国内南方电网、西北电网等近期也分别在新修订的两个细则（《电力并网运行管理实施细则》《电力辅助服务管理实施细则》）中新增了爬坡辅助服务品种。

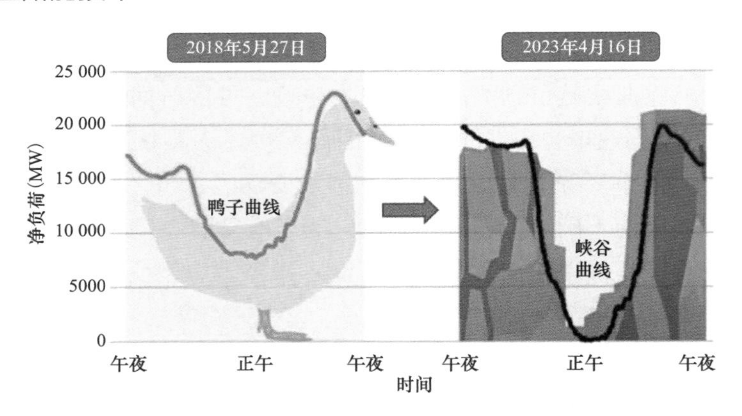

图 8-23　美国加州净负荷曲线对比图

（来源：EPRI）

随着以新能源为主体的新型电力系统的构建，新型电力系统对灵活爬坡的需求也愈加迫切。储能具有快速吸纳、释放电能的能力，是将鸭子曲线拉平、显著提升电力系统灵活性的最佳解决方案。主要储能技术从静止到满功率发电/负荷的典型响应时间分别为：抽水蓄能 65～120s/80～360s、压缩空气储能 600s/240s、锂离子电池储能 1～4s、铅酸电池储能 1～4s、全钒氧化还原液流电池储能 1～4s、氢能+燃料电池小于 1s。当配置智能充电设施时，电动汽车也是潜在的电力系统灵活爬坡服务方之一。图 8-24 所示为在单路 3MW 馈电下，储能参与灵活爬坡服务的示例，在储能提供相应灵活爬坡服务作用下，鸭子曲线的高峰负荷值减少 14%，峰值爬坡率降低 59%，可见储能对电力系统灵活性的提升作用明显。

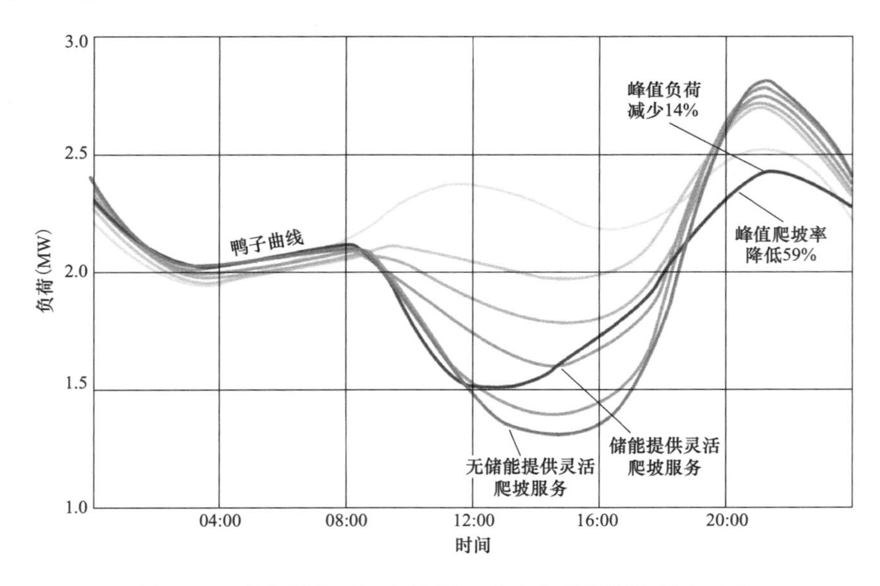

图 8-24　储能提供灵活爬坡服务后对鸭子曲线的影响示意

（来源：Sunverge）

考虑到储能对于 VRE 高渗透率下电力系统灵活爬坡能力提升的重要作用，美国加州能源委员会于 2018 年要求加州在 2 年内新增部署 1.3GW 储能容量，以应对电力系统低碳化面临的挑战。

当电力系统内所部署的储能容量达到足够高时，就可将 VRE 高渗透率给电力系统带来的不利影响降至最低。

8.5.3.3 平滑 VRE

平滑 VRE 是指通过电力储能系统来平滑 VRE 资源（如风电、光伏）的波动，避免电力系统频率和电压频繁波动，避免电网调度削减 VRE 功率，提高电力系统可靠性及电网 VRE 消纳水平方面的应用。

VRE 具有高度波动性和不确定性的特征，不能提供可控的固定出力，在电力系统中属于波动性、不可调度电源。以光伏发电为例，当云层遮住光伏板上的阳光时，光伏发电出力会突然下降；而当云层一旦移开时，光伏出力又会再次增加。如此功率波动会降低功率品质和供电可靠性、造成电压和频率的不稳定，对电网安全可靠运行带来挑战。通常，随着在电力系统中 VRE（如风电、光伏）部署容量的增加及 VRE 资源所覆盖地理范围的扩大，VRE 内部会形成一定互补效应，从而使 VRE 总出力的波动性会得到一定程度减缓。但对于小型孤立电网或微网来说，由于其面积小且缺乏电网互联，VRE 的电力波动仍极易影响电力系统的可靠性和安全性。

为了减少 VRE 波动对电力系统的不利影响，电网公司通常会设定 VRE 接入电力系统有功功率变化最大限值。《光伏发电站接入电力系统技术规定》（GB/T 19964—2012）第 4.2.2 条规定："光伏发电站有功功率变化速率应不超过 10%装机容量/min，允许出现因太阳能辐照度降低而引起的光伏发电站有功功率变化速率超出限值的情况"。《风电场接入电力系统技术规定　第一部分：陆上风电》（GB/T 19963.1—2021）第 4.2.2 条也规定了风电场有功功率变化限值推荐值（见表 8-8）。在 VRE 并网状态下，VRE 有功功率变化需满足电力系统安全稳定运行的要求，其具体限值是由电力系统调度机构根据所接入电力系统的频率调节等特性进行综合确定的。若有功功率变化最大限值为 10%P_N/min（P_N 为 VRE 铭牌出力）时，铭牌出力 1MW 的 VRE 电站在 1min 中内的最大允许波动范围为±0.1MW。假如 VRE 输出功率的波动超过±0.1MW 限值范围，则电力系统调度会相应削减 VRE 功率输出，显然从节能和绿色低碳角度来看这并非最佳解决方案。

表 8-8　　风电场有功功率变化限值（推荐值）

风电场装机容量 P_N（MW）	10min 有功功率变化最大限值（MW）	1min 有功功率变化最大限值（MW）
$P_N<30$	10	3
$30\leqslant P_N\leqslant 150$	$P_N/3$	$P_N/10$
$P_N>150$	50	15

利用储能具有快速吸收电能、快速释放电能的独特特性，可实现平滑 VRE 输出功率与避免 VRE 出力削减互相兼顾的最优方案。如图 8-25 所示，假设在 t 到 t+1 周期内电网运营方设定的 VRE 有功功率变化限值为 r_{max}。当在该时间周期内 VRE 输出有功功率变化值 ΔP 为正且超过最大斜率时，则超出的能量（图中阴影部分）将被削减；反之当 ΔP 为负时，则需由其他电源来弥补所欠缺的能量。当配置储能时，在 ΔP 超过最大斜率情形下，储能所要做的是平滑 VRE，吸收超出限值的多余能量（图中阴影部分），以避免这些能量被削减而浪费；当 ΔP 为负时，则释放所储存的能量，以减少电力系统中化石燃料发电量或避免电网对负荷的拉闸限电。

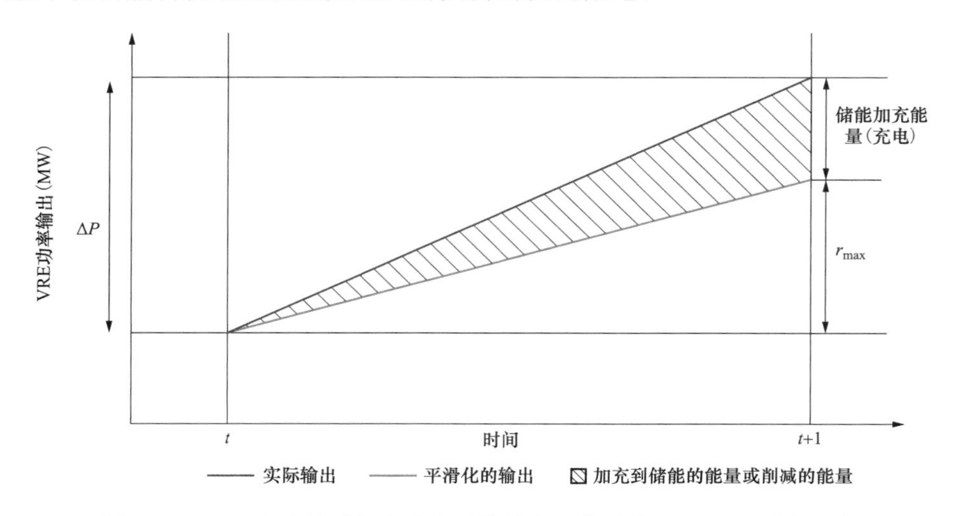

图 8-25　VRE 出力波动超出电力系统最大限值时的 VRE 平滑过程示意

（来源：IRENA）

国际上有相当数量的 VRE 项目部署有相应的储能系统，以平滑 VRE 出力。

例如美国新墨西哥州公共服务公司 Prosperity 电站项目包括 500kW 光伏电站、用于能量平滑功能的 500kW/350kWh 集成超级电容的先进铅酸电池储能系统、用于能量时移功能的 250kW/1MWh 先进铅酸电池储能系统。在该项目中应用了美国桑迪亚国家实验室开发的光伏平滑算法，可自动响应太阳能光伏输出的变化而对光伏出力进行相应平滑处理。图 8-26 为该电站 2013 年 6 月 22 日未处理光伏功率、已平滑处理后的光伏功率和储能电池功率三者之间的实际记录曲线。从图中可看出，储能对光伏出力的平滑处理效果较好，特别是对 12～15 点间光伏出力剧烈波动的抑制效果尤其明显。夏威夷 Auwahi 风电场（装机容量 21MW）配置有 11MW/4.3MWh 锂离子（LFP 磷酸铁锂）电池储能系统，用于平滑风电场出力。

2015 年 5 月法国政府启动了 CRE3 RFP 招标，旨在开发法国岛屿上太阳能发电+储能的混合电站项目。招标书要求项目必须部署储能来平滑光伏曲线，以应对 PV（光伏）发电的可变性和不确定性，使光伏发电成为对电网友好的可调度电源。在技术规范书中，规定了储能每天上午时段需将全部光伏发电出力平滑处理为精确、平稳上坡段，中午时间段为稳定平台段，下午则为与上午相对称的下坡段。最终项目执行的发电容量为 72MW，电价为 113.6 欧元/MWh。图 8-27 为法国 La Réunion 岛 9MW 光伏电站配 9MWh 电池储能后的光伏出力平滑效果图。从图 8-27 中可看出，在储能作用下，VRE 出力不再多变和高度不确定，而是成为完全可预测的、可调度的电网友好型电源。

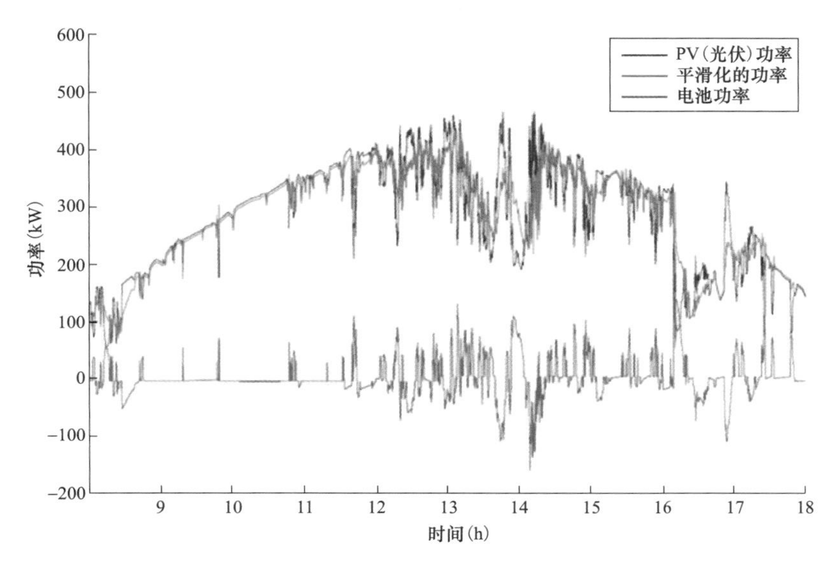

图 8-26　2013 年 6 月 22 日光伏出力波动及平滑处理

（来源：SAND，2014）

工程中是否必须采用储能对 VRE 进行平滑处理，取决于 VRE 电站规模、VRE 横跨地域大小、VRE 互补效应、VRE 在电力系统中的渗透率高低、电力系统接入要求等多重因素，具体工程项目需结合当地情况进行针对性地分析评估。

8.5.3.4　运行备用

国际上，“运行备用”（operating reserve）是指电力系统中预留的超出满足实际负荷需求所需容量的额外容量（如发电裕量、响应型负荷的可响应容量），当电力系统出现负荷增加或发电量减少等情形时，这些容量可按在线或备用方式提供服务，以弥补电力供需之间的任何不匹配。国内电力辅助服务中的“备用”是指为保证电力系统可靠供电，在调度需求指令下，并网主体通过预留调节能力，并在规定的时间内响应调度指令所提供的服务。两者概念并不完全相同，如图 8-28 所示，国际所谓“运行备用”涵盖的内容较广，包括快速频率响应、增强型频率响应、频率抑制型备用、频率恢复型备用、替代型备用等。其中，快速频率响应（fast frequency response，FFR）是一种为应对 VRE 高渗透率带来的系统同步惯量不足等所导致的短时频率快速变化，通过快速调节注入系统或从系统吸纳的有功功率，旨在将系统频率快速恢复到标称值，以阻

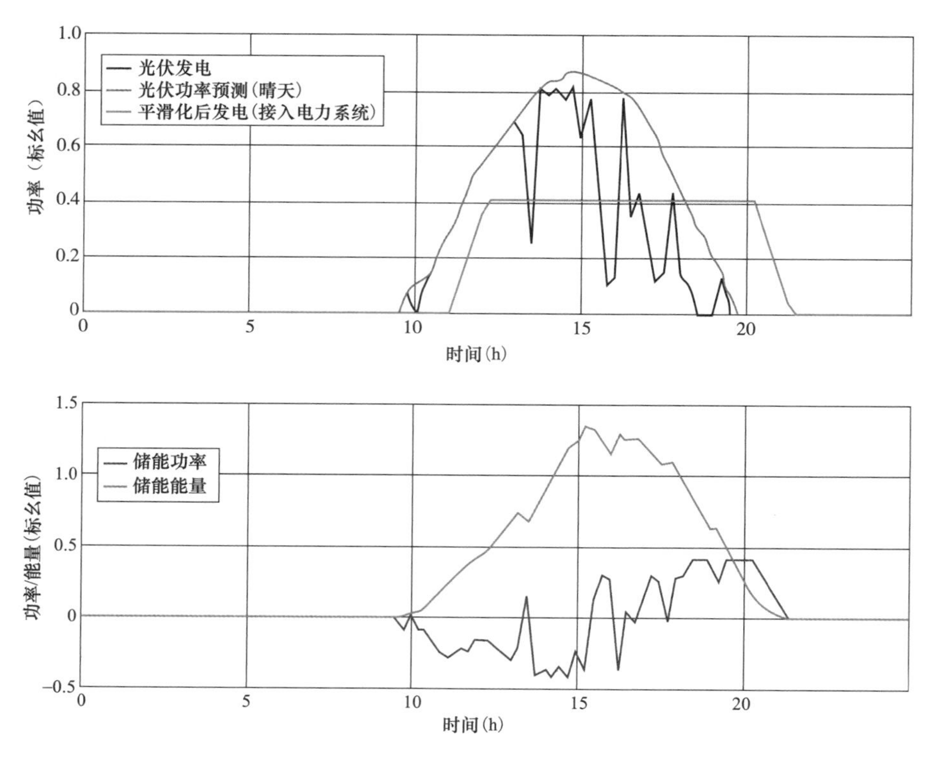

图 8-27　法国 La Réunion 岛光伏电站配 9MWh 电池储能平滑 PV 示意

（来源：Ingeteam，2016）

止系统频率偏移，保持系统频率稳定，为一次调频启动争取时间的服务。频率抑制型备用（frequency containment reserves，FCR）是指为持续保持整个同步互联电力系统中的电力平衡，用于持续拟制频率偏差（频率波动）而所需的运行备用。频率恢复型备用（frequency restoration reserves，FRR）是指用于将系统频率恢复到标称频率的有功功率备用。替代型备用（replacement reserves，RR）是指为应对额外的系统供需失衡，用于恢复或支持频率恢复型备用所需水平的有功功率备用，包括发电备用。增强型频率响应（enhanced frequency response，EFR）是指在频率出现偏差的 1s（或更短时间）内可实现 100%有功功率输出的服务。EFR 后续又演变为 DC（动态抑制）、DM（动态缓和）和 DR（动态调节）等新型动态服务。

对于常规电力系统或 VRE 占比低的电力系统而言，传统上运行备用需求是按系统最大负荷百分比或系统最大事故或最大发电机组容量来确定，运行备用通常分为 FCR（一次备用，类似通常一次调频）、FRR（二次备用，类似通常二次调频）和 RR（三次备用，类似通常三次调频）。FCR 需在事故发生后最初数秒内动作，以阻止频率偏差；FRR 需在 30s 内动作，以将频率恢复到额定值；RR 则用于代替 FRR，需在 15min 内动作。常规电力系统中 VRE 占比低、同步发电机占比高，系统转动惯量大，故电力系统频率变化率（RoCoF）低，采用一次调频或 FCR 等秒级频率响应足以应对常规电力系统的频率变化。随着以新能源为主体的新型电力系统的构建，VRE 在电力系统中的渗透率逐渐提升。当 VRE 占比高时，由于风电、光伏等 VRE 为非同步发电机，系统中物理惯量下降，RoCoF 变高，如未采取相应的应对措施，则会威胁到电力系统的稳定性。例如，2016 年 11 月 26 日，五十年一遇的龙卷风损坏了南澳洲电网三条输电线路，造成这些线路跳闸，导致电网在 2min 内连续发生 6 次电压跌落。继而这些故障又触发了风电场的保护动作，造成该区域 456MW 发电功率减少，增加了 Heywood 通道的潮流并引发跳闸。该损失及该区域高比例 VRE 和 Murraylink 直流通道所致的高 RoCoF，引起了频率快速下降，超出了系统处理能力，最终引发了南澳洲大停电事故。

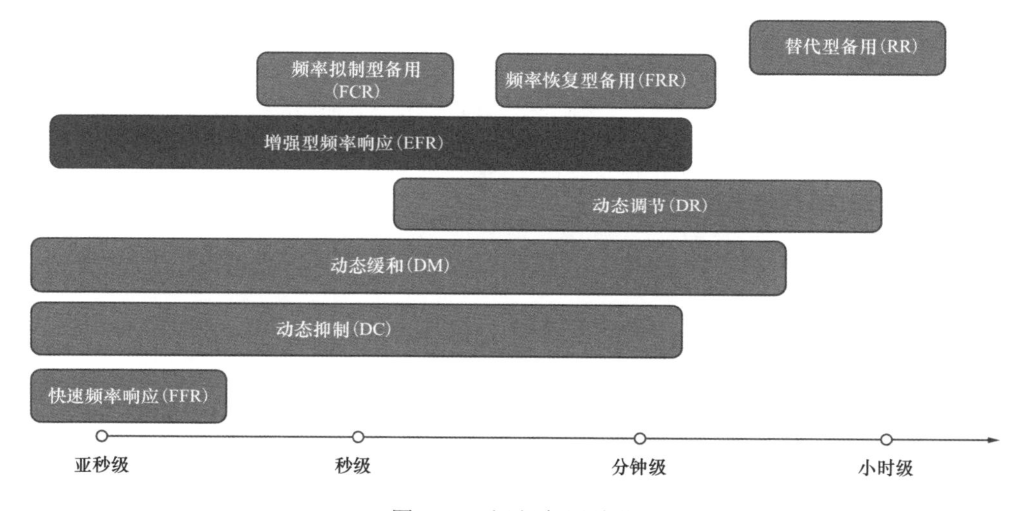

图 8-28　运行备用总览

因此，为了应对高比例 VRE 带来的系统转动惯量大幅下降、VRE 资源高度波动性和不确定性、VRE 功率预测误差、紧急事故规模、电力供需突然大幅变化、响应速度和响应幅值挑战等因素，在传统 FCR、FRR、RR 运行备用基础上引入了新的运行备用——快速频率响应 FFR 或增强型频率响应 EFR 等。包括中国、美国在内的多数国家采用 FFR 服务概念，英国采用的是 EFR 及后续的新动态服务（DC/DM/DR）概念。如图 8-29 所示，传统电力系统的一次调频响应时间约在 10s 内，二次调频响应时间约在 30s 内，但对于新型电力系统而言这些响应时间均变得太慢。为此，英国国家电网于 2016 年 8 月启动了其历史上最雄心勃勃的招标之一——200MW 增强型频率响应 EFR，要求 EFR 可在 0.4～1s 内响应电力系统频率波动（分为±0.05Hz 宽频差服务和±0.015Hz 窄频差服务），并可持续运行至少 15min，最终 EFR 服务中标价为 7～11.97 英镑/MWh。英国国家电网已确认后续不再进行 EFR 拍卖，但 EFR 理念已反映在如 2020 年 10 月推出的具有超快响应时间的 DC（动态抑制）等新型动态服务中。由 DC、DM 和 DR 等构成的新型动态服务技术要求概览见表 8-9。

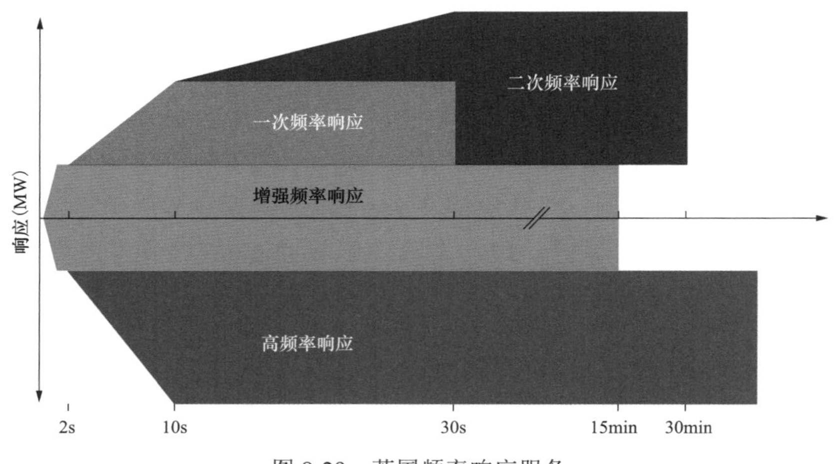

图 8-29 英国频率响应服务

（来源：英国国家电网，2016）

表 8-9　英国新型动态服务技术要求概览

服务规范	规范说明	DC（动态抑制）	DM（动态缓和）	DR（动态调节）
初始时间（响应时间）	电力系统频率变化与服务主体响应后出力变化之间的最大时间	0.5s	0.5s	2s
至满出力的最大时间	电力系统出现频差与服务主体达到满出力之间的最大时间	1s	1s	10s
出力持续时间	服务主体必须保持持续出力的时间	15min	30min	60min

电力储能除可提供传统的一次调频、二次调频等运行备用外，特别如飞轮、电池、超级电容、超导磁储能等新型储能技术，具有最小闲置成本和可在数百毫秒内提供最大出力的特点，更是一种提供快速频率响应等新型动态运行备用的理想资源。随着技术经济性的进一步提高，具有快速响应特点的新型储能（如电池、超级电容、飞轮等）会逐渐替代热力发电（如燃气轮机等）等常规一次备用产品。如图 8-30 数据所示，在 2016 年早些时候，南澳大利亚电网为现役化石燃料发电机组支付的 FCAS（紧急频率控制辅助服务）辅助服务费用相当高，甚至有时在 6 周内的支出就超过了 7 百万澳元。但随着 Hornsdale 锂离子储能电站（初期储能容量为 129MWh，额定放电/充电功率为 100MW/80MW，2020 年扩建到 194MWh 储能容量）建成并参与系统 FCAS 服务后，电网 FCAS 的支付费用大幅降低，2018 年 FCAS 市场的总成本节约就有 4000 万澳元。

除了经济性外，更重要的是电力储能可在紧急情况下提供快速响应，保持电网频率稳定，防止事故的进一步蔓延和扩大。图 8-31 所示为 2018 年 8 月南澳大利亚发生欠频事件期间 Hornsdale 锂离子储能电站的响应记录。当天，南威尔士州北部电力线路因遭遇雷击跳闸，切断了南澳大利亚州与其他州之间的所有连接线路。在事故发生时刻，南澳大利亚州紧急从维多利亚州调入电力，但还是因电力供应不足导致了系统频率下降。此时 Hornsdale 储能电站在 0.1s 内作出紧急响应，其出力快速爬升到约 80MW，以防止频率继续跌落；当系统中供电大幅增加，频率开始反向快速爬升并超出 50.4Hz 时，储能电站又开始以–20MW 的负功率从电力系统吸纳功率来对电池进行充电，以降低电网频率；此后，当电网频率进入稳定状态后，储能电站又重新进入备用状态。

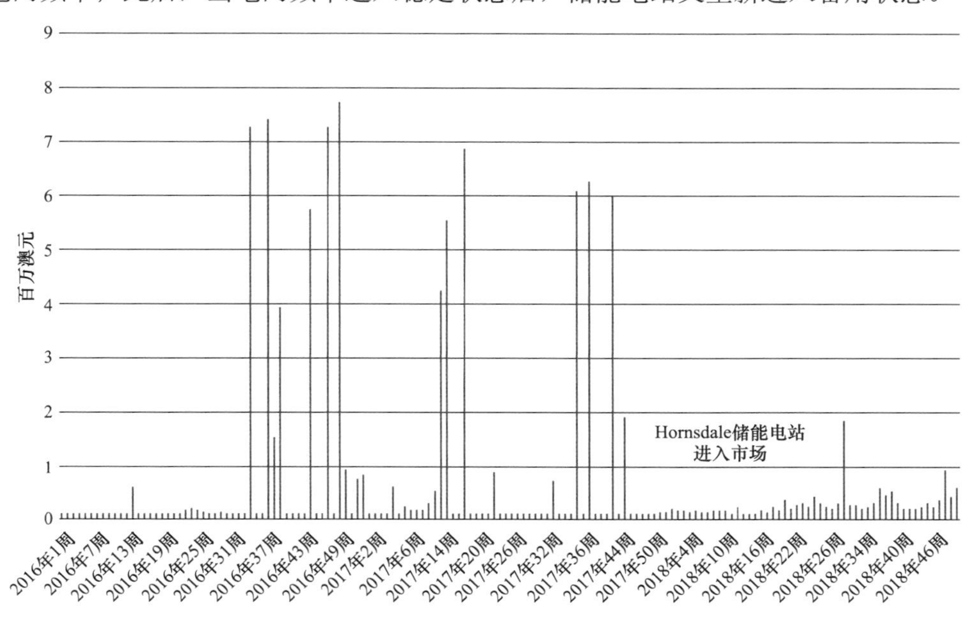

图 8-30　南澳大利亚 FCAS 服务总支出

（来源：Parkinson）

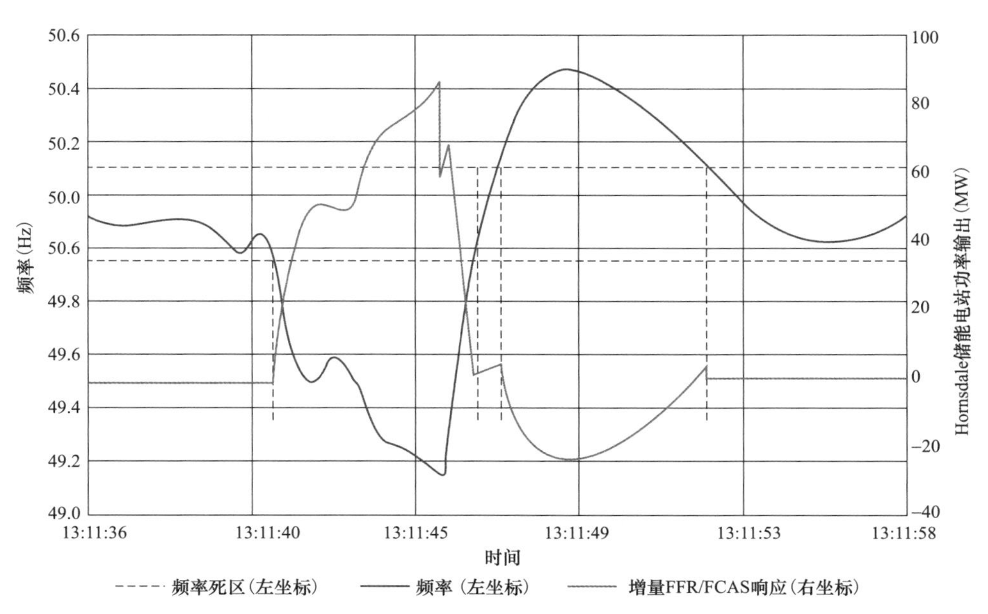

图 8-31　2018 年 8 月 25 日南澳大利亚欠频事故期间 Hornsdale 储能电站响应

（来源：Brakels）

综上，在高比例新能源构成的新型电力系统中，电力储能系统是快速抑制电力不平衡引起的频率偏差，有效应对电力系统低转动惯量、供需高度不确定性等的技术性能和经济性能兼佳的高度适用性技术之一。

8.5.3.5 延缓电网投资

延缓电网投资指的是在输电网或配电网关键节点采取有效措施（如配置相对少量的储能系统），可延缓——甚至在某些情况下则可完全避免——在输/配电网升级改造或新建方面的大量投资。

当输/配电网带尖峰负荷或负荷快速增长且其某些节点的承载值接近设计承载能力限值时，常规做法是对这些电网节点进行升级改造，以满足尖峰负荷等的用电需求。此外，随着电力系统碳中和进程的推进，电力系统中 VRE 渗透率会越来越高。由于 VRE 具有高度波动性和不确定性，当电力系统 VRE 渗透率较高时，输/配电网发生阻塞的风险会更高，并极易威胁到电力系统的安全和可靠运行。因此，电网阻塞是电力系统必须解决的一个主要问题，电网运营方通常会通过削减 VRE、系统重新调度、柔性输电系统（柔性交流输电系统、柔性直流输电系统）、动态线路额定值（DLR）、升级改造阻塞节点、新建输电线路、市场化手段等方法来对电网阻塞进行管控。按照 IRENA（国际可再生能源署）对电力系统灵活性的定义，削减 VRE、电网阻塞等均是电力系统灵活性不足的表征。在以新能源为主体的新型电力系统中，必须采取一系列措施来确保可再生能源的有效并网和高效消纳。

由高峰负荷、VRE 等带来的电网阻塞最直接最常见的解决方案是对现有输/配电网进行升级扩容或增建新的输电线路，但由此会带来较高的工程建设成本、较长的工程建设周期、可能的环境和社会负面影响等。因此，在某些场合下，新建或升级输/配电网基础设施并非最佳解决方案。当电网阻塞不严重时，也可采取动态线路额定值技术［（dynamic line rating，DLR），指一种基于线路实际工况，如线路热工况，而非假定的静态额定值来动态调整输电线路额定值，可为输电线路提供额外的载流量的技术］来作为应急解决方案。

在很多情况下，电力储能是解决高峰负荷或 VRE 大量接入电网等给输/配电网带来问题的最优综合方案。工程中，将电力储能布置于电网阻塞点处，让储能系统吸收受阻塞的多余电量，待电网不阻塞的后续时间段再放电至电网，让电力储能充当“虚拟输电线”的功用。如图 8-32 所示，部署在供应侧的电力储能在电网阻塞时，用受阻塞的电能（如削减下来的 VRE 电量）来充电，当电网输送容量有空余时，再将所储存的电能放电至需求侧；部署在需求侧的电力储能在电力供大于需或电网输送容量有裕量时充电，当电网出现阻塞或出现峰值负荷时再放电至电网，以减少系统对高峰输电容量的需求。可见，通过采用电力储能系统，缓解了输电阻塞、增加了 VRE 消纳、提高了系统应对高峰负荷的能力，避免了电网扩容升级或新建所导致的相关成本和费用，降低了电力系统的建设成本，提高了已有电力系统资产的利用率。相较于输/配电网扩容或新建，电力储能系统的建造时间更短、成本更低、社会和环境影响更小。此外，电力储能还可提供无功控制和电压支持，提升配电馈线的承载容量，避免配网设备方面的额外投资。若 DLR 和储能进一步结合，更能放大储能对延缓电网投资的正向作用。

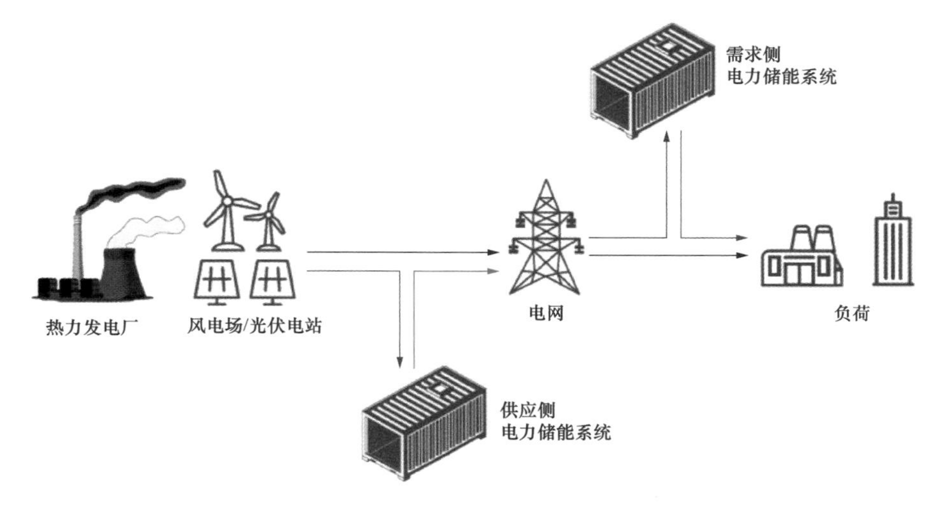

图 8-32　用于延缓电网投资的储能应用示例

为应对当地风电容量大、输电容量不足、电网风电消纳能力低的局面，意大利电网运营方 Terna 于 2015 年在 Campania 地区安装了 38.4MW/250MWh 钠硫（NaS）电池储能系统，以延缓输电网扩容升级。在该钠硫储能电池系统投运后，可将多余的风电吸纳储存，在风电发电低谷时段再向电网释放所储存的电能，这样就避免了输电网扩容升级的必要性。此外，钠硫储能电池还可提供一次备用（一次调频）、二次备用（二次调频）、负荷平衡和电压控制等辅助服务。

德国电网运营商 TenneT、电池制造商 Sonnen 和 IBM 于 2017 年在德国北部开展了“虚拟电力线”试点项目。该项目中 Sonnen 利用其社区储能聚合技术将家用储能电池聚合起来形成聚合储能，IBM 提供具有自有知识产权的能源区块链技术，实现了基于区块链和聚合储能来吸纳再利用因电网阻塞而不能消纳的剩余风电的目的。

在美国，缅因州中部电力公司（CMP）原计划投资 15 亿美元对 Boothbay 地区电网进行扩容，后因建设工期等原因改与 GridSolar 公司联合建设了 500kW、6h 铅酸电池储能设施来解决电网容量限制问题，由此项目直接节约了 1200 万美元。又如亚利桑那州公共服务公司（APS）为了应对 Punkin Center 地区快速负荷增长所致的馈线热过载，初期考虑了电池储能、柴油发电机组、光储系统、线路升级等多个方案，后经综合技术经济比选，电池储能方案因其成本最低、适应性广等而胜出。随后 APS 建设了 2MW/8MWh 电池储能电站来代替 20 英里配网的建设。该项目于 2018 年 3 月投运后，就成功实现了当年夏季的馈线削峰，避免了尖峰负荷过载和配电网的升级改造。

由此可见，采用储能系统来避免输/配电网的扩容升级或新建已有不少成功案例。

当 VRE 在电力系统中占比高、需求侧负荷增长快时，为防止电网阻塞和 VRE 弃电，除扩建/新建输/配电网方案外，部署电力储能系统也是一个可供选择的不错解决方案。据 Guidehouse Insights 机构预测，预计到 2026 年，用于避免电网阻塞的储能建设规模会达到 14 324MW。

8.5.3.6 节省调峰电站投资

节省调峰电站投资指的是用储能电站代替常规调峰电站（如天然气调峰电站）来承担电力系统尖峰、高峰负荷，以达到节省常规调峰电站建设投资及运营成本的目的。

电力系统的安全可靠运行，要求发电量必须时刻与用电量相等。为此，电力系统运营商在短期内需调度并运营电站等并网主体来满足负荷需求，在中、长期内需确保有足够的发电容量来满足预测的负荷需求峰值加上所需的容量裕度（容量裕度是指电力系统中扣除峰值负荷外还需增加的容量，通常以峰值负荷的百分比来表示）。可靠容量（firm capacity）是指可用于发电或输电的电能的量，该容量需确保（在许多情况下是必须）在规定时间内可用。煤电、气电、核电等可靠容量易于准确计算，水电尽管受蓄水量等限制，但也有较为成熟的可靠容量计算方法。但随着 VRE 在电力系统占比的不断增高，由于 VRE 的高度波动性和不确定性，计算满足电力系统合理可靠性水平所需的各个时期的可靠容量就变得十分具有挑战性。若可靠容量计算偏高，则会限制电力系统最大可能出力，反之则会导致不必要的调峰电站投资的增长，造成电力系统容量过剩。容量过剩不仅会使一些电站长期停机，从而无法收回投资，而且也会阻碍 VRE 的进一步健康发展。可见，新型电力系统必须更好地规划发电充裕度，以避免对不必要且昂贵的调峰电站进行投资，避免容量不足或过剩。

在新型电力系统中，通过合理规划设计和利用电力储能技术，可在一定程度上缓解 VRE 可靠容量计算准确度低方面的挑战，并改善电力系统可靠性，降低电力系统新建调峰电站的投资需求。

作为电力市场改革的一部分，英国于 2013 年提出并实施的供电安全机制允许包括新型储能在内的各类储能参与容量市场，2017 年又引入降容系数（de-rating factor）来修正为储能项目的补偿支出，以反映不同持续时间尺度的储能对电力供应安全的贡献大小，其中大于 4h 的长持续时间储能的降容系统取值为 96.11%，1h 短持续时间储能的降容系统取值为 36.11%。美国联邦能源管理委员会（FERC）于 2018 年 2 月通过一项规定，允许将各类新型储能在电力系统中的参与范围扩大到频率调节之外，储能可进入更大的电力辅助服务、批发市场和容量市场。加拿大亚伯达电力系统运营商（AESO）于 2017 年提出允许储能参与容量市场的政策。国家能源局于 2021 年 12 月印发《电力并网运行管理规定》（国能发监管规〔2021〕60 号）和《电力辅助服务管理办法》（国能发监管规〔2021〕61 号），该规定和办法中，除原来的抽水蓄能外，新增了电化学、压缩空气、飞轮等新型储能作为并网主体的运行管理要求，允许新型储能参与有功平衡服务、无功平衡服务、事故应急及恢复服务等全部电力辅助服务。

电力储能能为新型电力系统提供可靠容量，并可降低调峰电站建设投资及其相关运营成本。据美国马萨诸塞州“荷电状态”报告测算，预计该州 1766MW 容量的新建储能会产生 23 亿美元的收益，其中 10.93 亿美元与降低电力系统调峰容量有关。如图 8-33 所示，电力储能可使该地区峰荷下降近 10%，极大节省了调峰电厂的资本投入，并可降低当地容量市场的成本。

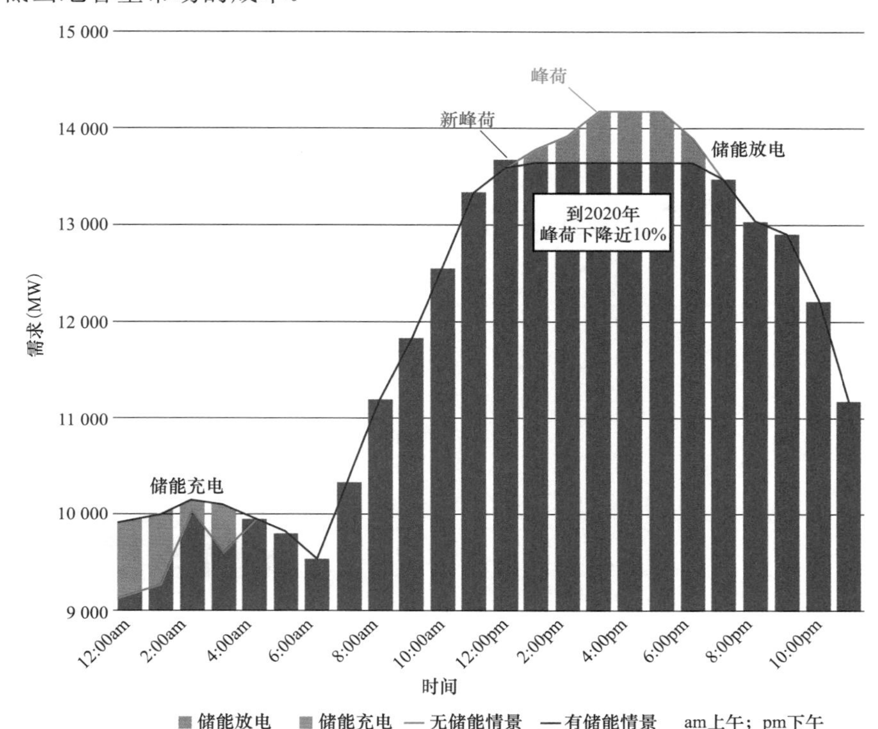

图 8-33　美国马萨诸塞州 2020 年带储能/不带储能需求曲线对比

（来源：Customized Energy Solutions）

储能是替代老旧燃气调峰电厂的一个非常好的选项，这是因为储能不仅具有保障系统可靠性的能力，而且还可降低污染物和温室气体排放，并且相对于燃气调峰电厂，储能在经济性上正在变得越来越具有竞争力。例如，佛罗里达电力和照明公司于 2020 年 9 月开始建设 Manatee 储能中心（409MW/900MWh），以替代该公司两个老旧的天然气电站。经过 1 年多的建设，该储能中心已于 2021 年 12 月投入运行。Manatee 储能中心由 53144 个电池模组、132 个电池储能集装箱组成，每 3 个集装箱成一组接至 230/34.5kV 变电站，占地面积约 40 英亩（1 英亩=4046.86m^2）。通过对同场地光伏电的能量时移，可为用户节约 1 亿美元左右的燃料费用，且避免了超过 1 百万吨二氧化碳的排放。此外，该储能项目与光伏耦合，也提高了光伏电站的可靠容量，并使光伏电站转变为可调度电源，使之更易于参与当地的安全供电机制，并使光伏资源的整体效益最大化。

需说明的是，在特定电力系统的工程应用中，需考虑越来越多的储能电站代替热力发电调峰电站后，由此所致的储能所能减少的峰值负荷趋于饱和的现象——“高峰负荷减小饱和效应”（见图 8-34）。譬如，若某电力系统中视放电持续时间 4h 的储能为可靠容量，可将该储能电站等同视作常规热力资源调峰电站。但该结论成立的前提是，在本地区电力系统内仅有少量的储能电站用于承担当年度特定高风险高峰时段的峰值负荷。随着储能电站在电力系统中渗透率（占比）的提高，用于替代常规调峰电站的 4h 放电持续时间的储能电站的替代效应会下降，此时储能电站的放电持续时间必须增长，如此才能满足替代常规调峰电站的可靠要求。

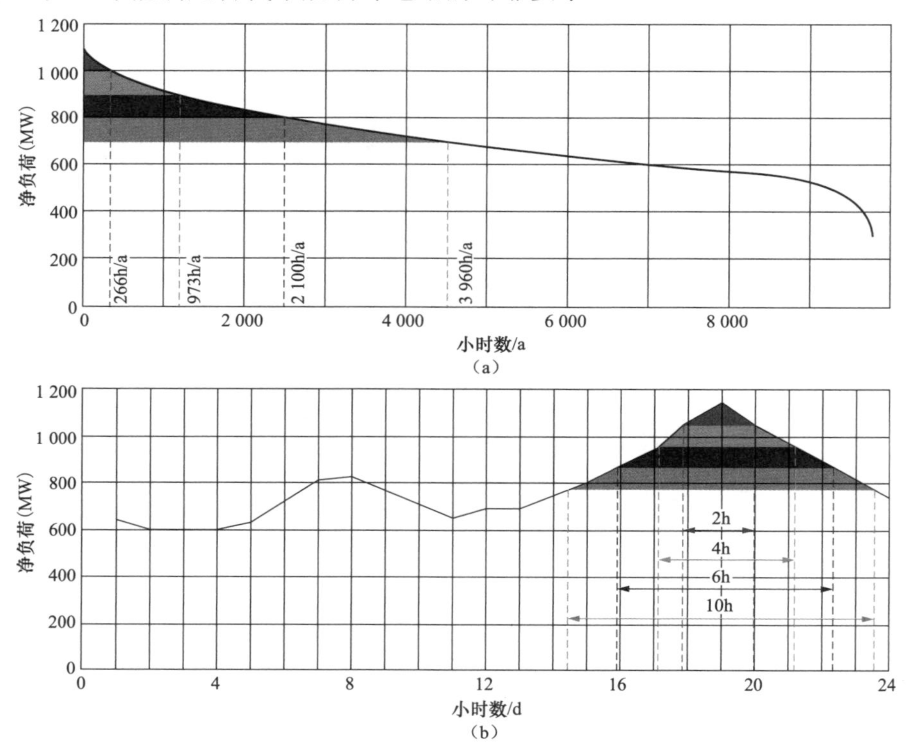

图 8-34　高峰负荷减少的饱和效应示意图

（a）年净负荷持续时长曲线；（b）高峰净负荷日

（来源：Stenclik 等）

综上，电力系统运营商必须确保在任何时间和任何情况下电力系统始终有足够的可靠容量来满足系统高峰甚至尖峰负荷需求。在 VRE 占比高的新型电力系统中，VRE 的可靠容量不能直接准确确定，此时确保电力系统中的发电充裕度成为挑战，实际工作中极易造成电力系统中发电充裕度不足或发电容量超配。电力储能可用于应对新型电力系统所面临的上述挑战，提高 VRE 容量的可信度，承担高峰负荷（包括尖峰负荷），避免常规调峰电厂的投资，极大发挥电力系统基础设施的功效。

8.5.3.7　离网高比例可再生能源应用

离网高比例可再生能源应用是指在未使用或不依赖公共电力基础设施供电的场合

（如边远/偏远地区、海岛等未与公共电网连接地区），通过光伏、风电等可再生能源与储能结合，为用户提供可靠的、可持续的、可负担的电力供给的应用。孤网或大电网末端等高比例可再生能源的应用也常纳入此范畴。

以往，离网下电力供应通常是采用小容量的柴油发电机组、光伏和/或风电等可再生能源。柴油发电机组虽供电可靠，但存在电价昂贵、有污染物及温室气体排放等不足，光伏或风电虽属绿色可再生能源，但存在供电波动性、间歇性、不可靠性等不足。随着近年来可再生能源发电的技术成熟度不断提高及全生命周期成本的快速下降，光伏、风电等新能源在离网中的占比逐渐提高。为确保全天候可靠清洁供电，高比例的可再生能源（如光伏、风电、海洋能、地热能、生物质能）+储能的多能互补应用已成为离网、孤网场合下的关键解决方案。

光伏具有高度模块化、规模灵活、易于安装部署、适宜于全球几乎任何地方的特点。光伏搭配电力储能后，不仅可储存多余的电能供无阳光时段使用，而且还极大增强了太阳能光伏发电的灵活性、可靠性，使之成为离网或孤网下的主要可靠供电方式。图8-35示出了在由光伏和柴油发电机组构成的混合迷你电网中，考虑综合成本最低的约束条件下，基于两种锂离子电池（镍钴锰 NMC 和镍钴铝 NCA）储能技术的太阳能光伏最优占比年度变化趋势。按照 IRENA（国际可再生能源署）的研究，基于 2.5%的名义贴现率，不论是采用哪种锂离子电池（NCA 或 NMC）技术，取成本最低约束条件，2017年当年光伏最优占比就可高达 90%，2030 年更是接近 100%。考虑到光伏和储能的技术进步和成本进一步降低（例如，2017 年光伏全球加权平均平准化度电成本约为 0.10 美元/kWh，现今太阳能发电电力成本较 2017 年已大幅降低，当前国际光伏招标价已降到人民币 0.14 元/kWh），到 2030 年，无论加权平均资本成本是取 2.5%、10%还是 15%，混合迷你电网中的最佳可再生能源占比均预计超过 90%。

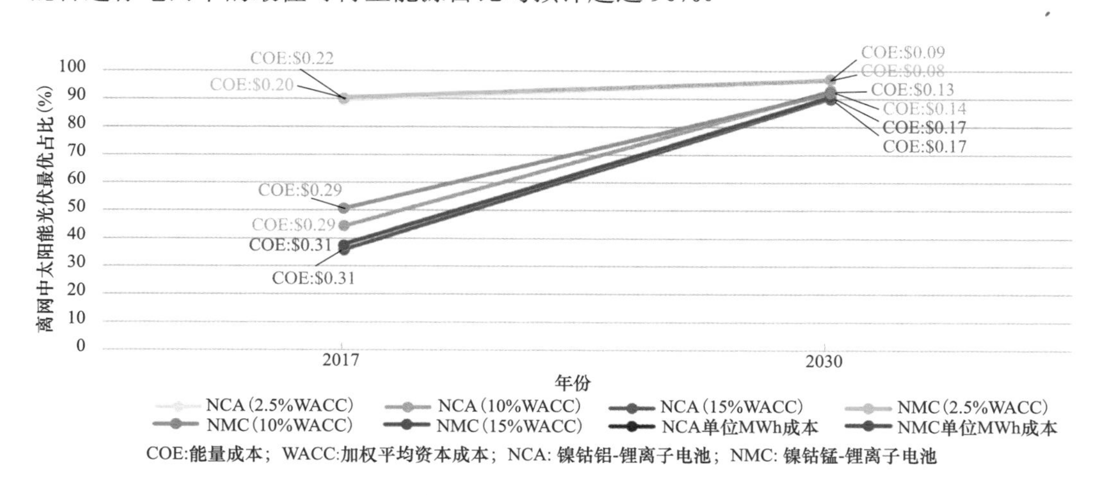

图 8-35　混合迷你电网中成本最低情景下太阳能光伏占比

（来源：IRENA）

我国三沙市永兴岛于 2014 年建成了 500kW 容量的光伏+储能（1000kWh 磷酸铁锂电池）+柴油发电机组构成的微电网，大大缓解了岛上用电难的问题。美属萨摩亚群岛的塔乌岛于 2019 年建成了 1.4MW 光伏+6MWh 锂离子电池（由 60 个特斯拉锂离子电池 Powerpack 组成）构成的微电网。即使遇到阴雨天气，该系统也可为岛上用户提供 3d 的电力供应，从而大大减少了对柴油发电机组的使用。为了应对经常性的停电和不稳定的电力供应，菲律宾太阳能公司在菲律宾帕卢安地区建设了东南亚最大的微电网项目（包括 2MW 光伏、2MWh 特斯拉 Powerpack 锂离子电池储能、2MW 作应急备用的柴油发电机组）。正常情况下，光伏发电保证了该地区白天所需的电力供应，储能作为不间断电源，可满足夜晚用电需求。建成后，该微电网不仅提供了清洁能源、显著降低了柴油消耗，而且还为当地用户提供了一天 24h 不间断的稳定可靠电力供应。值得说明的是，整个项目没有任何补贴，这从另一个侧面证明了光伏+储能系统在偏远农村、牧区等地区是有竞争力且现实可行的。此外，太平洋、加勒比海、印度洋等的许多岛屿，正在从基于化石燃料的电力系统向基于可再生能源的电力系统转变。这其中，电力储能技术是其中的关键技术和能源转型赋能器、助推器。

当前，全球一些偏远农村、牧区、山区、岛屿等仍然严重依赖柴油等化石燃料发电。在这些地方及电网末端，电力供应可靠性和可获得性低，通常只有在一天特定时间才能获得电力，有经济实力的则求助于柴油发电作为备用电源。按照当前的光伏等可再生能源和锂离子电池等电力储能的工程造价及运营成本（预计将来还会进一步降低）计算，在这些地区使用可再生能源替代化石燃料已成为成本最低的解决方案，而且还具有绿色可持续性，应对全球气候变化，助力全球碳中和，实现 21 世纪内 1.5℃的温升控制目标的溢出效果。

在偏远、边远、海岛等离网地区，孤网或电网末端供电可靠性差地区等部署以新能源为主体的微电网，电力储能系统是平衡风光等资源可变性的关键，也是将供过于求时产生的电能转移到供不应求时应用的关键。通过电池等电力储能技术的应用，可削减微电网中配置化石燃料同步发电机组的必要性，使 VRE 供应与电力需求解耦，从而使微电网中 VRE 占比可达到相当高的水平。

工程中，在离网环境下部署电力储能系统的益处还包括：减少环境影响（如本地排放、全球排放、燃料泄漏等），减少对价格波动的进口燃料的依赖，提高地区能源独立性和能源安全性。此外，配置构网型逆变器的电池储能系统可为电网提供所有必要的辅助服务，如黑启动、频率控制、电压控制、运行储备，以应对风光功率预测的高不确定度等。电池储能系统中构网型逆变器技术还可提供虚拟同步机功能，使电力系统可完全关闭任何类型的常规同步发电机组，并为电力系统提供所有必要的服务。虚拟同步机技术，尽管对大电网而言仍处于试验研究、工程示范阶段，但对于微电网而言（从数瓦到数十兆瓦）已属于成熟技术，在一些偏远和环境较苛刻的场合已有着超过十年的可靠运行记录。

综上，未集成储能的微电网系统，其风光等可再生能源发电只能“靠天吃饭”，无风无光时必须依靠柴油发电机组等化石能源。配储能的微电网系统，不仅可实现电能时移（如将白天的多余光伏电储存到晚上利用）、供/需解耦，显著提高可再生能源占比，有助于从100%化石燃料转型到100%可再生能源发电，实现能源独立和能源安全，而且还可提高供电可靠性，进一步降低发电成本和污染物、温室气体的排放量。通过电力储能设施的进一步应用，解决了能源绿色-可靠-经济的不可能三角，使离网场合下的清洁能源转型成为可能。

8.5.3.8 BTM 储电

BTM（behind-the-meter）储电是按照电力储能系统相对于电力系统中关口计量表的前后位置的分类，所指的是布置于电力系统关口计量表后、所存储的电能可不通过关口计量表而直接供用户应用的储能应用类型。也常称为电力系统关口计量表后储能，简称“电表后储能”，与之相对应的是FTM（front-the-meter）储电（指布置于电力系统关口计量表前，所储存的电能供电网所用，或需通过关口计量表到达需求侧来供用户使用的储能，其产权一般属于电力运营商所有）——“电表前储能”。

全球电力系统正经历深刻变革，变革趋势可概括为4D（①Decarbonization-去碳化、绿色化，如绿色电力、低碳电力；②Digitalization-数字化、智能化，如数字电厂/电网、智能电厂/电网；③Decentralization-去中心化，如分布式能源、虚拟电厂；④Democratization-民主化，如分布式智能电网、能源区块链、微电网）。以化石燃料为主体的传统电力系统正向以新能源为主体的新型电力系统转型，由大型热力发电机组、水力发电机组构成的集中式经典系统正向更加复杂、去中心化的新型系统转变，不断增加的可再生能源渗透率、市场规模扩展程度、新一代ICT（信息通信技术）创新应用程度正赋能传统的发电-输电-配电-用电模式向小型化发电机组与配网直接相联模式，经典控制的电力系统向数字电力系统、智能电力系统演化。在新的电力系统范式中，电力用户层面的可再生能源自产自用、余电上网模式是主要创新之一，这将极大地改变原有电力系统的结构、形态、运行方式、管理模式等。

可再生能源电力的自产自用、自发自用是指由电力生产单元的所有者或其合同约定的使用方来使用其可再生能源所产生的且未注入公用配电网或输电网的电力。随着可再生能源发电成本的快速下降（见表8-10，2010～2022年，除水电和地热发电外，其他可再生能源发电品种的总安装成本、平准化度电成本都在下降，尤以光伏发电下降最快；太阳能和风能发电的容量系数均得到提升）及供电性能的提高，一些电力用户发现安装其自用的发电设施在技术和经济、保障用电安全上均是可行的，由此，可再生能源电自产自用、自发自用正在逐渐成为全球一种广泛传播、接受的概念。

表 8-10　　2010～2022 年主要可再生能源发电类型

指标 发电类型	总安装成本（2022 年美元/kW）			容量系数（%）			平准化度电成本（2022 年美元/kWh）		
	2010 年	2022 年	百分比变化	2010 年	2022 年	百分比变化	2010 年	2022 年	百分比变化
生物能发电	2904	2162	–26%	72	72	1%	0.082	0.061	–25%
地热发电	2904	3478	20%	87	85	–2%	0.053	0.056	6%
水电	1407	2881	105%	44	46	4%	0.042	0.061	47%
光伏发电	5124	876	–83%	14	17	23%	0.445	0.049	–89%
光热发电	10 082	4274	–58%	30	36	19%	0.380	0.118	–69%
陆上风电	2179	1274	–42%	27	37	35%	0.107	0.033	–69%
海上风电	5217	3461	–34%	38	42	10%	0.197	0.081	–59%

［来源：IRENA（国际可再生能源署）］

鉴于光伏的模块化、低成本、易于安装、适应面广及小型风电低成本、易于安装等特点，光伏和小型风电等成为表后可再生能源类型的优先选项。但光伏、风电属于 VRE（波动性可再生能源），其发电与用户需求并不总是同步，有时供大于需，有时供又小于需，故用户不能仅依赖于 VRE，还需与电网连接。当自发电不能满足需求时，需从电网购电；当自发电过剩时，可将多余的电卖给电网，但也会面临电网不收购而弃电的风险。在该应用情景下，用户不能完全独立于电网、还需依靠电网来弥补其有时不能自给自足的用电需求。

（1）采用 BTM 储电模式则可完全改变上述情景。即利用位于关口计量表后的电力储能吸纳自发自用多余的可再生能源电量，当自发自用不足时，储能再释放所存储的电能供用户使用。如此，用户可独立于电网或在电网用电负荷高峰、不会发生弃风电/弃光电的时段，再将余电或所储存的电送入电网，从而使得自身利益最大化。可见，BTM 储能对用户具有以下主要益处：

1）通过 BTM 储能快速吸收电能、快速释放电能特性，实现用户 VRE（波动式可再生能源）平滑处理，提升 VRE 能源品质。

2）通过 BTM 储能的能量时移，使用户可再生能源电的自发自用最大化，极大提升可再生能源的效能及利用水平。

3）通过 BTM 储能的削峰填谷、能量时移（套利），在电价低时段或 VRE 发电有富余时储电，在电价高时段将所储存电能售卖给电网，实现套利，降低用户用电费用。

4）通过 BTM 储能的供电容量服务，可减少用户购买的用电最大容量，降低需向电网支付的容量（需量）电费（需量电费通常是基于用户的最高用电需求来收费）。

5）通过 BTM 储能的供电品质、供电可靠性服务，为用户提供高品质电源、后备电源，增加用户的用能韧性。

（2）当 BTM 储能与电网互联时，对电网运营方也具有以下主要益处：

1）通过 BTM 储能的快速频率响应、频率调节、运行备用、能量时移等功能，可对电网灵活性、可靠性、供电性能提升作出一定贡献。

2）通过 BTM 储能应用，缓解配电网阻塞，延缓或避免配电网的升级改造或新建。

3）通过 BTM 储能的能量时移、削峰填谷等功能，延缓或避免调峰电站的投资建设。

鉴于 BTM 储能对用户、电网达到双赢，在全球很多国家安装 BTM 储能已成为一种广泛选项，其应用每年都在增长。以德国 BTM 储能系统（主要以光伏配储能模式为主）为例，2019 年总量约为 206 000 套（存量约 141 000 套，增量约 65 000 套，平均系统容量约 8kWh），2020 年总量超过 300 000 套（增量约 94 000 套，平均系统容量约 8.5kWh）。受俄罗斯与乌克兰冲突引发的能源危机、电价上涨等因素影响，2022 年增量在 2021 年基础上翻番，达到创记录的约 220 000 套（比亚迪市场占有率达 23%，排名第一）。

（3）在实际应用中，BTM 储能通常与电网互联，通过净计费、聚合或虚拟电厂等模式尽可能获得更多的收入，以保证 BTM 储能项目的盈利。

1）净计费模式。净计费（net billing）模式是一种采用市场手段，基于电力生产消费者（既消费又生产电力的用户）从电网提取电量的价值减去向电网注入电量的价值来对电力生产消费者进行补偿，以激励电力生产消费者更好地与电网互动的模式（见图 8-36）。

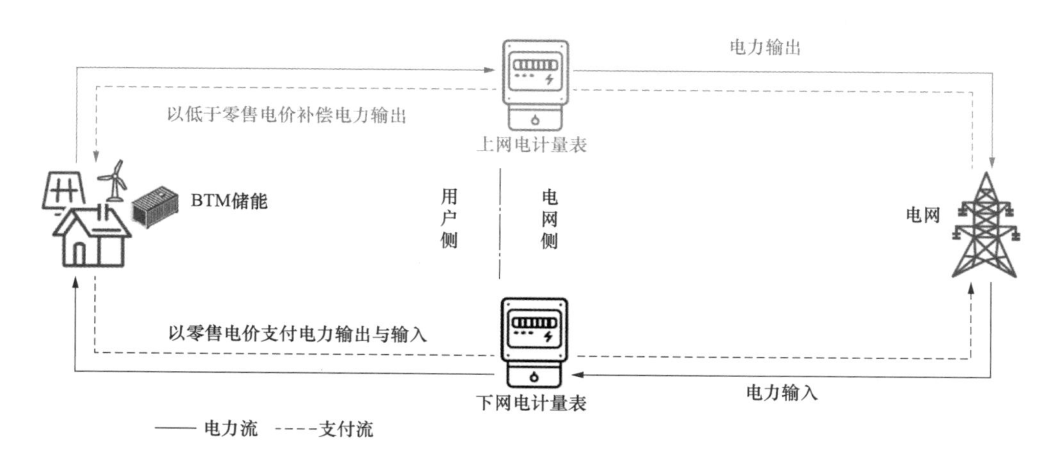

图 8-36 净计费模式示意图

应用该模式的前提是：①在技术层面，需配备具有基于价格的需求管理硬件（如智能电表等），可再生能源发电系统、储能系统、逆变器等之间的实时通信及控制系统，用于能量成本优化的能量管理系统（具有按照用户设定、电力系统需求等自动响应电价信号，自动调节电力输入和电力输出的功能等）等；②在市场层面，有基于电力系统需求、批发电价、所在位置、外部正面作用（如环境、社会、健康获益）等的可再生能源电注入电网的价值评价机制，有适用于电力生产消费者尽快回收成本的电网计费机制；③在政策及监管层面，有鼓励分布式智能电网、零售市场竞争和更好地利用现有基础设施的支持性法规，有激励 BTM 储能、AMI（先进计量基础设施）部署的政策，鼓励开展项目试点示范，以向电力运营商和用户展示净计费模式的益处。

2）聚合或虚拟电厂模式。该模式是将分散的分布式能源（如 BTM 储能、户用光伏）聚合在一起，使之作为一个规模化的电力可调度单元而使用，可向电网提供如普通电厂一样的类似服务。该模式可使 BTM 储能等作为电力市场（包括辅助服务市场）的新型参与者，并为 BTM 储能提供额外的价值。

如图 8-37 所示，通过聚合模式，将 BTM 储能、光伏、风电等分布式能源聚合在一起，由监视控制系统（包括分布式能源管理系统）对风光功率、负荷需求、批发零售电价等进行精确预测，对分布式能源进行远程优化调控，提供负荷时移、需求侧管理、电力平衡、系统灵活性等功能，使之整体可参与电力系统市场，降低电力边际成本，优化电力系统基础设施投资。利用聚合、虚拟电厂模式，南澳大利亚建成了规模达 50 000 家庭、可满足该地区 20%日用功率需求、电费节约 30%的全球最大虚拟电厂。据 IRENA 预测，2023 年全球 BTM 储能聚合模式市场价值高达 45.97 亿美元。

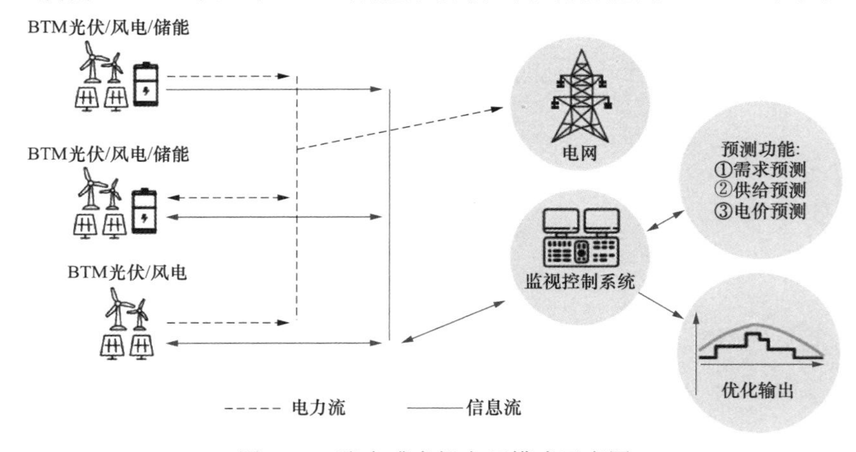

图 8-37　聚合或虚拟电厂模式示意图

应用该模式的前提是：①在技术层面，除 BTM 储能外，用户侧有可调节负荷，配备智能电表、聚合算法及软件（计算优化运行方式）、用户-聚合商-电网之间实时通信/监控系统、先进预测模型/平台（预测需求、供给、电价等）等；②在市场层面，允许 BTM 储能聚合后参与电力批发市场和辅助服务市场，有指导聚合模式运营的明确价格信号；③在政策及监管层面，要求电网配置智能电表及智能电网基础设施，配网侧有相关的数据收集、管理和共享规则，并确保交易环境公开、公平、公正等。

综上，传统电网模式持续向智能电网模式转变是大势所趋。在智能电网中，用户可通过自身配备 BTM 储能的可再生能源与电网直接双向互动，实现用户和电网双赢，助力电力系统碳达峰碳中和进程，为新型电力系统、新型能源体系构建添砖加瓦。

8.6 储能应用评估

8.6.1 概述

在国内应用中，常将独立运行的储能系统或装置称为储能电站（如在 GB/T 40090—2021《储能电站运行维护规程》中，将“储能电站”界定为“可进行电能存储、转换及释放的电站”）。IEC（国际电工委员会）作为知名的国际标准组织之一，在其 IEV ref 601-03-01 术语中将“电站”（power station，electrical generating station）界定为“用于发电功用的设施，包括土建、能量转换设备及全部必需的辅助设备”。实际上，电力储能并不是严格意义上的电站，在电力系统中运行的经典电站和电力储能装置在运行特性上存在着本质上的差异。

经典的发电站总是单向发出电力，而电力储能系统则需要双向电力流（分别对应充电和放电工况）才能工作，但电能的一充一放会带来不可避免的能量损耗，平常所说的抽水蓄能机组“抽四发三”（即平均消耗 4 度电抽水可发 3 度电，能量转换效率约 75%）就是典型。此外，储能系统还具有自身独特的特性。首先，其充电能量可来自单一能源，也可来自基于电网整体发电组合的多种来源，且该特性还会随着时空变化而改变；其次，储能可位于电力系统中的任何位置，如抽水蓄能、压缩空气储能等常位于输电系统侧，飞轮、铅酸电池、超级电容、超导磁储能、储热等常位于发电侧、配电系统侧或用户侧，锂离子电池、液流电池等则可位于电力系统各个位置，特别是小型、模块化储能可深度嵌入电力系统各个环节，带来融合方面的机遇与挑战（如小型储能与逆变器结合可提供虚拟转动惯量等）；再次，电化学式、电能式、飞轮机械式等储能自身具有比电网周波更短的快速响应特性，分析其在电力系统中的技术和经济性能较常规电站更加复杂；最后，单个储能系统可为电力系统提供多种服务类别（如大宗能源服务、辅助服务、VRE 平滑、电网基础设施服务、能量管理服务等约 20 种细类），如此显著增加储能应用评估的复杂度。

可见，在工程应用中，不能将电力储能简单视同为发电，电力储能系统项目评估也不同于发电站评估，储能评估具有其自身特色。

8.6.2 储能项目价值和可行性评估方法

储能天然具有应对能源供求矛盾（如供求在时间、空间、形态、能量密度等方面的冲突）的禀赋，具有与新能源，特别是风光等波动性可再生能源深度融合、良性协同发展的潜力。在电力系统中，特别是以新能源为主体的新型电力系统中，储能可提供的服务类型、品种多种多样，部署区域、环节十分广泛。在工程项目中，科学严谨地探索、识别储能可能的应用场景及机制，以系统的观点来评估储能项目可提供的各项服务所带来的直接或间接价值，基于应用场景及成本收益来科学细致确定储能最优容量及性能，全面客观评估具体储能项目实施的可行性，对于良性有序推进储能项目十分必要。

鉴于储能自身的特殊性，储能评估通常需注意以下几点：

（1）从发电、电网、用户等不同视角或需求出发，识别、分析、评估对储能系统的功能和性能等要求及其应用价值；

（2）结合拟选用的储能技术类型，仔细梳理出储能可提供的各项功能和服务，避免对储能收益的漏算、重算；

（3）准确区分出哪些是可量化、可货币化的储能服务，哪些是给电力系统带来的可避免成本，各方直接收益和间接收益有哪些；

（4）在识别出技术经济可行的项目方案后，再进行细颗粒度的资源密集型的储能运行仿真分析；

（5）在确定合理的技术经济方案并进行了建模分析后，再进行深度的市场政策和监管场景调查。

结合国际通用惯例和工程应用研究，电力系统储能项目价值和可行性评估可参考如图 8-38 所示的过程方法，即第一阶段——采用系统分析法、问题导向等方法，识别电力系统或用户的概念性、框架性需求；第二阶段——通过专家分析等手段，确定电力系统储能技术要求或规范、所能提供的电力系统服务等；第三阶段——采用映射、适宜性矩阵等工具，将所确定的技术要求或需提供的系统服务映射，通过竞争性打分等方法，选择出最适宜的电力储能技术类别；第四阶段——通过容量增加建模、生产成本建模等方法，经过多轮迭代方式等科学分析、评估、优化储能在电力系统中的显性价值和隐性价值；第五阶段——采用价格接受者储能调度模型工具，仿真分析电力储能运行及所提供的主服务、次服务等多重收益；第六阶段——基于储能项目可行性模型，研究储能项目的成本和可货币化收入，评估电力储能项目的可行性，并向项目投资方、电力系统运营方、政府监管部门等相关方提供相关建议。在工程应用中，当每一阶段或步骤的输出结果不满足要求或对输出结果不满意时，可回退到前面阶段或步骤，修改或调整相关输入后再进行重复迭代，直至输出符合预期。

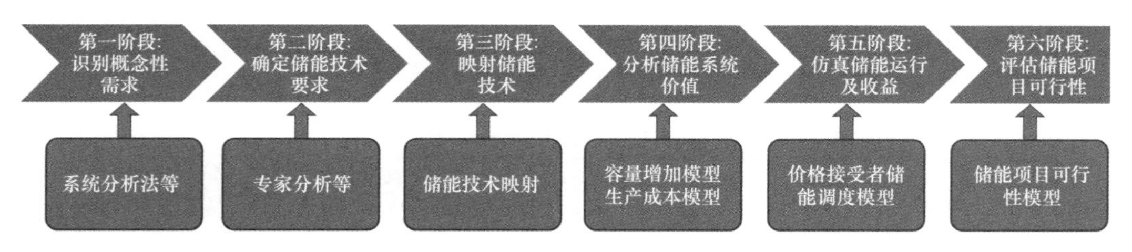

图 8-38　储能项目评估阶段划分及采用的方法

8.6.2.1 第一阶段——识别概念性需求

本阶段需从新型电力系统构建高度，从电力系统规划、运行等视角，从发电端、输电网、配电网、用电端（包括大电网、孤网、离网、微电网等）等维度，系统分析并识别出与储能相关的概念性需求。

第一步：找准系统运行或规划存在的问题。

可采用系统分析法、标杆对照法、专家访谈法等，从电力系统运行或规划的痛点、难点、堵点等出发，找准当前、近期或中期需解决的问题。其问题可是不设边界的任何问题，如本地区构建新型电力系统，需不断提升 VRE 电量占比，当前 VRE 渗透率处于哪个阶段（第一阶段：VRE 渗透率＜5%，对原有电力系统性能没有任何明显影响；第二阶段：VRE 渗透率介于 5%～10%之间，净负荷变化趋于明显，电力系统运行模式有较小变化；第三阶段：VRE 渗透率介于 10%～30%之间，净负荷波动更大，电力潮流模式发生变化，供需平衡难度加大；第四阶段：VRE 渗透率介于 30%～50%之间，供电的鲁棒性遇到挑战，需提升快速频率响应、快速爬坡能力；第五阶段：VRE 渗透率高于 50%，出现不断增长的从天到周的电量盈余或亏缺，能量时移必不可少；第六阶段：VRE 渗透率更高，供电出现月度或季节性盈亏，对跨季节、长周期储能需求迫切），风光等可再生能源消纳或利用率是否满足要求，电力系统灵活性有哪些不足（包括发电机组功频响应、爬坡率，需求侧灵活性等），输电线路阻塞程度，转动惯量下降后快速频率响应能力如何，系统应对高峰、尖峰负荷能力如何，调峰容量盈亏程度，电压波动程度，供电品质如何等。

将找出的问题归类分析，哪些是通过电力市场（包括辅助服务市场）手段可解决的？哪些是与场地、节点密切相关的、需特殊解决方案的。

第二步：概念性判定储能系统是否有助于解决这些问题。

电力储能本质具有吸收能量、储存能量、释放能量的特性（但整个循环过程存在能量损耗），具有电能时移、供电容量服务、电网基础设施服务、能量管理服务、辅助服务、VRE 平滑、替代调峰电站、后备电源等功用。又如电池储能系统内的电力电子装置具有快速响应、快速爬坡能力，可在非单位功率因数下运行，具有交流电压变压调压能力等。可依据电力储能的典型特性、功用，概念性地判定储能是否可提供解决这些问题的潜在方案。如判定为是，则进入第二阶段，否则放弃并终止流程。

8.6.2.2 第二阶段——确定储能技术要求

在确定储能可为所识别出的概念性需求提供解决方案后，则转入第二阶段——确定储能技术要求。本阶段聚焦解决方案，先从技术角度确定技术准则，将技术准则细化为对储能的技术要求，再依此分类识别出储能需提供的服务或应用等。

第一步：确定解决方案技术准则。

技术准则是后续储能技术应用评估工作开展的基础，通常包括技术活动需遵循的主要原则、指标规范、核心要求等内容，对储能应用评估起基础性、规范性作用。

本步骤主要是从技术层面清晰确立并解析出已识别的电力系统问题，考虑电力系统相关运行要求和收益等，再确定对应解决方案的主要技术准则。过程中，需与主要相关方和决策者进行广泛沟通，并讨论确定解决方案的主要原则、关键指标、核心规范要求等，并分析是否存在不需储能的最佳替代方案等。

第二步：转化为电力储能技术要求。

围绕解决方案，调研分析与当地电力系统相关的可用情况信息（如负荷特性、负荷曲线，电源品种/容量及其调节能力、发电成本、调频调峰，输电网/配电网网架结构、输电能力、设施可用率、效率，市场参与规则、与所关心的电网服务相关的其他时变和静态特征等现状及远景预测等），结合储能技术特点，将技术准则细化为对电力储能系统的技术要求，确定储能需提供的相关服务。也可按照准则，先确定储能需提供哪些功能或服务，再分类细化各类功能或服务的技术要求。

譬如要解决当地电力系统中可再生能源电量占比低的问题，且已确定通过采用电力储能技术来大幅提升系统中可再生能源发电量占比。风资源、光资源等具有波动性、间歇性、高度不确定性，风电、光伏发电灵活性、可调度性差，加之属电力电子型发电类型，也不能提供类似于常规热力发电机组的转动惯量等不足。电力储能的电能时移、电能供应容量、快速频率响应、一次调频/二次调频/三次调频或运行备用、减缓线路阻塞、电能品质改善等服务可解决风光等可再生能源大规模高比例接入系统的问题，故可针对储能可提供的上述服务或作用，结合电力系统结构、状态、性能等，具体细化前述的各项储能作用的技术要求。如电力系统转动惯量是否不足？如不足，需由电力储能提供多少快速频率响应来弥补？

8.6.2.3 第三阶段——映射储能技术

储能技术映射是指将上一阶段形成的技术要求映射到不同的储能技术类别上。本阶段先依据前一阶段已确定的储能需提供的服务，分析梳理出服务的主次，再依此对各类主流储能技术按照每项服务对应的技术和商务参数进行适宜性加权打分排序，以优选出满足服务需求的合适的储能技术，以防止出现储能技术路线的选择错误。

第一步：确定主服务及次服务。

储能应用是在电力系统特定地点储能系统所提供的技术和经济均可行的电力系统服务。储能可提供多种服务，在工程应用中，需针对问题首先确定储能的主服务，然后才可进行下一步储能选型和详细配置等后续工作。国际上通常将该项服务收益占到全部储能系统成本 25%～50%及以上的电力系统服务称之为主服务（也称为锚服务）。在某些情况下，主服务可能与位置强相关。如延缓配电网升级改造服务的价值取决于配电网升级改造的投资规模、负荷增长率、负荷峰值出现的频率和持续时间等，所有这些都与地域位置相关。相反，频率调节服务则对位置敏感性不强，可在区域内的多个位置提供。

主服务确定后，其他还可提供的附加服务称为次服务。但需分清主次，次服务不能对主服务有大的干扰。注意评估次服务的最低要求能否满足，服务时间有无冲突（如服务时间允许相同、重叠或不能重叠），作为附加服务的次服务灵活性如何（是长期提供还是短期提供）。

第二步：为不同储能技术进行竞争性打分。

不同种类的储能技术有着各自不同的特点，它们针对不同类型的服务应用也有着不同的适宜性。工程中，可针对所确定的技术要求或服务应用，选取用于电力储能适宜性评估的技术参数和经济商务参数（示例见表 8-11），基于地区、项目、应用、产品等信息，对各种可选的主流储能技术（如抽水蓄能、压缩空气储能、飞轮、阀控铅酸电池、不同种类的锂离子电池、液流电池等）进行竞争性打分赋值。

表 8-11　　电力储能适宜性评估用主要技术/经济参数（示例）

技术参数	经济（商务）参数
往返效率（电—电）（%）	储能 CAPEX（元/kWh）
最小 C 率	功率转换装置 CAPEX（元/kW）
最大 C 率	开发和施工时间
最大 DoD（释能深度）（%）	运营成本（元/kWh）
充放转换时间（s）	质量能量密度（Wh/kg）
爬坡率（%/s）	体积能量密度（Wh/L）
最大工作温度	寿命（等效满循环周期数，a）
安全性（热稳定性）	技术成熟性

国际上，通常采用 5 分制，其竞争性打分赋值规则示例见表 8-12（供参考）。

表 8-12　　竞争性打分赋值表（示例）

参数＼赋值	分值				
	5	4	3	2	1
技术类					
往返效率	＞95%	86.25%～95%	77.50%～86.25%	68.75%～77.50%	＜60%
C 率	1C 及以上	C/2～1C	C/4～C/2	C/8～C/4	C/8 及以下
DoD	＞95%	86.25%～95%	77.50%～86.25%	68.75%～77.50%	＜60%
商务					
初投资成本	＜100 美元/kWh	100～325 美元/kWh	325～550 美元/kWh	550～775 美元/kWh	＞1000 美元/kWh
开发和施工时间	6 个月及以下	6～16.5 个月	16.5～27 个月	27～37.5 个月	4 年及以上
运营成本	所有技术中最低的				所有技术中最高的
所需空间	＞500Wh/kg	382.5～500Wh/kg	265～382.5Wh/kg	30～147.5Wh/kg	＜30Wh/kg
寿命	所有技术中最长的				所有技术中最短的
技术成熟性	成熟	已商业化	早期商业化	示范	原型或样机

（来源：IRENA）

第三步：依据应用类型对参数进行加权。

应用或服务类型不同，储能各个参数的重要性程度也不同。本步骤主要依据储能技术应用或服务类型特点，为储能每一主要技术参数和商务参数赋予不同权值。实际应用中，各个参数的权值必须在综合考虑项目、技术、服务、监管、市场等多重因素后进行权衡确定。表 8-13 为可再生能源时移、可再生能源平滑处理、灵活爬坡、辅助服务、延缓电网基础设施升级、无功管理、用户侧功率管理等各类应用的参数权值示例。

表 8-13　　储能在不同功能应用下的参数权值表（示例）

参数 \ 服务	可再生能源时移	可再生能源平滑处理	灵活爬坡	辅助服务	延缓电网基础设施升级	无功管理	用户侧功率管理
技术类							
往返效率	10%	10%	10%	10%	5%	10%	10%
C 率	0%	15%	0%	15%	0%	0%	5%
可用 DoD	10%	10%	10%	10%	10%	10%	10%
商务类							
初投资成本	40%	30%	40%	30%	30%	30%	30%
开发和施工时间	5%	5%	5%	5%	20%	5%	5%
运营成本	10%	10%	10%	10%	10%	10%	10%
所需空间	5%	0%	5%	0%	10%	15%	15%
寿命	10%	10%	10%	10%	5%	10%	5%
技术成熟性	10%	10%	10%	10%	10%	10%	10%
总计	100%	100%	100%	100%	100%	100%	100%

第四步：应用适宜性矩阵。

前述第二步和第三步分别从纯理论角度得出了不同储能技术的竞争性分数和不同应用或服务的参数权重，两者共同刻画出了从逻辑上每种储能技术对每种应用或服务的适用程度总貌。但在实际应用中，由于特殊应用场景的个体差异，仅凭理论上得出的由储能技术分数和参数权重构成的适宜性组合判据往往不够充分，通常需对其进行相应变动调整。为避免为每种储能技术和每种特殊应用场景再去进行竞争性打分、为每一参数再次进行权重确定的复杂性，推出了适宜性矩阵的应对之道。工程应用中，根据实际应用场景的特殊性，通过采用矩阵方法，在每类储能技术的竞争性得分和每一服务的参数加权基础上，来对各种储能技术的服务或应用适宜性加权分值结合实际进行进一步的调整。例如，表 8-14 分别示出了阀控铅酸电池、抽水蓄能、压缩空气储能（CAES）、飞轮储能、三元镍钴锰（NMC）锂离子电池、镍钴铝（NCA）锂离子电池、磷酸铁锂（LFP）锂离子电池、钛酸锂（LTO）锂离子电池、钠硫高温电池、斑马（$NaNiCl_2$）电池、锌溴（ZBB）液流电池、全钒氧化还原液流电池（VRB）等在可再生能源时移、可再生能源平滑处理、灵活爬坡、辅助服务、延缓电网基础设施升级、无功管理、用户侧功率管理等各类服务应用中适宜性矩阵的参数权值调整示例。以阀控铅酸电池为例，虽然其价格低，具有成本竞争力，但不太适合用于如可再生能源出力平滑，特别是一次调频、二次调频等要求高 C 率的场合，故其权值分别调整为 0.8 和 0.5。

表 8-14　　储能在不同功能应用下的参数权值调整矩阵（示例）

参数	阀控铅酸	抽蓄	CAES	飞轮	NMC	NCA	LFP	LTO	NaS	斑马电池	ZBB	VRB
可再生能源时移	◕0.8	●1.0	●1.0	◔0.3	●1.0	●1.0	●1.0	●1.0	●1.0	●1.0	●1.0	●1.0
可再生能源平滑	◕0.8	◔0.3	◔0.3	●1.0	●1.0	●1.0	●1.0	●1.0	◔0.3	◔0.3	◔0.3	◔0.3
灵活爬坡	◕0.8	●1.0	●1.0	◑0.5	●1.0	●1.0	●1.0	●1.0	●1.0	●1.0	●1.0	●1.0
辅助服务	◑0.5	◔0.3	◔0.3	●1.0	●1.0	●1.0	●1.0	●1.0	◔0.3	◔0.3	◔0.3	◔0.3
延缓电网设施升级	●1.0	●1.0	●1.0	◔0.3	●1.0	●1.0	●1.0	●1.0	●1.0	●1.0	●1.0	●1.0
无功管理	●1.0	◔0.3	◔0.3	●1.0	●1.0	●1.0	●1.0	●1.0	◔0.3	◔0.3	◔0.3	◔0.3
用户侧功率管理	●1.0	○0.0	○0.0	◔0.3	●1.0	●1.0	●1.0	●1.0	●1.0	●1.0	●1.0	●1.0

第五步：应用排序。

本步骤是将前面所得出的竞争性得分、权重、适宜性矩阵调整权值相乘，得出给定应用或服务的每种储能技术的加权平均分值，依此再进行各类应用或服务的储能技术适宜性排名。储能技术应用排序可以热力图形式来直观进行显示，用绿色表示最合适的储能技术，用红色表示不太合适的储能技术，如表 8-15 所示。注意该表仅用于资料性示例。在实际工程中，需根据系统、技术和其他特定条件进行针对性具体分析，必须根据具体特殊情况进行相应调整，不能以此表作为工程依据性文件。

表 8-15　　各类储能技术应用排序热力图（示例）

参数	阀控铅酸	抽蓄	CAES	飞轮	NMC	NCA	LFP	LTO	NaS	斑马电池	ZBB	VRB
可再生能源时移	10	1	4	12	2	3	5	9	6	7	11	8
可再生能源平滑	6	7	8	5	1	3	2	4	9	11	12	10
灵活爬坡	10	1	4	12	2	3	5	9	6	7	11	8
辅助服务	6	7	8	5	1	3	2	4	9	11	12	10
延缓电网设施升级	3	9	10	12	1	2	4	6	5	7	11	8
无功管理	4	7	8	6	1	2	3	5	9	10	12	11
用户侧功率管理	4	11	11	10	1	2	3	5	6	7	9	8

8.6.2.4　第四阶段——分析储能系统价值

本阶段是进行系统级分析（见图 8-39），确定储能基线（可为已有储能系统或规划的将来储能系统），采用最低成本的新增储能容量优化建模和储能生产成本建模相组合的方法，将储能方案与其他替代方案（如能效提升、需求响应、扩建电网设施、灵活发电、新建调峰电站等）相比较，以分析在给定电力系统中建设储能系统的功能有效性（针对所提供的服务、应用而言）和经济吸引力（与替代方案相比）。

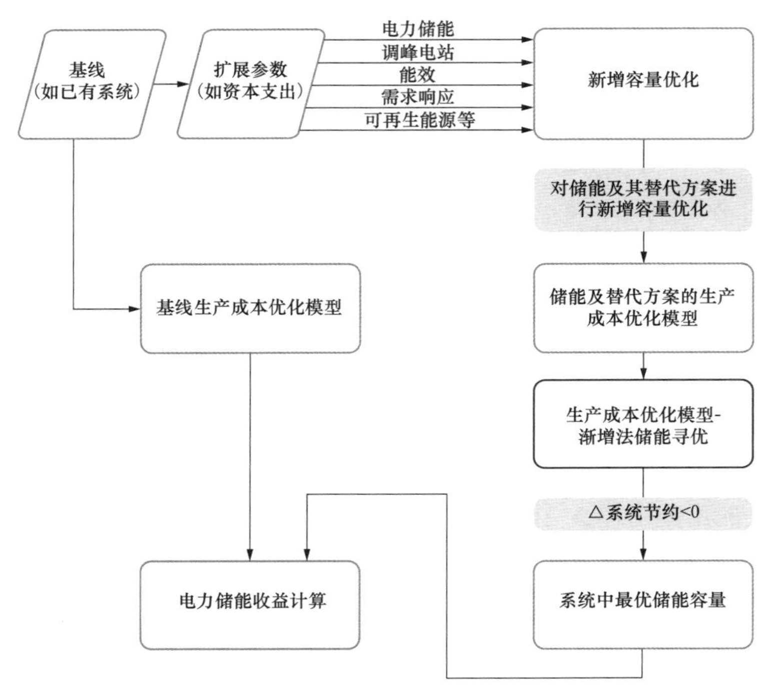

图 8-39　储能系统价值分析流程

第一步：新增容量优化。

容量优化是用于评估电力系统中最优投资组合所常采用的方法。本步是以系统投资和运行成本总和（系统总成本）最低为目的，分析优化所选择的电力储能种类与每一替代资源（如可再生能源和常规能源电站、调峰电站、需求响应、V2G、能效等）的容量。

优化宜从基线开始，基线可选取已有系统或参考系统等，通过仿真计算来分析比较储能和其他替代资源的附加投资。输出为技术上采用储能和不采用储能的各自相应增加投资、所需增加的储能容量数值。新增容量优化至少需进行两次：首先是在没有储能或不新增储能的情况下进行计算；然后再在加入一定容量的储能情况下进行新的计算，用前后两种情况下容量组合的差异来评估资本支出的相关收益。表 8-16 示出了在电力储能和替代方案（包括调峰发电机组、能效、需求侧灵活性、VRE 电站等）分析计算中，为满足系统总成本最低的目标，各类型方案的输入量、可变量、约束条件等示例，供参考。

表 8-16　　优化容量用参数（示例）

方案类型＼参数	输入量	可变量	约束条件
电力储能	功率成本（元/kW） 能量成本（元/kWh）	功率容量 能量容量 存量	最大功率容量 最大能量容量 存量
调峰发电机组（如燃气轮机）	投资成本（元/kW） 可变运维成本（元/MWh） 固定运维成本［元/（kW·a）］ 燃料成本（元/kcal） 热耗（kcal/kWh）	新增容量 发电量	运行范围
能效	投资成本（随部署而增加）（元/kW） 最大投资 单位投资节能	投资 节能量	最大投资 与投资成比例的节能
需求侧灵活性	容量成本（随部署而增加）	设备投资 需求响应（增/减）	最大容量
可再生能源电站	投资成本（元/kW） 各种情况下容量系数	容量 发电量	资源 最大容量

在工程中，宜选取或开发合适的软件工具，以减少优化储能容量（功率和能量）的计算工作量。选取软件工具时，一是宜考虑软件对电力系统对象特性的适用性和数据可用性。例如，若需要在电网区域/节点层面评估储能价值，则软件工具应具有相应的输电建模能力。二是软件是否可仿真尽可能短的时间步长，以优化储能容量的选取。国际可再生能源署开发有相应的 FlexTool 软件，可供容量扩建和生产成本仿真等系统级分析之用，可从国际可再生能源署相关网页（https：//www.irena.org/Energy-Transition/Planning/Flextool）免费下载使用该软件工具。

第二步：计算基线生产成本。

在上一步通过容量优化软件计算出各种技术的最优容量后，随后进入生产成本建模阶段，实现配电力储能和不配电力储能的生产总成本最小化。本步先基于基线系统来运行生产成本模型，以测算其生产运行成本。

第三步：初算新增储能后的生产成本。

利用第一步得出的优化后的储能新增容量，运行新增储能场景下的生产成本模型，仿真计算得出新增储能后的生产成本。仿真计算中，功率额定值直接采用第一步“新增容量优化”结果——新增储能容量，能量额定值按 C1（C 率为 1）考虑，即数值上与功率额定值相同。

第四步：生产成本寻优。

逐步增加电力储能的能量容量值（释能持续时间），在每次增加后运行生产成本模型，以搜索到将生产成本降至最低的电力储能最优持续时间，即电力储能的最优能量额定值。当增加电力储能容量的成本量超过生产成本降低量时（即当再增加电力储能容量，会使系统总成本开始增加时），停止增加储能容量，此时的储能容量即为寻优后的电力储能的最优能量额定值。

第五步：比对基线成本—寻优成本，分析储能直接和间接价值。

本步进行步序二和步序四的结果比对，即比较基线和寻优的生产成本、投资成本，分析储能的直接或间接好处。如储能承担电力系统辅助服务后，降低了系统辅助服务对常规发电机组的依赖，可延缓因辅助服务需求而建设常规发电机组的必要性。此外已有的常规机组也可空出更多可用容量，使常规发电机组的系统调度更加高效，从而带来了辅助服务成本降低等潜在好处。

通常，储能价值可分类为可量化的好处和难以量化的好处（示例见表 8-17），可量化的益处通过优化模型可直接计算，不可量化的益处常与储能所处的地点、电力市场等相关，需要进行针对性地建模分析。

表 8-17　　可量化和不可量化的储能益处（示例）

项目	储能可量化益处	储能不可量化的益处
与资本支出相关的益处	（1）延缓新增调峰容量； （2）延缓新建发电机组； （3）延缓输电容量扩容； （4）延缓需求侧响应（如热泵、电热水器、空调等）	延缓配电网容量扩建
与运营成本相关的益处	（1）总燃料成本节约（由综合因素，如储能取代化石燃料发电并提供辅助服务，所致的更经济调度带来）； （2）启动成本节约（有时也归入总燃料成本节约）； （3）可再生能源消纳水平提高带来的节约； （4）可变运营成本的节约； （5）温室气体减排的节约（在有碳价的地区）	估算总燃料节约总量较为直接，但很难将其细分为单独的可量化类别。下列总燃料成本节约的构成要素难以轻易细分： （1）所代替的负荷高峰期间的发电量； （2）支持可再生能源渗透所花费的化石燃料发电代价； （3）所代替的用于负荷跟随及其他辅助服务的灵活性常规发电机组容量； （4）所代替的减轻输电阻塞方面的电网运营支出减少； （5）减轻热力发电机组的高周疲劳损伤，提升机组总运行效率。 辅助服务提供的节约： （1）一次调频和二次调频的实际调度； （2）无功支持； （3）黑启动服务

8.6.2.5　第五阶段——仿真储能运行

上一阶段对储能的主要价值流进行了分析，正如第三阶段所分析到的储能主服务和次服务，同一电力储能资源可同时向系统提供不止一方面的价值。由于系统级分析需以最大限度地降低系统总成本或生产成本为目标，故还需要一种不同类型的交叉分析来补充完善，即进行电力储能系统运行仿真分析。本阶段应用价格接受者储能调度模型工具，模拟电力储能资产如何高效进入电力市场竞标，并进行电力储能运行方式优化，通过从电力现货市场、辅助服务市场、容量市场等获取多项服务叠加效益收入来最大限度地提高电力储能项目的利润。当有相关数据输入时，该调度工具可输出每小时或每小时以内的储能运行情况，以便进行进一步详细分析优化。

所应用的调度模型工具宜适合所在地的日前市场（DAM）、日内市场及其他特定市场的时间尺度等应用环境。工程中如用户没有专门的价格接受者储能调度模型工具的话，可选用 EPRI（美国电力科学研究院）开发的 StorageVET 2.0 软件（下载网页为 https：//www.storagevet.com/），该软件工具基于开源 Python 架构，可独立使用，也可与其他电力系统模型集成使用。当需评估的储能项目容量与电力系统规模、总储能容量相比相对较小时，模型输出结果会较为准确；而当储能项目规模较大时，模型输出准确度会下降。其主要原因是模型中假定了一些系统级变量值，当受评估储能项目容量变大时，这些模型中所固定的系统级变量值就易影响到模拟调度输出的准确度。

价格接受者储能调度模型假定电力储能资源是市场价格的接受者，即储能项目是接收其所提供服务的电力市场批发价格，而不是影响电力市场批发价格的边际资源。如表 8-18 所示，调度模型输入量有来自系统价值分析的能源价格、运行备用价格等，来自储能项目的用户输入量和用户选择提供的服务组合类型等，输出为各个服务在任何给定时间下的储能模拟调度。图 8-40 所示为价格接受者储能调度模型的输出示例，为了获取最大化的利润，在同一小时内，电力储能不仅从电网中吸收电能，而且又向电网中注入电能。图 8-40 所示为优化后的电力储能每小时的调度情况——所提供的各类服务及相应的储能 SoC（荷电状态）曲线。可见，通过储能调度模型的优化，有助于更加科学全面地强化后续的财务分析，以确定储能项目的可行性。

表 8-18　　价格接受者储能调度模型的输入/输出（示例）

<table>
<tr><th colspan="2">输入</th><th>输出</th></tr>
<tr><td rowspan="5">系统价值分析</td><td>能源价格</td><td rowspan="9">（1）模型范围内每小时或小时以内的所有服务下的储能模拟调度；
（2）模型范围内的储能 SoC</td></tr>
<tr><td>调频或运行备用价格（在某些电力市场中，其价值是固定的或随季节性变化的，故有时也作为用户输入）</td></tr>
<tr><td>原始负荷</td></tr>
<tr><td>带储能后的变化后负荷</td></tr>
<tr><td>可再生能源消纳</td></tr>
<tr><td rowspan="4">储能系统（用户）</td><td>储能参数（如功率容量、能量容量、往返效率、C 率、DoD 范围、SoC 范围等）</td></tr>
<tr><td>释能持续时间</td></tr>
<tr><td>储能利用率</td></tr>
<tr><td>储能触发信号（可选）</td></tr>
</table>

续表

<table>
<tr><th colspan="2">输入</th><th>输出</th></tr>
<tr><td rowspan="8">储能项目可提供的服务（用户可选取任意组合，但需注意次服务和主服务同时提供时，次服务不能对主服务有大的负面干扰）</td><td>能量时移（套利）</td><td rowspan="8">（1）模型范围内每小时或小时以内的所有服务下的储能模拟调度；
（2）模型范围内的储能 SoC</td></tr>
<tr><td>一次、二次、三次调频（运行备用）</td></tr>
<tr><td>调峰或顶峰</td></tr>
<tr><td>价格敏感型需求响应或需求控制</td></tr>
<tr><td>可再生能源时移</td></tr>
<tr><td>爬坡</td></tr>
<tr><td>无功平衡</td></tr>
<tr><td>黑启动及其他事故应急服务（如稳定切机服务、稳定切负荷服务等）</td></tr>
</table>

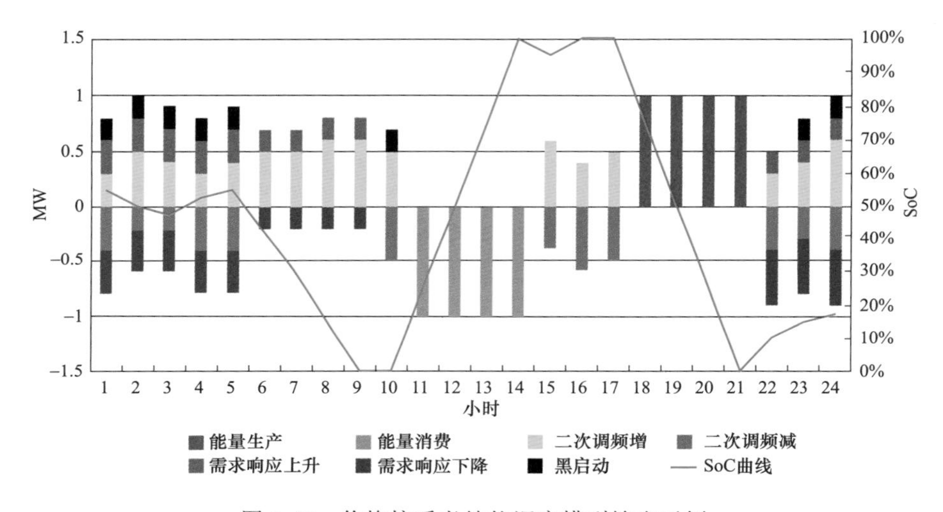

图 8-40　价格接受者储能调度模型输出示例

8.6.2.6　第六阶段——分析储能项目可行性

项目可行性模型是一种成本-效益分析模型，用于评估储能项目向电力系统提供相应服务是否具有成本效益，即其 BCR（收益/成本比）是否大于 1。本阶段主要是利用项目可行性模型来计算储能项目在每一场景下的收益，并评估总收益是否可足够支撑储能项目的建设。如存在差距的话，如何进行可能的补救。

本阶段评估储能项目收益是采用一种更全面综合的收益评估方法，即不是仅局限于针对项目方的可货币化收益，而是也考虑项目给电力系统带来益处的其他非货币化收益。

8.6.2.6.1　货币化收益与成本计算

基于第四阶段、第五阶段分析结果，利用系统价值分析中的能源价格、调频（运行备用）价格等，以及价格接受者储能调度模型中的寻优后的储能调度结果，可相应计算出储能项目的逐年收益（包括发电收益、容量收益、调频调峰等辅助服务收益、可再生能源消纳收益等）。

基于第三阶段储能技术映射所得出的不用服务应用下的各类储能技术排序结果，可进行所对应储能技术的成本分析计算，包括 CAPEX（资本支出）、OPEX（运营支出，如充电成本、运营费用等）、折旧、税收、项目现金流、NPV（净现值）和 IRR（内部收益率）等。

8.6.2.6.2 分配系统价值至单个储能项目

在实际工程中，储能项目的真正系统价值在很大程度上取决于它所接入的电力系统中已有的储能装置及容量的多少。若当前所接入的电力系统中，几乎没有储能，则新加入的储能项目可获取诸如代替新建调峰电站、代替扩建或新建输电系统等多方面的全部系统价值。因此，实际应用中推荐采用基于储能项目应用服务类型和 C 率的分配方法，将系统价值分析的输出结果相应缩减分摊至具体的储能项目上，从而计算得出提供特定系统服务的单个储能项目的平均系统价值。其计算步骤如下所述。

第一步：梳理汇总系统价值分析的输出。

本步序根据第四阶段所得出的系统价值输出结果，按储能系统的释能持续时间（C率）分类法，来对预期的电力储能功率和能量进行相应分类（示例见表 8-19）。如按发电成本降低、输配网成本降低、调峰电站减少等类别，分类整理出在整个电力系统中部署储能所能带来的各个类别的系统价值（示例见表 8-20）。

表 8-19　　按释能持续时间（C 率）分类储能功率和能量（示例）

类别	储能功率（MW）	类别	储能能量（MWh）
短持续时间（2C）	100	短持续时间（2C）	50
中-短持续时间（1C）	200	中-短持续时间（1C）	200
中-长持续时间（0.5C）	300	中-长持续时间（0.5C）	600
长持续时间（0.25C）	600	长持续时间（0.25C）	2400
总功率容量	1200	总能量容量	3250

表 8-20　　系统分类收益的货币化价值（示例）

收益类别	收益桶	价值（元）
发电成本降低	燃料成本节约	400 000 000
	可变运维成本节约	25 000 000
输配网成本降低	无功功率支持的节约	4000
	延缓输配网扩容升级的节约	9 000 000
	黑启动的节约	900 000
削峰	延缓新建调峰电站的节约	1 600 000 000

第二步：分配权重。

本步序结合电力储能所应用方式的特点，为每个收益类别的不同C率分配相应的权重。例如，电力辅助服务常由短持续时间储能来提供，故与辅助服务相关的收益类别中1C和2C储能的权值较高（见表8-21，如黑启动赋予0.5权值）；此外，还可采用生产成本仿真来评估用于特定服务的不同持续时间储能的技术亲和性或相关性，并依此分配相应的权重。

表8-21　　按给定收益所需C率分配的权重（示例）

收益类别	收益桶	权重			
		2C	1C	0.5C	0.25C
发电成本降低	燃料成本节约	0	0	0.3	0.7
	可变运维成本节约	0	0	0.3	0.7
输配网成本降低	无功功率支持的节约	0.25	0.25	0.25	0.25
	延缓输配网扩容升级的节约	0	0	0.3	0.7
	黑启动的节约	0.5	0.5	0	0
削峰	延缓新建调峰电站的节约	0	0.25	0.25	0.5

第三步：应用权重。

本步序将第二步所分配的权重，直接应用于每一收益类别的系统价值，即对应系统价值与对应权重相乘，得出对应C率的收益。例如，表8-20价值与表8-21权重对应计算，得出表8-22的C率收益。

表8-22　　按C率分类的收益（示例）　　单位：元

收益类别	收益桶	权重			
		2C	1C	0.5C	0.25C
发电成本降低	燃料成本节约	0	0	120 000 000	280 000 000
	可变运维成本节约	0	0	7 500 000	17 500 000
输配网成本降低	无功功率支持的节约	1000	1000	1000	1000
	延缓输配网扩容升级的节约	0	0	2 700 000	6 300 000
	黑启动的节约	450 000	450 000	0	0
削峰	延缓新建调峰电站的节约	0	400 000 000	400 000 000	800 000 000

第四步：计算单位兆瓦系统价值。

本步基于各类储能C率的收益，分别计算得出针对每一收益类别的单位兆瓦的系统价值。例如，表8-22中各个C率下的收益与表8-19对应C率下的储能功率相除，即求得每一收益类别下的单位兆瓦系统价值（见表8-23）。

表 8-23　　单位兆瓦系统价值（示例）

收益类别	收益桶	电力储能规模			
		2C	1C	0.5C	0.25C
		100MW	200MW	300MW	600MW
		元/MW	元/MW	元/MW	元/MW
发电成本降低	燃料成本节约（元）	0	0	400 000	466 667
	可变运维成本节约（元）	0	0	25 000	29 167
输配网成本降低	无功功率支持的节约（元）	10	5	3.3	1.7
	延缓输配网扩容升级的节约（元）	0	0	9000	10 500
	黑启动的节约（元）	4500	2250	0	0
削峰	延缓新建调峰电站的节约（元）	0	2 000 000	1 333 333	1 333 333

8.6.2.6.3　分析储能项目可行性模型结果

前面已分析并计算得出了电力储能项目的成本、可货币化收益、所分配的系统价值等，电力储能项目可行性模型将项目的各项货币化收益累计汇总后，即可与其项目成本进行对比分析，得出该电力储能项目的可行性结果。

在分析比对电力储能项目的成本—收益时，存在以下三种不同的可能结果：

（1）电力储能项目（直接）可行：如图 8-41 所示，当储能项目的货币化收益大于项目成本，有相应的利润，即 BCR（收益/成本比）大于 1 时，则该储能项目经济明显可行。

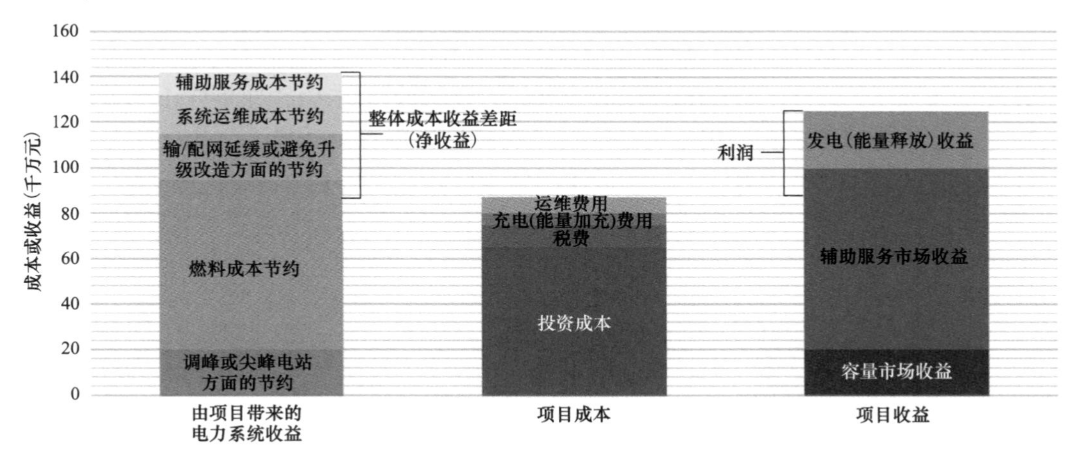

图 8-41　电力储能项目成本—收益分析示例（情景一）

（2）电力储能项目不可行：如图 8-42 所示，当储能项目 BCR 小于 1，项目自身存在经济可行性差距，且由该项目所带来的电力系统收益值也低于项目成本值，存在整体成本收益差距，即为净成本时，则该储能项目无论从项目自身视角还是从电力系统整体视角看，其经济性均不可行。

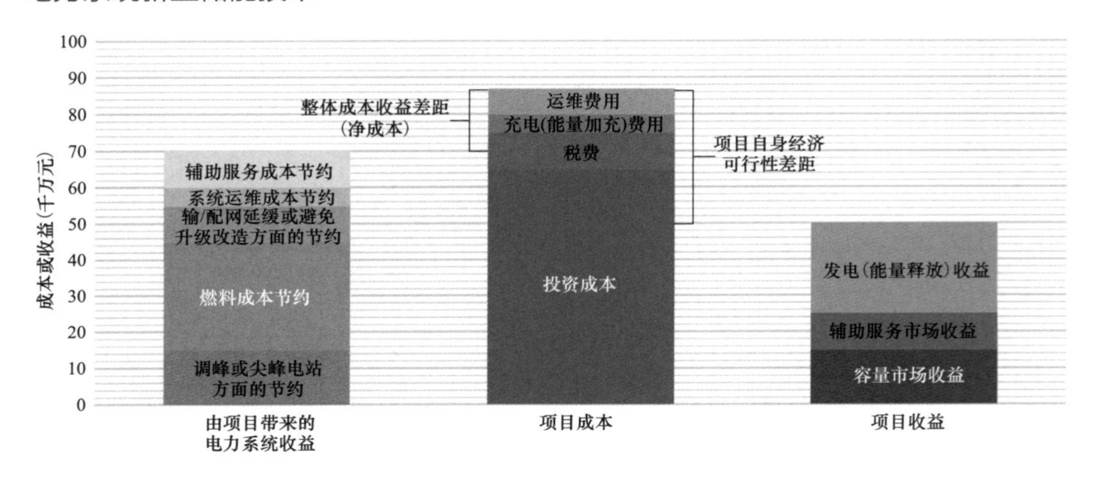

图 8-42 电力储能项目成本—收益分析示例（情景二）

（3）电力储能项目（潜在）可行：如图 8-43 所示，虽然单纯从项目自身看，储能项目 BCR 小于 1，项目本身存在经济可行性差距，对项目业主而言该项目经济上不可行；但由于该项目所带来的电力系统收益值大于项目成本值，也就是说从电力系统整体看，系统整体 BCR 大于 1，整体成本收益差距为净收益。出现此状况的原因，可能是当前的监管框架不允许储能获取与其系统价值一致的收入，从而易错失降低系统总成本的机会。例如，与化石燃料发电相比，多数电力储能和可再生能源发电技术拥有较高的固定成本、较低的可变运营成本，其长期边际成本低，会给社会带来电价下降的有益结果。但在许多情况下，电力市场没有公平地补偿这些具有较低长期边际成本且零排放的绿色可再生资源，导致其收益不能平衡其资本支出和固定运营支出，国际上通常将该现象称之为“missing money issue”（丢失钱问题）。在此情景下，可建议政策制定者或电力监管机构利用电力储能项目可行性模型输出结果，来进一步分析经济可行性差距的原因。可行时，出台合适的政策激励措施，如 FIT（固定上网电价）、FIP

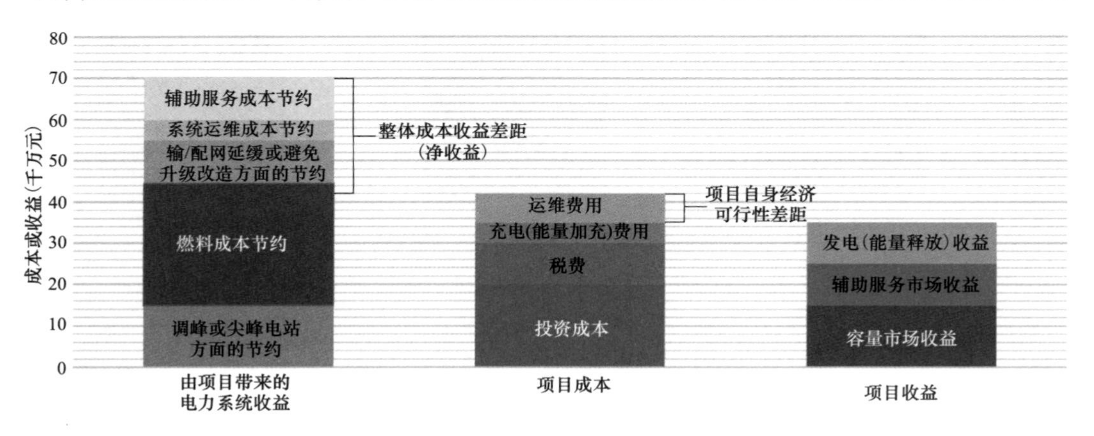

图 8-43 电力储能项目成本—收益分析示例（情景三）

（上网溢价，即获得高于市场价格的溢价）、ITC（投资税收抵免）、容量补偿、削峰填谷激励、资金补助、加速折旧等，或调整原来的监管框架，完善原有市场机制等，以便推进这类电力储能项目的开发建设，以实现应有的电力系统整体价值并降低电力系统总成本，助力新型电力系统的加速构建。

参 考 文 献

[1] Rifkin J. The third industrial revolution：how lateral power is transforming energy，the economy，and the world [M]. New York：St. Martin's Press，2013.

[2] International Energy Agency. CO_2 emissions in 2022 [R]. Paris：IEA，2023.

[3] UN environment programme. Emissions Gap Report 2022 [R]. Nairobi：UNEP，2022.

[4] International Energy Agency. World energy outlook 2018 [R]. Paris：IEA，2018.

[5] Office of Gas and Electricity Markets. 9 August 2019 power outage report [R]. London：Ofgem，2019.

[6] Andrei G. Ter-Gazarian. Energy storage for power systems [M]. 3rd edition. The institution of engineering and technology，2020.

[7] MarketsandMarkets. Digital Twin Industry by Enterprise，Application（Predictive Maintenance，Business optimization），Industry（Aerospace，Automotive & Transportation，Healthcare，Infrastructure，Energy & Utilities）and Geography - Global Forecast to 2027 [R]. Northbrook：MarketsandMarkets，2023.

[8] IBM.What is a digital twin [EB/OL]. [2023-03-26]. https：//www.ibm.com/topics/ what-is-a-digital-twin.

[9] Alem Kebede A，Kalogiannis T，Van Mierlo J，et al. A comprehensive review of stationary energy storage devices for large scale renewable energy sources grid integration [J]. Renewable and sustainable energy reivews，2022，159（2022），112213.

[10] Renewable I，Agency E. IRENA-IEA-ETSAP technology brief 4：thermal storage. 2013.

[11] Chen H，Cong TN，Yang W，Tan C，Li Y，Ding Y. Progress in electrical energy storage system：a critical review. Prog Nat Sci 2009；19：291–312. https：//doi.org/10.1016/ j.pnsc.2008.07.014.

[12] Das CK，Bass O，Kothapalli G，Mahmoud TS，Habibi D. Overview of energy storage systems in distribution networks：placement，sizing，operation，and power quality. Renew Sustain Energy Rev 2018；91：1205–30. https：//doi.org/10.1016/j. rser.2018. 03.068.

[13] Kendall M，Vilayanur V，Jan A，et al. 2020 Grid Energy Storage Technology Cost and Performance Assessment [R]. Richland：PNEL，2020.

[14] IEC. Electrical Energy Storage [R]. Geneva：IEC，2011.

[15] Vilayanur V，Kendall M，Ryan F，et al. 2022 Grid Energy Storage Technology Cost and Performance

Assessment [R]. Richland: PNEL, 2022.

[16] Archie Robb. Can compressed air energy storage solve the long-duration dilemma? [EB/OL]. (2023-04-12) [2023-04-20]. https: //www.renewableenergyworld. com/storage/can-compressed-air-energy-storage-solve-the-long-duration-dilemma/? utm_source=rew_weekly_newsletter&utm_medium=email&utm_campaign=2023-04-14.

[17] Abbas A. Akhil, Georgianne Huff, Aileen B. Currier, et al. DOE/EPRI Electricity Storage Handbook in Collaboration with NRECA [M]. Sandia National Laboratories, 2016.

[18] IRENA. Electricity storage valuation framework: assessing system value and ensuring project viability [R]. IRENA, 2020.

[19] 丁玉龙，来小康，陈海生，等. 储能技术及应用 [M]. 北京：化学工业出版社，2018.

[20] Hesse, Holger C., Michael Schimpe, Daniel Kucevic and Andreas Jossen. "Lithium-Ion Battery Storage for the Grid—A Review of Stationary Battery Storage System Design Tailored for Applications in Modern Power Grids." *Energies* 10 (2017): 2107.

[21] JACOB MARSH. Tesla Powerpack: what you need to know [EB/OL]. [2021-09-30] [2023-04-26]. https: //news.energysage.com/tesla-powerpack-overview/.

[22] 国家标准化管理委员会.光伏发电站接入电力系统技术规定：GB/T 19964—2012 [S]. 北京：中国标准出版社，2013.

[23] 国家标准化管理委员会. 风电场接入电力系统技术规定　第一部分：陆上风电：GB/T 19963.1—2021 [S]. 北京：中国标准出版社，2021.

[24] Dakota R., James F., Dhruv B., et al. Performance Assessment of the PNM Prosperity Electricity Storage Project [R]. Albuquerque: Sandia national laboratories, 2014.

[25] Logic energy. What is Enhanced Frequency Response and Which Are Its Benefits? [EB/OL]. (2019-02-27) [2023-05-01]. https: //www.logicenergy.com/post/what-is-enhanced-frequency-response-and-which-are-its-benefits#: ～: text=Enhanced%20frequency%20response%20is%20only%20possible%20if%20the, the%20system%20responds%20in%20less%20than%20one%20second.

[26] Quentin Scrimshire. Enhanced Frequency Response (EFR) - what you need to know [EB/OL]. (2021-03-09) [2023-05-02]. https: //blog.modo.energy/enhanced-frequency-response-efr-the-genesis-of-the-gb-battery-boom/.

[27] NationalgridESO. New Dynamic Services (DC/DM/DR) [EB/OL]. [2023-05-02]. https: //www.nationalgrideso.com/industry-information/balancing-services /frequency-response-services/new-dynamic-services-dcdmdr/.

[28] Massachusetts government. STATE OF CHARGE: Massachusetts Energy Storage Initiative [R]. Boston: [28] Massachusetts government, 2016.

[29] Sonal Patel. EPRI Head: Duck Curve Now Looks Like a Canyon [EB/OL]. (2023-04-27) [2023-05-04]. https: //www.powermag.com/epri-head-duck-curve-now-looks-like-a-canyon/.

［30］Stenclik，D. et al. Energy storage as a peaker replacement：Can solar and battery energy storage replace the capacity value of thermal generation?”, IEEE Electrifica-tion Magazine，Vol. 6，Issue 3，pp.20–26.

［31］IRENA. Renewable power generation costs in 2021［R］. IRENA，2022.

［32］Michael Bloch. Germany Home To 200,000+ Residential Battery Systems［EB/OL］.（2020-04-23）［2023-05-07］. https：//www.solarquotes.com.au/blog/battery-storage-germany-mb1496/#：～：text=65%2C000%20home%20battery%20systems%20we re%20installed%20in%20Germany，Germany%20%E2%80%93%20quite%20an%20incredible%20figure%20if%20correct.

［33］Andy Colthorpe. More than 300,000 battery storage systems installed in German households［EB/OL］.（2021-03-23）［2023-05-07］. https：//www.energy-storage.news/more-than-300000-battery-storage-systems-installed-in-german-households/#：～：text=According%20to%20newly-published%20figures%2C%20there%20are%20now%20more，capacity%20in%202019%2C%20and%20about%208.5kWh%20in%202020.

［34］Sandra Enkhardt. Germany likely installed 220,000 new residential solar batteries in 2022，says EUPD Research［EB/OL］.（2022-12-06）［2023-05-07］. https：//www.pv-magazine.com/2022/12/06/germany-likely-installed-22000-new-residential-solar-batteries-in-2022-says-eupd-research/